U0270490

“十四五”国家重点图书出版规划项目
核能与核技术出版工程

先进核反应堆技术丛书（第二期）
主编 于俊崇

空间核安全

Space Nuclear Safety

[美] 阿尔伯特 C. 马歇尔 等 著
刘天才 韩 旭 师 鹏 孙 征 译

内容提要

本书总结了空间核安全领域的研究成果，重点讨论了放射性同位素电源与空间核反应堆系统的安全相关议题，包括安全原则与分析方法、安全问题与事故场景、安全防护措施及事故缓解方法，以及相关安全测试等。主要内容涵盖辐射防护与屏蔽、推进剂火灾与爆炸、轨道动力学、大气再入、撞击分析、反应堆临界安全、反应堆瞬态分析、风险与可靠性评估、事故后果分析以及空间核安全监管。每章还对空间核安全项目中常用的计算分析方法进行了简要介绍。本书适合核安全领域的师生、核工程师、航天安全专家以及其他从事相关研究和管理的科技工作者参考阅读。

图书在版编目(CIP)数据

空间核安全 / (美) 阿尔伯特・C. 马歇尔
(Albert C. Marshall)等著 ; 刘天才等译. --上海 :
上海交通大学出版社, 2025.1 --(先进核反应堆技术丛书
). -- ISBN 978-7-313-31685-1

I. TL7

中国国家版本馆 CIP 数据核字第 20247R3W61 号

空间核安全

KONGJIAN HE ANQUAN

著　　者：[美] 阿尔伯特・C. 马歇尔 等　　译　　者：刘天才 等
出版发行：上海交通大学出版社　　地　　址：上海市番禺路 951 号
邮政编码：200030　　电　　话：021-64071208
印　　制：苏州市越洋印刷有限公司　　经　　销：全国新华书店
开　　本：710 mm×1000 mm　1/16　　印　　张：38
字　　数：637 千字
版　　次：2025 年 1 月第 1 版　　印　　次：2025 年 1 月第 1 次印刷
书　　号：ISBN 978-7-313-31685-1
定　　价：258.00 元

主要撰稿人简介

Gary L. Bennett 是一位在航天动力与推进系统领域拥有超过 40 年经验的资深专家，曾在美国国家航空航天局（NASA）、美国能源部（DOE）、美国核管理委员会（NRC）、美国原子能委员会（AEC）以及爱达荷国家实验室（INL）担任多项管理和技术职务。在 NASA，他负责管理先进太空动力与推进项目；在 DOE，他成功领导了伽利略号与尤利西斯号任务中放射性同位素电源项目的安全与核运行部分；在 NRC，他主导了反应堆运行安全研究项目；在 AEC，他负责旅行者 1 号和 2 号任务中放射性同位素电源的飞行管理。此外，Bennett 曾在 NASA 格伦研究中心（John H. Glenn Research Center）参与核火箭项目研究，并在 INL 开展基础核安全研究。Bennett 还担任美国驻联合国代表团成员或顾问长达 9 年，专注于外太空核电源项目。他的卓越贡献赢得了来自 NASA、DOE、NRC 以及多家专业协会的诸多奖项。他著有一本专著，并为其他三本书撰写了内容翔实的章节。

Neil W. Brown 是劳伦斯利弗莫尔国家实验室（LLNL）的核能专家，自 1994 年起在该实验室工作，专注于开发适用于发展中国家的小型、安全、可运输反应堆。他还领导了一项将能源部抗震设计标准转化为核设施设计国家通用标准的项目。在加入 LLNL 之前，Brown 自 1960 年起在通用电气公司工作，其职业生涯涵盖多个先进反应堆开发项目，包括 Clinch River 增殖堆。1993 至 1994 年，他在洛克希德·马丁公司的空间动力项目部工作，继续参与 SP－100 空间反应堆的开发。在该项目中，他负责管理安全分析团队，专注于安全系统设计和严重事故分析。此外，他为几乎没有运行历史的先进研究堆开发了一种设计认证方法。Brown 还参与了 SEFOR 反应堆项目的安全与许可工作，该项目验证了钠冷快堆的安全性。

James R. Coleman 在与癌症长期斗争后于 2004 年 3 月 9 日去世。他的职业生涯长达 45 年，包括：担任美国卫生与公众服务部、美国国家环境保护局、新加坡国立大学等单位的委员；出任明尼苏达州卫生部环境卫生助理主任；担任 Sigma 股份有限公司总裁兼首席执行官（主要负责环境和安全评估、风险分析和健康影响）；作为 James R. Coleman 咨询公司的创始人，并兼任首席顾问。Coleman 参与了美国国家航空航天局 1969—2003 年发射所有核动力太空装置的发射安全审查/评估工作，包括阿波罗 12 号、13 号、14 号、15 号、16 号、17 号，先驱者 10 号、11 号，维京 1 号、2 号，旅行者 1 号、2 号，伽利略号，尤利西斯号，火星探路者号，卡西尼号，以及火星探测车 A、B 等。此外，他还在美国 NERVA 核火箭试验项目中进行了开创性的环境和辐射安全研究，开发了一种新的能量相互作用模型，用于快速预测美国通用热源电机（GPHS RTG）在发射前、发射中和上升段潜在事故中的力学特性。Coleman 是一名化学与核工程师，同时是一位经过认证的健康物理学家。他是美国公认的放射性核素（特别是钚- 238）大气与土壤输运领域权威，以及辐射照射、剂量计算、辐射生物效应的专家。他还在空间核系统事故分析和安全测试领域具有卓越贡献。他富有探索性的分析能力、富有洞察力的观察视角、绅士般的冷静态度以及真正的全面揭示自然规律的兴趣，这使得美国空间核安全界至今仍然深深怀念着他。

Leonard W. Connell 是桑迪亚国家实验室国家安全研究部的杰出技术人员，也是实验室高级管理层在核武器、核恐怖主义和非常规核战争领域的重要技术顾问。他于 1976 年获得密歇根理工大学机械工程学士学位，并于 1996 年获得新墨西哥大学核工程博士学位。Connell 在空间核动力与推进、空间辐射环境以及再入过程空间热力学领域发表了多篇期刊论文和会议论文。他曾对俄罗斯 TOPAZ-II 空间反应堆计划的一次假定再入事故进行深入分析。此外，他还是两本关于空间核能教科书的特约作者和编辑。

Sandra M. Dawson 在美国喷气推进实验室（JPL）从事了 20 年的发射审批、环境管理和风险沟通工作。她曾参与多个重要航天项目，包括伽利略号、尤利西斯号、卡西尼号、火星漫游者号、新视野号，以及 Outrigger 望远镜项目和普罗米修斯项目。她在 JPL 担任发射审批小组主管长达 6 年，为项目的成功发射和安全管理做出了突出贡献。为了表彰她在发射审批和风险沟通方面的卓越贡献，Dawson 被任命为 JPL 的校长。2006 年，她进入加州理工学院，开始为 30 米望远镜项目工作。该项目旨在研发全球最大的地面望远镜，目前正处于建造和运行的设计阶段。她负责该项目选址的所有非技术性事务，包括环境、法律和公众关系。Dawson 还拥有西弗吉尼亚大学政治学学士学位和克莱蒙特研究生大学国际研究硕士学位。

Edward T. Dugan 自 1977 年起担任佛罗里达大学核与辐射工程系的全职导师。他拥有机械工程学士学位，以及核工程硕士和博士学位，专业领域涵盖反应堆分析、核电站动力学与控制、空间核动力与推进技术、辐射输运与蒙特卡罗分析，以及应用于无损检测(NDE)的辐射成像技术等。在过去的 20 年中，Dugan 撰写了 90 多篇高引用技术论文，并在上述专业领域担任多个研究项目的首席研究员或联合首席研究员。他还为核工业提供咨询服务，包括：核能培训、核电站技术课程的开发与教学、核热推进系统反应堆电源研究等相关工作。自 2003 年 5 月起，Dugan 开始为洛克希德·马丁公司开发专用反向散射 X 射线(BSX)成像系统，该系统旨在响应哥伦比亚号航天飞机事故后的需求，用于对航天飞机外仓泡沫隔热层进行无损检测(NDE)，此项工作显著提升了检测技术的可靠性和精度。

先进核反应堆技术丛书

编　委　会

总　　序

人类利用核能的历史可以追溯到20世纪40年代,而核反应堆这一实现核能利用的主要装置,即于1942年诞生。意大利著名物理学家恩里科·费米领导的研究小组在美国芝加哥大学体育场取得了重大突破,他们使用石墨和金属铀构建起了世界上第一座用于试验可控链式反应的"堆砌体",即"芝加哥一号堆"。1942年12月2日,该装置成功地实现了人类历史上首个可控的铀核裂变链式反应,这一里程碑式的成就为核反应堆的发展奠定了坚实基础。后来,人们将能够实现核裂变链式反应的装置统称为核反应堆。

核反应堆的应用范围甚广,主要可分为两大类:一类是核能的利用,另一类是裂变中子的应用。核能的利用进一步分为军用和民用两种。在军事领域,核能主要用于制造原子武器和提供推进动力;而在民用领域,核能主要用于发电,同时在居民供暖、海水淡化、石油开采、钢铁冶炼等方面也展现出广阔的应用前景。此外,通过核裂变产生的中子参与核反应,还可以生产钚-239、聚变材料氚以及多种放射性同位素,这些同位素在工业、农业、医疗、卫生、国防等许多领域有着广泛的应用。另外,核反应堆产生的中子在多个领域也得到广泛应用,如中子照相、活化分析、材料改性、性能测试和中子治癌等。

人类发现核裂变反应能够释放巨大能量的现象以后,首先研究将其应用于军事领域。1945年,美国成功研制出原子弹;1952年,又成功研制出核动力潜艇。鉴于原子弹和核动力潜艇所展现出的巨大威力,世界各国竞相开展相关研发工作,导致核军备竞赛一直持续至今。

另外,由于核裂变能具备极高的能量密度且几乎零碳排放,这一显著优势使其成为人类解决能源问题以及应对环境污染的重要手段,因此核能的和平利用也同步展开。1954年,苏联建成了世界上第一座向工业电网送电的核电站。随后，各国纷纷建立自己的核电站，装机容量不断提升，从最初的 5 000 千瓦发展到如今最大的 175 万千瓦。截至 2023 年底，全球在运行的核电机组总数达到了 437 台，总装机容量约为 3.93 亿千瓦。

核能在我国的研究与应用已有 60 多年的历史，取得了举世瞩目的成就。1958 年，我国建成了第一座重水型实验反应堆，功率为 1 万千瓦，这标志着我国核能利用时代的开启。随后，在 1964 年、1967 年与 1971 年，我国分别成功研制出了原子弹、氢弹和核动力潜艇。1991 年，我国第一座自主研制的核电站——功率为 30 万千瓦的秦山核电站首次并网发电。进入 21 世纪，我国在研发先进核能系统方面不断取得突破性成果。例如，我国成功研发出具有完整自主知识产权的压水堆核电机组，包括 ACP1000、ACPR1000 和 ACP1400。其中，由 ACP1000 和 ACPR1000 技术融合而成的“华龙一号”全球首堆，已于 2020 年 11 月 27 日成功实现首次并网，其先进性、经济性、成熟性和可靠性均已达到世界第三代核电技术的先进水平。这一成就标志着我国已跻身掌握先进核能技术的国家行列。

截至 2024 年 6 月，我国投入运行的核电机组已达 58 台，总装机容量达到 6 080 万千瓦。同时，还有 26 台机组在建，装机容量达 30 300 兆瓦，这使得我国在核电装机容量上位居世界第一。

2002 年，第四代核能系统国际论坛（Generation Ⅳ International Forum，GIF）确立了 6 种待开发的经济性和安全性更高、更环保、更安保的第四代先进核反应堆系统，它们分别是气冷快堆、铅合金液态金属冷却快堆、液态钠冷却快堆、熔盐反应堆、超高温气冷堆和超临界水冷堆。目前，我国在第四代核能系统关键技术方面也取得了引领世界的进展。2021 年 12 月，全球首座具有第四代核反应堆某些特征的球床模块式高温气冷堆核电站——华能石岛湾核电高温气冷堆示范工程成功送电。

此外，在聚变能这一被誉为人类终极能源的领域，我国也取得了显著成果。2021 年 12 月，中国“人造太阳”——全超导托卡马克核聚变实验装置（Experimental and Advanced Superconducting Tokamak，EAST）实现了 1 056 秒的长脉冲高参数等离子体运行，再次刷新了世界纪录。

经过 60 多年的发展，我国已经建立起涵盖科研、设计、实（试）验、制造等领域的完整核工业体系，涉及核工业的各个专业领域。科研设施完备且门类齐全，为满足试验研究需要，我国先后建成了各类反应堆，包括重水研究堆、小型压水堆、微型中子源堆、快中子反应堆、低温供热实验堆、高温气冷实验堆、高通量工程试验堆、铀-氢化锆脉冲堆，以及先进游泳池式轻水研究堆等。近年来，为了适应国民经济发展的需求，我国在多种新型核反应堆技术的科研攻关方面也取得了显著的成果，这些技术包括小型反应堆技术、先进快中子堆技术、新型嬗变反应堆技术、热管反应堆技术、钍基熔盐反应堆技术、铅铋反应堆技术、数字反应堆技术以及聚变堆技术等。

在我国，核能技术不仅得到全面发展，而且为国民经济的发展做出了重要贡献，并将继续发挥更加重要的作用。以核电为例，根据中国核能行业协会提供的数据，2023 年 1—12 月，全国运行核电机组累计发电量达 4 333.71 亿千瓦·时，这相当于减少燃烧标准煤 12 339.56 万吨，同时减少排放二氧化碳 32 329.64 万吨、二氧化硫 104.89 万吨、氮氧化物 91.31 万吨。在未来实现"碳达峰、碳中和"国家重大战略目标和推动国民经济高质量发展的进程中，核能发电作为以清洁能源为基础的新型电力系统的稳定电源和节能减排的重要保障，将发挥不可替代的作用。可以说，研发先进核反应堆是我国实现能源自给、保障能源安全以及贯彻"碳达峰、碳中和"国家重大战略部署的重要保障。

随着核动力与核技术应用的日益广泛，我国已在核领域积累了丰富的科研成果与宝贵的实践经验。为了更好地指导实践、推动技术进步并促进可持续发展，系统总结并出版这些成果显得尤为必要。为此，上海交通大学出版社与国内核动力领域的多位专家经过多次深入沟通和研讨，共同拟定了简明扼要的目录大纲，并成功组织包括中国原子能科学研究院、中国核动力研究设计院、中国科学院上海应用物理研究所、中国科学院近代物理研究所、中国科学院等离子体物理研究所、清华大学、中国工程物理研究院以及核工业西南物理研究院等在内的国内相关单位的知名核动力和核技术应用专家共同编写了这套"先进核反应堆技术丛书"。丛书内容包括铅合金液态金属冷却快堆、液态钠冷却快堆、重水反应堆、熔盐反应堆、新型嬗变反应堆、多用途研究堆、低温供热堆、海上浮动核能动力装置和数字反应堆、高通量工程试验堆、同位素生产试验堆、核动力设备相关技术、核动力安全相关技术、"华龙一号"优化改进技术，以及核聚变反应堆的设计原理与实践等。

本丛书涵盖的重大研究成果充分展现了我国在核反应堆研制领域的先进水平。整体来看，本丛书内容全面而深入，为读者提供了先进核反应堆技术的系统知识和最新研究成果。本丛书不仅可作为核能工作者进行科研与设计的宝贵参考文献，也可作为高校核专业教学的辅助材料，对于促进核能和核技术应用的进一步发展以及人才培养具有重要支撑作用。我深信，本丛书的出版，将有力推动我国从核能大国向核能强国的迈进，为我国核科技事业的蓬勃发展做出积极贡献。

于俊崇

2024 年 6 月

前　言

1992 年，笔者在新墨西哥大学教授一门关于空间核安全的研究生课程。尽管我们的综合经验足以承担此项教学任务，但由于空间核安全领域的知识深奥且复杂，当时并没有一本适用的教科书。另外，需要核动力的太空任务数量较少，而太空核动力行业的规模与地面核动力行业相比也相对有限，这一领域所需的专业知识和技能仅掌握在少数工程师和科学家手中。虽然有关地面核安全的书籍为学习空间核安全提供了有价值的参考，但它们并未涵盖一些必须考虑的关键空间核安全问题，而且，许多适用于地面核电站的安全方法也并不适用于空间核系统。对于初涉这一领域的工程师来说，通常需要经历漫长的学习过程，通过零散文献的调研，或与有经验工程师的反复交流，方可获取信息。基于上述原因，我们决定编写一本关于空间核安全的教科书，作为学生和相关专业人员的入门指南及知识汇编。这本书不仅包含安全分析和测试方法，还涵盖了理念、实践、审查程序及规划方法，旨在为系统设计和运行提供安全保障，同时避免引入非必要的限制。

空间核安全涉及的学科范围广泛，所面向读者的背景多源，这促使我们在编写本书时做出了几项关键决策。首先，我们邀请领域内的专家撰写各自专业领域的章节，以更全面和深入地阐述不同主题。本书的特约作者均为美国和俄罗斯的知名专家，他们曾参与主要太空核项目的安全评估工作。其次，为保持本书的可读性和简洁性，我们决定省略对核工程基础知识的详细讨论，仅对没有核工程背景的读者提供关于核工程原理和概念的简要介绍。最后，我们特别强调简化和近似的分析方法，旨在帮助读者更直观地理解其中的基本原理。

本书的前几章，导言以及第 1 章至第 3 章，提供了背景论述。第 1 章回顾了理解核能系统和核安全所需的基本核概念，熟悉核基本概念的学生和专业人员可以跳过该章。第 2 章概述了空间核动力系统,第 3 章则概述空间核安全问题。

第 4 章至第 11 章讨论空间核安全问题、安全措施和安全分析方法。其中,第 4 章至第 9 章介绍了确定性安全分析方法,第 10 章和第 11 章论述了概率安全评估和事故后果分析。这些章节可以按照任何顺序进行学习,但对于不熟悉辐射防护概念和术语的读者应从第 4 章中相关主题的论述开始。另外,上述各章末尾都提供了借助计算器可解决的学生练习题。

最后一章,即第 12 章,回顾了用于确保空间核飞行任务安全的程序。其中介绍了空间核安全计划的组织及发射安全审查过程,还对当前的安全程序进行了评估,并论述了空间核安全的发展趋势。

这本教科书对核工程和航空航天安全领域的教授、大学生和专业人员都很有帮助。虽然本书面向核工程师,但所涵盖的内容也可供没有核工程背景的工程师和科学家使用。本书是第一本以空间核安全为主题的著作,预计今后还需要修订和补充。欢迎读者对本书今后的改进和补充提出建议或意见。

Albert C. Marshall(阿尔伯特 C. 马歇尔)
F. Eric Haskin(F. 埃里克·哈斯金)
Veniamin A. Usov(韦尼阿明·A. 乌索夫)

致　谢

阿尔伯特·C. 马歇尔

我衷心感谢新墨西哥大学的 Mohamed S. El Genk 教授，在我学习核工程课程期间给予的帮助。正是他的指导和鼓励促使我开始撰写本书。此外，我要感谢 Krieger 出版公司的 Mary Roberts 女士，她在本书缓慢而艰难的制作过程中提供了宝贵的指导和支持，帮助我始终保持正确的方向。我特别感谢 F. Eric Haskin 博士的贡献与帮助，他的支持对本书的完成起到了重要作用。同时，我也感谢 Veniamin A. Usov 博士以及所有参与本书撰写的作者们，他们的专业贡献是本书得以成功完成的关键。我还要特别感谢佛罗里达大学的 Edward T. Dugan 教授，他对本书进行了细致而专业的审阅，为内容的完善提供了极大帮助。同时，我深表感谢 Vladaslov Malakov，他将俄文稿件翻译成英文，为本书的国际化传播做出了贡献。此外，我的儿子 Jason Marshall 博士也为本书进行了最后的审阅，在此一并致谢。

译 者 前 言

2016 年 4 月 24 日，习近平总书记在首个“中国航天日”到来之际，指出“探索浩瀚宇宙，发展航天事业，建设航天强国，是我们不懈追求的航天梦。”复杂太空任务使航天器能源供应面临着巨大的挑战，传统能源愈加难以满足太空任务未来发展的需求。核能作为一种独立、高效且可靠的能源，其在太空探索中的应用是我们实现伟大航天梦的不二选择。随着科学技术的飞速发展，核同位素电源、核电推进系统及核热推进系统的造价大为降低，可应用范围空前扩展。在未来的半个世纪甚至更短时间，我们必将见证人类借助核能将足迹延伸至整个太阳系。空间核动力具有广阔的发展空间和应用前景，但也必须清醒地认识到空间核动力使用了核燃料或放射性材料，并且可能因为事故对地球生物圈造成危害，这是空间核动力系统设计必须考虑的问题。空间核安全是指核动力系统在航天活动中，从地面阶段、发射准备阶段、发射入轨阶段、在轨运行阶段、废弃处置阶段直至可能的事故再入阶段的整个过程中所有安全问题的整体。

本书是最早系统讨论空间核安全问题的著作，也是涵盖反应堆物理、核工程、辐射防护、航天工程、核安全审查等诸多领域的集大成之作。本书由新墨西哥大学阿尔伯特 · C. 马歇尔（Albert C. Marshall）教授、F. 埃里克 · 哈斯金（F. Eric Haskin）教授和俄罗斯核动力系统专家韦尼阿明 · A. 乌索夫（Veniamin A. Usov）共同编纂，于 2008 年由克里格（Krieger）出版公司出版。本书从安全角度对空间核系统的应用进行了全方位审视，具体涉及潜在风险、事故场景以及通过设计及操作规程实现风险降低的具体措施。本书着重对事故场景进行分析，如反应堆事故和放射性物质释放、运载过程中的突发事故等，评估了不同事故的核安全影响，阐述了使相关影响最小化的技术手段。书中还提供了具体场景例题和练习，这些习题涵盖了从基本原理到复杂安全分析的知识范畴，可加深读者对空间核安全分析方法的理解。

引进、翻译、出版该书可为我国空间核动力发展及相关人才的培养提供重要指导，对于从事空间核动力技术研发的工程技术人员和学生而言，都是一份不可多得的顶层提纲性文献。

本书由中国原子能科学研究院刘天才、中国核电工程有限公司韩旭和北京航空航天大学师鹏组织翻译和校审。其中，第 1 章由韩旭、公超、魏天伟翻译，第 2 章由中国原子能科学研究院郑安然翻译，第 3 章由中国核电工程有限公司于沛翻译，第 4 章由中国核电工程有限公司王广飞、中国原子能科学研究院黄丽萍和王凤龙翻译，第 5 至第 7 章由师鹏翻译，第 8 章由中国原子能科学研究院孙征翻译，第 9 章由中国核电工程有限公司郭新海、中国原子能科学研究院孙征和李杨柳等翻译，第 10 章由中国原子能科学研究院张健鑫和王金铎翻译，第 11 章由中国原子能科学研究院黄丽萍、王凤龙和霍雨辰翻译，第 12 章由中国原子能科学研究院葛攀和翻译。此外，中国原子能科学研究院、中国核电工程有限公司及北京航空航天大学宇航学院相关课题组的博士和硕士研究生也为本书的翻译提供了帮助，在此表示最诚挚的感谢。同时，还要感谢上海交通大学出版社的杨迎春博士为本书的出版所付出的努力。

本书是第一本以空间核安全为主题的中文译著，由于译者水平有限，书中难免有不当之处，敬请读者批评指正，在此先致感谢。

目　　录

引　言

阿尔伯特·C. 马歇尔

空间核动力系统一般在太阳能或化学电源无法满足航空航天任务的高功率或大能量需求场景下使用。相比于其他电源，核电源具有结构坚固、可靠性高以及能够在恶劣或无阳光环境下运行的优点。自 1961 年 6 月美国发射第一个太空核动力源以来，美国和苏联/俄罗斯不断将核电系统送入太空。在此后的 45 年里，美国在太空进行了 26 个单独任务并部署了一个反应堆和总计 45 个放射性同位素热电机(RTG)。苏联则将 35 个反应堆送入轨道并向太空部署了多个放射性同位素源。目前，核动力源已用于各种民用和军事任务。美国大多数核动力源应用于月球和行星的科学研究，如：航行者号航天器上的 RTG 核动力系统提供了用于获取和传输土星、火星、木星和其他行星壮观图像所需的电力。俄罗斯所设计的空间反应堆主要任务是海洋侦察。

对于太空核计划，其基本安全目标是保护人类和地球生物圈免受太空核动力系统的核辐射及潜在放射性污染。自人类首次在太空使用核动力源以来，反应堆安全的重要性一直备受重视，美国针对性建立了细致的安全审查和批准程序。虽然安全审批的流程和实践已经逐步完善，但其基本方法仍与设计第一个空间核动力系统时相同，即任务计划以尽量减少假设事故风险为指导，在假设的严重事故场景中利用系统设置确保安全。所有空间核动力系统都必须经过严格的分析和测试，以证明其从发射到运行再到销毁都是安全的。对于使用星载核动力系统的美国太空计划，其开发机构必须准备全面的安全分析报告。这些报告将被提交给独立的安全审查小组，该小组则需要完成相应安全评估报告。基于上述报告，总统或总统科学顾问必须在启动核系统之前确定，利用该系统取得的收益明显超过任何可能存在的安全或环境风险。俄罗斯(苏联)也采用了类似的安全审查和批准程序，包括发布安全报告、由独立安全委员会审查以及高层政府批准等。

过去几十年来，对空间核动力采取的谨慎安全措施和取得的显著成效，使人类走上了取得更大成就的道路。对空间核动力的未来部分取决于未来任务对电力和能源的需求，高功率动力系统所支撑的任务包括天基监视、空中交通监控、海量数据处理、先进科学任务和太空直播等。人类生命维持系统以及月球或火星前哨站对于电力系统的功率需求将达数个千瓦，对于促进人类对太空的探索，核电和核动力系统将是必需的。人类火星探索任务将受益于高速、低质量的核推进系统，此类系统不仅可避免宇航员暴露于宇宙辐射，也可大大降低发射成本。核动力系统同样可在降低卫星轨道装置和技术的成本方面发挥重要作用。而对于其他一些特殊任务，核动力系统则可能是唯一可行的方法。

公众接受度对于空间核动力的未来至关重要。自三哩岛核事故和切尔诺贝利核电站事故以来，公众对核安全的担忧显著加剧。这种对核能的普遍恐惧，与挑战者号和哥伦比亚号航天飞机事故的事故现实交织，使得赢得公众对太空核任务安全性的信任成为一项艰巨的任务。为应对这一挑战，我们必须保证一套可信且可行的空间核安全计划，并通过与公众的公开沟通来增强透明度。这不仅有助于确保安全，还能争取公众的理解与支持，从而为太空核能的可持续发展奠定基础。

初涉空间核安全领域的工程师和科学家通常倾向于关注与地面核电厂相关的问题和方法。尽管地面核安全方法在某些方面与太空核项目存在关联，但天基核系统与地基核系统所处的环境截然不同，因此需要应对完全不同的安全挑战。这种环境差异决定了空间核项目必须采用独特的设计和运行策略。例如，发射和部署故障是所有航天器可能面临的常见问题，因此，必须针对星载核系统在发射过程中可能发生的事故进行充分预测和防范。运载火箭在进入轨道前发生故障，可能导致星载核系统遭遇再入过程中空气阻力、推进剂爆炸、火灾或高速撞击等严酷条件。此外，许多被认为是地面核电厂中最重要的事故考量因素，在某些空间反应堆任务中并不构成安全隐患。因此，在设计空间核系统之前，必须向设计人员、安全分析人员、飞行任务规划人员以及其他相关人员提供完善的安全评估方法和策略。本书的目的是总结当前的知识体系，阐释相关安全分析方法和安全策略的基本原理，以支持空间核项目的安全设计与运行。

参考文献

1. Angelo, Jr., J. A. and D. Buden, *Space Nuclear Power*. Malabar, FL: Orbit Book

Co., 1985.

2. El-Genk, M. S. (Ed.), *A Critical Review of Space Nuclear Power and Propulsion, 1984-1993*. New York: AIP Press, American Institute of Physics, 1994.
3. Bennett, G. L., "A Look at the Soviet Space Nuclear Power Program." 24th Intersociety Energy Conversion Engineering Conference IECEC-89, Aug. 6-11, 1989, Washington, DC, New York: IEEE, 1989, vol. 2, p. 1187-1194.
4. Marshall, A. C., "Projected Needs for Space Nuclear Power and Propulsion." Space Technology & Applications International Forum (STAIF 96), Proceedings of the Conference. Albuquerque, NM, Jan. 1996. Part 3: 13th Symposium on Space Nuclear Power and Propulsion. (n. p.).
5. U. S. Dept of Energy. *Atomic Power in Space: A History*. DOE/NE/32117-H1, Planning and Human Systems, Inc., Washington, DC, Mar. 1987.

第 1 章
核的基本概念

阿尔伯特·C. 马歇尔

本章旨在使读者理解核的基本概念，这对空间核安全的研究至关重要。本章主要介绍原子核、相关核反应过程、关键的核辐射类型、常见的辐射源、辐射与物质的相互作用及核反应所产生的能量等。

1.1 原子核

理解相关核反应过程对空间核安全的研究十分必要。本节将从对原子核的基本描述开始，帮助读者逐渐了解核科学概念、术语及单位。

1.1.1 原子和原子核结构

原子的结构可以根据原子的组成进行简述。如图 1－1 所示，原子由带正电的原子核及其周围带负电的电子 e 组成。原子核由带正电的质子 p 和不带

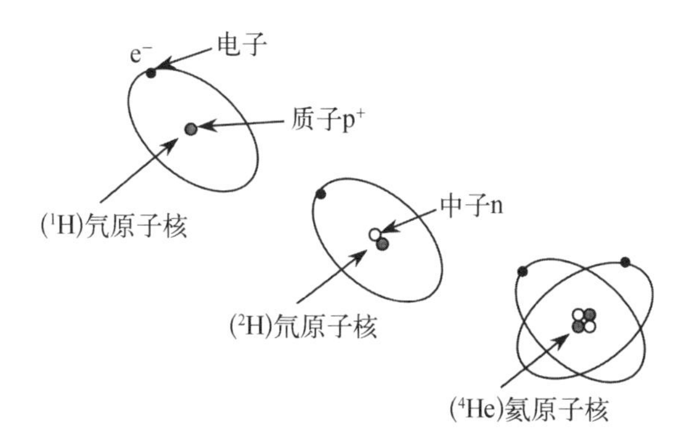

图 1－1 中性氢原子和氦原子示意图

电的中子 n 组成，质子和中子统称为核子。氢元素是唯一原子核内不含中子的稳定元素。质子、中子和电子的质量分别为 1.007 27 u、1.008 66 u 和 0.000 55 u，其中，u 为原子质量单位[1]，$1\ u=1.660\ 566\times10^{-27}$ kg。质子和电子所带单位电荷大小相等，但符号相反，因此，中性原子含有相同数量的电子和质子，原子核中质子数称为原子序数(Z)，核子数(质子数和中子数之和)则称为质量数(A)。所有原子序数相同的原子都是相同的化学元素，且具有相同的化学性质，但这和原子的质量数无关。

原子的核特性取决于原子核中的质子数和中子数。具有相同原子序数但质量数不同的原子称为同位素。以铀元素为例，其原子核中均有 92 个质子($Z=92$)，而其天然铀同位素的原子核中可以包含 142、143 或 146 个中子。因此，上述天然铀同位素的质量数分别为 234、235 和 238。本书将同位素表示为元素名称后附加原子质量数，或由质量数作为前上标加化学元素符号表示，即铀-234、铀-235 及铀-238 为天然铀同位素，或可表示为^{234}U、^{235}U 及^{238}U。当原子序数和质量数都需要表示时，原子序数可由前下标表示，例如，$^{234}_{92}U$、$^{235}_{92}U$、$^{238}_{92}U$。

1.1.2 结合能

实验测量表明，原子核的质量小于其包含的中子和质子的质量之和。以铀-235 为例，其原子质量为 235.043 94 u[1]，而组成它的核子质量之和是

中子：　　$143\times1.008\ 66=144.238\ 38(u)$

质子：　　$92\times1.007\ 27=92.668\ 84(u)$

总计：　　$236.907\ 22(u)$

于是，　　$\Delta m=236.907\ 22-235.043\ 94=1.863\ 28(u)$

上述质量差 Δm 称为质量亏损，它与核子的结合能有关，所谓结合能是将核子结合为原子核的能量。结合能和质量亏损的关系可由爱因斯坦方程即质量和能量的关系式给出：

$$E=\Delta mc^2 \tag{1-1}$$

式中，E 为结合能；c 为光速。对于核反应，能量的常用单位为电子伏特(eV)，它等于一个电子通过 1 伏特电势差的电场所获得的能量。$1\ eV=1.602\times10^{-19}$ J。根据式(1-1)，1 u 的质量相当于 931.494 MeV，对于铀-235，每个核子的结合

能是

$$\frac{931.494}{235}\times 1.86328=7.386(\mathrm{MeV})$$

1.1.3　核的稳定性

如图1-2所示，各数据点显示了天然核素的核子组成（核素种类），纵坐标为质子数，横坐标为中子数。大多数天然存在的核素是稳定的，也有少数（如铀-235）进行着非常缓慢的衰变，图1-2的数据展示了核素稳定性的大致趋势，即几乎所有的稳定核素包含的中子都比质子多。另外，图1-2中的数据还表明，通过核反应堆或粒子加速器所产生的不稳定核素会发射粒子，从而形成具有稳定中子质子数比的核素。

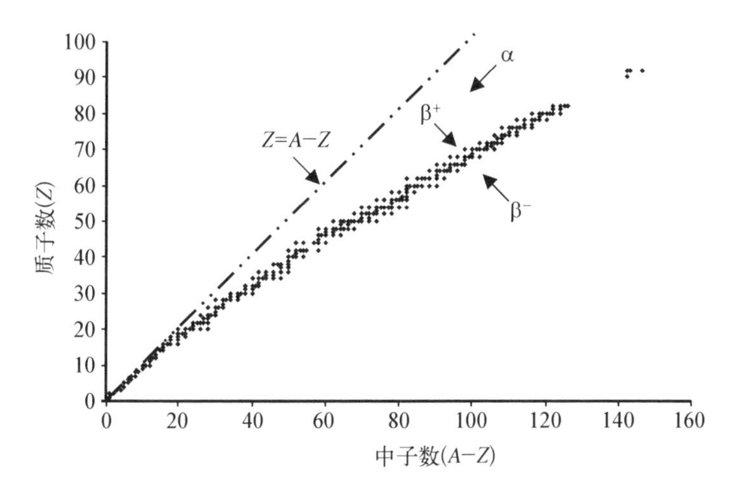

图1-2　天然核素的质子数与中子数的比较

稳定原子核通常含有的中子数比质子数多，这是因为中子之间存在强大的相互吸引核力而质子之间存在相互排斥的库仑力。中子与中子、中子与质子、质子与质子之间的短程（10^{-13} cm）强吸引核力必须平衡质子之间相互排斥的库仑力。对于低原子序数核素，当质子和中子的数量相等时可以达到平衡。但是，由于库仑力与 Z^2 成正比，高原子序数的核素内的质子之间具有极大的排斥力，这使得高原子序数核素的原子核中的中子数相对于质子数必须多到足以抵消大量质子之间的排斥力。对于特定原子序数的原子，中子太少或者太多都会形成不稳定的原子核，需要通过发射粒子才能达到稳定状态。原子序数大于等于 84 的元素，如$_{92}$U，通常是不稳定的[2]。

1.2 放射性衰变

不稳定核素自发释放粒子的过程称为放射性衰变，具有放射性的同位素称为放射性同位素。放射性同位素电源是利用燃料在原子核衰变过程中释放粒子产生的热量来产生电能。运行状态的反应堆停堆后，其燃料的衰变热仍然十分可观，因此燃料的冷却及燃料包壳的完整性对于核安全至关重要。来自放射性同位素电源的辐射主要源于放射性衰变或衰变辐射与材料的后续反应。运行中的反应堆，其总辐射中放射性衰变占有重要份额，停堆后反应堆的辐射几乎来自放射性衰变。

1.2.1 核衰变过程

核衰变通常伴随 α 粒子、β 粒子或 γ 射线的发射。α 粒子由两个中子和两个质子组成，与氦原子核相同，其具有高度稳定性。α 粒子发射通常来自高原子序数核素衰变，如铀-234 通过 α 粒子发射，衰变为钍-230，如图 1-3 所示。β 粒子指原子核发射出的电子或正电子。一个中子自发地转变为一个质子，将发射出一个电子（β^-）和一个被称为反中微子的粒子 $\bar{\nu}_e$（电子中微子的反粒子 ν_e）。

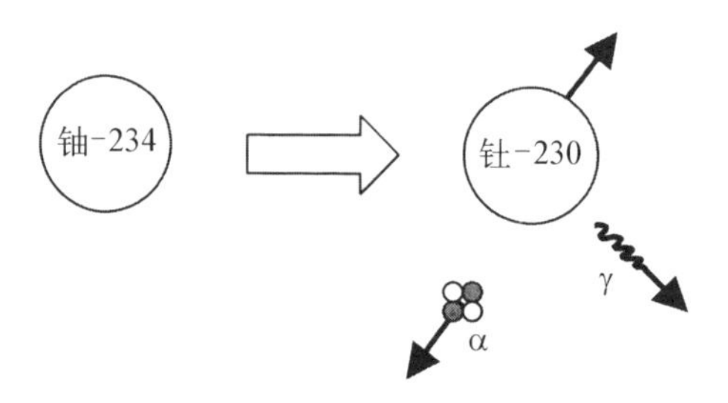

图 1-3 铀-234 α 粒子发射过程示意图

当原子核的中子质子数比过高而影响原子核稳定性时，原子核通常会发生 β 衰变，放出一个电子（β^- 粒子）。反之，当原子核的中子质子数比过低时，原子核中的一个质子将转变成一个中子并且发射一个带正电的粒子 β^+ 和一个中微子 ν_e。带正电荷的粒子是反电子（一般称为正电子），电子的电荷是负的而它的电荷是正的，除了电荷之外，它与电子完全相同。虽然中微子和反中微子都带有能量，但它们几乎与所有物质都不反应，因此不会对公众健康和辐射安全造成威胁。

量子理论指出，原子核内的核子与原子外轨道电子的能级是离散的。最低允许能级状态称为基态，而较高的能级状态称为激发态。核子与轨道电子的能量跃迁是离散的。当核子在激发态下发射 α 或 β 射线时（见图 1-3）也将

发射 γ 射线,所发射的 γ 射线带走核子激发态之间的能量差。根据量子理论,γ 射线具有波粒二象性,当被视为粒子流时,γ 射线由光子组成。图 1－4 为钴- 60 发生 β 衰变并发射 γ 射线的能量图。需要注意,上述衰变过程伴随两次激发态跃迁,并发射两个光子(γ)。

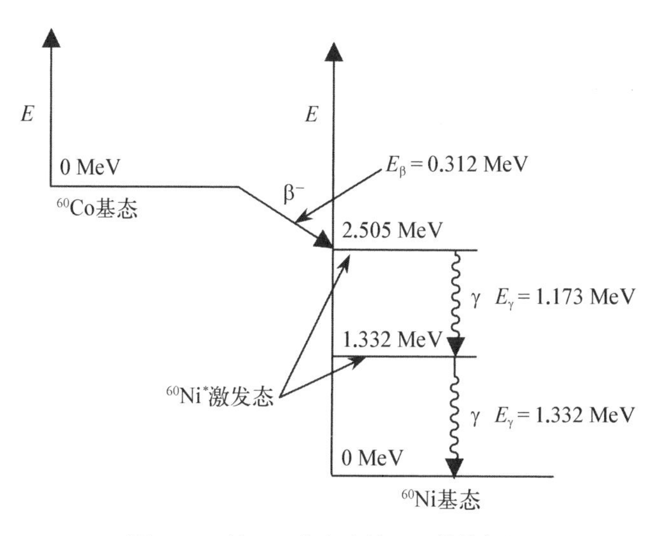

图 1－4　钴- 60 衰变为镍- 60 的能级图

核衰变还有其他类型,但不常见。例如,通过核裂变产生的一些不稳定的原子核会通过释放中子而衰变。原子核有多余的质子,但没有足够的能量发射正电子时,可以捕获轨道电子并将质子转变成中子,同时释放一个中微子(见图 1－5)而实现衰变。由电子俘获产生的空位将由高能级电子补充,电子

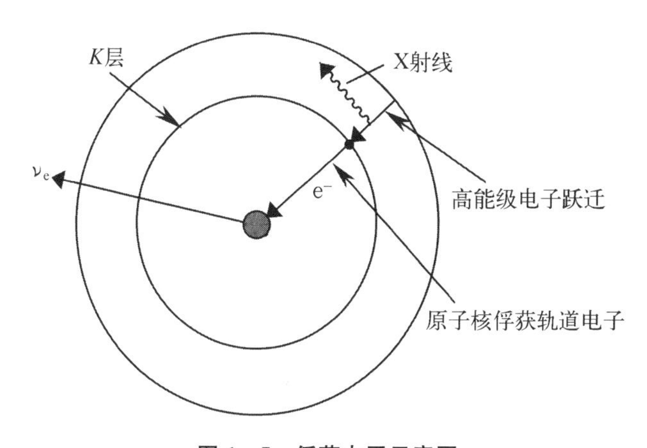

图 1－5　俘获电子示意图

从较高能级落入较低能级会发射 X 射线。由于在衰变过程中，子核与母核的质子数不同，核衰变通常会导致一种元素嬗变成另一种元素。如果衰变产生的子核素是不稳定的，它将继续衰变为另一种核素，依次演化，衰变的每个阶段将产生不同的核素，直至形成稳定核素。

1.2.2 活度

放射性衰变由统计规律控制，对于某一特定的放射性核素，它的衰变速率与放射性核素的原子数成正比。因此，衰变过程的衰变率由式(1-2)计算：

$$\frac{\mathrm{d}\bar{N}(t)}{\mathrm{d}t}=-\lambda\bar{N}(t) \tag{1-2}$$

式中，$\bar{N}$ 为核素的原子总数，t 为时间(s)，λ 为比例常量，称为衰变常数(s^{-1})，衰变常数是不同放射性核素的基本属性。式(1-2)的解如下：

$$\bar{N}(t)=\bar{N}_0 e^{-\lambda t} \tag{1-3}$$

式中，$\bar{N}_0$ 为原子的初始数量。

一种同位素每秒发生衰变的次数称为活度(A)。如果在物质中只有一种核素带放射性，且它的衰变产物稳定，则它的活度由式(1-4)计算：

$$A(t)=\lambda N(t) \tag{1-4}$$

活度的常用单位是居里(Ci)，它代表每秒发生 3.7×10^{10} 次衰变($3.7\times10^{10}\ s^{-1}$)，另一个活度单位是贝可(Bq)，它代表每秒发生 1 次衰变($1\ s^{-1}$)。我们还可以通过初始活度 A_0 来计算活度的变化：

$$A(t)=A_0 e^{-\lambda t} \tag{1-5}$$

式(1-2)可代入原子密度 N 而非原子总数 $\bar{N}$，单位为每立方厘米(cm^{-3})。由此，可以得

$$N(t)=N_0 e^{-\lambda t} \tag{1-6}$$

式中，N_0 为放射性核素初始原子密度，计算公式如下：

$$N_0=\frac{\zeta N_A}{A_r} \tag{1-7}$$

式中，N_A 为阿伏伽德罗常数，取 6.022×10^{23}；A_r 为相对原子质量；ζ 为同位

素的密度(g/cm^3),第 9 章中讨论反应性时普遍使用“ρ”,为了避免混淆,采用符号“ζ”表示同位素密度,而不采用更常见的密度符号“ρ”。

对于比活度 $\bar{A}$,单位为 Bq/g,可以根据原子密度 N 做如下定义:

$$\bar{A}=\lambda \frac{N}{\zeta} \tag{1-8}$$

如果用 ζ 表示任何时刻放射性同位素的密度,则对应的原子密度 N 等于式(1-7)右侧给出的表达式,合并式(1-7)与式(1-8),并除以 3.7×10^{10},可得

$$\bar{A}\equiv\lambda \frac{N_A}{A_r(3.7\times10^{10})}=\frac{\lambda(1.63\times10^{13})}{A_r} \tag{1-9}$$

式中,$\bar{A}$ 为比活度(Ci/g)。由于只考虑每克放射性同位素某时刻的情况,比活度与时间无关。比活度通常使用式(1-9)计算,表 1-1 中给出了钚同位素和天然铀同位素的核特性。如果多种衰变方式或多种放射性同位素共存,式(1-9)则必须修改。

表 1-1　铀与钚的同位素放射性特性

同位素	丰度/%	发射的射线	半衰期/a	比活度/(Ci/g)
$^{234}_{92}U$	0.0057	α 和 γ	2.50×10^5	6.1×10^{-3}
$^{235}_{92}U$	0.714	α 和 γ	7.10×10^8	2.1×10^{-6}
$^{238}_{92}U$	99.28	α 和 γ	4.51×10^9	3.3×10^{-7}
$^{238}_{92}Pu$	0	α	8.77×10^1	1.7×10^1
$^{239}_{92}Pu$	0	α	2.43×10^4	0.062
$^{240}_{92}Pu$	0	α	6.60×10^3	0.226

1.2.3　半衰期

半衰期是指对于某一种特定的同位素,一半原子衰变成另一核素或衰减到较低能态的时间,放射性核素的半衰期通常用 $t_{1/2}$ 来表示。从式(1-10)可

知放射性核素的半衰期与衰变常数成反比。

$$t_{1/2}=\frac{\ln 2}{\lambda}=\frac{0.693}{\lambda} \tag{1-10}$$

表 1-1 中列举了天然铀同位素的半衰期及其天然丰度。天然铀元素中主要为铀-238,它的半衰期为 4.51×10^9 年,铀-234 和铀-235 丰度极低。自然界中不存在天然钚元素,钚的同位素可通过铀-238 在反应堆中发生中子俘获反应获得,也可利用加速器中的高能粒子对重原子核轰击产生。

例 1.1

钍-232 的半衰期和相对原子质量分别为 1.45×10^{10} 年和 232.11。假设 30 g 钍-232 金属单质密度为 11.3 g/cm³。计算比活度、初始活度和经过 100 亿年钍的质量。

解:

根据式(1-10)得

$$\lambda=\frac{0.693}{1.45\times10^{10}}=4.78\times10^{-11}(\mathrm{a}^{-1})=1.52\times10^{-18}(\mathrm{s}^{-1})$$

利用式(1-9)得

$$\overline{A}\equiv\frac{(1.52\times10^{-18})(1.63\times10^{13})}{232.11}=1.06\times10^{-7}(\mathrm{Ci/g})$$

于是 $$A_0=30\times(1.06\times10^{-7})=3.2\times10^{-6}(\mathrm{Ci})$$

经过 100 亿年钍-232 的剩余质量为

$$m=30\mathrm{e}^{-(4.78\times10^{-11}\times10^{8})}=29.86(\mathrm{g})$$

因此,100 亿年里钍的质量只改变了 0.14 克(约 0.5%)。

1.3 直接电离辐射

所有核安全问题最终都与暴露于电离辐射中的可能性和暴露后潜在的健康影响有关。电离辐射包括能够使原子失去电子并形成离子(离子,是具有净电荷的原子)的所有辐射类型。对于空间核系统,主要的电离辐射类型包括中子、γ 射线、α 粒子、β 粒子及 X 射线辐射。α 和 β 粒子将导致直接电离辐射,它们与物质的相互作用将在本节讨论。不带电荷的粒子，例如中子、γ 射线、X 射线，与原子核或原子中的电子相互作用产生带电粒子，这些带电粒子随后会电离物质中的原子。由上述过程可知，中子、γ 射线和 X 射线被称为间接电离辐射，中子和 γ 射线与物质的相互作用将在本章第 4 节和第 5 节中分别进行讨论。

1.3.1　电离

带电粒子与物质的相互作用是与物质的原子中的电子的相互作用。如果入射带电粒子，如 β 粒子，靠近原子并传递部分动能，而这部分动能又足以使一个轨道电子脱离原子，则此过程将产生一个离子对(电离原子和发射电子)，并由于产生入射辐射而导致电离能量损失。图 1-6 示意性地解释了电离过程。辐射产生电离的程度取决于辐射的类型、入射粒子的动能及被辐射的材料。比电离通常用来表示产生电离的能力，以离子对/厘米(ip/cm)表示。随着粒子质量和入射辐射电荷的增加，比电离增加。例如，α 粒子的质量比 β 粒子的质量大 7 000 多倍。α 粒子在空气中的比电离为 50 000 ip/cm，而 β 粒子只有 100 ip/cm。一般而言，随着被照射物原子序数及密度的增加，比电离也增加[3]。

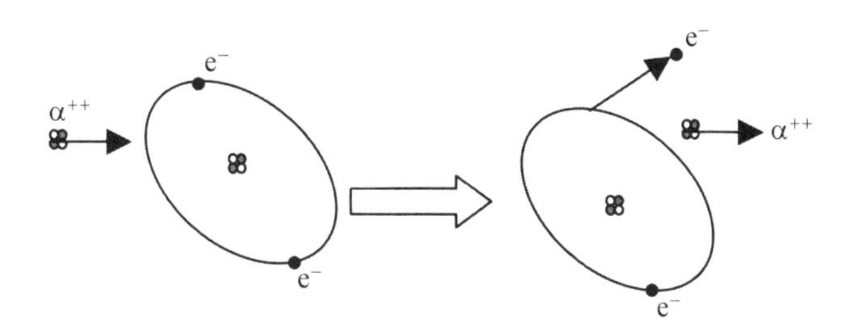

图 1-6　α 粒子电离过程示意图

1.3.2　其他能量传递机理

带电粒子相互作用导致的能量损失也可以由电离以外的其他过程产生。这些过程包括激发、轫致辐射和正电子湮灭。如果入射带电粒子能量不足以电离原子，辐射能量损失可归结为轨道电子被激发到更高的能态，再通过电子回退至基态发射 X 射线，其能量等于两个原子能级间的能量差。轫致辐射(也称为滞止辐射或减速辐射)是电荷在电场中被加速或减速时产生的。当入射带电粒子能量大于 1 MeV 时，原子核使 β 粒子偏转，并以 X 射线的形式释放能量，这个过程称为韧致辐射。正电子(β^+)可与带负电荷的电子(β^-)结合，导致物质-反物质湮灭。根据爱因斯坦方程[式(1-1)]，电子和正电子的总质量将转化成能量，湮灭能量由 2 个 0.511 MeV 的 γ 射线带走。

1.3.3 α 粒子作用范围

α 粒子直接与轨道电子相互作用，导致它们不能深入穿透物质。α 粒子的最大作用范围可以用简单的方法予以估计[3-4]。如图 1-7 所示，α 粒子引起的比电离可以由其入射距离及材料属性的函数表示，该曲线通常称为布拉格曲线。由图 1-7 的曲线可见，开始阶段比电离随着入射距离增加而增加，随后迅速降至零。比电离的增加是因为 α 粒子与材料原子相互碰撞而逐渐失去动能并减速。速度较慢时，α 粒子与电子相互作用的概率增大，导致比电离升高。当 α 粒子的能量变得足够小时，它将俘获两个电子，与介质形成热平衡的氦原子。核衰变过程中发射的 α 粒子，其能量范围为 4～9 MeV。虽然由衰变产生的 α 粒子动能较大，但相比于其他具有相同能量的小质量粒子，大多数 α 粒子的运动速度相对较慢。

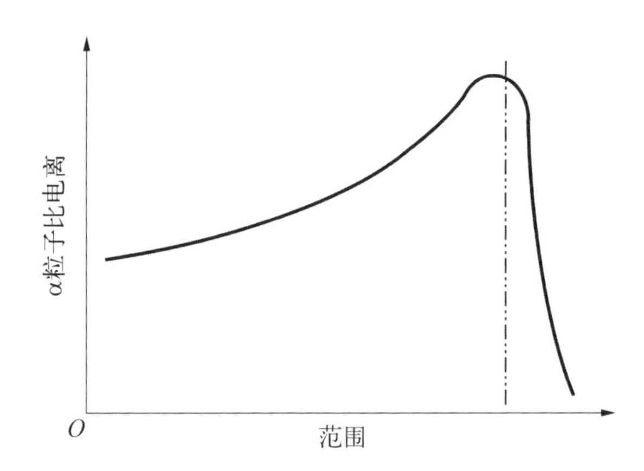

图 1-7 α 粒子比电离与作用范围关系(定性的布拉格曲线)

因此，α 粒子由电离失去能量的过程比其他类型的辐射快得多，从而导致其作用范围(入射深度)非常小，甚至没有足够的能量穿透人体的皮肤。在空气中，α 粒子的作用范围可通过以下方法估计：

$$
\begin{aligned}
R_\alpha^{\text{air}} &= 0.56E \qquad (\text{对于 } E > 4\ \text{MeV}) \\
R_\alpha^{\text{air}} &= 0.318E^{3/2} \qquad (\text{对于 } 4\ \text{MeV} \leqslant E < 7\ \text{MeV})
\end{aligned}
\tag{1-11}
$$

式中，R_{α}^{air} 为 α 粒子在空气中的作用范围(cm)；E 为 α 粒子的能量(MeV)。对于其他材料，α 粒子的作用范围 R_{α}^{M} 可使用布拉格-克利曼关系式估算[4]，即

$$R_{\alpha}^{M}=\frac{3.2\times10^{-4}\sqrt{\bar{A}_{r}}}{\zeta_{M}}R_{\alpha}^{air} \tag{1-12}$$

式中，ζ_{M} 为材料 M 的密度(g/cm^{3})；$\bar{A}_{r}$ 为材料 M 的平均相对原子质量。

1.3.4　β 粒子作用范围

与 α 粒子不同，对于特定的放射性同位素，其每次衰变放出的 β 粒子并不具有固定的特征能量。如图 1-8 所示，β 粒子的能量表现为连续的能谱。β 粒子的最大发射能量等于母核与子核间的质量差所对应的能量值，其能谱现象主要归因于衰变中 β 粒子和中微子之间的能量分配。与 α 粒子不同，质量较小的 β 粒子因其与原子核间的静电作用而发生的运动方向的变化较为频繁。由于 β 粒子发射能量不固定，且可能发生随机的散射碰撞，因此其作用范围较大。尽管如此，仍可以通过一个简单的公式估算在任何材料中 β 粒子的最大作用范围。材料屏蔽 β 粒子的能力与其密度成正比，因此，β 粒子的作用范围通常表示为密度厚度，即 $R_{\beta}\times\zeta_{M}$，单位为 g/cm^{2}，其近似关系式为

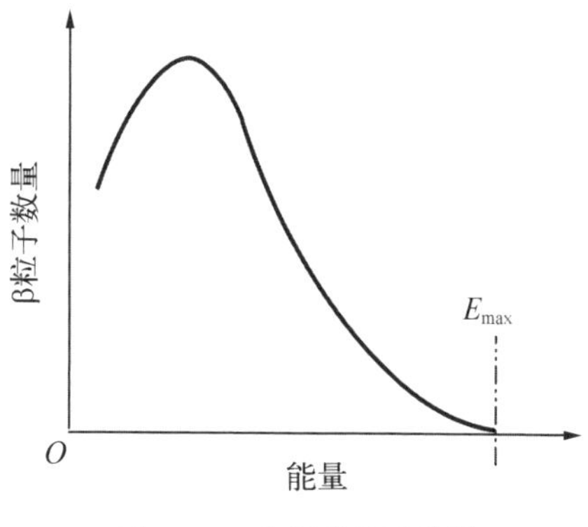

图 1-8　典型 β 粒子能谱

$$R_{\beta}\times\zeta_{M}=0.412E^{[1.265-(0.0954)\ln E_{max}]} \tag{1-13}$$

式中，R_{β} 为 β 粒子的最大作用范围(cm)；E_{max} 为 β 粒子发射的最大能量(MeV)。式(1-13)适用于发射能量为 0.01 MeV 至 2.5 MeV 的 β 粒子。任何材料中，β 粒子的最大作用范围估算可由密度范围除以材料密度得到。在人体组织中，β 粒子通常的最大作用范围约 5 mm，而 α 粒子只有 0.04 mm[3]。

例 1.2

估算在水中，能量为 2 MeV 的 β 粒子的最大作用范围。

解：

根据式(1-13)得

$$R_\beta \times \zeta_M = 0.412(2.0)^{[1.265-(0.0954)\ln 2]} = 0.9465(\text{g/cm}^2)$$

因此，最大作用范围是 $$R_\beta = \frac{0.9465}{1} = 0.95(\text{cm})$$

1.4 中子反应

中子不带任何电荷，不与原子中的轨道电子发生相互作用，仅与原子核相互作用。因此，在物质中，中子的作用范围比带电粒子大得多。与空间核系统相关，且最常见也最丰富的中子源是运行中的反应堆(核燃料持续发生核裂变)。反应堆能够产生中子，但引发链式反应需要一个初始中子源。中子发射可以利用 α 粒子轰击靶原子核(铍、硼、锂以及氧-18)实现。一些同位素，如氘(氢-2)或铍-9，其原子核被 γ 射线照射时，也会发射中子[3]。在通常情况下，中子和物质的相互作用与带电粒子和物质的相互作用相比更为复杂，包括各种吸收反应和散射反应，尤其是在运行的反应堆中。

1.4.1 中子吸收

中子一旦从原子核中释放出来，将成为不稳定的自由中子，会发生衰变，成为一个质子，并放出一个 β 粒子和一个反中微子[4]，自由中子的半衰期约 12 min。在多数情况下，中子在衰变前即被另一个原子核吸收。中子吸收反应分为两个步骤。当一个中子撞击靶核时，中子被吸收形成复合核。处于激发(高能量)态下的复合核通常用星号表示，例如，$^{236}U^*$。复合核的激发能量来自结合能和被吸收中子的动能。复合核不会长期处于激发态，而是通过发射粒子、γ 射线或裂变(分成两个部分)的形式非常迅速地释放能量。

1) 中子引起的粒子发射

靶核吸收中子产生的复合核可以发射带电粒子。吸收中子而发射 α 粒子和质子的反应分别用符号(n, α)和(n, p)表示。中子引起的 α 粒子发射如图 1-9 所示。虽然中子引发带电粒子发射不常见，但是同位素硼-10 和锂-6 的(n, α)反应却极为重要[3]。同位素硼-10 在天然硼中大约占 20%。由于硼-10 容易吸收中子，它经常被用作中子吸收剂以控制核反应堆。由于中子吸收

和后续的 α 粒子发射会使反应堆中的硼控制材料产生氦气。因此在反应堆设计时,要考虑氦气在硼控制材料中堆积的风险。对于空间反应堆,通常利用 LiH 作为中子辐射屏蔽材料,一些设计中也将锂用作反应堆冷却剂。反应堆系统设计使用 LiH 做屏蔽或用含锂的冷却剂,必须考虑由于 Li-6(n, α)反应产生氦气积累的风险。锂-6 约占天然锂的 7%。使用贫化锂(提高锂-7 与锂-6 的数量比)可显著地减少氦气产生。

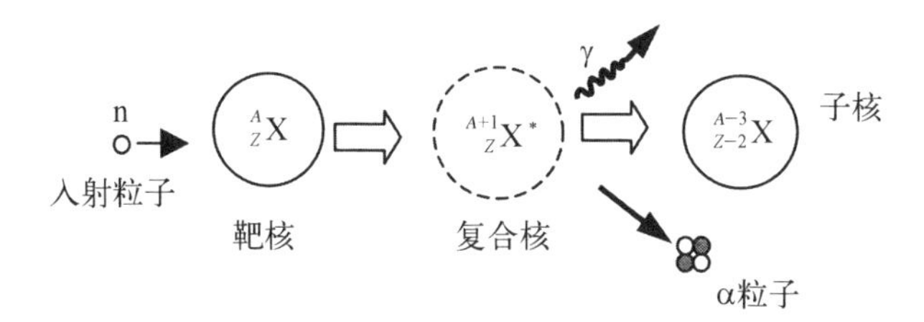

图 1-9　中子吸收产生带电粒子(n,α)

还有另外一种中子吸收反应(n, n)可以产生比入射中子能量小的另一个中子。对于一些核素,复合核会发出两个中子,即(n, 2n)反应。伴随中子吸收引起中子发射的(n, n)反应被视为非弹性散射,我们将在 4.2 节中讨论。

2) 辐射俘获和活化

与带电粒子发射过程相反,中子吸收普遍伴随 γ 射线发射,即(n, γ)反应。(n, γ)反应称为辐射俘获,所发射的 γ 光子称为俘获 γ 射线。γ 射线带走激发态复合核的多余能量。发射光子的能量通常与激发核的能级正相关。除氢元素外,辐射俘获发出的 γ 射线总能量通常为 6~8 MeV。氢的俘获 γ 射线能量为 2.2 MeV[3]。

辐射俘获反应产生的核通常是不稳定的,它们会按照放射性同位素的半衰期衰减。由辐射俘获产生放射性物质的过程称为中子活化。活化材料的衰变通常发射 β^- 粒子,有些核素也会发生 α 衰变。如图 1-10(a)和(b)所示,分别说明了辐射俘获形成稳定核的过程和辐射俘获的放射性衰变过程。

预期事故安全分析中必须考虑中子吸收材料的活化反应。对于空间反应堆要采用高富集度铀(^{235}U 的比例高达 93%)。燃料中还包含一些铀-238,在反应堆运行期间,铀-238 通过辐射俘获和随后的两次 β^- 衰变会产生放射性同位素钚-239。随后钚-239 可能吸收中子产生核裂变;但钚-239 衰变发射 α 粒子,半衰期为 2.44×10^4 年。因此,上述未裂变的钚-239 将成为后续反应堆运行的 α 粒子发射源。

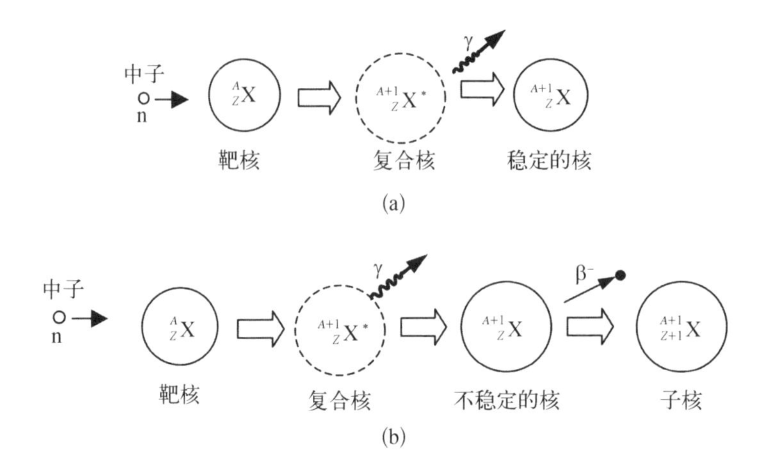

图 1-10　辐射俘获(n, γ)形成稳定核和形成不稳定核随后衰变(活化)

(a) 辐射俘获;(b) 中子活化

3) 核裂变

对于一些重核素,如铀-235 或钚-239,吸收中子可以引起核裂变(n, f),所形成的两个较小的原子核称为裂变产物(见图 1-11)。裂变过程中会释放两个或三个中子,β 粒子,γ 射线和中微子。原子核可以通过 40 多种不同的方式裂变成两部分。图 1-12 绘制了铀-235 不同裂变产物产额与裂变产物质量数的关系曲线,分别给出吸收热中子和高能中子(14 MeV)时裂变产物产额曲线。热中子是低能量的中子,它们与周围环境接近热平衡。由图 1-12 可知,裂变产物主要分为两组,其中一组的质量数在 80 和 110 之间,另一组在 125 和 155 之间。

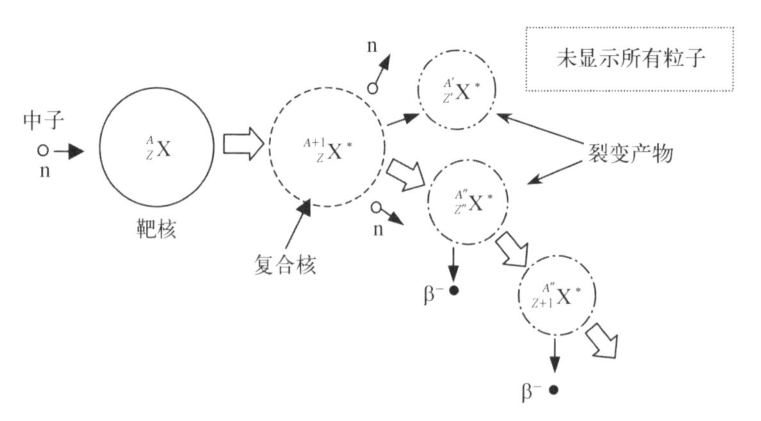

图 1-11　吸收中子后发生裂变(n, f)

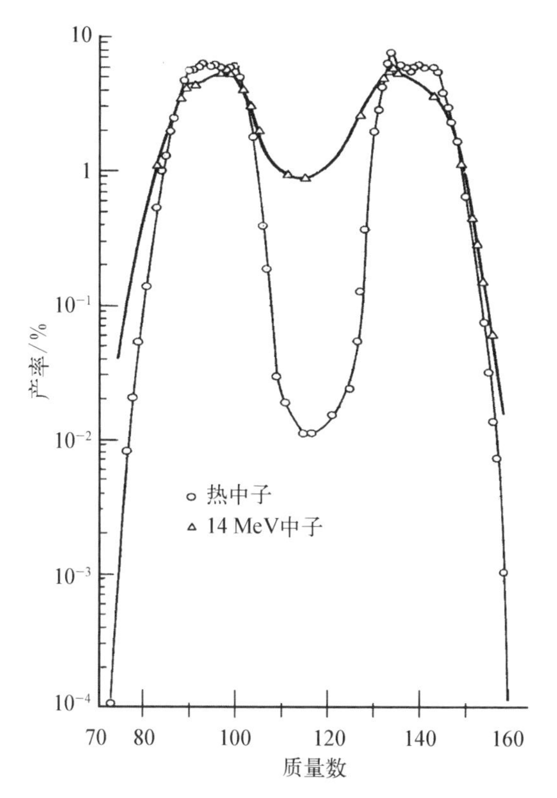

图 1－12　铀- 235 不同裂变产物产额与质量数关系曲线[5]

（资料来源：美国阿贡国家实验室经验数据）

其他可裂变原子核也有类似的规律。大多数裂变产物带有放射性，通常衰变时可发射 β^- 粒子。裂变产物衰变所形成核素的原子核通常也不稳定，同样会发生衰变。裂变产物需要经过一系列衰变过程才能够形成稳定的原子核。

裂变过程中释放中子是核反应堆运行的一个基本特征。对于铀- 235，每次吸收热中子诱发裂变反应平均产出 2.43 个中子；钚- 239 每次裂变平均产出 2.9 个中子(热中子)。当一个原子核发生裂变时，产生的两个较小核都处于激发态并发射大量的中子。大多数裂变产物迅速释放多余的中子($<10^{-14}$ s)并放出 γ 射线。图 1－13 和图 1－14 分别给出了瞬发中子和瞬发 γ 射线的能谱。瞬发中子占所有由裂变产生的中子数的 99%以上。另外一小部分裂变产物会通过衰变发射中子，而非 β 粒子。这些裂变产物会在一段时间后发生衰变(裂变后平均约 10～13 s)并发射缓发中子。对于铀- 235，缓发中子只占所有裂变产生的中子数的 0.65%。虽然缓发中子占比小，但在反应堆运行中至关重要。

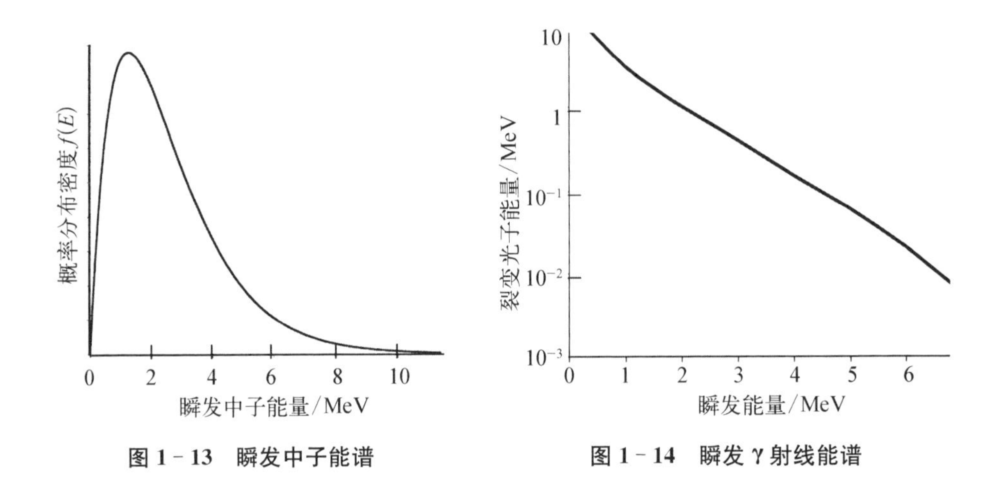

图 1-13　瞬发中子能谱　　**图 1-14　瞬发 γ 射线能谱**

1.4.2　中子散射

裂变时释放的中子多数为快中子，其能量远高于热中子。快中子在与原子核的非弹性或弹性碰撞中损耗部分动能，如图 1-15(a)和(b)所示，下面分别描述两类散射过程。

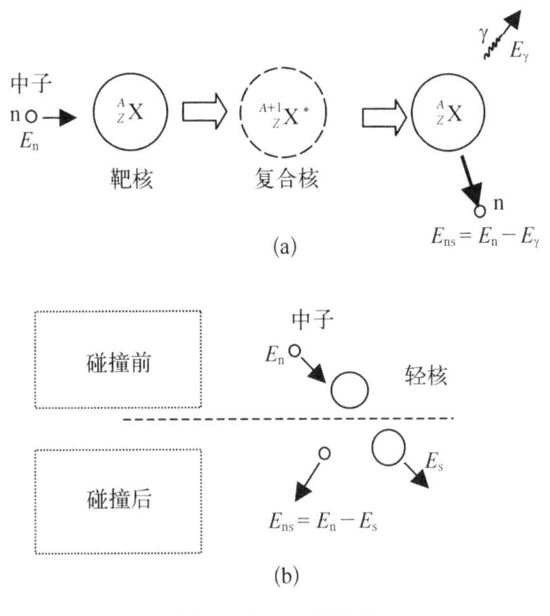

图 1-15　中子散射

(a) 快中子非弹性散射；(b) 快中子和超热中子的散射

1）非弹性散射

在非弹性散射碰撞中，入射中子被靶核吸收并形成复合核。随后复合核发射一个能量为 E_{ns} 的中子，其能量小于入射中子能量 E_n。入射中子动能 E_r 的一部分由原子核发射的 γ 射线带走。非弹性散射通常发生在高质量数元素中，并且只在入射中子能量高于某一数值时才能发生。对于高质量数核素，发生非弹性散射的入射中子能量阈值为 0.1～1 MeV[2]。

2）弹性散射

在中子弹性散射中，中子通过撞击将部分动能传递给靶核，中子和靶核总能量守恒(无 γ 射线发射)。弹性散射可发生在非弹性散射或势散射过程中。在势散射中，类似两个台球碰撞，中子与靶核碰撞不会形成复合核。通过动量和能量守恒可以证明，弹性碰撞期间的最大中子能量损失 ΔE_{max} 为

$$\Delta E_{max} \approx (1-\alpha_s)E \tag{1-14}$$

式中，α_s 定义为

$$\alpha_s \equiv \frac{(A-1)^2}{(A+1)^2} \tag{1-15}$$

式中，A 为核素的质量数。对于氢原子，$A=1$，$\alpha_s=0$，$\Delta E_{max}=E$。换言之，在与氢原子的原子核发生单次弹性碰撞时，中子可以失去全部动能。每次碰撞最大可能的能量损失随原子质量增加而减小[3]。注意式(1-14)仅适用于热中子以上的能量范围，因为此能量范围内可以认为靶核和中子是相对静止的。

为了提高裂变材料吸收中子的概率，反应堆中常用一些被称为慢化剂的材料来降低平均中子能量。反应堆慢化剂包括含氢的材料和其他低质量数的材料。水和石墨是陆地反应堆常用的慢化剂材料。对于空间反应堆，常用的慢化剂包括氢化锆、铍、氧化铍和石墨。

对于充分慢化的反应堆系统，中子散射可使低能量热中子的数目显著增加。热中子分布近似麦克斯韦-玻尔兹曼能量分布。麦克斯韦-玻尔兹曼能量分布如式(1-16)所示：

$$f(E)=\frac{2\pi\sqrt{E}}{(\pi kT)^{3/2}}e^{-E/kT} \tag{1-16}$$

式中，$f(E)$为能量为 E 的单位能量间隔内的中子份额，k 为玻尔兹曼常数，T 为绝对温度。当式(1-16)应用于中子时，温度表示中子温度，而非介质温度。

由于低能量中子易于吸收，中子温度（一般比介质的温度稍高）可能使（较高能量）中子谱硬化。如图 1-16 所示，给出了在 2 000 K 温度下的麦克斯韦-玻尔兹曼能量分布。

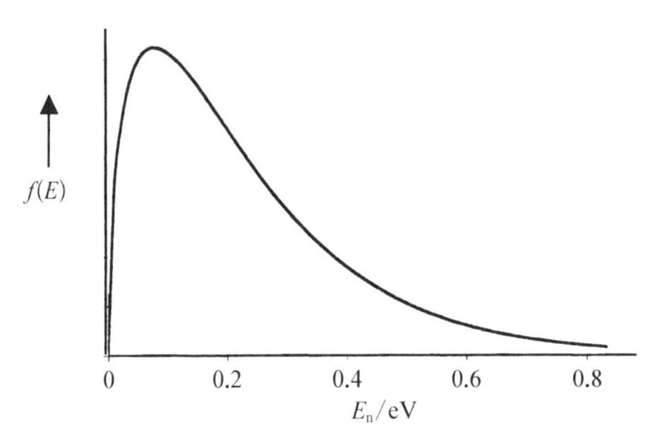

图 1-16　麦克斯韦-玻尔兹曼能量分布

1.4.3　截面、通量、反应率

含有易裂变同位素材料的中子反应一般较为复杂，它包括裂变产生中子的动态过程和系统吸收或泄漏中子导致的中子损失过程。中子与物质复杂的相互作用可由中子通量、截面和反应率等概念来描述。

1）微观截面

对于某一反应 j，微观截面 $\sigma_{ij}(\boldsymbol{r}, E)$ 可以被定义为位于 $\boldsymbol{r}$ 处的同位素 i 的原子核对一个给定能量 E 的入射中子的有效截面面积。微观截面不是与原子核的大小有关的真实横截面面积，原子核相互作用是复杂的量子力学作用，这种作用可以由有效微观截面来表征。对于特定同位素，微观截面的大小的数量级相同，取决于入射中子的能量和中子与原子核作用的类型。每个类型的相互作用都可以定义一种微观吸收截面。符号 σ_γ、σ_α、σ_f 和 σ_{2n} 分别是指(n, γ)、(n, α)、(n, f)和(n, 2n)等核反应的微观吸收截面，微观截面也可定义中子散射截面 σ_s。某些散射截面可用来表征从一个特定能量范围到另一个特定能量范围的中子散射（将在第 8 章中讨论）。微观吸收截面 σ_α 定义为俘获和裂变截面之和，即

$$\sigma_\alpha = \sigma_\gamma + \sigma_f \tag{1-17}$$

我们可以将宏观截面定义为

$$\Sigma_{ij}(\boldsymbol{r}, E) \equiv N_i \sigma_{ij}(\boldsymbol{r}, E) \tag{1-18}$$

宏观截面是单位体积内同位素 i 的所有原子核的总有效截面积。由于长度单位用厘米表示，且核的微观截面通常是非常小的，而原子密度通常是非常大的，因此物理学家们定义了一个更加方便的单位——靶(b)，1 b = 10^{-24} cm^2。微观截面通常用靶表示，原子密度的单位是 cm^{-3}，则宏观截面的单位是 cm^{-1}。

2) 通量和反应率

中子通量 ϕ 是分析中子相互作用的一个常用概念。中子通量被定义为中子密度 n(cm^{-3})和中子速度 v(cm/s)的乘积，即

$$\phi(\boldsymbol{r}, E) = n(\boldsymbol{r}, E)v(\boldsymbol{r}, E) \tag{1-19}$$

中子通量的单位是$(cm^2 \cdot s \cdot eV)^{-1}$，变量 $\boldsymbol{r}$ 和 E 分别表示位置矢量和中子动能。对比图 1-13(兆电子伏为单位)与图 1-16(电子伏特为单位)，可以明显看出中子能谱与介质的组成有很大关系。因此，通量的能量分布在不同类型反应堆中是不同的。另外，在一个特定反应堆内通量在不同区域间也存在明显变化。

中子反应率 $R[(cm^3 \cdot s)^{-1}]$可以用在位置 $\boldsymbol{r}$ 处的中子通量 ϕ 和宏观截面 $\Sigma(\boldsymbol{r}, E)$ 来计算；即对于某一特定类型的反应 j 和同位素 i 的反应率可表示为

$$R_{ij}(\boldsymbol{r}) = \int_0^\infty \Sigma_{ij}(\boldsymbol{r}, E)\phi(\boldsymbol{r}, E)\mathrm{d}E \tag{1-20}$$

对于某类反应 j，其总反应率为介质中每个同位素的反应率总和

$$R_{ij}(\boldsymbol{r}) = \sum_i R_{ij}(\boldsymbol{r}) \tag{1-21}$$

3) 截面与能量的关系

微观吸收截面与入射中子的能量有很大关系，中子能量通常分为三个能量范围，分别称为热中子、超热中子和快中子能量范围。上述能量范围边界并不清晰，因为对于具有不同能量的各种同位素，每个能量范围的边界是由其截面特征决定的。热中子一般指能量在 1～2 eV 以下的所有中子。对于许多材料，热中子能量范围内的吸收截面与中子动能的平方根成反比，即吸收截面与中子速度 v 成反比：

$$\sigma_{\alpha} \sim \frac{1}{E^{1/2}} \sim \frac{1}{v} \tag{1-22}$$

表 1-2 列举了对于速度为 2 200 m/s 的中子，不同元素的吸收和散射截面。假设满足麦克斯韦-玻尔兹曼能量分布，中子速度为 2 200 m/s 对应在温度为 293 K 时的能量为 0.025 2 eV。表 1-2 的截面是对天然存在的同位素进行测量得到的，同一元素不同同位素的截面通常不同。表 1-3 列举了铀同位素和钚-239 的热中子吸收截面，还给出了铀裂变和俘获截面组成的吸收截面。

表 1-2　一些天然存在的元素的热中子(2 200 m/s)的吸收和散射截面

元　素	σ_{α}/b	σ_s/b	元　素	σ_{α}/b	σ_s/b
H	0.332	38.0	Fe	2.62	11.0
He	0.007	0.8	Cu	3.77	7.2
Li	71.0	1.4	Zr	0.180	8.0
Be	0.010	7.0	Cd	2.45×10^{3}	7.0
B	7.6×10^{2}	4.0	Hf	1.05×10^{2}	8.0
C	0.003 4	4.8	Ta	21.0	5.0
O	2.19×10^{-4}	4.2	W	19.2	5.0
Na	0.53	4.0	Hg	3.8×10^{2}	20.0
Al	0.230	1.4	Th	7.56	12.6
Cl	33.8	16.0	U	7.68	8.3

表 1-3　铀同位素和钚-239 的热中子(2 200 m/s)吸收截面

同位素	σ_f/b	σ_{γ}/b	σ_{α}/b
^{233}U	527.0	54.0	581.0
^{235}U	577.0	106.0	683.0

（续表）

同位素	σ_f/b	σ_γ/b	σ_a/b
^{238}U	0.0	2.71	2.71
^{239}Pu	742.0	287.0	1 029.0

超热中子能量范围是从热中子能量范围的上限至约 10 000 eV(10 keV)。许多同位素在超热中子范围内的吸收截面存在很多尖锐的峰值。这些峰值称为共振，这与在复合核中的量子态有关。在共振峰值处形成复合核的概率比峰值两侧都高。如图 1 - 17 所示，可以清楚地看出铀- 235 的裂变截面共振峰值。超热中子范围也称为共振中子范围。快中子的能量高于超热中子，不存在共振峰值，而且截面也很小。如图 1 - 17 所示，给出了铀- 235 的三个近似的截面能量范围。

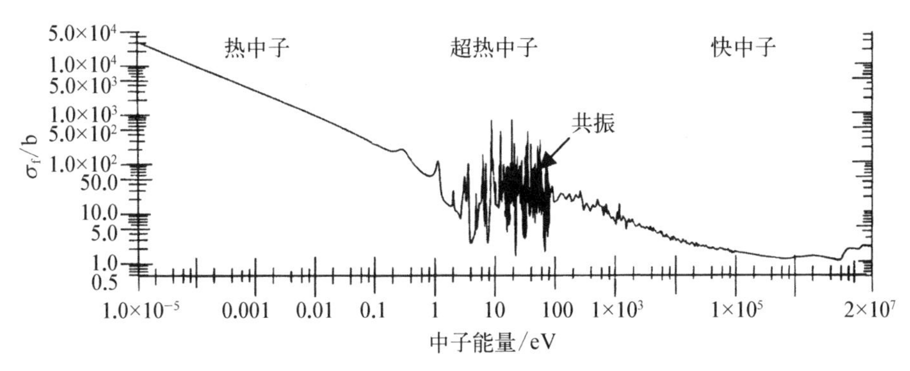

图 1 - 17　铀- 235 裂变截面随中子能量的变化[6]

（资料来源：布鲁克海文国家实验室的经验函数）

例 1.3

假设热中子通量为 $1.8\times10^{11}(\text{cm}^2\cdot\text{s})^{-1}$，计算在液体钠中的反应率。钠密度为 0.82 g/cm^3，相对原子质量为 22.99。假设只发生热中子的吸收反应，其特征可用 2 200 m/s 的吸收截面来表示。

解：

由式(1 - 7)得

$$N=\frac{0.82\times6.022\times10^{23}}{22.99\times10^{24}}=0.021\,5[(\text{b}\cdot\text{cm})^{-1}]$$

查表 1－2 可知：$\sigma_{Na}=0.53$ b，由式(1－18)和式(1－20)，可得

$$R=0.0215\times0.53\times1.8\times10^{11}=2.05\times10^{9}[(cm^{3}\cdot s)^{-1}]$$

1.5　γ 射线相互作用

γ 射线是从原子核发射的电磁辐射。γ 射线由核衰变、中子俘获、核裂变产生。一般 γ 射线的能量高于 X 射线，γ 射线与 X 射线的不同之处在于它们的发射源不同，X 射线不是由原子核发射的，而是由于原子轨道电子能级变化产生的。物质-反物质湮没辐射通常称为 γ 辐射，然而湮没辐射不是来自原子核，严格来说，不属于 γ 辐射，历来堆这个术语的使用都不考虑其与物质间的相互作用。对 γ 射线与物质的相互作用的理论适用于高于 1 keV 能量的所有电磁辐射，且与其发射源无关。

1.5.1　作用过程

与中子相同，γ 射线不带电，并且比 α 粒子和 β 粒子穿透力更强。物质与 γ 射线相互作用的三个主要过程分别是光电效应、康普顿散射和电子对生成，如图 1－18 所示，这三个过程都会发射、散射或产生高速电子，电子的行为与 β 粒子类似(如从原子核发射电子)，通过电离或其他过程将其动能传递给介质。

1) 光电效应

在低能量(小于 1 MeV)区域，光电效应至关重要。光子的能量等于普朗克常数 h(6.626×10^{-34} J·s)与频率 v 之积。光电效应过程中入射 γ 光子的全部能量传递给原子轨道电子。电子从原子中发射，其动能等于入射 γ 光子的能量与电子的结合能之差。发生光电效应的概率与介质原子数的 4 次方成正比，与 γ 光子能量的立方成反比，即～(Z^{4}/E_{γ}^{3})。

2) 康普顿散射

当 γ 光子与电子发生弹性碰撞时会导致电子的康普顿散射。由于能量和动量守恒，光子的部分动能转移给电子，光子被散射到另一个方向。散射光子的能量 $(E_{\gamma s}=hv_{\gamma s})$ 等于入射光子的能量 $(E_{\gamma}=hv_{\gamma})$ 减去传递给电子的动能 E_{e}。康普顿散射的概率与原子的原子数成正比，与光子能量成反比，即～(Z/E_{γ})。

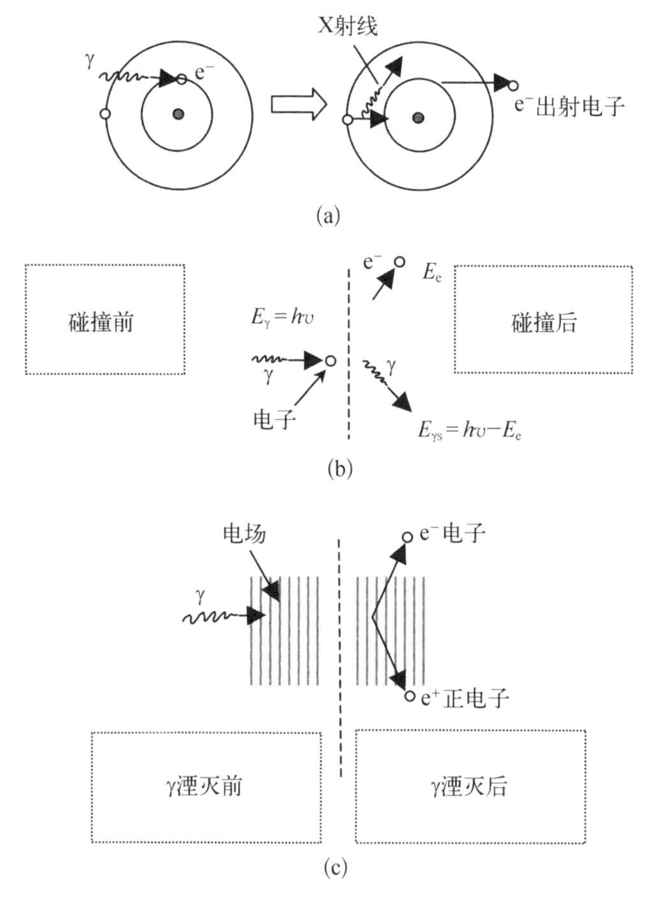

图 1-18　γ 射线与物质的相互作用

(a) 光电效应;(b) 康普顿散射;(c) 电子对生成

3) 电子对生成

当 γ 光子进入一个原子核附近的强电场时,可以产生一对正负电子。要发生上述过程,γ 光子的能量至少为电子和正电子的总静止质量对应的能量,即 1.02 MeV。在电子对生成过程中光子被完全吸收,大部分多余能量转化为电子和正电子的动能。剩余小部分多余能量传递给了原子核。电子对是由于电子和正电子与介质发生电离及其他作用而产生的。正电子最终与介质原子中的电子相结合或湮灭,产生两个 0.511 MeV 的光子。γ 射线与介质原子核的电场相互作用产生电子对的概率与 $Z^2(E_\gamma - 1.02)$成正比。少数轨道电子的较弱电场也会导致电子对产生[3]。

1.5.2 γ射线衰减

一窄束γ射线入射到介质中，γ射线强度的微分变化 $\mathrm{d}I_\gamma/I_\gamma$ 与其在介质中穿过的无穷小的距离 $\mathrm{d}x$ 成正比：

$$\frac{\mathrm{d}I_\gamma}{I_\gamma}=-\mu_\gamma \mathrm{d}x \tag{1-23}$$

介质的比例常数 μ_γ 称为线性衰减系数。γ射线强度 I_γ 的量纲为光子/cm^2 或 $\mathrm{MeV/cm}^2$。通常厚度用 cm 表示，线性衰减系数的单位是 cm^{-1}，对式(1-23)积分可得

$$I_\gamma(x)=I_{\gamma 0}\mathrm{e}^{-\mu_\gamma x} \tag{1-24}$$

式中，$I_{\gamma 0}$ 为入射γ射线的强度。式(1-24)的简化关系式不适用于宽束γ射线[3]。在第4章中会讨论γ射线衰减的一般方程。

线性衰减系数包含所有γ吸收过程中的衰减影响，因此，与其能量相关的衰减系数分为光电效应衰减系数、康普顿散射衰减系数和电子对生成衰减系数。如图1-19所示，列出了铅γ射线的线性衰减系数 μ_γ 与能量的关系。表1-4列出了不同材料的线性衰减系数与γ射线能量的关系。在0.1～10 MeV的能量范围内，对于轻元素，线性衰减系数与材料的密度之比 μ_γ/ζ_m 与材料的

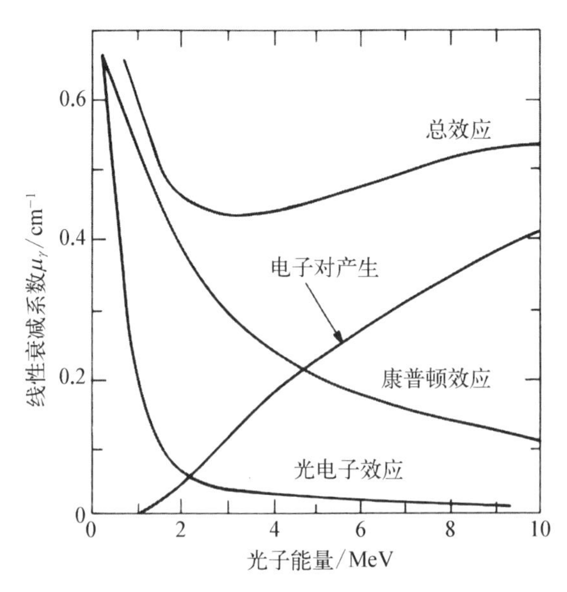

图1-19 主要反应过程中铅γ射线的线性衰减系数与能量的关系[4]

类型基本无关[3]。μ_γ/ζ_m 称为质量衰减系数，常用来表征和分析 γ 射线与物质的相互作用。表 1-5 给出了几种材料 γ 射线的质量衰减系数。

表 1-4　不同材料 γ 射线总线性衰减系数[5]

材料	μ_γ/cm^{-1}								
	γ 射线能量/MeV								
	0.1	0.5	1.0	1.5	2.0	3.0	5.0	8.0	10.0
碳	0.335	0.196	0.143	0.117	0.100	0.080	0.061	0.048	0.044
铝	0.435	0.227	0.166	0.135	0.116	0.098	0.076	0.065	0.062
铁	2.704	0.651	0.468	0.381	0.333	0.284	0.246	0.232	0.231
钨	81.25	2.413	1.235	0.950	0.843	0.782	0.789	0.845	0.898
铅	59.99	1.644	0.776	0.581	0.518	0.477	0.483	0.521	0.555
铀	19.82	3.291	1.416	1.025	0.905	0.832	0.834	0.896	0.956
水	0.167	0.097	0.071	0.058	0.049	0.040	0.030	0.024	0.022
混凝土	0.397	0.205	0.149	0.122	0.105	0.085	0.067	0.057	0.054

表 1-5　不同材料 γ 射线总质量衰减系数[5]

材料	$\mu_\gamma/\zeta_m/(cm^2/g)$								
	γ 射线能量/MeV								
	0.1	0.5	1.0	1.5	2.0	3.0	5.0	8.0	10.0
氢	0.295	0.173	0.126	0.103	0.088	0.069	0.050	0.037	0.032
碳	0.149	0.087	0.064	0.052	0.044	0.036	0.027	0.021	0.019
铝	0.161	0.084	0.061	0.050	0.043	0.035	0.028	0.024	0.023
铁	0.344	0.083	0.060	0.049	0.042	0.036	0.031	0.030	0.029
钨	4.21	0.125	0.064	0.049	0.044	01041	0.041	0.044	0.047
铅	5.29	0.145	0.068	0.051	0.046	0.042	0.043	0.046	0.049

（续表）

材料	μ_γ/ζ_m/(cm²/g)								
	γ射线能量/MeV								
	0.1	0.5	1.0	1.5	2.0	3.0	5.0	8.0	10.0
铀	1.06	0.176	0.076	0.055	0.048	0.045	0.045	0.048	0.051
水	0.151	0.087	0.066	0.052	0.045	0.036	0.027	0.022	0.020
混凝土	0.167	0.097	0.071	0.058	0.049	0.040	0.030	0.024	0.022
碳	0.169	0.087	0.064	0.052	0.044	0.036	0.029	0.024	0.023
薄纸	0.163	0.094	0.168	0.056	0.048	0.038	0.029	0.023	0.021

1.6 核能

与化学反应相比，核反应过程中释放的能量是巨大的。在放热化学反应中每个分子获得的净能量可以用电子伏特来衡量；但对于核反应，是以每个原子百万电子伏特来衡量的。核能产生于不稳定原子核的自发放射性衰变过程、重原子核的裂变过程或两个轻原子核的聚变过程。由于核聚变发电系统仍处于实验阶段，本书不进行详述。空间核电源仅利用核的分裂过程，包括放射性衰变和核裂变过程。根据爱因斯坦方程[式(1-1)]，在核反应过程中释放的能量与核反应物及产物之间的质量差有关。对于一个放射性同位素的核衰变过程，发生反应的原始核不稳定，它的产物包括衰变之后的子核和衰变过程中释放的粒子。对于核裂变，反应物是指入射中子和靶核，产物是指裂变产物和由于核裂变释放的所有粒子。

1.6.1 放射性同位素电源

放射性同位素电源通过燃料原子核自发放射性衰变产生核能。截至2024年，美国发射到太空的所有放射性同位素电源均采用钚-238作为热源。钚-238原子核放射性衰变过程中释放约5.5 MeV的能量，该能量主要是发射α粒子的动能，α粒子与燃料原子相互作用（例如电离）将动能传递给燃料原子，使核燃料发热。放射性同位素燃料的热量可以利用能量转换装置转化为电能。

由于在燃料中每次放射性衰变都释放能量，放射性同位素热源的功率密度与各类放射性同位素的衰变率总和成正比：

$$q'''(t)=\sum_i \kappa_i^{\mathrm{D}}\lambda_i \mathrm{N}_i(t) \tag{1-25}$$

式中，q'''为功率密度（$\mathrm{W/cm^3}$），κ_i^{D} 为核素 i 每次核衰变的能量产率（W·s/dis）[①]。假定放射性同位素热源的所有放射性衰变是由一个核素产生的，并假设衰变的产物核素是稳定的，那么合并式(1-6)和式(1-25)，可得功率密度为

$$q'''(t)=\kappa^{\mathrm{D}}\lambda N_0 \mathrm{e}^{-\lambda t} \tag{1-26}$$

虽然放射性同位素热源包括一个或一个以上不稳定的同位素和对总能量有贡献的不稳定产物，但式(1-26)仍可近似适用于许多放射性同位素燃料。由表 1-1 可知钚-238 的半衰期为 87.7 年。利用式(1-10)我们可以计算出钚-238 的衰变常数：

$$\lambda=\frac{0.693}{87.7(3.1536\times10^{7})}=2.5\times10^{-10}(\mathrm{s^{-1}})$$

假设二氧化钚的名义密度为 10 g/cm³，钚-238 的原子密度为

$$N_{\mathrm{Pu}}=\frac{\zeta_{\mathrm{PuO_2}}N_{\mathrm{A}}}{M_{\mathrm{r}}}=\frac{10.0(6.022\times10^{23})}{[238.05+2(15.994)]}=2.23\times10^{22}(\mathrm{cm^{-3}})$$

需要注意，计算原子密度需要采用相对分子质量 M_{r}，而不是相对原子质量 A_{r}。式(1-26)给出功率密度：

$$\begin{aligned}q'''(t)&=5.5\times2.5\times10^{-10}\times2.23\times10^{22}\times\mathrm{e}^{-(2.5\times10^{-10})t}\\&=3.07\times10^{13}\times1.063\times10^{-13}\times\mathrm{e}^{-(2.5\times10^{-10})t}\\&=4.9\mathrm{e}^{-(2.5\times10^{-10})t}\end{aligned}$$

因此，寿期初该放射性同位素热源的功率密度约为 4.9 W/cm³，之后随时间呈指数递减。

1.6.2　反应堆动力系统

空间反应堆系统通过控制核裂变产生能量。每次裂变大约释放 200 MeV

① “dis”在这里表示一次核衰变，业内习惯用 W·s/dis 作为每次核衰变的能量产率的单位。

能量，比作为放射性同位素热源的钚-238燃料每次衰变释放的能量要高约36倍。如表1-6所示，大多数裂变过程中产生的能量以裂变产物动能的形式释放。对于铀-235，每次裂变过程中裂变产物的总动能平均为168 MeV。由于裂变产物原子核不稳定，会发射β粒子、γ射线和中微子，每次裂变将额外产生27 MeV的能量。每次裂变释放中子的平均动能为2 MeV，释放所有中子的总动能约为5 MeV。每次裂变中反应堆材料的中子活化也将产生额外3～12 MeV的能量[4]。部分由裂变产生的γ射线和中子可以逃逸出堆芯，所携带能量大概率不可回收。中微子与反应堆材料基本上不发生相互作用，所携带能量也不可利用。被活化材料在衰变过程中释放额外能量，通常假设可以近似补偿辐射逃逸的能量损失。因此，核裂变产生的可收回净能量大约为200 MeV。

表1-6　铀-235裂变能量分布[4]　　单位：MeV

能量来源	释放能量	不可恢复能量
裂变产物总动能	168	168
β辐射	8	8
γ辐射	7	<7
中微子	12	0
瞬发(裂变)γ辐射	7	<7
裂变中子动能	5	<5
俘获γ辐射	—	<12
总计	207	约200

裂变产物和裂变过程中释放的粒子与燃料材料中的原子碰撞可使燃料加热，该热量可以利用热电转换装置转换为电能。另外，反应堆的产热可直接用于加热推进工质。反应堆的功率密度巨大，其核燃料的功率密度q'''与裂变反应率成正比。利用式(1-20)，可求得功率密度为

$$q''' = \int_0^{\infty} k\Sigma_{\mathrm{f}}(E)\phi(E)\mathrm{d}E \tag{1-27}$$

式中，系数k为每次裂变释放的可回收能量。对于热中子反应堆，假设大部分

的裂变是由热中子产生的，式(1－27)可写为

$$q''' \approx k\overline{\Sigma}_f\phi \tag{1-28}$$

式中，$\overline{\Sigma}_f$ 和 ϕ 分别为热中子平均宏观裂变截面和热中子通量。假设二氧化铀(UO_2)的燃料密度为 10 g/cm^3，铀－235 富集度为 93%，则燃料原子密度为

$$N_{U\text{-}235} = \frac{0.93 \times 10 \times (6.022 \times 10^{23})}{(235.044 + 2 \times 15.994) \times 10^{24}} = 0.021[(b \cdot cm)^{-1}]$$

平均微观裂变截面为 350 b，继而可得

$$\Sigma_f = 350 \times 0.021 = 7.35(cm^{-1})$$

假设热中子通量约为 $2\times10^{12}/(cm^2 \cdot s)$，根据式(1－28)估算燃料功率密度为

$$\begin{aligned} q''' &= 200 \times 7.35 \times 2 \times 10^{12} \times (1.603 \times 10^{-13}) \\ &= 471(W/cm^3) \end{aligned}$$

在本例中，反应堆燃料的功率密度比典型的同位素电源的功率密度大约高 100 倍。可以通过提高中子通量水平实现更高的反应堆燃料的功率密度。但中子通量水平和功率密度受到反应堆系统运行条件的限制，如材料温度限制等。

1.7　本章小结

原子核由带正电的质子和不带电的中子组成。稳定的原子核包含的中子比质子多。不稳定的原子核会通过发射粒子而衰变形成更稳定的原子核。原子的核衰变速率与放射性同位素的原子数成正比，衰变系数是比例常数。放射性同位素的原子数与时间和同位素的半衰期呈指数递减关系。衰变过程中释放正负 β 粒子、α 粒子和 γ 射线。在中子和质子或质子和中子的能量转换过程中，原子核分别发射负电子或正电子；α 粒子是由两个质子和两个中子组成的稳定核，α 辐射为 α 粒子离子束；γ 射线是电磁辐射。根据量子理论，γ 射线可以视为一种粒子束，对应粒子称为光子。中子辐射主要由核裂变产生。

所有的核安全问题最终都与暴露于电离辐射的概率有关。α 粒子和 β 粒子将导致直接电离辐射，即：它们是带电粒子，通过与物质相互作用将介质核

的轨道电子电离，因此 α 粒子和 β 粒子在密度大的物质中穿透深度很小。不带电的中子和 γ 射线与原子核或原子中的电子相互作用，产生的带电粒子随后使物质中的原子电离，因为包含两个过程，所以中子和 γ 射线导致的电离过程称为间接电离辐射，间接电离辐射穿透力很强。

物质与 γ 射线的相互作用有三个主要过程，分别为光电效应、康普顿散射和电子对生成。光电效应是指原子中轨道电子吸收入射 γ 射线的全部能量而从原子中发射的过程。当 γ 光子与电子发生弹性碰撞产生电子时称为康普顿散射。电子对生成是指在 γ 光子湮灭时产生一对正负电子。当窄束 γ 射线入射到介质时，γ 射线衰减强度与介质的厚度呈指数递减关系，介质的比例常数称为线性衰减系数。

中子通量和截面用来描述中子与原子核的相互作用。中子通量 ϕ 是中子密度和中子速度的乘积。微观截面 σ 是对于某一核素，即中子与核的相互作用的有效微观截面。宏观截面 Σ 是微观截面和核素的原子密度的乘积。中子可能被吸收或被介质中的原子核散射。当一个中子被原子核吸收，原子核形成处于激发态(高能量)的复合核。复合核可以通过发射粒子和光子，或者通过裂变释放多余的能量。几乎所有的元素都会发生吸收中子释放 γ 射线(称为辐射俘获)的反应。辐射俘获可能导致材料活化，即稳定同位素在吸收中子后可以转变成一个放射性核素。对于一些重核素，吸收中子可导致复合核裂变，形成更小的原子核，这些新核称为裂变产物。裂变产物不稳定，通常会发生 β^- 粒子衰变。裂变过程中释放两个或三个中子和其他粒子。中子与原子核相互作用可以通过非弹性或弹性散射消耗能量。发生非弹性散射时，中子被原子核吸收，复合核发射较低能量中子，并伴随 γ 射线发射。弹性散射可以类比于两个台球碰撞。对于弹性散射，中子和原子核的总动能守恒，但在撞击过程中中子会将动能传递给靶核。

放射性同位素的衰变过程和核裂变过程都释放核能。相较于化学反应，核反应过程中释放更为巨大的能量。在通常情况下，核燃料核裂变的功率密度比放射性同位素燃料的功率密度大很多倍。

参考文献

1. Walker, F. W., J. R. Parrington, and F. Feiner, *Chart of the Nuclides: With Physical Constants, Conversion Factors and Table of Equivalents*. 14th rev. Ed., San Jose, CA: General Electric Co., Nuclear Energy Marketing Dept. 1988.

2. El-Wakil, M. M., *Nuclear Power Engineering*. New York: McGraw-Hill, 1962.
3. Glasstone, S. and A. Sesonske, *Nuclear Reactor Engineering*. Princeton, NJ: Van Nostrand, 1967.
4. Angelo, Jr., J. A. and D. Buden, *Space Nuclear Power*, Malabar, FL: Orbit Book Co., 1985.
5. Reactor Physics Constants Center (U. S.), *Reactor Physics Constants*. 2nd ed. ANL-5800, U. S. Atomic Energy Commission, Division of Technical Information, 1963.
6. Magurno, B. A., R. R. Kinsey, and F. M. Scheffel, *Guidebook for the ENDF/B-V Nuclear Data Files*. EPRI-NP-2510; BNL-NCS-31451; ENDF—328. Upton, NY: National Nuclear Data Center, 1982.

符号及其含义

符号	含义	符号	含义
A	质量数	m	质量
A_r	相对原子质量	α	阿尔法粒子
A	活度	α_s	$(A-1)^2/(A+1)^2$
$\overline{A}$	比活度	β	贝塔粒子(电子)
b	靶	Δm	质量亏损
c	光速	ϕ	中子通量
Ci	居里	γ	γ 射线
e^-	电子	κ	裂变能量产率
e^+	正电子	κ^D	核衰变能量产率
eV	电子伏特	λ	衰变常数
E	能量	M_r	相对分子质量
$f(E)$	能量为 E 的单位能量间隔内的中子份额	N	原子密度
h	普朗克常数	N_A	阿伏伽德罗常数
I_γ	γ 射线强度	n	中子
k	玻尔兹曼常数	n	中子密度[式(1-19)中]

（续表）

N	原子数	μ_γ	γ射线衰减系数
q'''	功率密度	μ_γ/ζ_m	γ射线质量衰减系数
$\boldsymbol{r}$	位置矢量	ν	光子频率
R	反应率	ν_e，$\bar{\nu}_e$	中微子，反中微子
$t_{1/2}$	半衰期	σ	微观截面
t	时间	σ_γ	捕获截面
u	原子质量单位	Σ	宏观截面
v	中子速度	ζ	同位素密度
Z	原子数		

特殊上标/下标及其含义

a	中子吸收	M	材料类型
f	核裂变	0	初始值
i	同位素定义	*	激发态
j	反应类型		

练习题

1. 一个空间反应堆以 10 kW 的电功率运行十年，净效率为 17%，反应堆的临界质量为 100 kg 铀-235。(1) 计算 10 年后消耗(裂变)的铀-235 的质量；(2) 计算消耗的铀-235 产生的能量；(3) 将消耗的质量和转化为能量的质量与临界质量进行比较。

2. 钋-210 是可用于短期任务的潜在放射同位素电源燃料，其半衰期为 138.4 天，初始功率密度为 1 320 W/cm^3。(1) 计算钋-210 的比活度，并与钚-

238对比；(2) 假设初始阶段200 g纯钋-210，任务持续6个月，计算初始阶段的活度和任务结束时的活度。(3) 计算任务结束时的功率密度。

3. 计算5 MeV α粒子和1.25 MeV β粒子在空气、铝、水、铁、铀中的穿透范围，相对原子质量和密度如下：

	铝	水	铁	铀
$\overline{A}_r$	26.98	18.016	55.85	238.03
$\zeta/(g/cm^3)$	2.699	1	7.8	18.9

4. 计算近月反应堆装置组成材料中的中子捕获反应率和总反应率。假设反应率都是由热中子捕获产生的，假设装置足够薄，即装置内的通量与表面通量相等，均等于$3.2\times10^9/(cm^2\cdot s)$，采用表1-2中的热中子截面，组成材料的相对原子质量和密度如下：

组成	Al	Fe	C	W	Cu	BeO	其他
比重/%	21	28	12	7	5	17	10
$\overline{A}_r$	26.98	55.85	12.011	182.8	663.54	9	0
ζ①$/(g/cm^3)$	2.7	7.86	1.6	19.3	8.94	3.0	0

注：①指未沾污密度。

5. 假设通量为5 MeV的γ射线入射到1.5 cm厚的钨薄板和2.2 cm厚的铁薄板。(1) 计算多少份额的通量可以穿过钨薄板，多少份额可以全部被屏蔽；(2) 分别重新计算通量为0.05 MeV的γ射线入射时的结果。

第2章
空间核动力系统

阿尔伯特·C. 马歇尔

为帮助读者更好地理解和讨论空间核动力系统的安全性，本章主要介绍空间核动力系统的背景知识，具体包括空间核动力系统发展史的简要回顾和在空间中使用或考虑使用的空间核动力系统的类型。本章将主要介绍三种类型的空间核动力系统：放射性同位素电源、空间反应堆电源系统、核热推进系统。另外，本章还将介绍空间核动力的基本设计要素、原则和若干更重要的设计方案。

2.1 历史回顾

1955年，美国原子能委员会启动了核辅助动力系统（SNAP）计划，SNAP计划旨在开发放射性同位素电源和反应堆系统，为航天器提供电力。1961年6月29日，美国发射了世界上第一颗核动力导航卫星——Transit 4A，SNAP-3B7放射性同位素电源（SNAP-3B7 RTG，如图2-1所示）为该卫星提供了2.7 W的电力。四年后，美国发射了第一个空间反应堆系统SNAP-10A，这是迄今美国发射的唯一反应堆系统。如图2-2所示，SNAP-10A长3.5 m，可以产生500 W电力，其任务目标是技术评估和验证。从1961年到1973年，美国利用放射性同位素电源系统开展了17次任务，其中里程碑级任务包括6次在月球上安装放射性同位素电源系统的阿波罗（Apollo）任务、探索外太阳系的先驱者（Pioneer）10和11任务[1]。

美国自SNAP-10A以后未发射其他空间反应堆系统，但SNAP计划在20世纪60年代研制了5个空间核动力反应堆电源并进行了地面试验，其中SNAP-8设计可以产生30 kW电功率。1950—1970年，美国还研究了其他空间反应堆电源概念设计方案，包括不同的堆芯结构、燃料类型及电能转换方

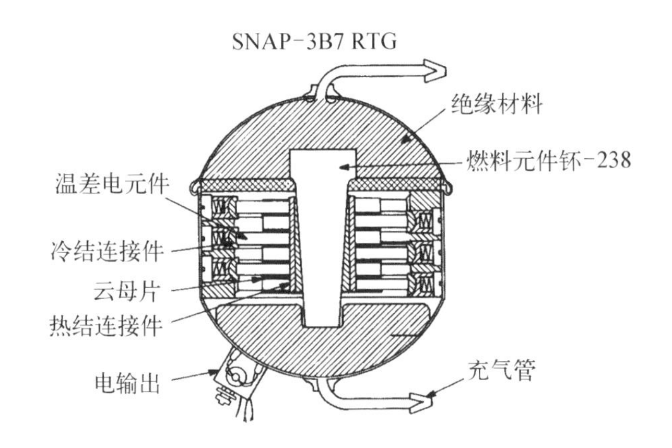

图 2-1　SNAP-3B7 RTG

（资料来源：芒德实验室和孟山都研究公司）

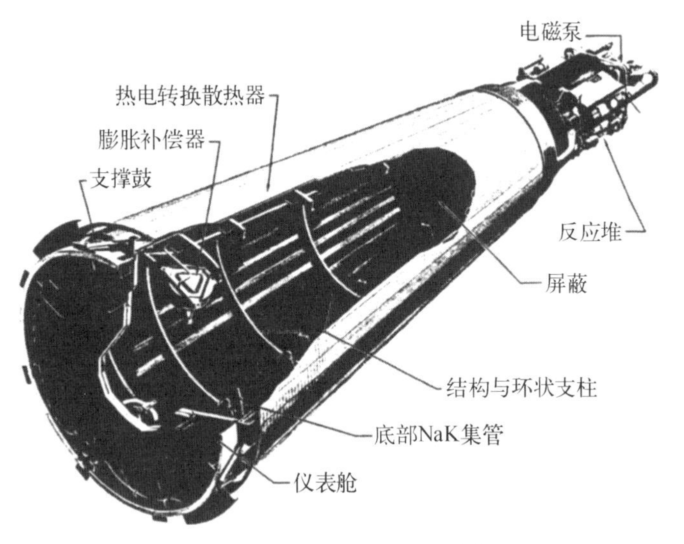

图 2-2　SNAP-10A 系统[2]

式，并进行了详细的系统设计、大量燃料试验及非核相关部件试验，但从未进行完整的堆芯试验。上述的空间反应堆电源的电功率从几千瓦到十兆瓦不等。1955 年，美国还同时启动了核动力火箭计划，开发了流浪者核动力引擎火箭（NERVA），并试验了 20 个地面反应堆，在这一系列地面反应堆中，最大的一个反应堆中可以产生 4 000 MW 能量。NERVA 虽然取得了成功，但却从未应用于太空任务[1]。

由于预算方面的考虑和项目优先级变更，美国于 1973 年终止了空间反应堆计划，只有小型的研究项目保留到了 20 世纪 80 年代早期。在空间反应堆计划终止后，利用放射性同位素电源的任务一直在进行，1975 年到 1990 年间，共执行了 8 次利用放射性同位素电源供电的任务，其中里程碑级成就包括在两艘抵达火星的海盗号飞船和两艘进行外太阳系探索的旅行者号飞船上安装了放射性同位素电源。时隔数年后，美国战略防御计划重启了太空反应堆计划，并催生了许多其他涉及空间核反应堆的项目和研究，其中最重要的空间核反应堆项目包括 SP-100 空间反应堆电源项目[3]、空间核热推进计划[4]、美国空军双模计划[5]和发射载有苏联反应堆的美国飞船计划[6]等，但所有上述计划均由于经费限制或任务优先级不足而提前结束。

苏联空间核动力发展计划起初与美国相似，但却很快偏离了原计划。苏联于 1965 年 9 月 3 日发射了第一个载有放射性同位素电源的宇宙飞船 Cosmos 84，与美国致力于研究放射性同位素电源不同，苏联仅部署了少数放射性同位素电源，但却部署了 33 个由空间反应堆供电的飞船，其中包括 31 个由 3 kW 的 BUK 反应堆电源提供电力的海洋侦察卫星，如图 2-3 所示。苏联同样对核热推进系统进行了大量研究和地面测试，但从未在太空部署过核热推进系统。1987 年苏联发射了 2 个 5 kW 的 TOPAZ 空间反应堆电源(见图 2-4)，TOPAZ 空间反应堆电源与 BUK 空间反应堆电源在设计上存在本质不同[7]。

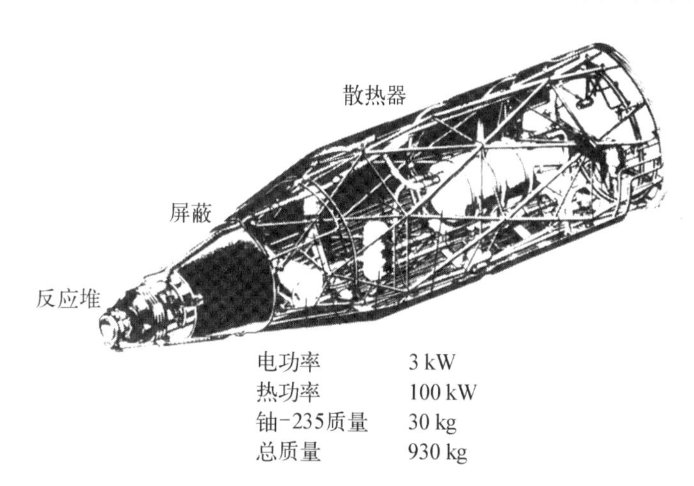

图 2-3　BUK 空间反应堆电源系统

表 2-1 和表 2-2 分别列出了美国和苏联在不同时期发射的所有载有核动力电源系统的飞船。目前美国还在投入一定的精力进行空间核动力系统方面的研究，其设计和分析仍在美国各个国家实验室和大学中持续进行。苏联解体后，其空间反应堆的研究主要集中在俄罗斯的各主要科研机构。法国、日

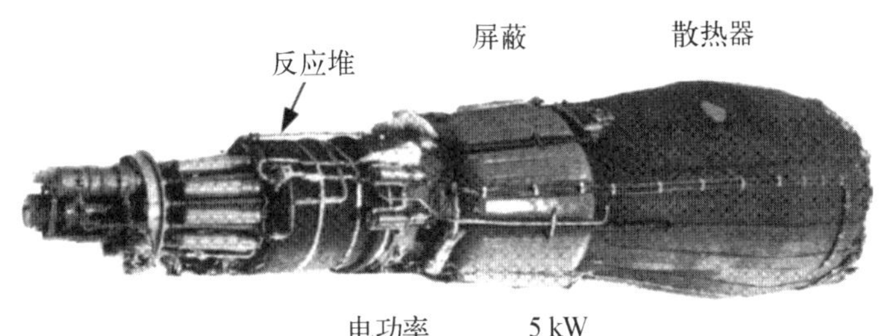

图 2-4 TOPAZ 空间反应堆电源系统

本和中国也在研究空间核动力电源的应用,未来利用核动力电源的太空任务可能会包含国际合作。

表 2-1 美国发射的空间核动力电源一览表(1961—2006 年)[1]

飞船名称	任务类型	发射日期	电源 (电源数目/功率)	状 态
Transit 4A	飞行	1961.6.29	SNAP-3B7 (1/2.7 W)	成功进入轨道
Transit 4B	飞行	1961.11.15	SNAP-3B8 (1/2.7 W)	成功进入轨道
Transit 5BN-1	飞行	1963.9.28	SNAP-9A (1/25 W)	成功进入轨道
Transit 5BN-2	飞行	1963.12.5	SNAP-9A (1/25 W)	成功进入轨道
Transit 5BN-3	飞行	1964.4.21	SNAP-9A (1/25 W)	未进入预定轨道;RTG 按照设计再入大气层时完全燃烧
SNAPSHOT	试验	1965.4.3	SNAP-10A (1/500 W)	成功进入轨道;43 天后由于稳压器故障反应堆按照设计要求关闭
Nimbus B-1	气象探测	1968.5.18	SNAP-19B2 (2/40 W)	发射中运载工具损毁,RTG 完整取回,用于后续任务

(续表)

飞船名称	任务类型	发射日期	电源 (电源数目/功率)	状 态
Nimbus III	气象探测	1969.4.14	SNAP-19B3 (2/40 W)	成功进入轨道
Apollo 12	月球探索	1969.11.14	SNAP-27 (1/70 W)	成功着陆月球
Apollo 13	月球探索	1970.11.10	SNAP-27 (1/70 W)	飞向月球途中任务终止,RTG再入时未损毁,坠入深海
Apollo 14	月球探索	1971.1.13	SNAP-27 (1/70 W)	成功着陆月球
Apollo 15	月球探索	1971.7.26	SNAP-27 (1/70 W)	成功着陆月球
Pioneer 10	外太阳系探索	1972.3.2	SNAP-19 (4/40 W)	成功进入星际轨道
Apollo 16	月球探索	1972.3.16	SNAP-27 (1/70 W)	成功着陆月球
Transit	飞行	1972.9.2	TRANSIT-RTG (1/30 W)	成功进入轨道
Apollo 17	月球探索	1972.12.2	SNAP-27 (1/70 W)	成功着陆月球
Pioneer 11	外太阳系探索	1973.4.5	SNAP-19 (4/40 W)	成功进入星际轨道
Viking 1	火星探索	1975.8.20	SNAP-19 (2/40 W)	成功着陆火星
Viking 2	火星探索	1975.9.9	SNAP-19 (2/40 W)	成功着陆火星
LES 8	通信	1976.3.14	MHW (2/150 W)	成功进入轨道
LES 9	通信	1976.3.14	MHW (2/150 W)	成功进入轨道
Voyager 2	外太阳系探索	1977.8.20	MHW (3/150 W)	成功完成任务
Voyager 1	外太阳系探索	1977.9.5	MHW (3/150 W)	成功完成任务

（续表）

飞船名称	任务类型	发射日期	电源 (电源数目/功率)	状　态
Galileo	木星探索	1989.10.18	GPHS-RTG (2/275 W)	成功完成任务
Ulysses	太阳极区探索	1990.10.6	GPHS-RTG (1/275 W)	成功完成任务
Cassini	土星探索	1997.10.15	GPHS-RTG (3/275 W)	成功完成任务
New Horizons	冥王星探索	2006.1.19	GPHS-RTG (1/240 W)	成功完成任务

RTG—放射性同位素温差发电器
SNAP—核动力辅助电源系统
MHW—百瓦级 RTG
LES—林肯实验卫星
GPHS-RTG—通用热源 RTG

表 2-2　苏联发射的空间核动力装置一览表(1965—1988 年)[1]

飞船名称	发射日期	寿　命	电 源 类 型
Cosmos 84	1965.9.3	—	放射性同位素温差发电器
Cosmos 90	1965.9.18	—	放射性同位素温差发电器
Cosmos 367	1970.10.3	<3 小时	BUK 反应堆
Luna 17	1970.11.10	10 月	放射性同位素热源
Cosmos 402	1971.4.1	<3 小时	BUK 反应堆
Cosmos 469	1971.12.25	9 天	BUK 反应堆
Cosmos 516	1972.8.21	32 天	BUK 反应堆
Luna 21	1973.1.8	—	放射性同位素热源
Cosmos 626	1973.12.27	45 天	BUK 反应堆
Cosmos 651	1974.5.15	71 天	BUK 反应堆
Cosmos 654	1974.5.17	74 天	BUK 反应堆

（续表）

飞船名称	发射日期	寿　命	电 源 类 型
Cosmos 723	1975.4.2	43天	BUK反应堆
Cosmos 724	1975.4.7	65天	BUK反应堆
Cosmos 785	1975.12.12	<3小时	BUK反应堆
Cosmos 860	1976.10.17	24天	BUK反应堆
Cosmos 861	1976.10.21	60天	BUK反应堆
Cosmos 952	1977.9.16	21天	BUK反应堆
Cosmos 954	1977.9.18	43天	BUK反应堆
Cosmos 1176	1980.4.29	134天	BUK反应堆
Cosmos 1249	1981.3.5	105天	BUK反应堆
Cosmos 1266	1981.4.21	8天	BUK反应堆
Cosmos 1299	1981.8.24	12天	BUK反应堆
Cosmos 1365	1982.5.14	135天	BUK反应堆
Cosmos 1372	1982.6.1	70天	BUK反应堆
Cosmos 1402	1982.8.30	120天	BUK反应堆
Cosmos 1412	1982.10.2	39天	BUK反应堆
Cosmos 1579	1984.6.29	90天	BUK反应堆
Cosmos 1607	1984.10.31	93天	BUK反应堆
Cosmos 1670	1985.8.1	83天	BUK反应堆
Cosmos 1677	1985.8.23	60天	BUK反应堆
Cosmos 1736	1986.3.21	92天	BUK反应堆
Cosmos 1771	1986.8.20	56天	BUK反应堆
Cosmos 1818	1987.2.1	～6月	TOPAZ反应堆
Cosmos 1860	1987.6.18	40天	BUK反应堆

（续表）

飞船名称	发射日期	寿　命	电 源 类 型
Cosmos 1867	1987.7.10	～1年	TOPAZ 反应堆
Cosmos 1900	1987.12.12	124天	BUK 反应堆
Cosmos 1932	1988.3.14	66天	BUK 反应堆

2.2　放射性同位素电源

本节通过介绍一种设计相对简单的典型放射性同位素电源来开始空间核动力系统的介绍。用于产生电能的放射性同位素电源的基本组成如图 2－5 所示，主要结构包括放射性同位素燃料、密封材料、能量转换装置和散热器。放射性同位素电源还可以用于维持设备温度在期望温度范围内，此类装置不需要能量转换装置和复杂散热器。

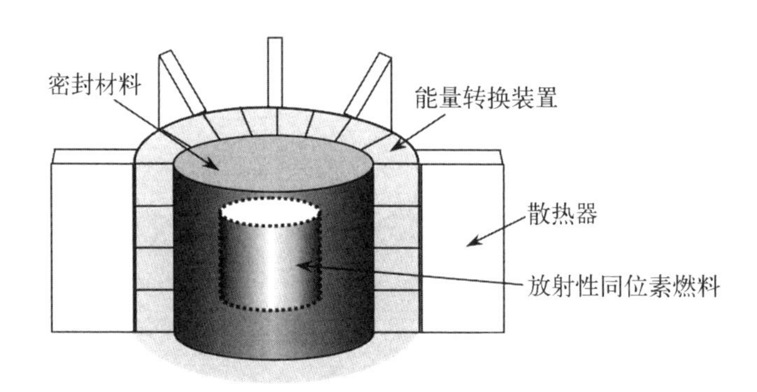

图 2－5　放射性同位素电源结构剖面图

2.2.1　美国放射性同位素电源

截至 20 世纪末，美国已经在太空部署了 45 个放射性同位素电源，因此设计人员和安全评审人员积累了大量的空间放射性同位素电源相关的安全经验，尽管放射性同位素电源系统非常简单，但仍需要严谨的设计、分析和测试以保证在所有假想事故条件下的安全。此节中涉及的燃料、密封材料、能量转换装置、系统配套装置及放射性同位素加热器均以美国放射性同位素电源系统设计为例进行介绍。

1）燃料及封装

发射 α 粒子的放射性同位素具有功率密度高和放射性泄漏极少的特点，基于上述优点，放射性同位素电源设计通常使用 α 放射性燃料。美国研制出用钚-238、铈-144、钋-210、锔-242、锶-90 和锔-244 等作为放射性同位素电源燃料[9]；而美国所有部署于太空的放射性同位素系统均使用钚-238 作为核热源，其原因是钚-238 具有最优衰变率等优点。钚-238 衰变数据如表 2-3 所示，其半衰期为 87.75 年，可在数年内维持放射性同位素电源的功率水平恒定，之后随着衰变率的降低，其功率密度将随之下降。此外，钚-238 的另一个优点是其放射性极低而无须屏蔽材料，$^{238}PuO_2$ 源所具有的放射性包括由其自发裂变及 α 粒子和中子在氧环境中反应产生的低水平的中子和 γ 射线。

表 2-3　钚-238 的放射性数据

半衰期	87.75 年		
衰变常数	$7.899\times10^{-3}\ a^{-1}$		
典型同位素组分	钚同位素	比重/%	
	^{238}Pu	90.0	
	^{239}Pu	9.1	
	^{240}Pu	0.6	
	^{241}Pu	0.03	
	^{242}Pu	<0.01	
主要放射物	类型	能量/MeV	产额/%
	α_1	5.36	0.1
	α_2	5.46	28.3
	α_3	5.50	71.6
α 射线活度	$3.9\times10^{7}(min\cdot mg)^{-1}$		
自发裂变率(金属)	$3\,420\ (s\cdot g)^{-1}$		
PuO_2 中子产额(α，n 在氧环境中反应)	$1.4\times10^{4}(s\cdot g)^{-1}$		

美国的第一个放射性同位素电源，要求其能够在再入大气层后烧尽并分散在大气层上部，因此其设计采用了金属态钚。后期设计中提出了更高的工作温度要求及再入大气层时结构保持完整的安全要求，燃料形式改为 PuO_2 和 PuO_2 - Mo 金属陶瓷。

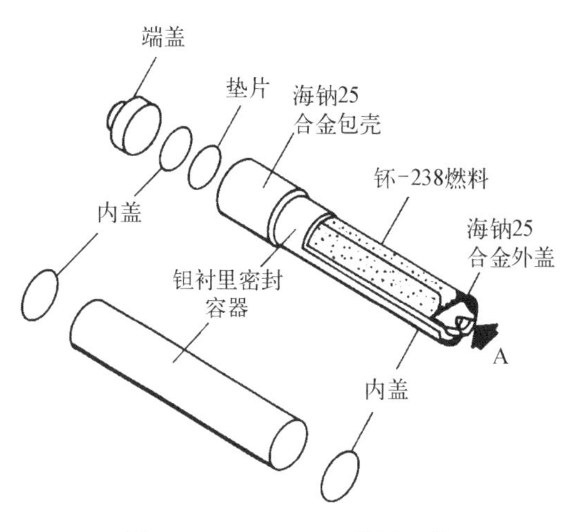

图 2-6　SNAP-9A 燃料元件

（资料来源：芒德实验室、孟山都研究公司）

放射性同位素燃料通常为圆柱形。本节以 SNAP-9A 热源为例进行介绍，其结构包括六个圆柱形燃料元件，如图 2-6 所示，长为 14.6 cm，直径为 2.5 cm，包含 0.5 kg 金属钚-238，密封在有钽衬里的海纳 25 钴铬钨镍耐热合金包壳内。其他方案中球形放射性同位素燃料同样曾有使用，如 SNAP-27A 内的燃料为 PuO_2 微球体，直径为 50～250 μm，微球体燃料被密封在直径为 6.3 cm、长为 41.9 cm 的环形超耐热不锈钢内，如图 2-7 所示。球形燃料在航行任务中的百瓦级

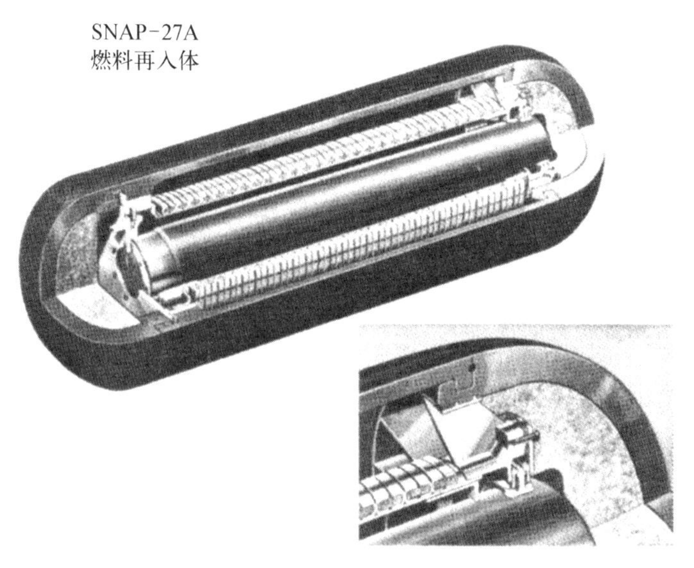

图 2-7　SNAP-27A 燃料组件[10]

(MHW)发电器内也有使用,百瓦级热源结构如图2-8所示,采用的是直径为3.7 cm的大直径球形燃料。每个燃料球由中心的球形PuO_2以及包裹材料铱外壳和石墨抗冲击壳组成,共24个燃料球放置在直径为38 cm、长为61 cm的燃料容器内。

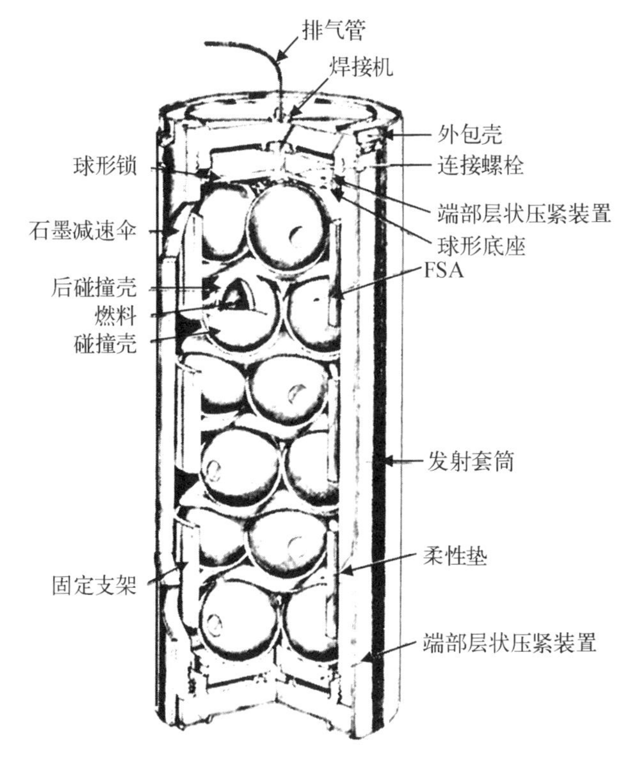

图2-8　百瓦级热源

(资料来源:洛克希德·马丁公司)

放射性同位素燃料密封于燃料容器内,燃料容器由内衬、加强件、包壳和氦储存腔组成。图2-9给出了SNAP-19热源的燃料容器结构,内衬是燃料的最内侧屏障,为薄壁金属容器,加强件的设计能够抵御高速撞击、碎片冲击、爆炸超压及火灾的影响。自1968年起,美国设计的放射性同位素组件均采用了具有抗氧化性能包壳的耐高温加强件进行再入保护。氦储存腔主要用于存储α衰变产生的氦气,防止燃料容器压力过高,氦储存腔可以通过排气在不释放燃料粒子的情况下将氦气排出。在最新设计中,必须设置减速伞及隔热罩,以保证同位素电源再入大气层时设备的完整性。减速伞由烧蚀剂制成,如石墨等,可以承受再入大气层时的空气阻力和高热应力,隔热罩既要求在正常运行时满足燃料元件散热，又要求能够在假设的再入大气层事故中防止金属燃料容器融化。此外，为满足上述要求，绝热材料与减速伞普遍配合使用[9]。

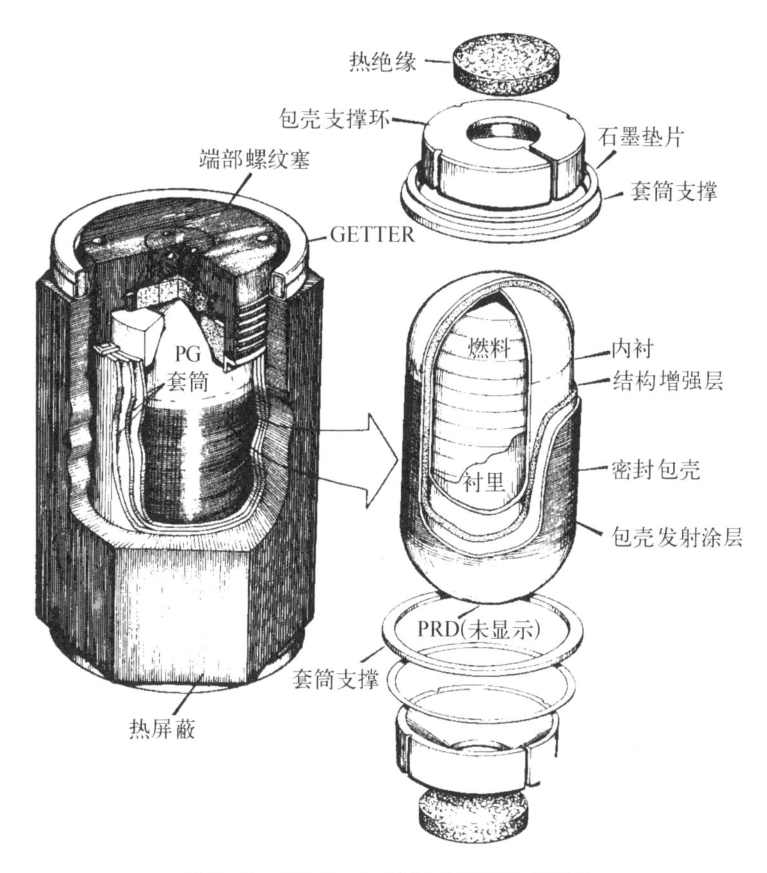

图 2-9　SNAP-19 热源的燃料容器结构

（资料来源：Teledyne 技术公司）

2）能量转换

尽管可以采用多种能量转换装置，但只有温差发电装置被用于美国实际航天任务中。当温差半导体材料产生温度梯度时就会产生电能，N 型和 P 型半导体材料均可用于提高温差电源装置的电压输出。如图 2-10 所示，半导体材料一端为通用热接点，另一端为冷接点，热量通过热辐射由核热源传递至热接点，余热通过导热由冷接点传递至散热器，N 型半导体内的电子和 P 型半导体内的空穴由热端迁移至冷端，由此在冷接点两端产生电压，电能通过两极之间的负载引出。温差单电偶设计如图 2-11 所示。

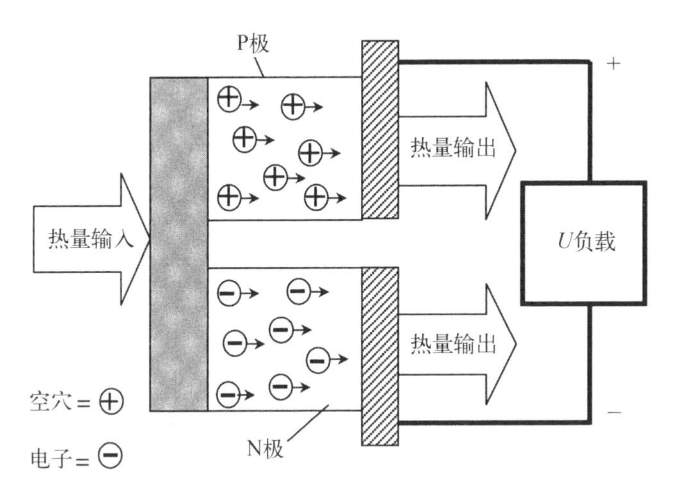

图 2-10　温差电源能量转换装置示意图

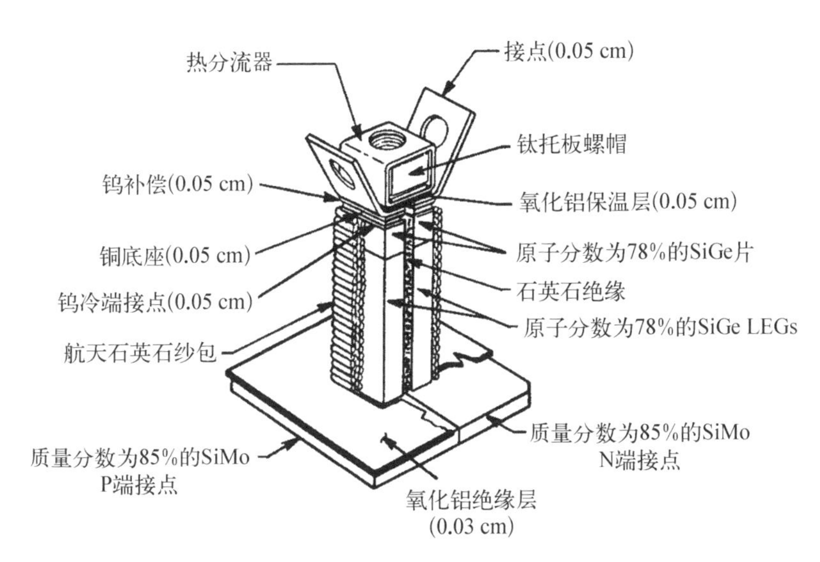

图 2-11　百瓦级 SiGe 温差单电偶

（资料来源：洛克希德·马丁公司）

常用的温差电源材料有碲化铅、锑的碲化物、锗和银、铅-锡碲物和硅锗等。碲化物材料使用上限温度仅为 825 K，硅锗热电偶可在 1 300～1 400 K 温度范围内工作。上述所有材料均可用于放射性同位素电源而部署于太空[9]，放射性同位素系统中使用的温差能量转换装置通常被称为放射性同位素温差发电器(RTG)。

动态转换装置首先将热能转换成机械能，然后通过发电机转换成电能。尽管使用动态能量转换装置的放射性同位素电源未在太空任务中应用，但美国仍开发了应用于太空任务的动态放射性同位素电源系统(DIPS)，该装置长为 132 cm，直径为 24 cm，质量为 215 kg。DIPS 系统设计采用效率为 18.1% 的朗肯能量转换装置，产生 1～2 kW 的电能[1]。

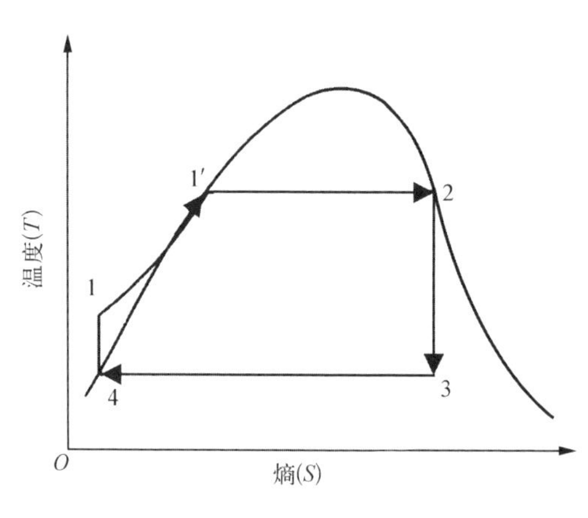

图 2－12 朗肯循环温-熵曲线

朗肯循环温-熵(S－T)曲线如图 2－12 所示。过冷工作流体进入核热源被加热(1→1′)，随后流体继续被加热并发生相变(1′→2)，汽相介质在汽轮机内等熵膨胀(2→3)，汽相膨胀产生的压力推动汽轮交流发电机旋转，产生电能。汽-液相工作介质离开汽轮机通过等温过程将热量排放至冷凝散热器(3→4)，冷却流体通过泵返回至热源(4→1)。动态系统的主要优点是具有较高的转换效率可以减少燃料装量要求，从而节约成本并降低放射性活度。然而动态系统在低功率水平系统中没有质量优势，并且还必须解决动态系统运行的相关问题，才能实现其在太空飞行任务中的应用。

如图 2－13 所示为 Viking 飞行器中使用的 SNAP－19 型放射性同位素电源系统中的放射性同位素温差发电器组件，完整的 SNAP－19 组件直径为 59 cm，包括 28 cm 长的散热片。SNAP－19 在任务初期可以产生超过 40 W 的电能，质量为 15.2 kg，包括大约 20 000 Ci 以 PuO_2－Mo 金属陶瓷形式存在的 ^{238}Pu[1]。

目前，所有放射性同位素电源均根据任务需要进行设计，当新任务与先期任务的电力需求发生明显变化时，需要开发新的放射性同位素电源以满足新任务的能量需求。美国最后 4 次任务中随飞船安装的放射性同位素电源采用了标准化设计，称为通用热源放射性同位素温差发电器(GPHS－RTG)，标准化设计方法使得无须开发昂贵的全新电源即可以满足新任务对能量的需求。GPHS－RTG 由独立的 GPHS 模块组成，每个模块可以产生 250 W 热功率。如图 2－14 所示，每个模块包括由两个抗冲击壳组成的减速伞，$^{238}PuO_2$ 燃料芯块位于抗冲击壳内[1]。

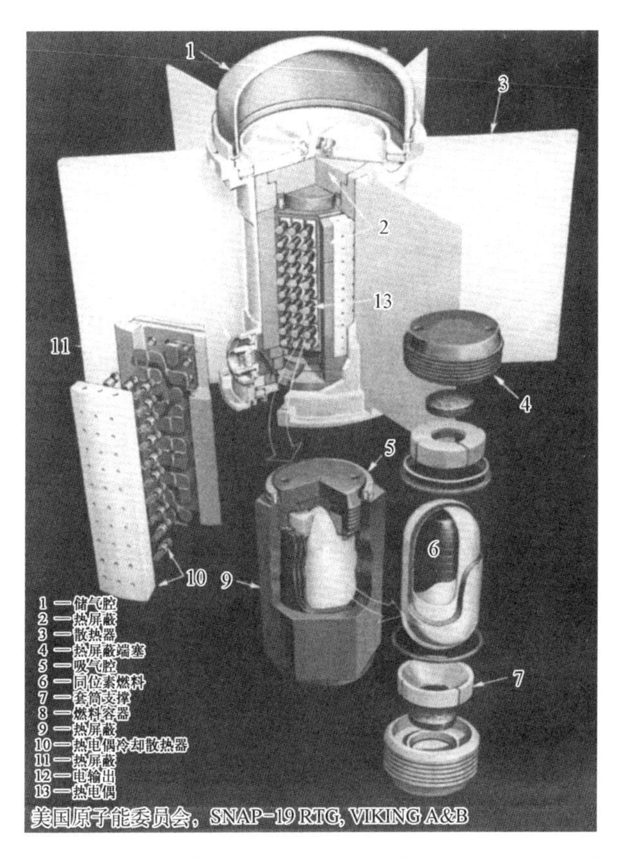

图 2-13　Viking 飞行器上的 SNAP-19 型放射性同位素电源系统

（资料来源：Teledyne 科技公司）

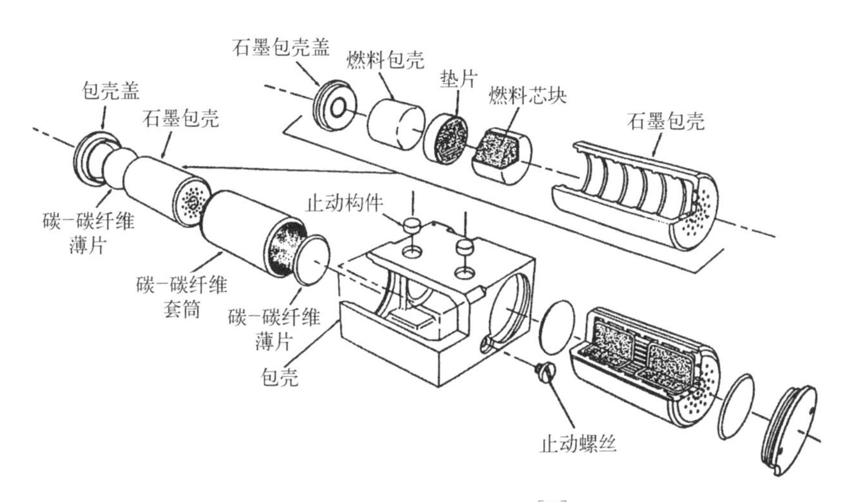

图 2-14　通用热源模块[11]

（资料来源：美国能源部）

图 2-15 为 GPHS-RTG 电源系统示意图，包含 18 个堆叠在一起的模块，可产生 4 500 W 热功率，热电转换器和散热片环绕圆柱形 GPHS 模块，该系统长为 114 cm，直径为 42.2 cm，质量为 54.1 kg。任务初期热电转换器设计可以产生 290 W 电功率，在运行 40 000 小时后，须仍能保证至少 250 W 的电功率。热端和冷端温度分别为 1 275 K 和 575 K 时，其热电转换效率约为 6.6%。GPHS-RTG 和美国其他 RTG 的数据对比如表 2-4 所示。

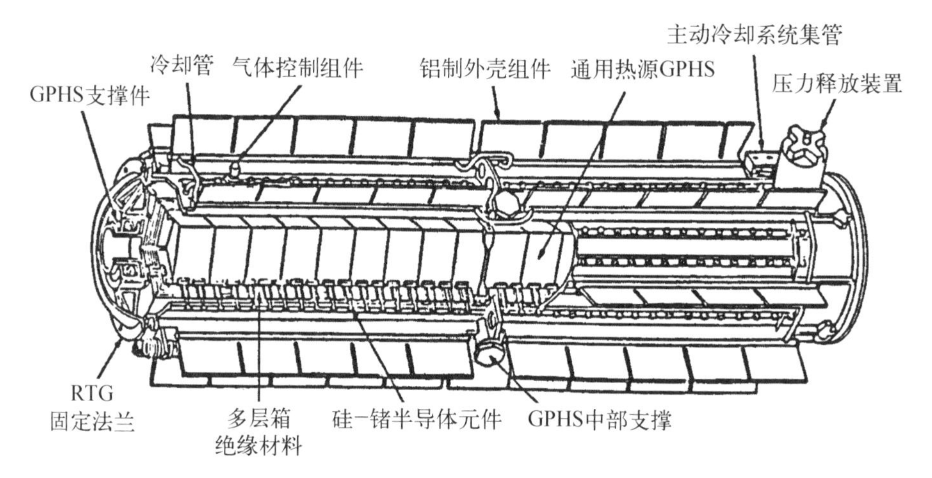

图 2-15 GPHS-RTG 电源系统示意图

(资料来源：美国能源部)

表 2-4 各种放射性同位素温差发电器数据对比

型号	SNAP-3B	SNAP-9A	SNAP-19	SNAP-27	Transit-RTG	MHW	GPHS-RTG
燃料形式	金属钚	金属钚	PuO_2-Mo 陶瓷合金	PuO_2 金属微球	PuO_2-Mo 陶瓷合金	压实 PuO_2	压实 PuO_2
热电转换材料	PbTe	PbTe	PbTe-TAGS	PbSnTe	PbTe	SiGe	SiGe
初始输出功率/W	2.7	26.8	28～43	63.5	36.8	150	290
系统质量/kg	2.1	12.2	13.6	30.8①	13.5	38.5	54.1③
比功率/(W/kg)	1.3	2.2	2.1～3.0	3.2②	2.6	4.2	5.2

（续表）

转换效率/%	5.1	5.1	4.5～6.2	5.0	4.2	6.6	6.6
放射性总量/Ci	1 800	17 000	34 400～80 000	44 500	25 500	77 000	130 000③

① 不包含容器质量。
② 包括 11.1 kg 容器质量。
③ 每个 RTG。

3）热单元

上文重点讨论了放射性同位素电源，此外，小的放射性同位素电源还可以用于维持航天器部件温度处于合理的范围内。例如 Cassini 飞船，包含了 157 个轻型放射性同位素热源（LWRHU），每个 LWRHU 可产生 1 W 热能，由铂铑合金覆盖的 $^{238}PuO_2$ 燃料芯块位于抗冲击壳内，整个单元为长 3.2 cm、直径 3.6 cm 的圆柱状。

2.2.2　俄罗斯放射性同位素电源

尽管俄罗斯（苏联）空间核动力计划更关注空间反应堆，但俄罗斯仍开发并在太空部署了几个放射性同位素电源。图 2－16 为 Cosmos 84 和 Cosmos 90 飞船中搭载的用于供电的放射性同位素电源（20 W），质量为 2.5 kg，由 8 个包裹 $^{210}Po-Y$ 的燃料容器组成，外侧由石墨热屏蔽和金刚砂覆盖。其设计能够保证在爆炸、火箭燃料燃烧、再入大气层，以及以 100 m/s 速度撞击混凝土表面时燃料容器仍维持其完整性和密封性。此外，俄罗斯的另一个 $^{210}Po-Y$ 放射性同位素电源用作月球车 1 号和月球车 2 号的热源，功率为 1 kW，$^{210}Po-Y$

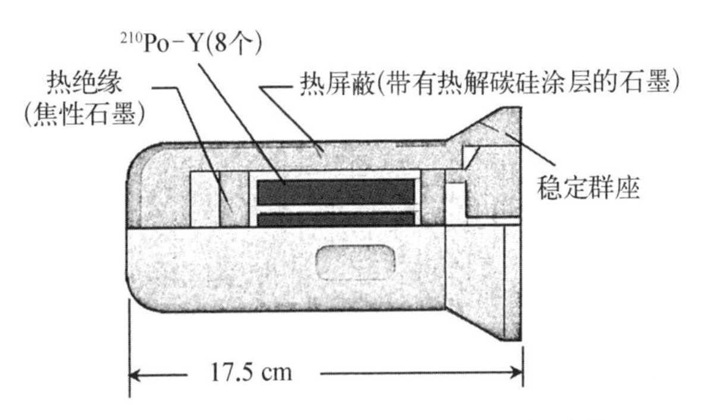

图 2－16　Cosmos 84、Cosmos 90 飞船中的 $^{210}Po-Y$ γ 辐射源示意图

燃料容器被包裹在石墨热屏蔽内。图 2 - 17 示意了一个 20 000 Ci、质量为 300 g 的铥- 170 γ 源，用于 Salyut 1 飞船的自动对接程序。俄罗斯 Mars 96 飞船由钚- 238 放射性同位素电源供电，该电源由金属冷却剂及可以产生 0.2 W 电功率的热电转换装置组成，燃料为 PuO_2，与俄罗斯其他放射性同位素电源相同，该同位素电源也采用石墨热屏蔽和隔热材料以实现再入大气层保护。

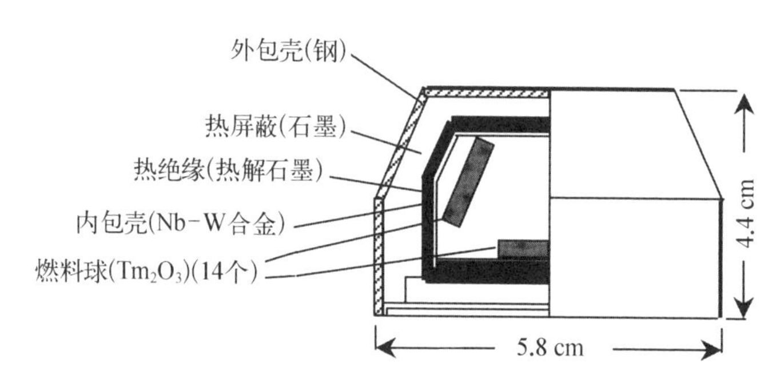

图 2 - 17　Salyut 1 飞船中的 Tm_2O_3 γ 辐射源示意图

2.3　反应堆电源系统

空间反应堆电源系统服务于具有千瓦或兆瓦级供电要求的太空任务。与放射性同位素电源通过非能动核衰变产生电能不同，反应堆电源需要动态控制中子产生和损失率。空间反应堆电源系统如图 2 - 18 所示，主要包括反应堆、仪控系统、辐射屏蔽、热传输系统、能量转换系统、散热系统和功率调节系统等。

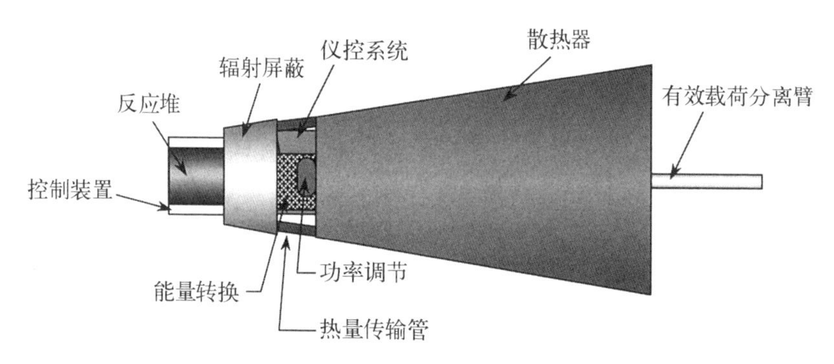

图 2 - 18　空间反应堆电源系统示意图

本节将进一步讨论美国和俄罗斯的若干空间反应堆系统设计。如 2.1 节所述，并非所有的系统都执行了太空任务，美国只有 SNAP－10 部署于太空运行，苏联在太空部署运行了数个 BUK 和 TOPAZ 反应堆，俄罗斯 Enisey（又称 TOPAZ Ⅱ）和 Romashka 反应堆进行了大量的地面试验，但从未发射。

2.3.1　反应堆子系统

图 2－19 所示为一个典型的空间反应堆电源系统，主要设备包括堆芯、中子反射层、反应堆控制元件和反应堆压力容器，反应堆堆芯包含了核燃料和冷却剂通道，部分设计还包含了中子慢化剂。

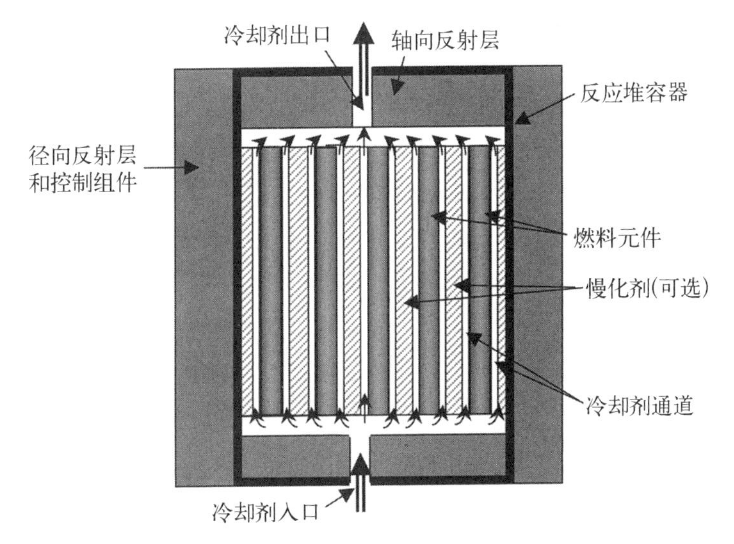

图 2－19　典型的空间反应堆电源系统示意图

这里仅对核临界概念进行简短介绍，以明确阐述反应堆系统设备的作用，更详细的介绍将在第 8 章展开。

1）临界

地面反应堆通常使用离散的中子源（如 PoBe 源）将中子引入反应堆堆芯触发裂变，而空间反应堆常使用天然源，如自发裂变中子，则无须安装中子源。中子源内中子被燃料原子（如^{235}U）的原子核吸收，从而引发核裂变，每次核裂变释放能量并产生 2 个或 3 个额外的中子，部分裂变产生的中子被其他燃料原子的原子核吸收并使其裂变产生更多的中子，因此链式裂变反应能够连续产生中子并释放能量。当裂变中子产率与中子损失率相等时，称反应堆达到临界,中子损失是由反应堆内原子核吸收和反应堆表面泄漏导致的。对于一个临界的反应堆,不需要额外中子源就可以维持中子通量在恒定水平。当中子损失率大于中子产率时,称反应堆次临界,在没有额外中子源时不能维持中子通量水平;反应堆超临界时中子产率大于损失率,此时中子通量随时间增加。

对于任意几何形状和组成的堆芯,堆芯中子泄漏份额随着尺寸的增加而减少,因此对于任意组成的堆芯,当中子产率大于由吸收导致的中子损失率时,存在一个堆芯尺寸能够使堆芯恰好临界,此时由于泄漏导致的中子损失率加上吸收率等于中子产率。在临界几何尺寸内的燃料质量称为临界质量。发射成本以及运载工具的尺寸和质量的限制,更进一步促进设计人员对于低临界质量和体积的堆芯的研发。

所有核电源和核推进反应堆在设计和制造时装载的燃料质量均大于临界质量,使其能够达到超临界,多出的燃料用于补偿燃料燃耗。具有一定辐射俘获截面的裂变产物累积和其他影响将降低中子产率和损失率的比值,为增加反应堆电源的功率水平,超出临界质量的燃料也需要达到超临界。后续小节(反射层和反应堆控制)将阐述使反应堆达到并维持临界、停闭反应堆和增加反应堆功率水平的方法。

2) 燃料配置

反应堆燃料在反应堆电源系统中作为热源,本书第 1 章中讲到钚- 239、铀- 233 及其他同位素均可以用作空间反应堆燃料,但铀- 235 同位素由于具有低放射性活度、燃料可利用率高等特点,是空间反应堆燃料的标准选择,因此各种铀化合物燃料被持续提出、开发及应用。美国曾研发二氧化铀(UO_2)、氮化铀(UN)、碳化铀(UC 和 UC_2)、铀锆氢化物(U - ZrH)等空间反应堆燃料。苏联将 U - Mo 用作 BUK 空间反应堆燃料,并且开发了多种先进化合物燃料,如常用的铀-碳化钽($U_{0.8}Ta_{0.2}C$)。反应堆燃料的组成取决于其运行温度、寿命、化学兼容性、临界要求、研发时间及成本等诸多因素。

设计人员开发了多种几何形状的空间反应堆燃料,但圆柱形燃料棒最为通用,此类燃料由陶瓷燃料芯块和圆柱形金属包壳组成。SP - 100 反应堆燃料元件结构如图 2 - 20 所示,由 UN 燃料芯块、铼衬里和铌合金燃料包壳组成,燃料元件直径为 0.78 cm,由绕丝定位件将其隔离,并堆叠在一起,放入堆芯的六角形燃料组件内,如图 2 - 21 所示,燃料表面最高运行温度为 1 450 K。美国 SNAP - 10A 型空间反应堆和后续的中等功率试验型(MPRE)空间反应堆同样都采用了圆柱形燃料棒。SNAP－10A 燃料棒由固体 U－ZrH 燃料棒及圆柱形镍基合金燃料管组成，中等功率试验堆采用直径为 1.27 cm 的不锈钢燃料包壳，包壳内部堆叠长为 29.5 cm 的 UO_2 燃料芯块，如图 2－22 所示，MPRE 燃料表面最高设计温度为 1 133 K[1]。

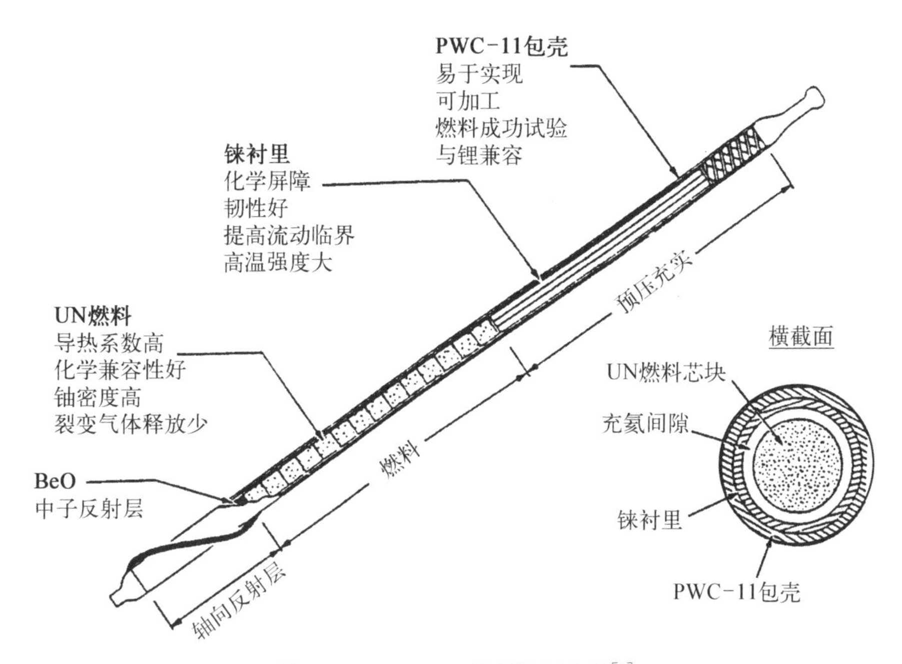

图 2－20　SP－100 燃料棒示意图[3]

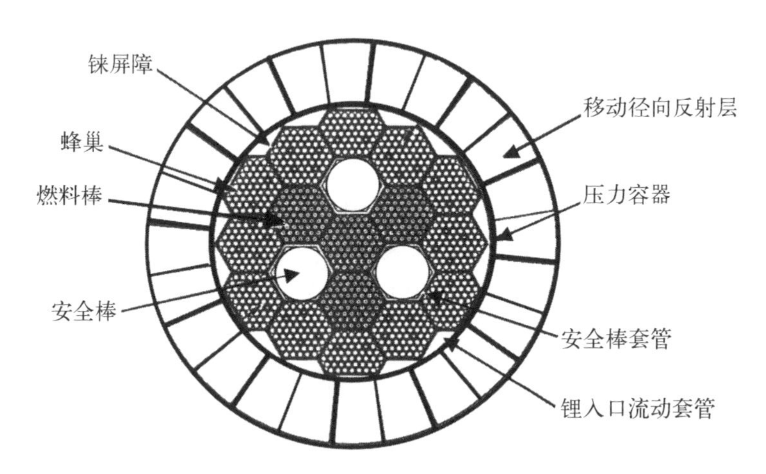

图 2－21　SP－100 反应堆和径向反射层

（资料来源：洛克希德·马丁公司）

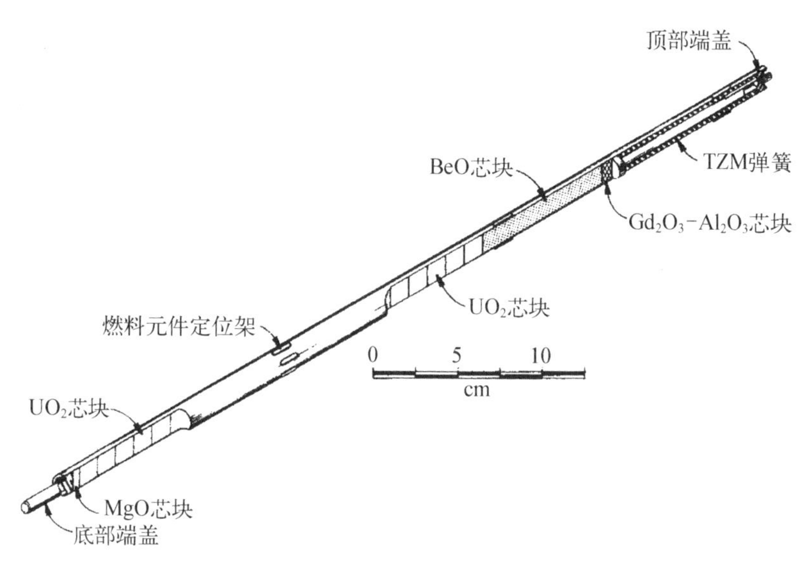

图 2-22　MPRE 燃料棒示意图[12]

（资料来源：橡树岭国家实验室）

棱柱形燃料元件也被用于空间反应堆，此类燃料元件通常由分散在基体材料中的燃料化合物及其内部冷却剂通道组成。棱柱形燃料元件最常采用金属陶瓷，金属陶瓷材料兼具金属基体材料的高强度、高热导率特性和陶瓷的耐高温特性。在美国的 710 计划中，棱柱形燃料元件被用于气冷空间反应堆。如图 2-23 所示，燃料元件结构包括钨基六边形燃料棒及冷却剂通道，燃料棒内包含 40%体积份额的 UO_2。六边形燃料棒对边宽 2.3 cm，燃料元件表面包覆钨钢合金，以提高燃料元件强度，保证裂变产物滞留，燃料测试温度高达 1 920 K[1]。

3）慢化剂选择

慢化反应堆中较高的热中子密度使其燃料平均微观截面大于（见图 1-17）非慢化反应堆燃料平均微观截面，燃料平均截面增加，堆芯中子吸收概率相对中子泄漏概率增加，因此临界质量降低。裂变由热中子吸收过程主导的反应堆称为热中子反应堆，裂变由快中子和超热中子吸收过程主导的则分别称为快中子反应堆和超热中子反应堆。上述三类反应堆（热中子、快中子、超热中子反应堆）均可以用于空间反应堆电源和推进系统。

使用慢化剂减少反应堆临界质量并不总能使系统总质量减少，对于某些特定的任务和设计，使用慢化剂会增加系统尺寸和质量。设计人员必须在反

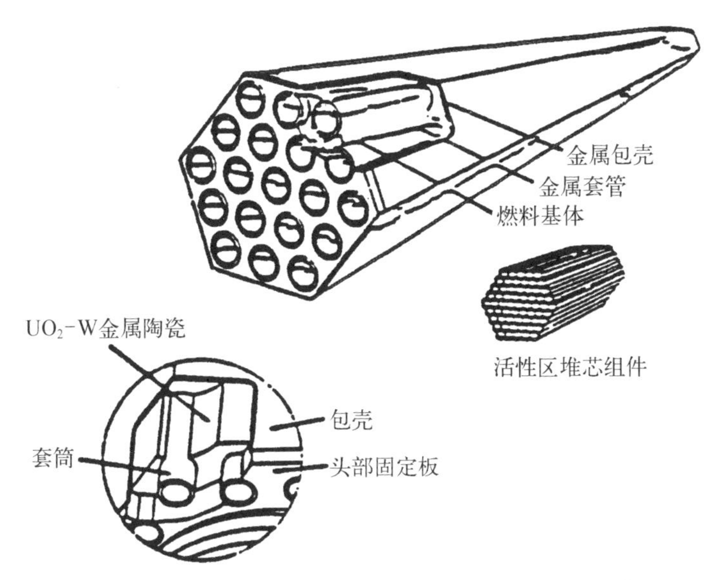

图 2-23 710 型空间反应堆金属陶瓷燃料元件示意图[13]

（资料来源：洛克希德·马丁公司）

应堆设计确定前确定反应堆设计方案对系统的影响(相关措施对所有设备及子系统的适应性)，当使用慢化剂的优势非常明确时，可进一步遴选慢化剂材料。含氢材料是优良的中子慢化剂，但通常受限于运行温度。SNAP-10A 反应堆采用氢化锆作为慢化剂，并作为燃料(U-ZrH)组成部分，为防止由于热分解导致的氢损失，燃料操作温度最高限制在 975 K，此外，镍基合金包壳内表面的陶瓷涂层也可以减少氢损失。俄罗斯的两型空间反应堆 TOPAZ 和 Enisey 采用了 ZrH 慢化剂与燃料块的堆叠设计。对于 Enisey 反应堆，热离子燃料元件位于慢化剂中的圆柱孔内，如图 2-24 所示，燃料元件与慢化剂之间设置热屏蔽，UO_2 燃料峰值温度可达 2 000 K。ZrH 慢化剂块置于不锈钢容器内，以提高氢滞留能力。原子质量小是氢作为慢化剂的最大优势，但考虑到对慢化剂的其他特性要求，如高温稳定性和极小辐射俘获截面等，其他材料有时也同样适用，常用的非氢慢化剂有铍、氧化铍和石墨等。

4) 反射层和反应堆控制

反射层材料具有较高的散射截面和极小的俘获截面，通过在堆芯周围设置反射层，将部分逃逸中子反射回堆芯，可减少堆芯临界质量。典型空间反应堆堆芯外围中子反射层轴向和径向布置如图 2-19 所示，Enisey 反应堆周向反射层布置如图 2-24 所示。铍和氧化铍常作为堆芯反射层材料。

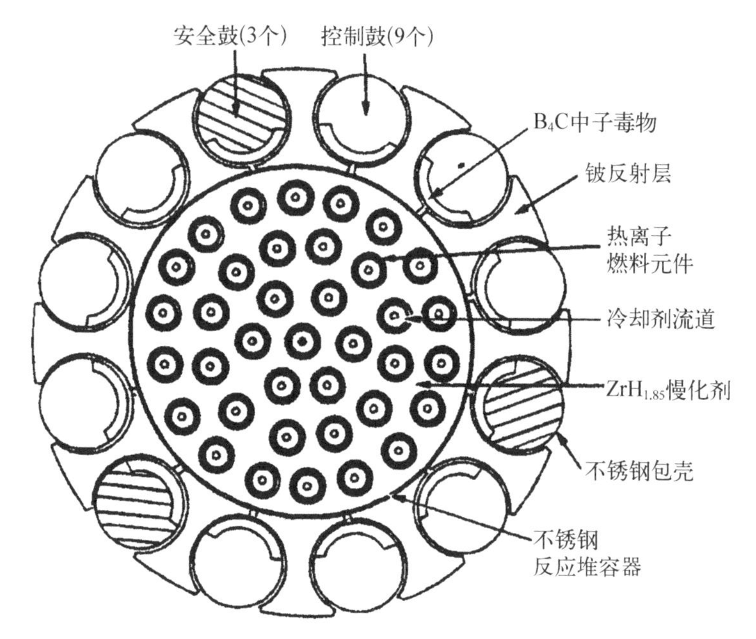

图 2-24 Enisey 反应堆顶视图

（资料来源：美国弹道导弹防御组织）

反应堆运行基于控制堆芯物理状态实现，如启动、升功率、维持恒定功率运行、变功率运行及停堆等。任何可以改变中子产率与损失率比值的方法均可实现反应堆控制，对于大多数地面反应堆，反应堆控制通过堆芯内中子毒物位置的调整实现。中子毒物材料具有较高的辐射俘获截面，如硼等。中子毒物通常为圆柱形棒体，称为控制棒，通过电机驱动其在堆芯内部通道中的插拔，可增加或减少中子吸收。当控制棒完全插入时，中子吸收率足够高，反应堆处于次临界工况既反应堆停堆；当控制棒抽出至特定位置时，中子损失率（吸收和泄漏）与中子产率相等，反应堆处于临界工况即反应堆临界；中子通量和堆芯功率水平还可以通过将控制棒继续抽出而提升，此时中子产率高于损失率。

设置控制棒会增加空间反应堆堆芯尺寸，当堆芯温度设计较高时，必须考虑额外的设计约束，因此空间反应堆通常利用反射层的移动控制反应堆运行。设计方法之一是将中子毒物附着于可旋转的反射鼓表面。Enisey 型空间反应堆控制鼓布置结构如图 2-24 所示，当控制鼓旋转使中子毒物条带靠近堆芯时，从堆芯逃逸的中子被毒物吸收而非反射回堆芯，继而使中子损失率大于中子产率，反应堆进入次临界；当控制鼓旋转使中子毒物条带远离堆芯并处于特定位置时，中子产率与损失率平衡，反应堆临界。如上所述，通过反射层的移动可以实现所有反应堆控制功能。

空间反应堆的可控制反射层还有多种不同设计方案。美国 SNAP－10A 反应堆使用的反射鼓如图 2－25 所示，当反射鼓旋转时，中子向太空的逃逸路径打开，中子逃逸率及损失率[1]提升，通过移动反射层，可调节中子逃逸率。美国 SP－100 概念堆等还提出了转轴式反射层方案以实现反应堆控制[3]。由于堆芯到达反射层的中子份额取决于堆芯的大小和组成，对于大型空间反应堆，反射层控制将不起作用，因此仍需采用堆芯内控制棒方案。

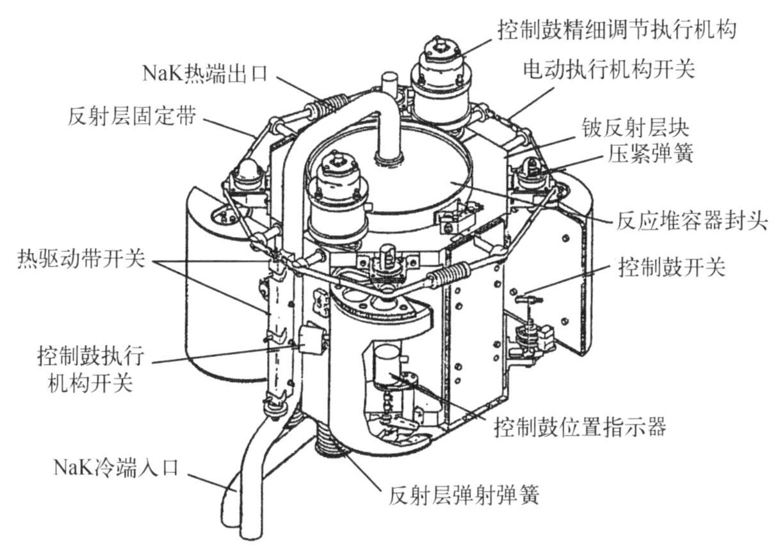

图 2－25　SNAP－10A 反应堆使用的反射鼓示意图[14]

（资料来源：美国空军武器研究所）

2.3.2　辐射防护屏蔽

在空间反应堆设计中，一般通过使用屏蔽材料并采用其他辐射防护措施以保证宇航员和设备免受反应堆堆芯电离辐射的影响。本节主要阐述辐射源、辐射屏蔽和防护策略，后续第 4 章将针对辐射防护这一主题进行更详细的讨论。

1）反应堆辐射及防护措施

对于尚未运行的反应堆，其低水平的放射性仅源自铀燃料天然放射性衰变；对于空间反应堆，未辐照的燃料放射性水平为 1～50 Ci。在反应堆运行时，会产生大通量中子流和高能 γ 辐射场，裂变产生的辐射在反应堆停堆后将终止，但反应堆运行会累积放射性裂变产物；堆芯材料（如结构材料）辐射俘获中子也将产生放射性同位素（被称为活化产物）。裂变产物放射性衰变很快，但在一些特定任务中，要使其衰变至未辐照燃料的放射性水平可能需要几百年，因此为降低发射时的辐射风险，通常禁止空间反应堆在发射前高功率运行。

辐射屏蔽结构通常是反应堆构件的一部分，但对于部署在行星或月球表面的反应堆，可以利用星表坑洞作为屏蔽，即利用星球表面的天然岩土（表层岩土）建造屏蔽结构，或挖掘地下反应堆室。此外使辐照敏感设备和人类居住环境远离地面反应堆，也是一种直接有效的辐射防护措施。

2）屏蔽设计

通常采用具有高密度和低相对原子质量（低 A_r）的化合物作为辐射屏蔽材料，相对较薄的高密度材料就能够有效阻挡 γ 射线，如钨等。高密度屏蔽材料还可以通过非弹性散射降低高能中子速度，将中子能量降低至热中子区，并利于被中子毒物吸收。此外高密度材料同时也是优良的慢化剂材料，如氢化锂等。即使选定最佳的屏蔽材料，辐射屏蔽结构仍相对较厚、体积较大，为减轻屏蔽结构质量，多数设计只针对反应堆正对有效载荷和工作人员的部分进行屏蔽，此类设计称为影子屏蔽。在真空空间，辐射强度与距反应堆的距离的平方成反比，因此可以通过分离臂使有效载荷远离反应堆，利用空间距离使反应堆辐射衰减，从而减轻屏蔽结构质量。在此类设计中分离臂及其中的输电线路尤为重要，相关设计需要综合考虑辐射屏蔽需求及分离臂尺寸优化，以减轻系统总质量。

2.3.3 热量传输系统

空间反应堆运行中的热量传输是综合多种热量传输方式的复杂过程。燃料裂变产生的热量通过热传导传递至燃料元件表面，对于多数反应堆，热量继续从燃料元件表面通过对流传递给流动的冷却剂。对于棒状堆芯，冷却剂通道为圆柱形燃料棒之间的间隙，对于棱柱形燃料组件，冷却剂通道是燃料元件内部的通道（见图 2－23）。冷却剂流出堆芯后通过冷却剂管道进入能量转换装置，将热能转换为电能，余热排放至空间，降温后的工质流体（冷却剂）被泵送回堆芯重新开始循环。空间反应堆运行温度通常较高，以达到高转化效率，同时也减小散热器尺寸和质量（将在 3.4 节和 3.5 节讨论）。空间反应堆高温运行的关键在于使用液态金属冷却剂，液态金属具有良好的导热特性，且高温时的汽化压力（饱和压力较低）相对较低（高压需要厚重的压力容器、冷却剂管道和其他设备)。可用于冷却剂的液态金属主要有钾、钠、钠钾合金(NaK)和锂,SNAP-10A 使用 NaK 作为反应堆冷却剂,SP-100 使用锂。惰性气体也可作为空间反应堆冷却剂,如氦和氙等。惰性气体化学特性稳定,且采用惰性气体的系统,运行压力易于控制。

设计人员还研究了其他热量传输方式,如 NEBA-1 概念反应堆设计采用了热管对流传热[5],如图 2-26 所示。热管内热量传输通过在加热区将流体蒸发、在散热区将蒸汽冷凝而实现,降温后的流体则利用毛细管返回加热区并再次投入循环。如图 2-27 所示,俄罗斯 Romashka 反应堆采用自然热量传输

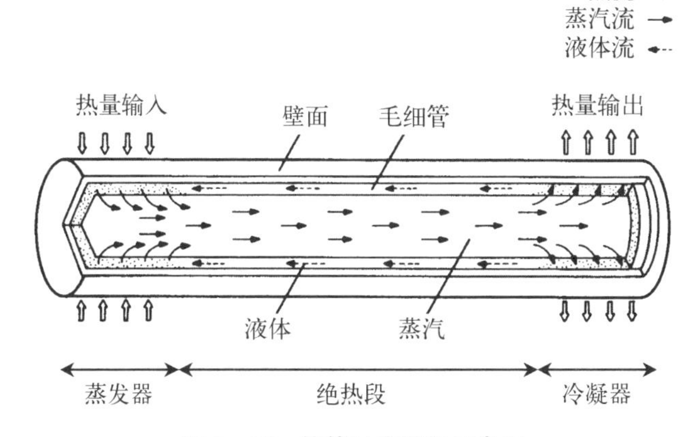

图 2-26　热管工作原理示意图

(资料来源:洛斯阿拉莫斯国家实验室)

图 2-27　Romashka 反应堆及燃料

方法，热量在固体堆芯通过热传导传输，并通过辐射换热传递至径向反射层内表面，而后再次通过热传导传递至反射层外表面的热电转换装置。对于安装有热离子转换装置的反应堆，热量传输主要通过热电子发射实现，并获得冷却，热离子能量转换装置将在后续章节介绍。

空间反应堆必须考虑停堆后由于裂变产物和活化产物衰变持续释放的热量，停堆后裂变产物的释热通常称为衰变热。对于部分设计，为防止燃料过热，需要设置能动设备维持停堆后的堆芯冷却，直至衰变热降低至非能动设备足以提供冷却的水平。

2.3.4 能量转换装置

反应堆热量通过各种静态和动态转换方式转换成电能。动态转换方式首先需要将热能转换成机械能，然后将机械能转换成电能（如透平交流发电机）；静态转换方式不需要中间过程，热能直接转换成电能。所有静态及动态热电转换装置均称为热力发电机，任何热力发电机的效率均低于理想热力发电机的效率 η_c，即卡诺循环效率，其值为

$$\eta_c = 1 - \frac{T_C}{T_H} \tag{2-1}$$

式中，T_H 为热端（供热）温度；T_C 为冷端（排热）温度。能量转换装置的实际热效率一定低于理想热力发电机效率。式（2-1）描述的极限效率是所有热力发电机的基本特征，提高热源温度可以提高转换效率，高转换效率可降低反应堆功率和排热要求，继而明显减轻反应堆系统的质量。

用于放射性同位素电源的热电能量转换装置（单耦合）也可用于空间反应堆系统，但上述装置功率密度和效率非常低。设计人员可通过提高热电装置功率密度，并采用多种热电转换方式提高能量转换效率。

1）静态能量转换

热电转换和热离子转换是最常用的两种静态能量转换方式。热电能量转换被用于美国 SNAP-10A 反应堆和苏联 BUK 反应堆系统[7]。为提高功率密度，SP-100 空间反应堆不再使用放射性同位素电源的单元辐射耦合热电转换装置（单耦合），而采用更先进的多单元耦合导热热电转换装置（多耦合）。多耦合装置如图 2-28 所示，伽利略号使用的 RTG 组的额定热功率是单耦合热电转换装置的 30 倍。多耦合装置通过柔性垫与热量传输系统连接，柔性垫能够补偿能量转换装置的热膨胀，防止热电材料损坏。

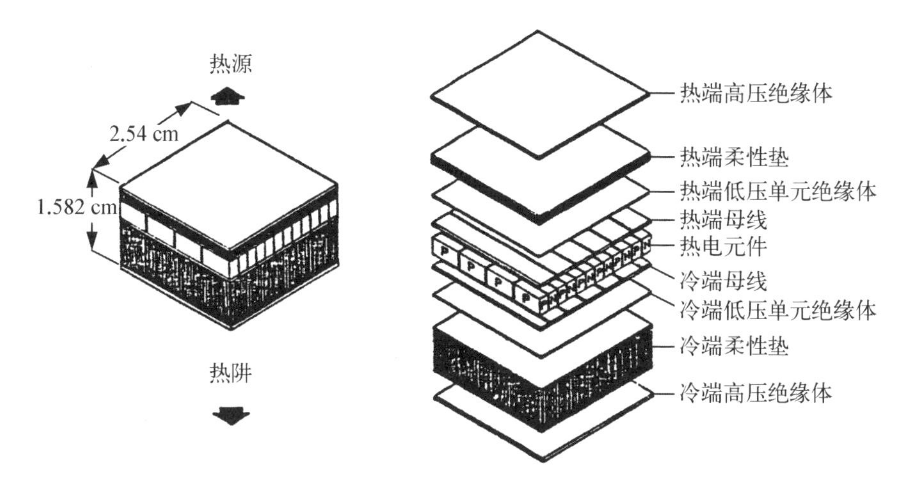

图 2-28　SP-100 多耦合热电转换装置设计示意图

热离子能量转换装置也被用于空间反应堆系统，如图 2-29 所示，此类装置通过热发射极表面蒸发产生电子、接收极冷表面接收电子产生电能。如果发射极和接收极之间采用真空间隙，间隙内的电荷（空间电荷）由发射极和接收极之间的电子传输产生。空间电荷效应指由于空间电荷排斥发射体内低能电子向表面迁移使净电流减少（相对发射电流），该效应可通过电极间隙中的铯蒸发产生的正电荷抵消。

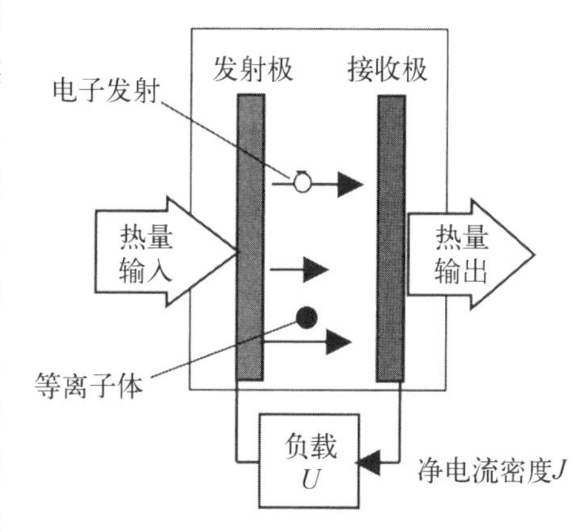

图 2-29　热离子能量转换装置工作原理

热离子发射的基本方程为

$$J = AT^2 \exp\left(-\phi/kT\right) \tag{2-2}$$

式中，J 为电流密度（A/cm^2）；T 为发射温度（K）；A 为理查森常数，$A=120.4\ A/(cm^2\ K^2)$；ϕ 为发射体电子逸出功；k 为玻尔兹曼常数，$k=8.62\times10^{-5}\ eV/K$。逸出功是指电子从材料表面逸出所需的最小能量，对于任何热力发电机，可以通过提高供热温度提高效率。式（2-2）表明可以通过选择电子逸出功小的电极材料以提高电流，如涂铯钨电极。

热离子反应堆通常采用热离子燃料元件（TFE），能量直接在堆芯内部的燃料元件内转换，而无须将热量传输至堆芯外部的热离子能量转换装置。苏联的TOPAZ热离子燃料元件结构如图2－30所示，圆柱形燃料芯块位于发射管内，电极间隙内充满铯蒸气，圆柱形接收管形成了间隙外壁面，接收管内壁面涂有电绝缘体，最外层由金属外壳包裹。反应堆运行时，核裂变产生的热量传递至发射管，发射体通过电子动能和辐射将热量传递至接收体，余热由接收体通过电绝缘体传递至金属外壳，金属外壳由液态金属冷却剂冷却，被加热的冷却剂被泵送至散热器。苏联曾在太空部署的两个TOPAZ反应堆系统均采用了该型堆内热离子能量转换装置，另外在概念堆研究中还提出了将堆芯热量传递至堆外（堆芯外部）热电子二极管的设计方案。

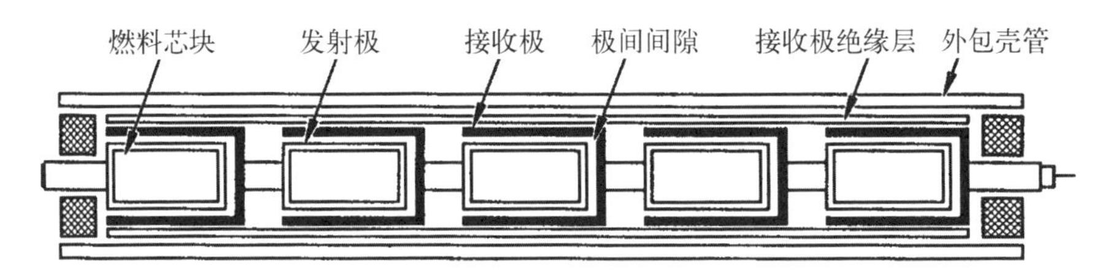

图2－30　TOPAZ热离子燃料元件结构示意图

除了热电和热离子能量转换装置外，设计者针对空间核动力系统需求还研究了其他几种静态能量转换方式，包括碱金属热电转换装置（AMTEC）[15]、氢-热-电转换器（HYTEC）[16]、热光伏[17]、磁流体发电[18]，上述能量转换装置在相应参考文献中有详细描述。

2）动态能量转换

动态能量转换装置包括朗肯循环、斯特林循环发动机和布雷顿循环。对于直接朗肯循环（2.1节放射性同位素电源中有讨论），冷却剂直接被核热源加热汽化，对于空间反应堆，微重力环境下堆内的两相流动仍存在潜在问题，因此二次侧朗肯循环被提出。对于上述方案，反应堆侧冷却剂保持液相，热量通过热交换器传递至二次侧工质，在热交换器二次侧形成蒸汽。循环的其余部分与2.1节中描述的朗肯循环相同，通常空间反应堆的朗肯循环中采用液态金属冷却剂和工质。SNAP－2和SNAP－8反应堆采用了汞朗肯循环，并进行了地面验证试验。

另一种空间核动力能量转换装置是斯特林发动机[19]，由于理想斯特林发动机最接近卡诺循环，因此其效率在所有热发动机中最高。斯特林发动机是一种带有蓄热器的往复式自由活塞发动机，蓄热器能够在降温时储存热量，当工作介质流过时释放热量(见图 2－31)。斯特林发动机常用于带动线性交流发电机,此类高功率发动机相对其他中低功率发动机(10～100 kW)在质量上有竞争优势。

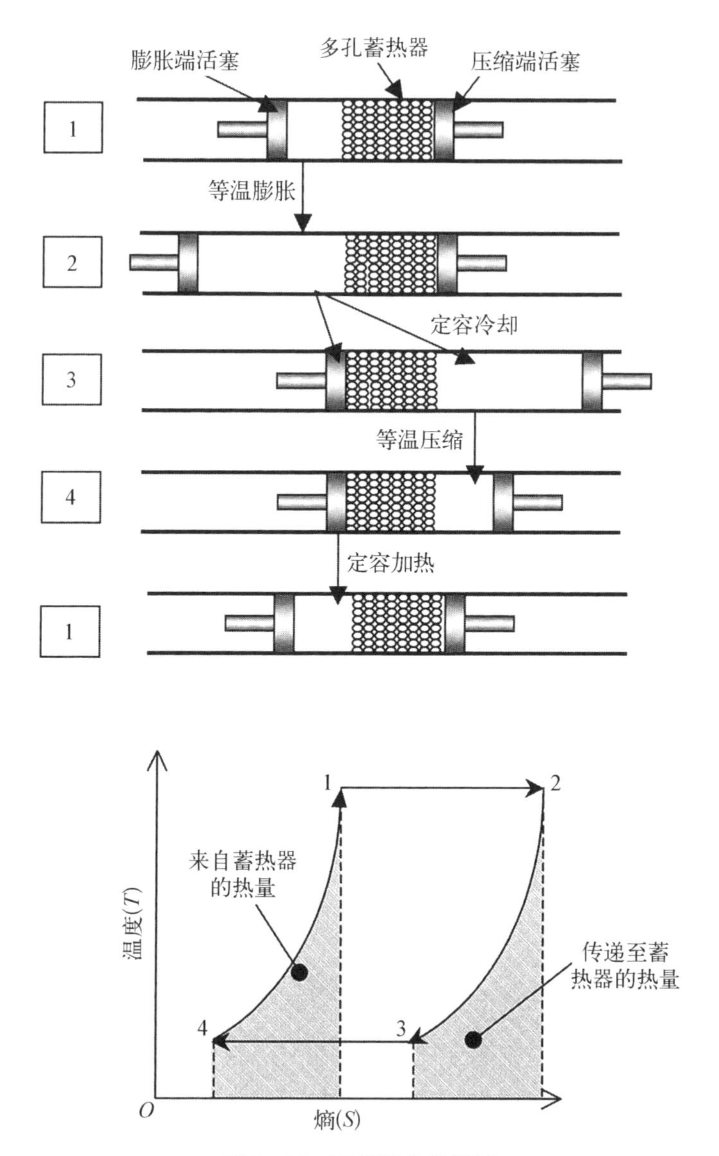

图 2－31　理想斯特林循环

布雷顿循环以单相气体为工作介质推动汽轮机、发电机工作,其工作流程如图 2－32 所示。气体工作介质(常用氦和氙混合气体)流经热源时被加热,对于气冷堆，气体直接在堆芯被加热，对于液态金属冷却反应堆，需要通过热交换器将液态金属冷却剂的热量传递至气体工作介质。被加热的气体工作介质在汽轮机内膨胀，推动汽轮发电机旋转产生电能，气体由汽轮机排出后被散热器冷却，利用压缩机将气体输送至反应堆或热交换器，部分布雷顿循环系统设置了回热器，如利用从汽轮机排出的气体对进入反应堆的气体进行加热。气体加热和排热均为定压过程，对于理想系统，膨胀和压缩为等熵过程。

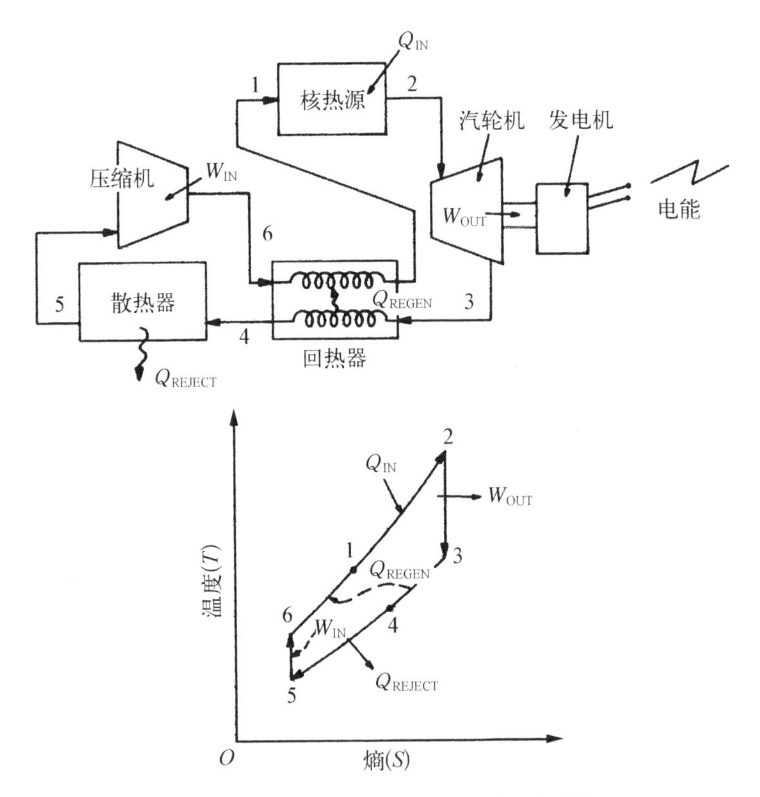

图 2-32　带发电机的理想闭式布雷顿循环

2.3.5　热量排放系统

所有的热电能量转换装置都属于热力发电机，运行中都需要向空间排出热量。对于行星表面大气层中的空间反应堆系统，可以利用对流换热进行冷却，如果能量需求仅持续数分钟（爆炸式应用），可以通过向空间释放冷却剂进行散热。对于真空空间中需要长时间持续运行的反应堆系统，只能通过向空间辐射进行散热。散热器的尺寸和质量尤为重要，必须采取措施减小散热器体积和质量，散热器向空间散热的方程如下：

$$q_R = \sigma\varepsilon A_s(T_R^4 - T_S^4) \tag{2-3}$$

式中，q_R 为散热功率；σ 为斯特藩-玻尔兹曼常数[5.669×10^{-8} W/(m^2 · K^4)]；ε 为散热器表面发射率；A_s 为散热器表面积；T_R 为散热温度(K)；T_S 为空间实际温度(K)。

根据式(2-1)可知，另一个提高能量转换效率的方法是降低散热温度(系统电功率一定的情况下)，然而从式(2-3)可知如果散热温度降低，为保证相同散热功率必须增加散热器表面积。散热功率与温度的四次方成正比，与表面积成正比，如果保持散热功率相同，散热温度较小幅度的降低就将导致散热器表面积大增，因此降低散热温度虽能增加能量转换效率，但同时却会使散热器表面积大增，导致系统净质量增加。最佳散热温度的确定取决于能量转换效率与散热器热流量等因素之间的平衡。

因为散热器也是核辐射来源，其结构设计受辐射屏蔽要求限制。为避免有效载荷受到过度散射辐射，散热器通常位于圆锥形空间内，由影子屏蔽保护。基于上述考虑，空间反应堆散热器通常设计成截锥体(圆台)，如图2-33所示，Enisey反应堆系统采用圆锥形散热器。对于高功率系统，通常建议采用外部散热器设计，Juhasz和Peterson曾对外部散热器进行了相关研究[20]。

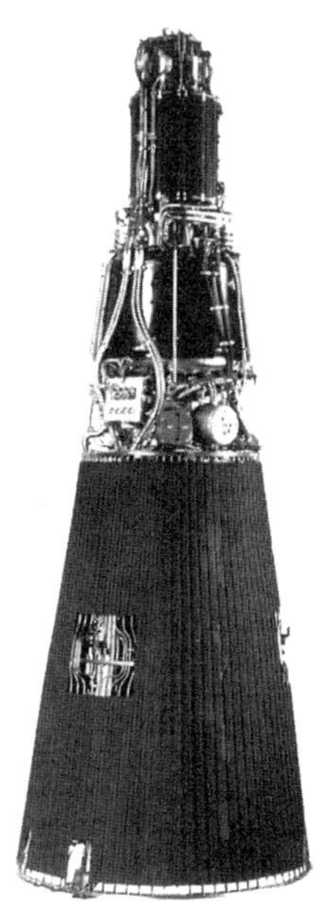

图2-33　Enisey反应堆系统的圆锥形散热器

2.3.6　系统运行

前面章节阐述了空间反应堆系统设备及子系统的设计方案，其合理设计可使各设备和子系统有效平衡及综合运作。表2-5列出了四种基本类型反应堆，包括液体冷却反应堆、热管冷却反应堆、气体冷却反应堆和自然冷却反应堆。表中主要列出了燃料、冷却系统材料和能量转换装置的类型等，尽管大多数空间反应堆主要用于提供电力，但相似设计还用于空间供热。对于供热的反应堆系统，反应堆热量直接用于支持某些过程，如从土壤中提取氧，表中还包含此类工业用热选项。表2-5中的冷却材料指冷却剂管道、压力容器及其他包含流体传输热量的设备用材，常用的系统材料有不锈钢和镍基高温合金，在超高温流体系统中常用高熔点金属，如铌和钨。SNAP－10A、BUK、TOPAZ 和 SP－100 反应堆的设计参数如表 2－6 所示，SP－100 反应堆屏蔽系统结构如图 2－34 所示。

表 2－5　空间反应堆系统主要涉及选择

反应堆类型		泵送液体冷却反应堆	热管冷却反应堆	气体冷却反应堆	自然冷却反应堆
几何形状	柱形	√	√	√	
	棱柱形或固体	√	√	√	√
	其他(球床等)	√		√	
燃料	UO_2	√	√	√	
	UN	√	√	√	√
	UC 或 UC_2	√	√	√	√
	U－ZrH	√	√		
	其他	√	√	√	√
包壳或基质	不锈钢	√	√		
	超合金	√	√	√	
	高熔点金属	√	√	√	√
	石墨或陶瓷		√	√	√
慢化剂	无	√	√	√	√
	ZrH				
	Be，BeO	√	√	√	
	其他	√	√	√	√
冷却材料	不锈钢	√	√		
	超合金	√	√	√	
	高熔点金属	√	√	√	

（续表）

反应堆类型		泵送液体冷却反应堆	热管冷却反应堆	气体冷却反应堆	自然冷却反应堆
能量转换	温差转换	√	√		√
	堆内热离子	√	√		
	堆外热离子	√	√		√
	碱金属热电转换装置	√			
	斯特林发动机	√	√		
	朗肯循环	√ *	√		
	布雷顿循环	√		√	
	其他	√	√	√	√
	无（工业用热）	√	√	√	√

注：* 表示用热交换器；√表示可能应用。

表2-6　SNAP-10A、BUK、TOPAZ和SP-100反应堆设计参数[11,3,73,8]

系统	SNAP-10A	BUK	TOPAZ	SP-100
功率水平/kW	0.5	3	5	100
使用寿命/年	1	~0.5	3	7
能量转换	热电（单耦合）	热电	热离子（多单元）	热电（多耦合）
系统效率/%	1.6	3	3.3	4
反应堆功率/kW	30	150	150	2 500
首次发射时间/年份	1965	1967	1987	项目终止
燃料类型	U-ZrH	U-Mo	UO_2	UN
燃料形状	柱状	柱状	柱状	柱状
包壳或发射体	哈氏合金N	—	Mo/W发射体	铼衬里铌合金
包壳直径/cm	3.17	~2	1.0	0.775
包壳温度/K	833	—	1 733	1 450

（续表）

慢化剂	ZrH （燃料基质）	无	ZrH	无
冷却剂	NaK	NaK	NaK	Li
冷却剂最高温度/K	810	973	873	1 375
堆芯长度/m	0.41	～0.2	0.30	0.393
堆芯直径/m	0.226	0.6	0.26	0.325
系统长度/m	3.5	—	3.9	12（锂舱＝6 m）
系统质量/kg	436	930	980	4 600
反应堆质量/kg	125	—	290	650
屏蔽质量/kg	98	—	390	890
系统功率密度（W/kg）	1.1	3.2	5.1	21.7

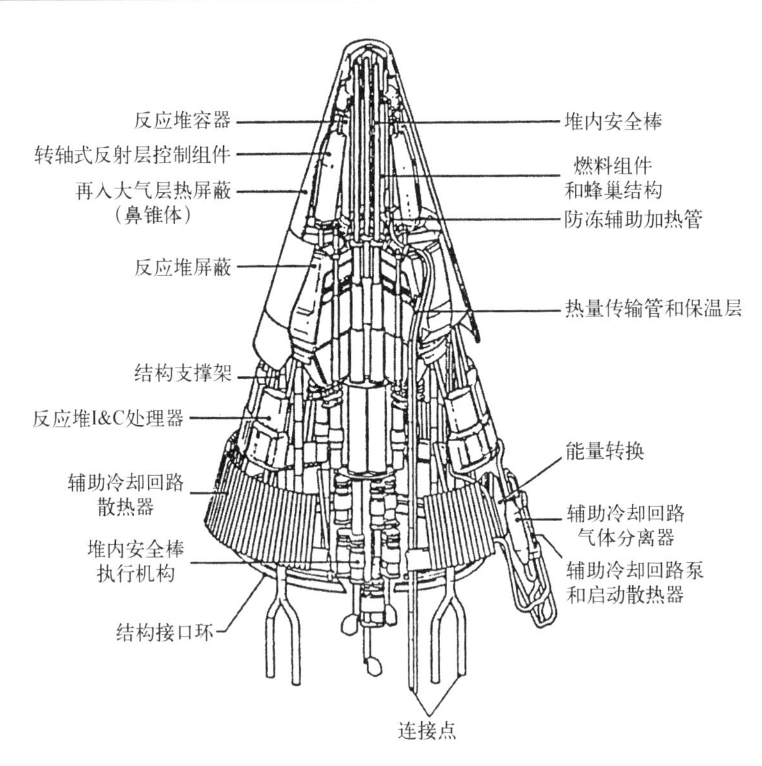

图 2-34　SP-100 反应堆屏蔽系统结构示意图

（资料来源：洛克希德·马丁公司）

2.4　核推进系统

核反应堆还可用于空间推进任务，基本的两种核动力推进系统包括核电推进系统(NEP)和核热推进系统(NTP)，这两种系统相比传统的火箭具有性能优势，如缩短载人火星任务飞行时间等。执行任务时，首先利用传统运载工具进入地球轨道，再启动核动力推进系统将宇航员快速送往火星。核动力推进可有效缩短飞行时间，减少宇航员所受宇宙辐射剂量，并降低对生命支持系统的要求。

2.4.1　基本原理

比冲 I_{sp} 是表征火箭性能的重要参数，其定义如下：

$$I_{sp}=\frac{F}{\dot{m}} \tag{2-4}$$

式中，F 为推力(N)；$\dot{m}$ 为推进剂质量流量(kg/s)；I_{sp} 为比冲(m/s)，当使用英制单位，I_{sp} 在海平面测量时，I_{sp} 的单位为磅力每秒(pi/s)。高比冲表示较少推进剂质量可以获得较高的推力，推进剂质量直接决定推进系统维持额定推力的时间。

1) 核电推进

核电推进系统由反应堆及能量转换装置产生电能，电能继而产生电场或电弧，从而电离气体推进剂并加速带电粒子至极高速度。反应堆电力系统为核电推进系统提供电能的过程已在2.3节叙述，本节论述仅涉及核热推进系统。

2) 核热推进

核热推进系统(核热推进火箭，NTP)原理如图2-35所示。核热推进火箭通

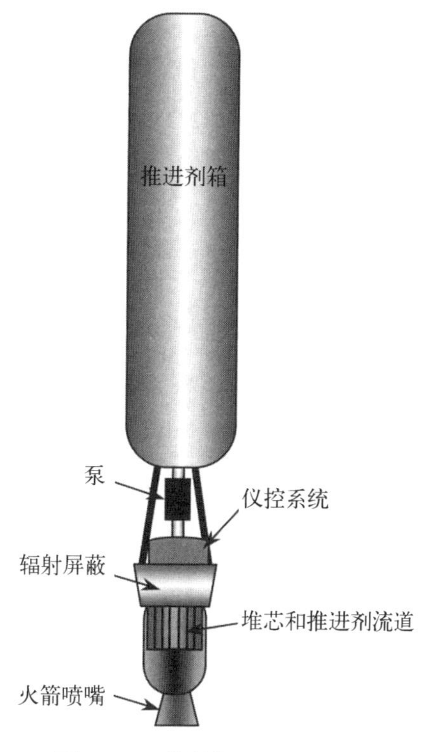

图2-35　核热推进系统示意图

过在堆芯加热推进剂至高温并通过喷嘴喷出为火箭提供推力。常规火箭和NTP火箭的比冲可以表示为

$$I_{sp}=A_pC_F\sqrt{\frac{T_{ch}}{M_r}} \tag{2-5}$$

式中，A_p 为推进剂性能因数；C_F 为与喷嘴相关的系数；T_{ch} 为燃烧室温度(K)；M_r 为推进剂相对分子质量[1]。由于核反应堆可以达到极高温度，再利用氢作为推进剂(其 M_r 最低)，可以实现极高的比冲，NTP系统中氢推进剂以液态形式储存在低温容器中。

2.4.2 推进系统

设计人员对各种核热推进反应堆概念设计进行了研究。美国Rover/NERVA计划研制了20个核热推进反应堆并进行了地面试验，该计划中设计的XE核动力引擎如图2-36所示，NERVA反应堆由近130 cm长的棱柱形燃料元件组成，燃料元件的横截面是六边形，对边宽度约为1.91 cm，包含若干轴向冷却剂通道，如图2-37所示。在地面试验中，液态氢被注入堆芯入口，进入冷却剂通道并被加热至高温，高温氢气继而从喷嘴排出。虽然NERVA计划开发了多种燃料元件，但目前所有反应堆试验仅使用了嵌入石墨基质内带有石墨涂层的UC微颗粒(直径为50～150 μm)燃料，石墨燃料元件涂有NbC，以防被高温氢推进剂腐蚀，燃料元件由分散在石墨基质内的UC-ZrC组成。此外，允许在更高温度下使用的全碳化物燃料(UC-ZrC)正在研制中，该燃料在系统运行时不会导致大规模腐蚀。

图2-36 试验支架上的XE引擎[21]

(资料来源：洛斯阿拉莫斯国家实验室)

NTP系统运行时，氢输送管线在反应堆内通过热传导被加热，氢推进剂在进入堆芯前被加热并以气态形式进入堆芯。由于氢气推进剂密度较低，在堆芯内具有较高的传热面积，能够达到预期的较高推进剂温度。如图2-38所示，20世纪80年代美国研发的离子床核推进

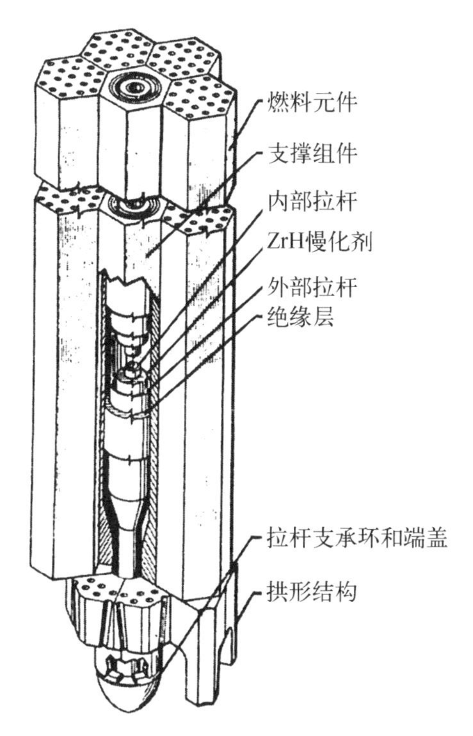

图2-37　小引擎NERVA反应堆燃料模块

（资料来源：洛斯阿拉莫斯国家实验室）

概念反应堆[4]采用ZrC涂层的UC_2微颗粒（直径约为250 μm）燃料，微颗粒燃料能够提供巨大的传热面积。燃料元件采用两个同轴套管组成的柱筛以容纳微颗粒燃料，燃料颗粒设置于柱筛内的环形间隙内，燃料元件整体插入ZrH慢化剂块孔。反应堆运行期间，推进剂经燃料元件与慢化剂之间的环形空间，通过多孔外柱筛进入燃料元件，被燃料颗粒加热至高温，继而通过内柱筛进入中心孔，高温推进剂最终通过喷嘴排出，产生推力。

苏联也曾研发过若干NTP燃料，并对其进行了反应堆回路试验。如图2-39所示，NTP燃料元件在苏联IGV-1试验反应堆中进行了运行试验，试验时，氢气温度达到3 000 K。为优化氢推进剂传热特性，苏联采用了类似2 mm钻头的螺旋窄条形燃料元件。

美国和苏联对气芯推进反应堆进行了大量研究。此类概念反应堆的气体燃料位于气体储存容器内，如图2-40所示，该技术可实现推进剂的极高温度，获得高比冲和推力。由于温度跨度达数千开，气芯拟用六氟化铀燃料，在温度高于 5 000 K 时，采用气化金属铀作为燃料。尽管气芯反应堆可以达到极高温度，对研究核热推进具有巨大吸引力，但高温气体与核燃料直接接触的相关技术难题使得气芯反应堆设计最终被放弃，而仅停留在了纯粹理论概念研究阶段。

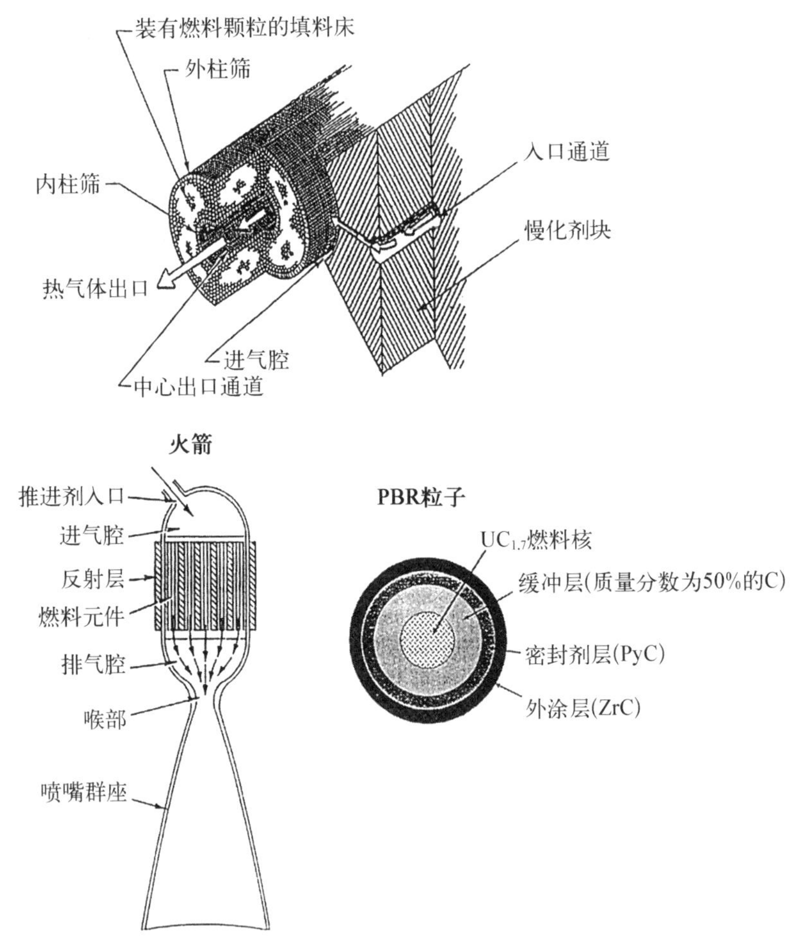

图 2-38　美国离子床核热推进反应堆结构示意图

（资料来源：国家航空航天局）

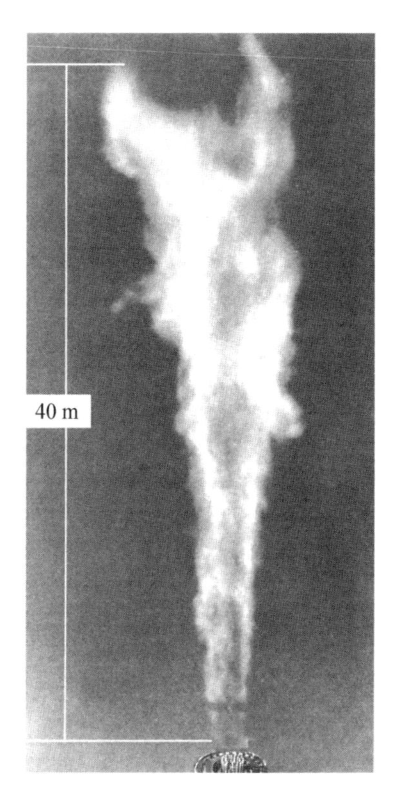

图 2－39　IGV－1 试验堆启动

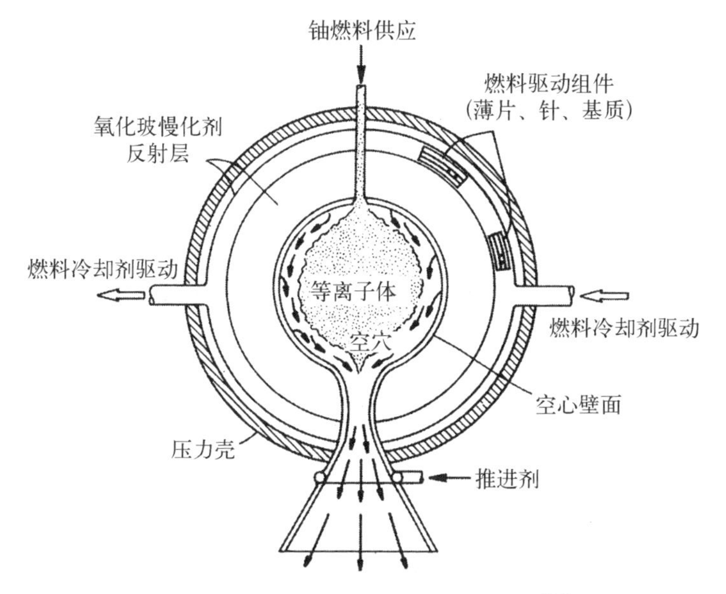

图 2－40　气芯反应堆推进系统示意图[23]

2.5 本章小结

截至2006年,美国在27次不同任务中共发射了46个放射性同位素电源和1个反应堆系统,苏联在太空部署了31个3 kW BUK反应堆、2个TOPAZ反应堆系统和若干放射性同位素电源。美国和苏联还研发了许多其他类型反应堆系统,但从未发射。

放射性同位素电源的能量来自不稳定原子核的衰变。放射性同位素电源主要设备包括放射性同位素燃料、密封材料、能量转换装置和散热器,由于以α衰变为主的放射性同位素功率密度非常高且放射性穿透水平较低,将其作为燃料最具吸引力。美国部署的所有太空放射性同位素电源均采用^{238}Pu燃料。由于最初的放射性同位素电源因操控失误导致再入大气层时烧尽并在大气层中扩散,后续的放射性同位素电源均需在设计中保证其再入大气层时的完整性。

美国迄今所有的放射性同位素电源系统均采用热电能量转换装置,即将热能直接转换成电能而无须中间机械装置。放射性同位素电源虽然还可采用动态能量转换装置,但从未部署于太空。美国最后四次太空任务搭载了通用热源放射性同位素温差发电器(GPHS-RTG),GPHS-RTG采用模块设计,可以使用预先设计的放射性同位素模块而非每次任务都重新设计定制和验证新的放射性同位素电源。小型放射性同位素电源还可以用作热源,维持空间设备运行在预期温度范围内。

反应堆电源系统的主要设备有反应堆、辐射屏蔽、热量传输系统、能量转换装置、仪表控制系统、排热子系统和功率调节单元等。反应堆由堆芯、中子反射层、压力容器和控制组件组成,堆芯包括核燃料组件及冷却剂通道,部分设计还包含了中子慢化剂。铀-235是标准的空间反应堆燃料。此外,可用的空间反应堆燃料材料还有UO_2、UN、UC_2和U-ZrH等。苏联也曾研发若干先进的燃料材料,其形式有容纳陶瓷燃料球的金属包壳燃料棒、棱柱形燃料元件和燃料球。反应堆慢化剂材料通常采用氢化锆、铍和氧化铍等。

对于反应堆系统,燃料原子核吸收中子时将发生裂变,释放能量并产生两到三个中子,产生的中子能够被其他燃料原子核吸收,从而诱发额外裂变并维持中子链式裂变反应。当中子产率与由吸收和泄漏导致的中子损失率相等时,称反应堆达到临界;当中子损失率大于或小于中子产率时,分别称反应堆次临界或超临界。中子反射层环绕在反应堆堆芯周围,以减少临界质量要求,部分反应堆设计利用慢化剂降低临界质量要求，然而具有慢化剂的反应堆相对非慢化堆未必都能减少系统总质量。

为补偿燃耗及其他影响中子产生和损失的因素，通常的反应堆燃料装量都大于临界质量。对于空间反应堆，堆芯临界可以通过调节反射层来维持（如采用带有中子毒物带的旋转鼓），继而可通过控制组件移动，使反应堆转为次临界或超临界。对于临界反应堆，中子通量和反应堆功率维持在恒定水平，对于超临界反应堆，中子通量水平随时间增加，次临界反应堆在没有外部中子源时不能够维持中子通量水平。

反应堆电源系统通常专门设置辐射屏蔽，并整合于一体，用于保护有效载荷和宇航员免受辐射，经典设计是采用影子屏蔽和分离臂以减轻屏蔽质量。空间反应堆系统散热器通常位于圆锥形空间内，由影子屏蔽保护，以减少潜在的散射辐射剂量。

空间反应堆可设置较高的运行温度，此优点可以减轻散热器质量，提高反应堆效率，液态金属和惰性气体很适合作为高温运行反应堆的冷却剂。反应堆冷却剂用于将堆芯热量带出至能量转换系统，并在此将热能转换成电能。静态能量转换装置主要包括热电转换和热离子转换；动态能量转换装置包括朗肯循环、斯特林发动机和布雷顿循环等。

美国和苏联还曾研发过许多核热推进反应堆，并进行了试验，但最终未进行太空部署。对于核热推进，氢推进剂在堆芯被加热，高温推进剂以高速排出反应堆系统，产生推力。火箭比冲与燃烧室温度除以推进剂相对分子质量的平方根成正比，反应堆系统的高温和最小分子质量的推进剂（氢气）使得核动力火箭能够达到非常高的比冲。

对于空间反应堆系统的更多详细阐述参见 Joseph A. Angelo 和 David Buden 编写的 *Space Nuclear Power*[1] 和 Mohamed S. El - Genk 编写的 *A Critical Review of Space Nuclear Power and Propulsion 1984—1993*[24]。

参考文献

1. Angelo, Jr. , J. A. and D. Buden, *Space Nuclear Power*. Malabar, FL: Orbit Book Co. , 1985.
2. Dieckcamp, H. M, *Nuclear Space Power Systems*. Canoga Park, CA: Atomics International, 1967.
3. Truscello, V. C. and L. L. Rutger, "The SP-100 Power Systems," Space Nuclear Power Systems; Proceedings of the 9th Symposium, Albuquerque, NM, Jan. 12 - 16,

1992. Pt. 1. New York: AIP Press, American Institute of Physics, 1992, p. 1-23.

4. Ludewig, H., "Particle Bed Reactor Nuclear Rocket Concept." Nuclear Thermal Propulsion: A Joint NASA/DOE/DOD Workshop, Cleveland, OH, Jul. 10-12, 1990, p. 151-164.
5. Polansky, G. F., R. F. Rochow, N. A. Gunther, and C. H. Bixler. "A Bimodal Spacecraft Bus Based on a Cermet Fueled Heat Pipe Reactor." AIAA/SAE/ASME Joint Propulsion Conference and Exhibit. USDOE, San Diego, CA: Jul. 10-12, 1995, p. 9. Report Number SAND-95-1510C.
6. NEP Space Test Program Preliminary Nuclear Safety Assessment, SDI Report, Nov. 1992.
7. Ponomarev-Stepanoi, N. N., V. M. Talyzin and V. A. Usov, "Russian Space Nuclear Power and Nuclear Thermal Propulsion Systems," Nuclear News, 43: 13, Dec. 2000, p. 13.
8. Bennett, G. L., "A Look at the Soviet Space Nuclear Power Program," Proceedings of the 24th Intersociety Energy Conversion Engineering Conference, IECEC-89, IEEE. Aug. 6-11, 1989, Washington, DC, vol. 2, p. 1187-94.
9. Lang, R. G. and E. F. Mastal, "A Tutorial Review of Radioisotope Power Systems," *A Critical Review of Space Nuclear Power and Propulsion, 1984-1993*. M. S. El-Genk, (Ed.), New York: AIP Press, American Institute of Physics, 1994, p. 1-20.
10. Pitrolo, A. A., B. J. Rock, W. Remini, and J. A. Leonard, "SNAP-27 Program Review." Proceedings of 4th Intersociety Energy Conversion Engineering Conference, Washington, DC, Sept. 22-26, 1969 paper 699023, p. 153-170.
11. Halliburton NUS, Nuclear Safety Analyses for Cassini Mission Environmental Impact Statement Process. HNUS-97-0010. Gaithersburg, MD: Halliburton NUS Corp., Apr. 1997.
12. Frass, A. P., Summary of the MPRE Design and Development Program, ORNL-4048, Oak Ridge, TN: Oak Ridge National Laboratory, June 1967.
13. General Electric Co., 710 High-Temperature Gas Reactor Program Summary Report. Volume IV. Critical Experiment and Reactor Physics Development. GEMP600(Vol. 4), Cincinnati, OH: General Electric Co., Nuclear Materials and Propulsion Operation, 1968.
14. Voss, S. S., SNAP (Space Nuclear Auxiliary Power) Reactor Overview. AFWL-TN-84-14. Kirtland AFB, Air Force Weapons Laboratory, 1984.
15. Svedberg, R. C., J. E. Pantolin, R. K. Sievers, and T. K. Hunt, "Enhancement of AMTEC Electrodes and Current Collectors." 12th Symposium on Space Nuclear Power and Propulsion Conference, Ballistic Missile Defense Organization. NASA and U. S. Dept. of Energy et al. AIP Conference Proceedings No. 324, Pt. 2, Albuquerque, NM, Jan. 8-12, 1995, p. 685-91.
16. Salamah, S. A., Sodium-Lithium HYTEC Application Studies, General Electric Report GEFR-0093(IR), July 1991.

17. Francis, R. W., W. A. Somerville, and D. J. Flood, "Issues and Opportunities in Space Photovoltaics," Record of the Twentieth IEEE Photovoltaic Specialists Conference-1988, Las Vegas, NV, Sept. 26-30, 1988, vol. 1, p. 8-20.
18. Alemany, A., R. Laborde, P. Marty, J. Thibault and F. Werkoff, "Studies for the Definition of a Faraday Converter for Space Nuclear Systems." Transactions of the Fourth Symposium on Space Nuclear Power Systems. Albuquerque, NM: Institute for Space Nuclear Power Studies, Chemical and Nuclear Engineering Department, University of New Mexico, American Institute of Chemical Engineers and the American Nuclear Society. Jan. 12-16, 1987, p. 367-369.
19. Dudenhofer, J. E., D. L. Alger and J. S. Rauch, "Dynamic Power Conversion Systems for Space Nuclear Power," *A Critical Review of Space Nuclear Power and Propulsion, 1984-1993*. M. S. El-Genk, (Ed.), New York: AIP Press, American Institute of Physics, 1994, p. 305-369.
20. Juhasz, A. J. and G. P. Peterson, "A Review of Advanced Radiator Technologies for Spacecraft Power Systems and Space Thermal Control," *A Critical Review of Space Nuclear Power and Propulsion, 1984-1993*. M. S. El-Genk, (Ed.), New York: AIP Press, American Institute of Physics, 1994, p. 407-442.
21. Koenig, D. R., Experience Gained from the Space Nuclear Rocket Program (ROVER). Report LA-10062-H, Los Alamos, NM: Los Alamos National Laboratory, May 1986.
22. Clark, J. S., P. McDaniel, S. Howe, I. Helms and M. Stanley, Nuclear Thermal Propulsion Technology: Results of an Interagency Panel in FY1991. NASA Technical Memorandum 105711, Apr. 1993.
23. Chow, S., "Mini-cavity Plasma Core Reactors for Dual-Mode Space Nuclear Power/Propulsion Systems." Partially Ionized Plasmas including the Third Symposium on Uranium Plasmas. Princeton, NJ: National Aeronautics and Space Administration, June 10, 1976, p. 217-223.
24. El-Genk, M. S. (Ed.), A Critical Review off Space Nuclear Power and Propulsion 1984-1993, New York: AIP Press American Institute of Physics, 1994.
25. Marshall, A. C., "RS/MASS-D: An Improved Method for Estimating Reactor and Shield Masses for Space Reactor Applications," SAND 91-2876, Albuquerque, NM: Sandia National Laboratories, Oct. 1997.

符号及其含义

A_s	表面积	A_r	相对原子质量
A	理查森常数	A_p	推进剂性能因数

(续表)

C_F	喷嘴系数	$\dot{m}$	质量流量
F	推力	M_r	相对分子质量
I_{sp}	比冲	q_R	散热功率
J	电流密度	T	热力学温度
		T_{ch}	燃烧室温度
α	α离子		
ε	发射率	η_c	卡诺循环效率
ϕ	电子逸出功	σ	斯特藩-玻尔兹曼常数
k	玻尔兹曼常数		

练习题

1. (1) 计算任务初期(BOM)两个放射性同位素电源需要的热功率水平,在运行6年后,一个电源必须产生0.25 kW电功率,另一个必须产生5 kW电功率。假设钚-238占钚同位素含量的90%,钚-238衰变产生5.5 MeV能量,忽略其他同位素裂变贡献,热电转换装置为SiGe,转换效率为6.7%。(2) 计算BOM时的PuO_2燃料质量及其活度,估算总的电源质量,假设总质量与PuO_2质量之比为5∶1。(3) 重复计算(1)和(2),假设使用的动态能量转换装置效率为18.1%,系统总质量与PuO_2质量之比为12∶1。对比并评价热电能量转换装置和动态能量转换装置之间的差异,并讨论为什么100 kW放射性同位素电源系统不能实现。

2. 下面公式可以用于估算液态金属冷却快堆的临界质量[25],

$$m_c=\frac{C_g(150)}{e^2}\left(\frac{5.43}{\zeta_F V_F}\right)^{3/2}$$

式中,m_c为临界铀质量(kg);e为燃料中^{235}U的富集度;ζ_F和V_F分别为燃料密度(g/cm^3)和堆芯中燃料体积份额;C_g为考虑了几何尺寸影响的临界质量

修正系数，计算式为

$$C_g = \frac{1}{3}(2.34 a_r^{2/3} + a_r^{-4/3})$$

式中，a_r 为纵横比，等于堆芯长度与直径的比值。

(1) 估算堆芯临界质量，主要特征参数如下：$e=0.93$，UN 燃料的 $\zeta_F = 13.73\ \text{g/cm}^3$，$V_F=0.4$，$a_r=1.0$。(2) 估算采用富集度为 20% 的燃料对临界质量的影响。(3) 当(1)中使用密度为 10.0 g/cm^3 的 UO_2 燃料时，估算对临界质量的影响。(4) 合并(1)中空的安全棒通道(燃料体积份额改变)，假设空的通道使堆芯体积增加 20%(见图 2-21)，估算对临界质量的影响。(5) 当堆芯纵横比分别为 1.5∶1、2∶1 和 2.5∶1 时，估算对临界质量的影响。

3. 练习 2 中，仅考虑了临界质量对燃料质量的影响，燃料的温度限值也会影响燃料质量需求，对于练习 2 中描述的反应堆，当考虑温度限值时，计算功率水平为 5 kW 和 100 kW 时的燃料质量，计算中考虑分别使用温差能量转换(效率 4.4%)和朗肯循环能量转换(效率为 22%)。假设 $\hat{P}$ 为当地最大与平均堆芯功率比，等于 1.5，对于柱状燃料，燃料的比功率(功率/质量)$\widetilde{P}$ 为

$$\widetilde{P} \approx \frac{4k_F(T_{max} - T_c)}{\zeta_F r_F^2}$$

式中，$k_F = 0.26\ \text{W/(cm·K)}$，为燃料导热系数；$r_F = 1.2\ \text{cm}$，为燃料半径；$\zeta_F = 13.73\ \text{g/cm}^3$，为燃料密度；$T_{max} = 1\,650\ \text{K}$，为燃料最大容许温度；$T_c = 1\,350\ \text{K}$，为冷却剂温度。计算燃料质量，并与习题 2 中的临界质量对比。考虑温度限值时，通过什么方法能够减少燃料质量？

4. 燃料质量计算必须说明燃料的燃耗、燃料破损限值、临界质量(练习 2)和温度限值(练习 3)。(1) 假设每次裂变产生 200 MeV 能量，运行 12 年，计算当采用练习 3 中的能量转换方式、功率水平时消耗的燃料质量。(2) 当考虑破损燃料质量为燃烧燃料质量的 7%，考虑最大与平均功率比的影响，计算 BOM 时所需的燃料质量，并与练习 2 和练习 3 中估算的燃料质量进行对比。

5. 练习 2、练习 3、练习 4 中，仅考虑了燃料质量，然而反应堆其他设备的质量对反应堆总质量有重大影响。(1) 采用练习 2、练习 3、练习 4 中的方法，估算采用如下参数的反应堆需要的(上限，大多数限值)燃料质量：$P = 150\ \text{kW}$，t = 寿命 = 15 年，η = 净转换效率 = 11%，$e=0.93$，$\zeta_F = 13.73\ \text{g/cm}^3$，

$V_F=0.52$，$a_r=1.0$，最大燃耗$=10\%$，$k_F=0.26\ W/(cm\cdot K)$，$r_F=1.1\ cm$，$\hat{P}=1.4$，$T_{max}=1\ 500\ K$，$T_c=1\ 350\ K$。(2) 对于快堆，主要设备质量为燃料、反射层、压力容器和构件，估算总的反应堆质量和尺寸，假设为圆柱形快堆(无慢化剂)，压力容器和构件质量之和约等于燃料质量，反应堆四周环绕 10 cm 厚 BeO 反射层，密度为 3 g/cm^3。

6. 一个功率为 200 kW 的空间反应堆采用先进的热离子装置，该装置本质上与理想热离子装置相同，发射极、接收极和净电流密度计算公式分别如下：

$$J_E=AT_E^2\exp[-(\phi+eU)/kT_E],\ J_C=AT_c^2\exp[-\phi/(kT_c)],$$
$$J=J_E-J_C$$

式中，$U=0.85\ V$，为二极管输出电压；发射极温度为 1 790 K，假设发射极和接收极逸出功均为 2.0 eV；下面每个小题在计算时分别考虑接收极温度为 1 000 K 和 400 K。(1) 计算卡诺循环装置的效率。(2) 计算发射极和接收极的电流密度、净电流密度和功率密度。(3) 假定有效发射率为 0.2，利用式(2-3)计算发射极和接收极表面的辐射热通量，其中发射极和接收极温度分别为 T_R 和 T_S。(4) 估算装置效率，其中假定热损失只考虑发射极和接收极之间的辐射散热，并对比卡诺循环效率。

7. 对于练习 6 中描述的工况：(1) 根据接收极温度，计算散热器的辐射热通量(假定接收极温度等于散热温度)，散热器发射率为 0.85，空间实际平均温度为 300 K。(2) 计算所需的散热器表面积，并估算散热器的质量，其中散热器温度低于 700 K 时密度为 6.8 kg/m^3，温度高于 700 K 时密度为 8.2 kg/m^3。

8. 一个反应堆系统可产生 100 kW 的电能，转换效率为 19%，利用下面的假设或近似估算系统的质量：(1) 假定反应堆系统与练习 2(1)相同，燃料质量仅考虑临界质量，计算需要的燃料质量。(2) 利用练习 5 中给出的计算方法，估算反应堆的质量。(3) 假定散热温度为 800 K，采用练习 7 中给出的计算方法和其他参数，估算散热器质量。(4) 对于该类反应堆和运行范围，辐射屏蔽质量约等于反应堆质量。(5) 假定能量转换系统质量加上系统其他部分质量约占总系统质量的 25%，估算反应堆系统的总质量(各组成部分质量和)，并对比练习 1 中的放射性同位素电源系统质量。(6) 计算反应堆系统中新燃料的放射性活度，并与练习 1 中的放射性同位素活度进行对比，93%富集铀的比活度为 7×10^{-5} Ci/g。

第 3 章
空间核安全观

阿尔伯特·C. 马歇尔

本章旨在介绍空间核安全观及空间核安全相关措施，主要对空间核安全的范围和特性进行论述，简要回顾空间核任务的安全记录，并指出空间核任务各阶段的常见问题及解决方法。

3.1 定义和范围

在开始讨论空间核安全之前，必须明确划定空间核安全活动的范围，必须澄清安全的定义以及阐明关于某个状态或某项活动是否安全的判据。

3.1.1 安全的定义

本书将使用以下安全定义：

对于任何状态或活动，只要能够判定其健康风险足够低，即可认定其安全。

上述定义中的健康风险包括：疾病、受伤、死亡和环境污染。这个简单的安全定义貌似过于含糊且无价值，并且可能引出新的问题：谁来做出判断？大多数人更倾向于字典上的解释：不受损害、危险或伤害即为安全。但事实上没有什么状态或活动是绝对不会引起损害、危险或伤害的，人们通常不会做出非此即彼的判定，而是自觉或不自觉地对相关活动进行风险判断。例如，大多数人都会评判来自食物污染的健康风险是否足够低，这样购买食物或在外用餐时就不必过于担心。尽管有人死于食物污染，但很少有人因食物存在被污染的可能性而不去食用，导致活活饿死。对食品安全的重视可以体现为对食物来源、运输、储存及售卖的严格监管及对可能的食物污染变质设置必要的预防措施。食物的选择可以完全取决于个人，但对于生产生活中的普遍行为不可能找到非此即彼的决策标准。例如，某个个人可以认为飞机不安全并决定不乘坐飞机，但商业航线不可能因此而彻底取消；一架航班失事坠毁砸了某栋房子，有居民因此而遇难，但因为风险社会效益比极低，商业飞行仍在持续运行。至于全面的社会影响因素，应该由政府机构对特定活动与其他活动进行科学比较，并根据其可能带来的各类直接和间接风险伤害，做出符合公众利益的判断。安全审查过程的公众参与可以通过建立公共论坛实现，以便于安全审查内容与特定个人或群体关切进行及时迭代。涉核系统的太空任务属于社会重点关切范畴，因此必须经过详尽的安全分析、实验验证，并在实施前通过政府的审查批准。

3.1.2 活动范围

空间核安全活动的范围必须涵盖从发射准备直至废弃处置的所有任务阶段，以确保公众、工作人员、宇航员及环境不受空间核系统的放射性污染。此处，假设空间核安全活动的主要范围与美国跨部门核安全审查委员会(INSRP)的安全审查关切一致。其具体责任包括如下几方面。

1) 空间核安全责任概要

(1) 从空间核任务发射准备阶段至废弃处置阶段，为公众、工作人员和宇航员提供辐射防护。

(2) 对空间核任务假想事故，预设事故预防和放射性后果缓解措施。

(3) 防止空间核系统产生的放射性物质对地球生物圈造成辐射污染。

(4) 在空间核系统正常运行时提供必要的辐射防护。

2) 其他任务活动的考虑

空间核任务中宇航员受到天然辐照和对宇宙环境的放射性污染也是重要的考虑因素，但本书不对其进行展开讨论。此外，非放射性问题即使与空间核系统有关，也不在本书的讨论范围内；核不扩散及特种核材料的限制非法使用不属于空间核安全范畴；经济损失和任务失败的风险也不属于空间核安全范畴。与空间核系统制造、运输和地面测试相关的放射性风险审查不在INSRP的权限范围内，但本书对一些关于空间核系统在地面活动阶段的特定问题进行了讨论。综上所述，空间核安全活动范畴外的相关问题主要包括：宇航员受到的天然辐照；非放射性安全问题；非放射性环境问题；核安保监督(核不扩散及特种核材料的限制非法使用)；对宇航员不造成威胁的非地球环境放射性及非放射性污染；影响任务成功的风险；地面及空间非核资产的经济损失风险；地面阶段的活动空间（包括核系统制造、空间核系统运输、空间核系统原型实验、空间核系统地面临界实验）。

上述风险被排除于空间核安全评估之外且意味着相关因素不重要，但这些问题必须在其他任务活动中另外解决。对空间核安全范围有强调和限定，是因为适用于空间核安全问题的要求、方法和规程有其局限性，并能简单泛化至其他领域。

3.2　空间核安全的特点

大多数核安全著作基于陆地核电厂编写，而陆地核电厂的反应堆、系统、结构、运行要求以及运行环境与空间核系统存在巨大差异。尽管很多针对陆地核设施的安全措施可以直接应用于空间反应堆系统，但空间反应堆相关任务具有其独特的安全问题；并且，陆地核安全的经验难以直接应用于空间放射性同位素电源。上述特点正是空间反应堆的安全措施与陆地核电厂的安全措施存在差异的原因。

3.2.1　空间反应堆与陆地反应堆的比较

典型的陆地核电厂反应堆与空间反应堆在堆芯容量上通常存在数量级的差异。大型商用水冷反应堆堆芯活性区高度约为 3.7 m，有效直径约为 3.4 m；容纳堆芯的不锈钢压力容器体量巨大，直径约为 4.6 m，厚度达 12～25 cm。此类电厂的核蒸汽供应系统通常设置大量的保护性结构，用于包容严重事故工况下可能发生的大规模放射性物质释放。现代核电厂的额定电功率通常高达 1 000 MW。相比之下，空间核系统的输出电功率要小很多，通常在数千瓦到数兆瓦之间。商用反应堆使用低富集度铀燃料；而空间反应堆为实现临界质量最小化目标，通常使用富集度高达 93%的铀燃料。一方面，与商用反应堆的低富集度燃料相比，高富集度燃料元件的装载对安全和监管提出了更高的要求；另一方面，使用高富集度燃料的空间反应堆在运行中积累的长半衰期锕系放射性核素要远低于商用反应堆。

陆地反应堆及配套设施设计必须考虑抵御地震、洪水、飓风和龙卷风等自然灾害。这些环境因素与在轨空间核系统无关。空间反应堆在发射前准备阶段、发射时及运载火箭上升阶段都必然邻近巨量化学推进剂，因此突发的火灾、爆炸和撞击都可能引起反应堆意外临界或造成反应堆损坏，继而导致核燃料泄漏扩散。此外，陆地反应堆及配套设施通常是固定的，而空间反应堆通常在整个任务阶段都处于运动状态，其运动涉及从调试厂房到发射场的地面运输，与运载火箭结合，运载火箭发射、上升，反应堆在轨运行及空间变轨等。空间反应堆意外再入地球大气层将导致其急剧加热并受到高速冲击，是风险最大的阶段，必须全面考虑所有事故的可能性和严重后果。

陆地反应堆和空间反应堆最重要的区别之一是空间反应堆通常仅在完成轨道部署后才起堆并提升功率至额定工况运行，而未经额定功率运行的反应堆其高放核素产量极低，产生的辐射剂量相对微小（一般小于 50 Ci）。而长期运行的陆地商用反应堆会产生数十亿居里的放射性物质。陆地反应堆在地球生物圈内运行，比空间反应堆更接近公众。在太空中发生的运行事故通常不会对地球环境和居民造成显著威胁。对于高轨运行的空间核系统，放射性物质向地球大气层的快速扩散几乎不可能发生，位于月球或其他行星的反应堆由于远离地球，其对地球造成的风险更加不必担忧。陆地反应堆运行的关键安全问题，例如冷却剂丧失事故、全场断电事故等，并不适用于空间反应堆任务。因此，陆地反应堆的专设安全设施对大多数空间反应堆任务均无必要。

某些空间反应堆运行事故可能会造成安全后果。例如，对近地轨道（LEO）反应堆运行事故的处置失当可能会产生放射性碎片，而失效反应堆和放射性碎片极有可能在其放射性衰变至较低水平前就坠入地球生物圈。相关运行事故分析必须包含陆地反应堆安全分析未涉及的环境因素。对于在轨空间核系统，必须考虑的环境因素包括真空微重力环境下的运行条件及受到陨石或太空碎片撞击的可能性，真空微重力环境下的冷却能力局限；其他行星或月球上运行的反应堆则必须考虑当地环境条件的影响。

对于陆地反应堆及配套设施，所有人员可达区域都有厚重的防护墙作为辐射屏蔽。空间反应堆任务也需要辐射屏蔽来保护宇航员和电子设备，但为了实现空间核系统的载荷最小化，通常只对宇航员驻留舱室及敏感电子元件进行辐射屏蔽保护。空间核系统必须制订相关规程，确保宇航员的活动空间仅限于辐射屏蔽保护区。在月球或其他行星表面的反应堆也可以将其星表材料用于辐射屏蔽，这必须基于对星表材料中子活化可能性的评估。另一个需要考虑的问题是空间核系统运行事故可能对其邻近宇航员产生放射性危害，但由于宇航员所处的环境是可控的，可以排除吸入和摄入放射性物质的可能性，因此，从理论上讲，宇航员可能面临的放射性威胁通常仅来自外部辐射源的直接照射。

3.2.2　放射性同位素电源

放射性同位素电源结构通常比空间反应堆装置简单得多，其安全方面的考虑也与陆地反应堆和空间反应堆不同。放射性同位素电源的辐射主要来自核燃料中放射性同位素的自然衰变。放射性同位素总量在完成制造并出厂时最大，此后会缓慢衰减。在发射之前及发射过程中，放射性同位素电源的放射性核素总装量通常要比空间反应堆大得多。另外，对于典型的放射性同位素电源，意外临界事故几乎不可能发生。放射性同位素电源的主要风险是来自推进剂着火、爆炸和高速撞击导致的容器屏蔽损坏及随后发生的放射性物质外泄。因此，放射性同位素电源的设计和实验必须考虑其容器的绝对安全性及对放射性外泄事故的预防和缓解措施。

放射性同位素电源和空间反应堆的核废料处理安全策略与陆地反应堆完全不同。令失效的空间核系统返回地面并进行退役处理是完全不必要的。合理的方式是将其滞留或推入高轨道或深空区域做弃置处理。当使用这种方法时，如果失效空间核系统未能进入指定高轨道或深空区域，则意味着安全事故的发生。对于星际任务，将失效的空间核系统丢弃在行星或太阳轨道即可，这显然更易实现。

3.3　任务阶段的安全考虑

对于空间核系统，安全评估通常需要根据任务不同阶段分步骤进行。任务阶段有不同的分类方法。本书将任务宽泛地分为以下几个阶段：

(1) 地面阶段；

(2) 发射准备阶段；

(3) 发射及部署阶段；

(4) 运行阶段；

(5) 处置阶段。

上述空间任务各阶段分类方法如图 3-1 所示。本章将逐阶段介绍对应的一般性安全考虑和安全措施，细节如表 3-1～表 3-9 所示。

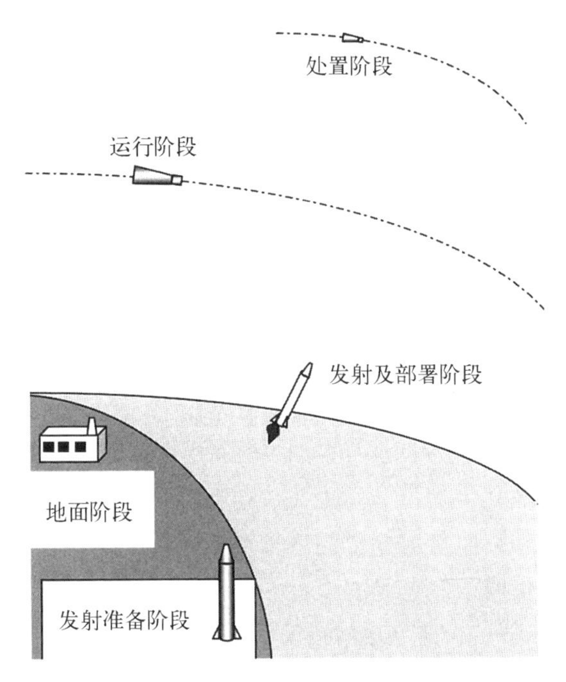

图 3－1　空间任务各主要阶段示意图

3.3.1　地面阶段

地面阶段活动涵盖核系统与运载火箭结合前的所有工作，包括核系统的制造、运输、燃料装载、设备装配及测试。上述工作涉及的安全考虑和安全措施与常规的陆地核系统相同。尽管地面阶段活动不在 INSRP 的职权范围内，但本章仍将对其进行深入讨论，以阐明地面阶段不可回避的安全问题。

1）放射性同位素电源

放射性同位素电源地面阶段的标准安全措施如表 3－1 的正常情况所示。该阶段与放射性同位素电源相关的首要安全问题是工作人员的内照射风险。工作人员在放射性部件的生产过程中必须利用手套箱、机械臂等设备完成操作，以避免过量的内外照射。

对于假想事故，标准安全措施必须包括：建立放射性事故响应程序（例如，空气辐射剂量监测警报后的人员疏散策略），以有效缓解事故后果；放射性材料的运输载具必须经过严格设计和安全测试，以确保发生运输事故时，放射性材料的零外泄；放射性同位素电源的本体密封设计要求可承受意外的再入事故，并在所有可能的运输事故中保持绝对的完整性，如表 3－1 的假想事故情况所示。

表 3-1　地面阶段放射性同位素电源的安全考虑和典型安全措施

<table>
<tr><th colspan="2">安全考虑</th><th>典型安全措施</th></tr>
<tr><td rowspan="2">正常情况</td><td>直接暴露于中子和 γ 射线辐照中</td><td>使用 α 探测器
设置光子屏蔽，设置禁入区
其他标准措施</td></tr>
<tr><td>吸入或摄入放射性物质</td><td>使用手套箱和机械臂完成操作
其他标准措施</td></tr>
<tr><td rowspan="2">假想事故情况</td><td>制造事故</td><td>标准预防和缓解措施</td></tr>
<tr><td>导致放射性同位素燃料扩散的运输事故
撞击
火灾
爆炸
水淹
丧失冷却</td><td>放射源及其容器在所有可能发生的核事故中保持完整性
固体氧化物燃料形式
在发射前提供高可靠度冷却系统保障
其他标准措施</td></tr>
</table>

2）空间反应堆系统

表 3-2 中的正常情况汇总了地面阶段反应堆装置在正常情况下的典型安全措施。尽管高富集度铀燃料的放射性比活度远大于未经辐照的商用反应堆燃料，但未经过高功率运行的高富集度铀燃料几乎不产生高穿透性 γ 射线。部分空间反应堆项目可能需要反应堆样机在地面进行临界核试验，因此需要针对地面活动建立一系列完善的放射性安全措施，内容涉及燃料制造、燃料装载、临界装置和原型反应堆运行等。通过禁止在空间部署前进行高功率运行，临界实验中只会产生少量的裂变产物，工作人员可以基于设置屏蔽和禁入区，以及采取其他必要措施获得有效的辐照保护。实验后反应堆必须经过足够长时间的冷却，以导出裂变产物的衰变热，之后方可允许工作人员靠近反应堆系统。

表 3-2 中的假想事故情况汇总了针对假想事故的典型安全措施。放射性材料的运输必须经过特别设计以确保大量高富集度铀燃料的安全运输，必须同时采用其他一切可用预防措施，如使用额外的中子毒物等，以防止意外临界事故。陆地反应堆相关标准措施可用于预防或缓解制造和样机试验期间的事故后果。在发射场进行空间反应堆燃料装载和临界实验必须要求相关设备的改造和使用遵循特定程序。此外，如果进行核热推进系统实验，还必须配置专设安全设施用以包容或限制可能发生的放射性物质排放。

表 3-2 地面阶段反应堆的安全考虑和典型安全措施

安全考虑		典型安全措施
正常情况	临界实验中中子和 γ 射线的直接照射	未经高功率运行的燃料剂量低
	吸入或摄入放射性物质	标准安全措施和规程
	样机地面试验	标准安全措施和规程
	空间反应堆燃料装载和临界实验期间的辐射	短时间低功率运行(仅临界) 屏蔽、标准安全措施和规程
	空间反应堆临界实验后的辐射	缩短临界实验时间以降低放射性活度 设置屏蔽、禁入区,足够时间搁置,令放射性物质衰变至较低水平 燃料元件密封
假想事故情况	制造事故,导致 燃料扩散、吸入或摄入 临界事故,放射性辐照	标准安全措施和规程
	运输事故,导致燃料扩散、吸入或摄入 撞击 火灾 爆炸 水淹	针对所有可能事故设计的运输载具 限制燃料装量
	运输事故,导致临界事故,进而导致直接放射性辐照或放射性物质释放 撞击 火灾 爆炸 水淹	针对所有可能的事故设计的反应堆或运输载具 损毁或变形 挤压 水淹慢化作用 水淹增强反射作用 停堆装置错位 限制燃料装量 运输中设置中子毒物 选择合适的燃料构型
	样机试验事故,导致直接放射性辐照或放射性物质释放	标准安全措施和程序 对于核热推进实验,配备洗涤器及容器处理废液

（续表）

安全考虑		典型安全措施
假想事故情况	空间反应堆燃料装载和临界测试期间发生的事故，导致直接放射性辐照或放射性物质释放	标准安全措施和程序 对于发射场中的燃料装载和实验必须进行特殊考虑

3.3.2　发射准备阶段

从核系统与运载火箭结合开始直至发射时刻都属于发射准备阶段。在正常情况下，该阶段的安全考虑与地面阶段相同。

1）放射性同位素电源

放射性同位素电源发射准备阶段的安全措施与地面阶段类似，如表 3－3 的正常情况所示。关键安全问题是由于推进剂起火、爆炸或放射源意外坠落损毁导致的放射性物质外泄，由推进剂爆炸碎片撞击导致的放射源损毁也必须予以考虑。为地面阶段之后的所有阶段都设置专门容器的措施并不现实，因此放射性同位素电源燃料形式及封装材料的设计必须考虑缓解发射准备阶段的所有假想事故，如表 3－3 中的假想事故情况所示。第 2 章曾提及的封装材料通常能够抵抗由推进剂起火、爆炸、碎片撞击和坠落在坚硬的表面等造成的事故损毁。另外，也可以通过采用其他核燃料（比如 PuO_2）以缓解假想的核燃料颗粒释放事故后果，该措施将在第 5 章讨论。

表 3－3　发射准备阶段放射性同位素电源的安全考虑和典型安全措施

安全考虑		典型安全措施
正常情况	直接暴露于中子和 γ 射线辐照中	使用 α 探测器 设置光子屏蔽，设置禁入区
	放射性物质吸入或摄入	密封放射源、使用固体形式燃料
假想事故情况	燃料损毁或放射性物质释放后的放射性物质吸入或摄入 推进剂起火 推进剂爆炸 电源坠落	放射性同位素电源足以抵抗大多数假想事故造成的损坏 选择合适的核燃料以缓解假想的核燃料颗粒释放事故后果

2）空间反应堆系统

表 3－4 中的正常情况汇总了发射准备阶段的空间反应堆安全措施。经过临界实验后足够时长的冷却，反应堆的 γ 射线和中子剂量将降低至可接受水平，此时工作人员可直接对反应堆进行操作而无须额外的屏蔽。

表 3－4 中的假想事故情况汇总了针对潜在事故的典型安全措施，关键安全问题是意外临界事故。反应堆与运载火箭结合时坠落、推进器起火、推进剂爆炸以及运载火箭推进剂爆炸导致反应堆坠落至发射平台等事故都有可能造成反应堆的意外临界。上述因素可能因造成堆芯挤压、燃料变形和停堆装置错位而导致反应堆意外临界。有序堆芯随后可能被淹没在慢化液中（例如水或推进剂），安全分析必须考虑由于堆芯慢化能力增强或中子反射增强而引起的临界风险。安全分析还必须考虑由假信号触发的意外启动。制订安全规程旨在预防意外临界事故，反应堆设计则必须满足在所有可能的事故工况下维持反应堆处于次临界状态。反应堆中还可以设置额外的中子毒物以防止意外临界。当反应堆在空间安全部署后，上述中子毒物将被移除。

表 3－4　发射准备阶段反应堆的安全考虑和典型安全措施

安全考虑		典型安全措施
正常情况	直接暴露于中子和 γ 射线辐照中	足够长的冷却时间 增加屏蔽 设置光子屏蔽，设置禁止区
假想事故情况	燃料损毁或放射性物质释放后的放射性物质吸入和摄入 推进剂起火 推进剂爆炸 堆芯坠落	非高功率运行的燃料放射性危害较低 堆芯设计足以抵抗损毁事故 标准安全规程
	临界事故导致直接放射性辐照或放射性物质释放 推进剂起火 推进剂爆炸 水淹 堆芯坠落	合理的堆芯设计以预防所有可能事故工况下的临界 损毁或变形 挤压 水淹慢化作用 水淹增强反射作用 停堆装置错位
	事故引发临界，导致对工作人员的直接辐照或放射性物质释放	设置可移动中子毒物 标准安全规程，连锁装置

3.3.3　发射及部署阶段

对于空间核系统发射及部署阶段，陆地核安全经验没有可参考性。从运载火箭点火开始，直到有效载荷进入稳定轨道、星际轨道或抵达月球或其他星球表面都属于发射及部署阶段。

1）放射性同位素电源

如果宇航员和放射性同位素电源处于同一发射舱，唯一需要考虑的安全因素是放射性同位素电源对宇航员的直接辐照。在正常情况下，如果有必要的话可能会采用光子屏蔽（见表3－5中的正常情况）。事故工况下这一阶段的典型安全措施如表3－5中的假想事故情况所示。对由于推进剂起火或爆炸造成放射性同位素电源损毁和放射性物质释放的安全考虑和典型安全措施同样适用于发射及部署阶段，这方面与发射准备阶段一致。对于发射及部署阶段，安全分析必须考虑运载火箭翻倒以及发射中止导致的高速撞击。入轨前运载火箭的飞行路线通常沿着低人口密度区域设置，以尽可能降低对公众的风险。如果运载火箭偏离预定轨道，通常必须启动自毁程序中止发射。

表3－5　发射及部署阶段放射性同位素电源的安全考虑和典型安全措施

安全考虑		典型安全措施
正常情况	直接暴露于中子和γ射线辐照中	使用α探测器 设置光子屏蔽，设置禁入区
	放射性物质吸入或摄入	密封放射源、使用固体形式燃料
假想事故情况	燃料损毁或放射性物质释放后的放射性物质吸入或摄入 高速撞击 推进剂起火 推进剂爆炸 电源坠落	放射性同位素电源足以抵抗大多数假想事故工况造成的损坏 选择合适的燃料材料缓解放射性同位素燃料释放造成的后果 低人口密度飞行路线

2）空间反应堆系统

表3－6中的正常情况汇总了正常情况下发射及部署阶段反应堆的安全措施。其中，发射阶段通常不考虑中子和γ射线对宇航员的辐照。处于停堆状态的反应堆产生的中子和γ射线剂量通常较低。如果载人任务同

时运载反应堆系统，通过设置光子屏蔽和设置禁入区可确保宇航员不遭受外照射。

发射及部署阶段假想事故的典型安全措施如表 3-6 中的假想事故情况所示。在假想事故工况下必须考虑撞击、推进剂起火和爆炸。运载火箭翻倒、高速再入或推进剂爆炸产生的碎片都可能造成撞击，这些情况将导致反应堆燃料损毁和放射性物质释放。未经高功率运行的反应堆燃料放射性危害较低，反应堆系统设计必须足以抵抗所有假想事故工况造成的损毁。尽管这些假想情况通常不可能引起意外临界，但即使发生一次意外临界事故，其所造成的放射性后果也将难以接受。撞击、火灾和爆炸导致堆芯变形或压缩可能引起意外临界；反应堆损毁之后被海水、湿沙或淡水淹没会增强中子的慢化和反射，从而引起意外临界。反应堆系统的合理设计和验证实验可预防其在上述假想工况下发生意外临界。可移除的中子毒物可用来确保反应堆在任何可能事故工况下保持停堆。通过选择低人口密度飞行路线也可以将公众风险降到最低。

表 3-6 发射及部署阶段反应堆的安全考虑和典型安全措施

安全考虑		典型安全措施
正常情况	直接暴露于中子和γ射线辐照中	临界实验后，接触前留有冷却时间 设置光子屏蔽，设置禁入区
假想事故情况	燃料损毁或放射性物质释放后的放射性物质吸入或摄入 起火 爆炸 高速撞击	未经高功率运行的燃料放射性危害较低 堆芯设计足以抵抗损毁事故 选择低人口密度飞行路线
	临界事故导致直接放射性辐照或放射性物质释放 起火 爆炸 高速撞击 水淹	合理的堆芯设计以预防所有可能事故工况下的临界 损毁或变形 挤压 水淹慢化作用 水淹增强反射作用 停堆装置移动 设置可移动中子毒物 选择低人口密度飞行路线

3.3.4　运行阶段

空间核系统在运行阶段提供电能、热能或推力。对于反应堆系统，这个阶段包括了反应堆启动、运行和停堆。对于特定任务，反应堆可能要启停堆多次；而放射性同位素电源则一直处于放射性衰变状态。此外，对于特定任务，处于运行阶段的空间核系统还可能进行变轨。基于上述原因，本书将运行阶段划定为从部署完成到空间核系统进行废弃处置前的时间段。

1）放射性同位素电源

通过采用特殊操作工具和光子屏蔽，宇航员可以在运行阶段安全地操作一般的放射性同位素电源（见表3－7中的正常情况）。如图3－2所示，阿波罗12号的宇航员Gordon Bean正在月球表面部署SNAP－27同位素热电源。

放射性同位素电源运行阶段假想事故的典型安全措施如表3－7中的假想事故情况所示。对于放射性同位素电源，关键安全问题是同位素电源再入和同位素燃料及放射性物质进入地球生物圈。例如，在运行阶段借助引力进行变轨时，就必须考虑超高速撞击事故。如果执行地球轨道任务，必须考虑同位素电源被陨石或太空碎片撞击。陨石或太空碎片撞击不太可能导致放射性同位素电源直接再入，但撞击可能产生轨道寿命比航天器更短的碰撞碎片（见第6、第7章）。如果发生在轨撞击，进行航天器轨道选择和碎片轨迹规划可以为碰撞碎片提供长周期轨道。放射性同位素电源通常在月球或其他行星表面、星际轨道或高地轨道运行。

表3－7　运行阶段放射性同位素电源的安全考虑和典型安全措施

<table>
<tr><th colspan="2">安全考虑</th><th>典型安全措施</th></tr>
<tr><td rowspan="2">正常情况</td><td>直接暴露于中子和γ射线辐照中</td><td>使用α探测器
设置禁入区
采用特殊操作工具</td></tr>
<tr><td>飞船上放射性物质的吸入或摄入</td><td>密封放射源、使用固体形式燃料</td></tr>
<tr><td rowspan="2">假想事故情况</td><td>太空碎片和陨石撞击可能导致提前再入，产生碎片，污染生物圈</td><td>选择对应长寿命碎片轨道的运行轨道</td></tr>
<tr><td>绕地球变轨错误导致超高速撞击，造成放射性材料损毁和放射性物质扩散，污染生物圈</td><td>飞行时小幅度变轨，降低再入事故发生概率</td></tr>
</table>

图 3－2 Gordon Bean 正在部署登月舱的 SNAP－27 放射性同位素电源(1969 年 11 月)

2）空间反应堆系统

在正常情况下反应堆运行阶段的典型安全措施如表 3－8 中的正常情况所示。对于邻近宇航员运行的反应堆系统，必须采取足够的辐射防护措施。反应堆屏蔽通常与反应堆系统构成整体结构。一些核热推进概念设计可利用液氢推进剂作为额外的放射性屏蔽。大多数轨道反应堆系统设计采用分离臂将工作人员、辐射敏感电子元件与运行的反应堆进行一定距离的空间隔离。月球或其他行星表面的反应堆还可以利用星表地貌进行辐射屏蔽。宇航员的活动被限制在未进行充分辐射防护的禁入区(例如无法采用影子屏蔽防护的区域)以外。对于星表反应堆，必须考虑地表物质发生中子活化的可能性。

表 3－8 中的假想事故情况列出了运行阶段假想事故情况下反应堆的典型安全措施。陨石和太空碎片撞击或者系统内部故障有可能导致运行事故。正如 3.2.1 节所述，运行事故并不总会对地球生物圈造成威胁。运行阶段空间反应堆关键安全问题包括：① 产生的碎片可能提前再入地球生物圈；② 丧失将反应堆从近地轨道推入高轨道进行废弃处置的能力；③ 任务成员有遭受辐照的风险。虽然前两个问题通常在运行阶段发生，但其安全后果与废弃处置阶段关键安全问题相关。对于在近地轨道或邻近宇航员运行的反应堆，必须考虑反应性事故和冷却失效事故。对于需要返回近地轨道的核热推进任务，必须考虑由于变轨或轨道机动故障导致的再入风险。标准安全措施可

用于预防和缓解由系统内部因素引起的反应堆事故。系统内部和外部事故的预防措施包括设置辅助安全设施,如陨石缓冲器和辅助冷却系统等。运行阶段最简单、可能也是最好的安全措施就是避免核动力航天器在近地轨道运行。

表 3-8 运行阶段反应堆的安全考虑和典型安全措施

安全考虑		典型安全措施
正常情况	宇航员直接暴露于中子和γ射线辐照中	设置辐射屏蔽(整体屏蔽、星表地貌) 采用分离臂 设置禁入区
	星表反应堆地表物质发生中子活化	如有必要,可设置屏蔽
假想事故情况	内因事故 原因:瞬态超功率 失冷或失流 后果:反应堆损毁 碎片再入,污染生物圈 工作人员受到辐照 不足以喷射离开近地轨道,导致后续废弃处理功能丧失	避免近地轨道运行 对于在近地轨道或邻近宇航员运行的反应堆,使用标准安全措施和规程以预防和缓解内因事故(包括设置辅助安全系统)
	外因事故 原因:陨石撞击 碎片撞击 后果:反应堆损毁 碎片再入,污染生物圈 工作人员受到辐照 不足以喷射离开近地轨道,导致后续废弃处理功能丧失	设置陨石缓冲器 设置辅助安全系统 避免近地轨道运行
	核推进轨道错误,导致再入、反应堆损毁和放射性物质释放,生物圈污染	飞行时小幅度变轨,降低再入风险

3.3.5 废弃处置阶段

废弃处置阶段于在轨任务结束后开始。可行的废弃处置措施有多种(见

表 3－9)。处置方式必须由相关系统所处的环境条件决定。通常不会令废弃核系统返回地球进行废弃处理。高轨运行的核系统(SHO)在保证不会对其他任务造成危害的前提下,可以直接丢弃于轨道上。SHO 设计要求核系统在可能发生的再入前,将其放射性活度降至可接受阈值以下。SHO 的选择取决于系统设计、废弃时的辐射总量以及因陨石或太空碎片撞击产生次生碎片的概率。反应堆活度主要由相对短寿期的裂变产物和活化产物决定。裂变产物和活化产物的活度一般需要几百年持续衰变方可降低至极低水平。但仍有一些反应堆设计,其活化产物需要经过数千年才能衰变到低水平,放射性同位素电源正属于此类。正如 3.3.4 节所述,近地轨道运行事故可能会造成喷射系统故障,导致核系统提前再入。喷射系统故障也可能导致核系统滞留在近地轨道,并造成提前再入。核系统的安全废弃处理还包括将其弃置于星际轨道或太阳轨道。

表 3－9　废弃处置阶段放射性同位素电源、反应堆的安全考虑和典型安全措施

安全考虑		典型安全措施
正常情况	宇航员受到废弃空间反应堆的直接辐照	禁止工作人员在废弃反应堆附近操作
假想事故情况	近地轨道反应堆由于运行事故提早再入,导致反应堆损毁、放射性物质释放、生物圈污染	避免反应堆在近地轨道运行 增强运行阶段的安全措施
	喷射系统故障,反应堆未能从近地轨道推至足够高的轨道,导致反应堆系统提前再入、反应堆损毁、放射性物质释放、生物圈污染	避免反应堆在近地轨道运行 使用更为可靠的喷射系统
	太空碎片或陨石撞击废弃反应堆导致次生碎片提前再入、反应堆损毁、放射性物质释放、生物圈污染	在更高轨道处置反应堆或将其废弃在月球或其他星球表面

3.4　安全流程

本节概述空间核系统安全流程的基本特点,并将在第 12 章对其进行详细论述。空间核安全流程在 3 个重要方面与陆地核设施有所区别。首先,为陆地核设施建立的安全标准并不适用于空间核系统；其次，空间核系统需要进行的安全分析不同于陆地核设施；最后，空间核系统的安全审查和批准方法有别于陆地核设施。

3.4.1　审查与批准

人们从一开始就认识到使用核材料的空间计划有其独特性质。1960 年美国原子能委员会（AEC）建立了航空航天核安全委员会，负责分析和评估空间核设施可能给全球公众健康带来的影响，并为美国计划部署的空间核动力装置提供标准安全措施，随后一系列综合审查和批准程序出台。20 世纪 60 年代中期特别安全审核委员会成立，该委员会最终被命名为跨部门核安全审核小组（INSRP）。目前的 INSRP 由美国能源部（DOE）、国防部（DOD）、航空航天局（NASA）和环保局（EPA）的代表组成，INSRP 下设若干子委员会，其中的科学家和工程师团队为 INSRP 提供技术支持。最初 DOE 的席位由 AEC 代表，而 EPA 最近才成为委员会的一员。美国核管理委员会（NRC）的职责是负责向商业核电站发放许可证，它没有空间核任务的管理权。

INSRP 对能源部针对核任务的安全分析报告（SAR）进行审查，并基于 SAR 和其他来源信息编制安全评估报告（SER），并报总统办公室审批。1971 年，根据美国公共法 91 - 190 的规定，提出了对环境影响报告书（EIS）的要求。可能对环境造成不利影响的活动都需要提供 EIS，针对每次太空核任务的 EIS，均由 NASA 提供。其他安全审查过程还包括核材料运输至发射场的审批以及发射场安全审批。

3.4.2　安全导则

美国核管理委员会（NRC）通过一系列安全规范和准则来管理商用核电站。但鉴于空间核任务的特性，这些规范和准则并不适用于空间核任务。空间核任务的类型、环境条件、系统设计的选择范围可能非常广泛，若对所有的空间核任务建立通用的安全规范，将导致过度审查，继而产生不必要的安全要求；或者审查欠缺，导致安全监管不足。因此较之于成文的安全标准，空间核任务的安全规程更依赖于所采取的安全措施和深入的安全分析及实验。此外，DOE 会协同任务发起单位及 INSRP 对每项任务进行安全审查和评估，确保任务风险极低。

对于美国发射的放射性同位素电源,标准安全措施要求通过系统设计预防假想放射性物质释放事故并缓解其后果。与放射性同位素电源相比,反应堆系统的设计方案和应用则更加广泛,而且美国仅在 1965 年部署了唯一一座空间反应堆(SNAP-10A),此后美国再没有发射其他空间反应堆,因此美国并没有简单可行的空间反应堆安全导则。尽管如此,后来的每个空间反应堆项目都会建立一套针对性的安全措施。这些安全措施也包括之前为SNAP-10A、放射性同位素电源和商用反应堆建立的安全导则内容。1990年美国能源部特许成立了跨部门核安全策略工作组(NSPWG),旨在为启动太空探索的核热推进项目提供安全策略、要求和指导。NSPWG 的建议通常具有广泛的适应性,但针对性不强。为了明确建议要求,NSPWG 修改了措辞以适用于后来的空间反应堆项目。表 3-10 列出了修改后的 NSPWG 建议。NSPWG 还被特许从事一些空间核安全领域以外的课题,该表未包括这些课题。

表 3-10　空间反应堆建议安全导则(基于 NSPWG 建议)

1	除了只产生轻微放射性的地面低功率测试外,不应在部署至太空之前运行反应堆
2	反应堆系统设计应确保其在到达预定轨道之前保持停堆状态
3	在正常情况和可能的事故情况下,反应堆不会发生意外临界
4	搭载放射源对宇航员造成的辐射剂量应被限制在工作剂量以下
5	航天器在正常运行情况下产生的放射性物质不应对地球造成显著影响
6	对乘组人员健康造成影响的放射性事故发生概率极小
7	在涉及放射性物质泄漏的假想事故中宇航员可以生还,放射性物质泄漏不应导致航天器丧失可用性
8	空间事故导致的放射性物质释放不应对地球造成显著的影响
9	任务计划中应明确包含退役核系统的安全废弃处置方案
10	应该为核系统提供足够的安全保护,防止系统损毁或解体,以使其在任何事故工况下维持安全废弃处置功能
11	任务总则不应包括计划再入
12	意外再入事故的可能性及其后果都应符合合理可行尽量低原则(ALARA 原则)

（续表）

13	如果发生热态反应堆意外再入，反应堆应保持基本完好或保证再入导致释放的放射性物质完全扩散于高空
14	反应堆在从意外再入到与地面撞击的整个过程中都应保持次临界
15	与地面撞击后的放射性物质释放应被限制在可控范围内，以减轻放射性后果

关于NSPWG的安全导则须明确一些要点。首先，NSPWG的安全要求只是建议，不是既定政策不一定适用于其他任务。此外，NSPWG指出，在得到安全审查部门许可的情况下，其安全建议可以进行修改，并建议采用分级安全措施，以便随着任务计划和系统设计的变更不断推进和固化，并建立更为具体的安全设计规范。联合国（UN）也提出了一些适用于空间核安全的原则，这些有争议且不具有约束力的原则将在第12章讨论。

3.4.3　安全分析

尽管部分空间核安全分析的要求与商用核电站类似，但其他安全分析类型则无对应的陆地核电站作为参考。本书的第4章到第9章，每章对应一种常见的空间核安全分析类型，分别为辐射防护、燃烧和爆炸、轨道力学和再入、撞击事故、反应堆意外临界安全和反应堆瞬态分析。第10和第11章分别讨论了风险分析和事故后果模拟。本书原本按时间顺序介绍安全分析，每个章节分别对应一个具体的任务阶段，但许多类型的事故可能不只发生在一个任务阶段。例如，临界事故在地面阶段、发射前阶段和发射阶段均可能发生。而且，每个事故场景可能包含多种类型的分析。例如，发射准备阶段事故场景分析可能会包括相互独立的推进剂爆炸、地面撞击、水淹临界、反应堆动力学和燃料释放分析。鉴于此，本书章节最终按照分析类型来划分，而非依照时间顺序。

3.5　安全记录

空间核动力项目须通过合理的设计和任务计划确保安全风险水平极低。这一过程根据安全评价进行，安全评价须指出所有的重要安全问题以及最有效的解决方案。尽管没有对空间核任务设立具体的风险目标，但概率安全评价对风险的预估一贯表明空间核任务的风险要远低于其他人类活动。过去数十年来，美国和苏联/俄罗斯的空间核安全计划一直在不断接受检验。下面简要总结这一时期美国与苏联/俄罗斯的空间核任务的安全记录。

3.5.1 美国的安全记录

在美国进行的27次载有核系统的空间任务中有过3次发射或部署失败。1964年，Transit 5BN-3号卫星由于制导设备失灵未能入轨。卫星的放射性同位素电源设计为在部署失败的情况下自动烧毁并在高空扩散核燃料，事故中系统按设计完成了响应。尽管燃料扩散未对生物圈产生威胁，但安全措施还是因此被改为要求系统设计能够保证核系统在发射或部署失败后的再入过程中保持完整性。

1968年5月，在范德堡空军基地，Nimbus B-1气象卫星在发射时发生事故。运载火箭发射后失稳，现场安全官遥控其进行了自毁。运载火箭和卫星在距离发射场地面30 km的高空被完全摧毁。通过航迹数据回溯，该卫星在加利福尼亚海岸的圣巴巴拉海峡被找到，所搭载的SNAP-19B2放射性同位素电源由于其外壳设计可保证其在再入过程中和被海水淹没时维持完整性，因此在事故中保持结构完好，并在5个月后被修复，如图3-3所示。设备修复后的检查显示事故没有造成有害影响，而其内部燃料也在之后的任务中被重新使用。

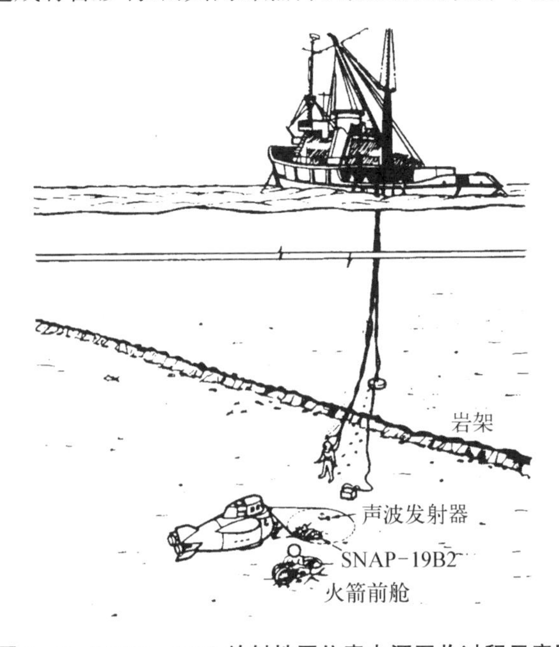

图3-3 SNAP-19B2放射性同位素电源回收过程示意图

美国载核太空任务的另一次失败是阿波罗 13 号(Apollo 13)任务。在向月球变轨飞行时,太空船服务舱发生了爆炸,为了使宇航员生还,登月舱需要返回地球大气层,这在计划之外。仍载有放射性同位素电源 SNAP - 27 的登月舱在再入时被丢弃。放射性同位素电源返回地球后落入太平洋,之后的大气监测表明 SNAP - 27 并未发生燃料泄漏。由于该放射性同位素电源外壳设计可在再入过程中及海水淹没时保持完整,即使其处于超过 2 000 m 的南太平洋汤加海沟底部,也并未观察到事故对环境造成有害的影响[6-7]。

3.5.2　苏联/俄罗斯的安全记录

俄罗斯,以及其前身苏联,在几十次空间核任务中共计有 4 次失败被记录在案。第一次发生在 1978 年,一艘在近地轨道运行的苏联太空飞船(Cosmos 954)无法按计划被推入高轨进行废弃处置,结果载有核系统的飞船再入并导致放射性碎片散落于加拿大的一片无人区。加拿大原子能管制委员会组织开展了空中和地面的搜索及回收活动,并将其命名为晨光行动。在直径 600 km 的范围内,找到了许多碎片,包括很多大块高放射性碎片。图 3 - 4 展示了被回收的大碎片照片,这些碎片常被称作鹿角。而在 100 000 km^2 范围内也能找到小的燃料颗粒。据信所有回收标准尺寸以上的放射性碎片都已被回收。尽管清理行动后没有发现明显的环境影响,但反应堆系统在这次事故中的响应是不符合当时现行安全标准的。

图 3 - 4　晨光行动中回收的 Cosmos 954 碎片(鹿角)

鉴于 Cosmos 954 事件,苏联对其核系统进行了重新设计,以确保其意外再入时可在高空完全分解。在完成其运行寿期后,航天器可按预先设计解体为几部分。其中一部分包括反应堆和一个小的助推火箭。解体后,反应堆将被推至更高的轨道，并且为了实现最终再入时的完全燃烧，反应堆堆芯将被弹出。火箭助推设计在此后4年一直都表现良好，直到1982年，Cosmos 1402的助推火箭未能与航天器分离，但反应堆堆芯却被弹出并再入，据报道该堆芯已按设计预期完全烧毁于南大西洋上空[9]。

1988年，根据苏联报告，其搭载有反应堆的Cosmos 1900卫星未能被推入废弃轨道。这一事件并未造成严重后果，航天器也得到了妥当的处置[8]。俄罗斯最后一个与核系统相关的事件发生于1996年，载有钚放射同位素电源的俄罗斯Mars 96航天器被成功部署于轨道高度160 km、倾角51°的圆形轨道上。然而，第二次点火失败导致再入事故。据报道其放射同位素电源完整再入，并沉没于太平洋中[10]。

参考文献

1. *Webster's New World College Dictionary Third Edition*, V. Neufelt, Ed., Macmillan, Hudson, OH, 1996.
2. Atomic Energy Commission, *AEC Establishes Aerospace Nuclear Safety Board*, AEC public release, (from DOE archives), Nov. 1959.
3. Marshall, A. C., R. A. Bari, N. W. Brown, H. S. Cullingford, A. C. Hardy, J. H. Lee, W. H. McCulloch, K. Remp, G. F. Niederauer, J. W. Rice, J. C. Sawyer, and J. A Sholtis, Nuclear Safety Policy Working Group Recommendations, NASA Technical Memorandum 105705, Apr. 1993.
4. *NEP Space Test Program Preliminary Nuclear Safety Assessment*, SDI Report, Nov. 1992.
5. Polansky, G. F., R. F. Rochow, N. A. Gunther, and C. H. Bixler, "A Bimodal Spacecraft Bus Based on a Cermet Fueled Heat Pipe Reactor." Proceedings of the 31st AIAA/ASME/SAE/ASEE Joint Propulsion Conference, San Diego CA, July 10 - 12, 1995.
6. Angelo, J. A. Jr. and D. Buden, *Space Nuclear Power*. Orbit Book Co., Malabar, FL, 1985.
7. U. S. Department of Energy, *Atomic Power in Space*. DOE/NE/321174, National Technical Information Service, Springfield, VA, May 1987.
8. Gummer, W. R. et al., *COSMOS 954, the Occurrence and Nature of Recovered Debris*. Canadian Government Publishing Center, Catalogue No. CC 172-2/1980E, May 1980.
9. Bennett, G. L., "A Look at the Soviet Space Nuclear Power Program." Proceedings of the 24th Intersociety Energy Conference, Washington, DC, Aug. 9, 1989, 2: 1187 - 1194.
10. Lissov, I., *What Really Happened with Mars-96*. http://www. fas. org/spp/eprint/mars96, Nov. 1996.

第 4 章
辐射防护

阿尔伯特·C. 马歇尔，F. 埃里克·哈斯金

本章的目的是为读者介绍辐射安全的概念、辐射健康效应和分析方法，回顾一下有关空间核辐射的准则和法规。通过对正常运行的空间核系统的辐射照射与天然辐射源的辐射照射的比较，来讨论辐射源以及屏蔽辐射的原理和简便分析方法。

4.1 辐射概念和单位

所有的核安全问题最终都与受电离辐射照射和受照后出现潜在健康问题的可能性大小有关。熟悉辐射的概念和单位是空间核安全研究必不可少的。本章讨论标准国际单位(SI)和旧的辐射单位。

4.1.1 源强度

放射性同位素材料发射 R 型辐射粒子的速率称为源强度 S_R。源强度的概念与活度 A(第 1 章讨论的)直接相关，它适用于描述放射源的各向同性辐射。活度表示原子核衰变的速率，单位用贝可($1\ Bq=1\ s^{-1}$)或居里($1\ Ci=3.7\times10^{10}\ Bq$)来表示。源强度描述核衰变时粒子的发射率，单位是 s^{-1}。源强度 S_R 不应该与第 5 章中所讨论的体积源强度 $\overline{S}$ 或面源强度 S 相混淆。源强度取决于放射性同位素源的组成和数量，即取决于每种放射性同位素每次衰变发射的各种粒子的数量。如果一种同位素每次衰变仅发射一种粒子，而且基本上所有的辐射都能从放射源中逸出，那么 $S_R=(3.7\times10^{10})A$，这里 A 的单位为居里。如果每次发射不止一种类型的粒子，并且不能区分以不同能量发射的同种粒子的源强度时，那么这个简单的关系就不再适用了。有时用源

强度来粗略地描述反应堆辐射强度，以进行简单的屏蔽计算。然而，对于运行中的反应堆，源强度与放射性物质衰变无关；相反，源强度是表征核裂变产生的逃逸中子和 γ 辐射的近似方法。

4.1.2 粒子通量

源强度描述的是一定量放射性物质中粒子的发射率，它不是对入射到生物体组织、设备或有用材料中的辐射量的度量。粒子通量 ϕ_R 用来表示在一个特定位置的辐射量，单位为 $(\mathrm{cm}^2 \cdot \mathrm{s})^{-1}$。特定器官中的粒子通量与放射源外照射以及吸入或摄入放射性物质导致的内照射有关。某个位置的粒子通量通常取决于该位置与源之间的距离。对于在真空中辐射类型为 R 型的点源，其粒子通量与距离 r 的平方成反比，即

$$\phi_R(r) = \frac{S_R}{4\pi r^2} \tag{4-1}$$

实体辐射源（而不是一个点源）内的吸收、散射和粒子间的相互作用都能改变源强度与粒子通量的关系。此外，入射粒子通量的大小还取决于源与个人（或物体）之间的材料是否会吸收或散射入射粒子。当辐射吸收材料被用来保护个人和设备免受辐射时，它被称为屏蔽材料。屏蔽将在第 6 章中讨论。

4.1.3 剂量概念

虽然粒子通量可以用来表示入射的辐射量的大小，但它并不能直接提供个体、器官或组织的吸收剂量。剂量是对辐射照射效果的定量度量。在辐射安全分析、管制和监控中会使用到一些与剂量相关的概念，这里讨论的是最重要的概念和单位。

1）吸收剂量

当辐射与物质相互作用时，可能会导致材料损坏。在一定质量的物质中所引起的损伤程度大致正比于材料吸收的能量，称为吸收剂量 D。吸收剂量的国际单位是戈瑞(Gy)。1 戈瑞等于 1 焦耳每千克的吸收剂量。过去曾使用的辐射剂量单位是拉德(rad)，1 拉德等于 100 尔格每克(erg/g)的吸收剂量。由于 $1\ \mathrm{J}=10^7\ \mathrm{erg}$，所以 $1\ \mathrm{Gy}=100\ \mathrm{rad}$。尽管戈瑞是较新的单位，但是拉德还是在业内被广泛使用。

2）生物学效应

辐射的生物学效应取决于辐射的类型、能量以及吸收剂量的大小。考虑到有不同形式的辐射效应，相对生物学效应（RBE）这个概念被使用，辐射相对生物学效应（RBE）是能量吸收剂量率，指以 200 keV X 射线为标准，产生给定的生物学效应所需的射线剂量与来自另外一种辐射产生相同效应所需的射线剂量之比。任何特定辐射的相对生物学效应都取决于所考虑的确切的生物学效应。对人类的相对生物学效应保守上限值被用作计算不同类型的辐射吸收剂量加和的归一化因子。美国核管理委员会（NRC）把这种归一化因子叫作质量因子 Q，国际放射防护委员会（ICRP）把这种归一化因子叫作辐射权重因子 W_R。两者在表 4－1 中被对照给出。

表 4－1　各种辐射的质量因子和辐射权重因子

辐射类型	质量因子(Q)	辐射权重因子(W_R)
X 射线、γ 射线、β 粒子	1	1
中子		
0.01 MeV	2.5	10
0.025 MeV	2	5
0.1 MeV	7.5	10
0.5 MeV	11	20
大于 0.5 MeV 小于 2 MeV	—	20
大于 2 MeV 小于 20 MeV	—	5
不确定能量	10	—
高能光子	10	5
α 粒子、裂变产物、重核	20	20

资料来源：改编自 10 CFR 20(Q)和 ICPR 60(WR)。

决定辐射的生物学效应的一个重要因素是射线穿行单位距离的能量损失率，即传能线密度（LET），其值越高，辐射引起的生物损伤效应就越严重。例

如 α 粒子和质子等重带电粒子的传能线密度比中子或电子高很多。中子在散射时会产生高电荷的反冲核，也被归为高 LET 辐射。虽然 α 粒子有高 LET，但因为核衰变所产生的 α 粒子不能穿透人体皮肤的表层，所以人体内部器官能免受外部 α 射线的辐射。但如果摄入或吸收发射 α 粒子的物质，则会导致人体内部器官的生物组织中的细胞被破坏等潜在严重后果。

3）剂量当量

辐射加权剂量 H 综合了不同辐射形式的相对生物学效应。辐射加权剂量应用于标准设计、安全性分析及监管要求中。国际放射防护委员会把辐射加权剂量称为剂量当量，以希沃特(Sv)为计量单位。国际放射防护委员会把在组织和器官中的剂量当量定义为 H_T，

$$H_T = \sum_R W_R D_{T,R} \tag{4-2}$$

式中，$D_{T,R}$ 为辐射 R 在组织或器官 T 上的平均吸收剂量(Gy)。如果组织或器官仅仅被一种射线照射，式(4-2)就变为 $H_T = W_R D_{T,R}$。

根据表 4-1 中的 W_R 值，X、β、γ 射线辐射 1 Gy 吸收剂量相当于 1 Sv 的剂量当量，而 0.1 MeV 中子辐射 1 Gy 吸收剂量相当于 10 Sv 剂量当量。在美国法规中，辐射加权剂量的单位曾用雷姆(rem)表示(1 rem=0.01 Sv)。若 H_T 用雷姆表示，$D_{T,R}$ 用拉德表示，W_R 用质量因子 Q 表示，之前的方程仍然成立。为简洁起见，通常使用通用术语剂量表示剂量当量，并以 Sv 或 rem 作为单位表示。

4）效应

对任何组织产生有害效应的概率通常正比于存在于该组织和器官中的剂量当量。由于不同组织或器官的敏感性不同，因而比例因子也不同，对有害效应的相对敏感性用组织权重因子 W_T 来表示。表 4-2 提供了 ICRP 第 26 和第 60 号出版物(ICRP 26、ICRP 60)中推荐的组织权重因子。

表 4-2　组织权重因子

组织或器官	W_T(ICPR 26)	W_T(ICPR 60)
性腺	0.25	0.20
骨髓(红)	0.12	0.12

（续表）

组织或器官	W_T（ICPR 26）	W_T（ICPR 60）
结肠	—	0.12
肺	0.12	0.12
胃	—	0.12
膀胱	—	0.05
乳房	0.15	0.05
肝	—	0.05
食道	—	0.05
甲状腺	0.03	0.05
皮肤	—	0.01
骨表面	0.03	0.01
其他①	0.30	0.05

注：这些数值是基于男女人数相等和年龄范围广泛的参考人口得出的结果，在有效剂量的定义中，这些数值适用于全体人口。

①为便于计算，其他部分由下列附加组织或器官组成：肾上腺、大脑、上大肠、小肠、肾脏、肌肉、胰腺、脾脏、胸腺和子宫。本表包括了可能被辐照的组织或器官。已知本表上的一些器官经辐照后容易诱发癌症。如果其他组织或器官随后被确定为经辐照后具有诱发癌症的重大风险，它们将被指定一个特定的 W_T 值，或被列入额外的清单，构成其他部分。后者还可能包括选择性辐照的其他组织或器官。在例外情况下，单个组织或器官接受的剂量当量超过上述 12 个指定了权重因子的器官中任一最高剂量，则该组织或器官的权重因子取 0.025，对上述其余组织或器官的平均剂量的权重因子也设为 0.025。

如果不同的器官接收到不同的剂量，则使用表 4－2 中的权重因子来计算有效剂量当量或效应 H_E

$$H_E = \sum_R W_T H_T \tag{4-3}$$

联立式（4－2）和式（4－3）得

$$H_E = \sum_R W_R W_T D_{T,R} \tag{4-4}$$

5）剂量率和约定剂量

吸收剂量率 $\dot{D}$ 和剂量当量率 $\dot{H}$ 是指单位时间内接受的吸收剂量和剂量

当量,它们的单位分别是 Gy/s 和 Sv/s。由于源强度的改变或者源与受照器官和屏蔽材料相对位置的改变,剂量率会随时间变化。随着放射性物质的摄入和吸收,剂量率也将随时间改变。将剂量当量率 $\dot{H}$ 在指定的时间范围内对时间进行积分就得到了剂量当量 H_T

$$H_T = \int_\tau \dot{H}(t)\mathrm{d}t \tag{4-5}$$

相似地,有效剂量 H_E 被定义为

$$H_E = \int_\tau \dot{H}(t)\mathrm{d}t \tag{4-6}$$

6) 集体剂量当量和效应

使用特定器官 T 的集体剂量当量 S_T 和集体有效剂量 S_E 来定量描述受照群体的集体剂量当量和有效剂量,则

$$S_T = N\bar{H}_T \tag{4-7}$$

$$S_E = N\bar{H}_E \tag{4-8}$$

式中,$\bar{H}_T$ 为器官 T 对时间和人数取平均得出的平均剂量当量;$\bar{H}_E$ 为平均有效剂量;N 为受照人数。

4.1.4 剂量和通量的关系

α 粒子和 β 粒子的通量可以通过衰变链和粒子衰减计算来预测,剂量可以通过粒子通量计算得出。α 辐射引起的外照射剂量影响不大,只有较大的 β 辐射剂量会对皮肤造成明显的伤害。中子和 γ 辐射构成空间核系统主要的外部辐射危害。对于空间反应堆,常利用输运理论或蒙特卡罗算法来计算特定位置的中子和 γ 辐射通量。计算中子和 γ 辐射通量的近似方法在 4.5 节介绍。一旦确定了某特定位置的中子和 γ 辐射通量,就可以通过下面的计算得到剂量率。

1) γ 辐射

对于 γ 辐射,剂量率单位是 Gy/s 或 Sv/s,可用下式计算

$$\dot{D}_T = (1.603 \times 10^{-10}) \frac{\phi_{\gamma,T}(t)E_\gamma \mu_\gamma}{\varepsilon_T} \tag{4-9}$$

式中,$\phi_{\gamma,T}$ 为在 t 时刻入射到器官 T 的 γ 射线通量$(\mathrm{cm}^2 \cdot \mathrm{s})^{-1}$;参数 E_γ 为 γ 射线能量(MeV);μ_γ 为线性吸收系数(cm^{-1});ε_T 是器官 T 的组织密度

(g/cm^3);线性吸收系数已在第 1 章讨论;$\phi_{\gamma,\mathrm{T}}(t)E_\gamma$ 为能量通量[MeV/(cm^2·s)];$\phi_{\gamma,\mathrm{T}}(t)E_\gamma\mu_\gamma$ 为每立方厘米的能量吸收率;$\frac{\phi_{\gamma,\mathrm{T}}(t)E_\gamma\mu_\gamma}{\varepsilon_\mathrm{T}}$ 为每克组织的能量吸收率;1.603×10^{-10} 为将单位从 MeV/(g·s)转换为 Gy/s 的转换系数。因为 γ 射线辐射权重因子为 1,所以计算出的剂量率 $\dot{D}_\mathrm{T}$(Gy/s)在数值上和剂量当量率 $\dot{H}_\mathrm{T}$(Sv/s)相等,即 $\dot{H}_\mathrm{T}=\dot{D}_\mathrm{T}$。

2) 中子辐射

对于中子,其通量与剂量的关系比 γ 射线更加复杂;因此,在图 4-1 中提供了剂量率和中子通量之比与能量的函数关系图予以展现。

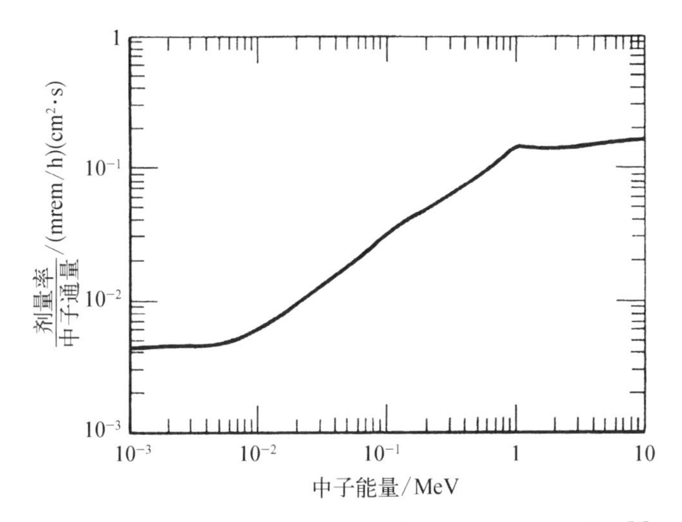

图 4-1　剂量率和中子通量之比与能量的函数关系示意图[3]

例 4.1

用下面的条件计算剂量当量率、个人剂量当量、个人有效剂量、集体有效剂量:

(1) 10 mCi 的钴-60 点源对 30 人的甲状腺辐射;

(2) 每次衰变发出两个光子,$E_1=1.17$ MeV,$E_2=1.33$ MeV;

(3) 距离源 15 cm,照射 3 h 内;

(4) 忽略空气吸收,假设只有甲状腺受照射;

(5) 两个光子能量均使用$\frac{\mu_\gamma}{\varepsilon_T}=0.06$ cm^2/g 表示。

解:

由式(4-1),我们获得每个光子的 γ 辐射通量:

$$\phi_{\gamma 1}=\phi_{\gamma 2}=\frac{S}{4\pi r^2}=\frac{10^{-2}\times 3.7\times 10^{10}}{4\pi\times 15^2}=1.31\times 10^5[(cm^2\cdot s)^{-1}]$$

由式(4-9),我们可以得出

$$\dot{H}_{T,\gamma 1}=(1.31\times 10^5)\times 0.06\times 1.17\times(1.603\times 10^{-10})=1.47\times 10^{-6}(Sv/s)$$

$$\dot{H}_{T,\gamma 2}=(1.31\times 10^5)\times 0.06\times 1.33\times(1.603\times 10^{-10})=1.68\times 10^{-6}(Sv/s)$$

总的剂量当量率是

$$\begin{aligned}\dot{H}_T&=(1.47\times 10^{-6}+1.68\times 10^{-6})\\&=(3.15\times 10^{-6})\times 1\,000\times 3\,600\\&=11.3(mSv/h)\end{aligned}$$

在较短的辐照周期内,剂量当量率恒定;因此,个人剂量当量可简化为

$$H_T=11.3\times 3=33.9(mSv)$$

从表4-2中可得 $W_T=0.05$,仅甲状腺受辐照;因此,个人的有效剂量是

$$H_E=33.9\times 0.05=1.7(mSv)$$

最后,集体剂量为

$$S_E=30\times 1.7=51(mSv)$$

4.2 辐射健康效应

放射源通常被分为外部放射源和吸入或摄入放射性物质而产生的内部放射源。暴露于外部源或内部源的辐射中,都可能会导致躯体效应(对受照个体造成伤害)和遗传效应(遗传效应是指对个体生殖细胞造成辐射损伤从而传递给个体的子女)。辐射损伤可进一步划分为确定性或随机性健康效应。确定性效应是指:① 必须超过一定的最小剂量限值才能观察到其效果;② 效果随剂量的增加而增加;③ 在照射和观察到的效应之间有一个清晰的、明确的因果关系。例如,晒伤是过度暴露在阳光下的一种确定性的影响。随机性效应的特征就是概率事件,它可能会发生于受照或未受照的个体。例如,辐射诱导的癌症和遗传效应就是随机性效应。

辐射引起的健康效应指导致的任何直接或间接的影响。细胞中的原子的

电离和激发会对细胞产生直接影响。而间接作用是由细胞内水分的自发化学电离引起的，电离后水分子会产生 · H、· OH 自由基，以及氧化剂 H_2O_2，这些具有高可反应性的化学产物可以与细胞内有机分子相互作用，所造成的损害可能会导致细胞过早死亡或阻止细胞分裂。此外，辐射损伤可以导致细胞内特定的 DNA 位点的分子变化。这种改变，不会导致细胞死亡，也不会导致细胞分裂能力的丧失，但可能会诱发癌症。然而，从突变发展成癌症需要一系列后续事件。同时，受辐射损伤的生殖细胞（精子或卵子）的 DNA 突变可能导致出生缺陷，并把缺陷传递给后代。辐射诱发的癌症和辐射诱发的出生缺陷都是随机性效应。随机性效应发生的概率随接收到的剂量的增加而增加。

为确定辐射对人体的影响，这些年来学术界已经做出了很大的努力。基于这些努力，我们积累了大量关于辐射剂量超过 0.1～0.2 Sv 的急性（短期）剂量的影响信息。此外，有关小的急性剂量或慢性剂量（长期受照）的影响信息则非常少。在讨论急性剂量引起的健康影响时，通常将早期效应（显著受照后 60 天之内）与晚期效应（这发生在 60 天之后）区别开来。早期效应一般都是确定性效应，晚期效应则涉及随机性效应和确定性效应。

4.2.1 大急性剂量-早期健康效应

短时间内接收到大剂量照射会威胁个人的短期和长期健康。如果照射强度足够大，受照射的器官被破坏将导致在数天或数月内引起放射性疾病或死亡。放射性疾病的症状包括呕吐、腹泻、脱发、恶心、出血、发热、食欲不振、全身不适等。肺、小肠等的功能异常，或骨髓造血功能受损可能引起死亡。除了死亡或并发症之外，根据辐射剂量的不同，从放射性疾病中恢复的时间从几周到几年不等。即使是存活下来的个体，后期的健康风险也会增加。

放射性引起的疾病和死亡属于确定性效应，但只有受照剂量比相关的阈值剂量 D_{th} 大时，确定性效应才会发生。一旦超过阈值剂量，受照人群发生确定性效应的比例（对健康有影响的发病率）随剂量的增加而急剧增加，直到效应出现在所有受照个体身上。在 t 天内导致半数受照人群发生确定性效应的急性剂量叫作 ED_{50}/t 剂量（LD_{50}/t 是半致死剂量）。引起放射性疾病的全身 γ 照射的阈值为 0.5～1 Gy。早期死亡的阈值是全身 γ 照射 2.5 Gy 左右。没有药物治疗支持的、受到 3 Gy 剂量的全身 γ 照射的人中有 50% 会在 60 天内死亡（$LD_{50}/60=3$ Gy）。有药物治疗支持的，$LD_{50}/60$ 剂量估计会增加到 4.5 Gy。

在1～10 Gy这个剂量范围内，最重要的效应就是影响造血器官，尤其是红骨髓。造血功能异常的结果是导致身体对感染的抵抗力下降和凝血功能失常，在严重情况下会导致出血和内出血。对由辐射引起造血功能异常的病人的治疗措施包括无菌环境隔离和抗生素管理；骨髓移植的尝试几乎没有成功过；而生长剂的应用也被提出，并提供了相当多的基于动物实验的数据。

10～50 Gy剂量水平的急性全身γ照射将导致胃肠综合征，其主导效应和最终死亡的原因是肠壁衰竭。受照后，患者现有的肠壁细胞会继续发挥作用，会使病人维持几天令人满意的情况，但是当这些细胞脱落时，患者发生感染，通常会在2周内死亡。个体若接受超过50 Gy的照射剂量会导致其在几个小时内死亡，死亡的原因目前尚不完全清楚，有可能和脑积液的快速积累有关，其症状被称为中枢神经系统综合征。如果身体只有部分被照射，其早期效应将取决于被照射的器官。根据动物实验的数据，超过10 Gy的低LET剂量仅仅照射肺部就可能造成呼吸衰竭而导致死亡。

4.2.2 晚期健康效应

接受的剂量或剂量率不足以造成早期死亡效应的人群在2～30年内面临更高的患癌症风险或其他健康效应风险。癌症也可能来自低辐射水平的慢性照射。实验数据表明，低剂量和低剂量率比高剂量和高剂量率情况下发生健康效应的可能性要低50%～90%。下面将对潜在的晚期或慢性效应进行简要的讨论。

1）癌症

人类受超过1 Sv急性剂量照射的数据表明，在低LET和高LET射线的照射下患癌概率都随剂量近似呈线性增加。癌症发病率与剂量的关系称为剂量响应曲线，如图4-2所示。对低剂量下的小急性辐射或者中度剂量辐射（例如，长期暴露在低水平的地面污染之下）带来的癌症风险是有很大争议的。0.05～0.1 Sv的辐射剂量与癌症之间没有统计学上的显著关系。如图4-2所示，对于高剂量的辐射，传统的做法是从剂量响应曲线线性外推到剂量为零的位置，此过程称为线性假设。人们普遍认为，这种高剂量外推方法适用于高LET辐射。此外，对于低LET射线，有证据表明，线性外推法高估了慢性或急性小剂量对癌症的贡献，因为它忽略了生物系统自我修复的能力。也就是说，有证据表明，实际的剂量响应曲线位于高剂量线性外推得来的曲线之下，如图4-2所示。对于低剂量或低剂量率，通常采用将发病率与单位剂量的关系降低50%的方法。基于这个换算关系,ICRP估计100人·Sv的集体剂量(0.1 Sv对应1 000人,10^{-3} Sv对应100 000人等)将导致在受影响的人群中有5个人因为由辐射引起的癌症而死亡[6]。

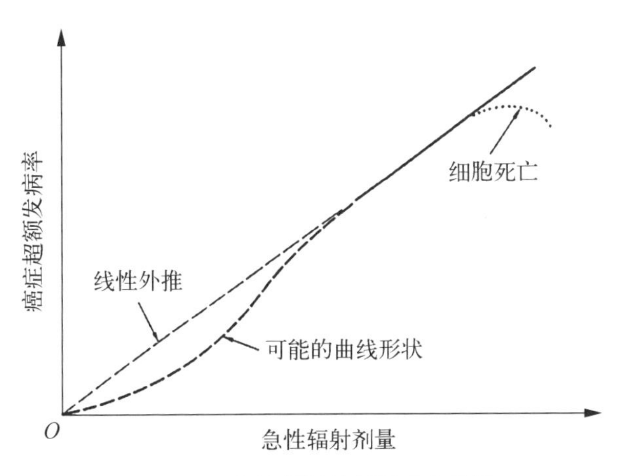

图4-2 急性辐射的剂量响应曲线

2) 甲状腺结节

甲状腺结节可由直接辐射或吸入放射性碘导致。这种影响是值得注意的,因为最近发生的事件表明,甲状腺癌的潜伏期是相当短的。1986年4月发生了切尔诺贝利核电站事故,在事故发生6年后,儿童和青少年甲状腺癌的发病率明显增加。对这种发病率继续进行监测发现,甲状腺功能异常是可以治疗的,因甲状腺功能异常而死亡的病例是罕见的。

3) 白内障

辐射可诱发白内障,通过使眼睛的晶状体蒙上阴影而损害视力,一般在受照后10个月至35年内发病,这是一个确定性效应。低LET射线下出现这种病的阈值是2~5 Gy。受这么大的全身照射剂量且还患有由辐射引起的白内障的人几乎没有生还的。对于高LET射线,这个阈值要低一些,为0.7~1.0 Gy。

4) 不育

短期的对人类生殖器官的γ射线照射引起不育的阈值大约是1.5 Gy。剂量超过2.5 Gy可能引起长达一到两年的不育。剂量超过5 Gy可能会、剂量超过8 Gy肯定会导致永久不育。

5) 寿命缩短

辐射照射的总体影响可以从其对寿命的影响中看出。然而,人们普遍认为，受辐照而使寿命缩短纯粹是由于辐射引起的癌症造成的。

6）突变

目前，还没有证实人类受辐照后的遗传效应。来自实验室小鼠的数据证明这种效应还是存在的。辐射对小鼠的遗传效应中占主导地位的是辐射对雄性小鼠精子的损害。研究表明，受到相同单位剂量照射，高剂量率比低剂量率导致更多的突变，这显然意味着这种损伤是可修复的。在受到急性剂量照射时，可以通过延迟怀孕，直到在辐射较少的环境中一段时间新的精子细胞发育成熟，来减少基因损坏的传递。辐射引起的人类遗传效应风险的定量估计是复杂的，具有高度不确定性。

7）智力迟钝

对其母体子宫受过辐照的孩子和在日本核弹爆炸中幸存的孩子的研究表明，智力迟钝与受照剂量有正相关的关系。这种效应在母体怀孕第 8 周到第 17 周期间受到辐照而孕育出的孩子身上尤其明显，因为这个时期胎儿大脑内的神经细胞快速增长。在怀孕 8 到 17 周期间受到超过 1 Gy 剂量辐照的人群中，有 67% 左右的人生出的孩子会出现智力迟钝，这个效应在剂量低至 0.1 Gy 时也能清楚地观察到。

4.3 辐射防护法规和指南

部署在太空中正常运行的核能系统对地球生物圈是没有辐射影响的，但宇航员在核能系统附近时可能会受到辐射。宇航员在外太空的辐射环境中也会受到辐射。为了支持空间核项目，开展了许多地面活动，如核材料和系统的制造、测试和运输。放射性工作者，以及公众都有可能受到来自这些活动的辐射。空间核项目必须遵循既定的政策，以确保宇航员、放射性工作人员和公众受到的辐照剂量保持在合理可行尽量低（ALARA）的水平。此外，还建立了特定的辐射防护指南，以保护宇航员免受天然辐射和核能系统产生的辐射的伤害；还建立了辐射防护法规，以保护放射性工作人员和公众免受空间核能系统发射前所有地面活动的辐射伤害。

4.3.1 有关宇航员职业健康的辐射准则

在美国，NASA 已建立了宇航员辐射防护准则。这些准则包括美国职业安全与健康管理局颁布的电离辐射标准（OSHA 29 CFR 1910.96）[8] 和国家辐射防护与测量委员会的建议(NCRP 98)[9]。29 CFR 1910.96 中规定了宇航员在核系统上受到的辐射的限值,这些规定限值相当于美国核管理委员会颁布的 10 CFR-20[10] 中规定的对放射性工作者的剂量限值。在表 4-3 中列出了适用宇航员在核系统上受到辐射和在外太空受到天然辐射情况下的剂量限值。在表 4-4 中给出了 NCRP 98 中规定的宇航员受天然辐射和辐射源辐射的总剂量,这些指导方针被推荐用于除特殊的外太空环境探索(例如探索火星或者一些其他的星球)以外的所有太空探索活动。来自天然放射源的辐射防护虽然超出了本书的讨论范畴,但在 4.2 节中已简要介绍了天然辐射源从而给读者提供一个考虑的视角。注意:必须遵循 29 CFR 1910.96 和 NCRP 98 的相关规定。

4.3.2 地面作业的辐射准则

表 4-3 中给出的地面作业辐射准则受美国能源部第 5480 号准则[11]的约束;这些规定在本质上和 10 CFR-20 相同,对于公众的辐射剂量限值在表 4-5 中列出。在 10 CFR-20 中给出了附加的辐射条例,对于空运放射性材料和在水中的放射性污染设置了剂量限值。这些条例包括放射性工作人员的暴露限值和释放到环境中的剂量限值。吸入或摄入放射性物质会导致内照射。吸入或摄入的放射性物质的化学形态,特别是在体液中的溶解性,将决定其在身体内的沉积。通常情况下,关键器官接受的大部分辐射损伤均来自一种特定的放射性物质,例如,骨和甲状腺主要接受来自锶和碘的辐射。辐射准则对于空气和水中存在的可溶和不可溶性质的放射性同位素都有规定。

表 4-3 29 CFR 1910.96 宇航员机载辐射源暴露指南和 DOE 5480 号地面活动辐射工作人员指南中规定的辐射剂量限值

职业照射(年度)	效果(随机效应)	50 mSv
	组织和器官的剂量当量限值(非随机效应)	
	眼晶状体	150 mSv
	其他所有(如红骨髓、乳房、肺、性腺、皮肤、四肢)	500 mSv
	指导:累计辐射	10 mSv×年

（续表）

本底辐射①	总剂量当量限值	5 mSv
	30 天的剂量当量限值	0.5 mSv

① 指内外照射量之和。

表 4-4　NCRP 98 宇航员所有辐射源总暴露指南(包括天然辐射源和机载辐射源)中规定的辐射剂量限值　单位：Sv

(a) 职业生涯的全身剂量当量限值，终身过量致癌症死亡风险为 3%				
年龄/岁	25	35	45	55
男性	1.5	2.5	3.25	4.0
女性	1.0	1.75	2.5	3.0
(b) 所有年龄的建议器官剂量当量限值				
	造血器官	眼　睛	皮　肤	
职业生涯	见表 4-4(a)	4.0	6.0	
年度	0.5	2.0	3.0	
30 天	0.25	1.0	1.5	

表 4-5　适用于地面活动的公众辐射剂量限值　单位：mSv

公众照射(年度)	影响限值，连续或多次照射	1
	影响限值，不常接触	5
公众照射(1 小时)	影响限值，连续或多次照射	0.02
可忽略不计的个人风险水平(年度)	放射源或试验的影响	0.01

在 10 CFR 71[12] 中提供了与核材料的运输相关的辐射规定。对于少量的放射性物质，A 型包装是可以接受的，A 型包装并不需要对容器的材料作严格的要求。若放射性物质的量超过 A 型包装的装载量则需要 B 型包装去装载，B 型包装有非常严格的标准。大型 B 型包装的开发和资质认证可能非常昂

贵。把放射性材料运输到发射地的费用是空间核系统设计中的一个重要考虑因素。这种考虑对于大型空间核反应堆系统尤为重要。

放射防护还包括制造和测试过程中的操作实践。这些标准和做法已经为空间核系统的大多数地面活动建立了完善的体系。未来的任务是可能需要在发射场进行发射前临界试验。在美国,发射场临界试验还没有进行过,因此,如果需要这样做,必须要颁布在发射场进行临界试验所需的监管要求及设施条例。

4.3.3　发射审查的放射性指导方针

对于携带少量放射源的空间系统的发射无须获得 INSRP 的批准。少量的放射性同位素源的审批程序在美国国家航空航天委员会(NASC)的报告[13]中有详细规定。监测少量放射性同位素源有三种等级的报告。等级是由源的总活度和放射性同位素的毒性决定的,如表 4-6 所示。放射性同位素在参考文献[13]的附录 A 中被划分为 4 类不同的毒性。第 1 类包括最危险的放射性同位素,如钚同位素。第 4 类包括危险性最低的放射性同位素,如钼-99。A 类放射性物质的数量,需要在每次发射前提交一份报告,由 NASC 工作人员审查。使用 B 类放射性物质需要用户机构的批准,并向 NASC 提交一份季度报告。不要求报告 C 类放射性物质的数量。

表 4-6　美国放射性同位素发射的报告和审查分类

类　别	1	2	3	4
A 类材料 (NASC 员工评审)	≤20 Ci	≤20 Ci	≤200 Ci	≤200 Ci
B 类材料 (机构批准, NASC 季度报告)	≤1.0 mCi	≤50 mCi	≤3 Ci	≤20 Ci
C 类材料 (无报告)	参见参考文献[13]附录 B			

4.4　天然辐射源

辐照既可能源于空间核能系统也可能源于天然辐射源。在本书中,对辐射防护方法的讨论仅仅局限于机载辐射源。尽管如此，本节还是简要讨论了天然辐射源以便与宇航员受到的核能装置中放射源的辐照进行比较。

4.4.1 地球辐射源

地球上的天然辐射照射有多种来源。如图 4-3 所示，一个人平均每年要接受 0.4 mSv 的辐射，这些辐射来自土壤、岩石和建筑材料中的放射性核素。在美国东海岸，平均剂量为 0.2 mSv；落基山脉附近，平均剂量约为 0.9 mSv。地球大气层保护生物圈免受太空辐射源照射；尽管如此，在海平面上宇宙射线对个人的辐照年剂量大约为 0.3 mSv。在海拔 1 英里(1 英里＝1.61 千米)的丹佛市，剂量增加到 1.6 mSv。食物、水和人体内的放射性核素每年产生 0.4 mSv 的额外剂量。氡气产生的年平均剂量约为 2.0 mSv。在美国，所有来源的平均年剂量约为 3.7 mSv；然而，不同的地区、医疗程序以及其他因素都能导致这个平均值的显著差异。

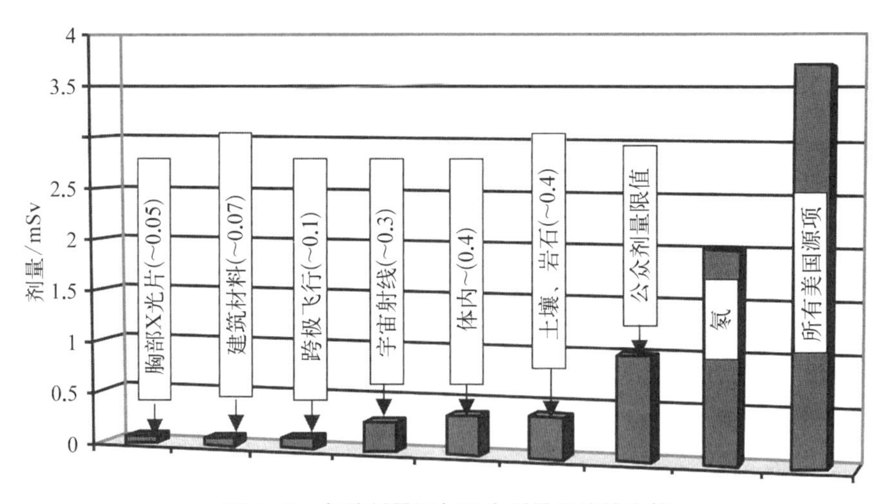

图 4-3 各种剂量源与公众剂量限值的比较

注：胸部 X 光和经过跨极飞行是单次事件剂量；其他的均为年剂量；土壤、岩石，宇宙射线和氡的剂量取美国的平均值；公众剂量限值是指持续或多次被核设施辐照的剂量。

4.4.2 空间辐射源

近地空间(地球同步轨道)的天然辐射有三个主要组成部分：太阳辐射(特别是太阳耀斑粒子)，银河宇宙射线辐射，高能粒子辐射(范艾伦辐射带)。

空间辐射水平受时间和与地球的距离影响很大,因为上述三种成分都受太阳活动和地球磁场的影响。其他天体可能还具有独特的辐射场。对正在规划的空间任务,空间和时间上的波动必须加以考虑。

1）太阳风、太阳耀斑和太阳质子事件

除了可见光和紫外线辐射外,源源不断的带电粒子流(主要是电子、质子和 α 粒子)从太阳向外流动,称作太阳风。太阳风向外"吹"过行星,使得带电粒子充满整个太阳系。通常太阳风穿过地球的速度约为 500 km/s,其密度约为每立方厘米一百个等离子体粒子。太阳活动强度以 11 年为周期变化,在太阳活动高峰期,太阳风的速度和密度都会增加。即使在太阳活动高峰时期,暴露在太阳风下也不会对宇航员和航天器造成重大威胁,这是因为太阳风中的电子和质子速度相当慢,可以被宇航服阻挡。

对宇航员更大的威胁是太阳耀斑爆发期间释放到太空中的质子。耀斑可能会持续几分钟到几小时。即使是很小的耀斑其作用范围也可能比地球面积还大,释放出的能量相当于 10 亿个氢弹。耀斑的发生频率与 11 年的太阳黑子活动周期同步。太阳黑子数量增加,耀斑也会越来越多。但最大的耀斑往往会在太阳黑子周期达到最大值之后出现。

耀斑爆发伴随有大量可见光、X 射线、紫外线、无线电噪声。此外,一些带电粒子,大部分是电子和质子,被加速到超过第三宇宙速度,然后被推向太空。有时,在发生非常强烈的耀斑时,质子速度可以达到光速的四分之一,产生太阳宇宙射线。能量超过 10 MeV 的质子能穿透当前设计的宇航服,能量超过 30 MeV 的质子能够穿透一般卫星的保护壳。

2）银河宇宙射线辐射

来自我们的太阳系以外的银河宇宙射线(GCR)是由高能量(大于 0.1 GeV)的质子、电子和其他重带电粒子组成。当在 20 世纪初第一次被发现时,这种粒子被认为是电磁辐射,因此称其为宇宙射线。宇宙射线的组成是 85%～90%的质子,10%～12%的 α 粒子,约 1%的电子,1%的重原子核,如氧、氮、铁、氖,等等。这些粒子一部分可能产生于"大爆炸"后不久,其他的可能来自遥远的恒星和被称为超新星的垂死恒星的爆炸。这些粒子穿越太空,从各个方向到达地球。

尽管银河宇宙射线的密度很低,但它在生物学上很重要。银河宇宙射线的穿行速度快到可以以 2 粒子每平方厘米每小时的速率直接穿过航天器。来自宇宙辐射粒子的剂量往往与相互作用粒子的电荷的平方成正比。对于航天器来说，其所处的轨道高度和轨道的倾斜角对确定银河宇宙射线的辐射剂量率非常重要。源位置、地球的磁场、大气屏蔽和海拔高度的变化都会导致银河宇宙射线辐射通量的空间的变化。低海拔、低倾角轨道受到的 GCR 剂量要小得多，这归功于大气和地球磁场的共同作用产生的很强的屏蔽效果。这种轨道所受辐射的剂量往往与俘获辐射带联系在一起。剂量中最重要的时间变化与 11 年的太阳活动周期紧密联系。

3）范艾伦辐射带

范艾伦辐射带是两个环绕地球的俘获辐射带。内侧的带束由质子和电子组成，并向外延伸至约 12 000 km。这条辐射带的峰值点在 2 000 km 和 5 000 km 之间。外侧的带束主要由电子组成，从大约 16 000 km 延伸至 36 000 km，峰值点的高度大约在 20 000 km。这两个辐射带被粒子密度相当低的区域隔开，带中最危险的区域在高能粒子最密集的区域。高能质子被限制在内辐射带，这是在超过 500 km 的高度上对地球轨道飞行器最主要的辐射源，辐射大小随经纬度变化（这个内辐射带的纬度范围在北纬 45°至南纬 45°之间）。内带质子的数量易受太阳引起的各种变化的影响。粒子密度变化的规律与 11 年的太阳活动周期不一致，以至于在太阳活动低潮期，内带的粒子密度也能达到最大值。

外带是不对称的，背日面是细长的，向日面是平坦的。一般情况下，粒子的能量和外边界位置变化与 11 年的太阳活动周期有关。当太阳活动频繁时，外边界就更加接近地球并含有更高能量的粒子。在太阳活动减弱的时候，外边界向外移动，并含有较少的高能电子。外带的电子密度在数周的时间尺度里将会发生量级变化，这种短期的变化可能产生显著的辐射剂量变化。在太阳活动频繁时期或之后不久，外带的高能电子密度的增加会大幅增加辐射的危害。在高圆形轨道上运行的航天器，当其轨道穿过不对称的外层电子带时，其内部的辐射剂量会发生日变化。

4.4.3 作业剂量

正如 4.3.1 节所述，在空间核系统中所受的辐射剂量限值（见 10 CFR－20）和天然辐射源加机载核系统的剂量限值适用于空间飞行任务的宇航员（NCRP 98）。NCRP 指南所允许的天然辐射源的辐射剂量比核系统的辐射剂量限值高很多。图 4－4 是预计的宇航员在火星任务中来自天然辐射源的辐射剂量和辐射工作人员的剂量限值的比较。

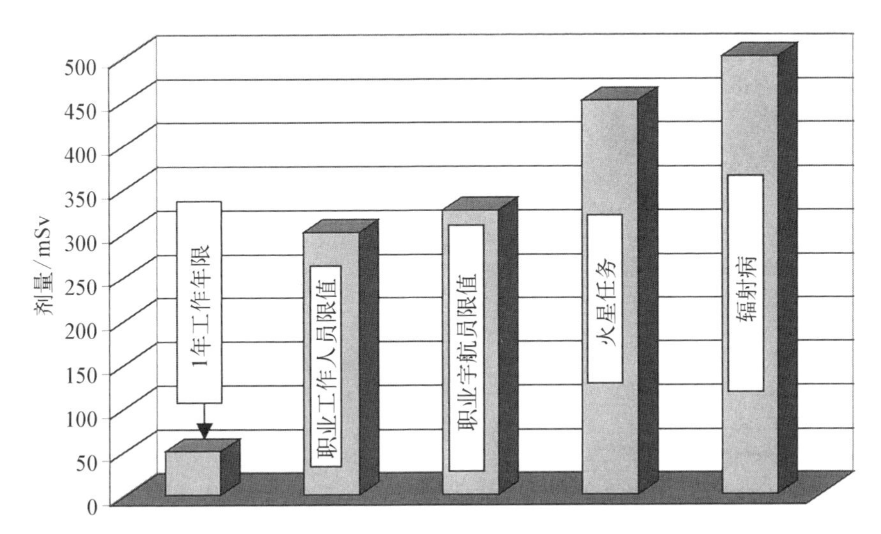

图 4-4　宇航员剂量限值、辐射工作人员剂量限值与火星任务天然辐射剂量的比较

注：工作人员限值适用于地面辐射工作人员和由于空间核设施对宇航员的剂量；宇航员职业限值是指一名 45 岁男性宇航员所被允许的从所有辐射源受到的总剂量；火星任务对宇航员的辐射剂量仅考虑天然辐射；辐射病剂量是可能发生的下限。

对于火星任务，预计来自天然辐射源的剂量(大于 450 mSv)远大于来自核电系统的剂量限值(约 50 mSv)。事实上，这个剂量水平超过了 NCRP 建议的最高职业照射限值。在计划的火星任务中不同辐射源的估计剂量分别如下：

传送带通道：50 mSv；

银河宇宙射线(10 个月运输)：380 mSv；

太阳质子事件：无法预测；

火星表面：20 mSv；

总计：450 mSv 以上。

太阳质子事件是无法预测的，因此，太阳质子事件导致的辐射剂量不能提供。在太阳质子事件期间可能需要特别的风暴庇护所来保护宇航员。

在特殊的探索情况下，NCRP 指南允许辐射剂量超出表 4-4 中给出的数值。然而，如果使用高比脉冲核推进系统来减少飞行时间，较低水平的照射是可以实现的。因此，使用空间核动力系统可能会大大减少宇航员所受的辐射剂量。

4.5 空间核系统的辐射

空间核系统必须考虑正常运行和假定的事故条件下的辐射照射。如果宇航员是在空间核系统附近或在因事故导致的污染区域，那么太空中的辐射照射就应被考虑。核系统正常运行时宇航员受照射量是受职业放射性法规的限制的。通过提供辐射屏蔽，要求在人员和放射源之间保持最小分离距离以上的距离，限制受照时间，或者是这些措施的组合来控制辐射。

所有的任务阶段，包括制造、测试、运输、发射、部署、运行及处置，都必须考虑地球上的辐射照射。空间核系统在正常运行时对地球的环境或民众不存在任何威胁。从发射阶段到处置阶段，对于地球的辐射危害仅需考虑核系统未能在太空中部署或部署之后发生计划外再入事故。在发射和部署阶段，安全重点是确保上述假设事故发生的概率非常低。在运行和处置阶段，安全重点是确保意外再入事故的发生概率很低。

4.5.1 放射性同位素源的辐射

放射性同位素源的屏蔽要求将取决于所使用的放射性同位素和放射性物质的数量，以及附近的工人和宇航员的位置。只有设置足够的屏蔽层才可以保护宇航员免受钚-238放射性同位素源产生的辐照。第2章的表2-3中总结了钚-238的放射性数据。钚-238放射性同位素源通过核衰变释放α粒子来产生热量。带电的α粒子不能穿透封装材料；然而，在源材料（如氧化物燃料中的氧）中的自发裂变和(α, n)反应可以产生少量的快中子通量。在源材料的自发裂变和中子相互作用中也会产生γ射线。虽然典型的PuO_2源的中子和γ辐射量非常小，但中子和γ辐射可以穿透薄的屏蔽。因此，对于放射性同位素源的屏蔽要求取决于次级中子和γ辐射，而不是α粒子衰变产生的初级辐射。每克钚-238金属的自发裂变导致的中子产率为3 420/s。图4-5(a)、(b)所示分别为GPHS-RTG中中子和γ辐射剂量与距离的关系。选择其他的放射性同位素燃料也是可能的，以及可选择一些包括β辐射的燃料。

与放射性同位素源相关的最重要的问题就是在发射期间和发射前放射性物质的积存量很大。钚-238的比活度为17.56 Ci/g，Transit号电源的总活度约为25 000 Ci，18个模块的GPHS中包含130 000 Ci的钚。在这种情况下，

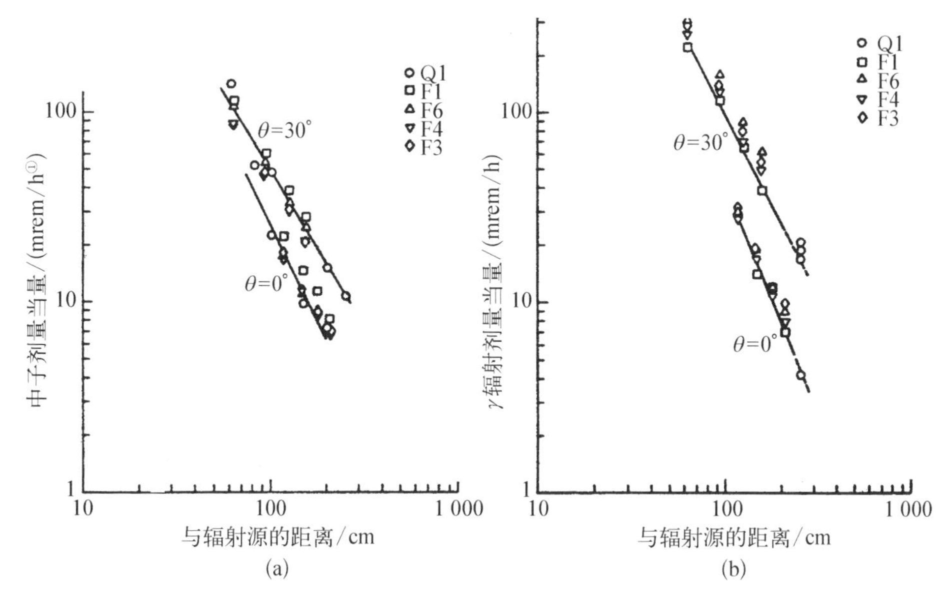

图 4-5　GPHS-RTG 的辐射测量[15]

(a) 中子辐射测量；(b) γ 辐射测量

放射性关注重点是假设破坏性事故发生后吸入或摄入 α 放射性物质的可能性。对于放射性同位素源，这些放射性物质在发射前、发射中、部署、运行和处置期间都存在。放射性同位素源的设计和测试应确保在假定再入事故中放射性物质不会逸出安全壳屏障。

对于一些任务，放射性同位素源被部署在一个非常高的地球轨道上，使得在发生折返前放射性物质已衰减到很低的水平。为了确定一个足够高的轨道(SHO)，必须考虑放射性同位素源中所有放射性同位素及其子产物。从表 2-3 中，我们发现，一个典型的源含有钚-239，钚-240，钚-241 和钚-242。这些放射性同位素中的每一种都会衰变成另一种放射性核素。钚-238 的整个衰变链如图 4-6 所示。

如第 1 章所讨论的，钚-238 的衰变率为

$$\frac{dN_1(t)}{dt}=-\lambda_1 N_1(t) \tag{4-10}$$

① rem(雷姆)是辐射剂量单位，它与 Sv(希沃特)的换算关系如下：1 rem≈0.01 Sv。

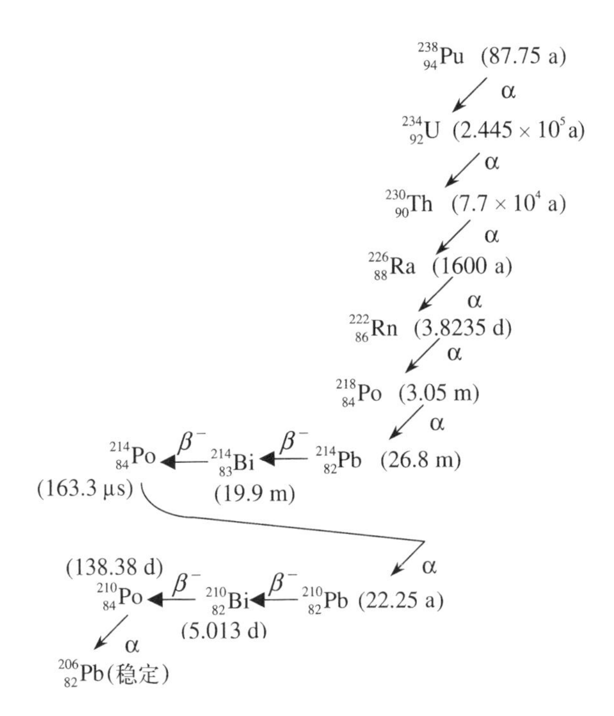

图 4-6 钚-238 衰变链

解为

$$N_1(t) = N_1(0)e^{-\lambda_1 t} \tag{4-11}$$

这里的 $N_1(t)$ 和 λ_1 是原子密度和钚-238 的衰变常数。钚-238 的半衰期是 87.75 年，得出衰变常数 $\lambda_1 = \ln 2/87.5 = 7.9 \times 10^{-3}(\mathrm{a}^{-1})$。钚-238 衰变成它的子体产物铀-234，铀-234 的原子密度的变化率为

$$\frac{\mathrm{d}N_2(t)}{\mathrm{d}t} = \lambda_1 N_1(t) - \lambda_2 N_2(t) \tag{4-12}$$

铀-234 的原子密度和时间的关系是

$$N_2(t) = N_1(0)\frac{\lambda_1}{\lambda_2 - \lambda_1}(e^{-\lambda_1 t} - e^{-\lambda_2 t}) \tag{4-13}$$

通过运用计算机程序，能够得到在这个衰变链中的所有放射性核素的原子密度随时间变化的函数。原子密度随后被用来得到活度随时间变化的关系：

$$A(t)=V\sum_{n=1}^{12}\lambda_n N_n \tag{4-14}$$

这里的 V 是源的体积。

例 4.2

对于 60 g PuO_2 源，确定钚-238 的活度以及钚-238 和铀-234 的活度随时间的变化。假设 PuO_2 密度为 10 g/cm^3，并假设源中钚-238 的含量为 90%。在这个简单的例子中，我们忽略钚的其他同位素和其他子产物的活度。

解:

钚-238 的初始原子密度通过如下公式计算

$$N_1(0)=\varepsilon_{PuO_2}\frac{N_A}{M_r}$$

因此

$$N_1(0)=10\times 0.9\times\frac{6.022\times 10^{23}}{238+2\times 16}=2.0\times 10^{22}(cm^{-3})$$

由图 4-6 可得

$$\lambda_{Pu}=\frac{0.693}{87.75}=7.9\times 10^{-3}(a^{-1})$$

和

$$\lambda_U=\frac{0.693}{2.445\times 10^5}=2.83\times 10^{-6}(a^{-1})$$

由式(4-11)和式(4-13)得

$$N_1(t)=(2.0\times 10^{22})e^{-(7.9\times 10^{-3})t},$$

$$N_2(t)=(2.0\times 10^{22})\frac{7.9\times 10^{-3}}{(2.83\times 10^{-6})-(7.9\times 10^{-3})}(e^{-7.9\times 10^{-3}t}-e^{-2.83\times 10^{-6}t})$$

由式(4-14)得

$$A_1(t)=\frac{60}{10}\frac{(7.9\times 10^{-3})N_1(t)}{(3.7\times 10^{10})(3.15\times 10^7)}$$

$$A_2(t)=\frac{60}{10}\frac{(7.9\times 10^{-3})N_1(t)+(2.83\times 10^{-6})N_1(t)}{(3.7\times 10^{10})(3.15\times 10^7)}$$

因此，所求的钚-238、铀-234 的活度随时间变化的曲线如图 4-7 所示。

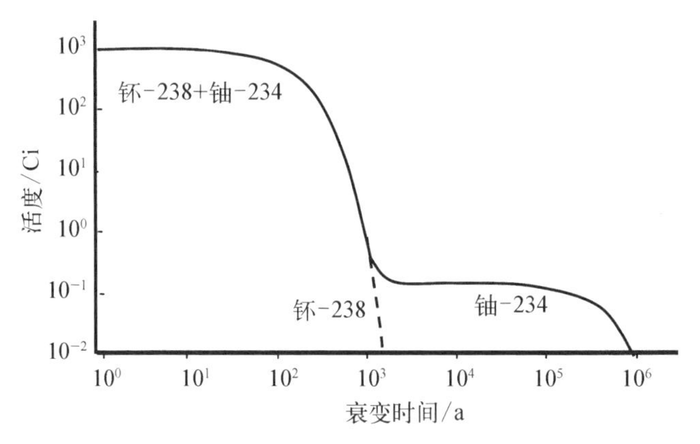

图 4-7　60 g 钚-238 源及其产物铀-234 衰变引起的活度变化，根据例 4.2

4.5.2　核系统正常运行时的辐射

对空间反应堆的放射性的考虑不同于放射性同位素源。放射性同位素源的辐射在发射时可能是非常大的，而一个含有新燃料的反应堆在发射时辐射非常小。在运行期间，反应堆中的核裂变会产生强烈的中子和 γ 辐射。如果宇航员在运行中的空间反应堆附近，则有必要进行辐射屏蔽，以避免其产生的中子和 γ 射线辐射。在对空间反应堆样机进行地面测试和发射前临界测试时也要对操作人员进行辐射防护。为了了解辐射防护问题及其缓解方法，可以使用下面这个简单的近似公式来估计中子源和 γ 射线源的强度。

1）中子源强度

我们定义单位体积的裂变源强度 S_f（每次裂变的能量为 200 MeV）为

$$\overline{S}_f = \left(\frac{6.25 \times 10^{12}}{200}\right)\left(\frac{P}{V}\right) = (3.1 \times 10^{10})\frac{P}{V} \qquad (4-15)$$

式中，P 为热功率(W)；V 为反应堆的体积(cm^3)。反应堆体积包括所有反应堆部件，如燃料元件、慢化剂、堆内构件、冷却剂和反射层。或者，可以将式(4-15)中的体积限制在堆芯内，把反射层作为辐射屏蔽的一部分。尽管后者的近似程度更好，但前者更简单，将在我们的讨论中使用。单位体积中子源强度 $\overline{S}_n$ 能通过反应堆功率密度计算出来，将式(4-15)乘以每次裂变的中子产额，得到

$$\overline{S}_n = (7.8 \times 10^{10})\frac{P}{V} \qquad (4-16)$$

Glasstone 和 Sesonske[16] 认为，平均体积中子源强度可以用来估计反应堆表面中子的等效表面强度，如下所示

$$S_n = \frac{\overline{S}_n}{\mu_{r,n}} \tag{4-17}$$

式中，$\mu_{r,n}$ 为反应堆中子的衰减系数(cm^{-1})，对于反应堆堆芯而言，中子衰减系数的值约等于 4.4.2 节中的讨论的宏观中子移出截面。反应堆中子的衰减系数近似表示了反应堆容器中快中子通量的衰减。这一有效的衰减系数包括由所有的反应堆部件引起的衰减，如燃料、慢化剂、结构材料和反射层。在计算 $\mu_{r,n}$ 时所使用的部件必须与在反应堆容积内包含的部件一致。式(4-17)给出的等效平面源强度是基于均匀体积源强度假设的。这种近似倾向于高估表面源强度，因为反应堆的外侧区域的快中子通量通常较低。

例 4.3

一个热中子空间堆运行功率为 100 kW，其净效率为 22%。计算在满功率运行时单位体积中子源强度和反应堆表面的中子通量，反应堆是一个半径为 30 cm、高为 60 cm 的圆柱体。假设反应堆中子衰减系数为 0.09 cm^{-1}。

解：

反应堆体积 $V = \pi(30)^2 \times 60 = 1.7 \times 10^5 (cm^3)$

运用式(4-16)计算出单位体积中子源强度为

$$\overline{S}_n = 7.8 \times 10^{10} \times \frac{100 \times 10^3 / 0.22}{1.7 \times 10^5} = 2.09 \times 10^{11} [(cm^3 \cdot s)^{-1}]$$

运用式(4-17)，表面源强度近似为

$$S_n = \frac{2.09 \times 10^{11}}{0.09} = 2.3 \times 10^{12} [(cm^2 \cdot s)^{-1}]$$

2) γ 源强度

核裂变过程和裂变产物衰变过程中都会发出 γ 射线。中子的非弹性散射、中子俘获和材料的中子活化也会产生 γ 射线。反应堆产生的 γ 光子能量范围非常大。对于剂量计算，通常将 γ 射线能谱划分为若干能群，每一群都由一个 γ 射线能量表示。裂变和裂变产物衰变产生的 γ 射线能群的能谱记录在表 4-7 中。裂变产物的 γ 能谱与裂变产物平衡浓度相关。对于瞬发源和缓发源，光谱都是根据每次裂变的伽马能量给出的，单位为 MeV，光子能量为 1 MeV、2 MeV、4 MeV 和 6 MeV。

表 4-7 四能群 γ 射线源每次铀-235 瞬发裂变的能量和裂变产物 γ 射线能量

单位：MeV

γ 源	1	2	4	6
瞬发裂变	3.45	3.09	1.04	0.26
裂变产物	5.16	1.74	0.32	—

为了估计反应堆中 γ 射线等效平面源强度 S_γ，我们运用一个与式(4-17)近似的式子，即

$$S_\gamma = Ek_\gamma \frac{\overline{S}_f}{\mu_{r,\gamma}} \tag{4-18}$$

式中，$\mu_{r,\gamma}$ 为反应堆 γ 射线衰减系数(cm^{-1})；k_γ 为每次裂变的 γ 光子产生率；E 为光子能量(MeV)。γ 射线衰减系数与反应堆的组成和所考虑的 γ 光子能量有关。为了得到单位为$(cm^2 \cdot s)^{-1}$ 的表面源强，式(4-18)的右边必须除以每个光子的能量 E。正如随后所讨论的，通过式(4-18)近似给出的源表面强度没有考虑在反应堆中多次散射导致的 γ 通量的增加。

例 4.4

对于例 2.3 所描述的情况，估计 2 MeV γ 源的源强，对于以 $MeV/(cm^2 \cdot s)$ 和$(cm^2 \cdot s)^{-1}$ 为单位的 γ 射线，计算等效平面源强度。假设反应堆有效 γ 射线衰减系数为 0.08 cm^{-1}(不考虑多次散射，γ 俘获和活化效应)。

解：

从式(4-15)和例 4.3 中我们得出

$$S_f = 3.1 \times 10^{10} \times \frac{100 \times 10^3 / 0.22}{1.7 \times 10^5} = 8.3 \times 10^{10} [(cm^3 \cdot s)^{-1}]$$

从表 4-7 中知，2 MeV 的 γ 源每次裂变产生平均 3.09 MeV 的能量，因此

$$S_\gamma = \frac{3.09 \times 8.3 \times 10^{10}}{0.08} = 4.05 \times 10^{12} [MeV/(cm^2 \cdot s)]$$

就光子而言

$$S_\gamma = \frac{4.05 \times 10^{12}}{2} = 2.03 \times 10^{12} [(cm^2 \cdot s)^{-1}]$$

3）俘获和活化辐射

反应堆、屏蔽材料、附近部件和周围环境的中子俘获都可能因为俘获射线和活化物质而导致明显的 γ 辐射。各种物质俘获中子产生的 γ 射线谱在表 4-8 中显示，其单位为 MeV。活化部件通常通过放出 β 粒子和 γ 射线而衰变，这贡献了正常运行时受到的总的 γ 剂量。由于反应堆和屏蔽材料可能的活化反应而产生的 γ 辐射特性见表 4-9。对于运行在行星和月球表面的反应堆，可能也需要考虑周围环境的活化。如果行星有大气层，那么被风吹起来的活化飞尘的潜在危害也要考虑。表 4-10 中列出了对于火星土壤里潜在的会因活化而释放 γ 射线的元素，以及它们的同位素及其丰度，活化产物的半衰期和它们释放的辐射。

表 4-8　俘获中子产生的 γ 射线谱　　单位：MeV

材　料	中子俘获能量/MeV					
	1	2	4	6	8	10
氢	—	2.2	—	—	—	—
铍	0.2	0.6	1.1	4.5	—	—
碳	0.4	—	4.5	—	—	—
钠	0.2	—	—	1.3	—	—
铝	—	0.3	1.4	—	2.0	—
铁	0.1	0.2	0.1	1.1	4.2	0.3
锌	0.2	—	—	0.55	1.31	—

资料来源：改编自参考文献[17]。

表 4-9　一些可能的反应堆材料活化产物[3]

元素	同位素	丰度/%	活化截面/b①	活化产物	半衰期	辐射类型	最大 γ 射线能量/MeV
Na	23	100	0.53	Na-24	14.9 h	β^-，γ	2.76
Cr	50	4.3	14	Cr-51	28 d	γ	0.3

(续表)

元素	同位素	丰度/%	活化截面/b①	活化产物	半衰期	辐射类型	最大γ射线能量/MeV
Mn	55	100	13.4	Mn - 56	2.6 h	β^-, γ	3.0
Co	59	100	36	Co - 60	5.3 a	β^-, γ	1.33
Cu	63	69	4	Cu - 64	12.8 h	β^-, β^+, γ	1.34
Zr	94	7.4	0.1	Zr - 95	65 d	β^-, γ	0.75
W	186	28.4	34	W - 187	24 h	β^-, γ	0.686

注:① 活化 x - sec,是 2 200 m/s 的截面。

表 4 - 10 一些可能的火星土壤活化产物[3,18]

土壤中元素	目标同位素	丰度/%	活化截面/b①	活化产物	半衰期	辐射类型	最大γ射线能量/MeV
O	O - 16	99.8	2×10^{-5}①	N - 16	7.4 s	β^-, γ	7.1
	O - 18	0.20	2×10^{-4}	O - 19	29.4 s	β^-, γ	1.6
Mg	Mg - 26	11.3	0.02	Mg - 27	9.5 min	β^-, γ	1.0
Al	Al - 27	100	0.2	Al - 28	2.3 min	β^-, γ	1.8
Si	Si - 30	3.1	0.11	Si - 31	2.7 h	β^-, γ	1.26
S	S - 36	0.02	0.14	S - 37	5.04 min	β^-, γ	3.12
Cl	Cl - 37	24.5	0.56	Cl - 38	37.5 min	β^-, γ	2.15
K	K - 41	6.9	1.15	K - 42	12.5 h	β^-, γ	1.53
Fe	Fe - 58	0.3	0.9	Fe - 59	45 d	β^-, γ	1.29

注:① 活化 x - sec,对于 O - 16,截面为快中子范围(n, p)的裂变谱,其余是 2 200 m/s 的截面。

4) 其他运行辐射

正常运行过程中产生的大多数其他类型的辐射效应微不足道,一个可能的例外就是在宇航员的附近发生的正电子湮灭。正如第1章中讨论的，γ射线经过原子核附近时有可能产生正负电子对。因此，正电子是由运行中的反应堆中高能γ射线产生的。在反应堆和屏蔽材料中，当正电子遇到一个电子时会迅速湮灭，所以正电子发射在地面反应堆上可不予考虑。然而，对于空间反应堆来说，在没有屏蔽的反应堆表面附近产生的正负电子对可以逃离进入真空中。γ光子的康普顿散射提供了反应堆材料发射电子的另一种机制。对于某些轨道，带电的正负电子可能被地球的磁场俘获。被俘获的正负电子对沿着地球南北两极的磁场线来回旋转，形成一个人工辐射场。理论上，正电子有可能在航天器部件上湮灭，每次湮灭产生两个0.51 MeV的γ光子。电子也可能与航天器材料发生轫致辐射，产生X射线。由正电子湮灭和轫致辐射产生能使宇航员受到伤害的辐射剂量的可能性似乎很小，不过，还是应该审查这种可能性以确保任务或系统的独特特征不会为正负电子对效应产生剂量创造条件。

4.5.3　反应堆系统事故工况下的辐射

除了在正常运行期间的辐射防护之外，反应堆安全分析还必须评估假定事故条件下辐射照射或放射性污染相关的潜在风险。

这些考虑因素包括意外临界和超临界事故发生的可能性，以及在假定的发射事故情况下燃料材料扩散的可能性。一旦反应堆在高功率水平下运行，就会积累大量的放射性裂变产物和活化产物。必须针对各种假想事故评估与这些材料相关的潜在的放射性危害。

1）放射性冷燃料

从未运行过的反应堆的放射性存量仅限于燃料中铀同位素自然衰变产生的相对低的水平，通常这种燃料被称为放射性冷燃料。由于大部分空间反应堆的设计都使用高浓缩铀燃料，未辐照燃料的大部分放射性来自铀-234的α衰变。在浓缩过程中铀-235的富集也增加了铀-234的含量；铀-234的半衰期为2.44×10^5年，而铀-235的半衰期为7.04×10^8年。因此，尽管浓缩铀燃料中铀-234的含量较少，但因其半衰期较短，还是具有较高的活度。图4-8给出了以质量百分比表示的铀-235富集度与比活度的函数关系曲线。对于93%富集度的燃料，实际的活度是7 Ci/g。发射前，可以进行简单的临界测试，以确保中子特性符合标准。在测试过程中会产生一些裂变和活化产物。如果临界测试是在低功率下进行，并且有充足的时间让裂变产物和活化产物衰变，那么相对于新燃料的活性而言，测试产生的放射性不会显著增加燃料的活性。因此，反应堆在发射时的比活度将会非常小，没有必要对反应堆提出类似放射性同位素电源一样极其严格的包容性要求。

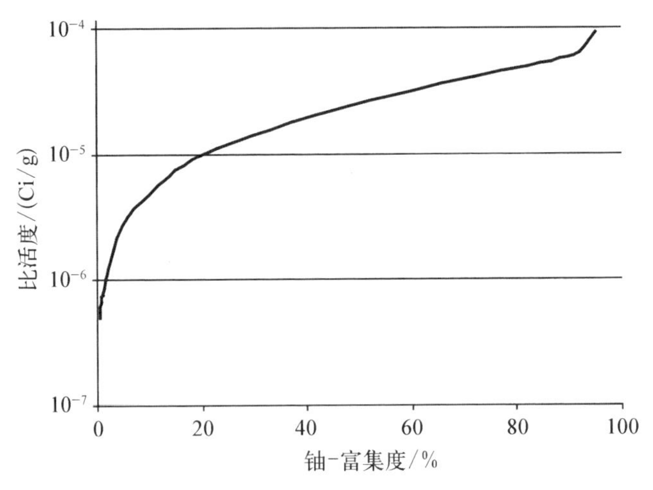

图 4-8 铀-富集度对铀比活度的影响[12]

2) 反应性偏移

严重的反应性偏移事故可能导致工作人员和宇航员受到过量的直接中子和 γ 射线的照射。如果偏移过程中产生的总能量 E 已知(见第 9 章)，那么单位体积中子源强对时间的积分能通过用 E 替换式(4-16)中的 P 得到。表面源强度对时间的积分能通过运用式(4-17)中的中子源强对时间的积分估计出来。γ 射线通量对时间的积分也能用同样的方法得到。

3) 裂变和活化产物

一旦反应堆运行在高功率下，核燃料中就会产生大量裂变产物，反应堆部件中就会产生大量活化产物。裂变产物和活化产物的衰变将导致反应堆堆芯在停堆后持续释放 γ 射线。如果我们假设的事故场景是一个反应堆在运行后返回地球，裂变产物和活化产物潜在的辐射照射就必须被考虑。如果我们假设堆芯被破坏，那么裂变产物的释放和燃料及活化产物的扩散就会成为潜在的放射性污染危害来源。图 4-9 中展示了 SNAP-10A 反应堆停堆后，由裂变产物产生的放射性同位素存量随时间变化的曲线，并给出了裂变产物总活度，重要裂变产物同位素的贡献和锕系元素对活度的贡献。

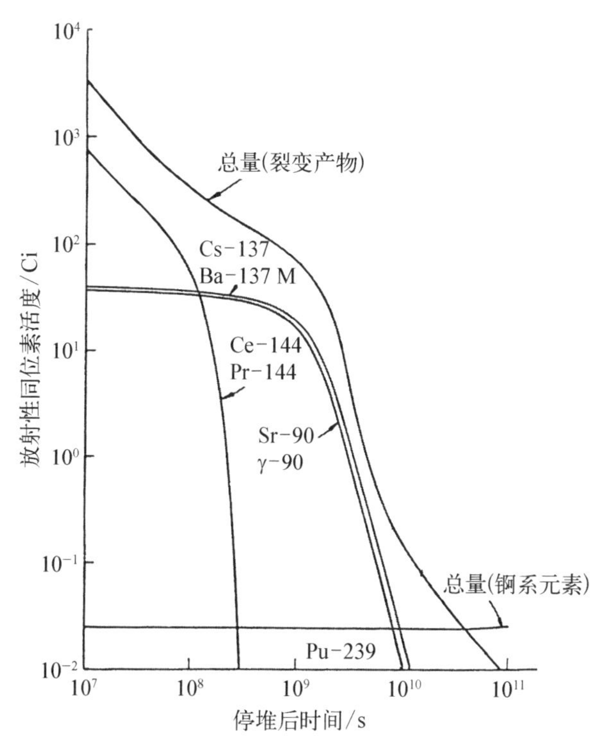

图 4-9　SNAP-10A 反应堆停堆后的放射性核素活度与时间的函数关系[19]

裂变产物的辐射主要是 β 和 γ 辐射。对于轻水反应堆，裂变产物的 β 和 γ 辐射活度的合理近似已经得出[16]：

$$A_{\beta}=1.4P_{0}[(t-t_{0})^{-0.2}-t^{-0.2}] \tag{4-19}$$

$$A_{\gamma}=0.7P_{0}[(t-t_{0})^{-0.2}-t^{-0.2}] \tag{4-20}$$

式中，A 为活度(Ci)；P_0 为运行功率(W)；t_0 为运行时间(d)；t 为运行时间 t_0 加上停堆后的时间。式(4-19)和式(4-20)尽管是由以水为慢化剂的反应堆推出来的，但是其对于其他类型的反应堆的裂变产物的活度能提供一个合理的近似。

例 4.5

一个 100 kW 的反应堆运行一年，估计反应堆停堆 1 天后、31 天后、1 年后 β 射线活度，假设系统净效率为 4%。

解：

由式(4-19)我们得出

$$A_{\beta}(1\ \text{天}) = 1.4 \times \frac{100 \times 10^{3}}{0.04}[1^{-0.2} - 366^{-0.2}] = 2.4 \times 10^{6}\ \text{Ci}$$

$$A_{\beta}(1\ \text{个月}) = 1.4 \times \frac{100 \times 10^{3}}{0.04}[(31)^{-0.2} - 396^{-0.2}] = 7.0 \times 10^{5}\ \text{Ci}$$

$$A_{\beta}(1\ \text{年}) = 1.4 \times \frac{100 \times 10^{3}}{0.04}[(365)^{-0.2} - 730^{-0.2}] = 1.4 \times 10^{5}\ \text{Ci}$$

由于裂变产物和活化产物的放射性源项将取决于假设的反应堆事故的性质。例如，在燃料棒型反应堆中挥发性裂变产物存在于包壳的自由体积内，在一个假设的再入事故下，压力容器和包壳被破坏时裂变产物可能会被释放。燃料可能熔化，活化部件可能会碎裂，从而产生放射性粒子。如果燃料熔化，困在燃料中的挥发性裂变产物就会被释放出来。如果我们假设空间反应堆再入大气层，任何接近反应堆的人都可能会受到堆芯内裂变产物和活化产物的 γ 辐射。然而，我们也需要明白，对于某些任务类型，空间堆损坏事故可能对地球没有安全影响。即使我们假设辐射热再入，对于一些任务，轨道衰变时间可能是数月或数年。如果系统停堆，无论是有意还是意外停堆，在轨期间放射性衰变源项的活度都能明显减小。

4.6 辐射屏蔽

运行中的核系统的辐射防护通常由屏蔽材料和隔离区域组合提供。封装材料、轻屏蔽以及密切限制接触源，能够保护工作人员免受放射性同位素源泄漏出来的低水平辐射的影响。对于涉及反应堆系统和宇航员的任务，可以通过辐射屏蔽将宇航员活动区域与反应堆系统分离开来以提供辐射防护。即使是不涉及宇航员的任务，通常也需要辐射屏蔽来保护电子设备。

4.6.1 需求

地面反应堆系统的基本屏蔽原理也适用于空间反应堆系统。但是空间反应堆系统有空间和质量的限制，建议采用不同于地面反应堆系统的屏蔽策略。空间反应堆辐射防护的要求是获得一个能提供足够的辐射防护，又能最大限度地降低系统的质量和体积的屏蔽系统。通过寻找屏蔽材料、屏蔽布局以及提供辐射源与宇航员或电子设备之间的分离距离的最佳组合来实现这一目标。运行中的反应堆的屏蔽材料有几个必要的功能，比如慢化快中子、慢中子捕获和 γ 辐射衰减。中子辐射的来源是运行反应堆中核燃料的裂变事件。裂变、裂变产物衰变、辐射俘获和部件中子活化产生 γ 辐射。对于屏蔽中子最有效的材料不同于屏蔽 γ 辐射的材料，因此，一些材料被称为中子屏蔽材料，其他屏蔽材料则被称为 γ 屏蔽材料。尽管如此，中子屏蔽材料也能衰减 γ 辐射，γ 屏蔽材料也能衰减中子辐射。

4.6.2　中子屏蔽

来自裂变能谱高能段的中子的穿透能力最强；因此，中子屏蔽的重点是慢化快中子。第 1 章中的图 1 - 13 表明，在裂变过程中发射出的一部分中子能量高于 1 MeV。一方面，尽管原子序数低的原子核通过弹性碰撞慢化中子的效率更高，但是其对于能量超过 1 MeV 的中子的散射截面也相对较小。另一方面，例如钨这种重元素对于高能中子的非弹性散射截面和中子俘获截面都比较大。因此，为了有效地慢化快中子，典型的屏蔽结构是先用重元素材料如钨，再用轻元素材料如氢化锂。重元素屏蔽材料慢化和俘获高能段中子，这样大部分输运到轻元素屏蔽材料里的中子的能量就小于 1 MeV 了，然后中子通过和轻元素的弹性碰撞被慢化到热能区，随后被中子吸收材料俘获。屏蔽设计通常在轻元素中子屏蔽区域加入中子吸收材料，比如硼。

1) 准直中子束

第 1 章的 1.5.2 节表明，一个窄束 γ 射线穿过材料将会衰减，衰减与材料厚度及其衰减系数的乘积呈指数关系[式(1 - 24)]。同样，准直中子束的中子通量衰减也有一个近似的指数衰减性质，通过下面的公式给出

$$\phi(x)=\phi_0 e^{-\Sigma_R x} \tag{4-21}$$

式中，ϕ 为中子通量；x 为进入屏蔽层的距离；ϕ_0 为入射到屏蔽层外表面的中子通量；Σ_R 为快中子的衰减截面，通常简称为去中子截面。去中子截面涉及 6～8 MeV 的高能裂变中子的非弹性散射。去中子截面的数值是基于快中子屏蔽材料之后就是含氢材料的假设得到的。去中子截面可以被解释为对快中子被减慢到小于 1 MeV，然后进一步被慢化到热中子并被俘获的概率的度量。从历史上看，去中子截面已经用式(4 - 21)这一经验公式确定了。在表 4 - 11 中给出了一些材料的去中子截面。

表 4-11　各种材料的去中子截面[20]

材　料	σ_R/b	273 K 下原子密度/$(\mathrm{b\cdot cm})^{-1}$	$\Sigma_R/(\mathrm{cm}^{-1})$
H	1.00	气态	—
Li	1.01	0.046	0.046
Be	1.07	0.120	0.132
B	0.97	0.139	0.135
C	0.81	0.113	0.065
Al	1.31	0.060	0.079
Fe	1.98	0.084	0.168
Ni	1.89	0.091	0.173
Zr	2.36	0.042	0.101
W	3.13	0.063	0.198
Pb	3.53	0.033	0.116
U	3.60	0.047	0.170

例 4.6

对于准直高能量(7 MeV)中子束,估计所需的钨屏蔽层厚度,已知中子通量的衰减率为 100。

解:

由式(4-21)我们得出　$\dfrac{\phi(x)}{\phi_0}=\mathrm{e}^{-\Sigma_R x}$

运用表 4-11 并把这个公式变形得

$$x=\frac{1}{\Sigma_R}\ln\left[\frac{\phi_0}{\phi(x)}\right]=\frac{1}{0.198}\ln(100)=23.3(\mathrm{cm})$$

2) 反应堆中子源

对于一个用半径为 R_s 的球形辐射屏蔽层包围起来的点源,如图 4-10(a)所示,深度 R 处的中子通量密度近似为

$$\phi_R = S_n \frac{e^{-\Sigma_R R_s}}{4\pi R^2} \tag{4-22}$$

式(4-22)假设超出这个屏蔽层的区域为真空。

我们更感兴趣的是为体积源时的屏蔽计算，例如一个运行中的反应堆。一个常见的空间反应堆屏蔽尺寸的简化如图4-10(b)所示。

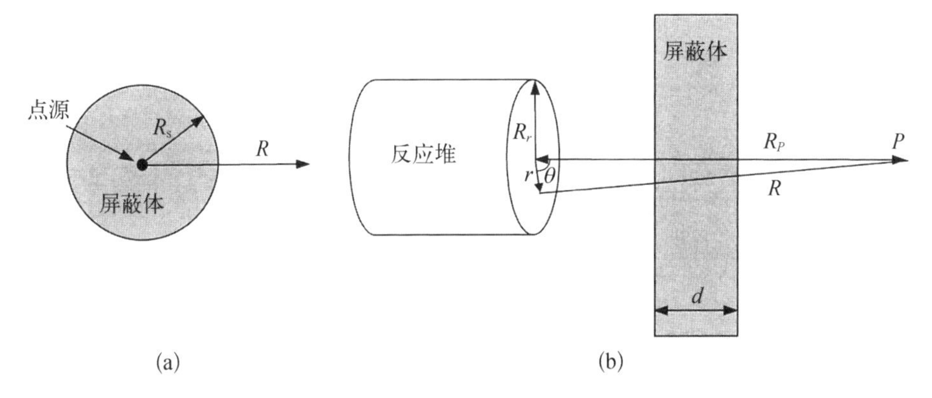

图4-10 点源和带板状屏蔽体的圆柱体反应堆简图

(a) 被辐射屏蔽体包围的点源；(b) 圆柱体反应堆，表示为盘状源，带一个板状辐射屏蔽体

该反应堆被简化为圆柱体，从点 P 的位置把反应堆划分为平板层和有效载荷。我们近似地把反应堆等效为圆盘面源，并使用式(4-22)来定义一个点核 $G(R)$。为了确定在反应堆表面一点的等效面源在 P 点的通量，我们使用点核

$$G(R) = \frac{e^{\Sigma_R d_{\sec\theta}}}{4\pi R^2} = \frac{e^{-\Sigma_R dR/R_P}}{4\pi R^2} \tag{4-23}$$

如图4-10(b)所示，R 是反应堆表面上的某一点到载荷点 P 的距离。对反应堆表面上的点核进行积分，得到点 P 处的通量，即从反应堆表面上所有点核发射的中子。因此，把反应堆当作等效面源，由图4-10(b)，我们可以得到

$$\phi(R_P) = 2\pi S_n \int_{R_P}^{\sqrt{(R_P^2+R_r^2)}} G(R) R\,dR \tag{4-24}$$

把式(4-23)代入式(4-24)，得到

$$\phi(R) = 2\pi S_n \int_{R_P}^{\sqrt{(R_P^2+R_r^2)}} \frac{e^{-\Sigma_R dR/R_P}}{4\pi R} R\,dR \tag{4-25}$$

解式(4－25)得

$$\phi(R_P)=\frac{S_n}{2}\left[E_1(\Sigma_R d)-E_1\left(\Sigma_R d\,\frac{\sqrt{(R_P^2+R_r^2)}}{R_P}\right)\right] \tag{4－26}$$

单位是$[(\text{cm}^2\cdot\text{s})^{-1}]$。$E_1(\Sigma_R x)$为指数积分函数,其定义为

$$E_1(\Sigma_R d)=\int_{\Sigma_R x}^{\infty}\frac{\exp(-q)}{q}\mathrm{d}q \tag{4－27}$$

指数积分的详细图形如图 4－11 所示。

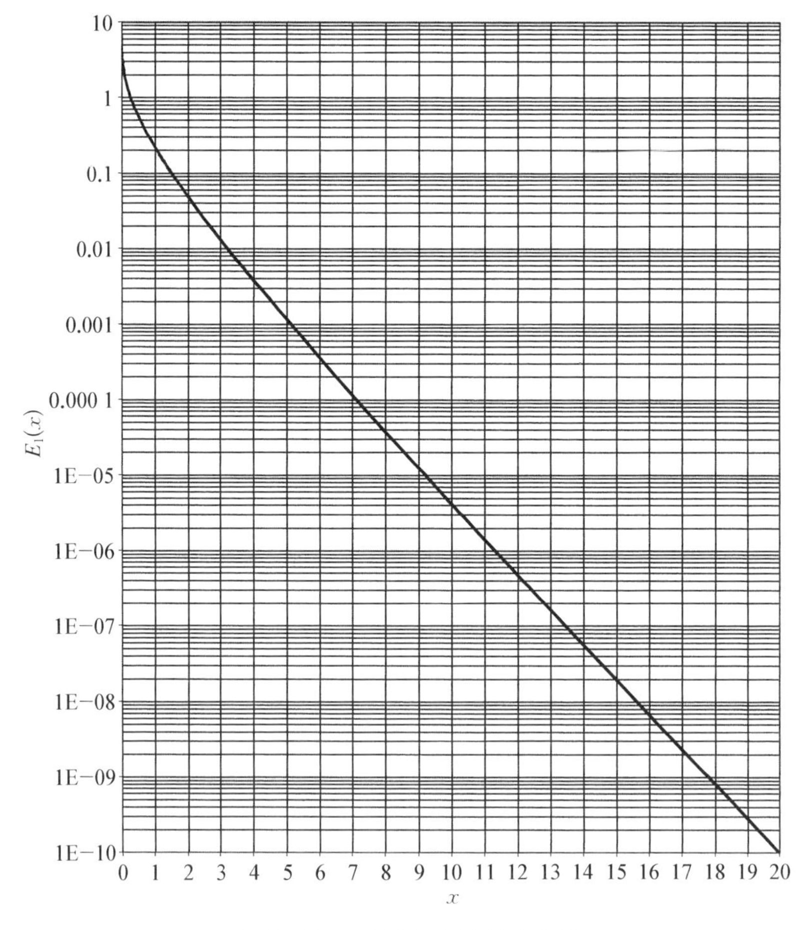

图 4－11　一阶指数积分函数的值

对于在反应堆和点 P 之间没有屏蔽的这种简单的情形,式(4－25)变为

$$\phi(R_P)=\frac{S_n}{2}\int_{R_P}^{\sqrt{(R_P^2+R_r^2)}}\frac{1}{R^2}R\,\mathrm{d}R \tag{4-28}$$

或者

$$\phi(R_P)=\frac{S_n}{2}\ln\left(\frac{\sqrt{(R_P^2+R_r^2)}}{R_r}\right) \tag{4-29}$$

4.6.3　γ射线屏蔽

前面的讨论中描述的中子屏蔽方法也适用于γ射线屏蔽。然而，正如4.5节所讨论的，有必要明确入射γ射线的能量依赖关系。此外，对屏蔽厚度的指数关系并没有考虑厚的屏蔽层内光子的多次散射。

1）准直γ射线

多次散射的影响如图4-12所示。由于多次散射事件的贡献被包含在累积因子中，准直γ射线的通量衰减方程是

$$\phi_\gamma(x)=B(\mu_\gamma x)\phi_{\gamma 0}\mathrm{e}^{-\mu_\gamma x} \tag{4-30}$$

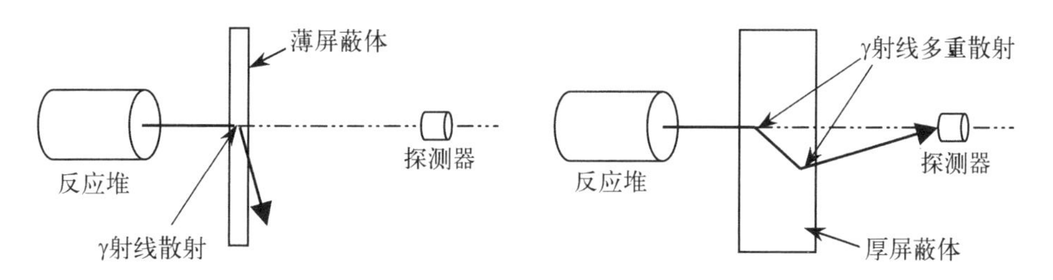

图4-12　γ射线剂量累积效果示意图

假设一个各向同性的点源，计算出了各种物质的累积因子，如表4-12所示。线性衰减系数在第1章的表1-4中给出。

表4-12　同位素点源的剂量累积因子[3]

材料	$\mu_\gamma x$	γ射线能量/MeV							
		0.5	1.0	2.0	3.0	4.0	6.0	8.0	10.0
水	1	2.52	2.13	1.83	1.69	1.58	1.46	1.38	1.33
	2	5.14	3.71	2.77	2.42	2.17	1.91	1.74	1.63

（续表）

材料	$\mu_\gamma x$	γ射线能量/MeV							
		0.5	1.0	2.0	3.0	4.0	6.0	8.0	10.0
水	4	14.3	7.68	4.88	3.91	3.34	2.76	2.40	2.19
	7	33.8	16.2	8.46	6.23	5.13	3.99	3.34	2.97
	10	77.6	27.1	12.4	8.63	6.94	5.18	4.25	3.72
	15	178	50.4	19.5	12.8	9.97	7.09	5.66	4.90
	20	334	82.2	27.7	17.0	12.9	8.85	6.95	5.98
铁	1	1.98	1.87	1.76	1.55	1.45	1.34	1.27	1.20
	2	3.09	2.89	2.43	2.15	1.94	1.72	1.56	1.42
	4	5.98	5.39	4.13	3.51	3.03	2.58	2.23	1.95
	7	11.7	10.2	7.25	5.85	4.91	4.14	3.49	2.99
	10	19.2	16.2	10.9	8.51	7.11	6.02	5.07	4.35
	15	35.4	28.3	17.6	13.5	11.2	9.89	8.50	7.54
	20	55.6	42.7	25.1	19.1	16.0	14.7	13.0	12.4
钨	1	1.28	1.44	1.42	1.36	1.29	1.20	1.14	1.11
	2	1.50	1.83	1.85	1.74	1.62	1.43	1.32	1.25
	4	1.84	2.57	2.72	2.59	2.41	2.07	1.81	1.64
	7	2.24	3.62	4.09	4.00	4.03	3.60	3.05	2.62
	10	2.61	4.64	5.27	5.92	6.27	6.29	5.40	4.65
	15	3.12	6.25	8.07	9.66	12.0	15.7	15.2	14.0
	20	—	7.35	10.6	14.1	20.9	36.3	41.9	39.3
铅	1	1.24	1.37	1.39	1.34	1.27	1.18	1.14	1.11
	2	1.42	1.69	1.76	1.68	1.56	1.40	1.30	1.23

（续表）

材料	$\mu_\gamma x$	γ射线能量/MeV							
		0.5	1.0	2.0	3.0	4.0	6.0	8.0	10.0
铅	4	1.69	2.26	2.51	2.43	2.25	1.97	1.74	1.58
	7	2.00	3.02	3.66	3.75	3.61	3.34	2.89	2.52
	10	2.27	3.74	4.84	5.30	5.44	5.69	5.07	4.34
	15	2.65	4.81	6.87	8.44	9.80	13.8	14.1	12.5
	20	2.73	5.86	9.00	12.3	16.3	32.7	44.6	39.2

例 4.7

假设一个点源发出能量为 8 MeV 以及强度为 $10^6\ s^{-1}$ 的 γ 射线。用内径为 25 cm，厚度为 3.85 cm 的铅球形屏蔽层围绕着源。计算屏蔽层的外表面处 γ 粒子通量。

解：

从表 1-4 中我们可以得出，8 MeV 的 γ 射线在铅中的衰减系数为 0.521，因此，

$$\mu_\gamma x = 0.521 \times 3.85 = 2.0$$

由表 4-12 可知，铅中 8 MeV 的 γ 射线的积累因子 $B(2.0)=1.3$，运用式（4-30）和 $1/R_d^2$，我们可计算出一个点源的输运截面公式为

$$\phi_\gamma = 10^6 \times \frac{1.3e^{-2}}{4\pi\left(\frac{25}{2}+3.85\right)^2} = 52.4[(cm^2 \cdot s)^{-1}]$$

2）反应堆辐射源

在圆柱体反应堆屏蔽层外的 R_P 位置处近似的 γ 通量可以使用和中子相同的计算方法来估计。我们写出累积因子的形式 $B(\mu_\gamma d)=1+b\mu_\gamma d$（$b$ 为修正系数）。对于 γ 通量的点核运用这个公式，可得

$$\phi_\gamma(R_P) = \frac{S_\gamma}{2}\left[E_1(\mu_\gamma d) - E_1\left(\mu_\gamma d\frac{\sqrt{(R_P^2+R_r^2)}}{R_P}\right)\right][1+b\exp(-\mu_\gamma d)] \tag{4-31}$$

式中，$\phi_\gamma(R_P)$ 的单位为 $MeV/(cm^2 \cdot s)$。

4.6.4 屏蔽材料

Angelo 和 Buden[20]列出了选择屏蔽材料的 7 个要素：衰减辐射能力，质量最小，抗辐射引起的热物理损伤，较高温度下工作的稳定性，易于制造，可靠性高，费用低。

通过比较表 1－4 和表 4－11 中不同材料的 γ 射线衰减系数和去中子截面的值就能分别判断各种材料的 γ 射线衰减和快中子屏蔽的能力。从这两表中可以看出，钨对快中子和 γ 射线都有很高的衰减系数，单位质量钨的衰减能力非常强。屏蔽材料的辐射能量沉积可能会导致高温，高温工作流体流过或环绕屏蔽体也可能会导致高温。钨在高温和强辐射环境下都是稳定的。虽然铅和铀也有很高的衰减系数，但它们不具备钨的高温稳定性。铅是有毒的，贫铀会发生 α 衰变。虽然钨的成本很高，但空间反应堆屏蔽所需要的材料的量较少，钨作为屏蔽材料的优势远超过增加的材料成本。出于这些原因，经常选定钨作为空间反应堆主要的屏蔽材料。此外，碳化硼(B_4C)也表现出优异的热稳定性和相当好的屏蔽性能。

正如前面所提到的，还需要一种低原子质量的材料来慢化中子到热中子能量区，从而使中子可以被吸收材料俘获。通常使用含氢材料来实现这个功能，但也有其他的选择。虽然高密度材料在衰减能量大于 6 MeV 的中子时比含氢材料更有效，但是含氢材料也有助于慢化高能中子。通常选用氢化锂作为低原子质量的中子屏蔽材料，因为它具有较高的氢原子密度，而总质量密度低，产生的二次辐射很少，并在相当高的温度下还能保持稳定。设计的氢化锂屏蔽层能够承受足够的加热，从而在屏蔽层受到辐射损伤时可以进行热处理，将温度保持在会导致氢发生明显热解离的水平之下。氢化锂屏蔽可以使用较低的锂含量以减少中子与 Li－6 发生(n，α)反应产生的氦，因为氦过多可能会导致屏蔽体内的高压。氢化锂的性质如表 4－13 所示。氢化锂的中子衰减能力和厚度的关系如图 4－13 所示。

表 4－13　氢化锂(LiH)的性质[20]

性　能	值
密度/(g/cm^3)	0.775
相对分子质量	7.95

（续表）

性　　能	值
氢含量/cm^{-3}	0.585×10^{23}
（质量百分比%）	12.68
熔点/K	960
熔化时体积变化/%	25
晶体结构	Fcc
熔合热/(kJ/mol)	21.77
摩尔体积/(cm^3/mol)	10.254

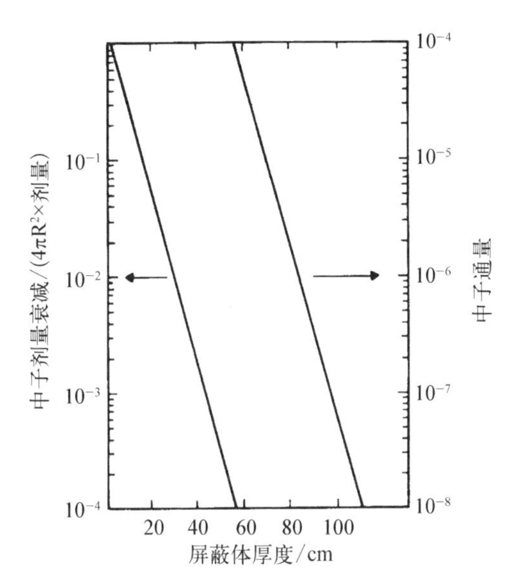

图4-13　氢化锂的中子衰减能力和厚度的关系

（资料来源：洛斯阿拉莫斯国家实验室）

1）屏蔽策略

尽管发射方面的考虑对辐射屏蔽设计提出了空间上和质量上的限制，但对于深空核系统则可以降低对屏蔽的要求。例如，图4-14中所示的阴影屏蔽方法，只需要在反应堆面向宇航员舱或有效载荷的一侧进行辐射屏蔽。因为γ射线和中子在真空中是沿直线运动的，所以轨道系统可以使用阴影屏蔽。

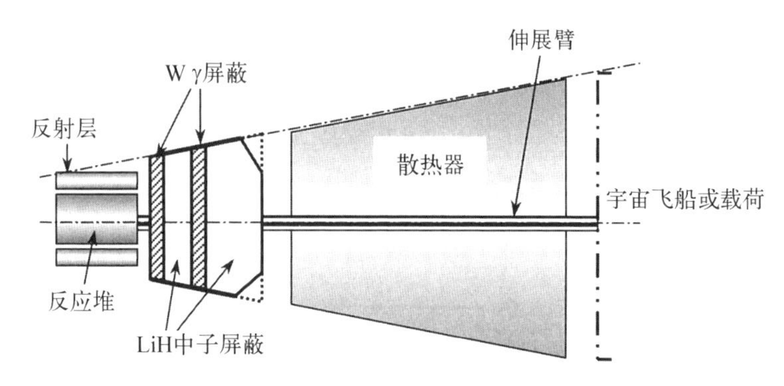

图 4-14　典型的带阴影屏蔽的轨道反应堆系统配置

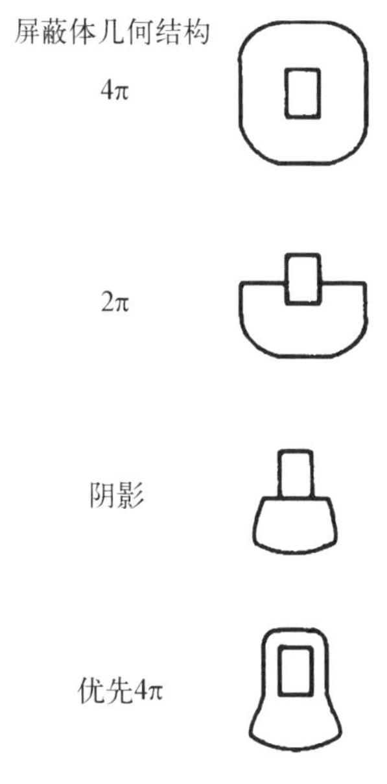

图 4-15　空间堆屏蔽体几何结构选项

（资料来源：NASA）

对于这种做法，宇航员的活动（太空行走）不能超出辐射屏蔽层的阴影区域。为了减少屏蔽质量，大部分在轨运行的反应堆都设计有一个连接反应堆和航天器的悬臂。对于较大的距离而言，分离导致的辐射会有 $1/R^2$ 的衰减。通过增加分离距离来减少屏蔽和系统质量的能力，一般会受到从航天器到反应堆的悬臂的质量以及动力和仪表电缆质量的限制。系统设计人员会选择一个最佳的分离距离，使得屏蔽体、悬臂和电缆的组合总质量最低。其他因素，如悬臂的弯曲，也会影响航天器和反应堆之间的分离距离。通常阴影屏蔽都是圆锥形的，以求最大化减少质量，同时覆盖反应堆系统和航天器之间所有的直线辐射轨迹。需要注意的是辐射屏蔽涵盖由于反射层散射而产生的辐射贡献。此外，散热器被包含在阴影屏蔽内以防止未经屏蔽的辐射从散热器散射到有效载荷。如果任务需要宇航员在阴影区域以外进行活动，那么可能需要其他几何形状的屏蔽，一些可选的几何形状如图 4-15 所示。

如图 4-14 所示，钨或其他重原子屏蔽材料通常放置在尽可能接近反应堆的地方。第一层屏蔽执行两个功能：① 通过非弹性散射碰撞并慢化从堆芯泄漏的高能中子；② 衰减来自反应堆的初级 γ 射线。通过将重原子屏蔽放置在尽可能靠近堆芯的地方，使高密度材料的半径和质量尽可能小。下一层屏蔽由低原子序数的材料组成，如氢化锂，用来慢化和俘获中子。虽然第一层屏

蔽会衰减 γ 射线，但是在第一层重原子屏蔽层的中子的相互作用会产生二次 γ 射线。为了减轻这种次级 γ 射线辐射，通常会设置第二层 γ 屏蔽层，使用轻原子屏蔽材料，这样高能中子的通量将大大减少。第一层的重原子屏蔽用来衰减快中子以及 γ 射线，重原子屏蔽通常称为 γ 屏蔽区；轻原子屏蔽区域被称为中子屏蔽区。

如果反应堆中的电源系统位于月球或行星的表面上，则可以使用一套不同的屏蔽策略。几个月表或星表的屏蔽选项如图 4－16 所示。一种减少屏蔽质量的方法是强制规定一个隔离区，将生存区域和工作区域置于安全距离之外，如图 4－16(a)所示。这种方法需要一些屏蔽来保护仪器和控制器件，还需要很长的电源线和复杂的监测，以防止宇航员受到辐射。另一种方法类似于在轨系统的屏蔽，如图 4－16(b)所示。这种方法需要在发射和部署反应堆系统时安装预制屏蔽体。预制屏蔽体的优点是对宇航员行动的干扰最小，无须扩大场地，并且星球表面环境的活化最小。预制屏蔽体的缺点是在发射时屏蔽质量大。如图 4－16(c)所示，另一种新方法可以在发射时减少屏蔽质量，也不需要大面积的隔离区域和大片的准备场所。这种方法是使用低温冷却系统来液化大气，液化大气被储存在反应堆周围的容器里作为辐射防护层。这个想法被建议用在火星基地，可使用火星上的 CO_2 气体[21]。但液化气体的方法受到两方面的限制，一是天体需要有大气，二是需要发展一个可靠的低温系统。其他问题，如可能发生的泄漏也必须得到解决。

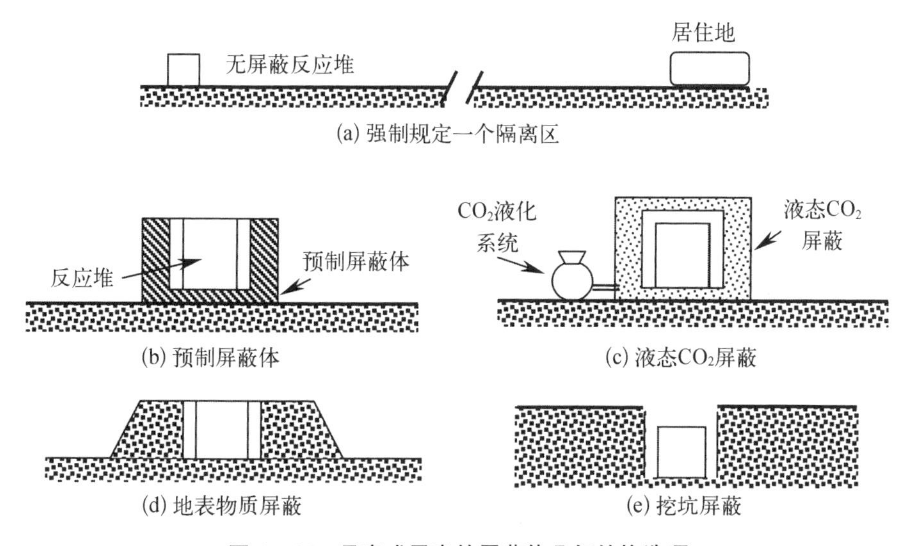

图 4－16　月表或星表的屏蔽体几何结构选项

其他两种减少系统屏蔽质量的方法如图 4 - 1(d)和图 4 - 16(e)所示。对于这两种方法,反应堆系统要么被挖出来的地表物质包围,要么被放置在一个被挖出来的坑中,这需要进行大量的现场准备工作,地表物质的活化也是一个问题。

2) 计算机方法

空间反应堆实际的辐射屏蔽设计复杂,不是一个简单的圆锥状。如图 4 - 14 所示的中子屏蔽,可在锥形屏蔽层中厚度较小的位置提供足够的辐射衰减,相比简单的锥形设计可降低质量。SP - 100 空间反应堆的辐射屏蔽体(见第 2 章中的图 2 - 34)被安全棒穿过,安全棒被冷却剂管路和其他的能散射辐射的硬件包围。屏蔽体还包含不以衰减辐射为目的材料,如导热板和用于结构支撑的材料,这些材料可能会提供额外的衰减,但也可能会通过散射或释放二次 γ 射线的来改变辐射场。实际反应堆要比简单的球形源复杂得多。堆芯的中子通量具有的能量谱在空间上是非均匀分布的。反应堆的 γ 射线源包括裂变、裂变产物、中子俘获和活化产物的 γ 辐射。通过空隙的辐射以及反射层和结构的散射使得实际的辐射分析更加复杂。

考虑到实际空间堆屏蔽设计的复杂性,上文描述的简单计算方法无法用于一阶估计之外的设计和安全分析。辐射屏蔽设计和安全分析通常采用基于蒙特卡罗或者输运理论的计算程序来执行。第 8 章描述了蒙特卡罗和输运理论数值计算程序。蒙特卡罗中子分析工具,如 MCNP 程序[22],使用概率方法来跟踪许多中子和 γ 射线的相互作用和粒子历史。输运理论方法,如 TWODANT[23],则使用确定论方法来预测在反应堆和屏蔽层中的中子和 γ 射线通量。此输运方程针对中子和 γ 射线,由玻尔兹曼方程修正获得。一般来说,蒙特卡罗方法更适合复杂的几何结构的屏蔽分析。图 4 - 17 所示的中子和 γ 射线剂量数据是使用计算机模拟一个功率为 1.6 MW 且无屏蔽的反应堆得到的。这个剂量基于 7 年的运行时间进行了时间积分。

4.7 本章小结

放射性同位素材料的粒子释放速率叫作源强度。源强度有时用于粗略描述反应堆的辐射。特定的身体器官的受照情况可以用粒子通量来描述。入射粒子通量引起的损伤程度与吸收的能量大致呈正比,称为吸收剂量 D。辐射权重因子 W_R(或质量因子 Q)用于说明不同类型辐射的生物学效应。剂量当量 H_T 是不同类型辐射的相对生物学效应,是 W_R 和 $D_{T,R}$ 的乘积。不同器官

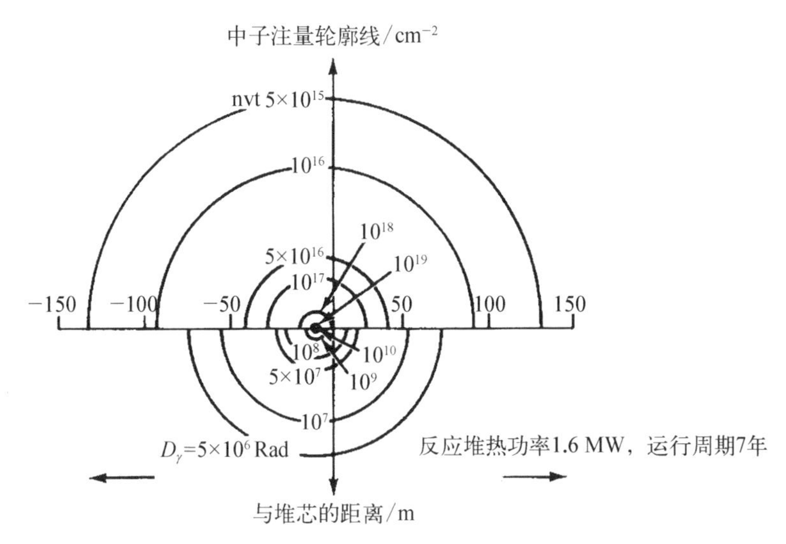

图 4－17　未屏蔽反应堆周围的中子通量和 γ 剂量

（资料来源：美国国家航空航天局）

对辐射的相对敏感性叫作组织权重因子 W_{T}。组织权重因子被用于计算有效剂量当量或效应 H_{E}。剂量率和效应率的时间积分分别是约定剂量当量和约定效应。集体剂量当量和集体效应的概念已经被建立，用来对受照群体或受照人群的约定剂量当量和效应进行量化。

辐射源通常被分为外部辐射源和由于吸入或摄入放射性物质引起的内部辐射源。受外部或内部源的辐射都可能会导致受辐照个体发生躯体效应和遗传效应，遗传效应指辐射损伤可能传递给生殖细胞受损个体的子女。辐射损伤可以进一步分为确定性和随机性健康效应。短时间内受到大剂量辐射对短期和长期健康效应都有威胁。如果辐射强度足够大，受照射器官会受到损害，在数天或数月内导致辐射病或死亡。辐射引起的疾病和死亡都是确定性效应，直到接受的剂量大于相关的剂量限制 D_{th} 时才能观测到这种效应。受到的辐照剂量或剂量率低于这个剂量限值的人群，在 2～30 年里患癌症和产生其他健康效应的风险会增加。辐射损伤生殖细胞中的 DNA 并传递给后代可能会导致出生缺陷。辐射诱发的癌症和辐射诱发的出生缺陷是随机性效应。随机性效应出现的概率随受照剂量的增加而增加。癌症和出生缺陷也可能是长期被低剂量辐射照射造成的。在集体剂量相同的情况下，低剂量和低剂量率导致健康效应发生的概率往往小于高剂量和高剂量率情况下的概率。

空间核项目遵循既定政策,以确保宇航员和辐射工作人员以及公众受到的辐射照射保持在合理、可行、尽量低的水平。此外,制定了具体的辐射防护指南,以保护宇航员免受天然辐射和核系统带来的辐射。空间核系统正常运行时,不会给地球的环境或公众带来放射性风险。空间核系统对地球的辐射危害只需要考虑假定事故,比如空间核系统未能正确地部署在太空中或在系统部署后意外再入。针对较大的放射性同位素源最重要的问题是在发射时和发射前大量的放射性物质存量。放射性同位素源的设计和测试是为了确保安全壳屏障在发生再入事故时不被破坏。

通常在冷辐射条件下发射空间反应堆,但反应堆一旦部署和运行,反应堆中的核裂变会产生强烈的中子和 γ 射线辐射。在裂变过程和裂变产物衰变过程中会释放 γ 射线。中子俘获以及非弹性散射过程和活化材料也会产生 γ 辐射。如果宇航员在空间核系统的附近,太空中的辐射照射也要被考虑。一般会通过提供辐射屏蔽和维持一个隔离区域来控制辐射照射水平。

放射性同位素源的屏蔽要求取决于次级中子和 γ 辐射而不是由 α 衰变引起的初级辐射。运行中的反应堆的辐射屏蔽层通常包括含有重元素材料的区域,以及含有轻元素材料的区域。重元素区域衰减 γ 辐射和慢化高能中子,然后中子通过与轻原子核的弹性散射慢化到热能区,随后被中子吸收材料俘获。在屏蔽材料中,辐射衰减与屏蔽厚度和屏蔽材料的衰减系数近似呈指数关系。

参考文献

1. *ICRP Publication 26*, *Recommendations of the ICRP*. Annals of the ICRP **1**(3) 1987.
2. *ICRP Publication 60*, *Recommendations of the ICRP*. Pergamon Press, UK, 1991.
3. Argonne National Laboratory, *Reactor Physics Constants*. ANL-5800 (2nd ed.), 1963.
4. Abrahamson, S., M. A. Bender, S. Book, C. Buncher, C. Denniston, E. Gilbert, F. Hahn, V. Hertzberg, H. Maxon, B. Scott, W. Schull, and S. Thomas, *Health Effects Models for Nuclear Power Plant Accident Consequence Analysis*, *Low-LET Radiation*, *Part II: Scientific Bases for Health Effect Models*. NUREG/CR-4214, SAND-7185, Rev. 1, May 1989.
5. *ICRP Publication 90*, *Recommendations of the ICRP*. Annals of the ICRP **1** 1990.
6. *ICRP Recommendations of the International Commission of Radiological Protection*, Ann. ICRP **1**, No. 3, 1991.
7. Abrahamson, S., M. A. Bender, B. B. Boecker, E. S. Gilbert, and B. R. Scott, *Health Effects Models for Nuclear Power Plant Accident Consequence Analysis*,

Modifications of Models Resulting from Recent Reports on Health Effects of Ionizing Radiation, Low-LET Radiation, Part II Scientific Bases for Health Effects Models. Prepared for U. S. Nuclear Regulatory Commission, NUREG/CR-4214, Rev. 1, Part II Addendum 1, LMF-132, Aug. 1991.

8. U. S. Occupational Safety and Health Administration, Department of Labor, *U. S. Code of Federal Regulations, 29 CFR 1910. 96: Ionizing Radiation.* Office of the Federal Register, National Archives and Records, July 1, 1989.
9. National Council on Radiation Protection and Measurements, *Guidance On Radiation Received in Space Activities.* NCRP Report Number 098, 1989.
10. U. S. Nuclear Regulatory Commission, *U. S. Code of Federal Regulations, 10 CFR 20: Standards for Protection against Radiation*, Office of the Federal Register, National Archives and Records, Jan. 1, 1991.
11. U. S. Department of Energy, *DOE Order 5480. 4: Environmental Protection, Safety, and Health Protection Standards.* May 15, 1984.
12. U. S. Nuclear Regulatory Commission, *U. S. Code of Federal Regulations, 10 CFR 71: Packaging and Transportation of Radioactive Material.* Office of the Federal Register, National Archives and Records, Jan. 1, 1991.
13. Executive Office of the President, National Aeronautics and Space Council, *Nuclear Safety Review and Approval Procedures for Minor Radioactive Sources for Space Operations.* 1970.
14. Tascione, T. F., *Introduction to the Space Environment.* Orbit Book Company. Malabar, FL, 1988.
15. Bennett, G. L., J. J. Lombardo, R. J. Hemler, and J. R. Peterson, "The General Purpose Heat Source Radoisotope Thermoelectric Generator: Power for the Galileo and Ulysses Missions." Proceedings of the 21st Intersociety Energy Conversion Engineering Conference, San Diego, CA, Aug. 25 - 29, 1986, p. 1999 - 2001 v. 3.
16. Glasstone, S. and A. Sesonske, *Nuclear Reactor Engineering.* Van Nostrand Reinhold Co., New York, 1967.
17. Reedy, R. C. and S, C. Frankle. "Neutron Capture Gamma-Ray Data for Obtaining Elemental Abundances from Planetary Spectra." Lunar and Planetary Science XXXII, Houston, TX, Mar. 12 - 16, 2001.
18. Alexander, M. (Ed.), *Mars Transportation Environment Definition Document*, Huntsville AL, National Aeronautics and Space Administration, NASA/TM-2001-210935, Mar. 2001.
19. Buden, D. and G. Bennett, "On the Use of Nuclear Reactors in Space." *Physics Bulletin* 33: 12, 1982, p. 432.
20. Angelo, J. A., Jr. and D. Buden, *Space Nuclear Power.* Orbit Book Co., Malabar, FL, 1985.
21. Houts, M. G., D. I. Poston, H. R. Trellue, J. A. Baca, and R. J. Lipinski, "Planetary Surface Reactor Shield Using Indigenous Materials." Space Technologies

and Applications International Forum-1999, AIP Conference Proceeding No. 458, Albuquerque, NM, 1999.

22. Briesmeister, J. F. (Ed.), “MCNP-A General Monte Carlo Code for Neutron and Photon Transport, Version 3A.” LA-7396-M Rev. 2, Los Alamos, NM, Los Alamos National Laboratory, 1986.

23. Alcouffe, R. E., “User's Guide for TWODANT: A Code Package for Two-Dimensional, Diffusion Accelerated, Neutral Particle Transport.” LA-10049-M Rev. 1, Los Alamos, NM, Los Alamos National Laboratory, 1984.

符号及其含义

A	活度	$\bar{H}_{\mathrm{E}}$	平均有效剂量
b	靶	H_{T}	剂量当量
b	累积因子系数	$\dot{H}_{\mathrm{T}}$	剂量当量率
B	累积因子	$\bar{H}_{\mathrm{T}}$	平均剂量当量
Ci	居里	LD_{50}/t	半致死剂量
d	屏蔽厚度	LET	传能线密度
eV	电子伏特	N	原子密度
$D_{\mathrm{T,R}}$	辐射类型 R 对组织 T 的吸收剂量	N_{A}	阿伏伽德罗常数
$\dot{D}_{\mathrm{T}}$	剂量率	n	中子
E_1	一阶指数函数	p	能量
E_γ	γ射线能量	α	α粒子
ED_{50}/t	半效应剂量	β	β粒子
$G(R)$	点核	ϕ_R	辐射类型 R 的粒子通量
Gy	戈瑞	ϕ	中子通量
H_{E}	有效剂量	ϕ_0	表面处的中子通量
$\dot{H}_{\mathrm{E}}$	有效剂量率	γ	伽马射线
		k_γ	每次裂变的γ光子产生率
		Q	权重因子

（续表）

r	辐射距离	Sv	希沃特
R	P 点到表面的距离	t	时间
R_r	反应堆半径	T	组织或器官强度
R_P	有效载荷分离距离	V	体积
R_s	屏蔽半径	W_R	辐射权重因子
RBE	相对生物学效应	W_T	组织权重因子
rem	雷姆	x	距离
s	秒	λ	衰变常数
S_R	R 型辐射源强	$\mu_{r,\gamma}$	反应堆伽马衰减系数
S_E	集体有效剂量	$\mu_{r,n}$	反应堆中子衰减系数
S_T	集体剂量当量	μ_γ	线性衰减系数
$\overline{S}_f$	单位体积裂变源强度	σ_R	微观移出截面
$\overline{S}_n$	单位体积中子源强度	Σ_R	去中子截面
S_γ	等效平面伽马源强度	ε_T	组织密度
S_n	等效平面中子源强度		

练习题

1. (1) 放射性同位素源设计使用 100 g 球形 PuO_2 燃料，由 90% ^{238}Pu、9% ^{239}Pu 和 1%其他钚同位素组成。自发裂变占所有^{238}Pu 衰变的(1.8×10^{-7})%，占所有^{239}Pu 衰变的(4.4×10^{-10})%。假设每次裂变释放约 2.9 个中子，并假设所有中子都逃离源。钚-238 的半衰期为 87.75 年，钚-239 的半衰期为 24 131 年，计算自发裂变引起的燃料中子源强度。忽略其他 Pu 同位素的贡献。

(2) $^{238}PuO_2$ 中(α, n)反应的比源强度为 $1.4\times10^4\ (s\cdot g)^{-1}$，估算$^{239}PuO_2$

中(α, n)反应的比源强度。假设从^{238}Pu和^{239}Pu发射的粒子的(α, n)反应截面近似相等。比较^{238}Pu和^{239}Pu的自发裂变中子源强度与(α, n)、与氧反应的中子源强度。

(3) 对^{238}Pu和^{239}Pu,计算1 000年后自发裂变中子源强度和(α, n)反应中子源强度(假设不损失氧气)。

(4) 将任务开始时总中子源强度(包括同位素和两种衰变模式)与1 000年后总中子源强度进行比较。同时比较任务开始时^{238}Pu和^{239}Pu的总中子源强度[自发裂变和(α, n)反应],与1 000年后的总中子源强度。论述你的结果。

2. 考虑一个圆柱形液态金属冷却反应堆,其长度为50 cm,直径为53 cm。反应堆产生150 kW的能量,功率转换效率为23%。

(1) 计算全功率运行时的平均体积中子源强度。假设中子的反应堆衰减系数为0.06 cm^{-1},估算平均表面源强度。

(2) 估计离堆芯中心15 m处的中子通量。

(3) 假设大部分发射的中子能量大于等于1 MeV,计算离堆芯中心15 m处的非屏蔽剂量率,单位为Sv/h。

3. 对于练习2中的反应堆,计算距离堆芯中心15 m处各能量组的γ射线通量,单位为MeV/(cm^2 · s)或(cm^2 · s)$^{-1}$。使用表4-7所示的γ射线谱,并假设所有γ射线的衰减系数为0.075 cm^{-1}。

4. 使用练习2和练习3的结果,进行以下计算。

(1) 计算距离堆芯中心15 m处各能量群的未屏蔽γ剂量率,单位为Sv/h。

(2) 使用练习2的中子剂量率和本练习(1)中的γ剂量率,确定宇航员在离反应堆15 m处不带屏蔽、不超过装载核能系统工作人员年剂量限值的工作时间长度(允许的时间应该非常短)。

5. 火星表面直径1 cm的球形岩石从火星表面运行的反应堆接受的平均热中子通量为3×10^9(cm^2 · s)$^{-1}$。岩石的密度为1.6 g/cm^3,其中铁的质量分数为0.13。使用表4-8,且铁的平均吸收截面为2.4 b,计算中子俘获引起的γ射线源强度(以s^{-1}为单位)。假设岩石内的中子通量没有衰减,并且所有γ辐射都逃离了岩石。

6. 对于效率为8%、运行功率250 kW的反应堆,在运行1周、1年、25年、100年、300年和1 000年停堆后,分别估计1年、5年和10年后的γ活度。

7. 练习 1 中的放射性同位素源将在月球表面的人类栖息地内使用。将放射性同位素源近似为点源，并假设不与环境内其他物质发生散射。

(1) 计算离地表 50 cm 处连续运行 6 个月的无屏蔽中子剂量。

(2) 假设一个 3 cm 厚的球形铅屏蔽罩包围着源，铅屏蔽罩周围有 17 cm 厚的锂屏蔽，这样所有能量小于 1 MeV 的中子都将从铅屏蔽罩中逸出，被还原为热中子并被捕获。估计(1)条件下屏蔽的中子剂量，使用表 4 - 11 中铅的去中子截面，并使用图 4 - 13，估计锂离子对中子的衰减。

8. 假设在练习 2 中的反应堆旁边有一个 10 cm 厚的钨防辐射罩，使用练习 2 的结果，估算在距离反应堆 15 m 处，反应堆运行 30 天后的屏蔽伽马剂量。使用表 1 - 4 和式(4 - 1)，并根据需要插值计算数据。

第 5 章

燃烧和爆炸

阿尔伯特·C.马歇尔等

本章将向读者介绍推进剂燃烧和爆炸事故可能造成的环境影响，提供用于表征火灾和爆炸环境以及估计这些环境可能对载人航天核系统产生的影响的简单方法，还将简要讨论用于详细分析的典型计算方法。

5.1 定义、场景和问题

空间核系统和推进剂的距离的接近增加了在推进剂燃烧或爆炸事故中核系统受损和放射性物质释放的可能性。为了简化对场景和问题的讨论，我们将从一些简单的定义和分类开始介绍。

5.1.1 定义和分类

燃烧是伴随着热和光释放的物质迅速氧化的过程。冲击波是由爆炸引起的在周围空气中产生的一种波，而爆炸被定义为气体的突然剧烈膨胀。一般来说，爆炸可能源于物理或化学原因。

物理爆炸源自纯粹的物理现象，比如一个高压容器的爆炸。例如，液态氢或液态氧的剧烈沸腾可能导致物理爆炸。这种现象通常被称为沸腾液体膨胀蒸气爆炸（BLEVE）。化学爆炸的过程更加复杂，因为化学反应可能引起缓慢燃烧、爆燃或爆炸，或者是由爆燃进一步发展成爆炸。就液体推进剂来说，可能发生蒸气爆炸。

1) BLEVE

装有高压液体的容器受损时，可能会发生沸腾液体膨胀蒸气爆炸。BLEVE 形成的主要原因有遇外界热源（例如燃烧）、高速碎片撞击和高压容器破裂。任何能引起容器突然破裂进而导致超热流体剧烈四射的因素都可能导致 BLEVE。如果释放的流体是易燃的，引燃的气流可能导致火球。

2）化学爆炸

化学爆炸源自剧烈的化学反应，比如氢在空气中的燃烧。在化学反应中，这种不可控的燃烧迅速将释放出的化学能转化为机械能和热能。机械能是冲击波的主要来源。化学反应被分为匀质反应和传播反应。在匀质反应的条件下，反应可以在反应物体积的整个范围内均匀发生。而传播反应中，化学反应在与推进剂质量相关的特定位置启动，并从该点开始向未反应的区域传播。为了使传播反应能够在稳定状态的条件下连续进行，能量必须能从反应的区域传播到未反应的区域。

3）传播反应

没有与氧化剂预混的燃料其燃烧在燃料与氧化剂的交界面以相对缓慢的速度传播。然而，当燃料和氧化剂预混之后，燃烧将在这种易燃混合物中迅速传播。传播反应以能量从反应区域传递到未反应区域的机制被划分为爆燃和爆炸。爆燃（快速燃烧）是指能量通过普通的传播路径从反应区域传递到未燃烧燃料，比如通过热和质量传递。而爆炸是指能量以反应性冲击波的形式从反应区域传递到未燃烧燃料，即爆炸的传播速度超过了声音在未燃烧燃料——氧化剂混合物中的传播速度。总体而言，爆炸可以从低能推进剂的衰减爆炸和速燃发展到高能推进剂的高阶爆炸。图 5-1 以图示的方式说明了燃烧、爆燃和爆炸的区别。

4）蒸气云爆炸

蒸气云爆炸（VCE）是液体推进剂特有的爆炸形式。当推进剂意外泄漏后，燃料与氧化剂混合、形成蒸气云并随后被点燃时，就可能发生 VCE。氧化剂可能是飞船上的液体氧化剂，也可能是大气中的氧气。通常来说，没有形成蒸气云并且没有和氧化剂混合的液体燃料在点火时应该会燃烧而不是爆炸。一旦蒸气云被点燃，将导致从爆燃到爆炸程度的事件。

5.1.2 场景

燃烧和爆炸事故的特点取决于运载器的类型、推进剂的数量以及事件发生时刻的特殊环境。燃烧和爆炸事故的主要起源取决于任务阶段。燃烧和爆炸事故可能在发射前阶段、发射阶段、任务执行阶段发生。在发射或接近发射时发生的燃烧或爆炸涉及的推进剂量较大，比在后续的任务执行阶段发生的

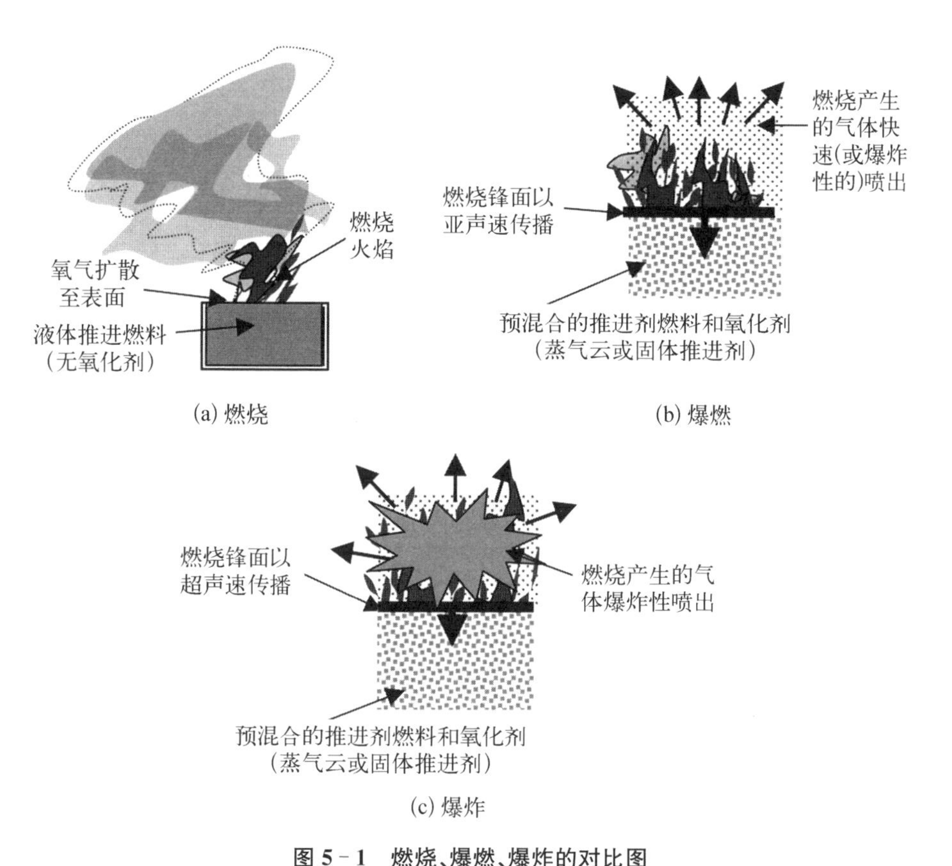

(a) 燃烧　　(b) 爆燃

(c) 爆炸

图 5-1　燃烧、爆燃、爆炸的对比图

事故的严重性要大。核系统和推进剂的距离接近以及对推进剂的限制将会影响到事故环境以及事故后果。

1）发射前阶段和发射阶段

发射前阶段的燃烧和爆炸事故可能是由于在燃料加注阶段推进剂泄漏或意外混合造成的。在发射早期阶段，通常燃烧和爆炸事故的诱因包括在发射台上发生的回坠和倾倒事故，如图 5-2 所示。如果运载器在起飞后意外失去推力，导致回坠到发射台上，就可能发生回坠事故。对于使用液体推进系统的运载器，可能导致推进剂储箱破裂的回坠事故应该被格外重视。大量的液体燃料将在大气中燃烧或爆炸。如果燃料储箱和氧化剂储箱同时破裂，燃料和氧化剂可能混合燃烧和爆炸。由于多个火箭发动机中的一个发生故障引起的倾倒事故也可能导致推进剂储箱破裂和推进剂爆炸。

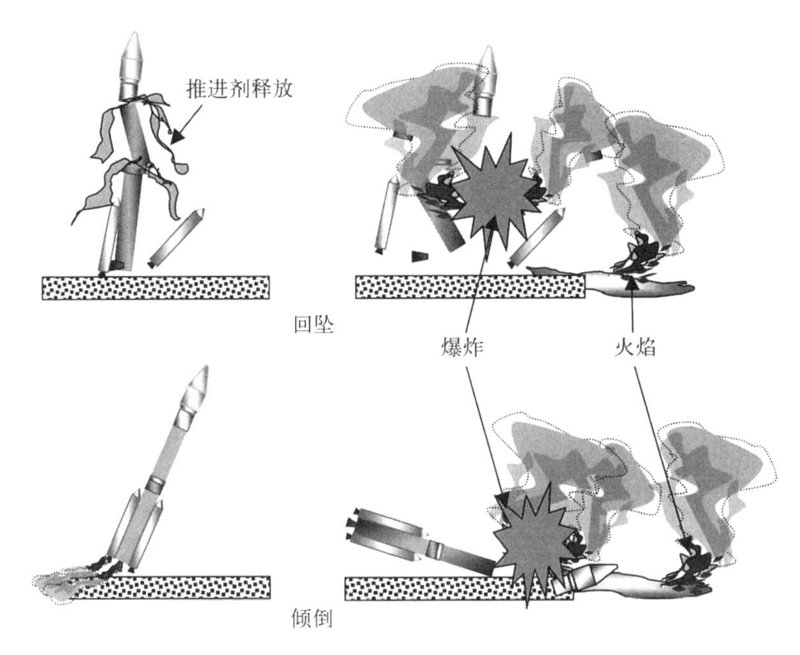

图 5-2 回坠和倾倒事故

对于航天飞机，假定其双固体火箭助推器(SRB)失效，导致了倾倒事故，如图 5-3 所示。在这种情况下，外储箱(ET)直接撞击发射台。该撞击可能使液氧(LOX)储箱破裂，溢出大量液氧，随后液氢(LH2)储箱的破裂将导致大量的液氢、液氧混合。据估计，由此引发的液氢-液氧爆炸会产生相当于 91 000 kg 的 TNT 爆炸的能量[1]。当液体推进剂混合物爆炸时，附着在液体推进剂混合物表面的破损固体火箭推进剂碎片承受着很高的动压。这个高压可能导致固体推进剂碎片的后续爆炸。其他可能的发射前阶段推进剂爆炸的诱因包括高压导致的推进剂储箱失效和意外的命令销毁信号。

2) 上升阶段爆炸

在上升阶段的初期，运载器过早的推力终止、制导失效或者结构失效都可能导致运载器冲击地面。如果在制导失效的情况下引擎继续工作，将可能使运载器高速冲击地面。上述任何场景产生的地面冲击都可能引发推进剂爆炸。在上升阶段的中期，运载器的结构失效和推进剂储箱的过压失效都可能引发运载器在飞行中爆炸。这些潜在的诱因在上升阶段的末期也可能出现。再者，制导系统的失效很有可能导致其产生命令销毁信号，最终导致推进剂爆炸。非推进剂类型的爆炸也是可能发生的，比如由于机载压力容器过热导致的爆炸以及液体金属冷却剂相关的爆炸。

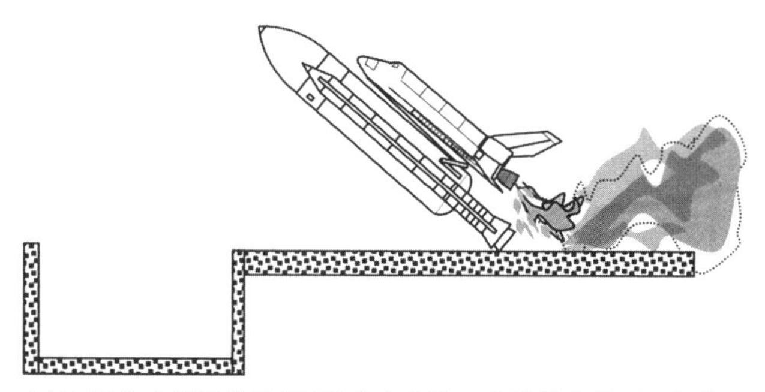

(a) 双固体火箭助推器(SRB)点火失败，主引擎将航天飞机推倒

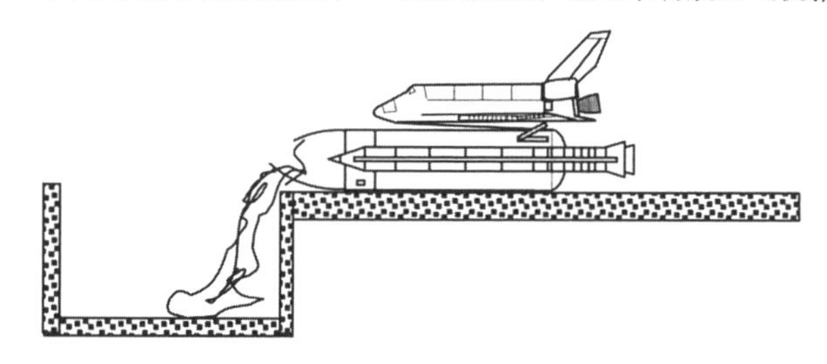

(b) 外储箱(ET)破裂，液氢(LH2)和液氧(LOX)泄露到坑中

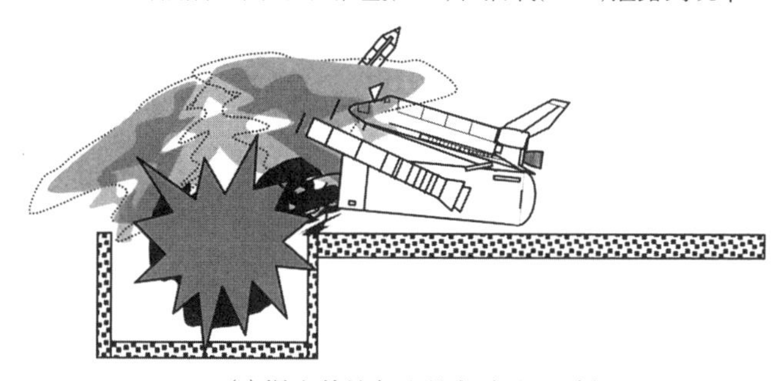

(c) 混合的液氢和液氧点火导致爆炸

图 5－3　航天飞机倾倒事故

5.1.3　问题

对于放射性同位素源，主要问题是防护屏障的破坏可能导致放射性同位素燃料释放和分散到生物圈中。推进剂燃烧事故可能使防护屏障由于过热燃烧、融化或者是弱化而失效。如果预测到屏障的破坏，根据放射性同位素燃料的类型，燃烧事故可能改变核燃料的化学性质或者产生燃料颗粒气溶胶。燃烧产生的上升气流将燃料粒子流带到高空，这可能导致放射性粒子流的扩散。泄漏的核燃料颗粒可能会污染环境，而吸入或摄入放射性颗粒可能会产生潜

在的放射性危险，这种情况导致的结果将在第11章详细讨论。

推进剂爆炸也可能通过推动反应源从而威胁到放射性同位素的防护屏蔽，进而导致反应源与硬表面的高速冲击。推进剂爆炸还可能会产生或者推动可能撞击反应源的碎片。在任何一种情况下，冲击都可能冲破防护屏蔽的限制、使燃料碎裂从而将放射性物质泄漏到环境中。通过对防护屏蔽的精心设计和对系统在可靠的推进剂燃烧和爆炸工况下的严格测试可以阻止或者减轻放射性物质的泄漏。还必须评估连续发生的事故。例如，一次传播事故可能包含了伴随着冲击的推进剂爆炸和燃烧。

对于反应堆，主要问题是事故发生的临界可能性。燃烧或者爆炸可能会改变反应堆形状或是移动反应堆的关闭装置或反应器，导致其达到事故发生的临界条件。然而，对于一个设计优良的系统，由上述这些潜在的机制导致系统达到临界是几乎不可能的。反应堆的浸没事故是一个更可能发生的意外临界场景，即事故效应在燃烧或爆炸后开始传播，反应堆被浸没在调节液体中，比如水。后面在第8章将讨论，如果反应堆的防护屏蔽已经被燃烧、爆炸或者冲击破坏，充满反应堆芯的水会提高中子的缓和性并最终导致达到临界值。如果反应堆反射体或者外部关闭装置被弹出，被水浸没的中子反应器会导致非预测的临界值，这类事故将在第8章做详细的讨论。尽管新的反应堆燃料的放射性物质是相当少的，但是必须评估反应堆燃料的扩散潜力。

5.1.4 思考和观点

图5-4展示了对潜在燃烧和爆炸事故的基本类型和进展的总结。当然，这个图是很简化的情形。对于运载器事故，来自一处的推进剂源的爆炸可能引起飞船上其他推进剂发生随后的燃烧或者爆炸。例如，爆炸产生的高速碎片可能冲击附近的其他推进剂，或者初始爆炸引起其他推进剂的压力容器发生硬表面碰撞。另外，来自爆炸源的强烈冲击波可能会对其他推进剂施加一个动态载荷。以上所有的来自源爆炸的冲击将可能在其他推进剂处导致后续的爆燃或爆炸。对于多处充分分散的爆炸，各个分开的爆炸相互影响将导致冲击波相互减弱或抵消，最终降低整体的冲击效应。

为了确保与燃烧和爆炸相关的核问题被适当的评估，下列基本问题必须解决。

(1) 什么场景可能导致推进剂发生燃烧或者爆炸？

(2) 这些场景引起的是燃烧、爆燃、爆炸还是其中某些的组合？

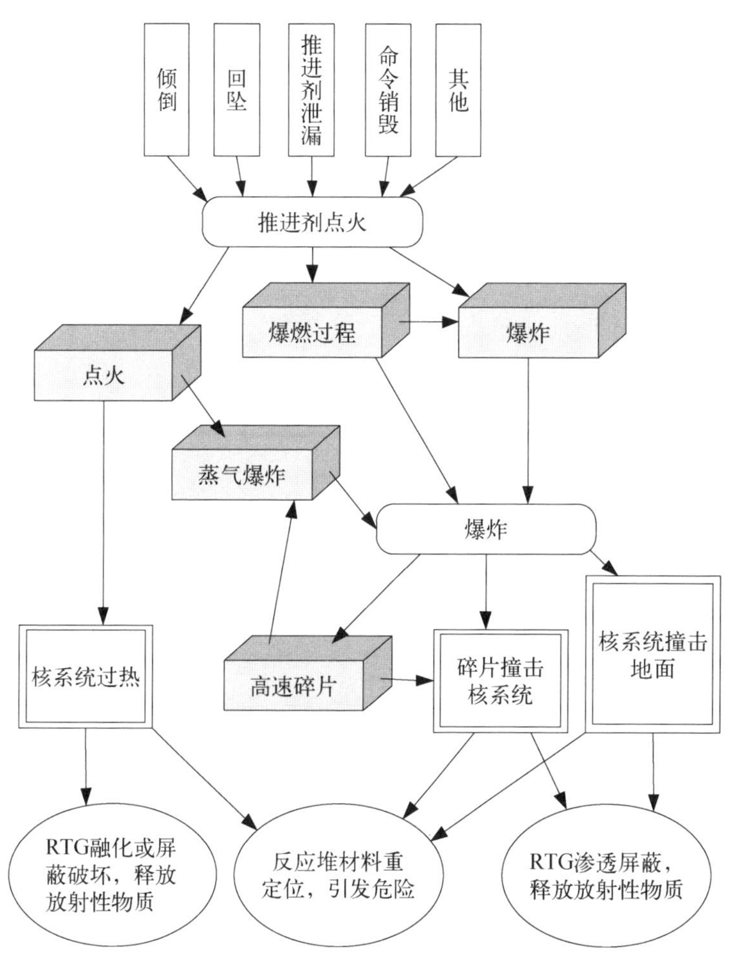

图 5－4　可能的燃烧和爆炸事故的进展示意图

(3) 对于爆炸，核系统承受的可能的过压或冲量范围有多大？

(4) 对于燃烧，燃烧的温度变化历程以及该燃烧可能的空间范围有多大？

(5) 针对这些传播事故所需的条件，系统将做出何反应？

对于场景的一般讨论在本节有所涉及，本节之后的部分介绍了解决上面问题的方法。

5.2　运载器和推进剂

空间核系统的发射和部署要求核系统必须布置在大量推进剂的附近。运载器的形状和数量以及推进剂的类型是重要的考虑因素。运载器可能使用液体推进剂、固体推进剂或者固液混合推进剂。正如在第2章所讨论的那样，火箭的比冲 I_{sp} 可作为其性能的衡量。通常在英制单位中比冲表示为 lbf/(lbn·s)。在海平面上，1 lbf=1 lbn，因此比冲的单位也可以用 s 表示。比冲定义为推进剂的推力与其质量流量之比。火箭比冲同样也可以用下式表示：

$$I_{sp}=A_pC_F\sqrt{T_{cb}/M_r} \tag{5-1}$$

式中，A_p 为推进剂的性能参数；C_F 为一个系数，和喷管设计相关；T_{cb} 为燃烧室温度(K)；M_r 为推进剂的相对分子质量。从式(5-1)可以看出，较高的燃烧室温度和较小的推进剂相对分子质量是我们所期望的。

5.2.1 运载火箭

在美国，航天飞机、宇宙神系列运载火箭和德尔塔系列运载火箭最有可能被用于将核系统部署到太空中。大力神系列运载火箭也曾用于发射空间核系统，但是已经被逐步淘汰。下面将对航天飞机、宇宙神Ⅴ、德尔塔2号运载火箭和俄罗斯质子运载火箭做简要介绍。

1) 航天飞机

如图5-5所示，航天飞机由轨道飞行器、2个固体火箭助推器(SRB)、1个外部储箱(ET)以及3台主发动机这4个主要部分组成。主引擎采用液氢-液氧推进剂。固体助推器采用 TD-H1148 HB 聚合物推进剂，该推进剂含有16%的铝和70%的高氯酸铵。在一些任务中，采用惯性上面级(IUS)将有效载荷送入高地球轨道。惯性上面级的推进剂采用 HTPB UTP-19360A。图5-5也展现了在航天飞机货舱内的尤利西斯号航天器，配备了 IUS 和 RTG 电源。航天飞机的主要参数如表5-1所示。航天飞机是独特的，因为它是一艘可重复使用的有人驾驶飞行器，最多可搭载8名宇航员。航天飞机可以将长度达18 m、质量达到26 000 kg的有效载荷送至低地球轨道，可以将2 270 kg的有效载荷送至地球同步轨道。在任务结束时，轨道器脱离，返回舱被控机动着陆。

航天飞机发射后，在最初的2 min，固体火箭助推器被抛弃并回收以备其他任务使用。大约6 min后，主发动机关机同时外燃料储箱被抛弃返回地面。为了安全，在固体火箭发动机和外燃料储箱上都配备有可执行来自地面站的销毁信号的命令接收器/解码器。

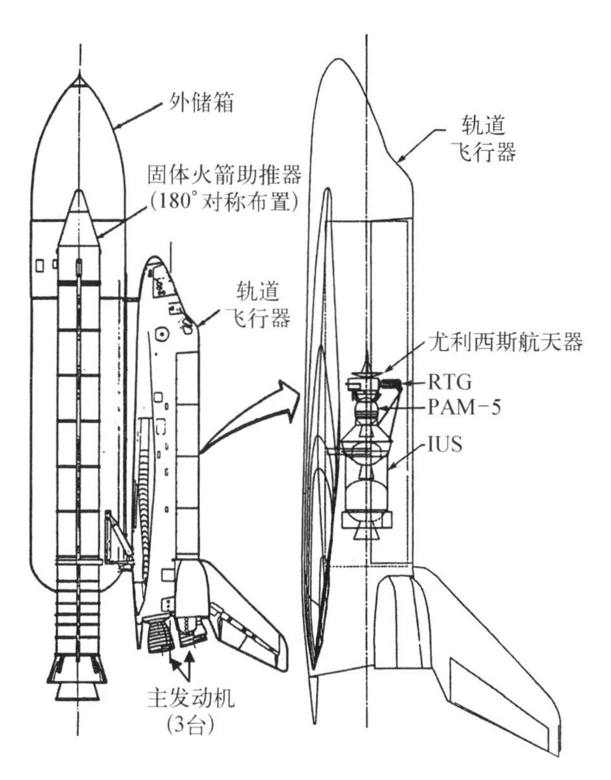

图 5－5　配置尤利西斯航天器的航天飞机

（资料来源：美国能源部）

表 5－1　航天飞机主要参数

	长度/m	直径/m	发射质量/kg	推力/kN	燃烧时间/s	推进剂	运载能力
航天飞机	56.14	23.79	2.50×10^{6}	34 622(SL)	—	—	—
轨道飞行器	37.24	23.79	8.2×10^{4}	—	—	—	LEO
最大载荷	18.3	4.57	2.6×10^{4}	—	—	—	LEO
外部储箱（无燃料）	46.88	8.4	2.6×10^{4}	—	—	—	—
(LOX/LH2)			7.3×10^{5}				
2 个固体火箭发动机	38.47	3.71(1)	1.14×10^{6}(2)	29 360(SL)(2)	124	TB-H1148 HB 聚合物	—

（续表）

	长度/m	直径/m	发射质量/kg	推力/kN	燃烧时间/s	推进剂	运载能力
3台主发动机	4.24	2.39	9.54×10^4(3)	5 262(SL)(3)	510	LOX/LH_2	—
惯性上面级(2级)	5.17	2.9	1.47×10^4	185(Vac. S1) 78(Vac. S2)	152(S1) 103(S2)	HTPB UTP-19360A	2.27×10^3 kg至GEO

注：GEO：地球同步轨道；LEO：低地球轨道；LOX：液氧；LH2：液氢；SL：海平面；S：级；Vac.：真空；HTPB UTP-19360A：铝，高氯酸铵和端羟基聚丁二烯黏合剂。

外部储箱携带了1个接收器，每个固体火箭助推器携带了2个接收器。整个系统连接在一起，以便于某1个助推器接收到自毁信号能控制另外2个助推器自毁。就外部储箱来说，在液氧储箱和液氢储箱中分别安装了线性装药。销毁装置设计成可分裂外壳，可使燃烧室压力急剧下降进而终止推力。每个固体推进剂的线性装药大约24 m长，被分成等长的6段。自毁装药被放置在增压箱外部的电缆托架中，位于远离外部储箱的一侧。

惯性上面级由两段组成，第一段包括级间结构、大型固体火箭发动机和航天电子设备[2]。注意，有效载荷位于货舱区域，与固体火箭发动机以及位于外部储箱中的液氢、液氧推进剂相邻。这种布局使空间核系统相较于典型的一次性运载火箭(ELV)更靠近推进剂，后者的空间核系统包含在运载火箭顶部的舱室内。

2) 宇宙神系列运载火箭

价值不菲的宇宙神系列运载火箭自20世纪60年代初开始使用。多年来，宇宙神运载火箭服役于许多政府、军事和民用太空任务。宇宙神V400和V500系列运载火箭如图5-6所示。宇宙神V运载火箭集成了为宇宙神Ⅲ开发设计的功能。宇宙神V400和V500都使用了一个公共核心助推器(CCB)、一个半人马座上面级和一个有效载荷舱。CCB的推进剂采用液氧/RP-1。V500系列还可以使用多达5个绑带式固体火箭助推器[使用端羟基聚丁二烯(HTPB)推进剂]。三位数命名惯例中的第一个数字表示有效载荷舱的直径，以米为单位。因此，所有400系列的宇宙神V运载火箭都具有直径为4 m的有效载荷舱，所有500系列的宇宙神V运载火箭都具有直径为5 m的有效载荷舱。第二个数字表示附加助推器的数量，最后一个数字表示半人马座发动机的数量(1个或2个)。宇宙神V552的规格参数如表5-2所示。

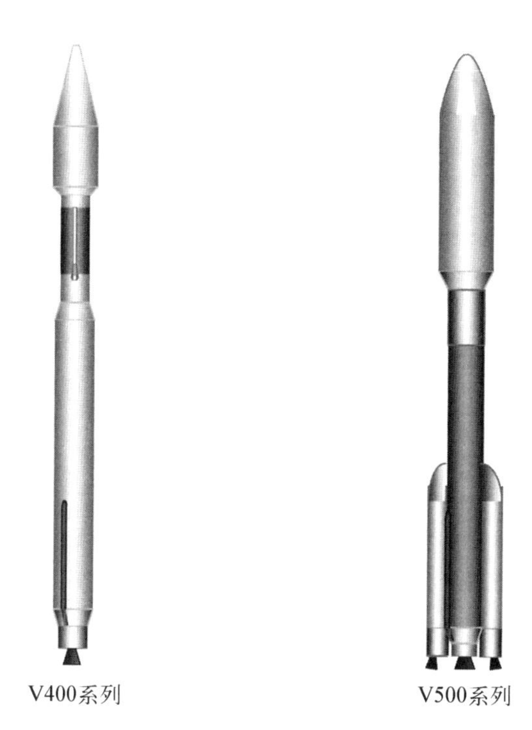

图 5-6　宇宙神 V400 和 V500 系列运载火箭示意图

表 5-2　宇宙神 V552 的主要参数

	长度/m	直径/m	发射质量/kg	推力/kN	燃烧时间/s	推进剂
整体	59.7	5.4	5.41×10^5	9 490	—	—
飞行段	20.7	5.4	4.09×10^3	—	—	—
最大载荷	20.7	5.4	1.70×10^4	—	—	—
核心助推器	32.4	3.8	2.84×10^5	3 820(SL)	236	LOX/RP-1
5 个附加助推器	17.7	1.55	2.1×10^5	5 670(SL)	94	HTPB
半人马座发动机	11.7	3.0	2.3×10^4	198(Vac)	429	LOX/LH2

就宇宙神 V551，参考文献[3]中描述了一个典型的地球同步轨道上升段的典型飞行轨迹。在发射时，公共核心助推器(CCB)和所有的附加助推器提供推力，经过大约 99 s 的飞行后，3 个固体火箭助推器被抛掉，另外 2 个在

100 s 也被抛掉。整流罩在 212 s 被抛掉，之后公共核心助推器(CCB)在飞行了 257 s 时关机，在高度达到 155 km 时被抛掉，之后半人马座主发动机点火。在 801 s 半人马座主发动机第一次关机后，半人马座主发动机和太空舱进入滑翔阶段。在 1 307 s，运载火箭对准之后，半人马座主发动机第二次点火。到达目标位置之后，主发动机关机，对准航天器并实现分离。

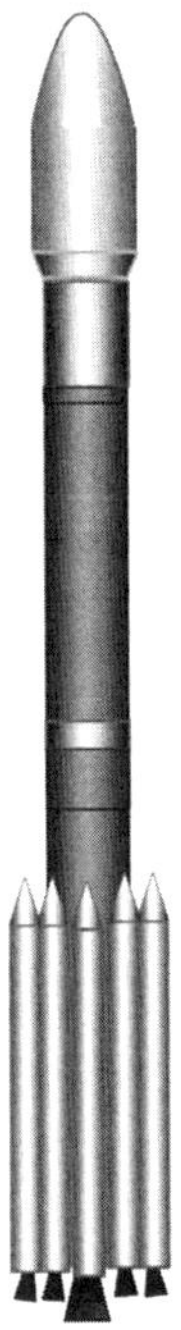

3) 德尔塔 2 号运载火箭

德尔塔 2 号(Delta Ⅱ)运载火箭是可重复使用运载火箭，可配置成两级或者三级。Delta Ⅱ 运载火箭的配置如图 5-7 所示。其 7000 系列运载火箭的第一级由一个 RS-27A 主引擎和两个 LR 101-NA 游标引擎推动，其使用液氧精炼煤油作为推进剂，可以使用 3 个、4 个或者 9 个附加助推固体火箭发动机进行额外助推。固体火箭发动机是石墨环氧树脂发动机(GEM)，并使用端羟基聚丁二烯作为其固体推进剂。一台 Aerojet AJ10-118 K 发动机使用肼和偏二甲肼的混合物作为其液体推进剂，驱动运载火箭的第二级。Thiokol Star 发动机用于第三阶段，也使用端羟基聚丁二烯固体推进剂。使用四位数字来表征 Delta Ⅱ 运载火箭的配置，第一个数字代表第一级的类型，第二个数字表明固体火箭助推器的数量。相应的，第三和第四个数字表示第二级和第三级的类型。如果第三位和第四位上是零则表示没有第二级和第三级。Delta Ⅱ 7925 的参数如表 5-3 所示。

图 5-7 Delta Ⅱ 运载火箭示意图

表 5-3 Delta Ⅱ 7925 的主要参数

	长度/m	直径/m	发射质量/kg	推力/kN	燃烧时间/s	推进剂
整体	38.32	2.9	2.32×10^5	3 748	—	—
飞行段		2.9		—	—	—
最大载荷			5.2×10^3	—	—	—
核心助推器	26.1	2.4	1.0×10^5	890(SL)	240	LOX/RP-1
9 个附加助推器	13.0	1.0	1.1×10^5	4 042(SL)	60	HTPB

（续表）

	长度/m	直径/m	发射质量/kg	推力/kN	燃烧时间/s	推进剂
第二级	6.0	2.4	5.9×10^3	44(Vac)	422	UDMH/N_2O_4
第三级	2.0	1.25	2.0×10^3	66.4(Vac)	87.2	HTPB

两级的 Delta Ⅱ运载火箭通常用来将有效载荷送至低地球轨道，三级的用于将有效载荷送至地球同步轨道。Delta Ⅱ运载火箭能将 5.8 t 的有效载荷送至低地球轨道，将 2 t 的有效载荷送至地球同步轨道。Thor Ⅲ发射任务的飞行序列从第一级燃烧开始，持续 4 min 23 s。在发射时，9 个固体火箭助推器中的 6 个工作 1 min。然后首先工作的 6 个助推器分离，未工作的 3 个助推器工作 1 min。工作结束之后，第一级被抛掉，第二级点火燃烧大约 5 min 20 s，飞行 22 min 13 s 之后，第二级再次点火燃烧大约 50 s。69 min 30 s 后第二级再次点火燃烧大约 52 s，这也是其最后一次点火。之后第二级分离，大约起飞 72 min 后，第三级点火燃烧大约 87 s。最后在起飞后 90 min 的时候，与航天器分离[4-7]。

4）俄罗斯质子运载火箭

俄罗斯的质子运载火箭使用全液体燃料的推进剂，并且能够拓展成三级或者四级运载器。图 5-8 所示是一个四级的 8K82K/DM1 质子运载火箭。在该图中，外壳呈现半透明，以显示主要内部结构，包括燃料储箱和氧化剂储箱。对于质子-M 运载火箭的配置，所有四级都使用 UDMH/N_2O_4 推进剂。表 5-4 展示了质子-M 运载火箭的详细参数。第一级由一个直径 4.2 m 的氧化剂储箱和围绕在其周围的 6 个直径 1.6 m 的燃料储箱构成，每一个燃料储箱都有一个 RD-253 引擎。第二级长 17.1 m 并采用了 4 个 RD-0210 引擎。第三级长

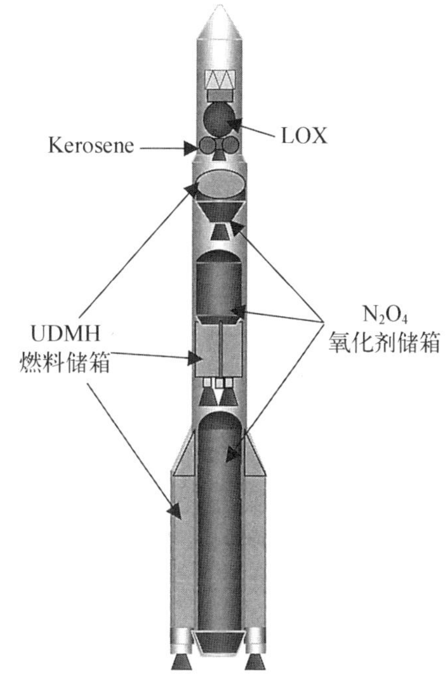

图 5-8　8K82K/DM1 质子运载火箭(半透明，显露主要内部结构)

4.1 m,采用1个RD-0210引擎。因为质子-M运载火箭要能够到达地球同步轨道,所以第四级采用了一个R2000引擎。三级质子运载火箭可以将20 000 kg的有效载荷送至低地球轨道,四级质子运载火箭能够将5 500 kg的有效载荷送入地球同步轨道[8-9]。

表5-4　质子-M运载火箭参数

	长度/m	直径/m	发射质量/kg	推力/kN	燃烧时间/s	推进剂
整体	59	7.4	7.1×10^5	1 745(SL)	—	—
最大载荷	—	—	2.1×10^4	—	—	—
第一级	21.2	7.4	4.5×10^5	1 745(SL)	150	$UDMH/N_2O_4$
第二级	17.1	4.1	1.18×10^5	582(Vac)	200	$UDMH/N_2O_4$
第三级	4.1	4.1	5.2×10^4	582(Vac)	250	$UDMH/N_2O_4$
第四级	2.6	4.0	2.1×10^4	19.6(Vac)	>3 150	$UDMH/N_2O_4$

5.2.2　液体推进剂

在液体推进剂火箭中,燃料和氧化剂储存在不同的储箱里,通过管道、阀门和涡轮泵系统输送到燃烧室,在燃烧室混合之后燃烧产生推力。相比于固体推进剂引擎,液体推进剂引擎更加复杂,但也有一些固体推进剂引擎所没有的优点,通过控制液体推进剂进入燃烧室的流量,可以控制引擎的节流、关机和重启。

就像前面所说,我们期望推进剂具有较高的比冲。从式(5-1)中我们发现为获得推进剂的高比冲,需要更高的燃烧室温度,释放出的气体要有更小的相对分子质量。在选择推进剂时,一些其他的因素也相当重要,比如,推进剂毒性、腐蚀性、密度。毒性涉及处理、运输或储存推进剂时的安全考虑,腐蚀性推进剂可能需要特殊材料的机载储箱,低密度推进剂需要大型的机载储箱,这些都可能会增加运载火箭的质量。

NASA的商业运载火箭使用的液体推进剂主要分为三类:低温、高压和石油推进剂。表5-5中对常见液体推进剂的性质做了比较和总结。

表5-5　常见液体推进剂的性质对比

组分	化学式	分子质量/(g/mol)	密度/(g/cm^3)	熔点/K	沸点/K
液氧	O_2	32.00	1.414	54.35	90.15
四氧化二氮	N_2O_4	92.01	1.45	263.85	294.3
硝酸	HNO_3	63.01	1.55	231.55	356.15
液氢	H_2	2.016	0.071	13.85	20.25
肼	N_2H_4	32.05	1.004	274.55	386.65
甲基肼	CH_6N_2	46.07	0.866	220.75	360.65
偏二甲肼	$C_2H_8N_2$	60.10	0.791	215.55	337.05
十二烷	$C_{12}H_{26}$	170.34	0.749	263.55	489.45

1）低温推进剂

低温推进剂，比如液氢和液氧，是在极低温度下储存的液化气体。其中液氢作为燃料，液氧作为氧化剂。液氢在温度20 K以下为液态，液氧在温度90 K以下为液态。由于低温推进剂的温度相当的低，所以对其长时间存储是比较困难的。因此，将它们应用在需要随时准备发射的军事火箭中不太理想。由于液氢的密度相当小，因此它要求的储箱容量要比其他燃料大好几倍。虽然存在着这些缺点，但是液氢-液氧推进剂的高比冲使得当反应时间和储存性不太关键时，它仍是一个不错的选择。液氢的比冲比其他燃料高出大约40%。液氢和液氧可被用作航天飞机的高效主发动机的推进剂。液氢和液氧也是土星V和土星1B火箭上面级的推进剂，同时也是宇宙神/半人马座运载火箭的第二级的推进剂。1962年，美国发射了它的第一台液氢-液氧运载火箭。

2）高压推进剂

高压推进剂不需要点火源，燃料和氧化剂彼此接触时能自发点燃。高压推进剂这种容易点火和再点火的性质使其成为太空舱机动系统的理想推进剂。另外，由于高压推进剂在常温下是液态，所以它们不会遇到像低温推进剂那样的储存问题。需要注意的是，高压推进剂是高毒性的，必须非常小心地处理。

高压燃料通常包括肼、甲基肼(MMH)和偏二甲肼(UDMH)。氧化剂通常是四氧化二氮或硝酸。偏二甲肼被用于俄罗斯、欧洲和中国的许多火箭中，而甲基肼常被用于航天飞机轨道飞行器的轨道机动系统和反应控制系统。大力神系列运载火箭和德尔塔系列运载火箭的第二级使用名为 Aerozine 50 的燃料，该燃料由 50%偏二甲肼和 50%的肼混合而成。

肼也常常在催化分解发动机中用作单组元推进剂。在这类发动机中，液体燃料在催化剂的作用下分解成热气体。肼的分解可以产生约 1 200 K 的温度和约 230～240 s 的比冲。

3) 石油推进剂

石油燃料由原油精炼而成并且是一种复杂烃的混合物，烃是只含有碳和氢的有机化合物。火箭燃料 RP-1 是高度精练的煤油，与液氧一起用作氧化剂。RP-1 和液氧用作宇宙神/半人马座系列运载火箭和德尔塔系列运载火箭的第一级助推器中的推进剂。这种组合还为土星 1B 和土星 V 运载火箭的第一级提供了动力。RP-1 提供的比冲比低温燃料低得多。

5.2.3 固体推进剂

通常使用小型固体推进剂发动机来推动运载火箭的最后一级，或连接到有效载荷以推动其到更高的轨道。像有效载荷辅助模块和惯性上面级这种较大的固体火箭发动机，需要提供能使卫星进入地球同步轨道或是行星轨道的推力。德尔塔运载火箭和航天飞机都采用了绑带式固体推进剂发动机来提高发射时的推力。

液体推进剂发动机的燃料和氧化剂是分开储存的，但是固体推进剂发动机与之不同，其推进剂通常由一些固体燃料和氧化剂的混合物组装的药柱组成。固体燃料和氧化剂快速燃烧并从喷嘴喷出热气体从而产生推力。一旦点火，固体推进剂将开始从中心向壳体的侧面燃烧。中心通道的形状决定了燃烧的模式和速率，这样就提供了一种控制推力的方式。固体推进剂包括均相推进剂和复合(异质)推进剂，这两种类型的固体推进剂密度较大，在常温下比较稳定，并且易于储存。

1) 均相固体推进剂

均相固体推进剂可分为单基均相推进剂和双基均相推进剂，单基推进剂包括一种化合物，其成分通常是硝化纤维素。双基推进剂通常是在硝化纤维素和硝化甘油中加入增塑剂化合而成。均相推进剂在正常条件下通常不具有大于210 s的比冲，由于它们不产生可追踪的烟雾，所以主要用于战术武器。它们还应用于辅助功能，例如抛弃废部件或级间分离。

2）复合固体推进剂

德尔塔运载火箭和航天飞机采用复合固体推进剂。复合固体推进剂是燃料和氧化剂的粉末与黏合剂的不均匀混合物。黑火药是最古老的复合固体推进剂。金属粉末通常用作燃料，铝由于其热值（30 kJ/kg）和稳定的燃烧特性而广泛用于复合固体推进剂中。不同元素燃料的燃烧温度和热值列于表5-6中。推进剂质量的60%至90%是由结晶或细研磨的矿物盐组成的氧化剂。高氯酸铵是当今最广泛使用的氧化剂。高氯酸铵含有质量分数为34%的氧，其密度为1.9 g/cm^3。其他氧化剂如高氯酸钾和硝酸铵分别用于快速燃烧和较慢燃烧速率的情况。

表5-6　不同元素燃料的燃烧特性

名　称	燃烧温度/K	热值/(kJ/kg)
氢	3 000.00	120.95
锂	2 611.11	41.87
铍	4 388.89	65.13
硼	3 000.00	60.48
碳	2 055.56	32.56
钠	2 111.11	9.30
镁	3 388.89	25.59
铝	3 888.89	30.24

羟基封端聚丁二烯（HTPB）用作德尔塔运载火箭固体推进剂发动机中的黏合剂。HTPB是一种基于长链聚丁二烯的新型黏合剂，被广泛用于NASA的推进计划中。聚丁二烯黏合剂使推进剂能够耐受高应变率，例如在大直径火箭发动机点火时遇到的情况。航天飞机的固体火箭助推器（SRB）也使用聚丁二烯丙烯酸腈作为黏合剂。

5.3 推进剂爆炸

本节首先讨论与可能的推进剂爆炸有关的重要思考，然后讨论爆炸的基本理论，最后讨论该理论在空间核任务中的应用。

5.3.1 推进剂爆炸相关的思考

爆炸对核有效载荷的影响取决于爆炸发生的位置。此外，一个位置的爆炸可能引起二次爆炸，其可能比一次爆炸更严重。根据推进剂是液体还是固体提出了下面的一些思考。

1）液体推进剂爆炸

对于液体推进剂，其燃料和氧化剂储存在不同的储箱内。因此，只有分离燃料和氧化剂的隔板或燃料箱本身被破坏才可能导致在推进剂储箱内发生爆炸。多源爆炸与单源爆炸的行为截然不同。多源爆炸必须考虑每个爆炸源，还包括多次冲击波反射的相互作用。在分析液体推进剂爆炸时，必须牢记一些因素，包括运载器的几何形状、推进剂储箱类型及其配置、储箱的长细比、储箱是否共用公共舱壁、单个还是多个燃料和氧化剂罐、储箱的相对位置、推进剂类型、点火时间、推进剂的量以及燃料和氧化剂的浓度。对泄漏的液体推进剂的控制也是一个重要的考虑因素。PYRO 项目[11]概括了四种基本类型的推进剂溢出事故环境。

(1) 无限制：推进剂在飞行过程中喷射到大气中。

(2) 受地表限制(CBGS)：在很小的限制条件下，推进剂溢出并散布在较大面积上。这种情况的典型示例是运载火箭回坠或倾倒于地面，随后储箱破裂。

(3) 受限于运载火箭(CBM)：推进剂溢出但是被运载火箭限制或在储箱内部混合(例如普通舱壁失效)。

(4) 高速冲击(HVI)：由于对地表的高速冲击导致推进剂被混合。这里地面的类型就变得十分重要。对于在硬表面上的冲击，推进剂倾向于扩散到较大的面积上(即类似于 CBGS 的情况)。对于在软表面上冲击的情况，如果燃料和氧化剂聚集在冲击坑中，则可能导致更高程度的混合。

2）固体推进剂爆炸

在液体推进剂中，燃料和氧化剂分别储存在单独的储箱中，固体推进剂则与此不同，其燃料和氧化剂以最佳的比例预混合。固体推进剂的爆炸性质与普通固体炸药(如 TNT)的爆炸性质相似。虽然通常在设计时，将固体推进剂设计成相对于固体爆炸物更稳定(例如，需要更高点燃温度)的物质，但是固体推进剂仍然可以被归为爆炸性材料。Erdahl 等[12]确定了评估固体推进剂爆炸的可能性的考虑因素：

(1) 推进剂的稳定性。

(2) 发动机设计(堆芯配置、直径、长细比、腔室压力、外壳粘接技术和推进剂残余应变)。

(3) 推进剂临界直径和几何形状。

(4) 推进剂颗粒床特性(热解和点火)。

(5) 推进剂对直接冲击和延迟衰减冲击的响应。

(6) 对地表的冲击速度和被冲击地表的类型。

5.3.2　蒸气爆炸

蒸气爆炸的条件和后果将取决于化学因素以及爆炸是受限制的还是无约束的。不同工况可能导致爆燃、爆炸或从爆燃转变为爆炸。对于爆燃，燃烧波的速度受限于热量和质量从燃烧区传入未燃烧区的过程。对于爆炸，反应产生冲击波，导致未燃烧的推进剂温度升高，随后在未燃烧的气体混合物中引发点火。因此，对于爆炸，燃烧波以超声速传播。

1) 化学因素

在推进剂爆炸期间释放的能量源自燃料和氧化剂之间的快速放热化学反应。例如，考虑由液氢和液氧组成的推进剂。该推进剂的化学反应能量释放可以通过如下化学方程式表示：

$$2H_2 + O_2 \longrightarrow 2H_2O + E_d \tag{5-2}$$

对于爆炸，参数 E_d 是爆炸或反应热的总热量，通常以 kJ 表示。爆炸的热量与推进剂的总质量 m_e 和反应物的比热 H_e(kJ/g)成正比。表 5-6 和表 5-7 分别列出了不同化学元素燃料和液体推进剂的热值。式(5-2)给出了燃料和氧化剂的化学计量组成。蒸气云的化学计量组成是其中燃料和氧化剂平衡的组合物，使得当反应完成时没有剩余的燃料或氧化剂。通常，化学计量组合物是产生最高爆炸压力的组成。

表 5-7 不同推进剂的化学反应方程式和热值

推进剂组成	化学方程式	火焰温度/K	热值/(kJ/mol)
LH2/LOX	$H_2(l) + 0.5O_2(l) = H_2O(g)$	3 007	−226
LH2/N_2H_4	$4H_2(l) + N_2H_4(l) =$ $4H_2O(g) + N_2(g)$	2 891	−912
MMH/LOX	$CH_3N_2H_3(l) + 2.5O_2(l) =$ $3H_2O(g) + N_2(g) + CO_2(g)$	2 971	−1 141
MMH/N_2H_4	$4CH_3N_2H_3(l) + 5N_2O_4(l) =$ $12H_2O(g) + 9N_2(g) + 4CO_2(g)$	2 903	−4 598
RP-1/LOX	$C12.1H23.5(l) + 17.975O_2(l) =$ $17.75H_2O(g) + 12.1CO_2(g)$	3 097	−7 073
UDMH/N_2O_4	$(CH_3)_2N_2H_2(l) + N_2O_4(l) =$ $4H_2O(g) + 3N_2(g) + 2CO_2(g)$	3 415	−1 765

然而，如果燃料、氧化剂混合物中的燃料浓度高于可燃上限或低于可燃下限，则蒸气云不会被点燃。对于氢气，其可燃范围非常大。在 300 K 温度下，空气中氢气的可燃体积分数从几个百分点到约 75%。如图 5-9 所示，燃料的可燃范围随温度的增加而变宽。在较低的温度下，需要具有足够强度点火能量的点火源来点燃蒸气云。最小点火能量取决于推进剂燃料的类型和蒸气云

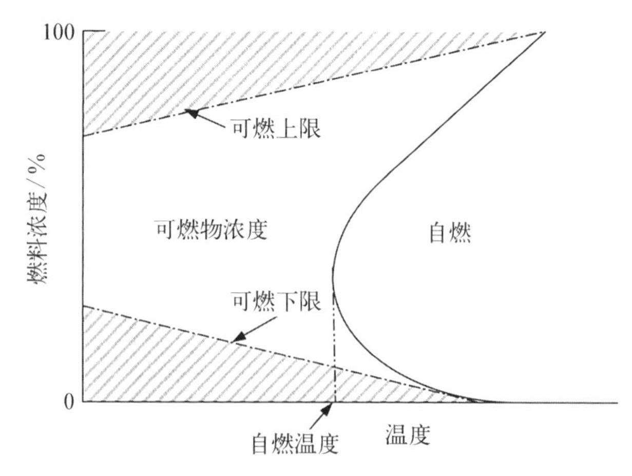

图 5-9 燃料的可燃性和自燃的范围与温度的关系曲线

中的燃料、氧化剂的浓度。氢气的最小点火能量非常低，其处于最小自燃温度以上时，化学反应将在没有外部点火源的情况下发生。氢气的最小自燃温度约为 800 K。

2）限制性蒸气爆炸

Chapman（1899 年）和 Jouguet（1905 年）分别独立描述了一个关于燃烧波和超声速冲击波的简单一维模型。该模型现在被称为 Chapman-Jouguet（C－J）模型，他们做出以下假设：① 流动是一维层流；② 燃烧波通过后化学反应瞬时完成；③ 反应满足热力学平衡。燃烧波通过时的燃烧产物由稳态条件决定，然而，燃烧波通过后的流体组成会随时间变化。

这里，C－J 模型将用于研究在封闭圆柱内的爆炸，基本几何形状和速度如图 5－10 所示。对于该简单的圆柱结构的分析能够展示出运载火箭结构密封效应的一些影响。为简单起见，燃烧波将用作建立 C－J 模型的参考系。在燃烧波坐标系中，未燃烧气体的速度 v_u 等于燃烧波速度 U。动量和能量平衡方程如下：

$$p_u v_u + \zeta_u v_u^2 = p_b v_b + \zeta_b v_b^2 \tag{5-3}$$

$$c_p T_u + \frac{1}{2} v_u^2 + \tilde{q} = c_p T_b + \frac{1}{2} v_b^2 \tag{5-4}$$

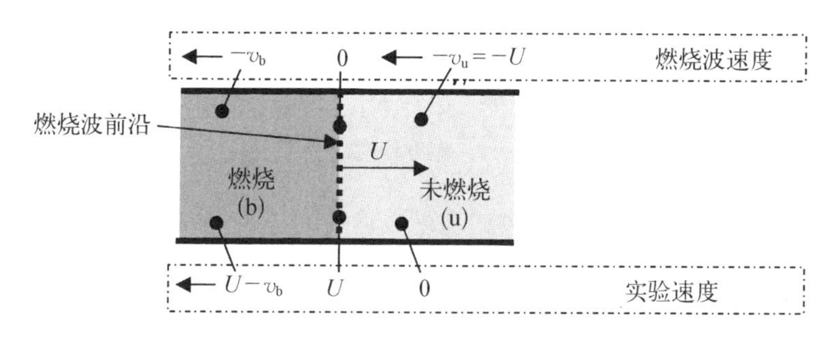

图 5－10　开口气缸中的推进剂的燃烧

式中，p、v 和 ζ 分别为气压、速度和密度。下标 b 和 u 分别指燃烧和未燃烧。式(5－3)是伯努利方程。在式(5－4)中，c_p、T 和 $\tilde{q}$ 分别为质量定压热容、气体温度和每单位质量燃烧释放的热量。为简单起见，假定未燃烧和燃烧的气体的比热容相等。此外，连续性方程要求：

$$\zeta_u v_u = \zeta_b v_b \tag{5-5}$$

并且假定满足理想气体定律，未燃烧和燃烧气体的状态方程分别为

$$p_u = \zeta_u R T_u \tag{5-6}$$

$$p_b = \zeta_b R T_b \tag{5-7}$$

式中,R 为通用气体常数。

利用式(5-3)和式(5-5),能够得出:

$$v_u = U = \frac{1}{\zeta_u}\sqrt{\frac{(p_b - p_u)}{\left(\frac{1}{\zeta_u} - \frac{1}{\zeta_b}\right)}} \tag{5-8}$$

$$v_b = \frac{1}{\zeta_b}\sqrt{\frac{(p_b - p_u)}{\left(\frac{1}{\zeta_u} - \frac{1}{\zeta_b}\right)}} \tag{5-9}$$

对于常数 U,式(5-8)给出了在 p_b 相对于 $1/\zeta_b$ 的坐标系中定义的 Rayleigh 线。类似地,对于常数 v_b,式(5-9)给出了燃烧气体的恒定速度曲线。未燃烧气体中的声速由 $c_u = \sqrt{\gamma R_u T_u} = \sqrt{\gamma p_u / \zeta_u}$ 给出,其中 $\gamma = c_p / c_V$。c_V 为质量定容热容。由此,由式(5-8)我们得到:

$$M_u = \sqrt{\frac{\frac{1}{\gamma}\left(\frac{p_b}{p_u} - 1\right)}{\left(1 - \frac{\frac{1}{\zeta_b}}{\frac{1}{\zeta_u}}\right)}} \tag{5-10}$$

式中,$M_u = v_u / c_u$ 是未燃烧气体的马赫数。我们还可以获得燃烧气体推进剂的马赫数:

$$M_b = \sqrt{\frac{\frac{1}{\gamma}\left(1 - \frac{p_u}{p_b}\right)}{\left(\frac{\frac{1}{\zeta_u}}{\frac{1}{\zeta_b}} - 1\right)}} \tag{5-11}$$

根据前面的公式,并由 $c_p = R[\gamma/(\gamma - 1)]$,我们可以重写式(5-4)为

$$\frac{\gamma}{\gamma - 1}\left(\frac{p_b}{\zeta_u} - \frac{p_u}{\zeta_u}\right) - \frac{1}{2}(p_b - p_u)\left(\frac{1}{\zeta_u} + \frac{1}{\zeta_b}\right) = \tilde{q} \tag{5-12}$$

式(5-12)提供了如图5-11所示的Hugoniot曲线。Hugoniot曲线描述了燃烧推进剂的压力随$\frac{1}{\zeta_b}$变化的情况。点O是点燃之前未燃烧气体的压力/密度点。对于区域D，$p_b \gg p_u$和$\gamma \sim 1.4$使得$M_u > 1$。因此，对于区域D，燃烧波是超声速的，并且该区域的燃烧对应于爆炸。对于区域E，不存在实数解，因此，不能得出该区域中的燃烧参数。对于区域F，$p_u > p$和$1/\zeta_b \gg 1/\zeta_u$使得$0 < M_u < 1$。因此，燃烧波是亚声速的，对应于爆燃。

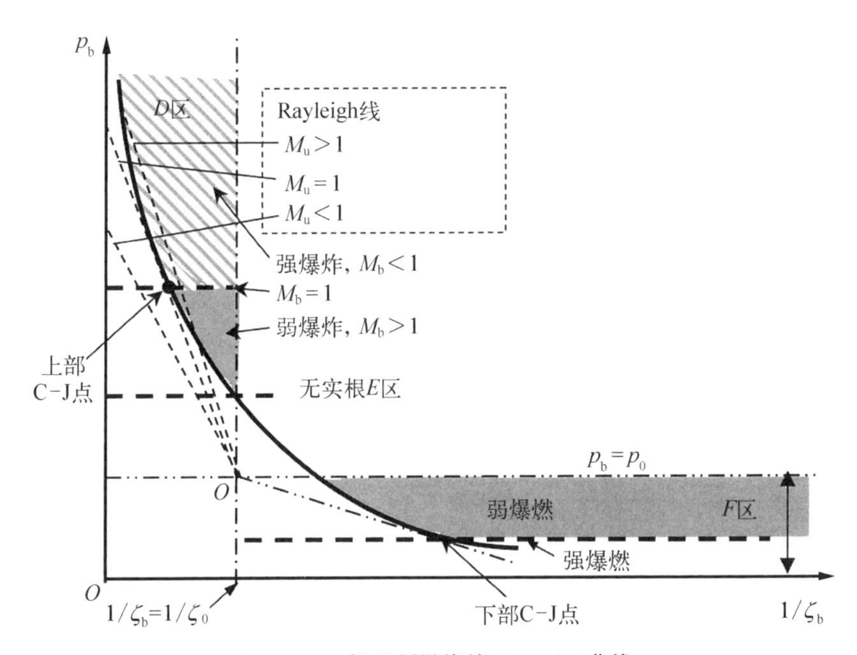

图5-11　推进剂燃烧的Hugoniot曲线

C-J方程的稳态解为Rayleigh线和Hugoniot曲线的交点。图5-11中所示的C-J点对应于$M_u = 1$的Rayleigh线。对于亚声速波，图5-11显示Rayleigh线不与Hugoniot曲线相交，因此，对于亚声速的U没有解。对于$M_u > 1$，能够获得两个爆炸解。Hugoniot曲线与Rayleigh线在爆燃区域中相交也能获得两个解。上部和下部C-J点分别标记强爆炸和弱爆炸以及强爆燃和弱爆燃之间的边界。可以看出，在上C-J点上方，已燃烧气体的速度v_b是亚声速的，并且在上C-J点以下，在区域D中v_b是超声速的。对于低于下C-J点的爆燃区，已燃烧的气体是亚声速的，在下C-J点以上，在区域F中，已燃烧的气体是超声速的。

在第二次世界大战期间，Zeldovich、Von Neumann 和 Doring 对 C－J 模型进行了改进，得到 ZND 模型[15]。C－J 模型假定燃烧前沿是具有无限反应速率的不连续性，而 ZND 模型考虑反应速率并提供有限厚度的反应区。对于 ZND 模型，式(5－12)中的 $\tilde{q}$ 项应乘以比例因子 λ。ZND 模型可用于为未反应($\lambda=0$)、部分反应($0<\lambda<1$)和完全反应($\lambda=1$)状态提供 Hugoniot 曲线，如图 5－12 所示。

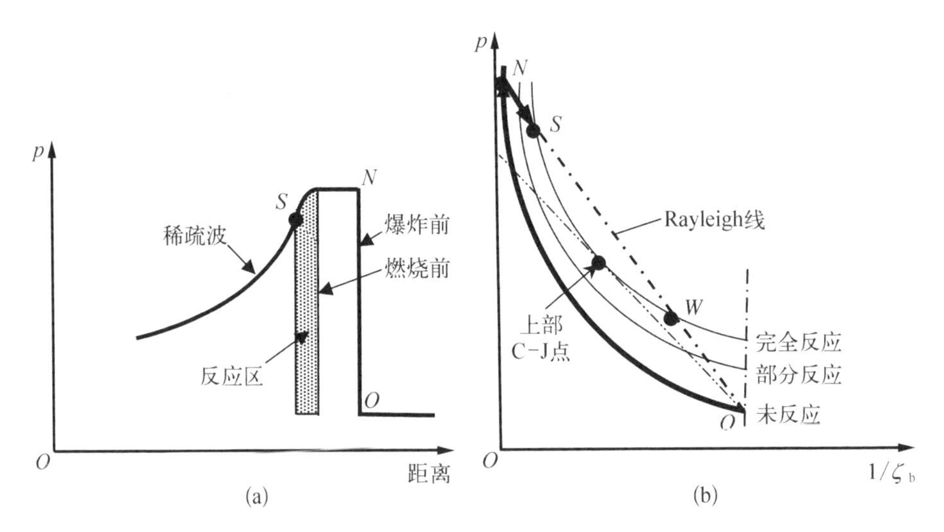

图 5－12 依据 ZND 模型得出的 Hugoniot 曲线和压力分布

Rayleigh 线显示在图 5－12(b)中。压力从其初始值增加并且在冲击前沿沿着未反应的 Hugoniot 曲线从点 O 到 N 急剧上升。然后，燃烧气体在点 S(强溶液)膨胀至其最终稳态值。在图 5－12(b)的顶部提供了穿过燃烧前沿的压力轨迹，其中标出了对应点 O、N 和 S。利用在前面讨论中描述的理论，可以针对爆炸和爆燃分别获得其基本压力与距离分布，如图 5－13 所示。对于爆炸和爆燃，反应区内及其附近的气体温度的分布如图 5－14 所示。

虽然前面的讨论表明一系列强和弱的爆炸和爆燃是可能的，但是并非所有这些可能的结果都产生稳态解。对于强爆炸，在圆柱体壁处的热损失、湍流和摩擦能够产生赶上冲击波的声波扩张波。扩张波减弱冲击，减小压力，并且最终激波前缘在 C－J 点发展为声波。根据相对简单的 ZND 模型，弱爆炸在物理上是不可实现的，因为未燃烧气体的所有化学能量都在从点 N 移动到点 S 的过程中耗尽(见图 5－12)。从这些参数可以得出结论，对于爆炸区域的唯一的稳态解是上部 C－J 点，并且不会出现弱爆炸。

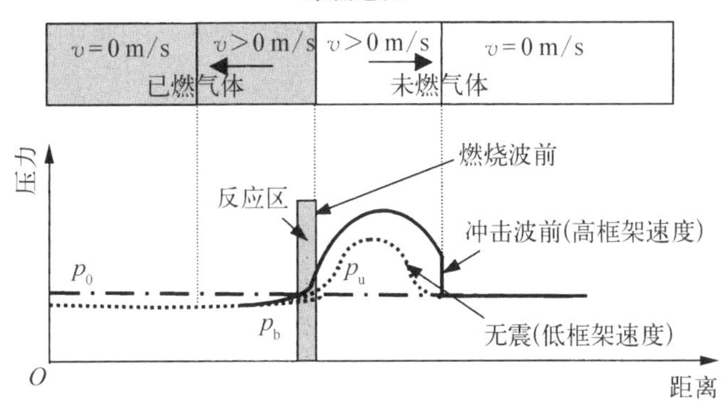

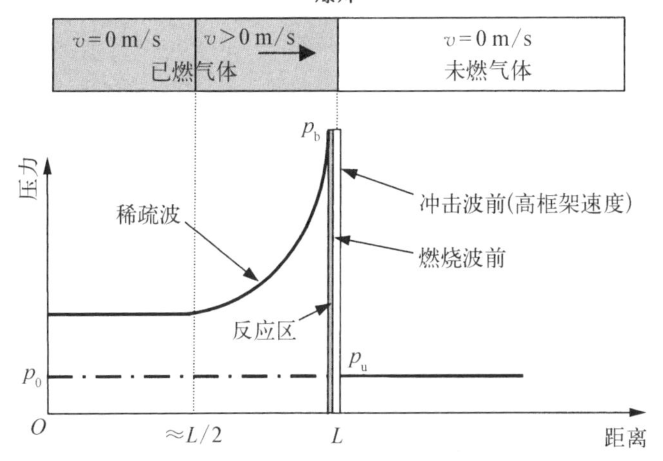

图 5-13　在一端封闭的气缸中的爆炸和爆燃的压力-距离曲线示意图

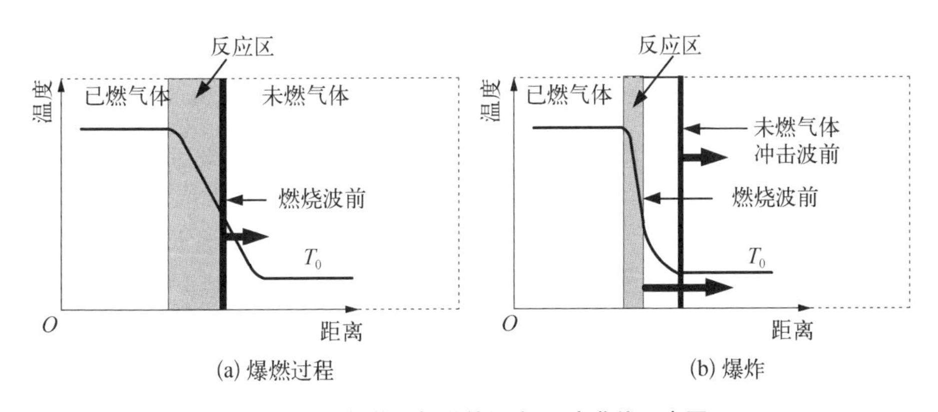

图 5-14　爆炸和爆燃的温度-距离曲线示意图

然而，更复杂的爆炸模型已经表明，在一些条件下，弱爆炸是可能的[15]。基于可压缩流动理论，可以排除强爆燃，但允许弱爆燃的整个范围。爆炸和爆燃的典型参数如表 5-8 所示。

表 5-8　爆炸和爆燃的参数范围

参　数	爆炸强度	爆燃强度
$U/(\mathrm{km/s})$	1.5～3	0.001～0.5
$\frac{v_b}{c_u}$	5～10	0.000 1～0.03
P_{max}/MPa	1.4～4	0.1～0.3
$\frac{p_b}{p_u}$	13～55	0.98～0.976
T_{max}/K	2 500～3 700	1 200～3 500
$\frac{T_b}{T_0}$	8～21	4～16
$\frac{\zeta_b}{\zeta_0}$	1.4～2.6	0.06～0.25

在爆燃期间，由火焰产生的压力可以从燃烧前缘传播开来。火焰加速传播的主要机制是在已燃烧和未燃烧气体的界面处的湍流引起的燃烧速率的增加。加速爆燃可以突然转变为爆炸。这种过渡称为爆燃到爆炸过渡（DDT）。在 DDT 点将产生非常高的压力，DDT 的机制尚未完全了解。

3）蒸气云爆炸

当事故导致液体推进剂泄漏，随后蒸发并被点燃时，可能导致蒸气云爆炸（VCE）。推进剂燃料与氧化剂蒸气或大气中的氧气混合可以产生爆炸性混合物。对于限制性蒸气，点火可能导致爆燃或爆炸；但是，在没有约束时，只有爆炸以高速传播。火焰速度取决于局部条件，例如障碍物是否存在、可燃气体的释放发生在层流中还是湍流中以及蒸气云中推进剂的浓度。当存在障碍物时，其火焰速度接近固体炸药的火焰速度。然而在一个开放的空间，没有任何障碍物的情况下，火焰速度将会减慢，仅接近固体炸药速度的一小部分。VCE 的燃烧波速度可以从亚声速（爆燃）到声速和超声速（爆炸）。无约束 VCE 的传播图如图 5-15 所示。

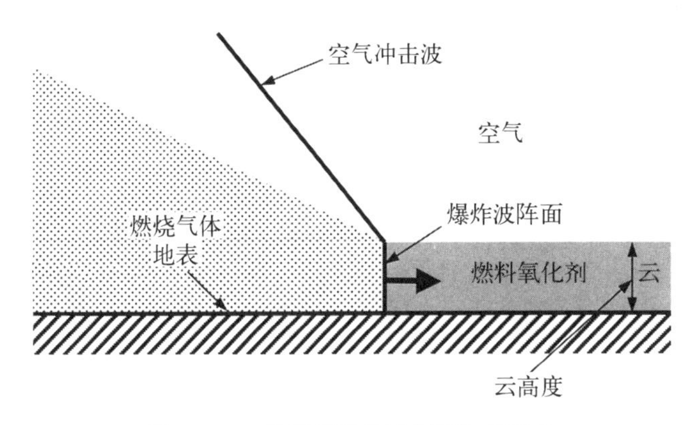

图 5-15　非限制性推进剂蒸气云爆炸

可以通过考虑在膨胀的球形流(气体)场内的能量增量来解析地描述 VCE 问题。一维球面几何中的质量、动量和能量守恒方程会产生一组非线性偏微分方程,需要用数值方法来求它们的完整解。通过设一些简化假设,可得以下公式用以求解速度和最大超压[18],即

$$\frac{v}{c}=\frac{\alpha-1}{\alpha}M_{\mathrm{f}}^{3}\left[\frac{c^{2}t^{2}}{r^{2}}-1\right] \tag{5-13}$$

$$\frac{p-p_{0}}{p_{0}}=2\gamma\left[\frac{\alpha-1}{\alpha}\right]M_{\mathrm{f}}^{3}\left[\frac{ct}{r}-1\right] \tag{5-14}$$

式中,r 为径向坐标;t 为时间;p_0 为环境压力;α 为等压膨胀系数;M_{f} 为火焰马赫数。

5.3.3　固体推进剂爆炸

固体推进剂爆炸在方式上不同于蒸气云爆炸。这些差异通常与固体推进剂相对于蒸气云有不可压缩性和有较高的密度相关。较高的密度通常引起固体推进剂的较高的引爆速度(高达 9 km/s)。尽管如此,上一节中讨论的用于分析蒸气云爆炸的简单方法也可用于分析固体推进剂爆炸。

固体推进剂爆炸可能由冲击或加热(爆沸)而偶然引发。冲击可能是由固体推进剂受撞击或由另一推进剂源的爆炸产生的空气冲击波引起的。冲击诱导固体推进剂爆炸的机理如图 5-16 所示。高速冲击可破坏固体推进剂结构进而在冲击点附近产生高度多孔的区域;然后断裂区域再压缩,产生压缩冲击波并引发爆炸。

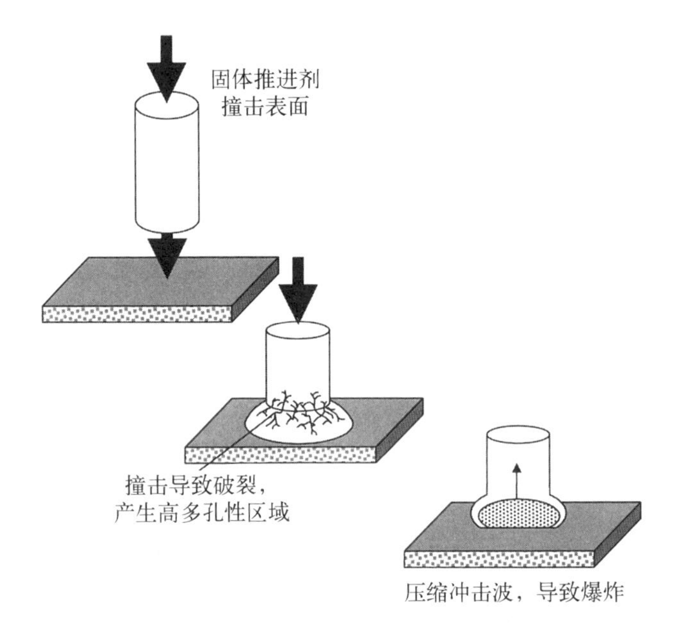

图 5－16　冲击诱导固体推进剂爆炸机理示意图

爆沸是指由于加热引起的固体推进剂爆炸。意外爆沸包括快速爆沸和慢爆沸。慢爆沸事件是由于推进剂被非常缓慢地加热而引起的,并且如果能够诱发爆沸,也可能需要较长时间来引爆。慢爆沸破坏的情况通常不是发射或发射前事故相关的主要问题。因此,可以假设在某些事故情景下可能发生快速爆沸。我们假设发生一次事故,导致了推进剂燃烧(或其他热源,如机载液态金属燃烧),还假设固体推进剂发动机已着陆在火源中或靠近火源。如果固体推进剂仍然由电机壳体限制,则图 5－17 所示为快速爆沸爆炸的基本机制[16]。热源或者燃烧引起气体在推进剂-壳体界面附近缓慢形成气泡逸出。在足够高的温度下,在热点处着火引起在热表面处的燃烧。气体燃烧产物的快速产生致使压力升高,如果壳体是坚固的,快速增加的压力则可能引发爆炸。

5.3.4　沸腾液体膨胀蒸气爆炸

如 5.1.1 节所述,与液体推进剂爆炸相关的现象之一是装有加压液体的容器可能破裂,或者是沸腾液体膨胀蒸气爆炸(BLEVE)。BLEVE 通常由低温推进剂(如 LH2/LOX,液体 N_2O_4 和液体可燃烃)的沸腾产生。BLEVE 的强度取决于液体温度和容器的内部压力,以及容器失效时的环境压力。

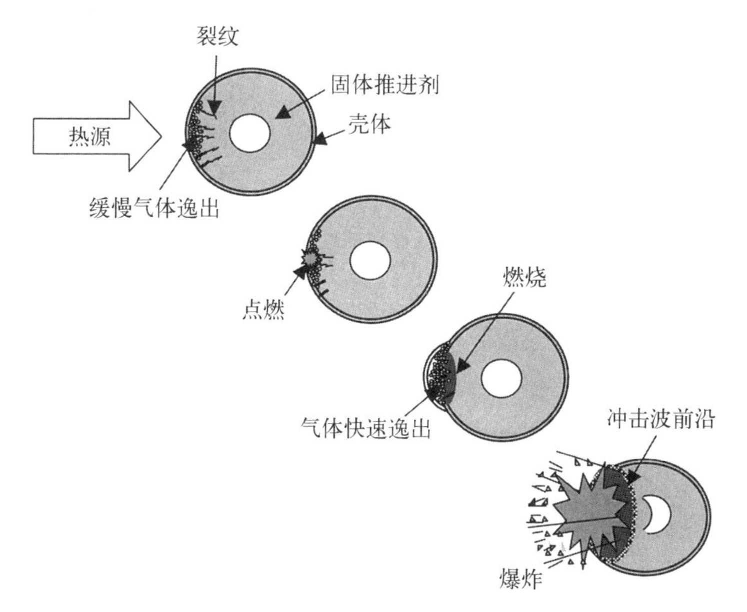

图5-17　固体推进剂的快速爆沸爆炸示意图

BLEVE可由导致加压容器破裂的任何因素引发。例如外部火灾，机械冲击（如碎片冲击），过高的内部压力（如涉及推进剂火灾事故的加热）或冶金失效。这种类型的故障在运载火箭预启动和早期启动阶段是可能发生的。

来自BLEVE的爆炸能量 E_{ex} 可以表示为

$$E_{ex}=\widetilde{E}_{ex}m_1 \tag{5-15}$$

式中，E_{ex} 为膨胀流体所做的具体功(J/kg)；m_1 为释放的流体的质量。具体工作中定义 $\widetilde{E}_{ex}$ 为初始比内能减去终比内能，即

$$\widetilde{E}_{ex}=\widetilde{u}_1-\widetilde{u}_2 \tag{5-16}$$

式中，$\widetilde{u}_1$ 和 $\widetilde{u}_2$ 分别为故障前后流体的比内能。$\widetilde{u}_1$ 由式(5-17)给出：

$$\widetilde{u}_1=\widetilde{h}_1-\frac{p_1}{\zeta_1} \tag{5-17}$$

式中，$\widetilde{h}$ 为比焓(J/kg)。$\widetilde{u}_2$ 由式(5-18)给出：

$$\widetilde{u}_2=(1-X)\widetilde{h}_{sl}+X\widetilde{h}_g-(1-X)\frac{p_0}{\zeta_{sl}}-X\frac{p_0}{\zeta_g} \tag{5-18}$$

式中，X 为蒸气比$[\widetilde{s}_1-\widetilde{s}_{sl}/(\widetilde{s}_g-\widetilde{s}_{sl})]$；$\widetilde{s}$ 为比熵(J/kg)。下标sl表示环境压

力下的饱和液体状态，g 表示环境压力下的饱和蒸气状态。

例 5.1

在一次发射前事故中，装有液氧的储箱破裂。储箱的初始压力为 1.5 个标准大气压，环境压力为 1 个标准大气压。如果液氧的质量是 50 000 kg，那么这次 BLEVE 的爆炸能量是多少？液氧具有以下饱和度特性：

$$1.5\text{ 个标准大气压下},\tilde{h}_1=-1.2641\times10^5\ \text{J/kg},$$

$$\zeta_1=1\,120.7\ \text{kg/m}^3,\ \tilde{s}_1=3.0168\ \text{J/(g}\cdot\text{K)}$$

$$1\text{ 个标准大气压下},\tilde{h}_{sl}=-1.3337\times10^5\ \text{J/kg},$$

$$\zeta_{sl}=1\,141.2\ \text{kg/m}^3,\ \tilde{h}_g=7.9688\times10^4\ \text{J/kg}$$

$$\zeta_g=4.4671\ \text{kg/m}^3,\ \tilde{s}_{sl}=2.9418\ \text{J/(g}\cdot\text{K)},\ \tilde{s}_g=5.3042\ \text{J/(g}\cdot\text{K)}$$

解：

利用式(5-17)得

$$\tilde{u}_1=-1.2641\times10^5-\frac{1.5\times1.013\times10^5}{1\,120.7}=-1.2655\times10^5\ (\text{J/kg})$$

利用式(5-18)以及 $X=\dfrac{3.0168-2.9418}{5.3042-2.9418}=0.03175$ 得

$$\begin{aligned}\tilde{u}_2=&(1-0.03175)(-1.3337\times10^5)+0.03175\times(7.9688\times10^4)-\\&(1-0.03175)\frac{1.013\times10^5}{1\,141.2}-0.03175\times\frac{1.013\times10^5}{4.4671}\\=&-1.2741\times10^5\ (\text{J/kg})\end{aligned}$$

最后，由式(5-16)得到由一次 BELIEVE 引起的爆炸能量是

$$E_{ex}=[-1.2655\times10^5-(-1.2741\times10^5)](5\times10^4)=4.3\times10^7\ (\text{J})$$

5.4 爆炸效应

本节讨论的爆炸效应仅限于冲击波效应和碎片产生。冲击波效应的讨论集中在爆炸对周围空气的影响上。碎片碰撞效应在第 7 章中进行讨论。

5.4.1 冲击基础知识

由于推进剂的爆炸特性与常规爆炸物相似，许多用于分析高性能炸药冲

击现象的理论也适用于推进剂。冲击波的特性决定了爆炸的潜在影响。推进剂的构型和环境也是重要因素。例如，对于未受限制的液体推进剂或壳体破裂的固体推进剂，冲击波会直接传播到周围空气中。如果加固了壳体，则冲击波必须首先突破外壳材料，然后驱使推进剂向外扩散。对于假定的推进剂爆炸，冲击波可以从表面（例如地表面）反射，并与飞船上核能系统附近的结构发生相互作用。这些相互作用可能会导致压力、密度、温度和粒子速度在位置和时间上迅速变化。

冲击波的特性通常通过冲击波在传播过程中的未受干扰波来表征。图5-18描述了理想冲击波的一些特性随时间变化的情况。在冲击波前沿到达之前（即当 $t < t_a$ 时），压力处于环境压力 p_0。在到达时间 t_a 时，压力 p 迅速上升到峰值 $\hat{p} = \Delta p^+ + p_0$，然后在 $t = t_a + t_d^+$ 时下降到环境压力。在时间 $t = t_a + t_d^+$ 之后，压力下降到一个部分真空状态，最小压力等于 $p_0 - \Delta p^-$，随后在 $t = t_a + t_d^+ + t_d^-$ 时间后，压力最终恢复到 p_0。

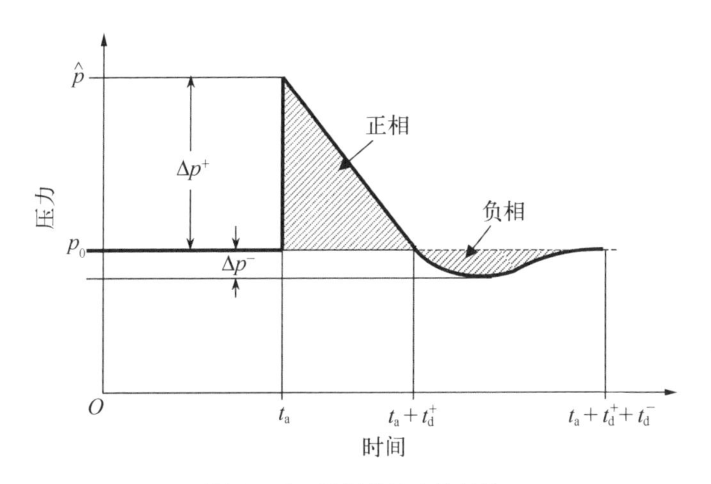

图5-18　理想的冲击波结构

这里，定义 Δp^+ 为峰值过压（Pa）。在初始压力 p_0 之上的部分被称为正相，跨越从 t_a 到 $t_a + t_d^+$ 的时间段。相反，从 $t_a + t_d^+$ 到 $t_a + t_d^+ + t_d^-$ 的时间段内低于 p_0 的部分（Δp^-）被称为负相。为了简单起见，我们只关注正相，因为 $\Delta p^+ \gg \Delta p^-$。

由冲击波产生的正冲量 I_s^+ 由在正相上的压力增量的时间积分给出，即

$$I_s^+ = \int_{t_a}^{t_a + t_d^+} [p(t) - p_0] \mathrm{d}t \tag{5-19}$$

在冲击波前沿，并且在自由空气中和远离反射面的情况下，冲击波的许多特性通过 Rankine - Hugoniot 方程相互关联。使用式(5 - 3)至式(5 - 7)并消去燃烧热量项，可以得出

$$\hat{\zeta}(U-\hat{v})=\zeta_0 U \tag{5-20}$$

$$\hat{p}-p_0=\zeta_0\hat{v}U \tag{5-21}$$

$$\hat{\zeta}(U-\hat{v})^2+\hat{p}=\zeta_0^2U^2+p_0 \tag{5-22}$$

式中，U 为冲击波前沿速度；$\hat{\zeta}$，$\hat{p}$，$\hat{v}$ 分别表示冲击波前沿的密度、压力、粒子峰值速度；参数 ζ_0 为环境空气密度，峰值压力(也称为侧面压力)为

$$\hat{p}=\Delta p^{+}+p_0 \tag{5-23}$$

式(5 - 20)到式(5 - 22)是含有未知数 U、$\hat{\zeta}$ 和 $\hat{v}$ 的三个公式。它们描述了正常冲击波前沿的特性。环境空气的特性(即 ζ_0 和 p_0)通常会按照不同海拔高度进行制表，如表 5 - 9 所示。

表 5 - 9　标准大气的物理特性

海拔高度/m	温度/K	压强/pa	密度/(kg/m^3)
0	288.2	1.013×10^5	1.225
1 000	281.7	8.988×10^4	1.112
2 000	275.2	7.950×10^4	1.007
3 000	268.7	7.012×10^4	9.093×10^{-1}
4 000	262.2	6.166×10^4	8.194×10^{-1}
5 000	255.7	5.405×10^4	7.364×10^{-1}
6 000	249.2	4.722×10^4	6.601×10^{-1}
7 000	242.7	4.711×10^4	5.900×10^{-1}
8 000	236.2	3.565×10^4	5.258×10^{-1}
9 000	229.7	3.080×10^4	4.671×10^{-1}

（续表）

海拔高度/m	温度/K	压强/pa	密度/(kg/m³)
10 000	223.3	2.650×10^{4}	4.135×10^{-1}
15 000	216.7	1.211×10^{4}	1.948×10^{-1}
20 000	216.7	5.529×10^{4}	8.891×10^{-2}
30 000	226.5	1.197×10^{3}	1.841×10^{-2}
40 000	250.4	2.871×10^{2}	3.996×10^{-3}
50 000	270.7	79.78	1.027×10^{-3}
60 000	255.8	22.46	3.059×10^{-4}
70 000	219.7	5.520	8.754×10^{-5}
80 000	180.7	1.037	1.999×10^{-5}
90 000	180.7	1.644×10^{-1}	3.170×10^{-6}

为了简化对这些关系的讨论，我们可以把重点放在一个特定的工作流体上，即具有恒定分子质量（不包括燃烧产物气体）的多方气体。对于多方气体，压力和密度之间的关系是

$$\frac{p}{p_0}=\left(\frac{\zeta}{\zeta_0}\right)^{\gamma} \tag{5-24}$$

使用这些公式和声速关系式，得到冲击波前沿速度为

$$U=c_0\left[1+\left(\frac{\gamma+1}{2\gamma}\right)\left(\frac{\hat{p}}{p_0}\right)\right]^{1/2} \tag{5-25}$$

式中，c_0 为该环境下的声速，我们也可以得出

$$\hat{\zeta}=\zeta_0\frac{2\gamma p_0+(\gamma+1)\hat{p}}{2\gamma p_0+(\gamma-1)\hat{p}} \tag{5-26}$$

以及冲击波前后的粒子峰值速度为

$$\hat{v}=\frac{c_0\hat{p}}{\gamma p_0}\left[1+\frac{\gamma+1}{2\gamma}\left(\frac{\hat{p}}{p_0}\right)\right]^{-\frac{1}{2}} \tag{5-27}$$

另一个值得关注的冲击波特性是动态压力，因为它在描述风效应、爆炸产生的碎片和阻力时非常重要。动态压力 p_{dy} 是由流体运动引起的压力，由下式给出

$$p_{dy}=\frac{1}{2}\hat{\zeta}\hat{v}^2 \tag{5-28}$$

通过将从式(5-26)和式(5-27)求得的密度和粒子速度代入式(5-28)，同时取 $\gamma=1.4$，得空气的动态压力为

$$p_{dy}=\frac{5}{2}\left(\frac{\hat{p}^2}{7p_0+\hat{p}}\right) \tag{5-29}$$

对于接近结构或表面的爆炸，爆炸的冲击波可能从结构物上反射，使得冲击载荷可能会比侧向压力更大。这种情况对运载火箭在地面的发射前阶段可能很重要。图5-19显示了冲击波在地面反射的假想过程，其中在时刻 t_3，冲击波已经从表面反射。由反射波引起的超压可能超过入射波引起的超压，因为反射波可以在入射波后面的高密度大气中以更高的速度行进。正常反射波中的峰值压力被表示为 $p_r(t)$。给定反射压力变化函数 $p_r(t)$，则反射比冲 I_r 可以写为

$$I_r=\int_{t_a}^{t_a+t_d}[p_r(t)-p_0]\mathrm{d}t \tag{5-30}$$

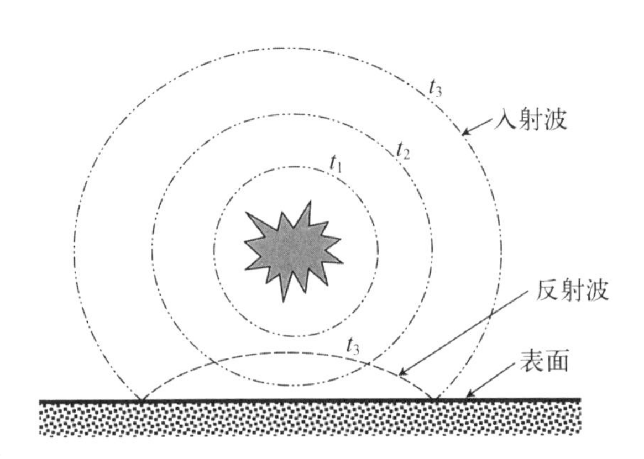

图5-19　冲击波在地面的反射

注意，式(5-30)与式(5-19)相似。式(5-30)中的参数 p_r[19] 与式(5-23)中定义的峰值压力的关系为

$$\Delta p_{\mathrm{r}}=\hat{p}\,\frac{\left(2+\frac{1}{v^{2}}\right)\left(\frac{\hat{p}}{p_{0}}\right)-1}{\frac{1}{v^{2}}+\frac{\hat{p}}{p_{0}}}-p_{0} \tag{5-31}$$

$$\frac{1}{v^{2}}=\frac{\gamma+1}{\gamma-1} \tag{5-32}$$

注意,式(5-31)表示远离其他反射表面的给定爆炸的最高峰值压力,并用来导出与TNT炸药爆炸的侧向压力相关的经验曲线(参见5.4.2节)。

5.4.2　爆炸缩比

爆炸的效应常常使用已建立的缩比定律来分析,已经利用缩比定律建立了相关关系来确定爆炸冲击波的性质。一些最常见的缩比方法包括立方根比例定律、TNT当量法和多能量法。

1) 立方根比例定律、Sachs定律和压力-时间缩比定律

最常用的爆炸缩比理论是立方根比例定律(Hopkinson-Cranz比例定律)。立方根比例定律表明,当两个具有相似几何形状和类型但具有不同尺寸的同种炸药在相同的大气条件下引爆时,它们在相同的比例距离下产生相似的冲击波。比例距离是炸药质量的函数,由式(5-33)给出

$$Z=\frac{r}{m_{\mathrm{ex}}^{1/3}} \tag{5-33}$$

式中,Z为比例距离($\mathrm{m/kg^{1/3}}$);r为距爆炸中心的距离(m);m_{ex}为爆炸物的总质量(kg)。爆炸比例因子λ定义为

$$\lambda=\left(\frac{m_{\mathrm{exr}}}{m_{\mathrm{ex}}}\right)^{1/3} \tag{5-34}$$

式中,m_{exr}为参考质量,因此

$$r=\lambda r_{\mathrm{r}} \tag{5-35}$$

式中,r_{r}为参考距离,在该距离上产生的冲击效应与m_{ex}在位置r处产生的冲击效应相同。立方根比例定律也适用于时间,即

$$t_{\mathrm{a}}=\lambda t_{\mathrm{ar}} \tag{5-36}$$

$$t_d = \lambda t_{dr} \tag{5-37}$$

Sachs 定律：另一个流行的爆炸缩比定律是 Sachs 缩比，它几乎只用于预测高海拔爆炸的冲击波特性。Sachs 定律表明，无量纲超压和冲量可以表示为无量纲比距离的特定函数，其中爆炸前的环境大气条件用于确定无量纲量。例如，Sachs 缩比压力和冲量可以定义为

$$\underline{\Delta p} = \frac{\Delta p}{p_0} \tag{5-38}$$

和

$$\underline{I} = \frac{I c_0}{E_{ex}^{1/3} p_0^{2/3}} \tag{5-39}$$

式中，$\underline{\Delta p}$ 和 $\underline{I}$ 分别为无量纲峰值超压和冲量。无量纲 Sachs 缩比距离 $\underline{r}$ 为

$$\underline{r} = r\left(\frac{p_0}{E_{ex}}\right)^{1/3} \tag{5-40}$$

立方根比例定律和 Sachs 定律都可以应用于求解反射冲击波参数以及侧向冲击参数。还应该注意，对于反射表面，例如在发射前的地面反射，式(5-40)中的 E_{ex} 需要乘以系数 2。

压力-时间缩比定律：随时间变化的压力可以精确地表示为

$$\Delta p(t) = \Delta p_0 \left(\frac{t - t_0}{t_d}\right) \exp\left(-\alpha_\omega \frac{t - t_0}{t_d}\right) \tag{5-41}$$

式中，α_ω 为无量纲波形参数；t 为从冲击波前沿到达的瞬间开始计时的时间。无论爆炸源是什么，式(5-41)通常都是有效的。

2) TNT 当量法和多能量法

由于 TNT 爆炸的大量实验数据可用，不同推进剂和加压容器的爆炸特性通常缩比为 TNT 爆炸数据。可用数据包括不同测量位置和方向(例如侧向或面向)的冲击波特性，包括反射压力的空间和时间变化。这些数据由考虑装药的尺寸、形状、方向和位置(例如在空中、地面上或埋藏在地下)的函数提供。这些数据被用于 TNT 当量模型，包括自由空气模型和半球模型。自由空气模型假定爆炸远离表面，因此反射压力不是很重要。半球模型假设爆炸在接近地面处发生，在该模型中反射压力是重要的。由半球模型预测的压力约为使

用自由空气模型预测的压力的两倍。

TNT 当量模型是基于相对燃烧热构建的，从而将易燃材料的质量与 TNT 当量关联起来，关系如下，

$$m_{\mathrm{TNT}} = \eta m_{\mathrm{ex}}\left(\frac{H_c}{H_{c\mathrm{TNT}}}\right) \tag{5-42}$$

式中，m_{TNT} 为 TNT 的等效质量(kg)；η 为无量纲的经验爆炸能量因子；m_{ex} 为爆炸物的质量(kg)，H_c 为爆炸物的净燃烧热(J/kg)，$H_{c\mathrm{TNT}}$ 为 TNT 的燃烧热(−46.556 MJ/kg)。对于气体，η 介于 0.01～0.2 之间；例如，对于未受限制的空间中的氢气，η 为 0.03。对于固体推进剂，η 为 1。TNT 等效分数 $\chi=\eta(H_c/H_{c\mathrm{TNT}})$。如果 χ 是已知的，式(5-42)可以简化为

$$m_{\mathrm{TNT}} = m_{\mathrm{ex}}\chi \tag{5-43}$$

表 5-10 列出了一些所选推进剂的 TNT 当量数据。

表 5-10　所选推进剂的 TNT 当量数据

推进剂总质量/kg	LH2/LOX	LOX/RP-1	N_2O_4/肼[①]
$m<5$	0.95	1.304 2	<0.01
$5<m\leqslant 45$	0.60	0.45	0.05
$45<m\leqslant 450$	1.35[②](0.504)	0.85(0.59)	0.90[③](0.402)[④]
$450<m\leqslant 4\,500$	0.04(0.355)[⑤]	0.01	—
$4\,500<m\leqslant 45\,000$	0.10	0.40	0.015
$m>45\,000$	0.01	0.07	0.02

注：① 航空肼 50(Aerozine 50)是由 50%的肼和 50%的偏二甲肼组成的。

② 在推进剂以大于 45.72 m/s 的速度高速冲击混合时，χ 为 1.35，第二接近的值(非高速冲击混合)是 1.05。

③ 这是一个峰值，第二接近的值是 0.60。

④ WSTF 测试了 N_2O_4 和 MMH。

⑤ HOVI 测试 9 基于冲量和空爆 TNT 数据得出了 $\chi=0.355$，第二接近的值是 0.057。

参考文献[19]提供了反射压力和侧向压力之间的经验关系。将表达式转换为公制单位的形式如下：

$$\frac{\Delta p_{\mathrm{r}}}{\Delta p}=\frac{3.864\times10^{-7}\Delta p}{1+1.125\times10^{-7}\Delta p+2.796\times10^{-13}\Delta p^{2}}+2+\frac{4.218\times10^{-3}+7.021\times10^{-6}\Delta p+9.979\times10^{-10}\Delta p^{2}}{1+1.164\times10^{-6}\Delta p+5.595\times10^{-10}\Delta p^{2}} \tag{5-44}$$

对于可燃气体在自由空气中的爆炸，一旦 m_{TNT} 已知，可使用经验公式计算到给定超压的距离，公式如下，

$$r=0.3048(2.2046m_{\mathrm{TNT}})^{1/3}\mathrm{e}^{\omega(\Delta p)} \tag{5-45}$$

式中，

$$\omega(\Delta p)\equiv3.5031-0.7241[\ln(1.4554\times10^{-4}\Delta p)]+0.0398[\ln(1.4554\times10^{-4}\Delta p)]^{2} \tag{5-46}$$

TNT 当量模型的假设和约束如下。

(1) 假设爆炸源是一个点，但这个假设在描述蒸气云爆炸的情况时很不准确。

(2) 假设超压随距离的衰减类似于高性能炸药(即 TNT)相关的衰减。

(3) 该模型会高估爆炸源附近的超压。

(4) 该模型不考虑地形、建筑物或障碍物的影响。

(5) 最后，该模型是在海平面的环境条件下建立的。为了在不同海拔高度正确应用该模型，必须对结果应用修正因子进行修正。压力应乘以 (p/p_0)，冲量应乘以 $\left(\frac{p}{p_0}\right)^{2/3}\left(\frac{c_0}{c}\right)$。

多能量模型常用于估计蒸气云爆炸的冲击效应。该模型假设蒸气云爆炸只能发生在部分受限制的蒸气云的区域内，并且将蒸气视为半球形体积。该半球形体积等于部分受限制区域的体积(如果蒸气云体积大于该区域)或者等于蒸气云的体积(如果蒸气云体积小于部分受限制区域)。为了预测最大冲击超压和持续时间，已开发出无量纲图表，可与多能量模型一起使用。例如，图 5-20 展示了烃类气体和空气混合物的无量纲峰值超压，它是 Sachs 缩比距离的函数。曲线 1 至曲线 10 表示相对冲击强度。冲击强度为 10 是强爆炸强度，强度为 1 是非常低的爆炸强度。通过下面步骤，这些曲线可用于估计峰值超压：

(1) 将部分受限体积乘以混合物的能量密度；

(2) 计算我们感兴趣的距离 r 的能量缩比距离 $\underline{r}$；

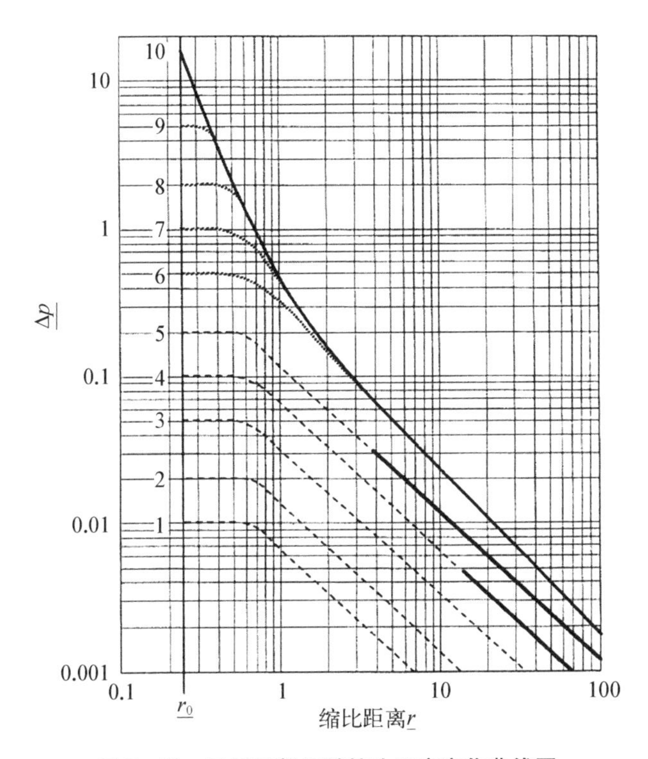

图 5-20　无量纲超压随缩比距离变化曲线图

(3) 选择冲击强度，并从曲线中获得缩比的超压；

(4) 再用 $\underline{\Delta p}$ 乘以环境大气压力 p_0 得到 Δp；

(5) 对于 TNT 当量模型，应根据所考虑的海拔高度应用修正因子。

前面的讨论提供了预测可能由假设的推进剂爆炸事故产生的潜在环境冲击的方法。来自冲击的超压可能不会对大多数系统造成安全问题。然而，动态压力和冲击波可能会将系统以高速推向坚硬表面或物体，进而导致系统破坏或重构。这种可能性将在第 7 章讨论。冲击波还可能导致冲击损伤。

例 5.2

设在一次发射任务的上升段，由于装有液氢燃料的储箱泄漏导致了一次爆炸，计算这次爆炸的 TNT 等效质量。推进剂质量为 53 000 kg，环境压力为 0.25 个标准大气压。

解：

由表 5-10 得 $\chi=0.01$，利用式(5-43)可得

$$m_{\mathrm{TNT}}=5.3\times10^4\times(0.01)=530(\mathrm{kg})$$

5.4.3 爆炸特异性碎片

除了爆炸冲击波造成的破坏效应外，推进剂爆炸通常还会产生高速碎片，可能会撞击并损坏飞船上的核能系统。为了预测爆炸产生的碎片对飞船上核能系统的潜在影响，必须确定碎片的特征(速度、质量、形状、尺寸和轨迹)。这些特征在很大程度上取决于推进剂箱的初始几何形状、结构材料和配置，以及爆炸的严重程度。一些实验数据(比如从 PYRO 项目中得到的部分数据)已经被用来量化碎片环境和开发碎片模型。这些模型用于预测碎片通量以及不同位置的碎片尺寸和速度。这些特征在评估液体推进剂储箱爆炸的后果时相当重要。

1) 碎片尺寸和速度分布

碎片尺寸 d(m)和速度 v(m/s)可以用下列简单的经验公式进行估计

$$d = d_0 Z'^a \tag{5-47}$$

$$v = v_0 Z'^b \tag{5-48}$$

式中，d_0、v_0、a 和 b 为由测试数据确定的常数；Z'的计算公式为

$$Z' = \frac{Z}{\chi^{1/3}} \tag{5-49}$$

作为航天飞机安全工程的一部分，四个参数 d_0、v_0、a 和 b 使用土星(S-Ⅳ)系列试验的碎片数据获得。通过拟合试验数据，得到 $d_0=0.769$ m、$v_0=128.9$ m/s、$a=0.9$、$b=-1.3$[1]。

2) 液体推进剂储箱碎片

在没有空气阻力的情况下，基于运动定律可以预测以 45°倾角发射的弹体的射程在 v^2/g 之内，式中 v 是弹体的速度。例如，具有 $v=150$ m/s($g=9.8$ m/s^2)的弹体可以飞行约 2.3 km。然而，这种预测假设重力对弹体的运动起主导作用，对于较轻的碎片，有时候阻力对其运动起到的作用要比重力更重要。忽略重力的影响，可以使用牛顿第二定律来检验阻力效应，即

$$m_F \frac{dv}{dt} = F_D \tag{5-50}$$

式中，m_F 为碎片的质量(kg)；t 为时间；F_D 为阻力，阻力由式(5-51)给出

$$F_D = -\frac{1}{2} C_D \zeta_g A_F v^2 \tag{5-51}$$

式中,C_D 为阻力系数;ζ_g 为冲击波前沿面的空气或者气体的密度(kg/m^3);A_F 为碎片前表面的横截面积(m^2)。将式(5-51)代入式(5-50)将会得到一个碎片速度随位置变化的函数

$$v(r)=v_0 e^{-(r/\xi)} \tag{5-52}$$

式中,r 为碎片的射程或者为以爆炸源为原点移动的距离(m);v_0 为碎片的初始速度,其值等于爆炸气体施加给碎片的速度;$\xi=2(\beta/\zeta_g)$ 为特征长度且是弹道系数(β)的直接函数,式中 $\beta\equiv m_F/A_F C_D$。因此,有较高弹道系数的弹体相对于有较低弹道系数的弹体其速度下降得更慢一点。Anderson 和 Owing[23] 使用 PYRO 项目的碎片数据,证实了式(5-52)能够充分预测航天飞机事故的碎片速度分布。碎片的初始速度通常是未知的。PYRO 项目的数据已被用于建立确定碎片初始速度和射程的关系的经验公式,即

$$v_0=73.96\times\psi^{0.43} \tag{5-53}$$

和

$$r=95.93\,\psi^{0.28} \tag{5-54}$$

式中,定义 ψ 为

$$\psi=\chi\frac{m_p}{m_F} \tag{5-55}$$

式中,m_p 和 m_F 分别为推进剂的总质量(燃料加氧化剂)和碎片的总质量。

例 5.3

评估航天飞机(采用表 5-1 所示航天飞机参数)外挂储箱意外爆炸产生的碎片尺寸和速度,设该评估点距爆炸中心的距离是 30 m。

解:

由式(5-33)和表 5-1,得到缩比距离 Z 为

$$Z=\frac{30}{(7.3\times10^5)^{1/3}}=0.33(m/kg^{1/3})$$

由表 5-10 以及 $\chi=0.01$ 取,得

$$Z'=\frac{Z}{\chi^{1/3}}=\frac{0.33}{(0.01)^{1/3}}=1.5(m/kg^{1/3})$$

利用式(5-47)和式(5-48),可求得碎片尺寸和碎片速度分别为

$$d=d_0 Z'^a=0.769\times(1.5)^{0.9}=1.11(m)$$

$$v=v_0 Z'^b=128.9\times1.5^{-1.3}=76(m/s)$$

5.5 推进剂火灾

推进剂火灾的基本类型包括池火、蒸气云火和火球。推进剂爆炸之后火球的形成主要取决于点火时推进剂的量和结构，而这些因素又取决于假定发生事故的时间和任务阶段。例如，在发射前阶段，泄漏的推进剂量会影响火灾的持续时间和潜在的破坏程度；在发射时刻，所有推进剂均可用于支持燃烧；在上升过程中，可用的推进剂随着推进剂的消耗而减少。一旦预测的运载火箭撞击点不在地面上，地面火灾的可能性就会消除。虽然液体推进剂和固体推进剂火灾有许多共同特征，但固体推进剂火灾涉及的过程可能比液体推进剂更复杂，因此，本节末尾对固体推进剂火灾的讨论是非常基本的。

5.5.1 池火和蒸气云火

池火通常是由于液体推进剂意外泄漏到地面上造成的。泄漏的液体会在地面上扩散，填充在粗糙表面的小尺度裂缝或不平地面的较大尺度的凹陷里面。泄漏的低温推进剂会因为与相对温暖的地面之间的热传递而剧烈沸腾蒸发，而非低温液体推进剂的蒸发速率则较慢。点火引发液池燃烧会产生火焰，火焰会随着液膜的传播而扩散，火焰高度由燃料的蒸发速率决定，燃烧速率取决于燃烧过程中空气和燃料的混合速率，并且燃烧将会持续到耗尽所有可用的燃料为止。

液体推进剂事故的一个后果是可能形成蒸气云火。与直接由液体推进剂爆炸产生的火球不同(参见 5.5.2 节)，蒸气云火可能由于蒸气云的非爆炸性燃烧而发生，点火源可以是结构与地面的摩擦、电火花或已存在的明火。一般来说，液体推进剂泄漏会产生大量的蒸气，然后被盛行风输送形成蒸气云，例如，当液池由于缺少点火源而没有立即点燃时，就可能发生这些情况。另外，某些推进剂(例如液氢)具有很高的蒸气压，可能由于与周围环境的热传递而沸腾，而不一定来自明火。对于这些情况，形成的云具有细长的形状，其通常被称为羽流。羽流的前缘随风向前推进，而其后缘在蒸气源处形成。随着前缘向下风方向移动，周围空气被卷入云中，从而增加其体积并降低蒸气浓度。随着云的继续扩散，蒸气浓度可能会在遇到点火源之前下降到可燃极限以下。在这种情况下，可以完全避免火灾危险。热辐射是与池火和蒸气云火相关的主要危险因素。热辐射的影响取决于火焰高度、火焰的辐射功率、局部大气条件、蒸气云大小和与云的距离。虽然有经验关系可用，但 Navier – Stokes 和火焰化学方程的数值解也经常被用来分析池火和蒸气云火。

5.5.2　火球

火球一般来说是液体推进剂储箱爆炸(BLEVE)的直接结果。在 BLEVE 过程中，液体推进剂可以瞬间沸腾，然后被点燃。火球最显著的特征是它迅速从点火源升起并扩散到周围的大气中。从本质上讲，火球可以产生非常高的温度，同时产生大量的辐射能量。在本讨论中，假设火球形成和发展由两个阶段组成，首先是燃烧阶段，然后是夹带阶段。在燃烧阶段，火球温度和大小均随着推进剂的燃烧而增加。来自火球的辐射和对流热损失直接影响周围环境以及火球内的相关结构，可以参考 Dobranich 等的研究[24]。

当一次无约束的推进剂燃烧开始时，一系列事件有助于火球的形成和发展(见图 5 – 21)。如果火球发生在表面，最初会以一个被表面(例如地面)封闭的半球形式增长。随后，大量的推进剂在约束表面上面或附近快速燃烧。然而，如果火球发生在约束表面上方(例如在大气中)，则它从一开始就呈现完整的球形。在火球发展早期阶段，由液体推进剂产生的爆炸通常包括爆震或快速爆燃。这种高速率反应在火球外边界会产生冲击波，同时在火球中心导致低气压。这些现象调节了火球初始的横向生长模式、空气进入火球和火球整体的向上运动。随着冲击波的消散并且火球上的压力梯度减小后，初始生长阶段结束。此时，火球动力学由浮力控制，这是火球发展的第一阶段中产生的高温和低气体密度的结果。由于气体密度降低，火球将会上升。当火球的上升速度超过其生长速率时，火球开始从一个半球形变成一个在底部被地面截断的球形。当基本上所有的燃料被消耗并且由于浮力而导致火球的横向生长速率慢于垂直运动时，就会发生起飞的情况。随着火球继续上升，它会产生涡旋运动，这与自然对流力一起作用使得周围的环境空气和

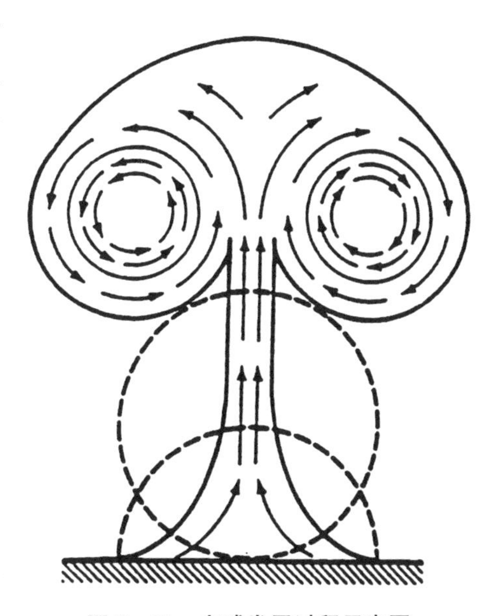

图 5 – 21　火球发展过程示意图

剩余的推进剂从下方被吸入火球，形成一个柄状结构。由于空气夹带和残余燃烧，火球的体积在上升时继续增长。当燃烧完成时，由于持续的空气夹带和来自火球表面的辐射，火球开始快速冷却。在此期间，产生的涡旋运动使火球的形状改变为扁椭球状，然后变为环状。最终，云层充分冷却消除了浮力，火球达到一定的最大高度。必须知道影响火球热效应的以下关键火球特性，以评估对星载空间核能系统的潜在损害：

(1) 火球尺寸和持续时间；

(2) 起飞时间；

(3) 绝热火焰温度；

(4) 平均火球温度；

(5) 推进剂燃烧速率；

(6) 与火球相关的辐射和对流通量。

1) 火球尺寸和持续时间

基于系列试验的数据，已经建立了火球尺寸和时间之间的若干经验关系式。这里提供了一些更重要的关系。在火球起飞时，最大火球半径 r_{LF}(m)可以近似表示为[12,26-27]

$$r_{LF} = 1.44(m_p)^{1/3} \tag{5-56}$$

起飞后火球的尺寸大约为

$$r_{FB} = 1.88(m_p)^{0.325} \tag{5-57}$$

式中，m_p 为包括燃料和氧化剂的推进剂质量(kg)。

起飞时间 t_{LF}(从推进剂点火到起飞的时间，以秒为单位)可以使用下式进行估算，

$$t_{LF} \approx 0.65(m_p)^{1/6} \tag{5-58}$$

火焰源的起飞时间 t_{LS} 近似为 t_{LF} 的 1.5 倍。一般来说，如果参与燃烧的推进剂的质量小于 90 kg，起飞可能不会发生。火球持续时间 t_{FB} 是火球内发生温度上升的时间。火球持续时间可以使用下式估算，

$$t_{FB} \approx 0.26(m_p)^{0.349} \tag{5-59}$$

式(5-56)到式(5-59)所给的结果表示的是最坏的情况。

2) 火球热力学特性

火球能量平衡随时间变化的形式可以写成

$$\frac{\mathrm{d}(n_{\mathrm{FB}}H'_{\mathrm{FB}})}{\mathrm{d}t}=H'_{\mathrm{re}}\frac{\mathrm{d}n_{\mathrm{re}}}{\mathrm{d}t}+H'_{\mathrm{a}}\frac{\mathrm{d}n_{\mathrm{a}}}{\mathrm{d}t}-L \tag{5-60}$$

式中，n_{re} 和 n_{a} 分别为火球中反应物和夹带空气的摩尔质量；参数 $n_{\mathrm{FB}}=n_{\mathrm{cp}}+n_{\mathrm{a}}$，其中 n_{cp} 为燃烧产物的摩尔质量；参数 H'_{FB}、H'_{re}和 H'_{a}分别为火球、反应物和环境空气的摩尔焓，J/mol；参数 L 为由于火球中的辐射、对流等引起能量损失而导致的热损失率，W。式(5-60)左侧表示火球中能量的变化率，右侧的第一和第二项分别为反应物和夹带空气的能量变化率。使用链式法则，反应物燃烧的速率可写为

$$\frac{\mathrm{d}n_{\mathrm{cp}}}{\mathrm{d}t}=\left(\frac{\mathrm{d}n_{\mathrm{cp}}}{\mathrm{d}n_{\mathrm{re}}}\right)\frac{\mathrm{d}n_{\mathrm{re}}}{\mathrm{d}t}=y\frac{\mathrm{d}n_{\mathrm{re}}}{\mathrm{d}t} \tag{5-61}$$

式中，比率 $y=\mathrm{d}n_{\mathrm{cp}}/\mathrm{d}n_{\mathrm{re}}$ 为每摩尔反应物的燃烧产物的摩尔质量的变化。将式(5-61)代入式(5-60)得

$$n_{\mathrm{FB}}\frac{\mathrm{d}H'_{\mathrm{FB}}}{\mathrm{d}t}+\left(y\frac{\mathrm{d}n_{\mathrm{re}}}{\mathrm{d}t}+\frac{\mathrm{d}n_{\mathrm{a}}}{\mathrm{d}t}\right)H'_{\mathrm{FB}}=H'_{\mathrm{re}}\frac{\mathrm{d}n_{\mathrm{re}}}{\mathrm{d}t}+H'_{\mathrm{a}}\frac{\mathrm{d}n_{\mathrm{a}}}{\mathrm{d}t}-L \tag{5-62}$$

式中，损失项可写为

$$L=\varepsilon\sigma A_{\mathrm{FB}}(T_{\mathrm{FB}}^4-T_{\mathrm{a}}^4)+\varepsilon_{\mathrm{s}}\sigma A_{\mathrm{s}}(T_{\mathrm{FB}}^4-T_{\mathrm{s}}^4)+h_{\mathrm{s}}A_{\mathrm{s}}(T_{\mathrm{FB}}-T_{\mathrm{s}})+q_{\mathrm{s}} \tag{5-63}$$

式中，A_{FB} 为球形火球的表面积(m^2)；T_{a} 为环境空气的温度(K)；ε_{s} 为火球内部运载火箭结构的发射率；σ 为斯特藩-波尔兹曼常数；T_{s} 为结构温度(K)；h_{s} 为结构和火球之间的对流热传递的传热系数[W/(m^2·K)]；q_{s} 为由于结构燃烧而增加的热量(W)。

式(5-63)通常通过数值模拟求解，例如使用火球集成代码包[24]。火球集成代码包是一个相当全面的工具，考虑了燃烧化学、火球动力学、湍流运动的影响、火球上沾染的烟尘和污垢以及火灾对星载核系统结构的影响(如 $\mathrm{PuO_2}$ 蒸发)。火球集成代码包非常适合参数或统计研究，其可以考虑各种事故场景。本章末尾提供了此代码包的简要说明。

3) 火球温度的半经验模型

如参考文献[12]所述，通过简单地假设辐射是火球内热传递的主要模式，火球能量方程可以写为

$$V_{FB}(t)\zeta_{FB}(t)\frac{d[c_{cp}T_{FB}(t)]}{dt}=H'_{r-p}-\varepsilon\sigma A(t)T_{FB}^{4}(t) \qquad (5-64)$$

式中，V_{FB} 为火球体积（m^3）；ζ_{FB} 为火球密度（kg/m^3）；c_{cp} 为火球气体的比热容[J/(kg·K)]；式(5-64)的左边是火球内的焓变化率(J/s)；右侧的第一项 $H'_{r-p}=H'_{re}-H'_{cp}$ 为反应物和产物之间的焓变化率之差；右边第二项给出了辐射能量损失的速率。

几个经验关系可以用于提供式(5-64)的一个更有用的形式。例如，发现火球质量（火球体积和密度的乘积 $V_{FB}\zeta_{FB}$）[12]等于推进剂消耗速率 R_a 和时间 t 的乘积，即

$$V_{FB}\zeta_{FB}=R_a t \qquad (5-65)$$

此外，火球表面积 $A=4\pi r_{FB}^2$ 可与火球随时间变化的半径和密度的经验关系一起使用，将式(5-64)重写为

$$t\frac{d[c_{cp}T_{FB}(t)]}{dt}=\widetilde{H}_{r-p}-k_0[tT_{FB}^{7}(t)]^{2/3} \qquad (5-66)$$

式中，k_0 被定义为

$$k_0\equiv 4\pi\varepsilon\sigma R_a^{-1/3}\left(\frac{3}{4\pi}\frac{ZR}{p_a M_{rp}}\right)^{2/3} \qquad (5-67)$$

式中，$\widetilde{H}_{r-p}$ 为反应物和产物之间的比焓差(J/kg)；Z 为气体压缩因子；R 为通用气体常数[J/(mol·K)]；p_a 为大气压力(Pa)；M_{rp} 为火球产物的相对分子质量。式(5-66)是火球温度关于一系列推进剂性质的函数的初值问题，可以使用标准技术对其进行数值积分。如果设 $t\leqslant t_{LF}$ 则这个方程通常是有效的。在火球上升后 ($t>t_{LF}$)，$\widetilde{H}_{r-p}$ 设置为零；$t=t_{LF}$ 时的温度被用作初始温度。

4) 火球生命周期

图 5-22 显示了两种不同模型下火球产生的辐射热通量随时间变化的曲线。热化学模型基于 Williams[28] 所描述的式(5-66)和式(5-67)，实验数据来自 Saturn 火球实验。热化学模型的最大辐射热通量通常是实验数据的 2 倍以上。热化学模型还显示了火球起飞时间和起飞后辐射热通量的斜率变化；然而，实验数据则显示辐射热通量连续下降直到火焰源起飞。实验和热化学模型的火球温度变化过程如图 5-23 所示。

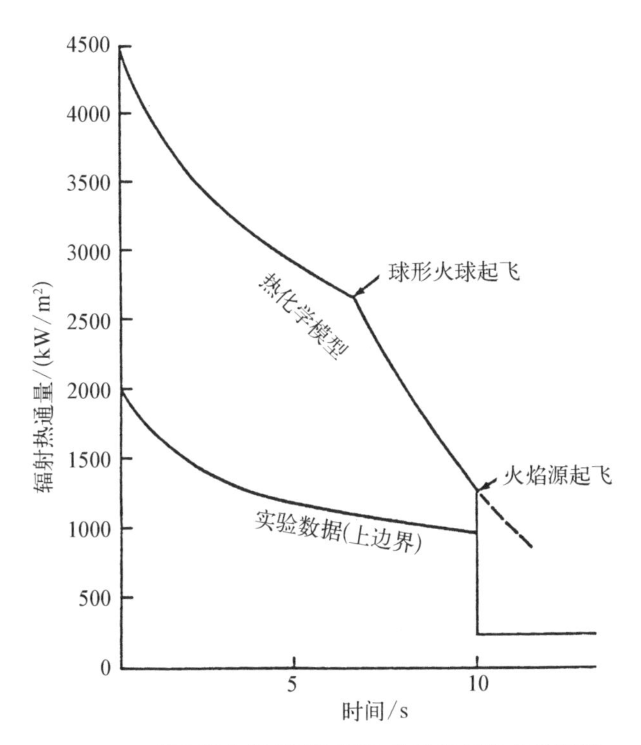

图 5-22　基于热化学模型预测和实验数据的火球辐射热通量随时间变化的曲线

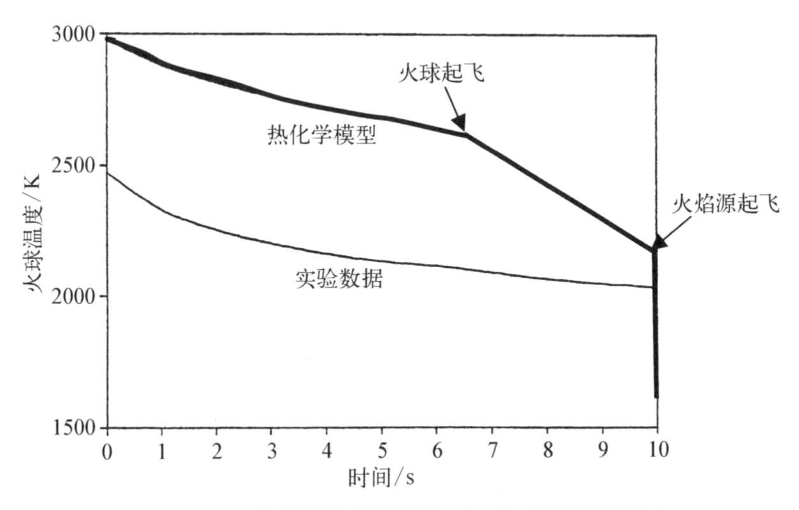

图 5-23　一个假设的航天飞机 LOX/LH2 泄漏事故中，火球温度随时间变化的曲线[25]

例 5.4

假定制导失效导致质子运载火箭坠毁于地面，剩余推进剂质量为 191 000 kg。假设所有剩余的推进剂爆炸，计算：（1）最大火球尺寸和起飞时的直径。（2）火球持续时间、上升时间以及火焰源起飞的时间。

解：

（1）由式(5-56)和式(5-57)得最大火球直径和起飞时的直径分别为

$$D_{LF}=(2\times 1.44)\times(191\,000)^{1/3}=165.9(m)$$

$$D_{FB}=(2\times 1.88)\times(191\,000)^{0.325}=195.67(m)$$

注意到，由于 $D_{LF}<D_{FB}$，所以随着起飞火球会继续膨胀。

（2）火球持续时间和上升时间可以分别使用式(5-59)和式(5-58)求得，即

$$t_{FB}=0.26\times(191\,000)^{0.349}=18.1(s)$$

$$t_{LF}=0.65\times(191\,000)^{1/6}=4.9(s)$$

$$t_{LS}=1.5\,t_{LF}=7.35(s)$$

5.5.3 固体推进剂火灾

虽然固体推进剂的爆炸特性类似于固体高能炸药，但用于火箭的固体推进剂常被设计成以稳态方式燃烧或爆燃。固体推进剂的燃烧通常比液体推进剂更复杂，因为固体推进剂的燃烧速率在很大程度上取决于可用的燃烧表面。

1）燃烧速率

燃烧速率是固体推进剂的一个基本特性，Fry[29] 指出燃烧速率一般取决于：

（1）高能材料的性质(基本成分和混合比)；

（2）化学成分(催化剂、添加剂、改性剂等)；

（3）物理效应(颗粒和颗粒尺寸分布)；

（4）推进剂的制造方式；

（5）操作条件和操作模式。

操作条件确定初始温度、压力、热损失、平行于燃烧表面的气流、加速度等。操作模式指的是推进剂在稳态还是瞬态条件下燃烧。在稳态操作下，燃烧速率的最常见的公式为

$$R_b = a_b p_c^n \tag{5-68}$$

式中，R_b 为燃烧速率[(cm/s)]；a_b 为稳定燃烧的压力系数；p_c 为燃烧室压力(MPa)；n 为稳定燃烧过程的压力指数；a_b 和 n 均为通过实验确定。式(5-68)被称为 Vieille 或 de Saint Robert 定律。虽然式(5-68)已被广泛接受，但压力的变化会导致固体推进剂燃烧存在显著的不确定性。因此，已经提出了式(5-68)的其他形式。Fry[29]对基于厚度/时间或者质量平衡的 31 种不同的估算燃烧速率的方法进行了介绍。

基于固体推进剂的束状稳态燃烧的实验表明，在对数-对数图上，当 $n \approx 1$ 时，R_b 和 p_c 之间的关系几乎是线性的。在 1942 年，Zeldovich[30]提出了燃烧速率的指数形式，即

$$R_b = \frac{\hat{R}_s}{\zeta_c} \exp\left(-\frac{E_z}{RT_s}\right) \tag{5-69}$$

式中，$\hat{R}_s$ 为最大或渐近质量燃烧速率；ζ_c 为燃烧室密度；E_z/R 为活化温度；T_s 为固体温度。对于硝化纤维素和双基推进剂，$\hat{R}_s = 18\ 000\ \mathrm{kg/(m^2 \cdot s)}$、$E_Z/R = 5\ 000\ \mathrm{K}$。如果在燃烧期间发动机压力保持恒定，则称为中性燃烧。然而，所有发动机都会经历一些瞬态燃烧，可能是渐进燃烧或回归燃烧[29,31]。在渐进燃烧期间，燃烧室压力(或推力)随时间增加会超过某一平均值。对于回归燃烧，燃烧室压力随时间降低。

2) 燃烧过程

虽然固体推进剂的燃烧过程本质上是三维的，但许多研究人员使用理想化的一维模型来区分不同的燃烧形式。图 5-24 给出了典型双基固体推进剂的一维理想化模型的各个燃烧区内的温度分布示意图。在固体推进剂的固体区域内，温度为初始温度 T_{s0}。靠近燃烧表面的泡沫区域涉及放热过程和部分固体推进剂气化[29]，但该区域的真实性质尚不清楚[31]。泡沫区域的温度从 T_{s0} 开始略有升高，并且梯度相当小。暗区[29](在参考文献[31]中被称为感应区)位于燃烧表面的正上方。该区中的材料主要是气相。暗区内的实际过程远比一维情况复杂。在该区域中，由于湍流和扩散运动，大量的一氧化氮通常存在于燃料和氧化剂混合物中。暗区可能包含发生不完全燃烧的气泡反应区。最后，火焰区是所谓的发光火焰[29]或热反应[31]区域，其中存在最高温度。当压力低于 0.15 MPa 时，则可能不会形成火焰区。

不同的区域利用能量平衡和所涉及的化学过程的组合进行数学描述。最

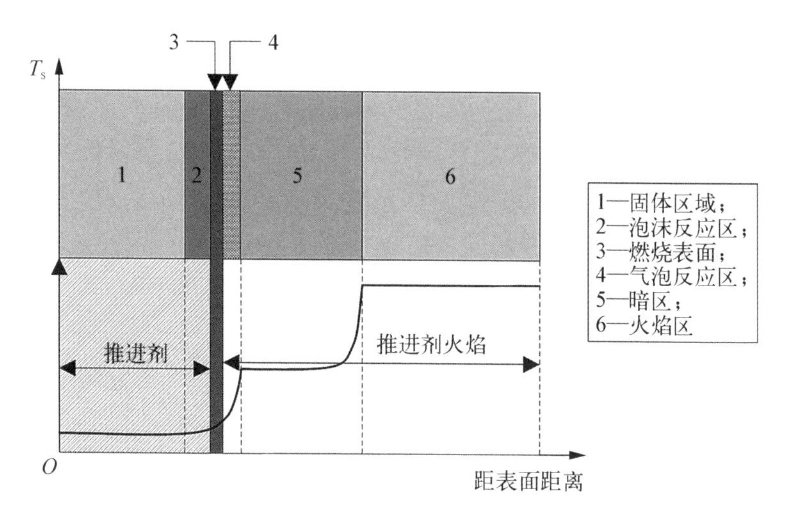

图 5-24　双基固体推进剂的推进剂和火焰温度分布示意图

简单的区域是固体区域，热传导方程在该区域适用。固体区域中能量方程的瞬态形式可以表示为[32]

$$\frac{\delta T_s}{\delta t} + R_b \frac{\delta T_s}{\delta x} - \alpha_c \frac{\delta^2 T_s}{\delta x^2} = \frac{1}{\zeta_c C_c}(Q + Q_r) \tag{5-70}$$

式中，x 为固相的尺寸；下标 c 指凝聚相或固相；Q 为由表面化学反应引起的体积释热率；Q_r 为由辐射引起的体积释热率。

3）固体推进剂自燃建模

虽然可以使用相对简单的一维模型来分析固体推进剂的燃烧，但是更复杂的模型通常用于预测快速自燃行为。快速自燃通常使用耦合的计算机代码进行建模，代码耦合了热力学（热传递、分解、点火和燃烧）、流体力学（壳体膨胀速度、爆轰、断裂）、结构或机械（推进剂衬管等）故障分析等[33]。近年来，这种耦合的数值方法已经变得足够成熟，可以进行详细的分析。美国桑迪亚国家实验室的研究人员已经将几个现有的计算机代码耦合起来以模拟快速自燃实验。代码包括 COYOTE（热化学分析）[34]、JAS3D（准静态力学）[35]、ALEGRA（动力学）[36]和 CTH（冲击物理学）[37]。

5.5.4　推进剂火灾试验和分析

到目前为止，PYRO 项目为液体推进剂火灾提供了相当全面的数据集。通用电气公司也在 20 世纪 70 年代初进行了液体推进剂火灾试验，该实验作为

“数百瓦”安全测试计划的一部分。测试包括将燃料箱浸入燃烧的 Aerozine－50 中 20 min。测得的火焰温度范围为 1 090～1 200 K。对于该温度范围，试验未显示出燃料的任何热化学降解[38]。

尤利西斯计划曾进行了一项测试以评估放射性同位素包覆层在假定的固体推进剂火灾事故期间防止燃料释放的能力。测试样品被预先加热至约 1 360 K 的温度，然后放置在一个立方体（0.9 m^3）的 UTP－3001 固体火箭推进剂旁边。对固体火箭推进剂立方体（在五个侧面受到保护）进行电点火并高强度燃烧 10.5 min。根据 Tate 和 Land 的实验[39]，一旦燃烧开始，一个剧烈的火焰区从未受保护的一侧延伸约 4.6 m。热电偶测得距离点火源约 1.8 m 处的温度高达 2 330 K。对包覆层的试验分析显示，裸露的燃料包覆层的圆顶变薄，但火灾不会导致任何燃料泄漏[40]。除了测试之外，也进行了一系列数值模拟以确定在火灾中暴露的 RTG 装置的响应。详细的分析还考虑了液体推进剂和火球的影响。预测结果与实验一致，未检测到包覆层的破损。

本节讨论的用于分析液体推进剂火灾的简单方程仅提供了火灾的基本特征。例如，在火球的情况下，我们可以估计尺寸、起飞时间、上升速度、最大辐射热通量等。然而，对火灾环境的完整描述需要求解流体动力学方程（即质量、动量和能量守恒方程）以及化学反应方程（即火焰化学）和燃烧热力学方程，还需要进行与火焰相关的气溶胶物理学的详细分析，例如将沙土和灰尘引入火灾生成烟尘，火灾内的相互作用、湍流的来源以及大气中的扩散等。描述火焰动力学的耦合方程组通常在性质上是高度非线性的，并且只能用数值模拟的方法进行求解。能够预测各种发射失败导致火灾的一阶效应的快速计算工具是非常有用的，特别是当需要进行参数化和随机分析时。美国桑迪亚国家实验室开发的火球分析工具之一就是火球集成代码包（FICP），其模型被称为桑迪亚火球模型（SFM）[24]。FICP 能够捕捉在火球中发生的许多主要的物理和化学过程，该模型的最终目的是量化火球中含钚颗粒的数量和粒度分布。FICP 是一个运行速度较快、完全集成的代码包，非常适合进行参数化发射失败研究。下面提供 FICP 基础物理原理的简要描述。

如图 5－25 所示，FICP 由描述火球和气溶胶物理学的两个基本模块组成。火球物理特征基于对火球温度的能量方程在一个单一的均匀混合控制体（CV）内进行数值求解。然而，CV 的尺寸随着燃烧、空气夹带和热损失的进展而改变。FICP 中的气溶胶物理特征基于 Maeros2 代码[41]，其将粒度的连续分布划分成有限数量的尺寸区域。该模型假设火球内的气溶胶由以下 5 个组分组成：

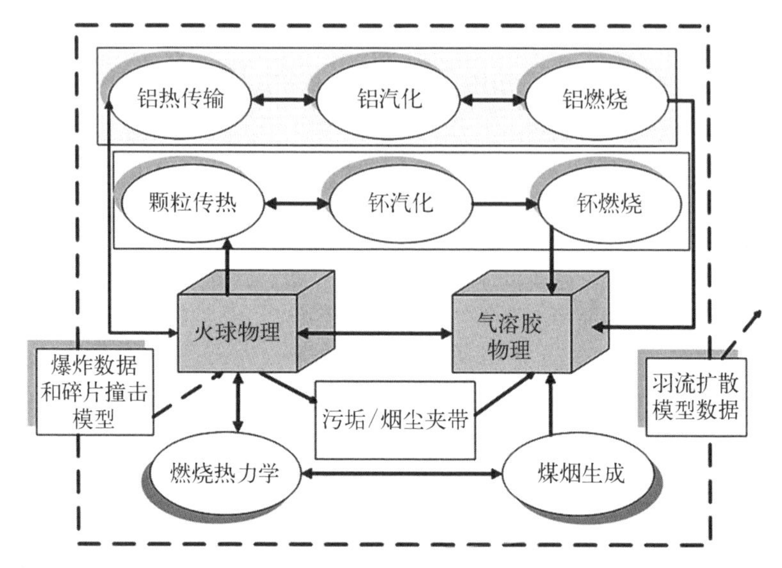

图 5－25　FICP 中物理模块的流程图(箭头描绘了各种子模型之间的信息交换的一般方向)

(1) 初始爆炸产生的二氧化钚(PuO_2)碎片；

(2) 凝聚态 PuO_2 颗粒；

(3) 碳或烟尘颗粒；

(4) 氧化铝(Al_2O_3)，其中假定 Al_2O_3 是火箭结构上的铝燃烧的主要合金产物；

(5) 夹带的污垢。

上面列出的所有颗粒都可以聚结形成其他颗粒。FICP 模拟了由于重力沉降、布朗运动和湍流扩散引起的聚结过程。为了得到燃烧产物的量和组成，FICP 假定火球内的热力学处于平衡状态。由于火球内的高温和高反应速率，这是一个合理的假设。由于不同的发射失败情况可能导致推进剂火灾形成火球的速率不同，FICP 允许用户选择每种反应混合物的燃烧速率和压力。关于 FICP 基础物理原理的更详细的描述可以在参考文献[24]和[41]中找到。

5.6　本章小结

空间核系统与推进剂的距离的接近提高了在推进剂爆炸或燃烧的情况下核系统受损和放射性物质释放的可能性。一般来说，爆炸可能源于物理或化学原因。物理爆炸源于纯粹的物理现象，例如加压罐的破裂。液态氢或液态氧的剧烈沸腾是一种物理爆炸，称为沸腾液体膨胀蒸气爆炸(BLEVE)。化学反应可能导致缓慢燃烧、爆燃或爆炸。对于爆燃，燃烧波的速度受到未燃烧推进剂混合物中的热量和质量传递过程的限制，爆燃燃烧波的速度是亚声速的。对于爆炸，反应产生冲击波，导致未燃烧推进剂的温度升高，随后在未燃烧的气体混合物中引发点火，对于爆炸，燃烧波以超声速传播。加速的爆燃可以突然转变为爆炸，该过渡过程被称为爆燃到爆炸的转变。一种简单的一维分析方法被称为 Chapman - Jouguet(C - J)模型，其描述了爆燃和爆炸所需的条件以及可能的爆燃和爆炸的特征。C - J 模型假设燃烧前沿是一个具有无限反应速率的不连续面，而 ZND 模型则考虑了反应速率，并包括具有有限厚度的反应区。

对于液体推进剂，蒸气云爆炸也是可能的。蒸气云爆炸可能发生在事故导致的液体推进剂泄漏后，推进剂汽化并点火的情况下。对于封闭的蒸气，点火可能导致爆燃或爆炸；然而，只有爆炸可以在没有蒸气限制的情况下以高速传播。当存在障碍物时，火焰速度接近固体爆炸物的速度。然而，在开放空间中并且没有任何障碍物的情况下，火焰速度会减慢，仅接近固体爆炸物的燃烧前沿速度的一小部分。如果燃料、氧化剂中的燃料浓度高于上限可燃浓度或低于下限可燃浓度，蒸气云不会被点燃。当环境温度高于最小自燃温度时，化学反应将在没有外部点火源的情况下发生。固体推进剂通常具有较高的密度，因此其引爆速度通常比液体推进剂更高。固体推进剂的爆炸可能会因为冲击或由于加热(爆沸)而意外引发。冲击可能是由固体推进剂受撞击或由另一推进剂源的爆炸产生的空气冲击波引起。

冲击波特性决定了爆炸的潜在影响。通常通过冲击波在空气中传播时的未受干扰的波来表征冲击波的特性。对于接近结构或表面的爆炸，爆炸的冲击波可能从结构上反射，使得冲击载荷可能大于侧向压力。爆炸效应经常使用已建立的缩比定律来分析，且已经证明了可以使用缩比定律来确定爆炸的冲击波特性。最常见的一些缩比方法包括立方根比例定律、TNT 当量法和多能量法。来自冲击的超压通常不大可能导致大多数系统出现安全问题。然而，动态压力和冲击波可能会将系统高速推向坚硬表面或物体，导致系统破坏或重构。除了爆炸引起的冲击波的破坏性影响之外，推进剂爆炸通常会产生高速碎片，这些碎片可能会撞击并损坏飞船上的核能系统。为了预测爆炸引起的碎片对飞船上的核能系统的潜在影响，必须确定碎片的特征(速度、质量、形状、尺寸和轨迹)。

液体和固体推进剂火灾都可能对涉及空间核能系统的假定事故构成潜在

危险。液体推进剂火灾的主要类型包括池火、火球和蒸气云火。火灾环境强烈依赖于点火时推进剂的量和结构。池火点燃后会产生与液膜一起扩散的火焰,并且火焰高度由燃料的蒸发速率决定,燃烧速率取决于空气和燃料混合的速率。火球一般是液体推进剂储箱爆炸的直接结果。火球最显著的特征是它迅速从点火源升起并扩散到周围的大气中。火球可以产生极高的温度并辐射大量的能量。一旦初始生长阶段完成,火球动力由浮力控制,这是火球发展的第一阶段中产生的高温和低气体密度的结果。与直接由液体推进剂爆炸引起的火球不同,蒸气云火灾可能是由于蒸气云的非爆炸性燃烧而导致的。用于火箭的固体推进剂常被设计成以稳态方式燃烧或爆燃。通常使用简单的一维模型来表征固体推进剂燃烧;然而,快速自燃常常使用耦合了热力学、流体力学、结构或机械故障的代码来进行建模。

参考文献

1. Vedder, J. D. and R. H. Brown, *Space Shuttle Data for Nuclear Safety Analysis, Rev.* 1. JSC-16087, NASA Johnson Space Center, July 1982.
2. http://users. commkey. net/Braeunig/space/specs/orbiter
3. International Launch Services, *Atlas Launch System Mission Plamner's Guide Atlas V Addendum* (*AVMPG*) *Revision* 8. San Diego CA, Dec. 1999.
4. http: www. fas. org/pp/military/ptogram/nssrm/initiatives/detail
5. http://stardust. jpl. nasa. gov/spacecraftt/sd-luanch. html
6. http://www. kevinforsyth. net/delta/vehicle. htm
7. http://www. floridatoday. com/space/explore/stories
8. http://www. spaceandtech. com/spacedata/elvs/proton_specs. shtml
9. http://www. astronautix. com/lvs/pron8k82
10. Lide, D. R. (Ed.), *Handbook of Chemistry & Physics 1996 - 1997*. 77th ed.: CRC Press, 1996.
11. Willoughby, A. B., C. Wilton, and J. Mansfield, *Liquid Propellant Explosion Hazards, Volume 3, Prediction Methods*. URS 652-35, AFRPL-TR-68-92, URS Research Co., Burlingame, CA, Dec. 1968.
12. Erdahl, D. C., D. W. Banning, and E. D. Simon, *Space Propulsion Hazards Analysis Manual* (*SPHAM*), *Volume 1*. Prepared for the Air Force Astronautics Laboratory, AFAL-TR-88-096, 1988.
13. Baker D. L., D. D. Davis, L. A. Dee, C. H. Liddell, G. Greene, and S. Woods, *Fire, Explosion, Compatibility, and Safety Hazards of Nitrogen Tetroxide*. RD-WSTF-0017, NASA White Sands Test Facility, Las Cruces, NM, June 30, 1995.
14. McBride, B. and S. Gordon, Chemical Equilibrium and Applications (CEA) Code, NASA-Glenn Chemical Equilibrium Program, Oct. 17, 2000.

15. Fickett, W. and W. C. Davis, *Detonation: Theory and Experiment*, Dover Publications, Minerola, NY, 2000.
16. Beckstead, M. , *Lectures on Combustion and Detonation*. From a presentation at BYU, Apr. 2000.
17. Raun, R. L. , A. G. Butcher, D. J. Caldwell, and M. W. Beckstead, "An Approach for Predicting Cookoff Reaction Time and Reaction Severity." *JANNAF Propulsion Systems Hazards Meeting*, **1**, 407 - 504, 1992.
18. Center of Chemical Process Safety, *Guidelines for Evaluating the Characteristics of Vapor Cloud Explosions, Flash Fires and BLEVEs*. American Institute of Chemical Engineers, New York, 1994.
19. U. S. Department of Energy, *A Manual for the Prediction of Blast and Fragment Loadings on Structures*. DOE/TIC-11268, DOE Albuquerque Office, July 1992.
20. Glasstone, S. and P. J. Dolan, *The Effects of Nuclear Weapons*. U. S. DoD and ERDA, 1977.
21. National Aeronautics and Space Administration, *Test Report—Correlation of Liquid Propellants NASA Headquarters RTOP*. NASA Lyndon B. Johnson Space Center, White Sands Test Facility.
22. Ozog, H. and G. A. Melhelm, "Facility Sitting—Case Study Demonstrating Benefit of Analyzing Blast Dynamics." Proceedings of International Conference and Workshop on Process Safety Management and Inherently Safe Processes, AIChE/CCPS, 293 - 315, Oct. 1996.
23. Anderson, D. C. and W. D. Owing, *An Improved Fragment Model for Internal Explosion of LO2/LH2 Propellant Tanks*. Teledyne Energy Systems, TES-16018-5, Jan. 1981.
24. Dobranich, D. , D. A. Powers, and F. T. Harper, *The Fireball Integrated Code Package*. Sandia National Laboratories Report, SAND97-1585, Albuquerque NM, July 1997.
25. Final Safety Analysis Report for the Galileo Mission and Ulysses Mission, Vol. II (Book 2), Accident Model Document-Appendices, GESP 7200, General Electric Spacecraft Operations, Oct. 8, 1985.
26. Gayle, J. B. and J. W. Bradford, *Size and Duration of Fireballs from Propellant Explosions*. NASA-TM-X-53314, George C. Marshall Space Flight Center, Huntsville, AL, Aug. 1965.
27. Merrifield, R. and R. Wharton, "Measurement of the Size, Duration, and Thermal Output of Fireballs Produced by a Range of Propellants." *Prop. , Explosions, and Pyrotechnics*, 25, 179 - 185, 2000.
28. Williams, D. C. , *Vaporization of Radioisotope Fuels in Launch Vehicle Abort Fires*. SC-RR-71-0118, Sandia National Laboratories, Albuquerque, NM, Dec. 1971.
29. Fry, R. S. , *Solid Propellant Subscale Burning Rate Analysis Methods for U. S. and Selected NATO Facilities*. Chemical Propulsion Information Agency, Johns Hopkins

University, CPTR 75, Jan. 2002.

30. Zeldovich, Ya. B. "On the Combustion Theory of Powder and Explosive." *J. Exp. Theor. Phys.*, Vol. 12, p. 498 - 510, 1942.
31. Strehlow, R. A., *Fundamentals of Combustion*. International Textbook Company, Scranton, PA, 1968.
32. Kuo, K. K., J. P. Gore, and M. Summerfield, "Transient Burning of Solid Propellants." *Fundamentals of Solid Propellant Combustion*. K. K. Kuo and M. Summerfield (Eds.), Progress in Astronautics and Aeronautics, AIAA, New York, 1984.
33. Cocchiaro, J. E., *Subscale Fast Cookoff Testing and Modeling for the Hazard Assessment of Large Rocket Motors*. Chemical Propulsion Information Agency, The Johns Hopkins University, CPTR 72, Mar. 2001.
34. Gartling, D. K. and R. E. Hogan, *Coyote II - A Finite Element Computer Program for Nonlinear Heat Conduction Problems, Part I-Theoretical background*. Sandia Report, SAND94-1173, 1994.
35. Blanford, M. L., M. W. Heinstein, and S. W. Key, *JAS3D-A Multi-Strategy Iterative Code for Solid Mechanics Analysis, Users' Instruction Release*. Sandia National Laboratories, 2001.
36. Boucheron, E. A. et al., *ALEGRA: User Input and Physics Descriptions, Version 4.2*. Sandia Report, SAND2002-2775, 2002.
37. McGlaun, J. M., S. L. Thompson, and M. G. Elrick, "CTH-A Three-Dimensional Shock-Wave Physics Code." *Int. Journal Impact Eng.*, **10**, 351, 1990.
38. General Electric, Final Report, Safety Test No. S-2, *Liquid Propellant Thermochemical Effects*. GEMS-413, General Electric Co., King of Prussia, PA, 1973.
39. Tate, R. E. and C. C. Land, *Environmental Safety Analysis Tests on the Light Weight Radioisotope Heater Unit* (LWRHU). LA-10352-MS, Los Alamos National Laboratories, Los Alamos, NM, 1985.
40. Bronisz, S. E., *Space Nuclear Safety Program*. LA-9934-PR, Los Alamos National Laboratories, Los Alamos, NM, 1983.
41. Gelbard, F., *Maeros Users Manual*. NUREG/CR-139, Sandia Report, SAND80-822, 1980.

符号及其含义

a	式(5-47)中的参数	a_b	式(5-68)中的参数
b	式(5-48)中的参数	c_u	未燃烧气体中的声速

(续表)

A_F	碎片前表面的横截面积	$\underline{I}$	无量纲冲量
c_0	空气中的声速	$\tilde{u}$	比内能
A_{FB}	球形火球的表面积	I_s^+	正相瞬时冲量
c_p	质量定压热容	V	体积
A_P	推进剂表现因子	k_0	由式(5-67)定义
c_V	质量定容热容	v_0	式(5-48)中的参数
C_D	阻力系数	L	火球热损失率
p	压力	v	速度
C_F	喷嘴系数	m	质量
$\tilde{q}$	燃烧放热	ε	发射率
d	碎片尺寸	χ	TNT 等效分数
E	能量	γ	比热容比
$\underline{r}$	无量纲 Sachs 缩比距离	q_s	结构燃烧热
H_c	燃烧热量	d_0	式(5-47)中的参数
$\tilde{s}$	比熵	Q	体积产热率
H'	摩尔焓	D	直径
t	时间	r	距离、范围或半径
$\tilde{h}$	比焓	E_d	爆炸总热量
T	温度	R	通用气体常数
h_s	结构热传递系数	E_Z/R	活化温度
T_{cb}	燃烧室温度	R_a	消耗速率
I_{sp}	推进剂比冲	F_D	阻力
U	燃烧波速度	R_b	燃烧率

（续表）

g	重力加速度	α_{ω}	无量纲波形参数
$\hat{R}_s$	最大质量燃烧率	λ	爆炸比例因子
m_{TNT}	TNT 等效质量	α	等压膨胀系数
X	蒸发率	σ	斯特藩-玻尔兹曼常数
M	马赫数	β	弹道系数
y	$\frac{dn_{cp}}{dn_{re}}$	ω	由式(5－46)定义
		Δp^{+}	峰值过压
M_r	相对分子质量	ζ	密度
Z	气体压缩因子	Δp^{-}	负相压力
M_{rp}	火球产物的相对分子质量	ξ	特征长度
n	摩尔质量	$\underline{\Delta p}$	无量纲峰值超压
Z'	碎片缩比尺寸	ψ	由式(5－55)定义
n	压力指数[式(5－68)]	η	经验爆炸能量因子

特殊上标/下标及其含义

0	初始	c	凝聚相
LS	火焰源上升	r－p	反应物、产物
a	到达时间	cp	燃烧产物
p	推进剂	s	结构或者侧面
a	环境空气[式(5－60)]	d	持续时间
r	反射	sl	饱和液体状态
b	燃烧的	dy	动态
re	反应物	T	总量

（续表）

ex	爆炸	FB	火球
u	未燃烧的	ˆ	峰值
f	火焰	g	饱和蒸气状态
z	Zeldovich 参数	～	比(单位质量)
F	碎片	LF	火球上升
TNT	TNT 当量		

练习题

1. 使用例 5.1 的结果，如果核载荷距离 BLEVE 有 10 m，估算其超压。

2. 在任务的上升阶段，液氢储箱破裂。如果储箱的初始压力为 3 个标准大气压，环境压力为 0.25 个标准大气压，推进剂质量为 53 000 kg，那么这次 BLEVE 导致的爆炸能量是多少？设液氢具有以下饱和特性：

(1) 3 个标准大气压下，$\tilde{h}_1 = 5.084 \times 10^4$ J/kg，$\zeta_1 = 65.033$ kg/m^3，$\tilde{s}_1 = 2.1275$ J/(g·K)；

(2) 0.25 个标准大气压下，

$$\tilde{h}_{sl} = -3.3862 \times 10^4 \text{ J/kg},\ \zeta_{sl} = 74.777 \text{ kg/m}^3,\ \tilde{h}_g = 4.18 \times 10^5 \text{ J/kg},$$

$$\zeta_g = 0.3901 \text{ kg/m}^3,\ \tilde{s}_{sl} = -1.7894 \text{ J/(g·K)},\ \tilde{s}_g = 25.839 \text{ J/(g·K)}。$$

3. 对于练习 2，在 10 m 距离处的超压是多少？

4. 考虑练习 2 中推进剂质量的化学爆炸。(1) 计算燃烧热。(2) 假设产量分数为 0.01，计算爆炸释放的能量。(3) 估计爆炸造成的超压。(4) 估计反射压力。

5. 考虑一个假设的 Atlas Centaur 火箭翻转事故引起的碎片发射。在这个事故中的钢螺栓的典型尺寸大约为 0.025 4 m×0.006 35 m，质量为 7.7 g。假设最大(初始)速度为 75 m/s，阻力系数为 0.7，绘制碎片速度随距离变化的函数图像。如果碎片从爆炸源到核载荷的距离分别为 0.1 m、1 m 和 10 m，碎片速度分别是多少？

6. 假设一个理想的球形火球(几乎不与地面接触),使用式(5-65)导出火球半径随时间变化的函数。考虑一个航天飞机外部储箱的灾难性发射台事故,其中整个液氢-液氧推进剂燃烧形成了一个火球。绘制火球直径随时间变化的函数图像,时间一直到火焰源升空。假定火球密度为 $\zeta_{FB}=0.1\ kg/m^3$,并参考例题 5.4 中 R_a 的经验关系。全部液体燃料被火球消耗需要多长时间?

7. 使用式(5-66),导出在火焰升空之后火焰温度随时间变化的表达式(提示:为简单起见,火球气体的比热容设为常数)。假设在火焰源升空时刻,火球在最高火焰温度下保持均匀的温度,并且可以被视为理想气体,$\gamma=1.2$、$M_r=11.8$。绘制火焰源升空 30 s 后的温度和单位面积辐射热通量随时间变化的曲线。分别使用 $\varepsilon=1$ 和 0.5,并讨论结果。

第6章
再　入

莱纳德·W. 康奈尔

本章将以空间核系统再入地球大气层为设定事故场景讨论相关问题。为计算在轨道机动或变轨期间的假定事故的初始再入速度和角度,将讨论轨道力学的基本原理,并提供分析再入特性和再入加热问题的近似方法。

6.1　场景和问题

再入(返回-进入)分析的目的是选择任务参数和进行系统设计,使得意外再入的概率非常小,或者确保意外再入的后果在可控范围内。对于可能导致空间核系统在地球轨道再入或在发射和部署阶段再入的事故场景,可以假设为如下几类。

一类假定的事故情景是在发射部署期间或在轨道机动期间整个空间核系统的再入。这些情景包括:① 发射部署期间运载火箭故障;② 未能将核有效载荷从低地球轨道(LEO)转移到其工作轨道;③ 未能将核有效载荷转移到配置轨道(如果在 LEO 中运行);④ 未能将核有效载荷转移到地球逃逸轨道(用于月球或行星任务);⑤ 核火箭的轨道故障。随后的地球大气再入的特性取决于事故的类型,例如,火箭可能爆炸,点火失败或燃烧时间不足。在不同情况下,核有效载荷的再入倾角(相对于当地水平线)和再入速度都会不同。这些不同的初始再入条件会影响再入加热速率的大小,从而影响有效载荷的设计。

另一类过早再入的情景是能够破坏空间核系统完整性的假定在轨事故。流星体、碎片撞击或假定的系统事故(如反应引发的反应堆事故)都可能导致核系统破坏。被破坏的核系统或碎片可能具有与原始核系统不同的弹道系数；因此，被破坏的核系统或放射性碎片可能过早地再入地球的大气层。

假定的再入事故的后果取决于所涉及的系统、事故的类型、再入的位置、气象条件和其他因素。可能的后果还包括大气扩散造成的辐射暴露，环境中大气、土壤、水体等的污染，以及人体可能直接暴露于辐射中，这些辐射来自完全或部分完整的系统撞击地面产生的碎片。对于涉及空间反应堆系统的情况，必须考虑撞击地面引发临界事故的可能性。

6.2 轨道动力学

如前一节所述，一些空间核动力任务需要在运行期间或之后进行机动或变轨。例如，核推进系统可能反复进行轨道机动，使得航天器的轨道发生变化。其中一个重要的机动是将航天器从低地轨道转移到任务轨道上，飞往其最终目的地，如月球或火星。如果发动机推力出现偏差(这种情况极不可能发生)，航天器可能被送入与地球大气层相交的轨道，导致意外的地球再入事件。用于进行轨道转移的火箭出现事故也可能导致核动力系统的再入。为了能够计算轨道机动过程中发生事故时的初始再入速度和角度，需要对基本轨道力学有一定了解。本节简要回顾了轨道力学，参考文献[1]对基本轨道力学进行了更全面的阐述。

6.2.1 相对天体的运动

本节将推导相对天体的运动的基本方程。我们首先推导经典二体问题的基本方程。

1) 二体问题

根据牛顿的引力定律，地球引力场中质量为 m 的物体受到的引力 F_m 为

$$F_m = -\frac{Gm_e m}{r^2}\left(\frac{\boldsymbol{r}}{r}\right) \quad (6-1)$$

式中，G 为万有引力常数；m_e 为地球的质量；$\boldsymbol{r}$ 为位置矢量；r 为地球和物体之间的标量距离(见图 6-1)。

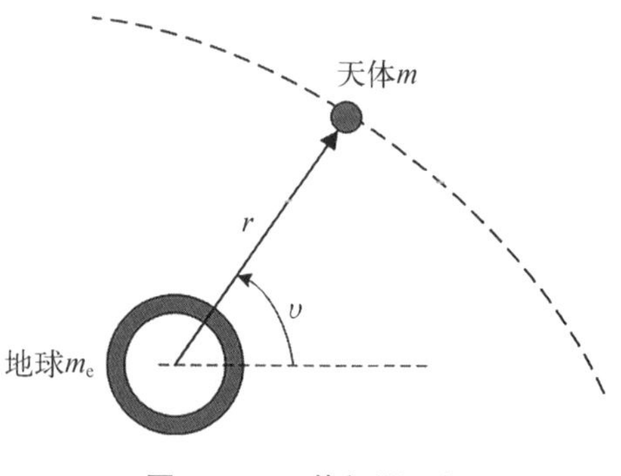

图 6-1　二体问题几何

定义 $\mu \equiv Gm_e = 3.99 \times 10^5\ \mathrm{km^3/s^2}$，则

$$F_m = -\mu \frac{m}{r^3}\boldsymbol{r} \tag{6-2}$$

将引力公式代入牛顿第二定律 $F = m\ddot{\boldsymbol{r}}$ 得到

$$\ddot{\boldsymbol{r}} + \frac{\mu}{r^3}\boldsymbol{r} = 0 \tag{6-3}$$

式(6-3)即为二体问题的运动方程。

2) 轨迹方程：圆锥曲线

对二体问题方程求解得到 r 的表达式，在极坐标系下，表达式如下：

$$r = \frac{p}{1 + e\cos(\upsilon)} \tag{6-4}$$

式(6-4)是极坐标系中的圆锥截面的方程，式中，p 为半通径；e 为偏心率；υ 为极角，如图 6-2 所示。三种类型的圆锥曲线如图 6-3(a)至(c)所示。

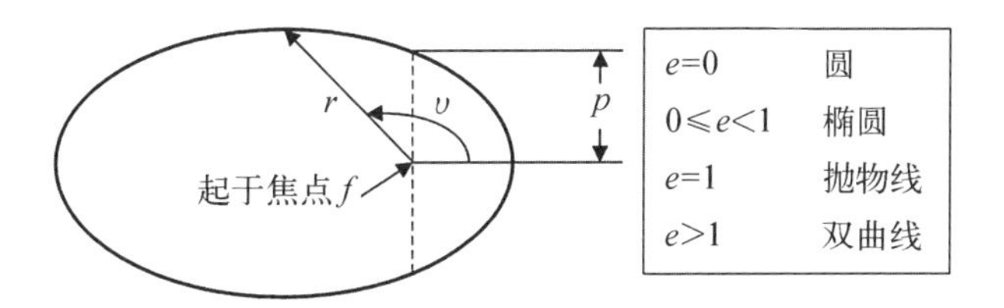

图 6-2 圆锥曲线在极坐标系下的参数

椭圆：如图 6-3(a)所示，椭圆被定义为到两个固定点 f 和 f'的距离之和为常数的点的轨迹。点 f 和 f'称为椭圆的焦点，c 被定义为 f 和 f'之间距离的一半。在天体轨道应用中，主天体位于其中一个焦点。参数 a 和 b 分别是半长轴和半短轴。这些参数之间的关系为 $a^2 = b^2 + c^2$。偏心率定义为 $e = c/a$；对于椭圆，$0 \leqslant e < 1$。注意，圆形只是椭圆的一个特例，其偏心率为零。在直角坐标中，圆的方程是 $x^2 + y^2 = a^2$。在椭圆轨道上，航天器不具有足够的动能来逃脱天体引力。

抛物线：对于抛物线，如图 6-3(b)所示，c 和 a 都是无穷大，偏心率 e 是1。抛物线可以看作是第二焦点 f'位于无穷远处的椭圆。在抛物线轨道上的航天器所具有的动能恰好能够逃脱位于 f 处的天体的引力。

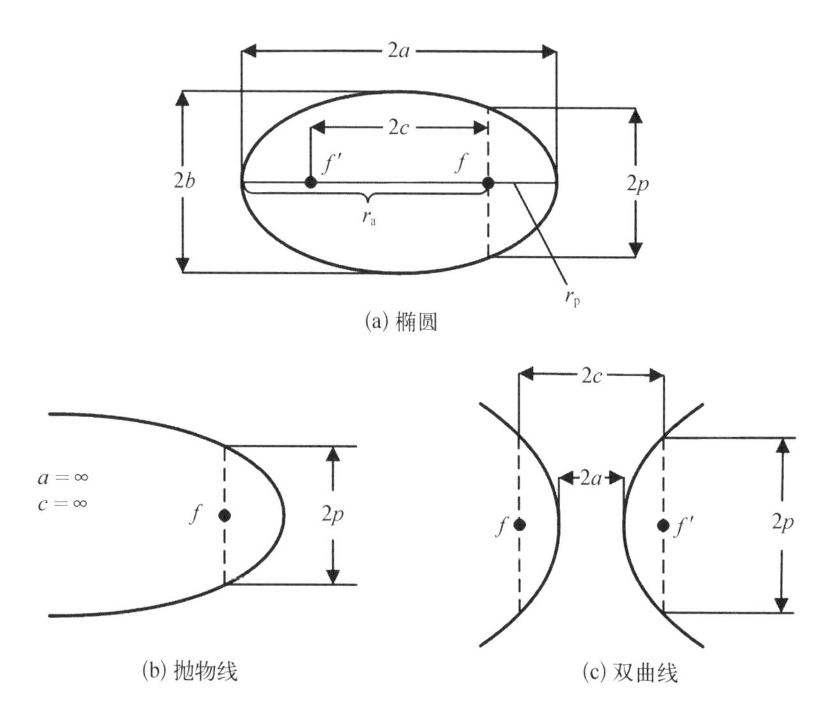

图 6-3　不同参数(a、b、c)下的圆锥曲线

双曲线：双曲线的 $e>1$，其中 $e=c/a$，参数 a 和 c 的定义如图 6-3(c)所示。在双曲线轨迹上的航天器，其动能大于逃脱焦点 f 处的天体的引力所需的能量。

3) 有用的关系

在图 6-2 中，在极角 $\upsilon=0$ 时的极半径 r 被称为近地点半径 r_p(地球轨道的近地点)。在极角 $\upsilon=\pi$ 时的半径称为远地点半径 r_a(地球轨道的远地点)。根据式(6-4)计算极坐标中的圆锥曲线，可得

$$r_a-r_p=2c,\ r_p=\frac{p}{1+e},\ r_a=\frac{p}{1-e},\ a=\frac{r_p+r_a}{2} \tag{6-5}$$

用于椭圆或双曲线的偏心率计算公式 $e=c/a$ 不适用于抛物线($e=1$)。对于抛物线，c 和 a 都是无穷大的，所以 e 的形式不确定。因此，以下等式(基于公式 $e=c/a$)不适用于抛物线

$$e=\frac{c}{a},\ e=\frac{r_a-r_p}{r_a+r_p},\ p=a(1-e^2),\ r_p=a(1-e),\ r_a=a(1+e) \tag{6-6}$$

椭圆轨道的周期(根据角动量计算)为

$$\tau = \frac{2\pi}{\sqrt{\mu}} a^{3/2} \tag{6-7}$$

式(6-7)所示即为开普勒第三定律。

6.2.2 能量和角动量守恒

能量守恒和角动量守恒定律以及上述导出的关系为确定假设再入事故场景的初始条件提供了方法。

1) 能量守恒

由于重力是保守的矢量力场，所以卫星的总机械能 E 是守恒的。总机械能包括动能 $E_k = \frac{1}{2}mv^2$ 和重力势能 $U = -m\mu/r$，则

$$E = \frac{1}{2}mv^2 - \frac{m\mu}{r} \tag{6-8}$$

式中，m 为物体的质量；v 为相对于中心天体的速度；r 为极半径。与重力势能相关的负号是由定义方式产生的，其定义为外加力(与重力大小相等但方向相反)将物体从无穷远的位置移动到 r 位置所做的功。然而，只有势能的变化是重要的，随着 r 的增大，势能增加，重力场中储存的能量增多。将 E 除以卫星的质量，得到单位质量的能量或比能 $\widetilde{E}$

$$\widetilde{E} \equiv \frac{E}{m} = \frac{v^2}{2} - \frac{\mu}{r} \tag{6-9}$$

式(6-9)通常比式(6-8)更有用，因为它不考虑航天器的质量。

2) 角动量守恒

重力作用于沿着半径的方向，在系统没有受外力的情况下，中心天体处(见图 6-4 中的焦点 f)将不会产生力矩。f 点处的角动量 $\boldsymbol{L}$ 是守恒的，即

$$\boldsymbol{L} = \boldsymbol{r} \times m\boldsymbol{v} \tag{6-10}$$

与能量相同，单位质量的角动量更有用：

$$\widetilde{\boldsymbol{L}} = \boldsymbol{r} \times \boldsymbol{v} \tag{6-11}$$

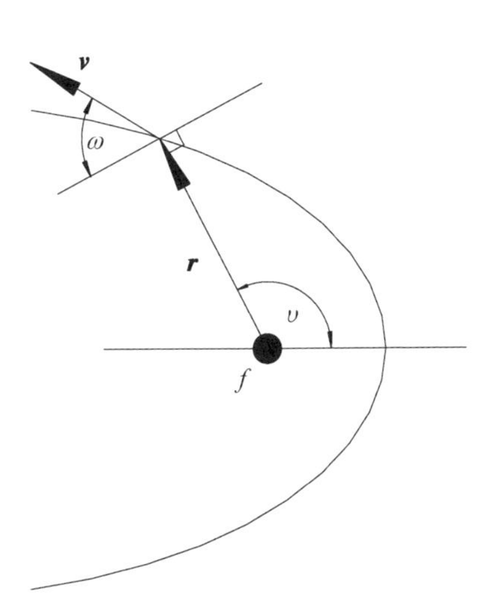

图 6-4 关于天体引力体的角动量的参数关系

$$\widetilde{L}=(rv)\cos\omega \tag{6-12}$$

式中,ω 为图 6-4 中所示的航迹角。半通径可以用单位角动量表示,即

$$p=\frac{\widetilde{L}^2}{\mu} \tag{6-13}$$

使用近地点和远地点处关于 $\widetilde{L}$ 的方程以及上述 p 和 $\widetilde{L}$ 的关系,得到

$$\widetilde{L}=r_{\mathrm{p}}v_{\mathrm{p}}=r_{\mathrm{a}}v_{\mathrm{a}} \tag{6-14}$$

基于上述公式,可以得到比能的公式如下:

$$\widetilde{E}=-\frac{\mu}{2a} \tag{6-15}$$

6.2.3 基本轨道机动和火箭方程

假设机动所需的推力的作用是瞬时的,可以简化轨道机动的方程。在下面的讨论中,推力被视为施加到航天器的脉冲,假设航天器的初始轨道参数在脉冲作用瞬时改变为另一组新的参数。

1) 霍曼转移

如图 6-5 所示,航天器绕中心天体做圆轨道运动。圆轨道的速度 v_{cs} 可以由式(6-9)和式(6-15)计算获得:

$$v_{\mathrm{cs}}=\sqrt{\frac{\mu}{r}} \tag{6-16}$$

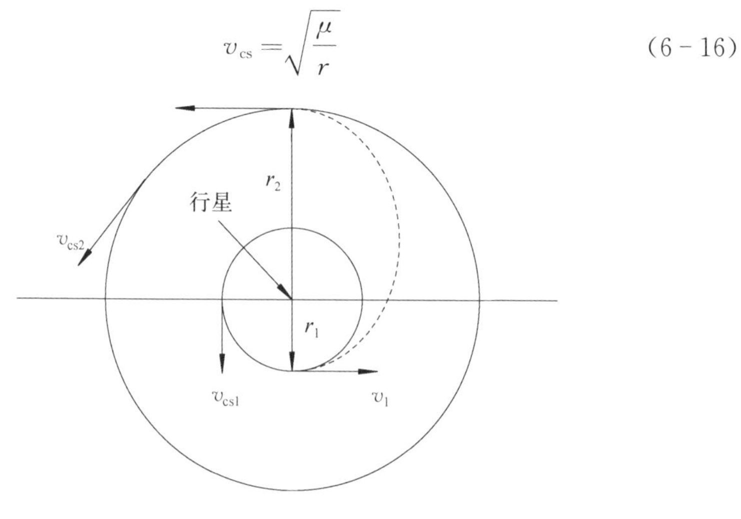

图 6-5 霍曼转移

如图 6-5 所示，假设航天器要转移到具有较大半径 r_2 的新轨道。霍曼转移通过一个椭圆过渡轨道完成转移，该椭圆轨道恰好与起始和目标的圆轨道相切。将轨道半径从 r_1 改变为 r_2 所需的比能是

$$\widetilde{E}_t=-\frac{\mu}{2a_t},\ a_t=\frac{r_1+r_2}{2} \tag{6-17}$$

$\widetilde{E}_t$ 是转移椭圆的比能。参数 r_1 和 r_2 是已知的，因此，$\widetilde{E}_t$ 易于计算。此外，$\widetilde{E}_t=(v_1^2/2)-(\mu/r_1)$，因此，速度 v_1 可以根据下式求得

$$v_1=\sqrt{2\left(\widetilde{E}_t+\frac{\mu}{r_1}\right)} \tag{6-18}$$

转移到椭圆轨道所需的 Δv 由下式给出：

$$\Delta v_1=v_1-v_{cs1} \tag{6-19}$$

类似地，当在椭圆过渡轨道上的远地点时，需要另一个 Δv 使航天器转移到半径为 r_2 的圆轨道，从而，

$$v_2=\sqrt{2\left(\widetilde{E}_t+\frac{\mu}{r_2}\right)} \tag{6-20}$$

$$\Delta v_2=v_2-v_{cs2} \tag{6-21}$$

总的速度变化为 $\Delta v_{tot}=\Delta v_1-\Delta v_2$

例 6.1

空间核动力系统在绕地球的高度为 600 km 的圆轨道上运行。它将被转移到月球轨道上并被送往月球前哨站。与反应堆相连的有效载荷——辅助转移火箭的发动机的净推力产生的 Δv 为 2 km/s，推力方向平行于圆轨道速度矢量。推力矢量在轨道平面内相对于圆轨道速度矢量向地球方向偏移 $\alpha_m=95°$（见图 6-6）。计算反应堆有效载荷的大气再入条件。

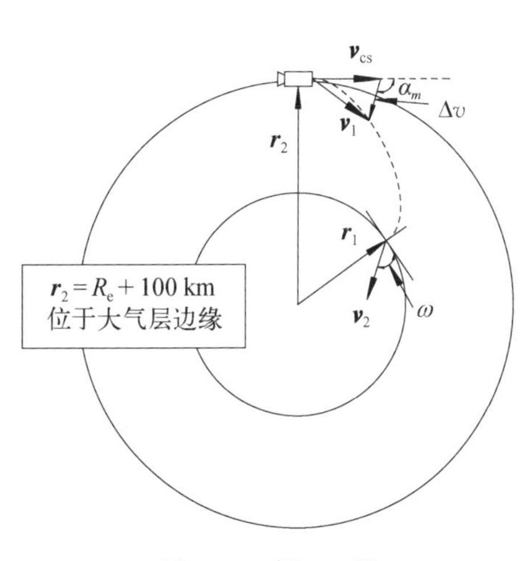

图 6-6 例 6.1 图

数据：$R_e=6\ 378$ km，$\mu=3.99\times$

$10^5\ km^3/s^2$

解：

初始圆轨道的速度 v_1 可以根据式(6-16)计算

$$v_{cs1}=\sqrt{\mu/r_1}=\sqrt{3.99\times10^5/(6\,378+600)}=7.56(km/s)$$

接着，使用向量的余弦定律，将辅助火箭的 Δv 加到 v_{cs1} 上，得到转移轨道速度 v_1 为

$$v_1=\sqrt{v_{cs1}^2+\Delta v^2-2v_{cs1}\Delta v\cos(180^\circ-95^\circ)}=7.65(km/s)$$

利用式(6-9)，转移椭圆轨道上的比能为

$$\widetilde{E}_t=\frac{v^2}{2}-\frac{\mu}{r}=\frac{(7.65)^2}{2}-\frac{3.99\times10^5}{6\,378+600}=-27.92(km^2/s^2)$$

由于能量是负的，所以转移轨道是椭圆。我们还需要计算角动量。根据图6-6和正弦定律可得

$$\frac{v_1}{\sin(85^\circ)}=\frac{\Delta v}{\sin\omega_1}\text{ 或 }\sin\omega_1=\frac{\Delta v_1}{v_1}\sin(85^\circ)-0.260\,4$$

因此，$\omega_1=15.09^\circ$

根据式(6-12)，点1处的比角动量为

$$\widetilde{L}_1=r_1v_1\cos\omega_1=6\,978\times7.65\times\cos(15.09^\circ)=5.15\times10^4(km^2/s)$$

假设理想大气的边缘在100 km处，当物体到达该高度时，可以计算速度和飞行路径角度。使用能量和角动量守恒定律，可得

$$v_2=\sqrt{2\left(\widetilde{E}_t+\frac{\mu}{r_2}\right)}=\sqrt{2\left(-27.92+\frac{3.99\times10^5}{6\,478}\right)}=8.21(km/s)$$

$$\cos\omega_2=\frac{\widetilde{L}}{r_2v_2}=\frac{5.15\times10^4}{6\,478\times8.21}=0.968\Rightarrow\omega_2=14.4^\circ$$

因此，核有效载荷将以与当地水平线夹14.4°的角度和8.21 km/s的速度进入地球大气层。这些参数是进行再入加热和破裂分析所需的再入条件（速度和角度）。

例6.2

一颗具有RTG的卫星处于5 000 km高的稳定圆轨道上，氢燃料电池爆

炸产生与圆轨道速度方向相反的速度增量为 0.22 km/s,计算新的轨道参数,远地点、近地点的高度,卫星位于远地点、近地点的速度和轨道的新偏心率。

数据:$R_e = 6\ 378$ km,$\mu = 3.99 \times 10^5$ km^3/s^2

解:

根据式(6-16),5 000 km 高度处的初始圆轨道的速度为

$$v_{cs1} = \sqrt{\mu / r_1} = \sqrt{3.99 \times 10^5 / (6\ 378 + 5\ 000)} = 5.92(\mathrm{km/s})$$

点 1 处的新速度将变为

$$v_1 = v_{cs1} - \Delta v = 5.92 - 0.22 = 5.70(\mathrm{km/s})$$

点 1 是新的椭圆轨道的远地点,当然它与霍曼转移轨道重合。因此,远地点高度为 5 000 km,并且在该点处的航天器速度为 5.70 km/s。选择点 2 为近地点。根据霍曼转移关系式,得到

$$\widetilde{E}_t = \frac{v^2}{2} - \frac{\mu}{r_1} = \frac{(5.70)^2}{2} - \frac{3.99 \times 10^5}{(6\ 378 + 5\ 000)} = -18.82(\mathrm{km^2/s^2})$$

$$\widetilde{E}_t = -\frac{\mu}{r_1 + r_2} = -\frac{3.99 \times 10^5}{(6\ 378 + 5\ 000) + r_2}$$

求解上面两个方程得到

$$r_2 = \frac{3.99 \times 10^5}{18.82} - (6\ 378 + 5\ 000) = 9\ 822(\mathrm{km})$$

近地点的高度为

$$y = 9\ 822 - 6\ 378 = 3\ 444(\mathrm{km})$$

点 2 处的速度可以根据总的比能方程计算获得,由

$$\widetilde{E}_t = \frac{v_2^2}{2} - \frac{\mu}{r_2}$$

得 $v_2 = 6.60(\mathrm{km/s})$

最后,利用式(6-6)可以求得椭圆的偏心率:

$$e = \frac{r_a - r_p}{r_a + r_p} = \frac{11\ 378 - 9\ 822}{11\ 378 + 9\ 822} = 0.073\ 4$$

注意,在点 1 处的 Δv 为负使得轨道呈椭圆形,近地点的高度低于最初的圆轨道高度 5 000 km。还要注意的是,近地点的速度 6.60 km/s,超过了远地点的

速度。这些情况是能量守恒的结果，即高度下降所损失的势能被完全转换为动能。

2）火箭方程和燃料消耗计算

在上一节中，推导了执行各种轨道机动所需的 Δv 的计算公式；然而，为了改变轨道，必须消耗能量来产生净推力并做改变航天器动量所需的功。所需的能量由存储在推进剂（火箭燃料）中的化学能提供。火箭方程将所需的 Δv 与火箭燃料的质量、性能和火箭及其有效载荷的质量关联起来。火箭方程的简单形式如下：

$$m_{tot} = m_{RP} \exp\left(\frac{\Delta v}{g I_{sp}}\right) \tag{6-22}$$

式（6－22）适用于在太空中工作的单级火箭发动机。式中，参数 m_{tot} 和 m_{RP} 分别为火箭系统总质量（火箭、有效载荷和燃料）和火箭及有效载荷质量（不含燃料）；g 为地球的重力加速度（取 9.8 m/s^2）；I_{sp} 为火箭燃料的比冲。比冲是火箭喷嘴喷出单位质量的燃料所提供的推力（见第 2 章）。火箭方程有助于计算特定轨道机动的需求。关于火箭方程的更全面的讨论和推导，推荐查阅参考文献[2]。

6.3　大气再入分析

除了火箭助推器未点火导致的再入外，一些轨道衰减情况也会导致过早的再入。例如，轨道转移火箭点火失败可能使得原计划部署到高轨的航天器滞留在 LEO 上，随后会过早地轨道衰减再入。事故可能是由于火箭设计缺陷造成的，也可能是由于空间碎片碰撞造成的推进器或其他系统损坏。此外，空间碎片的碰撞或内部事故（如反应堆冷却剂缺失）可能使核有效载荷破碎成更小的碎片，随后发生轨道衰减再入。

预测空间飞行器的大气再入过程通常是一个迭代分析过程。在再入过程中，首先计算出假设没有烧蚀或形状变化情况下的轨迹。轨迹计算给出航天器的高度和速度关于时间的函数。通常情况下，一个质点的（三自由度）轨迹计算代码可以为安全评估提供足够详细的信息。第一次轨迹估计用于计算气动热和热响应。然后，使用边界层的计算代码来估算再入对象的流场和施加到航天器上的气动热。最后，使用热响应计算代码，对表面熔化、烧蚀和热传导进行分析，以完成分析的第一次迭代。如果热分析确定物体的弹道特性发生了明显变化，则将使用更改后的弹道参数进行另一次弹道计算。再入分析涉及一套复杂的计算代码。本节将介绍编写这些代码的理论基础，提供简单的封闭形式的分析模型来估计基本几何形状（如球和圆柱）的再入行为。

6.3.1　轨道寿命

本节将讨论如何由轨道衰减来确定轨道寿命。影响轨道衰减的因素包括流体的流型、阻力系数和弹道系数。

1）流型

三种流型被确定用于再入分析[3]，即自由分子流、过渡流和连续流。无量纲的克努森数 Kn 经常被用来定义这些流型的边界，其中

$$Kn = \frac{\lambda}{d_c} \tag{6-23}$$

式中，λ 为空气分子的平均自由程；d_c 为再入体的特征长度。对于球体，其特征长度为直径；对于圆柱体，可以使用长度或直径，取较大者。流型的边界定义如下：

自由分子流：$Kn > 10$；
过渡流：$0.001 \leqslant Kn \leqslant 10$；
连续流：$Kn < 0.001$。

图 6-7 是空气分子的平均自由程与海拔高度的关系曲线。当一个物体进入地球的高海拔大气时，它将经历所有的三个流型，从自由分子流开始，然后是过渡流，最后是连续流。这三个流型之间交汇的高度取决于该物体的特征长度。

2）阻力系数

阻力系数和传热系数取决于相关的流型。阻力 F_D 的计算式为

$$F_D = C_D A_{\text{ref}} \left(\frac{1}{2} \zeta_\infty v_\infty^2 \right) \tag{6-24}$$

式中，A_{ref} 为参考面积（横截面）；C_D 为阻力系数；ζ_∞ 为自由流空气的密度；v_∞ 为自由流空气相对物体的速度。一个直径为 D 的球面的参考面积就是其横截面积 $\frac{\pi D^2}{4}$，而对于圆柱则是直径和长度的乘积。虽然 C_D 通常是马赫数和雷诺数的函数，但在高超声速流中（马赫数大于 6），雷诺数几乎是恒定的，阻力系数的值由表 6-1 给出[4]。从表中可以看出，在自由分子流中，球体和宽边

圆柱体的阻力系数为 2.0。当物体的 C_D 未知时，2.0 的阻力系数通常是一个合适的初始估计值。

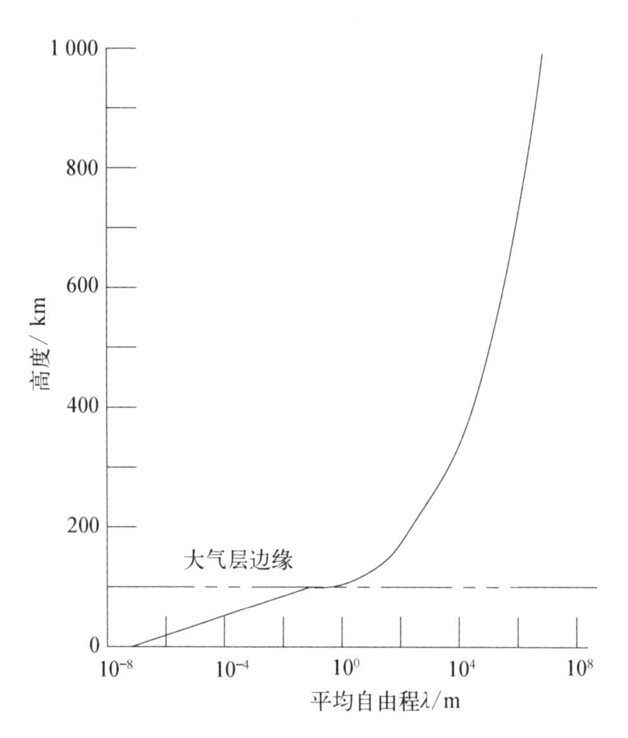

图 6-7　空气分子的平均自由程与海拔高度的关系曲线

表 6-1　圆柱和球的阻力系数[4]

几何形状	情况	自由分子流	连续流
圆柱	侧边	2.0	$0.667(2-\kappa)$
	底面	$1.57\frac{D}{L}$	$0.714\frac{D}{L}(2-\kappa)$
	底面翻转	$1.273+\frac{D}{L}$	$\left(0.283+0.303\frac{D}{L}\right)(2-\kappa)$
	随机翻转	$1.27+0.785\frac{D}{L}$	$\left(0.393+0.178\frac{D}{L}\right)(2-\kappa)$
球	随机旋转	2.0	1.0

注：1. D 为直径，L 为长度，在我们的应用程序中 $\kappa=1.67$。

3）弹道系数

弹道系数β用于分析轨道衰减和轨道寿命，也用于推导简单的再入轨迹方程。弹道系数定义为

$$\beta=\frac{m}{C_D A_{\text{ref}}} \text{或者是} \beta_F=\frac{mg}{C_D A_{\text{ref}}} \tag{6-25}$$

以上两种形式的弹道系数都有应用，第一种的单位是kg/m^2，第二种的单位是N/m^2。表6-2给出了几种空间核系统组件中β的估计值。

表6-2　空间核系统典型组件的弹道系数

组件	弹道系数$\beta/(kg/m^2)$
核火箭引擎	1 000
空间反应堆系统	100
空间反应堆堆芯	100
NERVA燃料棒	50
PBR燃料颗粒	5

4）轨道寿命

例6.2表明，对初始圆轨道施加负的Δv会形成一个椭圆轨道，其近地点低于初始圆轨道的半径。对霍曼转移方程进行摄动分析[5]表明

$$\frac{\Delta r}{r}=-2\left\{1+\frac{1}{[(\Delta v/v)+1]^2-2}\right\} \tag{6-26}$$

式中，Δv为作用于初始圆轨道速度v的微小扰动；Δr为由此产生的轨道半径变化量，这就产生了新的椭圆轨道，其远地点高度为原来轨道半径r，近地点高度为$r+\Delta r$。若式中的$\Delta v/v$值为负，则$\Delta r/r$的结果也是负的；若这个值是正的，$\Delta r/r$也是正的。换句话说，圆轨道速度的任一突然变化都会使轨道形状变为椭圆；正的Δv将会提高近地点高度，而负的Δv会降低近地点高度。霍曼转移关系假设Δv在瞬时产生，例如，火箭发动机产生一个瞬时脉冲推力。当然，施加到在轨航天器上的阻力是连续作用的。尽管如此，这个力依然可以被表示为一系列小的负脉冲(产生一系列负的Δv_s)。造成的结果就是轨道高

度连续下降，例如，螺旋轨道衰减，最终以大气层再入结束。

轨道航天器受到的主要阻力来自地球大气。图 6－8 给出了不同模型预测的地球大气密度[6]。太阳辐射通量的变化以 11 年为一个周期。太阳辐射通量的周期性增减会导致大气层的膨胀和收缩现象，同时大气密度也有相应变化。以太阳活动峰年和太阳活动谷年为边界的大气密度差异如图 6－8 所示（基于 Jacchia 模型）。从之前关于阻力影响轨道衰减的讨论中可以看出，预测的轨道寿命将取决于轨道高度、所使用的大气密度模型和航天器的弹道系数。图 6－9 列出了圆轨道上轨道寿命与弹道系数和轨道高度的关系[7]。寿命估计值的计算使用的是标准的平均太阳大气模型。请注意图 6－9 中 Cosmos 954 和 SNAP－10A 的初始轨道高度和寿命。

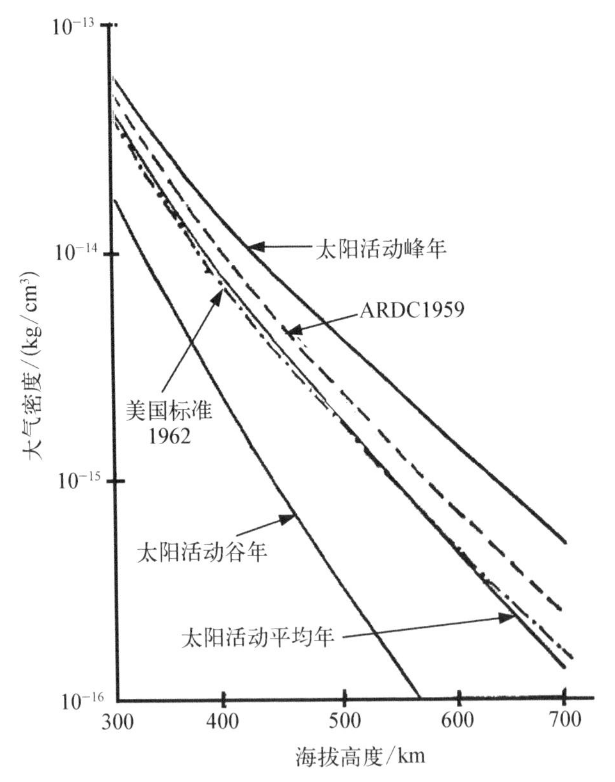

图 6－8　几种模型预测的地球大气密度[6]

除了大气阻力的影响之外，地月系引力摄动和太阳辐射光压也会影响航天器的轨道寿命。在高度几千千米以上，太阳辐射光压对尺寸不大于 100 mm 的小物体的轨道寿命起到主要影响作用。对于这个范围内的小物体，太阳辐

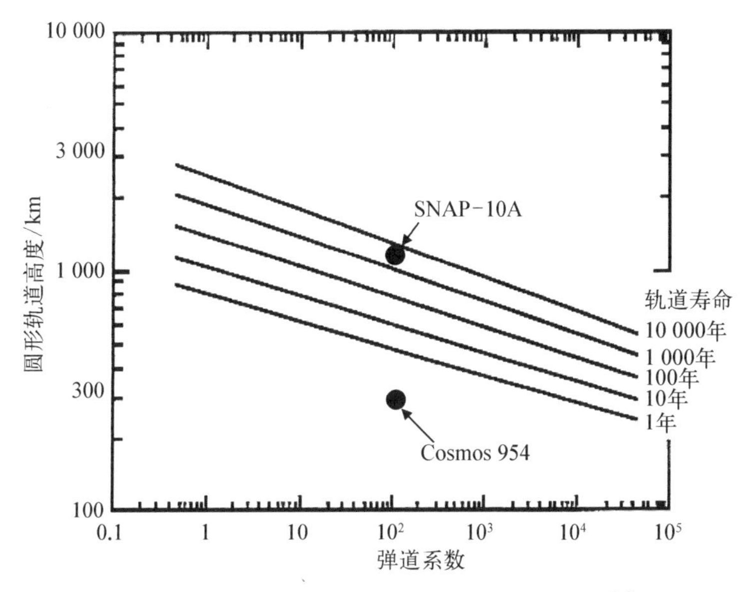

图 6-9 轨道寿命与弹道系数和轨道高度的关系[7]

射光压可能会引起轨道偏心率的共振振荡，太阳辐射光压可使轨道的近地点落入大气阻力能对小物体产生作用的区域，从而影响小物体轨道寿命。在一个中心处半径约为 6 000 km 的狭窄带内，太阳共振效应是很重要的[6]。

5）估算轨迹的简单模型

三种流型被确定用于再入分析，即自由分子流、过渡流和连续流。轨迹分析的目的是估计航天器的高度和速度随时间的变化。这些信息对于计算航天器的再入加热和热响应而言是必需的。详细的轨迹分析通常是在计算机上，基于考虑重力、大气密度和阻力系数的复杂模型计算的。下面给出一个再入航天器轨迹的简单解析模型[8]。

考虑如图 6-10 所示的再入航天器的自由体图。利用牛顿第二定律，对水平方向(x 方向)的力求和，可得

$$-C_D A_{\mathrm{ref}} \zeta_\infty \frac{v_\infty^2}{2} \cos \omega_0 = m \frac{\mathrm{d} v_x}{\mathrm{d} t} \tag{6-27}$$

这里的下标∞代表的是自由流体条件。在垂直方向(y 方向)上有

$$-mg + C_D A_{\mathrm{ref}} \zeta_\infty \frac{v_\infty^2}{2} \sin \omega_0 = m \frac{\mathrm{d} v_y}{\mathrm{d} t} \tag{6-28}$$

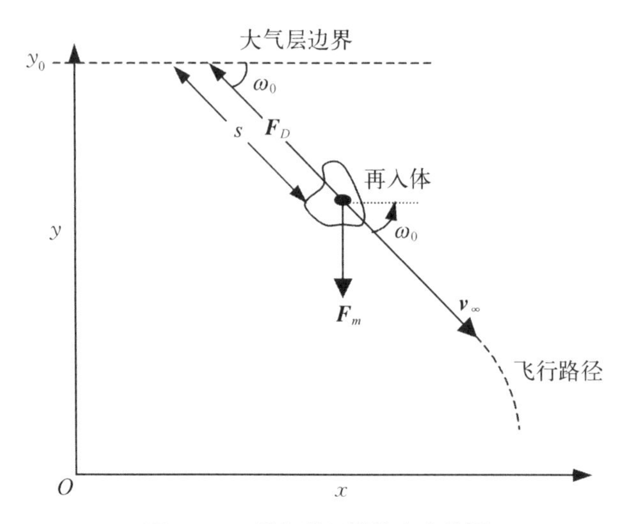

图 6-10　再入航天器的自由体图

以及 $v_x^2+v_y^2=v_\infty^2$。

将式(6-28)中的每一项除以 mg,利用弹道系数的定义可得

$$\left(\frac{\zeta_\infty v_\infty^2}{2\beta}\sin\omega\right)-1=\frac{1}{g}\frac{\mathrm{d}v_y}{\mathrm{d}t} \tag{6-29}$$

弹道系数是航天器再入时的减速度指标。弹道系数越小,减速度越大。与阻力系数一样,弹道系数通常是马赫数和雷诺数的函数,但在高超声速飞行中,它的值几乎是恒定的。

在典型的高超声速飞行条件下,阻力比重力 $\boldsymbol{F}_m$ 要大得多;因此,$(\zeta_\infty v_\infty/2\beta)\gg 1$,式(6-27)和式(6-28)变为

$$\frac{1}{g}\frac{\mathrm{d}v_x}{\mathrm{d}t}=-\frac{\zeta v_\infty^2}{2\beta}\cos\omega_0 \tag{6-30}$$

$$\frac{1}{g}\frac{\mathrm{d}v_y}{\mathrm{d}t}=\frac{\zeta v_\infty^2}{2\beta}\sin\omega_0 \tag{6-31}$$

因此,重力的影响相对于比其大得多的阻力来说可以忽略不计,航天器沿直线飞行。直线路径与当地水平面成固定的倾斜角度 ω_0,这里的 ω_0 是再入大气层时的初始航迹角,如图 6-10 所示。

为了推导直线运动的控制方程，应用牛顿第二定律，得到

$$\frac{1}{g}\frac{\mathrm{d}v_{\infty}}{\mathrm{d}t}=-\frac{\zeta_{\infty}v_{\infty}^{2}}{2\beta} \tag{6-32}$$

式(6-32)中的负号表示减速运动。为了简便，省去下标∞，即在整个过程中都隐含了这一假设。利用链式法则可得

$$\frac{\mathrm{d}v}{\mathrm{d}t}=v\frac{\mathrm{d}v}{\mathrm{d}s} \tag{6-33}$$

式中，s 为再入航天器的飞行距离(从大气层边缘起)。图6-10显示了这一距离。根据飞行路径的几何形状有

$$\frac{\mathrm{d}v}{\mathrm{d}s}=-\sin\omega_0\frac{\mathrm{d}v}{\mathrm{d}y} \tag{6-34}$$

因此，

$$\sin\omega_0\frac{v}{g}\frac{\mathrm{d}v}{\mathrm{d}y}=\frac{\zeta v^{2}}{2\beta} \tag{6-35}$$

从式(6-35)中，我们得到

$$\ln\frac{v_0}{v}=\frac{g}{2\beta\sin\omega_0}\int_{y}^{y_0}\zeta(y)\mathrm{d}y \tag{6-36}$$

式中，v_0 和 y_0 分别为航天器位于大气层边缘处的速度和高度。为了对式(6-36)右边的式子进行积分，需要一个大气密度随高度变化的解析模型。

6) 大气密度模型

在发生明显再入加热的高度段，ζ_{∞} 可通过一个简单的指数来近似表示[8]：

$$\zeta=\zeta_0\exp\left[-\frac{y}{Y_0}\right] \tag{6-37}$$

式中，ζ_0 为参考密度，为1.75 kg/m^3；y 为高度；Y_0 为标高，为6 700 m。利用这一关系，可以求解式(6-36)中的积分，求解结果包含系数[$\exp(y/Y_0)-\exp(y_0/Y_0)$]。第二个指数项非常小，对预测的速度没有显著影响；因此，设第二个指数项为零，得到

$$v = v_0 \exp\left[-\frac{\zeta_0 g Y_0}{2\beta \sin\omega_0}\exp(y/Y_0)\right] \tag{6-38}$$

图 6-11 比较了有重力效应和无重力效应时预测速度与高度的函数关系[8]。

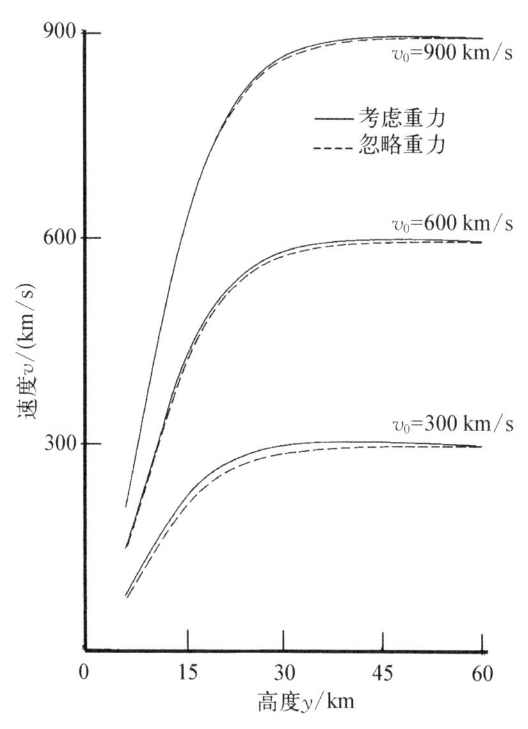

图 6-11　不同 v_0 的轨迹模型(针对一个具体情况)在有无重力影响下的变化

(资料来源：美国航空航天局)

6.3.2　分子自由流的再入加热

前面的部分讨论的重点是导致再入的条件和估计轨迹的简单方法。在这部分中，提供了估算再入加热的方法。为简单起见，这里讨论的是自由分子流加热的基本几何形状，包括平板、球体和圆柱体。

1) 平板

对于平板，角为 θ 时[见图 6-12(a)]的热通量为

$$q''(\theta) = \frac{1}{2}\alpha\zeta_\infty v_\infty^3 \cos\theta \tag{6-39}$$

式中，q''的单位为 W/m^2，α 为调节系数。调节系数表示入射粒子的动能转化为热能的比例。α 的典型值约为 0.9。参数 ζ_∞ 和 v_∞ 分别代表空气自由流的密度和速度。

2）球体

对于球体，在角为 θ 时[见图 6-12(b)]局部热通量也由式(6-39)给出。球体和平板的方程是相同的是因为在球面上的大气入射角 θ 相当于平板上相对于 v_∞ 的大气入射角 θ。球体表面积 A 上的平均热通量为

$$\bar{q}'' = \frac{1}{A}\int q''(\theta)\mathrm{d}A = \frac{1}{4\pi R^2}\int_0^{\pi/2} 2\pi R^2 q''(\theta)\sin\theta\mathrm{d}\theta = \left(\frac{1}{4}\right)\left(\frac{\alpha\zeta_\infty v_\infty^3}{2}\right) = F_{\mathrm{fm}} q''_\perp \tag{6-40}$$

式中，F_{fm} 为自由分子流平均加热因子，对球体来说等于 1/4；$q''_\perp$ 为垂直入射平板时自由分子流的热通量。对于圆柱体的平均热通量也将使用同样的公式。平均热通量是一个有用的量，因为在很多情况下，球形物体再入时，轻微的偏差就将导致它的随机旋转。因此，上面表示的平均热通量代表一定时间内，球面上任一点处的平均热通量。

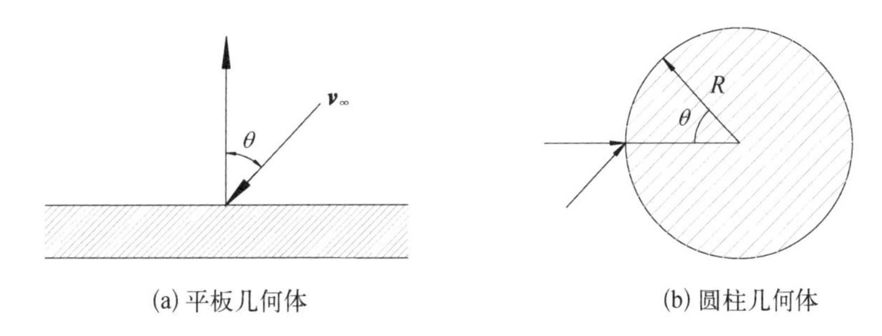

(a) 平板几何体　　(b) 圆柱几何体

图 6-12　平板和球形几何形状下的角 θ

3）圆柱体

圆柱体的平均热通量也由式(6-40)给出。但是，不同运动条件下的圆柱体的平均加热因子 F_{fm} 有几个不同的值。对于球体，只有随机旋转起作用；而对于圆柱体，必须考虑四种类型的刚体运动：① 侧向旋转，② 底端稳定，③ 底端翻滚，④ 随机翻滚和旋转。情况①、②、③如图 6-13 所示。每种运动的 F_{fm} 值都不同。表 6-3 中的第 3 列以及图 6-14、图 6-15(分别对应参数 Y 和 Z)给出了计算 F_{fm} 的方法[4]。

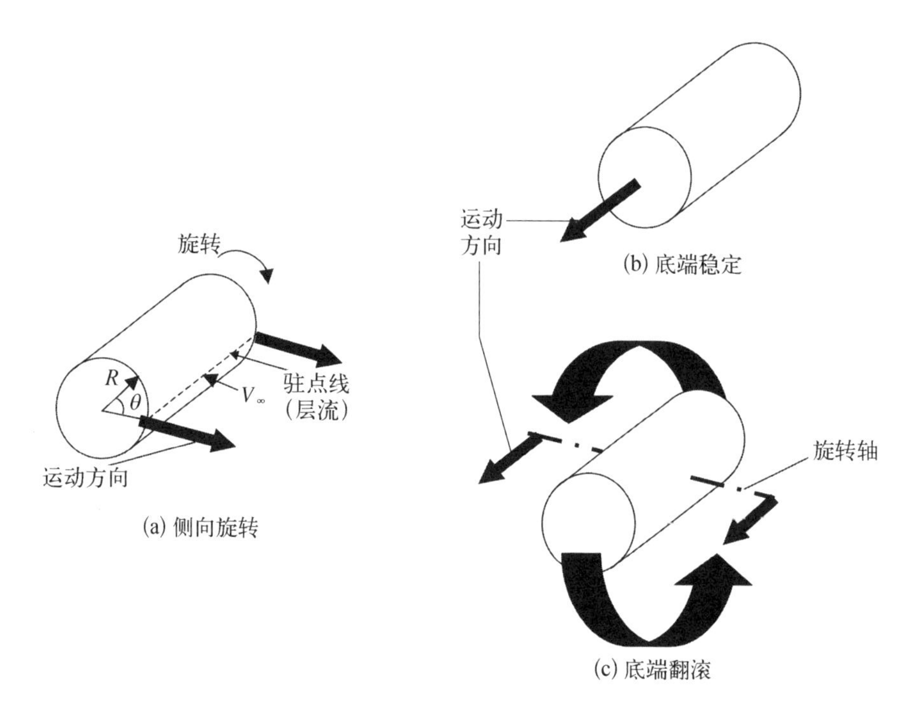

图 6-13　圆柱体再入形式

表 6-3　球体和圆柱体的加热因子在自由分子流中和连续流中的值[4]

情况		位置	自由分子流中(F_{fm})①	连续流中(F_c)②
球体	随机旋转	整体	0.2	$\frac{0.438}{\sqrt{R}}$
圆柱体	侧向旋转	端面	Z	$\frac{0.147}{\sqrt{R}}$
		侧面	Y	$\frac{0.269}{\sqrt{R}}$
	底端稳定	端面	1.0	$\frac{0.613}{\sqrt{R}}$
		侧面	Z	$\frac{B}{\sqrt{R}}$

（续表）

情况		位置	自由分子流中(F_{fm})①	连续流中(F_c)②
圆柱体	底端翻滚	端面	0.322	$\frac{0.329}{\sqrt{R}}$
		侧面	0.637($Y+Z$)	$\frac{(0.134+0.5B)}{\sqrt{R}}$
	随机翻滚和旋转	端面	0.255	$\frac{0.323}{\sqrt{R}}$
		侧面	$0.785Y+0.5Z$	$\frac{(0.179+0.333B)}{\sqrt{R}}$

注：
① 利用图 6－14 得到参数 Y，利用图 6－15 得到参数 Z。
② 利用图 6－17 得到参数 B。

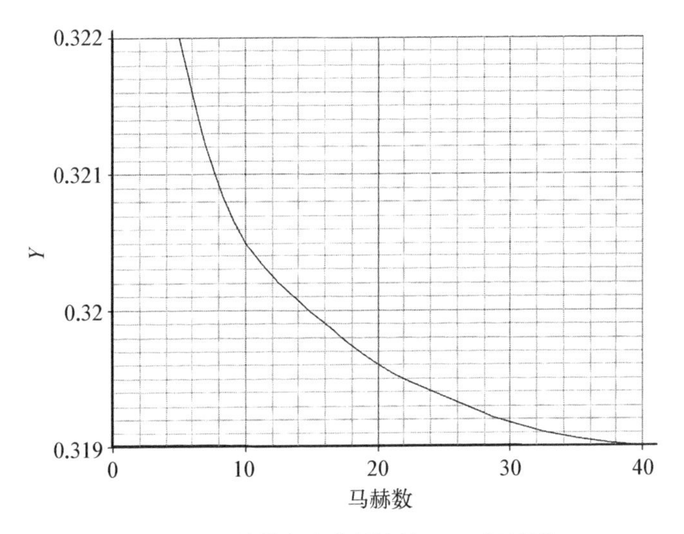

图 6－14　计算自由分子流的 F_{fm} 时 Y 值和马赫数的函数关系图[4]

（资料来源：桑迪亚国家实验室）

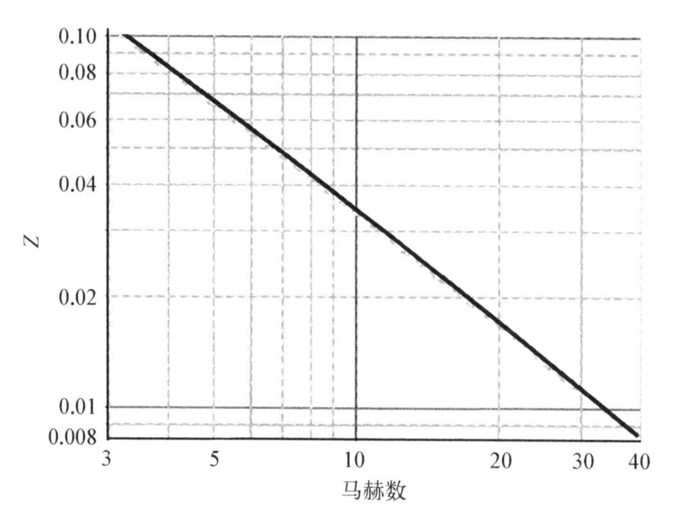

图 6-15　计算自由分子流的 F_{fm} 时 Z 值和马赫数的函数关系图[4]

（资料来源：桑迪亚国家实验室）

6.3.3　连续层流加热

自由分子流可能过渡到连续层流，也可能过渡到连续湍流。层流和湍流的加热方程的形式是一样的。由于大多数再入解体现象发生在层流区以及层流上的自由分子流区，因此我们的讨论只包括层流和自由分子流状态。我们将使用在 20 世纪 60 年代到 20 世纪 70 年代提出并使用的半经验方法[4]来计算球体、圆柱体和平板等形状简单的物体的再入热通量。这些方法提供了对形状更复杂的物体（如圆锥形状的太空舱）的再入加热的粗略估计。这种类型的计算是为了找到解决问题的思路，并验证详细的计算机模型的有效性。这种简单的方法足够准确，能让美国宇航员安全往返于月球、地球之间。

1）球体：驻点热通量

我们从球形几何体和确定球体热通量驻点的公式开始介绍。驻点是一个对称点（$\theta=0$），位于传入流线在球面上的终止处（见图 6-16）。驻点的热传导方程的一般形式是

$$q''_{ss}=\zeta_{\infty}V_{\infty}\cdot St\cdot(\widetilde{H}_{0}-\widetilde{H}_{w}) \tag{6-41}$$

对于自由分子流，下标∞表示自由流条件，即空气在边界层外部流动（见图 6-16）。系数 St 是无量纲热传导系数，也就是斯坦顿数。量 $\widetilde{H}_0$ 是空气到

达驻点处(动能转化为内能)时的比焓(单位是 J/kg)。量 $\widetilde{H}_w$ 是与壁面接触的空气的比焓,且假定空气温度等于壁面温度。大多数工程师都熟悉以温度差表示的传热速率。然而,在处理空气温度时,空气会出现明显的分离和电离的情况(我们正在研究的情况),因此用比焓表示热传导的驱动潜力更为方便。具体的焓值和温度是通过恒定压下的质量定压热容 c_p 联系在一起的。

$$(\widetilde{H}_0-\widetilde{H}_w)=c_p(T_0-T_w) \tag{6-42}$$

式中,St 指斯坦顿数,$\widetilde{H}$ 和 c_p 的单位分别为 J/kg 和 J/(kg·K)。因此,我们可以将式(6-41)写成 $q''_{ss}=\zeta_\infty v_\infty\cdot St\cdot c_p(T_0-T_w)$。根据热力学第一定律(即能量守恒定律),可得

$$\widetilde{H}_0=\widetilde{H}_\infty+\frac{v_\infty^2}{2} \tag{6-43}$$

在第一次迭代中,假设壁面的焓值(或温度)和自由空气流的温度相等,故

$$q''_{ss}=St\cdot\zeta_\infty\frac{v_\infty^2}{2} \tag{6-44}$$

因为假设再入体表面温度和自由空气流温度相等,参数 q''_{ss} 被称为冷壁驻点热通量。

结合式(6-44)和 St 的经验关系,可以得到冷壁球面上热通量驻点的参考速度与大气密度间的关系表达式[9],即

$$q''_{ss}=\left(\frac{C}{\sqrt{R}}\right)\left(\frac{\zeta_\infty}{\zeta_{ref}}\right)^{1/2}\left(\frac{v_\infty}{v_{ref}}\right)^{3.15} \tag{6-45}$$

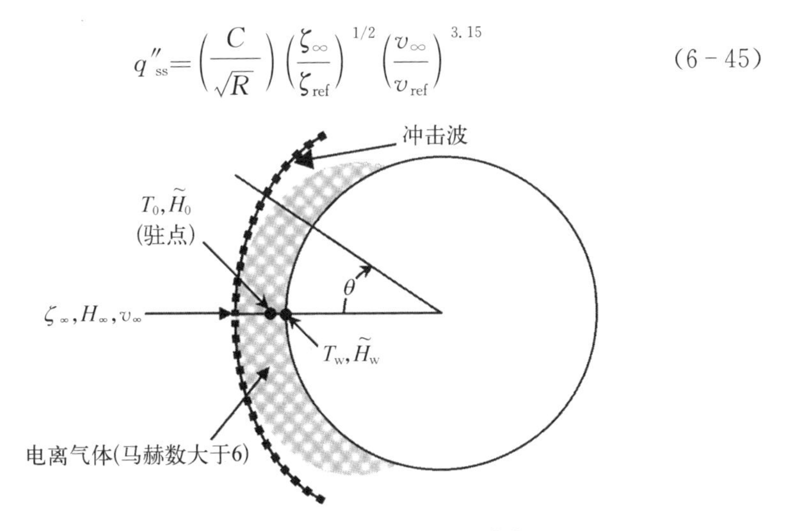

图 6-16 球体在低速层流区的热传导参数

式中，$\zeta_{ref}=1.2\ kg/m^3$；$v_{ref}=7\ 926\ m/s$；$C\equiv 1.10\times10^8\ W/m^{3/2}$。球体半径 R 的单位为 m，q''_{ss}的单位为 W/m^2。

例 6.3

在一个空间核反应堆发生意外再入的过程中，释放了一个半径为 1 cm 的太空核反应堆燃料的球形颗粒。计算在高度 50 km，再入速度 7 500 m/s 时的冷壁面驻点热通量。

解：

使用指数大气模型[式(6 - 37)]，我们得到 $\zeta_\infty=1.005\times10^{-3}\ kg/m^3$；再利用式(6 - 45)得

$$q''_{ss}=\left(\frac{1.1\times10^8}{\sqrt{0.01}}\right)\left(\frac{1.005\times10^{-3}}{1.2}\right)^{1/2}\left(\frac{7.5}{7.93}\right)^{3.15}=26.7\ MW/m^2$$

一个典型的丙烷喷灯的冷壁面驻点热通量约 1 MW/m^2。

2) 球体：平均热通量

球面上的热通量分布可以表示为

$$q''_{sph}(\theta)=q''_{ss}f_{cl}(\theta) \tag{6 - 46}$$

式中，$f_{cl}(\theta)$为球面上热通量分配比。对于以随机方式快速旋转的球体，其表面上的单元将获得平均热通量，其值为

$$\bar{q}''=\frac{1}{A}\int q''dA \tag{6 - 47}$$

或

$$\bar{q}''=\frac{1}{4\pi R^2}\int_0^\pi q''_{ss}f_{cl}(\theta)2\pi R^2\sin\theta d\theta \tag{6 - 48}$$

利用一个 $f_{cl}(\theta)$的半经验表达式[10]，对式(6 - 48)进行数值积分，得到的结果是

$$\bar{q}''=0.438q''_{ss} \tag{6 - 49}$$

式(6 - 49)可以依据参考热通量进行改写。对于自由分子流，将垂直入射到平板上的热通量作为参考热通量；对于连续流，将参考球体的驻点热通量作为参考热通量。传统的参照标准是单位半径的球体。因此 q''_{ref}将式(6 - 45)中的 R 设为 1.0，就可以快速得到 q''_{ref}。根据 q''_{ref}的定义，半径为 R 的随机旋转球体的平均冷壁热通量计算式是

$$\bar{q}'' = \left(\frac{0.438}{\sqrt{R}}\right) q''_{\text{ref}} = F_c q''_{\text{ref}} \tag{6-50}$$

式中，F_c 为连续层流的加热因子，F_c 的值在表 6－3 中的第 4 列给出。表 6－3 还给出了其他情况下连续层流中的 F_c 值。计算连续层流的平均气动加热量的一般表达式是

$$\bar{q}'' = F_c C \left(\frac{\zeta_\infty}{\zeta_{\text{ref}}}\right)^{1/2} \left(\frac{v_\infty}{v_{\text{ref}}}\right)^{3.15} \tag{6-51}$$

3）圆柱体

圆柱体的平均热通量可以用我们之前确定的方法得到。首先假定一个与我们感兴趣的物体以相同速度沿相同轨迹运动的参照物体，计算其驻点处的热通量。然后就可以得到真实物体的平均加热因子 F_c。根据经验数据表，可以计算出真实物体的平均热通量为 F_c（用表 6－3 的第 4 列和图 6－17 中的参数 B 的值得到）与参考物体上驻点处热通量的乘积。圆柱体的参考条件仍然是单位半径球体驻点处的热通量值。

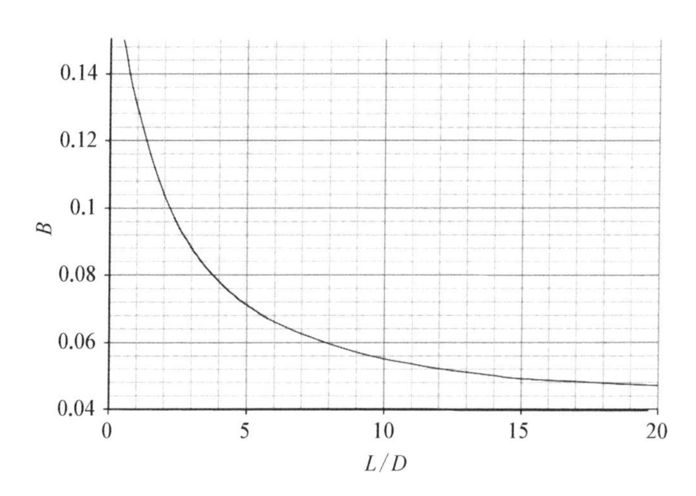

图 6－17 连续层流中计算 F_c 时的 B 值与长度直径比的函数

（资料来源：桑迪亚国家实验室）

图 6－13(a)展示了一个圆柱体侧向旋转进入大气层的几何形状。对于圆柱体使用的是驻点线，而不是像球体情况下那样的单独驻点。圆柱体上的驻点线热通量与同样半径的球体驻点处热通量之比是固定值[4]，即

$$q''_{sl}=0.747\,q''_{ss} \tag{6-52}$$

而且,圆柱体上的热通量分配比 $f_{cl}(\theta)$ 用 q''_{sl} 标准化后,与球体用 q''_{ss} 标准化后的分配比几乎相等,即

$$\frac{q''_{cyl}(\theta)}{q''_{sl}}=\frac{q''_{sph}(\theta)}{q''_{ss}}=f_{cl}(\theta) \tag{6-53}$$

圆柱体上的平均热通量用下式计算

$$\bar{q}''_{cyl}=\frac{1}{A}\int q''_{cyl}\,dA \tag{6-54}$$

式(6-54)可以用相同半径的球体驻点处热通量的值进行标准化。对于半径为 R,长度为 L 的圆柱体,式(6-54)变成

$$\frac{\bar{q}''_{cyl}}{q''_{ss}}=\frac{q''_{sl}}{q''_{ss}}\frac{2}{2\pi RL}\int_0^{\pi}f_{cl}(\theta)RL\,d\theta=\frac{0.747}{\pi}\int_0^{\pi}f_{cl}(\theta)\,d\theta=0.269 \tag{6-55}$$

最后,利用参考条件,即单位半径球体驻点处的热通量值,式(6-55)变为

$$\bar{q}''_{cyl}=F_c\bar{q}''_{ref} \tag{6-56}$$

有

$$F_c=\frac{0.269}{\sqrt{R}} \tag{6-57}$$

表6-3中最后一列的其他值也可以用同样的基本方法得到。

6.4 热响应

给定再入体的轨迹、边界层流体流型和热通量后,确定再入体的历史温度通常需要一般热传导方程的数值解。对于这些计算,表面热通量表示一个随时间变化的对流边界条件。当再入体的外表面由于与边界层中高温气流发生化学反应,或是由于熔化、气液分离、汽化或机械腐蚀而质量降低时,问题就变得复杂了。无论是由化学反应还是更简单的物理过程驱动,这种质量损失的过程都被称为烧蚀。烧蚀后的材质流入并干扰了边界层,从而影响热流密度。

确定物体的温度和烧蚀程度随时间的变化是一个复杂的问题。需要分析边界层流的耦合方程、表面化学成分,和随后传到物体表面上并进入其体内的

热量。在这一部分中，给出了几种分析模型来估算一些特殊情况下的历史温度-时间曲线。我们将考虑两种边界情况：① 对流加热超过辐射传热时的大角度再入；② 对流加热和辐射传热之间达到平衡，使得物体达到一个稳定的表面温度时的小角度再入(例如，轨道衰减再入)。对于这两种特殊情况，我们采用两个简单的热响应模型进行分析，即集总参数模型(或薄壳估计)和辐射平衡模型。

6.4.1 集总参数模型，大角度再入

考虑图 6－18 所示的再入体，一个近似(数量级)的热平衡方程可以将物体壁面的对流热通量与壁面的传导热通量联系起来。物体内部的温度梯度表征了热传导到物体内的机制(目前的辐射热通量被忽略)，即

$$q'' = h\Delta T_{\mathrm{bl}} = \frac{k}{\delta_{\mathrm{s}}}\Delta T_{\mathrm{body}} \tag{6-58}$$

式中，h 为表面传热系数，即 $h = \zeta_\infty v_\infty \cdot St \cdot c_p$ [W/(m^2 · s)]；$\Delta T_{\mathrm{bl}} = (T_0 - T_{\mathrm{w}})$ 为边界层的温度差；δ_{s} 为壁面厚度(cm)。重新排列式(6－58)，我们可以表示出物体内温度下降与边界层内温度下降之比，即

$$\frac{\Delta T_{\mathrm{body}}}{\Delta T_{\mathrm{bl}}} = \frac{h\delta_{\mathrm{s}}}{k} \tag{6-59}$$

这里的 k 是材料的传热系数。无量纲量$\dfrac{h\delta_{\mathrm{s}}}{k}$是努塞尔数 Nu。若 Nu 是小量，即物体的厚度相对于边界层厚度来说很小，一个传热系数很高的物体(如金属物体)，δ_{s} 很小，Nu 也比较小。一般来说，若 $Nu < 0.1$，体内的温差可以忽略并被视为一个统一的集总温度，因此就有了集总参数分析。这种模型适用于高超声速的导弹或飞行器的金属薄壁，因此这种方法又叫作薄壳估计。集总参数模型可适用于意外情况下再入的空间反应堆的若干部件，包括反应堆容器壁、燃料元件包层、单个燃料球。反应堆容器和薄层失效时，需要分别对燃料包层和燃料球进行再入热响应分析(假定这些部件从剩余的反应堆中释放并成为独立体。)

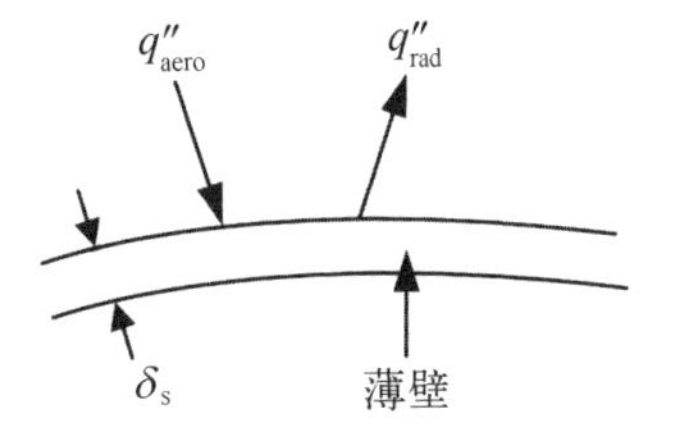

图 6－18 薄壁模型的热传导

我们可以得到一个再入物体的微分方程，它表示能量守恒

$$mc_p \frac{dT}{dt} = q_{aero} - q_{rad} \tag{6-60}$$

式中，m 为再入体质量；T 为集总物体的整体温度；t 为时间；q 为总的传热系数。下标 aero 和 rad 分别代表气动热输入和辐射热损失。对于大再入角情况（即 ω 大概在 10°以上），物体表面的辐射热损失相对于气动热输入来说较小（除了驻点处的热辐射很大之外）。因此，对于随机翻滚的物体可以忽略它的辐射热损失。由此可以得到薄壁方程

$$\zeta c_p \delta_s \frac{dT}{dt} = q''_{aero} \tag{6-61}$$

根据前面小节的方法由流型（自由分子流或连续流）、物体形状（球体或圆柱体）、飞行动力学（稳定的或各种随机运动），可以计算出平均气动热通量。对于当前的问题，可假定为连续流，然后能量平衡方程变为

$$\zeta \delta_s \frac{dT}{dt} = F_c C \left(\frac{\zeta_\infty}{\zeta_{ref}}\right)^{1/2} \left(\frac{v_\infty}{v_{ref}}\right)^{3.15} \left(\frac{T_0 - T}{T_0}\right) \tag{6-62}$$

式的右边可以用式(6-41)～式(6-56)很快得到；T_0 为驻点处的空气温度，可以从驻点焓值定义得到式(6-63)

$$T_0 = \frac{v_\infty^2}{2\, c_{p(air)}} \tag{6-63}$$

式(6-62)的温度比这一项将冷壁热通量项转化为真实的热壁热通量。

为了求解式(6-62)，我们用式(6-37)给出的大气密度的表达式。假定航迹角固定，再入速度 v_∞ 恒定，我们就能得到简化的弹道方程

$$y(t) = y_0 - v_\infty \sin(\omega_0 t) \tag{6-64}$$

联立式(6-37)、式(6-62)和式(6-64)得到

$$\zeta c_p \delta_s \frac{dT}{dt} = K \exp\left(-\frac{y_0 - v_\infty t \sin\omega_0}{2Y_0}\right)(T_0 - T) \tag{6-65}$$

其中

$$K \equiv \left(\frac{F_c C}{v_\infty^2 / 2\, c_{p(air)}}\right) \left(\frac{\zeta_0}{\zeta_{ref}}\right)^{1/2} \left(\frac{v_\infty}{v_{ref}}\right)^{3.15} \tag{6-66}$$

v_∞ 作为常量处理时，式(6-65)的解可以直接给出。这种假设在弹道系数

较大和再入高度超过 20 km 的情况下通常都是合理的(见图 6-11)。这种描述适合一个完整的反应堆容器(带内部堆芯);但是,具有低弹道系数的单个燃料球或颗粒将经历快速地减速。对于低弹道系数,必须求解耦合微分方程,才能获得弹道特性和热响应。这里我们假设再入速度 v_∞ 为常值,求解式(6-65)后我们得到

$$T(t)=T_0-(T_0-T_i)\exp\left\{-\left[\frac{2Y_0K\exp(-y_0/2Y_0)}{\zeta c_p\delta_s v_\infty \sin\omega_0}\right]\exp\left(\frac{v_\infty t\sin\omega_0}{2Y_0}\right)\right\} \tag{6-67}$$

6.4.2 辐射平衡模型,小角度再入

接下来,研究低热容薄壁物体的小角度再入(轨道衰减的情况)。在这些条件下,再入体的薄壁可以很快达到气动热输入和辐射热损失的平衡条件。因此,我们可以将式(6-60)中的 $\mathrm{d}T/\mathrm{d}t$ 设为 0 来计算弹道上每一点的平衡温度;因此 $q_{\text{aero}}=q_{\text{rad}}$。利用 $\zeta_\infty(y)=\zeta_0\exp(-y/Y_0)$、式(6-37)和式(6-51)给出的 $\bar{q}''_{\text{aero}}=F_c q_{\text{ref}}=\bar{q}''$,我们得到

$$F_c C\left(\frac{\zeta_0}{\zeta_{\text{ref}}}\right)^{1/2}\left(\frac{v_\infty}{v_{\text{ref}}}\right)^{3.15}\exp\left(\frac{-y}{2Y_0}\right)\left(\frac{T_0-T}{T_0}\right)=\varepsilon\sigma T^4 \tag{6-68}$$

式中,ε 为表面辐射率;σ 为斯特藩-玻尔兹曼常数,为 $5.669\ 10^{-8}$ W/($\mathrm{m^2\ K^4}$)。

6.5 再入分析方法和计算模型

再入任务的安全分析通常用下面的步骤进行:

(1) 计算弹体的弹道系数;

(2) 计算弹道特性,即航迹角、高度及速度关于时间的函数;

(3) 在选定的轨迹点,计算弹体上该点的传热系数。所选择的点应是弹体上被判断为最有可能失效的位置;

(4) 使用传热系数,计算随时间变化的表面烧蚀率和温度分布;

(5) 根据所选的失效计算来预测系统的解体。对于金属部件,故障通常发生在气动力引起的应力超过屈服应力的点或附近;

(6) 返回步骤(1)并对新的结构重复这一过程。重复分析此过程直到得

出弹体完全解体或气动热影响不再引起解体。

这些计算的输出是一个解体过程的图像，它至少包括重要的核能系统组件沿轨迹脱落的高度点。对于一个反应堆系统，解体要涉及散热器、辐射屏蔽器、反射系统、压力容器、堆芯、燃料组件和燃料颗粒。预测的 Enisey 反应堆系统的再入解体如图 6-19 所示。分析结果还提供了关键部件的热历史，包括烧蚀质量损失的计算。烧蚀的数据可以作为大气扩散计算的输入，进行辐射结果计算。

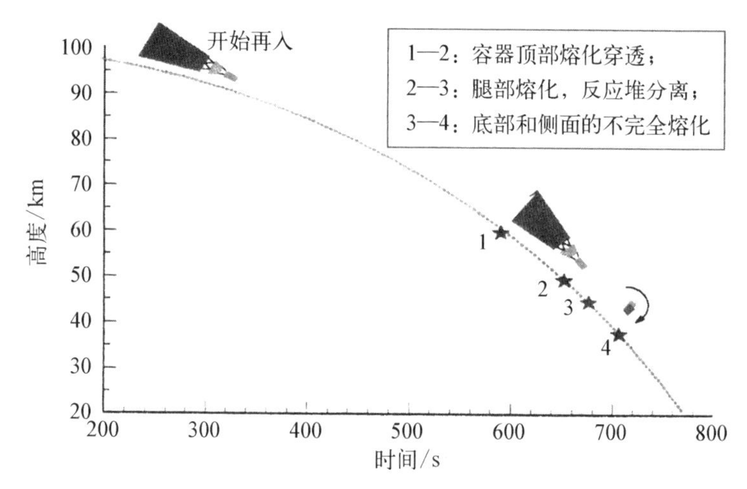

图 6-19 Enisey 空间反应堆系统在一个假定再入事故中的预计反应堆系统热响应

反应堆系统的非核部件的解体通常不会影响核安全。反应堆在再入过程中部分或完全解体可能不会有显著的安全后果。反应堆系统解体的安全重要性将取决于系统的设计、任务特性、任务阶段和其他考虑因素。因此，对于某些条件（特别是没有操作反应堆时），预测到反应堆的解体将不需要重新设计反应堆系统。然而，预测到放射性同位素源中有显著的核物质泄漏，通常是一个更严重的问题。经试验支持情况下，如果预测表明大量放射性物质将释放，并将造成再入事故，则需要重新设计放射性源保护屏障（或采用其他修护手段）。

6.5.1 再入轨迹计算

美国航空航天局（NASA）的前身——美国国家航空咨询委员会（NACA），曾发表了一篇再入轨迹分析的论文，它是最早研究再入轨迹的论文之一[8]。该论文提供了计算再入轨迹和弹体热通量的简单模型,其提供的基本方法在6.3.1节中使用。随着20世纪60年代计算机性能的提升,使得通过积分得到更精确的运动方程,并获得更精确的再入轨迹变成可能。

尽管存在六自由度方程,但点质量的三自由度方程对于再入解体分析已经够用。正如上面所讨论的,每个再入阶段都会执行一次轨迹计算。这个计算的期望输出是弹体目标高度和速度关于时间的函数。所需输入包括初始条件(速度、高度、航迹角)和弹道系数。如果弹道系数是无法获得的,那就需要通过流场信息来确定物体上的压力分布,然后从压力分布中得到阻力系数和弹道系数。

轨迹分析工具发展成熟,因此很多轨迹计算都是可获得的。编写和收录案例或数据得最好的轨迹分析工具就是 *Trajectory Simulation and Analysis Program*(轨迹模拟与分析程序,简称 TSAP)[12]。预测空间核动力系统的再入轨迹比预测设计好的空间返回舱的再入轨迹更复杂。完整的核动力系统中,有大锥形散热器的反应堆一般表现出静态的空气动力稳定性。但是一旦散热器脱离,反应堆在再入过程中通常是不稳定的,将开始随机翻滚和旋转(RTS)运动。对于 RTS 再入的预测必须依靠实验数据和分析简化(在6.3节中已讨论)来计算平均阻力和传热系数。

6.5.2 气动热计算

20世纪50年代末期一个研究团队奠定了气动热计算的理论基础[13]。这个团队开发了基于理论的公式,这些公式与实验数据非常吻合。这些公式适用于在层流和紊流流动中稳定飞行的钝头轴对称体(如球头锥)的再入气动热通量计算。虽然影响因素表示的是封闭形式的解,但它们仍是复杂的,也需要考虑自由流和弹体表面的边界层流特性。最初计算热通量的程序采用巧妙的简化技巧,以获得在弹体特定位置的流体性质。如今,计算机代码可以求解边界层方程。如果需要更高的精度,可采用抛物线化的纳维-斯托克斯方程。这种分析的输出是航天器表面的选定位置的随时间变化的传热系数(或热通量)。

虽然上述的技术在稳定飞行的轴对称体上应用效果很好,但空间核系统也有可能表现出 RTS 再入,传统的方法就不再适用。研究一个随机翻滚和旋转的圆柱体、球体或平板表面的平均热通量的近似方法,在 SNAP 航天核安全计划的支持下展开。Klett 报告[4]中介绍了侧向旋转、底端稳定、底端翻滚、随机翻滚和旋转四种飞行模式下，圆柱体的阻力系数和传热系数的相关性。数据涵盖了自由分子流、过渡流和层流的流型。HANDI 代码（交互式热分析代码）[14]利用 Klett 相关性，简化了热力计算，并生成了一个标准热响应代码可接受的格式的输出。这些近似方法是计算不同反应堆在 RTS 再入时的热通量和阻力的唯一方法。确定这种物体附近的随时间变化的流场超出了目前计算机的计算能力，而且短期内可能仍然无法解决。

6.5.3 热响应计算

在发展出先进的计算机之前，6.4 节讨论的简单分析方法将用于计算再入体的温度。薄壁估计法用于计算如反应堆压力容器壁等热薄壁的总体温度。可通过假设当物体温度接近熔点时发生破裂来预测物体的失效；然而，厚的物体不能使用这种方法，如反应堆堆芯或铍控制鼓。研究者进行了广泛的测试，以获得内部温度和表面质量损失的数据。通过在火箭喷管排气口、激波管和等离子弧压力试验设施中测试再入体的比例模型，获得了关于其内部温度和表面质量损失的数据。

随着先进计算机和碳化材料烧蚀计算理论[15]的发展，对再入体烧蚀和内部热响应的精确建模成为可能。CMA 算法可计算再入体一维的随时间变化的温度分布和各种烧蚀机制造成的表面烧蚀速率（汽化、熔化和剥离、机械去除、异构化学反应）。只要材料的热物理和热化学性质已知，可以对任何材料进行建模。在由气动加热分析得到的时变传热系数的基础上，CMA 算法平衡表面能量，并确定入射的气动热通量如何分配为热辐射、烧蚀和内部热传导。CMA 算法中还内嵌了二维的轴对称瞬态热传导和材料烧蚀（ASTHMA）代码；但是，由于其过于复杂所以使用得并不多。其配套代码，气动热化学平衡（ACE）代码则需要描述再入体表面和弹体与空气发生化学反应产生的气体的化学成分特性。

这些代码的可用性并没有削弱烧蚀试验的有用性和重要性。很多情况下，表面化学性质尚不明确，故必须进行烧蚀试验。这些试验提供了经验参数，如烧蚀热和烧蚀温度，它们用以在 CMA 中代替 ACE 的数据。虽然大多数的方法都是在 20 世纪 60 年代初开发的，但到目前为止，再入分析工具的改进非常有限。虽然已经利用有限元方法写出新的热响应代码，但它没有结合 CMA 算法来对化学分解隔热材料进行详细的分解。

6.6 再入空间核安全实践的演变

再入分析的目的是估计再入体是否会基本完好地返回或是否会在强烈的受热和动态压力下解体。精确地预测在再入过程中空间核载荷的安全性的能力对于预测再入的放射性后果是很重要的。空间核载荷逐步解体的计算分析和实验手段都是在20世纪50年代末至60年代初发展起来的。这些方法是美国国防机构为了开发弹道导弹以及民用航天计划开发的。这两个项目的进展都由于苏联Sputnik 1号卫星在1957年发射成功而大大加快。载人航天计划和洲际弹道导弹计划都必须解决从太空返回地球的物体的“生存”问题。再入问题是当时航天工程师面临的最困难的问题之一[17]。物体以近地轨道的速度穿过大气层时所产生的气动热十分剧烈，以至于结构材料若没有一个创新的热保护系统则无法幸存。热防护系统或再入热防护系统必须是质量轻且坚固的结构，并能够牢固地连接到子结构上。选择的方法是采用烧蚀材料[13]，利用烧蚀材料的熔化、蒸发或排气带走再入体表面的热量，以及限制热量传导到结构内部。

从空间核时代开始，人们就认识到再入过程中需要特殊的防护措施。RTG的再入安全措施经历了一个演化过程，有一部分原因是RTG设计的改变。对于Transit所使用的SNAP-3 RTG，再入保护的设计方法要求完全解体RTG，并在高空消耗钚-238燃料。从用于Nimbus计划的SNAP-19开始，这种防护设计才转变为要求“完整—穿过—撞击”再入。分析表明RTG燃料烧蚀和耗散的程度取决于不同的场景。而且在高空中的完全解体和耗散并非之前认为的确定情况。后来的RTG计划含有更大量的钚-238(SNAP-27的45 000 Ci对比SNAP-3的1 800 Ci)；而燃料形态也从金属改变为更耐受再入剥蚀的氧化物。所以出于安全考虑，完整再入的方法成了更容易被接受的选择。

空间反应堆在RTG上具有一定的安全优势，因为未裂变的铀的放射性活度相对于大量的钚-238来说非常少。虽然反应堆任务的趋势从气动热分解变为完整再入，但是反应堆的再入安全实践较少。第2章图2-2中所示的SNAP-10A空间反应堆，该反应堆由Atlas-Agena运载器于1965年4月3号送入高度为1 300 km的圆形极轨道。整个SNAP-10A反应堆发电系统质量为440 kg，长为3.4 m，直径为1.3 m(散热器底部)。散热器的锥体半角为 7.5°。反应堆含有约 5 kg 的高浓缩(93%)铀氢锆化物($UZrH_{16}$)。SNAP-10A 利用操作上的限制避免热反应堆系统的再入。选择 1 300 km 的轨道(在轨运行 4 000 年)来保证裂变和活化产物衰变到燃料中的锕系元素的活度水平。此外,在证实进入一个稳定的轨道之前,反应堆都不允许启动。在这些限制条件下,在发射过程中和轨道寿命结束时发生的再入事故不会造成严重的放射性威胁,因为在这两种情况下,系统的放射性是相当低的。

研究人员曾对 SNAP-10A 的再入加热和解体进行了深入的分析和试验研究,包括对全尺寸模型进行的再入测试[19]。从大规模的试验得出的结论是,反应堆容器将熔化并释放出其中的堆芯物质。但是,燃料组件的安全存在着不确定性,不能保证燃料的完全烧蚀和耗散。虽然堆芯物质的完全耗散是所期待的目标,但没有采取任何尝试来主动扩散堆芯,例如使用爆炸装置。计算表明 SNAP-10A 再入事故风险对公众来说是很低的。轨道寿命和反应堆启动的操作约束是确定再入安全的关键因素。

SP-100 太空反应堆,如第 2 章中的图 2-21 和图 2-34 所示,是在 20 世纪 80 年代初期由美国能源部(DOE)、国防部(DOD)和美国国家航空航天局(NASA)合作开发的。预算限制以及缺少明确的任务和客户使得这个项目被终止。SP-100 用的是氮化铀燃料和液态锂金属冷却剂,是一个快速反应堆设计。主要子系统包括铍滑动反射器、辐射防护罩、初级热传输系统、热电磁泵、热电转换器、热管散热器和碳-碳再入热防护罩。SP-100 是设计用来支持多种空间任务的,包括国防和空间科学的任务目标。对于 SP-100,需要一种能够满足各种各样任务的再入安全设计,包括低地球轨道和深空机动。对于一些可能的任务,再入烧蚀计算表明对 SP-100 进行高空解体是不可行的;并且对于假定其部分解体的安全考虑也是一个问题[20]。因此,选择和实施完整再入时,要用再入热防护罩将反应堆覆盖起来。SP-100 的其他再入安全功能包括反应堆启动联锁装置,它确保在到达所需的稳定轨道前禁止进行核操作;还有堆芯安全控制棒,它确保反应堆浸在水中或埋在潮湿的沙子或土中时仍保持亚临界状态。

6.7 本章小结

再入事故可以由发射过程中的故障导致,也可以由在轨时的故障导致。一旦卫星入轨后,轨道衰减或轨道速度的突变会导致与大气交汇的转移轨道再入。再入加热可能破坏核能系统，引起很多后果。再入的后果可能包括大气扩散带来的辐射暴露，空气、土壤和水体的环境污染，全部或部分的系统与地面碰撞后形成的残骸带使个人直接暴露在辐射中。对于一些涉及空间反应系统的情况，必须考虑地面碰撞引起的临界事故的可能性。

弹道系数被用于轨道衰减和轨道寿命分析中。一颗卫星的轨道寿命很大程度上依赖于它的轨道高度以及它的弹道系数。

定义了三种流型来辅助再入分析，包括自由分子流、过渡流和连续流。再入分析首先要计算再入体随时间变化的高度和速度。这些信息随后将用于计算再入加热和再入体的热响应。进行表面熔化、烧蚀和热传导的分析来完成这个分析的第一次迭代。如果热分析确定了弹体的弹道特性发生了明显的变化，那么就用改变后的弹道参数进行另一次弹道计算。再入分析涉及一套复杂的计算机代码；但是，也可以使用简单的分析模型来估计再入行为。

自太空核任务出现后，再入安全实践已经发展变化。最开始时，RTG 被设计为放射性燃料在高空完全解体和耗散，随后变为 RTG 的完整再入。可使用先进的计算机分析和广泛的测试来确保 RTG 在假设的再入事故中的安全响应。完整再入和解体再入这两种方式都被考虑用于空间反应堆。

参考文献

1. Bate, R. R., D. D. Mueller, and J. E. White, *Fundamentals of Astrodynamics*. New York: Dover Publications, 1971.
2. Thomson, W. T., *Introduction to Space Dynamics*. New York: John Wiley & Sons, 1963.
3. Tsien, H., "Superaerodynamics, Mechanics of Rarefied Gases." *Journal of the Aeronautical Sciences*, Dec. 1946.
4. Klett, R. D., *Drag Coefficients and Heating Ratios for Right Circular Cylinders in Free Molecular and Continuum Flow from Mach 10 to 30*. Albuquerque, NM: Sandia National Laboratories Report SC-RR-64-2141, Dec. 1964.
5. Connell, L. W., unpublished, Mar. 2001.
6. Hipp, J. R., *Preliminary Solar Resonance Accident Consequence Assessment*. Briefing to Ballistic Missile Defense Organization, July 27, 1993.
7. Frisbee, R. H., S. D. Leifer, and S. V. Shah, "Nuclear Safe Orbit Basing Considerations." AIAA/NASA/OAI Conference on Advanced SEI Technologies, Sept. 1991.
8. Allen, H. J. and A. J. Eggers, Jr., *A Study of the Motion and Aerodynamic*

Heating of Missiles Entering the Earth's Atmosphere at High Supersonic Speeds. National Advisory Committee for Aeronautics, NACA-TN-4047, Oct. 1957.

9. Detra, R. W., N. H. Kemp, and F. R. Riddell, "Addendum to Heat Transfer to Satellite Vehicles Reentering the Atmosphere," Jet Propulsion, Dec. 1957, p. 1256 - 1257.
10. Lees, L., "Laminar Heat Transfer over Blunt Nosed Bodies at Hypersonic Flight Speeds." *Jet Propulsion*, 26 (4), Apr. 1956.
11. Connell, L. W. and L. C. Trost, *Reentry Safety Issues and Analysis for the TOPAZ II Space Nuclear System*. Albuquerque, NM: Sandia National Laboratories, SAND-0484, Feb. 1994.
12. Outka, D. E., *Users Manual for TSAP*. Albuquerque, NM: Sandia National Laboratories Report, SAND88-3158, July 1985.
13. Sutton, G. W., "The Initial Development of Ablation Heat Protection, An Historical Perspective." *J. Spacecraft*, **19**, No. 1, p. 3 - 11, Jan.-Feb. 1982.
14. Potter, D. L., *Approximate Heating Analysis Methods for Appended Bodies*. Albuquerque, NM: Sandia National Laboratories, Internal Memorandum, Dec. 1989.
15. Moyer, C. B. and R. A. Rindal, *Finite Difference Solution for the In-Depth Response of Charring Materials Considering Surface Chemical and Energy Balances*. Report No. 66 - 7, Aerotherm Corporation, Mountain View, CA, Mar. 1967.
16. Moyer, C. B., B. Blackwell, and P. Kaestner, *A User's Manual for the Two-Dimensional Axi-Symmetric Transient Heat Conduction Material Ablation Computer Program (ASTHMA)*. Albuquerque, NM: Sandia National Laboratories Report, SC-DR-70-510, Dec. 1970.
17. Von Karman, T., "Aerodynamic Heating: The Temperature Barrier in Aeronautics." Proceedings of the High Temperature Symposium, Stanford Research Institute, Berkeley, CA, June 1956.
18. McAlees, S., Manager Aerospace Nuclear Safety Program, Sandia National Laboratories, Personal Communication, May 1992.
19. Elliot, R. D., *Aerospace Safety Reentry Analytical and Experimental Program, SNAP 2 and 10A (Interim Report)*. NAA-SR-8303, Sept. 30, 1963.
20. Bost, D. S., *FY 1985 Surety Program Final Report*. Rockwell International, Rocketdyne Division, RI/RD85-236, Sept. 1985.

符号及其含义

A	表面积	a	半长轴
A_{ref}	参考面积	a_t	$\frac{(r_1+r_2)}{2}$

（续表）

b	半短轴	α_m	偏差角
c	半焦距	β	弹道系数(基于质量)
C_D	阻力系数	β_F	弹道系数(基于力)
C	$1.10\times10^8\ \mathrm{W/m^{2/3}}$	ΔT	温度差
c_p	质量定压热容	Δv	速度变化量
D	直径	Δr	轨道半径变化量
d_c	特征长度	δ_s	壁厚
E	总机械量	ε	辐射率
$\widetilde{E}$	比能	F_m	引力
E_k	动能	F_D	阻力
e	偏心率	F	加热系数
f，f'	焦点	G	万有引力常数
$f_{el}(\theta)$	热通量分配比	$\widetilde{H}$	比焓
q	总的传热系数	h	表面传热系数
q''	热通量	I_{sp}	比冲
R	球体或圆柱体半径	K	由式(6-66)定义
R_e	地球半径	Kn	克努森数
r	标量距离/半径	k	传热系数
$\boldsymbol{r}$	位置矢量	$\boldsymbol{L}$	角动量矢量
St	斯坦顿数	$\widetilde{L}$	比角动量
T	温度	L	长度
t	时间	m_e	地球质量
α	调节系数	m	质量

（续表）

Nu	努塞尔数	κ	常数，=1.67
$\boldsymbol{n}$	表面法向	λ	平均自由程
p	半通径	μ	G 与 m_e 的乘积
U	势能	σ	斯特藩-玻尔兹曼常数
$\boldsymbol{v}$	速度矢量	τ	轨道周期
v	速度	θ	角
v_0	大气层边缘处的速度	υ	极角
y_0	大气层边缘处的高度	ω	航迹角
Y_0	标高	ζ	密度

特殊上标/下标及其含义

O	原点、参考点或驻点	rad	辐射热
a	远地点	ref	参考量
aero	气动热	sl	圆柱体上的驻点线
bl	边界层	sph	球体
c	连续流	ss	球体上的驻点
cl	连续层流	t	转移椭圆
cs	圆轨道	tot	总量
cyl	圆柱体	w	壁面
fm	自由分子流	x	x 方向
p	近地点	y	y 方向
RP	火箭和载荷	$\perp$	垂直入射

练习题

1. 一个航天器距地球中心的距离为 $R=6\ 800$ km，其瞬时速度为 8 km/s，航迹角 $\omega=10°$。(1) 证明其绕地球运行的轨道是一个椭圆，并计算基本轨道要素 L、E、p、a、e、r_p、r_a 和 t。其中 $R_e=6\ 378$ km 和 $\mu_e=3.99\times 10^5\ km^3/s^2$。 (2) 计算将轨道圆化为半径等于椭圆轨道远地点半径的轨道所需的 Δv。

2. 一个总质量为 5 t 的空间核动力系统初始部署在绕火星 500 km 高的圆轨道上($\mu_{Mars}=4.3\times 10^4\ km^3/s^2$，$R_{Mars}=3\ 380$ km)。在系统的任务末期将其提高到 2 500 km 高度的圆停泊轨道。(1) 根据霍曼转移方法计算完成这项工作所需的 Δv。(2) 利用一般火箭方程[式(6-22)]计算完成这次转移所需的推进剂质量。忽略火箭各级间结构的质量(如 $M_{RP}=5$ t) 并假设推进剂的 $gI_{sp}=4.5$ km/s。

3. 假设核火箭引擎(NRE)和其载荷运行在 400 km 的圆轨道上。航天员启动了 NRE，产生的 $\Delta v=4.1$ km/s。由于程序错误，NRE 的推力矢量相对于圆轨道速度矢量方向偏离了一个角度，为 $\delta=100°$(见图 6-20)。用 $R_e=6\ 378$ km，$\mu_e=3.99\times 10^5\ km^3/s^2$ 计算再入状态矢量(即再入速度和航迹角)。

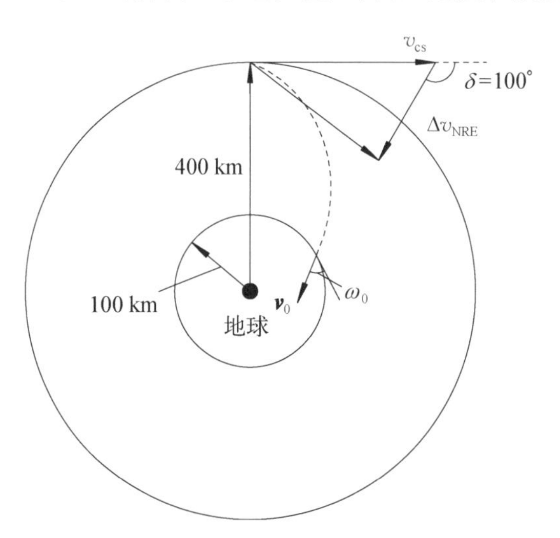

图 6-20 练习 3 的轨道几何关系图

4. 一个空间核反应堆的钢制压力容器(见图 6-21)的密度 $\zeta=7.87\ g/cm^3$，

质量定压热容 $c_p = 0.45$ J/(g·K)，熔点为 1 500 K。用薄壁热力学模型计算压力容器的温度达到熔点时的高度。假定航迹角为常值，并使用以下再入初始条件和性质：再入速度 $v_0 = 5$ km/s，高度 $y_0 = 60$ km，航迹角 $\omega_0 = 20°$，空气的质量定压热容 $c_{p(\mathrm{air})} = 1.05$ J/(g·K)。(1) 假设容器再入时稳定。(2) 假设容器再入时有随机翻滚和旋转运动。

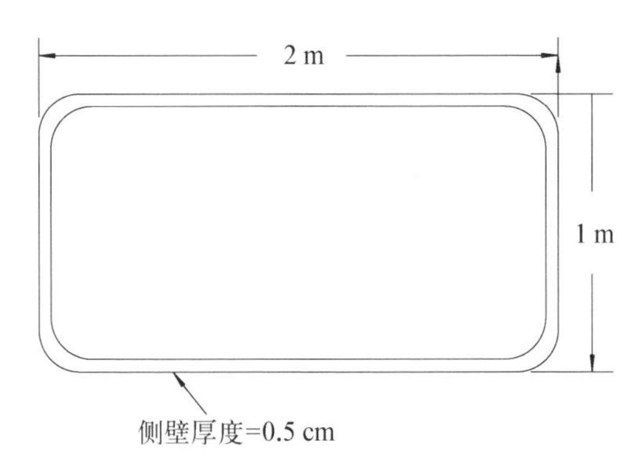

图 6-21 练习 4 的压力容器示意图

5. 一次再入试验在一个以钚-238 为燃料的 RTG 模型上进行以确保它的热力防护系统可以使它完整再入。RTG 模型是一个直径为 10 cm、长为 20 cm 的圆柱体，其弹道系数为 4 000 N/m^2。再入速度、高度和航迹角分别是 $v_0 = 8.0$ km/s，$y_0 = 50$ km，$\omega_0 = 15°$。假设航迹角恒定和端点稳定地再入，利用 6.3 节给出的简单弹道和热力学模型计算到达 20 km 高度的时间、速度以及驻点热通量，并画出速度和驻点热通量关于高度的图像。在高度为多少时热通量达到最大值？为什么？

6. 假定一个和练习 5 中相同的再入体，在自由分子流中以匀速从 100 km 下降到 50 km，计算在这个高度范围内驻点热通量关于高度的值。自由分子流状态下，50 km 处的热通量与练习 5 中 50 km 处层流流动情况下得出的值相比如何？用圆柱体的直径作为特征长度，计算克努森数并确定 50 km 处的正确流型。

第 7 章
撞击事故

詹姆斯·R. 科尔曼

本章的目的是给读者介绍假设的撞击事故，给出分析撞击事故的一个相对简单的计算方法，探讨撞击模型的重要性，以及用试验数据阐明这种方法。

7.1 场景和问题

对屏障失效和放射性物质释放(源项)的评估是大多数空间核安全分析的中心问题，因此撞击事故是空间核安全分析中的一个重要方面。在很多安全分析的步骤中，前几步旨在探讨可能发生撞击、防护屏障破裂和放射性物质释放的场景、概率和环境。后续步骤旨在预测运输、分布以及人类与被释放的放射性物质或受损系统的相互影响。每一次空间核任务都需要设计全面的安全分析程序，以确定潜在的撞击事故，并分析撞击事故及其后果。

7.1.1 入轨前的事故问题

最严重的撞击事件一般出现在任务终止时和入轨前，尤其是发射台和早期发射阶段事故。美国的核系统在初始上升阶段主要依靠固体火箭助推器(SRB)助推。根据过去的经验，这些系统每次发射的故障率通常为 0.1%～1%。一般来说，固体火箭助推器的故障将导致发射被终止，因为爆炸会使固体火箭助推器因高压而破裂，进而点燃携带的液体燃料。俄罗斯主要使用液体燃料型运载火箭，但是失败率和美国相当。俄罗斯的火箭因发动机故障导致的在未发生爆炸的情况下发射失败的概率，大约是发生液体燃料爆炸的 6 倍。尽管如此，所有的火箭故障都会导致其被破坏，并使核载荷暴露在被各种碎片和弹片的撞击危险下。此外，所有这些事件都将以核载荷撞击地面而告终。

放射性同位素源的主要安全问题是密闭装置可能被破坏并将一部分放射性燃料泄漏到当地环境中。考虑到反应堆是在辐射冷却条件下发射的，入轨前撞击事故的主要问题就是可能改变反应堆的几何结构或环境，以至于超过临界条件。尽管新燃料的放射性成分与放射性同位素源相比非常低，而且很少出现严重的辐射问题，但是必须评估造成辐射燃料泄漏的撞击事故发生的可能性和后果。

7.1.2　入轨前的场景

上升曲线可以分为几个阶段。图 7 - 1 标识出了 Cassini 任务的上升曲线的 7 个阶段[1]。每个阶段潜在的事故场景在以下对应编号的段落中介绍：

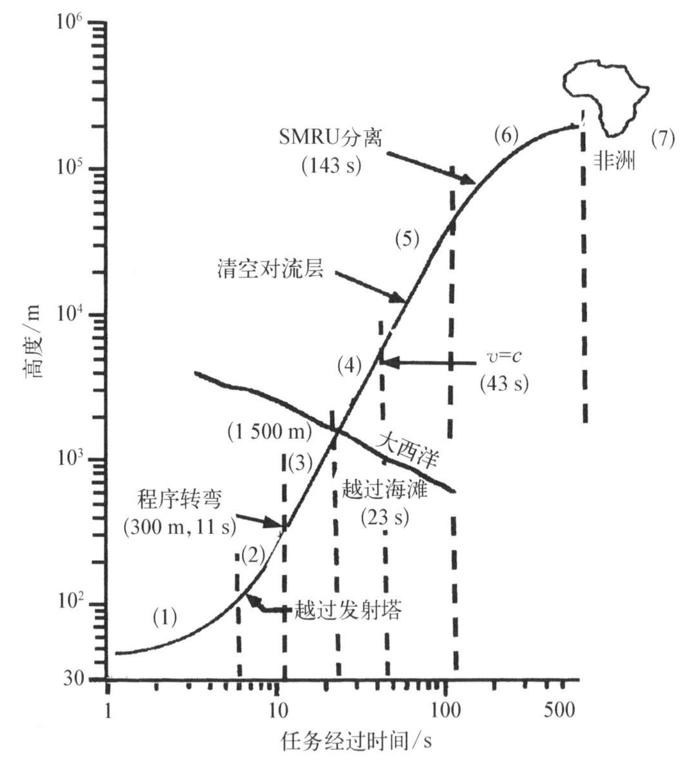

图 7 - 1　Cassini 任务的上升曲线[1]

（资料来源：美国核安全审核小组）

(1) 在起飞的前 6 s 内，潜在的撞击事故场景包括推进剂爆炸以及爆炸碎片。随后空间核系统将与混凝土或者钢制的发射台结构发生表面撞击（见

图 7-2)，撞击速度(通常约为 35 m/s)可能会略大于自由落体的速度。运载火箭的部件可能全部或部分撞击核系统。

图 7-2　肯尼迪航天中心的发射设备

（资料来源：美国航空航天局）

(2) 在这一阶段发生的事故，表面撞击的速度将达到终端速度(通常约为 60 m/s)。在大约 11 s 时、300 m 左右的高度处开始的程序转弯之前，碎片撞击点集中于混凝土或钢制的发射台结构上。飞行终止后，空间核系统可能会暴露在爆炸冲击波和爆炸产生的碎片中。

(3) 在程序转弯开始后发生的事故中，碎片的撞击点向大西洋方向移动，撞击面也从混凝土或钢变成湿润的沙地，再变成浅水区。高度也在 23 s 时增加到约 1 500 m。飞行终止后，空间核系统可能会暴露在高能碎片的撞击下，以及发生达到终端速度的表面撞击。

(4) 在第 4 阶段发生的事故中，阻力改变了碎片撞击点的位置，使其在约 33 s 后到达海岸线(图 7-1 中表明在 23 s 时越过了陆地，但这是在真空条件下的撞击点的时间，未考虑空气阻力)。在大约 33 s 到 680 s 之间，所有的撞击都将在水中发生，撞击速度将达到或者略微高于海平面的终端速度。

(5) 在约 43 s 时火箭速度达到声速，在这个速度下，固体火箭发动机喷管的任何非正常偏转(超过约 0.5°)都将导致空气动力分离。因此，分离和再入的考虑变得十分重要。碎片将以终端速度撞击大海。

(6) 在这个阶段的故障将导致碎片以终端速度撞击大海,并持续约680 s。在短时间内(680 s 到 690 s 之间),我们假设的故障会导致碎片撞击在非洲大陆上。

(7) 大约 690 s 时火箭入轨。

从这个讨论中可以清楚地看到,可能发生在入轨前阶段的撞击事件的范围是非常广泛的。

7.1.3 入轨后的场景

一旦进入轨道,核系统将暴露在空间碎片和流星体的高能撞击下。在随后的卫星的工作过程中,必须考虑空间碎片和流星体撞击的可能性。空间碎片或流星体的撞击可能导致碎片或受损系统(在 LEO 运行)的提前再入。此外,对于低地球轨道(LEO)任务,内部原因引发的反应堆事故会导致系统破坏,进而导致再入和地表撞击事故的发生。

7.2 撞击情况

要对假设的撞击事故进行安全分析,首先要确定一组潜在的事故条件。最重要的是确定这场灾难性事故的碎片质量和速度分布。下面讨论撞击的三个大类:① 大型飞行器碎片的撞击;② 系统(或子系统)在地表的完整碰撞;③ 小而尖锐的碎片(弹片、空间碎片或流星体)的撞击。虽然基本的概念分析方法对这三种情况相同,但用这种分类便于我们讨论事故情况。

7.2.1 大碎片撞击

大碎片能给空间核系统造成重大威胁。两个潜在的大碎片来源包括推进剂爆炸产生的碎片以及空间残碎片。

1) 爆炸产生的碎片

第 5 章讨论了爆炸引起的碎片。碎片的尺寸和速度由爆炸的冲击力和有关的材料决定。在表 7-1[2] 中给出上升的 Titan 固体火箭发动机的随机故障产生的碎片的质量和速度的预测分布,它是任务运行时间(MET)的函数。碎片的尺寸数据基于固体火箭爆炸的历史数据和碎片的质量呈对数正态分布的假设来估计。假定 0.027 kg(边长为 2.54 cm 的立方体)的碎片所占百分比最多。速度也被表示为对数正态随机变量,其不确定性大约为 50%。通过计算机程序模拟膨胀的燃烧气体的阻力、碎片分离状况和喷气流引起的复杂的相互作用,从而获得碎片速度分布。Cassini 数据手册[2]还提供了其他几种事故产生的碎片的数据。对于任一空间核任务都需要准备一份类似的碎片尺寸、速度及碰撞概率的数据表。

表 7-1　Titan 火箭发动机上升中随机故障产生的碎片的尺寸和平均速度(标准气压下)[2]

任务消耗时间/s	小于给定尺寸的百分比/%	尾　部		中　部	
		质量/kg	速度/(m/s)	质量/kg	速度/(m/s)
0	99	36 300	31	36 300	28
	50	31	61	31	56
	1	0.027	119	0.027	112
10	99	29 100	36	29 100	33
	50	28	68	28	64
	1	0.027	131	0.027	123
20	99	23 600	42	23 600	38
	50	25	77	25	71
	1	0.027	142	0.027	135
30	99	18 200	46	18 200	42
	50	22	82	22	77
	1	0.027	148	0.027	141
40	99	12 700	51	12 700	47
	50	19	88	19	83
	1	0.027	153	0.027	147
50	99	9 500	55	9 500	49
	50	16	91	16	85
	1	0.027	151	0.027	146

碎片碰撞速度和碰撞概率同样取决于整个系统(尤其是核系统离爆炸中心的距离和方位)的几何结构,中间结构和空间方位(位于系统正面的碎片可能会与之碰撞,位于侧面的则可能不会)。所有的考虑因素都会在分析中引入额外的随机变量。一个严谨的程序在进行碰撞分析前,必须设计出分析方法来估计碰撞概率、判断中间结构的影响以及处理碎片相对系统的方位的问题。

2) 空间残碎片

尺寸较大的轨道空间残碎片问题变得越来越重要。目前在 700 km 到 1 300 km 高度的 LEO,这种大的碎片数量还不超过 100 个。但随着空间任务数目的增加,LEO 的碎片数量可能会急剧增加。随着碎片的空间密度的增加,其与在轨运行的空间核系统发生碰撞的概率也增大。与这些较大的空间碎片碰撞后,将导致空间核系统受到严重的撞击破坏。而且考虑到动量的因素,碰撞还会改变系统的轨道参数。在最坏的情况下,大空间碎片的撞击将导致系统或碎片的提前再入。

7.2.2 完整碰撞

完整碰撞的定义是一个未失效状态下的(不是未受损,只是未损毁)高能航天器与地球的碰撞。因此,完整碰撞包括完整的放射性同位素发生器、反应堆或者任一特定的子系统在未失效状态下的碰撞。例如,研究通用热源放射性同位素温差发电器(GPHS - RTG)系统,其由一个外壳(热电转换装置),18 个通用热源(GPHS)组件(细编穿刺织物工艺的石墨再入组件),以及 72 个包覆物(镀铱燃料球芯块)组成。可能发生完整碰撞的部分包括 GPHS - RTG 本身,脱落的通用热源组件或脱落的燃料球芯块。第 2 章中的图 2 - 14 和图 2 - 15 给出了 GPHS - RTG 系统的描述。

1) 自由落体的撞击速度

除了要考虑系统或子系统的类型之外,碰撞的速度和碰撞发生所在表面的材料也是重要的参数。一个自由下落物体的撞击速度取决于其形状、面质量密度、大气密度和释放高度。自由落体的速度与这些变量通过重力和阻力的差值产生联系,例如,

$$\frac{\mathrm{d}v}{\mathrm{d}t}=g\,\frac{\zeta_{\mathrm{i}}-\zeta_{\mathrm{air}}}{\zeta_{\mathrm{i}}}-\frac{C_{\mathrm{D}}A_{\mathrm{i}}\zeta_{\mathrm{air}}}{2m}v^{2} \tag{7-1}$$

式中,g 为重力加速度;ζ_{i} 为物体密度;ζ_{air} 为大气密度;v 为物体速度;C_{D} 为无

量纲阻力系数;A_i 为物体投影面积;m 为物体质量。

假设 ζ_i、ζ_{air}、ζ_{air} 约为常数，我们能通过求解式(7-1)得到自由落体的物体的速度关于时间的方程,即

$$v(t)=\sqrt{\frac{2mg}{\zeta_{air}A_iC_D}}\tanh\left(t\sqrt{\frac{\zeta_{air}A_iC_Dg}{2m}}\right) \tag{7-2}$$

随着时间增加,双曲正切趋于1,物体的速度接近终端速度 v_t,

$$v_t=\sqrt{\frac{2mg}{\zeta_{air}A_iC_D}} \tag{7-3}$$

2) 碰撞材料

入轨之后,问题将变得更加复杂。因为假定的再入事故,撞击可能发生在水面、软表面或硬表面。硬表面地区(暴露的坚硬的岩石和其他物质)的地表状况随海拔高度而变化,撞击速度受大气阻力的影响也随海拔高度变化。假设随机再入时,我们必须能够预测出以给定撞击速度在给定人口密度的硬表面的碰撞概率。NUS公司已经收集和记录了世界范围内南北纬65°35′间的地表物质状况随海拔高度(和人口密度相关)变化的函数,以用于空间核安全分析[3]。这些数据允许在特定的海拔范围和人口密度下,计算出在硬表面发生碰撞的联合概率。硬表面碰撞概率在表7-2中给出[3]。

表7-2 在南北纬65°35′间随机再入后与硬表面碰撞的概率[3]

高度/m	人口密度(人/km²)					
	0.4～10	10～40	40～100	>100	城市>1 000 000	城市>5 000 000
0～200	0.002 88	0.002 43	0.000 84	0.000 68	0.000 08	0.000 08
200～500	0.007 69	0.004 15	0.001 15	0.001 69	0.000 15	0.000 08
500～1 000	0.009 31	0.004 06	0.001 94	0.001 75	0.000 13	0.000 02
1 000～2 000	0.008 52	0.004 39	0.000 90	0.000 84	0.000 05	0.000 02
2 000～4 000	0.001 98	0.000 59	0.000 15	0.000 11	0.000 02	0.000 00
>4 000	0.000 17	0.000 07	0.000 01	0.000 01	0.000 00	0.000 00

7.2.3 小型碎片或弹片撞击

在发射中断事故中产生的弹片是两大类小碎片碰撞之一。例如，Cassini固体火箭助推器的提前关闭和火箭头锥产生的弹片包括几百个面质量密度在3.5～11.7 g/cm^2 的螺钉、螺母及螺栓[2]。对于在大约 10 s 时出现的发射故障，这些零件的速度据估计在 180～280 m/s 范围内。

另一大类的小碎片撞击包括空间的小碎片或流星体碰撞。因为在距地表数千千米的高度范围内，主要的空间碎片来源是人类的活动。一项最近的估计表明，地球外有一层约 2×10^6 kg 的人造空间碎片漂浮在 2 000 km 以下的轨道上。这些碎片几乎均匀地分布在各个经纬位置，且轨道寿命高达数千年[4]。其中很多碎片的材料是铝，碰撞速度为 9～13 km/s。碎片流量(高度在 600～1 100 km 的平均值)与碎片直径的函数关系在图 7－3 中表示[4]。几年前 Kessler 推测空间碎片中的小碎片的撞击可能会改变低地球轨道的航天器设计的平均尺寸。在数千千米的高度以上，流星体成了贯穿航天器的主要威胁。流星体的平均流量[4]同样如图 7－3 中所示，其平均速度约为 22 km/s。

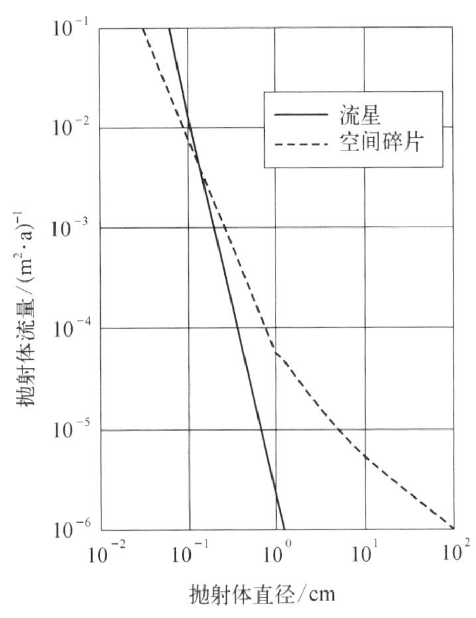

图 7－3　在 600～1 100 km 高度的平均流星体和空间碎片流量[4]

7.3 能量交互模型

在前面章节的讨论中，碎片的质量和速度分布用于预测相互撞击、安全屏障潜在的失效可能和放射性物质释放的可能性。由于必须考虑的条件的种类繁多以及末状态具有随机性，所以结果本质上是概率性的。因此，这部分叙述的计算确定性的方法只是研究的起点。

下面的讨论提出了一种相对简单的确定性方法，即利用能量交互模型进行碰撞分析。这种方法为估计碰撞结果提供了逻辑基础，这个结果是设计安全测试和分析测试数据的全面性的一部分。尽管这里给出的一般方法以放射性同位素热电源为例,但其基本原则同样适用于反应堆系统。

7.3.1 基本关系

这个模型的基本假设是,物体的冲击破坏是由碰撞产生的作用于该物体上的破坏功衡量的。模型从简单的二体碰撞概念出发,并假设其为能量和动量守恒下的完全非弹性碰撞(无反弹,即恢复系数为零)。为了方便叙述,将这两个相互作用的物体称为主体和客体。主体就是我们关注的系统部件,客体就是和主体产生相互作用的物体(如碎片)。考虑两个质心相互碰撞的情况(客体质量为 m_{ob},速度为 $\boldsymbol{v}_{ob}$;主体质量为 m_i,速度为 $\boldsymbol{v}_i$)碰撞后形成一个速度为的 $\boldsymbol{v}_2$ 共同体(见图 7-4)。我们可以在两质心的碰撞点建立坐标系。能量和动量守恒方程如下:

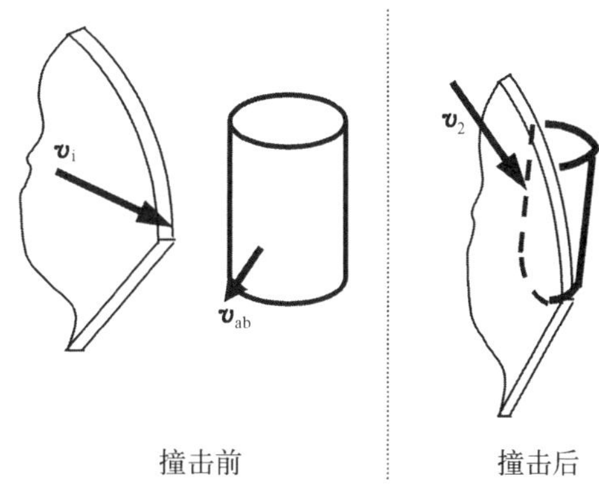

图 7-4 主体、客体碰撞的图示

$$\frac{1}{2}(m_i + m_{ob})v_2^2 + W = \frac{1}{2}m_i v_i^2 + \frac{1}{2}m_{ob}v_{ob}^2 \tag{7-4}$$

$$(m_i + m_{ob})\boldsymbol{v}_2 = m_i\boldsymbol{v}_i + m_{ob}\boldsymbol{v}_{ob} \tag{7-5}$$

这里的 W 是初始动能的一部分,由于碰撞转化为使系统受到破坏的功。将系统内部动能损失的功作为预测碰撞结果的衡量指标(如防护层破坏、贯穿、系统重组和燃料泄漏)。求解式(7-5)得到 $\boldsymbol{v}_2$,再点乘 $\boldsymbol{v}_2 \cdot \boldsymbol{v}_2$ 得到标量 v_2^2。代入式(7-4),得到由 $\boldsymbol{v}_i$ 和 $\boldsymbol{v}_{ob}$ 表达的造成系统损伤的功的表达式,即

$$W = \frac{1}{2}\frac{m_i m_{ob}}{(m_i + m_{ob})}(\boldsymbol{v}_i - \boldsymbol{v}_{ob})^2 \tag{7-6}$$

这里的 $(\boldsymbol{v}_i - \boldsymbol{v}_{ob})^2$ 是指点乘$(\boldsymbol{v}_i - \boldsymbol{v}_{ob}) \cdot (\boldsymbol{v}_i - \boldsymbol{v}_{ob})$。

为了方便,我们将 $\dfrac{m_i m_{ob}}{(m_i + m_{ob})}$ 定义为系统的约化质量 m_{red}。点乘 $(\boldsymbol{v}_i - \boldsymbol{v}_{ob}) \cdot (\boldsymbol{v}_i - \boldsymbol{v}_{ob})$ 是两质心接近碰撞点时撞击相对速度的平方 v_{rel}^2。因此,W

可以表示成相对撞击速度与约化质量的函数，如

$$W = \frac{1}{2} m_{\text{red}} v_{\text{rel}}^2 \tag{7-7}$$

下一步是在两个相互作用的物体间分配这个功(内能)。为了完成这项工作，我们将定义一个破坏系数 fw 去表示造成主体损伤的功的部分，则 $(1-fw)$ 表示造成客体损伤的功的部分。基本上 fw 就是两物体相对刚度的度量值。因为我们只对作用于主体上的功感兴趣，所以模型由以下方程描述：

$$W = \frac{1}{2} m_{\text{red}} v_{\text{rel}}^2 fw \tag{7-8}$$

式(7-8)是碰撞的基本能量模型。

7.3.2 嵌入式安全防护及多重碰撞

基本能量模型可推广到嵌入式安全防护系统和多重连续碰撞的情况。为了说明这个方法，我们以 GPHS-RTG 为例。GPHS-RTG 的第一层防护由放射性同位素温差发电器(RTG)结构本身提供(护罩、热电装置及支撑结构)；第二层防护由通用热源(GPHS)组件提供(18 个石墨热源)；第三层防护由燃料包覆层提供(镀铱的二氧化钚燃料)。碰撞产生的破坏功就分别作用在这些防护结构上。

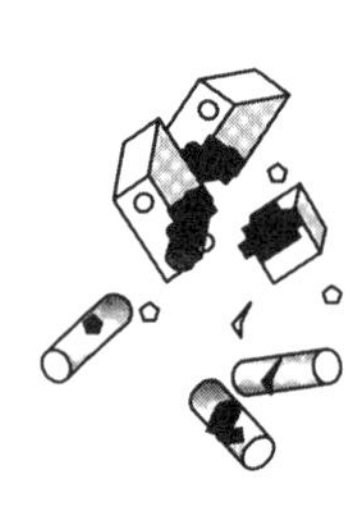

图 7-5 碰撞后的三种主要破坏类型的示意图

我们从图 7-4 所示的碰撞发生后开始进行分析。在最初碰撞发生后，RTG 与其部件将有三种可能的破坏形式：① 完整但可能损坏的 RTG；② RTG 外壳破裂且组件破损脱落；③ RTG 外壳破裂，组件破损脱落且其中的燃料包覆层破损脱落。这些破坏形式如图 7-5 所示。这个最初的撞击之后将有至少一次的连续碰撞(即系统在初始的爆炸或碎片撞击之后将会与地球碰撞)。因此，我们的分析模型需要处理这些连续碰撞中的累积破坏问题，还要考虑任何可能面临连续碰撞的各种组件受到的连续损伤。

我们从累积破坏与作用于系统各种组件的累积功有关这一基本假设出发。假定破坏功根据破坏系数(与 fw 相似)分配在嵌入的各防护级中，每一级都有一个破坏功阈值 W_T，且破坏功必须超过 W_T 才能对下一级产生破坏。如果破坏功没有超过阈值，其防护能力(阈值)会被作用于其上的功降低。

为了便于讨论，图 7-6 和图 7-7 分别给出了一个图解的说明。用 j 和 k 两个下标来标识关键的碰撞描述符：j = 正在计算的功的防护层级别；k = 碰撞发生时的破坏程度；（下标 1 表示 RTG 外壳，下标 2 表示脱落的 GPHS 组件，下标 3 表示脱落的燃料舱）。

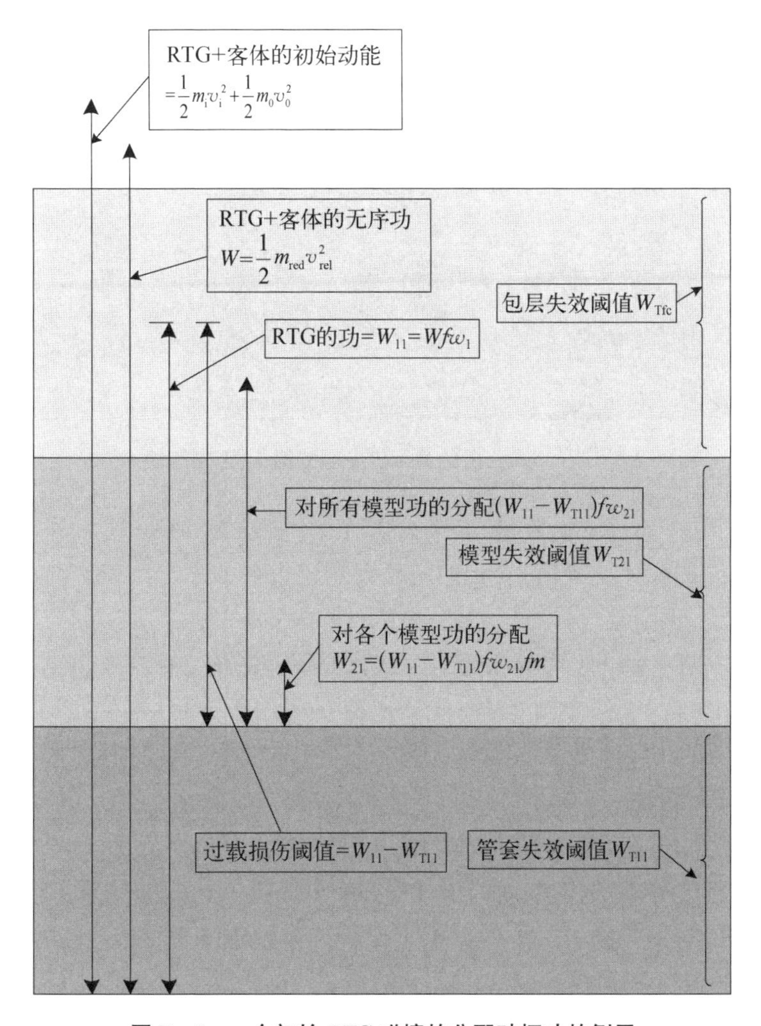

图 7-6　一个初始 RTG 碰撞的分配破坏功的例子

不是所有超过阈值的破坏功都会被分配给下一级。我们定义 fw_{jk} 为前一级防护层的功中超过其防护阈值的部分，即 k 级破坏程度的碰撞中分配在 j 级防护层的部分。因为式(7-8)中的破坏系数 fw 体现的只是主体与客体发生初始碰撞时功的分配，设其为 fw_1。更一般地，k 级的主体发生碰撞时采用

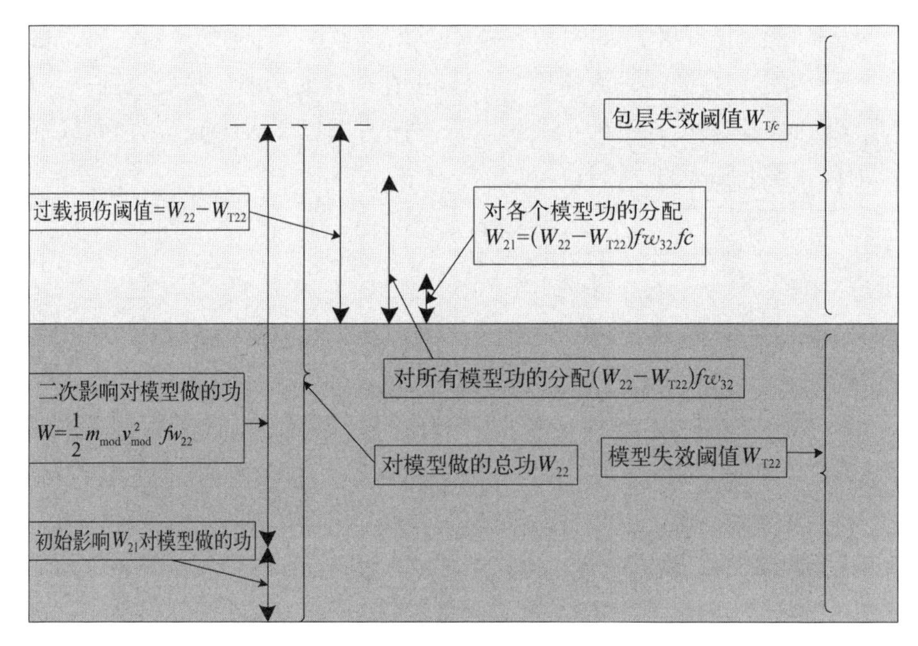

图 7-7　二次碰撞的分配破坏功的例子(独立的组件)

破坏系数fw_k。同样的,W_{T11}定义为破坏第一级防护所需施加的功的阈值(RTG外壳的破坏功阈值)。我们还可以定义类似的第二第三级防护层的破坏系数和功的阈值。

施加到任一级的功的部分在这一级内是以其结构和碰撞类型的函数来分配的。我们定义了两个额外的参数fm和fc来用于RTG组件和每个组件中四个包覆层间功的分配。如果认为每个组件和包覆层受到碰撞的影响是相同的,集合fm就是一个单值(一个18个组件的RTG就是1/18),集合fc也是一个单值(1/4)。其他的假设可以用于功的分配。

有了这个模型的构建,就可以计算在一个完整RTG上的初始碰撞产生的破坏功在三级防护中每一级的分配情况了。初始碰撞分给撞击主体(第一级防护)的冲击功W_{11}是

$$W_{11}=\frac{1}{2}m_{red}v_{rel}^2 fw_1 \tag{7-9}$$

从一个完整RTG上的初始碰撞中分配到每一个组件(第二级防护)的冲击功,包括使RTG外壳失效的阈值功W_{T11},为

$$W_{21}=(W_{11}-W_{T11})fw_{21}fm \tag{7-10}$$

从一个完整 RTG 上的初始碰撞中分配到每一个燃料包覆层(第三级防护)的冲击功,包括使 GPHS 组件防护失效的阈值功,为

$$W_{31}=(W_{21}-W_{T21})fw_{31}fc \tag{7-11}$$

式(7-9)到式(7-11)给出了初始碰撞作用于 RTG 系统的三部分的功。

对于连续碰撞我们要考虑其撞击发生的程度。对于初始撞击能量 W_{11} 超过 RTG 外壳的阈值功,但又不足以使任一组件(第二级)上的燃料舱脱落的情况,这些组件将从 RTG 上脱离并独立地运动直到最终撞击到地表。两种碰撞产生的功都要计算。分配到每一组件上的初始破坏能 W_{21} 根据式(7-10)计算。地表撞击施加到组件上的功由脱落组件分配到的动能提供。因此,用 m_{mod} 和 v_{mod} 来专门表示组件质量和撞击速度,用 fw_2 表示主动撞击的组件和被撞击的地表间的分配系数,每一个脱落的组件上施加的总功为

$$W_{22}=\frac{1}{2}m_{\text{mod}}v_{\text{mod}}^2fw_2+W_{21} \tag{7-12}$$

同样地,二次碰撞施加给包覆层的功也是用合适的系数来分配动能而得到。用 fc 表示四个燃料包覆层间功的分配,fw_{32} 表示燃料包覆层与组件间的分配系数。第二次碰撞后在每个包覆层上施加的总功为

$$W_{32}=(W_{22}-W_{T22})fw_{32}fc+W_{31} \tag{7-13}$$

对于初始撞击能量超过 RTG 外壳的阈值功,且又足以使某些组件上的燃料舱脱落的情况(第三级),这些包覆层将独立地相互影响着直到最终撞击到地表上。分配到每一包覆层上的初始破坏能 W_{31} 根据式(7-11)计算。施加到各包覆层的总功为

$$W_{33}=\frac{1}{2}m_{\text{clad}}v_{\text{clad}}^2fw_3+W_{31} \tag{7-14}$$

表7-3总结了式(7-9)到式(7-14),是初始及随后发生的碰撞的撞击模型的数学关系。这个方法给出了一个测试规划和理解测试结果的有用工具。得出任一给定系统的合适的分配系数、阈值和比例因子并不是一项简单的工作。这些参数依材料、结构、目的地、方位和撞击角度而定,只能通过详尽规划的测试程序靠经验判断得到。要注意对未受损的组件和包覆层做安全测试时,式(7-12)中的 W_{21} 和式(7-13)、式(7-14)中的 W_{31} 应该设为零。

表 7-3 GPHS-RTG 的碰撞破坏功方程

功的对象	RTG 初始碰撞	随后的组件碰撞[①]	随后的包覆层碰撞[①]
RTG	$W_{11}=\frac{1}{2}m_{red}v_{rel}^2 fw_1$		
组件	$W_{21}=(W_{11}-W_{T11})fw_{21}fm$	$W_{22}=\frac{1}{2}m_{mod}v_{mod}^2 fw_2+W_{21}$	
包覆层	$W_{31}=(W_{21}-W_{T21})fw_{31}fc$	$W_{32}=(W_{22}-W_{T22})fw_{32}fc+W_{31}$	$W_{33}=\frac{1}{2}m_{clad}v_{clad}^2 fw_3+W_{31}$

注：① 指 RTG 初始碰撞发生后。

这一节中讨论的模型基于一系列严格的假设：损坏程度由撞击分配的破坏功决定；破坏功在内部系统中根据相对破坏系数分配；内部系统有各自的失效阈值功；在没有达到这个阈值时，系统的残存性（它的失效阈值）只因施加的功的增加而减少。这些都只是大胆的假设，只有详尽的工程分析和测试才能评估它们对具体系统的适用性。

例 7.1

研究一个以 RTG 为有效载荷的任务，假设其在约 300 m 的高度（大约在 MET 为 10 s 时）发射失败。其在撞击到地表上的混凝土发射台之前，与一个中等尺寸的碎片在空中发生正面碰撞。RTG 的质量是 56.2 kg。为了计算碎片冲击效应，将 RTG 视作静止的。设初始碰撞的 $fw_1=0.33$，二次碰撞的 $fw_1=1$，$W_{T11}=45\ 000$ J，$fw_{21}=0.252$，$fm=1/18$，地表碰撞速度为 42.6 m/s。判断 RTG 失效发生在第一次还是第二次碰撞，并计算两次碰撞作用在每个组件上的功。

解：

利用表 7-1 中的碎片质量和速度，约化质量为

$$m_{red}=\frac{28\times 56.2}{28+56.2}=18.7(\text{kg})$$

在与碎片初始碰撞时，由式（7-9），作用在 RTG 上的功为

$$W_{11}(\text{初始碰撞})=1/2\times 18.7\times (68)^2\times 0.33=1.4\times 10^4(\text{J})$$

未超过 RTG 失效阈值功，所以 RTG 以完整但受损的状态坠落。地表撞击(二次碰撞)作用在 RTG 上的功为

$$W_{11}(\text{二次碰撞}) = 1/2 \times 56.2 \times (42.6)^2 \times 1 = 5.1 \times 10^4(\text{J})$$

作用于 RTG 上的累积功为

$$W_{11}(\text{总}) = 1.4 \times 10^4 + 5.1 \times 10^4 = 6.5 \times 10^4(\text{J})$$

二次碰撞的功超过了 RTG 失效阈值功，分配到每个组件上的功由式(7-10)算出，例如

$$W_{21} = (6.5 \times 10^4 - 4.5 \times 10^4)(0.252)(1/18) = 280(\text{J})$$

7.4　小碎片或弹片的贯穿

小碎片的贯穿有两种类型需要研究。第一种是速度达到数百米每秒的碎片撞击，如发射失败事故产生的碎片。第二种是高超声速撞击(相对于碎片或者撞击的目标物体的声速)。高超声速碎片的撞击会发生在与空间碎片或流星体发生碰撞时。这两种碰撞的动力学模型区别很大，我们分别给出两种情况的贯穿模型。在每种情况中，我们都将碎片的贯穿潜力描述成其物理特性(尺寸和速度)的函数。

7.4.1　亚声速碰撞

对于亚声速的弹道穿孔的理论研究已经很全面了[6-9]，也具有式(7-4)和式(7-5)给出的初始能量和动量守恒的性质。考虑小碰撞物(客体)撞击静止平板(主体)的情况。小碰撞物穿透了平板并弹出一个碎片，贯穿后碰撞物和碎片一起运动。碰撞物的动能损失都消耗在碰撞物和撞击目标挤压做的功，以及作用在目标的剪切功上。

式(7-4)给出的能量守恒关系可以重写，把动能损失描述为碰撞在两物体上的破坏功；例如，W_c 为用于非弹性挤压的功，W_s 为消耗在弹出碎片的变形上的功。因此，系统能量平衡方程为

$$\frac{1}{2} m_{ob} v_{ob}^2 = W_c + W_s + \frac{1}{2}(m_{ob} + m_i) v_r^2 \tag{7-15}$$

式中，v_r 为贯穿后小碰撞物和碎片的剩余速度。因为唯一的速度分量是在撞击方向上的，所以不需要将速度视为矢量。系统的动量方程为

$$(m_i + m_{ob})v_r = m_{ob}v_{ob} \tag{7-16}$$

式(7-15)和式(7-16)使我们能找到 W_c 和 W_s 的解析关系。研究没有变形的情况时，例如碎片只是从附近目标上简单地分离。在这种情况下，利用式(7-15)和式(7-16)可以求解出 W_c(有 $W_s=0$)。 因此

$$W_c = \frac{1}{2}\frac{m_{ob}m_i}{(m_{ob}+m_i)}v_{ob}^2 \tag{7-17}$$

由此可以很方便地引出弹道极限速度 v_{lim}，定义为小碰撞物具有刚好能穿透目标的能量时的速度。之所以要研究碰撞速度恰好为 v_{lim} 时的情况是因为在这种情况下式(7-15)中的剩余速度 v_r 为零，再代入式(7-17)中的 W_c，我们可以由 v_{lim} 求出 W_s，即

$$W_s = \frac{1}{2}\frac{m_{ob}^2}{(m_{ob}+m_i)}v_{lim}^2 \tag{7-18}$$

弹道极限速度是小碰撞物和目标的材料、几何尺寸和碰撞速度的函数。不幸的是，目前还没有通用的计算弹道极限速度的理论关系。对特定材料和几何构型的极限速度要进行合适的测试后利用式(7-15)～式(7-18)求得。基于碰撞和分离的速度、小碰撞物的性质及目标的材料和厚度结合式(7-15)～式(7-18)才能求出每种情况下的 v_{lim} 的值。测试包括用常规的子弹和穿甲弹分别对铝和钢制目标进行冲击。在某种程度上，利用目标材料 t 与弹丸材料 p 的面密度之比作为缩放因子，就能将每次测试的结果 v_{lim} 基于目标和碰撞物材料特性进行标准化，如[(质量/面积)$_t$/(质量/面积)$_p$]。尽管不完美，但这个比值显著减少了数据的离散点。这种方法的一个例子如图 7-8 所示，其中的数据来自 Awerbach 和 Bodner[7] 及 Marom 和 Bodner[8] 的研究报告。出于安全分析的目的，图 7-8 中数据的离散点给出了一种不确定性的度量方法。比例因子 SF 由下式给出

$$SF = \frac{\zeta_t\delta_t}{m_p}A_p \tag{7-19}$$

式中，ζ_t、δ_t 为目标体的密度、厚度，m_p、A_p 为碰撞体的质量和横截面积。

近似数据的最佳拟合线在图 7-8 中标出。拟合线的方程是

$$v_{\lim} = 2\,750SF \tag{7-20}$$

在用铝和钢作为目标物及用常规子弹和穿甲弹冲击时，弹道极限速度的范围从数十米每秒到一千米每秒不等。为谨慎起见，我们可能不会局限于这些限制，但可靠的测试数据对于具体系统的安全分析是非常重要的。

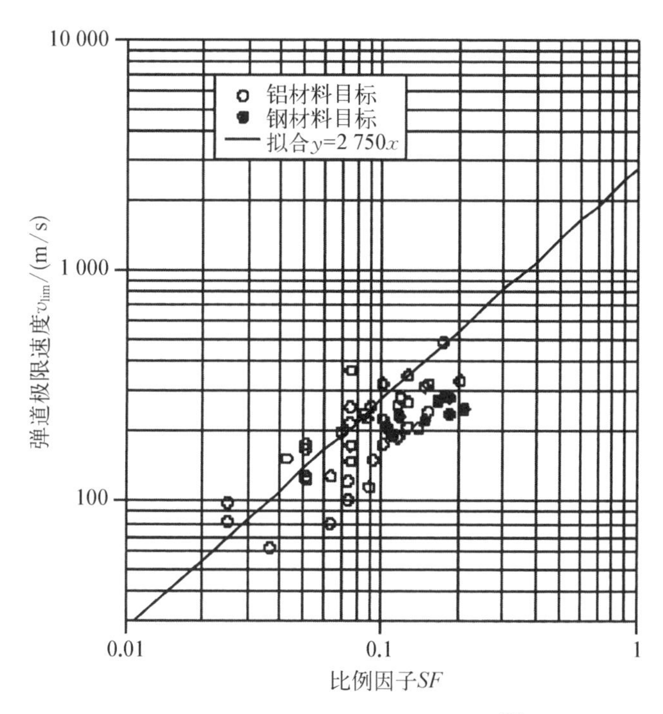

图 7-8　弹道极限速度与比例因子[8]

7.4.2　高超声速碰撞

与低速时一样，对于其中一种材料的撞击速度超过声速的高速碰撞（在数千米每秒以上），也没有通用的计算弹道极限速度的理论模型。尽管如此，人们仍提出了一些经验关系来估计弹道极限速度。从 Fraas[10] 引用的“微流星灾害研讨会”[11] 的文章中，得到一个适用例子：

$$\delta = Km_p^{0.352}\zeta_p^{0.167}v_{\rm rel}^{0.875} \tag{7-21}$$

式中，δ 为贯穿的厚度(cm)；K 为由目标体物理性质得出的常数；m_p 为碰撞体质量(g)；ζ_p 为碰撞体密度(g/cm^3)；v_{rel} 为碰撞相对速度(km/s)。

对于空间碎片而言，其主要成分是钢和铝，其 K 值分别为 0.32 和 0.57。根据式(7-21)计算得到，贯穿的厚度关于碰撞速度的函数图像如图 7-9 所示，其中的碰撞体的密度为 0.5 g/cm^2(流星体密度的特性)，质量分别为 0.001、0.01、0.1、1.0 g。表 7-4 给出了不同材料的目标和碰撞体的高超声速贯穿厚度阈值与铝质目标、碰撞体密度为 0.5 g/cm^2 时的贯穿厚度的比值。表 7-4 结合图 7-9 可以用于估算其他几种材料的碰撞体和三种不同材料的目标的贯穿厚度。用式(7-21)计算的 v_{lim} 值的不确定性并没有给出，但可假设其与低速碰撞时的不确定性相似，约为 50%。

式(7-15)～式(7-21)提供了分析小碎片和弹片贯穿的一般方法。但是这些关系只适用于垂直于表面的撞击，仅限于所研究的材料和范围，且具有很大的不确定性区间。对于任何概率上表明需要重视小碎片撞击的系统来说，这些公式需要用计划详尽的试验程序来补充和验证。

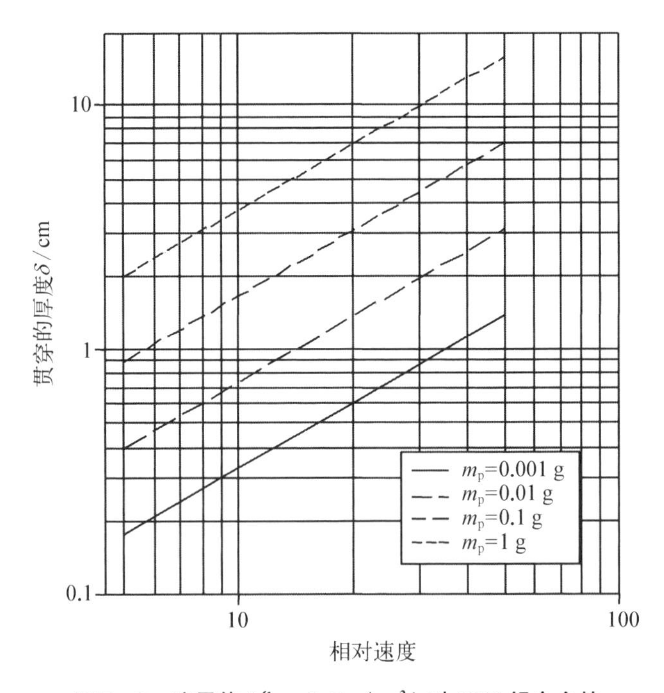

图 7-9　流星体($\zeta = 0.5\ g/cm^2$)对 2024 铝合金的贯穿和相对速度的关系

表 7-4 不同材料的目标和碰撞体的高超声速贯穿厚度阈值与铝质目标、碰撞体密度为 0.5 g/cm² 时的贯穿厚度的比值

碰撞体材质	目标材质		
	铝 (K=0.57)	钢 (K=0.32)	铌 (K=0.34)
流星(0.5 g/cm³)	1.00	0.56	0.60
塑料(1 g/cm³)	1.12	0.63	0.67
铝(2.77 g/cm³)	1.33	0.75	0.79
不锈钢(8.0 g/cm³)	1.59	0.89	0.95
铌(8.58 g/cm³)	1.61	0.90	0.96
钨(19.2 g/cm³)	1.84	1.03	1.10

7.5 碰撞结果评估

估计碰撞导致的物理破坏只是满足了安全分析需求的第一步。下一步就是估计破坏产生的物理后果。7.1 节确定的三个后果分别是改变反应堆集合构型、破坏外壳和放射性燃料泄漏。

7.5.1 结构变形和临界状态

严重的撞击事故(大碎片的撞击或地表碰撞)将引起具有事故临界状态可能性的反应堆系统的结构变形。一个有裂缝的边界用水冲也同样能引起意外的临界状态事件。临界状态是一个有关反应堆几何构型和材料的复杂函数(见第 8 章)。这个分析必须将碰撞的可能性(尤其是连续碰撞)和反应堆结构变形联系起来。在这方面我们需要认识到碰撞(包括完整地表碰撞)是随着强度(速度和目标材质)和撞击位置(本质上是随机的)剧烈变化的。

典型的方法是对分析设置相对简单的限制性条件(见第 8 章中的几个例子)。尽管这种典型方法在限制性条件下证明结构变形不会无意中引起临界事故时是有效的,但它经常显得过于保守。一系列的计算程序分析可能允许分析人员去假设一种用式(7-8)算出的作用在系统上的破坏功与某些结构变形量间的关系,如相对密实度(见第8章)。相对密实度可以与尺寸变化联系起来,去建立更实用的限制性计算边界条件。详细的预测反应堆堆芯几何构型的蒙特卡罗中子分析(在几种典型碰撞情况下)对于确定限制性分析固有的保守度是有益的。

7.5.2 变形引起包覆层失效

在放射性同位素燃料有可能发生泄漏时,变形导致包覆层失效对于一个放射性同位素系统来说是一个极其重要的问题。对GPHS-RTG的碰撞测试结果显示燃料包覆层或多或少都会在几个随机位置发生失效(与贯穿或碰撞的面无关)。尽管失效的可能性和可能破损处的数量表现出与碰撞能量一起增加的趋势,但在碰撞能量最大时,失效和未失效的情况都存在。在撞击无保护组件和发电机时,燃料包覆层失效结果同样是概率性的。这些观测结果证明,最好将任意给定能量下的碰撞结果看作随机事件。

几个简化的假设被用于给这种失效建立模型:① 非特异性碰撞失效假定是防护层上一个或更多的随机缺陷(或薄弱点)处失效造成的;② 损伤(冲击功)超出一定阈值时,每一个缺陷处都有一个失效率 pf_f;③ 单独的燃料包覆层失效超过失效阈值时,假定失效率和分配到其上的破坏功成比例,因此

$$pf_f = k(W_{33} - W_{Tfc}) \tag{7-22}$$

式中,k 为比例系数;W_{33} 为一个无保护的包覆层子单元因初始碰撞脱离后,撞击分配到其上的功;W_{Tfc} 为一个燃料包覆层的经验失效阈值(包覆层要出现失效必须超过的冲击功)。

对于有 n 个缺陷的包覆层,其失效率的期望值是 npf_f,且这个失效率是服从泊松分布的。对于一个服从泊松分布的失效率,生存率(失效不发生的概率)是 $\exp(-npf_f)$(见第11章中对概率分布的讨论。),一个独立包覆层的失效率(至少有一个缺陷出现失效) pf_c 只是加在其上的功的函数,即

$$pf_c = 1 - \exp(-\alpha_f W_{eff}) \tag{7-23}$$

式中,参数 $\alpha_f \equiv nk$ 和 $W_{eff} = (W_{33} - W_{Tfc})$ 分别为失效包覆层数的期望值比例和分配到包覆层上的内部功。图7-10显示了 $W_{Tfc} = 0$ 时在三个不同的 α_f 值的情况下,失效率与能量的函数关系。

式(7-9)~式(7-14)以及式(7-22)和式(7-23)给出了GPHS-RTG的燃料包覆层的一个完整失效模型。尽管这个模型是设计给GPHS-RTG

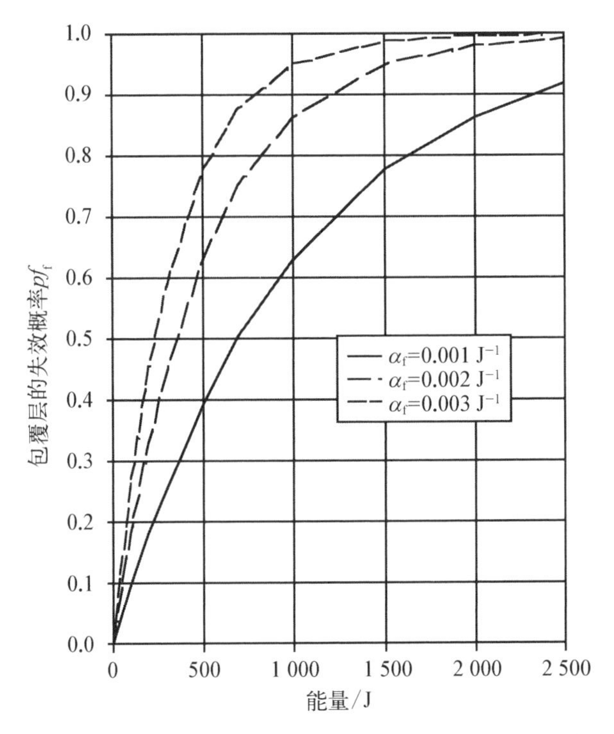

图7-10　利用式(7-23)计算出的失效率与能量的函数关系

的,但对任一系统的包覆层失效都有一个相似的方法适用。在这方面,首先就是建立一个特定系统的碰撞模型,然后对它再建一个失效模型。这个组合碰撞-失效模型将提供一个分析的基础,在这个基础上再开展验证模型和获得安全分析所需数据的测试方案设计。

7.5.3　燃料泄漏

计算碰撞结果的下一步就是估计泄漏的放射性同位素的数量和性质。事故性泄漏通常用成分、质量和放射性物质的粒径分布描述。这些信息通常被称为源项。放射性同位素燃料和清洁反应堆燃料的成分是固定的。对于假定的反应堆的再入操作,放射性物质的成分可以用燃耗计算编码来预测。然而,目前还没有建立起来一个被广泛认可的对碰撞事故作质量和粒径估计的理论或方法论,我们还只能受限于经验数据。

为了阐明这种方法论,以GPHS-RTG为例。GPHS-RTG的燃料泄漏数据由两个独立部分组成(考虑每个燃料舱的基础上的一小部分时),而且这两部分和撞击的关键参数(如碰撞速度、计算失真度、裂缝大小和数目)间没有明显关系。泄漏量较小的(中位数泄漏量为 2.6×10^{-4} kg)约占全部泄漏事件的 80%,泄漏量较大的(中位数为 0.13)占 20%。数据没有被分解成一个确定性的关系,无法将源项和冲击损伤直接联系起来。事实上,这种确定性的关系是否存在尚不清楚。

泄漏物质的粒径分布信息对于环境运输的计算和预测对人类的影响的计算是必要的。这里描述的碰撞模型和碰撞作用与作用在系统上的功有关。线性近似用于估计不同的核能应用系统中小碎片占碰撞碎片的比例。这种近似关系源于对材料碎片中直径小于 10 μm 的部分和加在一系列脆性材料的冲击功(单位为 J/cm^2)之间的一般线性关系的观测[12-13]。用这种方法可以根据加在燃料上的功估计出泄漏微粒中粒径小于 10 μm 的部分 F_{10}:

$$F_{10}=a_p\frac{\zeta_f}{m_f}(W_{33}-W_{Tfc})=a_p(w_p) \tag{7-24}$$

式中,a_p 为粒径小于 10 μm 范围时的一个固定的比例常数;功的单位为 J;参数 m_f、ζ_f、w_p 分别为燃料的质量(g)、密度(g/cm^3)和单位面积上受到的功(J/cm^2)。考虑所有可获得的 GPHS - RTG 的泄漏微粒的尺寸后,发现 a_p 的平均值是 $1.25\times10^{-4}\ cm^3/J$。

此外,观测到很多微粒尺寸分布可以用一阶威布尔分布估计;也就是说,可以用下式估计微粒尺寸分布

$$\text{CMF}=1-\exp\left(-\frac{D}{B}\right) \tag{7-25}$$

式中,CMF 为累积质量分数,如微粒中粒径大于 D 的部分,这里的 D 是微粒尺寸(μm);B 为威布尔分布的尺度参数(μm)(或位置)。构造出这个问题后,我们了解到 B 可以用式(7-24)和式(7-25)估算

$$B=\frac{-10}{\ln(1-a_p w_p)} \tag{7-26}$$

因此,冲击功的计算给出了估计微粒尺寸分布和包覆层失效率的必要信息。可以对泄漏的微粒尺寸分布根据式(7-25)作初步估算。

7.5.4 在轨大碎片撞击的后果

研究在轨运行空间核能系统在近地轨道与一个大尺度碎片发生碰撞的情

况时，必须确定碰撞事件的概率和物理后果。首先研究碰撞概率。

通常情况下，碰撞的概率只能通过对这些碎片的登记数据和轨道特性的信息来确定，不幸的是这些信息无法获得。尽管如此，我们可以假设这个概率可以用在轨运行系统扫过的有效体积和这个体积内大碎片的数量密度的乘积来估计其数量级。在轨运行系统扫过的有效体积可以用 $V_{eff}=A_{eff}v_{ob}\Delta t$ 计算，其中 V_{eff} 是我们想求的有效体积，A_{eff} 是系统的有效横截面积，v_{ob} 是系统的轨道速度，Δt 是扫过该体积的时间。对于一个 5 年寿命(1.58×10^{8} s)、10 m^2 的系统，运行轨道为高度 1 000 km 的圆轨道(轨道速度约为 7.35 km/s)，其有效体积为 1.16×10^{13} m^2。

大空间碎片的数量密度是一个空间位置的函数。然而在这个简单的例子中，大约有 100 个左右的大尺度碎片分布在 700～1 300 km 范围内，可以认为它们随机分布在该带内的任意的高度和角度。有了这个简化的假设，大尺度碎片的数量密度 ζ_{eff} 可以用 N_{tot}/V_{tot} 计算，其中 N_{tot} 是研究的空间体积 V_{tot} 内大尺度碎片的总数。当轨道高度在 700～1 300 km 范围内时，$\zeta_{eff}=100/(4.3\times10^{20})=2.33\times10^{-19}$(个/$m^3$)。因此，这个例子的碰撞概率可以估计为 $p_{col}=V_{eff}\zeta_{eff}=(1.16\times10^{13})(2.44\times10^{-19})=2.70\times10^{-6}$。该计算概率值表示的只是边际风险，但它只是一个粗略的估计值。并且，大型系统、长任务周期、更多的碎片数量及一些其他因素都会提高风险率的计算值。

碰撞事故的一个典型后果是空间核系统本身的破坏。另一个典型后果就是有改变系统轨道性质的可能，这可能导致核能系统或放射性碎片提前再入。这两种假设的后果可由本章 7.3.1 和 7.3.2 节提出的碰撞模型来解决。动能将根据不同结构的弹性逐渐损失，转变为破坏功。两个碰撞体的质量中心撞击后，变化后的轨道速度 $\boldsymbol{v}_2$ 由式(7-5)给出(假设为完全非弹性碰撞)。碰撞带来的能量损失必然会降低系统构件的速度，从而引起提早再入(除非采取纠正措施来防止再入)。这种速度变化带来的具体后果，就轨道寿命来说，只能通过对一个具体的系统的详细分析才能确定。

7.6　撞击测试

事故响应模型是一个核系统预计将如何应对潜在的威胁的数学描述。需要精心的规划，以确保得到适当的测试数据来验证这个模型。

7.6.1 规划测试方案的一般方法

规划测试的基本目标是验证(或修正)事故响应模型。测试计划的开展包括划定潜在的事故环境和使用这些信息来设计一个可信的事故响应模型。早期的测试计划并非不容修改,但修改过程必须是动态的。无论是否提供有关事故的环境的新参数或从最初的测试数据给出结果,每一组新数据都将重新对模型和方案本身提出评估。因此,一个正式的书面测试计划包括事故事件的基础和事故响应模型,在每一步记录该计划的演变和测试的技术原理的过程中是必不可少的。

在开发一个测试计划时,第一步是审查这个任务和硬件条件,以及记录对事件、环境和响应的初步了解。随后的信息应该从以前的使用相似航天器和系统的任务经验中总结并列表记录下来,包括如下信息。

(1) 事件时间表:每个任务阶段中具有可能发生事故的事件清单(例如,主引擎失效、固体火箭助推器失效、上面级爆炸)。

(2) 潜在的爆炸环境:在核系统位置处,静态和动态的超压和脉冲,以及这些情况发生的概率分布的近似估计。

(3) 潜在的碎片环境:碎片主要参数特性的初始分布(例如,数量、材质、质量、速度、弹道系数和中间结构)。

(4) 潜在的热环境:研究的事故中,系统可能经历的潜在热环境,包括温度随时间变化的分布。

(5) 再入响应:系统及其部件的再入响应的早期估计。这些信息用来确保对碰撞测试需求的完整评估是必要的。

(6) 冲击介质:具有碰撞概率初步估计的任务阶段的潜在的冲击介质的总结。

(7) 现有的测试数据:如果系统已经发射过,可以获得一份信息量相当大的资料。如果是这样的话,考虑到新任务的需要,这些信息应该被确定和评估。对于新的系统,其需要具有工程测试数据,并从其他系统的经验和数据审查过程中获得分析性的见解。这些数据将提供一个初始事故响应模型和相关测试需求的基础。

第二步是从核能系统的角度出发,记录重要的假定性事故的进展。必须制定出每一次事故损伤进展时间表,详细说明核能系统在有关事故条件下的一般位置和可能的结构变形。应当尽力确定碰撞环境和系统状态,因为它们是测试计划的一部分，所以必须进行调查。

第三步是准备一个系统（和它的构件）对冲击条件的物理响应的初始工程损伤模型。

最后一步是设计一个测试程序，来提供用于验证和应用这个损伤模型的必要信息。

设计测试程序的一个关键部分是确定最合适的（主要的）测试和结果变量。工程损伤模型是连接主要测试变量和主要结果变量间的“桥梁”。通常对碰撞测试来说，主要试验变量为考虑质量、刚度、位置、温度等因素作为因变量的冲击速度。最有意义的结果变量并不容易确定，它在不同的系统中会发生变化。对于放射性同位素燃料系统，最合适的结果变量是防护失效，但泄漏量也是一个需要考虑的主要结果变量。在其他情况下，碰撞损伤模型必须描述一个明确的、可预测的（精确的）主要测试变量和主要结果变量间的关系。没有这个关系，就不能测试这个碰撞损伤模型。

对于反应堆系统，失效和泄漏并不是最重要的问题。通常，含有冷反应堆的发射事故的主要问题是意外发生的临界事故。在一般情况下，不慎造成的临界事故本质上包括了大量的碰撞后的系统配置和环境信息。在系统没有表现出明确的和可计算的关系的情况下，评估撞击事件是无用功。一个更高效的方法是确认系统的设计在可能发生的最糟的事故条件下（如完全挤压、最大限度的浸水），也不会不慎超出临界条件。如果采取这种方法，就不再需要碰撞测试了。

一旦选择好测试和结果变量，就可以开始设计测试程序了。仿真系统和替代材料是一个重要的选择；为了评估仿真系统和替代材料的功效，需要与使用实际系统和材料的整体成本、安全性和不确定性进行对比。选择良好的模拟系统（或替代物）做更多的测试相比于使用实际系统做更少的测试，可能会降低不准确性和花费较低的成本。

记录不准确性是安全分析的一个重要组成部分。测试计划中包含对数据和文档不准确性的详细讨论是十分重要的。碰撞事件计算结果的不准确性源于三个方面：① 模型不准确性（反映出我们无法完全描述出事件的物理过程）；② 模型参数不准确性；③ 测量不准确性。每个方面都要作为测试方案的一部分进行考虑，该方案应该清楚地说明在安全分析中如何处理不准确性。

7.6.2　美国的冲击测试

要建立一个碰撞模型，最有用的数据可从仿真发电机试验中得到，也就是

RTG 测试和大碎片试验(LFT)。模块试验,包括冷过程验证(CPV)和安全验证试验(SVT),也是有用的。这些试验结果为说明能量交互模型提供了足够的依据。

1) 放射性同位素温差发电器(RTG)试验

RTG 试验有 RTG-1 和 RTG-2 试验,都用于提供有关 Cassini 的 RTG 与混凝土目标的末端碰撞响应的信息。对于 RTG-1 试验,设置撞击速度为 57.6 m/s;对于 RTG-2 试验,设置撞击速度为 77.1 m/s。这两个试验均包含一个半满的 RTG,里面装载了铀燃料 GPHS 试验模块(5 个 RTG-1,6 个 RTG-2),装钼的空模块(3 个 RTG-1,2 个 RTG-2),及一个 POCO(多晶体的)石墨模块。含铀的模块装在半满的 RTG 的冲击端,POCO 模块装在末尾端。这个试验堆每次试验时都要进行加热(RTG-1 加热到 1 071℃,RTG-2 加热到 1 090℃)。

试验结果包括变形、失效及单独试验模块舱的燃料泄漏的数据。RTG-1 在速度为 57.6 m/s 时的试验中没有出现模块舱失效现象,而 RTG-2 在速度为 77.1 m/s 时却出现了 3 个舱的失效。有意思的是,RTG-2 试验中有 4 个舱明显是之前 RTG-1 试验中用过的,它们不仅受到了之前的冲击,还承受了额外的热循环。

2) 大型固体火箭助推器(SRB)碎片试验(LFT)

这些试验的目的是获得 RTG 和其组件受到一个 SRB 碎片的模拟撞击时的响应信息。在这些试验中,用火箭车将一个 SRB 薄板碎片(表面为 142 cm^2、厚度为 1.27 cm、质量约为 193 kg)推向一个模拟的 RTG 半节(轴向的一半)。这个模拟的 RTG 部分包含 2 个铀燃料 GPHS 试验模块,以及 6 个装钼的空模块。每次都将试验模块加热到 1 090℃。要进行 3 个试验:LFT-1,一个冲击速度为 114.9 m/s 的正面碎片撞击;LFT-2,一个冲击速度为 212 m/s 的正面碎片撞击;LFT-3,一个冲击速度为 95.4 m/s 的垂直侧面碎片撞击。舱壳失效和泄漏后 2 个试验中各自都有 2 个模块舱出现裂缝。

3) 安全和冷过程验证试验(SVT 和 CPV)

进行一系列的安全验证试验(SVT)的目的在于提供有关同位素热源(GPHS)模块再入后,与地表碰撞时的响应信息。这个试验是在洛斯·阿拉莫斯国家实验室的 178 mm(直径)充气喷射器中进行的。在单独的测试中,模块受到不同碰撞角度、温度和对硬目标速度(对钢是 12 m/s,对混凝土是 1 m/s)

条件下的冲击。所有的试验都使用二氧化钚燃料。测试包括14个模块,包含56个分支;但所有的测试都是在54 m/s的冲击速度下进行的,总共观测到13个破裂的模块舱。

冷过程验证(CPV)试验序列只有一个无保护模块试验,用来确定“热”或“冷”压对铀(UO_2)颗粒的影响。这个试验(CPV-12)的冲击速度都是54.4 m/s,与侧面SVT碰撞相似。试验中未发现模块舱失效。

下面使用RTG-1和RTG-2试验的结果(本节讨论的),结合模块的冲击试验获得的损伤阈值、损伤系数,以及本章提出的损伤模型的故障函数。为了检验模型,做了舱段失效预测并与大碎片试验的结果对比。

使用以下信息:

(1) 对于无保护模块试验,即CPV和SVT,使用已知的参数和曲线拟合得到$\alpha_f fw_{32}=0.0005\ \mathrm{J}^{-1}$,$W_{T22}\approx 0$,$W_{Tfc}\approx 0$(零阈值是一个简单的模型和曲线拟合的典型代表。)

(2) RTG-1试验的结果是,RTG外壳出现故障,几个模块发生脱落。一个燃料舱从它的模块上掉落,但没有出现燃料舱的失效。

4) 无保护模块试验的数据拟合

失效函数可以用式(7-23)求CPV和SVT的无保护模块试验的结果来得到。无保护模块撞击到硬表面上时,其fw_2是1.0。式(7-23)中的参数W_{eff}是加到舱段上的有效功,对于无保护模块的外壳来说,它就是($W_{32}-W_{Tfc}$),因为这些试验是针对W_{21}和W_{31}为0的无保护模块的。将式(7-12)和式(7-13)代入式(7-23),得到$pf_c=1-\exp\left\{-a_f\left[\left(\frac{1}{2}m_{mod}v_{mod}^2-W_{T22}\right)fw_{32}fc-W_{Tfc}\right]\right\}$,用曲线来拟合数据,对于一个RTG碰撞,式(7-23)变为

$$pf_c=1-\exp\left[-0.0005\left(\frac{1}{2}m_{mod}v_{mod}^2\right)fc\right]$$

或者从式(7-12)和式(7-13)中得到

$$pf_c=1-\exp\left(-0.0005\frac{W_{32}}{fw_{32}}\right)$$

5) RTG-1和RTG-2试验数据拟合

RTG-1试验的冲击速度是57.6 m/s,与硬表面的完整碰撞中,fw_1设为

1.0。一个达到标配的一半的发动机(一个质量为 28 kg,有 9 个模块的发电机)用于做碰撞试验。利用式(7－9)得到

$$W_{11}=\frac{1}{2}\times 28\times 57.6^2\times 1=46\,448(\mathrm{J})$$

从 RTG－1 和 RTG－2 试验的结果可以看出,失效阈值 W_{T11} 被中度超出;因此,45 000 J 的能量被分配给 W_{T11}。式(7－10)可以用来计算 77.1 m/s 时的 RTG－2 冲击功 W_{21}(作用在模块堆栈上的功),得到

$$W_{21}=(W_{11}-W_{T11})fw_{21}fm$$

假设 $fm=1/9$(平均分配在 9 个模块上),RTG－2 中加在每个模块上的功为

$$W_{21}=\left[\frac{1}{2}\times 28\times 77.1^2\times 1-45\,000\right]fw_{21}\left(\frac{1}{9}\right)=4\,247\ fw_{21}$$

式(7－11)用于将 W_{21} 和 W_{31} 联系起来,例如,$W_{31}=(W_{21}-W_{T21})fw_{31}fc$。

在前面说明了 $W_{T22}\approx 0$, $W_{Tfc}\approx 0$。我们假设同样的阈值功对于 RTG 保持准确,因此 $W_{T11}\approx 0$, $W_{31}=(1/4)(W_{21})fw_{31}fc$。无论加在模块上的功是来自 RTG 的冲击还是脱落模块的撞击,假设从模块上分配到舱段的功不变。因此,无保护模块试验中 pf_c 的表达式可用于 RTG 试验,只要用 W_{31}/fw_3 替换掉 W_{32}/fw_{32},即

$$W_{31}=(1/4)W_{21}fw_{31}\quad 或 \quad \frac{W_{31}}{fw_{31}}=\frac{1}{4}W_{21}=(1\,061)fw_{21}$$

以及

$$pf_c=1-\exp[-(0.53)fw_{21}].$$

有了这个结果,再利用 RTG－2 试验中观察到的失效数(24 个中有 3 个失效, $pf_c=3/24$),可以求解前面的方程,得到 $fw_{21}=0.252$。

6) 模型应用于 LFT 试验

现在得到的参数值包括:

$$W_{T11}=45\,000\ \mathrm{J},\ W_{T21}=W_{T22}=W_{Tfc}\approx 0,\ fc=1/4,\ fm=1/9$$

$$fw_{21}=0.252,\ fw_{31}=fw_{32},\ \alpha_f fw_{32}=0.0005\ \mathrm{J}^{-1}$$

此外，$m_i=28$ kg，$m_{ob}=193$ kg，$fw_1=0.33$（LFT－1，LFT－2）及 $fw_1=1.0$（对于 LFT－3）。根据以上参数值，可以估计这三个试验中的可能的舱段失效率。将式（7－9）和式（7－10）代入式（7－23），得

$$pf=1-\exp\left(-a_f\left\{\left[\left(\frac{1}{2}m_{red}v_{rel}^2 fw_{11}-W_{T11}\right)fw_{21}fm-W_{T21}\right]fw_{31}fc-W_{Tfc}\right\}\right)$$

进一步得到

$$pf_c=1-\exp\{-3.5\times10^{-6}[24.5(v_{rel})^2 fw_1-45000]\}$$

LFT－1：对于一个大型 SRB 碎片的正面撞击，Cassini 数据手册给出 $fw_1=0.3$。以上的关系在 $v_{rel}=114.9$ m/s，$fw_1=0.3$ 时，得到的舱段失效率 $pf_c=0.012$。对于 8 个风险舱段，就有 0.1 个失效舱段的期望值。失效舱段的泊松分布的标准差为 0.3。没有观察到失效情况发生。

LFT－2：以上的关系在 $v_{rel}=212$ m/s，$fw_1=0.3$ 时，得到的舱段失效率 $pf_c=0.343$。对于 8 个风险舱段，就有 2.74 个失效舱段的期望值。失效舱段的泊松分布的标准差为 1.6。观察到 2 个失效舱段。

LFT－3：以上的关系在 $v_{rel}=95.4$ m/s，$fw_1=1.0$ 时，得到的舱段失效率 $pf_c=0.207$。对于 8 个风险舱段，就有 1.66 个失效舱段的期望值。失效舱段的泊松分布的标准差为 1.29。观察到 2 个失效舱段。

这些结果很令人鼓舞，不仅提供了失效数的期望值，还给出泊松分布结果的不确定性的度量值。

7.6.3　美国过去的 GPHS 试验程序

完成了大量的试验程序后，可以追溯美国 GPHS－RTG 试验程序的演变和发展，并对其技术方面批判性地接受。GPHS－RTG 的设计在 1981 年中期定型，安全试验在 1982—1983 年开展。安全测试在 Galileo 和 Ulysses 任务（分别在 1989 年 10 月 18 日和 1990 年 10 月 6 日发射）的支持下进行，并持续到 Cassini 任务（1997 年 10 月 15 日发射）。Cassini 的 FSAR[14] 和 INSRP－PSSP 报告[1]确定了 3 个阶段。

（1）1986 年之前的试验：冲击激励管试验（BMT 和 CST）；碎片/抛射体试验；固体推进剂试验；裸露舱段冲击试验（BCI）；模块冲击试验（DIT 和 SVT）。

(2) 1986 年后的试验：裸露舱段冲击试验(BCI)；空气喷射器中的 SRB 碎片试验；大型碎片试验(LFT)；碎片/机身试验(FFT)；Cassini 任务；末端转换器试验(RTG)；铝制碎片试验；冷过程验证试验(CPV)。

尽管 Galileo 和 Ulysses 任务是在 1989 年和 1990 年由航天飞机装载发射的，安全试验程序却是在 1986 年挑战者号失事前就开始了。本质上看，挑战者号失事是改变早期研究和后来研究的诱因。在挑战者号失事前，管理层普遍认为航天飞机不可能发生发射事故(尽管一大部分工程师反对这个观点)，每次发射的可接受的事故概率范围为 $10^{-6}\sim10^{-5}$。此外，那时普遍认为如果一次事故发生，它对于包含的全部推进剂存储量(约 725 748 kg)都是灾难性的。在 1986 年之前的试验都反映这样一个理念：对试验的主要关注点都在于相对大的爆炸冲击和再入的生存率上。

在早期的冲击试验中，暴露的 GPHS 模块都面临一系列的爆炸冲击，静态超压范围为 1.4～7 MPa(BMT 系列)。随后在这些暴露出来的模块试验中，在“直接过程”中对一个尺寸的模拟的 RTG 进行了测试[15]。“直接过程”包括引爆一个直径为 11 m 的硝酸铵和燃料油球舱。一个被测试的 RTG 位于距离球面 11.6 m 处，突发的爆炸静态超压范围是 10～14 MPa。当时预计，即使 RTG 本身无法幸存，由残余和回收的破损不那么严重的模块和燃料舱也能得出有效的信息，可减少进一步做高压静态超压试验的需要。不幸的是，试验件和其组件都被完全损毁了，最大回收部分的边长只有数厘米。因此这种快速而简单的解决方案没有奏效。

之后的分析总结了静态超压测量近场大爆炸潜在破坏能力的合适方法。直射过程中导致破坏的主要因素是未燃烧的爆炸碎片、爆炸副产物和 ANFO 外壳的玻璃纤维残骸。爆炸碎片撞击试验件的动态超压($\xi v^2/2$)(而不是静态超压)在总结中被认为是一个重要的参数。尽管总结时认为直射过程条件并不适用于解释发射中止事故，但这个试验对于注意到中间结构和动压在破坏中的重要作用来说，还是很有价值的。这就引起了之后的冲击试验(CST 系列)中的一个明显变化。在之后的试验中，一个模拟的转换器被置于冲击源和试验件之间，来模拟 RTG 的结构变形，因此使试验结果更接近实际状态。

挑战者号失事发生在 1986 年 1 月 28 日，这带来了关于发射台事故的观点的另一个变化。固体火箭发动机(SRB)的损坏引起的发射的事故率，在挑战者号失事前被确定为在 $10^{-6}\sim10^{-5}$ 的范围。而这次失事具有更大的意义，就是确定了目前每次发射的事故率在0.001～0.01范围内。而且,它使关注点从早期的液体推进剂爆炸,转移到了大型碎片撞击上,尤其是SRB外壳的碎片。大型碎片在Cassini任务中就一直是主要的关注点。此外,Cassini任务还提出了一个关于最终地表碰撞的重要问题,即RTG撞击在硬发射台表面时,是否有碎片撞击到RTG顶部的问题。

很明显GPHS-RTG试验程序是灵活和动态的,随着获得的新信息而变化。但是,对初始事件的关注模糊了对碰撞破坏模型和连续冲击重要性的需要程度。最终,一个明确定义的破坏模型的不足可能导致对测试程序中不确定性因素的忽略,不过这一点不明显。因此,对于GPHS-RTG试验程序的简要审查提出了三个问题:具体破坏模型的缺失,未破坏组件的冲击和不确定性因素和测试计划。

1) 具体破坏模型的缺失

相对于一个数学破坏模型,试验程序能更直接地测量变形[14]。在主要试验变量和结果变量间的可预测联系未知时,使用变形信息会引起实践和理论上的困难。单变量二维变形只适用于柱坐标系中舱段的单次撞击条件,因为其只有沿坐标轴的或多或少的一致性变形,然而这种一致性变形在事故中一般被认为不会出现。例如,图7-11表现了一个末端转换器碰撞试验中观测到的破坏类型[14]。简单变形的假设对于这种破坏没有实际意义。在缺少将变形和实际物理变化,以及这种物理变化和结构失效联系起来的方法时,变形对于测量碰撞的破坏程度是无用的。无论如何,变形是一个不确定的、反复变化的破坏指数,对它的使用也因缺少分析它与基本物理性质和材料性质间的关系而难以进行。

缺少一个适用于将速度和破坏及失效联系起来的数学模型,也导致了很多碰撞试验数据的不可用性。考虑早期的BMT系列试验,其由许多略微固定在两个石墨块间,又暴露在不同爆炸程度冲击下的无保护模块组成。需要对试验事件的顺序做三点说明:第一,当模块装入RTG后,它们将被保护,免于受到初始碰撞的直接冲击;第二,如果RTG外壳被一次严重的初始爆炸破坏,我们需要对裸露模块做一个第二序列的爆炸假设,使其暴露在一个冲击下;第三,如果这样的第二序列的次爆炸可以假定,那么模块和其中的燃料舱段不是未受损的(它们已经有损伤)。CST试验与BMT试验相似。在没有试验结构和有关RTG结构的模型的具体物理参数时,试验结果不能用于假定的RTG事故条件。

图 7-11　冲击速度为 77 m/s 的碰撞试验后的燃料舱 SC0096(模块#2)

(资料来源：美国能源部)

(a) 撞击面；(b) 侧面；(c) 纵面；(d) 侧面的反面

2) 未破坏组件的冲击

一个事故进展的审查表明，脱离的模块或燃料舱必然会导致对损坏组件的二次冲击。图 7-12 是 RTG 外壳在一次大型碎片撞击试验后的残骸(LFT-2)。在这次试验中，8 个模拟燃料舱有 2 个被破坏。在一个冲击速度为 77 m/s 的末端转换器试验中(RTG-2)，24 个模拟燃料舱有 3 个被破坏。在这两个试验中，RTG 外壳都被破坏，随后的碰撞使里面的一些组件脱落。

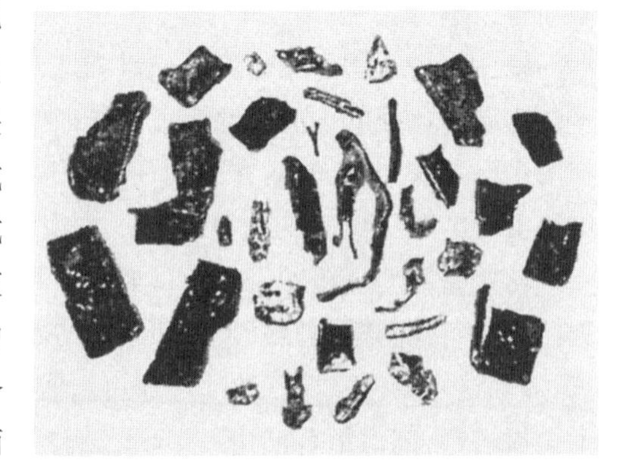

图 7-12　LFT-2 试验后的 RTG 外壳

(资料来源：美国能源部)

尽管脱落的模块和燃料舱必须经历之前的破坏，除4个使用无保护舱段（BCI和CPV）的试验外，所有使用模块和舱段的试验碰撞（DIT、SVT和CPV）都在未受损的试验件上进行。这对于完成LFT和RTG系列试验后回收的破坏舱段，及最少相等数量的未破坏舱段的试验而言，具有重大的价值。

3）不确定性因素和测试计划

与之前的安全分析报告（FSAR）相比，Cassini任务的FSAR着重做了不确定性的记录工作。因为这个试验程序和相关试验并不是源于数学碰撞响应模型，前两个不确定性（模型不确定性和参数不确定性）的区域无法确定。此外，没有呈报测量错误（最重要的是用于变形计算的尺度变化）。因此，不确定性不能直接计算。INSRP[1]对测量错误做了一个估计，它可能是无保护舱段碰撞的报告变形中的固有部分。

7.7　缓解方案

一个系统的设计通常开始于一个基本概念，它在系统设计的进展过程中被不断完善以满足任务需求。在设计、分析和试验的过程中，要完成假定事故的缓解方案。试验无法证明核系统具有足够的完整性或假定碰撞事故的冲击响应的话，就需要重新设计。在有些情况下，可能会需要一个不同的基本方案。重新设计的内容可能包括替代性材料，密封材料的厚度变化，几何结构的改变，或其他特性。重新设计和新设计需要服从不断变化的策略。例如，目前的放射性同位素电源被设计成要在再入和碰撞时幸存下来，而不是在大气层中烧毁。完整再入和冲击的设计体现在保证放射性同位素电源再入安全的基本方法的修订上。

7.8　计算机方案

针对在本章中讨论的进行特定目标的碰撞分析的计算机模型还没有被开发出来。但是，洛克希德·马丁公司[14]已经开发了一个发射事故情况评估程序- Titan四版（LASEP - T），其中包括了对冲击损伤的评估。这个碰撞模型假设了很多关于冲击速度和变形（针对不同的破坏途径）的线性函数，以及两个与式（7 - 23）相似的失效函数（一个用于裸露舱段，一个用于裸露模块），除了这两个函数的指数部分是关于变形的线性函数之外。LASEP - T用蒙特卡罗方法模拟发射事故的概率性质。根据每个特定变量的概率分布提取出了一个随机数，从而构造事故中不同变量的概率分布。具体情况的计算将重复很多次（大约有100 000次），因此，输出结果提供了一个发射事故后果的近似分布。这些程序代码和它的旧版本代码提供了Galileo、Ulysses、Cassini空间任务的安全性分析的核心内容。

除了这个特定的分析代码之外，一些流体动力学的代码也可用于评估碰撞的物理响应。一个例子是，PISCES－2D－ELK（及其旧版本代码）已经被大量用于分析GPHS的碰撞事件。PISCES是一个二维欧拉-拉格朗日爆炸流体动力学计算机代码，它被广泛用于GPHS－RTG分析[15－17]。这个代码由国际物理学协会开发，并做了专门的修改，以用于Cassini安全分析报告的内容计算[14]。图7－13给出了一个案例输出结果。将这个代码报告的输出结果和

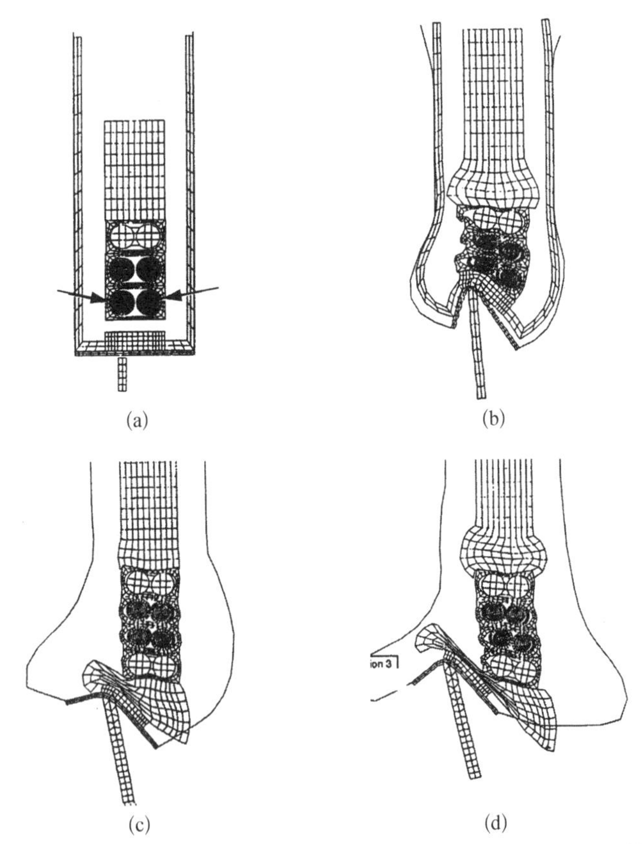

图7－13 PISCES－2D－ELK的输出结果，RTG对一个沿燃料舱轴向的142 cm×142 cm的碎片在不同速度下的撞击响应[14]

(a) v=0.0 m/s；(b) v=100 m/s；(c) v=50 m/s；(d) v=75 m/s

全面的安全分析联系起来有两个难点。第一，这个结果不是关于破坏舱体的；因此，它们对于暴露出碰撞和失效的关系没有任何帮助(主要的结果)。第二，这个结果反映了对前面讨论的“变形参数”的关注。因为这个对变形的关注，PISCES 研究的都是垂直于圆柱形燃料舱中轴线的碰撞，这些结果并没有提高对冲击-失效-泄漏的连锁事件的理解程度。

7.9　本章小结

碰撞事件分析是空间核安全分析的一个重要元素。每一个空间核任务必须包括一个全面的程序，它用来识别潜在的碰撞事件、编录这个碰撞的描述信息，以及描述一个评估碰撞结果的通用分析结构。潜在的碰撞事件存在于整个空间任务的过程中。三大类型的碰撞事件需要进行评估：① 系统被大型航天器碎片撞击；② 系统(或子系统)对地表的完整碰撞；③ 系统被小型尖锐碎片(结构碎片、空间碎片或流星体)撞击。发射阶段事故可能会导致所有这些碰撞类型，或同时或顺序地发生。任何严重事故在核能系统升空后，都将以核能系统与地表的高能碰撞结束。

一个相对简单的能量相互作用模型被提出，来估计嵌套的安全保护系统在受到连续碰撞时的响应。这个分析模型包括舱段失效，用表 7 - 3 中的公式及式(7 - 23)总结概括。该模型将破坏程度和碰撞速度、质量用损伤系数联系起来。小型碎片的贯穿分为亚声速和高超声速贯穿两种，并给出了各自的简单公式。

对反应堆通常的处理方法是，发射时将其关闭并使其处于放射冷状态。在假定的碰撞事故中，对反应堆系统受冲击时主要考虑的问题是不慎引起的临界事件。对放射性同位素电源，主要关注的是放射性燃料的泄漏问题。舱体失效的概率由一个比例系数和分配到舱体上的功的泊松分布率来表示。泄漏燃料的累积质量分数表示为一个关于粒径和一个威布尔尺度参数的函数。

设计和实施有效的安全分析程序的三个要求包括：① 假定的有关严重事故进展的文件；② 一个明确的数学损伤模型，它描述了系统(及其组件)在事故的事件-时间轴上确定的碰撞环境下如何响应的预期情况；③ 一个测试程序，它将获得必要的信息用以验证损伤模型，以用于实际安全分析的一部分。将明确的不确定性考虑因素作为安全分析进程每一步中的一个分析部分，这也是必需的。在进行安全试验或安全分析时，如果结果表明核能系统的设计不符合安全标准，那就可能需要重新设计。

参考文献

1. Interagency Nuclear Safety Review Panel, *Supporting Technical Studies Prepared for the Cassini Mission*. INSRP Safety Evaluation Report, Oct. 1997.
2. Lockheed Martin Company, *Cassini Titan IV/Centaur RTG Safety Databook*. Aug. 1995.
3. NUS Corporation, and KRDAS Incorporated, *Worldwide Hardrock Distribution Study*. Nov. 1983.
4. Kessler, D. J., "The Orbital Debris Environment." *Physics and Society*, July 3, 1991.
5. Kessler, D. J., "Decision Time on Orbital Debris—Predicting Debris." *Aerospace America*, June 1988.
6. Recht, R. F. and T. W. Ipson, "Ballistic Perforation Dynamics." *J. Appl. Mech.*, Sept. 1963.
7. Awerbuch, J. and S. R. Bodner, "Analysis of the Mechanics of Performation of Projectiles in Metallic Plates." *Int. Jr. Solids Structures*, **10**, 1974.
8. Marom, I. and S. R. Bodner, "Projectile Perforation of Multi-layered Beams." *Int. Jr. of Mech. Science*, **21**, 1979.
9. Bodner, S. R., *Modeling Ballistic Perforation, Structural Impact and Crash Worthiness*. **1**, Keynote Lecture, G. A. O. Davies (Ed.), Elsevier Applied Science Publishers, 1984.
10. Fraas, A. P., *Protection of Spacecraft from Meteoroids and Orbital Debris*. ORNL/TM-9904, Oak Ridge National Laboratory, Feb. 1986.
11. Wagner, M. H. and K. H. Kreyenhagen, "Review of the Hydro-Elastic-Plastic Code Analyses as Related to the Hypervelocity Particle Impact Hazard." Proceedings of the Comet Halley Micrometeoroid Hazard Workshop, Noordwijk, Netherlands, Apr. 1979.
12. Mecham, Q. J. L. J., Jardine, R. H. Peto, G. T. Reedy, and M. J. Steindler, ANL-81-27, Argonne National Laboratory, 1981.
13. Jardine, L. J., W. J. Mecham, G. T. Reedy, and M. J. Stendler, *Final Report of Experimental Laboratory Scale Brittle Fracture Studies of Glasses and Ceramics*. Argonne National Laboratory, ANL-82-39, Oct. 1982.
14. Lockheed Martin Company, *Final Safety Analysis Report*. Volume II, Book 2 of 2, In Support of the Cassini Mission, CDRL C. 3, Nov. 1996.
15. General Electric Co., *GPHS-RTG System Explosion Test, DIRECT COURSE EXPERIMENT 5000*. Advanced Energy Programs Dept., General Electric Co., GESP-7181, Mar. 1, 1985.
16. Eck, M. and M. Mukunda, *On the Response of the GPHS Fueled Clad to Various*

Impact Environments. Fairchield Space Co., FSC-ESD-217/88/427, July 1989.
17. Mukunda, M., *Hydrocode Andlyses for the Response of the RTG to Accident Environments*. Orbital Sciences Corp., FSC-ESD-217-96-550.
18. Hancock, S. L., *PISCES-2DELK Theoretical Manual*. Physics International, Gouda, Netherlands, 1985.

符号及其含义

符号	含义	符号	含义
A_{eff}	在轨系统的有效面积	v	主体速度
A_i	所感兴趣部件的投影面积	v_i	撞击主体的速度
A_p	抛射体的横截面积	v_{imp}	冲击速度
α_f	舱体失效功的系数	v_{lim}	贯穿目标的抛射体速度
α_p	作用在直径小于 10 m 范围内的燃料舱上的功的比例系数	v_{ob}	撞击客体的速度
		v_r	剩余速度
B	威布尔分布的尺度参数	v_{rel}	两物体间的闭合速度
C_D	无量纲阻力系数	v_t	终止速度
CMF	作为函数的累积质量分数	SF	弹道贯穿的尺度因子
D	粒子直径	w_p	作用在单位体积上的功
F_{10}	10 m 范围内的粒子份额	W	作用在碰撞物体上的功
m_f	燃料质量	W_c	抛射体贯穿的非弹性压缩功
m_{ob}	撞击客体的质量	W_{eff}	分配给舱体的有效功
m_p	抛射体质量	f_c	单个舱段的损伤系数
n	舱体上的裂缝数目	fw_k	一个 k 级状态的主体撞击客体时的损伤系数
pf_f	裂缝失效概率		
pf_c	舱体失效概率	fw_{jk}	第 k 级碰撞作用于第 j 层防护层上的损伤系数
p_{col}	碰撞概率	fm	模块的损伤系数
$\boldsymbol{v}$	速度矢量	g	重力加速度

（续表）

k	失效概率比例常数	W_{Tjk}	第 k 级碰撞作用于第 j 层防护层上的阈值功
K	高超声速碰撞的常数	α_f	舱体失效比例常数
m_{clad}	撞击的无保护舱体的质量	Δt	持续时间
m_{i}	所感兴趣部件的质量	δ	贯穿厚度
m_{red}	碰撞目标的减少质量	δ_{t}	目标厚度
m_{mod}	模块质量	ζ_{air}	大气密度
m_{clad}	舱段质量	ζ_{i}	自由落体主体的密度
W_{i}	作用在被撞击的主体上的功	ζ_{f}	燃料密度
W_{s}	贯穿中用于剪切的冲击功	ζ_{p}	碰撞中抛射体的密度
W_{jk}	第 k 级碰撞作用于第 j 层防护层上的冲击功	ζ_{t}	目标物质的密度
W_{Tfc}	外壳的经验失效阈值		

特殊上标/下标及其含义

j	防护层的下标（见 fw_{jk}）	p	抛射体
k	碰撞发生的级别下标	t	碰撞目标

练习题

1. 完整碰撞：研究一次空间核能系统的发射，其早期任务概况与图 7-1 中所示情况相似。核载荷由一个单独的 GPHS-RTG 组成。这个 RTG 质量为 56.2 kg，有完整散热片时投影面积约为 0.481 m^2，移除散热片后投影面积为 0.289 m^2。如果任务在大约 8 s、高度为 150 m 时发射中止，根据地表碰撞情况来估计燃料舱失效的数量：(1) 有完整散热片；(2) 移除散热片后。

2. 正面碰撞后的完整碰撞：重新考虑一个练习 1 中的发射，但这次发射的中止高度为 300 m(约 10 s MET)，以及在地表撞击前受到一个大碎片的空中撞击。假设碎片从正面撞击。当发射在 10 s 时中止，假设碎片尺寸是表 7 - 1 中 10 s MET 时的平均值，表中中部——一个质量为 28 kg、速度为 68 m/s 的碎片。考虑两种情况，即有无散热片。

3. 大型碎片正面碰撞后的完整碰撞：再研究练习 2，但这次假设空中发生碰撞的碎片是表 7 - 1 中 10 s MET 时最大的(99.9%)碎片——一个质量为 29 100 kg、速度为 36 m/s 的碎片。

4. 大型侧面碎片碰撞后的完整碰撞：再研究表 7 - 1 中 10 s MET 时的情况(练习 3)，但这次考虑的空中碰撞是侧面碰撞，受到一个对 RTG 系统产生最大功的碎片的撞击——一个质量为 250 kg、速度为 56.3 m/s 的碎片。对这种情况，碎片功作用于 RTG 的部分(fw_1)被认为是 1.0 而不是 0.33。

5. 碎片贯穿 RTG：除了大型碎片外，一个失败的固体火箭发动机上面级(SMRU)可以产生相当小的碎片，包括螺母、螺栓、螺钉等。Titan 四号碎片中，抛射体的面质量密度(AMD_p)的上界约为 12.2 g/cm^2，是一个螺栓。对于 10 s MET 的发射失败(标准大气压下)，这个螺栓的速度将达到 165 m/s。问：这个螺栓能否贯穿 RTG 外壳？

6. 空间碎片贯穿：发射事故产生的小碎片只是可能撞击系统的碎片中的一种。在 7.2 节中提到，地球外有一层约 2×10^6 kg 的人造空间碎片在约 2 000 km 内的轨道上漂浮。其中很多材质是铝，碰撞速度范围是 9～18 km/s。假设我们在计划一个低轨空间任务，将在轨运行 7 年。我们面对的两个问题是：(1) 球形的铝抛射体，直径(D)分别为 0.3、1.0、3.0 cm，速度为 10 km/s。它可以穿透多厚的不锈钢和铝板？(2) 需要采取什么措施来保证整个任务周期中，直径 1 cm(或更大)的球形抛射体的贯穿概率小于 0.001。

7. 流星体贯穿：对于空间碎片带之外的空间任务，空间系统将暴露在流星体的撞击下。研究一个人造的、往返于火星和地球间的卫星任务，任务周期约为 2 年。如果暴露出来的临界面积约为 40 m^2，撞击到系统上的体积为 0.1 cm^2 或更大的流星体的数量是多少？它们能贯穿的厚度是多少？流星体密度约为 0.5 g/cm^3，平均速度约为 22 km/s。

第 8 章
反应堆临界安全

阿尔伯特·C. 马歇尔

本章的主要目的在于加深读者对以下几个问题的理解：① 空间反应堆任务中意外临界的安全问题；② 假定事故对反应堆内中子的影响；③ 防止意外临界的常用方法。此外关于反应堆物理和临界的基本知识在本章中也有所涉及。为了深入理解假定事故对于反应堆临界的影响，本章给出了一些近似计算方法。同时，对利用计算机进行反应堆安全分析的方法也进行了简单介绍。

8.1 背景和问题

将一个核反应堆部署到空间中，常规的方式是发射一个低放射性且处于次临界状态的反应堆。因为对于尚未高功率运行的反应堆，其放射性的存量是很低的，并且如果反应堆处于次临界状态，假想发射事故造成预期影响的可能性也会很小。尽管意外临界并不一定意味着产生重大的辐射危险，即使可以预测一个基本事故序列的临界状态，也很难断言事故的影响小。所以，空间反应堆通常都会设计为在所有可信事故时处于较安全的次临界状态。发射阶段反应堆安全评定主要关注于确保反应堆发生意外临界的可能性非常小。

一些放射性同位素燃料如果质量足够且布置合理也具备达到临界的能力。然而，放射性同位素燃料的质量、构成以及布置这三项条件使得放射性同位素能量源在实际中不可能发生意外临界。所以，意外临界的讨论只限于空间核反应堆系统。本章的重点是，在假想事故序列条件下反应堆的布置以及堆内环境的变化对堆芯内中子状态影响的评价。

8.1.1 临界问题

正如第 2 章所述，当堆内中子的裂变产生率和反应堆内中子的吸收及泄漏引起的中子损失率相等的时候，反应堆即达到临界。通过调节控制棒或者反射层可以使反应堆处于临界、次临界和超临界状态。对于一个临界反应堆，中子通量维持在一个稳定的水平，而在超临界反应堆中，中子的通量随着时间增加而增加。反应堆必须达到临界才能产生稳定功率，并且为了提高功率水平，短暂的超临界过渡是必要的。在设计运行条件和环境中的正常运行模式下，反应堆都会设计得相对安全。然而，对于空间反应堆系统，在假想的事故下就有可能会产生非计划的临界状态。一次意外临界也可能产生涉及安全影响的条件和环境，例如，一个临界反应堆会发射中子和 γ 射线，并产生裂变产物以及活化产物。对于正常的地面反应堆，都会通过屏蔽以及控制区的方式来保护厂区人员、公众以及环境免受辐射的有害影响。对于空间反应堆，运行状态的反应堆和地球表面之间的巨大距离可以保护公众和环境。反应堆的部分屏蔽则可以保护运行状态反应堆周围的宇航员。如果一个空间反应堆在地面意外达到临界，那么辐射的防护措施可能还不够完善。只有当人与临界反应堆距离很近时，直接暴露在辐射中的问题才显得非常重要。

除了直接暴露在临界反应堆发出的中子和 γ 射线中的情况外，在一些意外临界事件发生时也会产生安全和环境问题。在反应堆正常运行时，堆芯被核裂变能加热，在停堆后，次临界堆芯通过裂变产物的放射性衰变进行加热。热传递和散热系统的设计都需要保证在正常以及停堆期间堆材料都处于设计的温度限内。散热系统在假定的意外临界事故中可能会失效。因此，在意外临界时堆芯的热量会导致堆芯熔化或者屏蔽层的失效以及放射性物质向环境的释放。进入大气或水体中的放射性物质通过风、水流以及其他将在第 11 章中讨论的方式传输到事故现场以外的区域。

有计划的超临界偏移将中子增殖因子控制且限制在一个适当的增长范围中，其增殖因子比刚好临界状态时高。然而，事故情况下导致的超临界偏移却不可控，并且在一些条件下会导致堆芯的爆炸性解体。爆炸性解体后虽然不会持续临界，但是其产生及在环境中散布的放射性微粒将带来一定的放射性风险。

为了保证意外临界发生的可能性极低，必须对可能的临界事故进行认真研究。如果意外临界的可能性不能足够低，需要进行设计更改、增加安全设施或更改规程。但在某些情况下，在不会导致辐射风险时，允许短暂的超临界偏移。

8.1.2　临界场景

前面章节讨论了火灾、爆炸、发射中止、再入以及撞击事故。导致意外临界事故的情景可以根据每个事故类型进行假定。例如，一个再入撞击事故情景被假定为该事故导致堆芯受到撞击。被撞击堆芯表面积的减少会减少中子的泄漏损失，进而可能会导致意外临界。撞击事故也可以假定为其他的撞击情景，比如发射失败或者与发射工具进行对接的过程中反应堆系统的掉落。其他类型的结构重构事故包括堆芯的重构以及燃料从反应堆压力容器抛出后形成可临界的构型。

由于堆芯淹没事故导致的意外临界是空间反应堆事故中最常讨论的事故之一。事故最普遍的影响包括堆芯撞击导致反应堆屏蔽层缺口并被具有慢化功能的液体淹没。具有慢化功能的液体通过屏蔽层破口进入堆芯并导致中子慢化加强并可能引起意外临界。典型的具有慢化功能的液体有海水、纯净水以及液态火箭推进剂等。对于一些反应堆设计，如果液体注入有效地增强了堆芯边界的中子反射能力，在没有液体持续注入堆芯的情况下堆芯淹没也可能会导致临界。常用的反射材料包括水、火箭推进剂、沙和土等。上述材料能否有效提高中子的反射能力取决于特定的堆芯设计以及堆芯被淹没过程中反应堆的结构。那些导致中子毒物（维持堆芯次临界）排出的事故情景，以及包括堆芯重构、液体淹没、中子反射和中子毒物排出的有效组合事故场景也要进行评估。

反应堆意外临界场景和问题必须在发射前、发射及发射后这几个阶段都进行考虑。对于所有的发射前阶段存在的潜在的意外临界场景都要进行研究，包括核燃料制造、运输、堆芯装载和测试，以及与发射火箭装配、发射坪上操作等。对于发射前阶段的临界场景和地面反应堆的燃料制造、测试以及操作类似，因此本书不对上述场景重点介绍，但应关注发射前阶段的特有方面，比如，与商业反应堆不同，空间反应堆需要进行整个堆芯的运输。因而在空间堆燃料的运输过程中，应考虑由于撞击、失火以及易爆环境所导致的意外临界的可能性。上述场景在可能的事故序列和事故环境的特征方面与发射和发射后阶段还有所区别。此外，在地面输运过程中，反应堆燃料都安置在特殊设计的坚固的运输桶中通过公路或者铁路进行输运。

8.2 临界基础

本章需要理解基础的反应堆物理知识，因此，本节将简要地讨论反应堆临界的基础知识。本节涉及的概念和推导的公式将在随后对反应堆临界状态事故影响的近似和上限预估中用到。如果要了解更加全面的反应堆临界问题，可以去阅读更加基础的反应堆工程方面的资料，比如拉马什(Lamarsh)的《核反应堆理论导论》(*Introduction to Nuclear Reactor Theory*)或者温伯格(Weinberg)和魏格纳(Wigner)的《核链式反应堆物理理论》(*The Physical Theory of Nuclear Chain Reactors*)。

接下来的讨论将不按照最常规介绍反应堆物理的方法。空间反应堆相对比较小，采用的是富集度很高的燃料，并且通常都是快中子堆，因此采用低富集度燃料的大型热中子堆将不做介绍。我们首先从多能群中子的连续性方程开始，假定中子的通量在能量和空间上是可分离的，那么裂变方程中的截面则变成整个裂变能谱的平均截面，因此可以得到描述中子慢化效应的多群裂变方程。

8.2.1 均匀裸堆裂变方程

蒙特卡罗方法、输运理论以及中子扩散理论都可以用于反应堆临界安全分析，本节将简要地介绍采用上述方法的计算机程序。尽管蒙特卡罗方法和中子输运理论比扩散理论更加精确，但蒙特卡罗方法不适合解释函数间的相关性，输运理论又超出了本书的范围。为了达到既解释了基本定律又能提供读者自主练习的目的，本章将更加注重扩散理论近似分析的方法。读者应将本章中推导的公式及方法视为近似，方便定性理解影响反应堆临界的因素。

1) 中子连续性方程

对于反应堆中任意给定体积，中子密度随着时间的变化量必须等于中子的产生率减去单位体积内的中子损失率，如果假设无外中子源，那么总的中子密度 $n(\boldsymbol{r}, t)$ 随时间的变化率则为

$$\frac{\partial n(\boldsymbol{r}, t)}{\partial t} = P_{\mathrm{f}}(\boldsymbol{r}, t) - L_{\mathrm{a}}(\boldsymbol{r}, t) - L_{\mathrm{L}}(\boldsymbol{r}, t) \tag{8-1}$$

式中，P_{f}、L_{a} 和 L_{L} 分别为在所有中子能量范围内的裂变中子产生率、吸收导

致的损失率和由泄漏导致的损失率。P_f、L_a 和 L_L 的单位为$(\mathrm{cm}^3 \cdot \mathrm{s})^{-1}$。式(8-1)是中子连续性方程。对于一个刚好临界的堆芯,中子密度随时间的变化是恒定的,所以有

$$P_f(\boldsymbol{r},\ t) = L_a(\boldsymbol{r},\ t) + L_L(\boldsymbol{r},\ t) \tag{8-2}$$

这里,由裂变导致的中子产生率和由吸收导致的中子损失率可以通过裂变和吸收反应率的形式给出。如第1章所述,单位体积内的反应率是中子宏观截面和中子通量在整个中子能谱上乘积的积分。当堆芯的某区域包含均匀混合介质,那么该区域的反应率就可用均匀介质的总的宏观截面表示。对于位于 $\boldsymbol{r}$ 处包含了 i 种核素的均匀混合物的堆芯区域,反应 j 的总宏观截面则为

$$\Sigma_j(\boldsymbol{r},\ E) = \sum_i \Sigma_{i,\ j}(\boldsymbol{r},\ E) \tag{8-3}$$

对于所有 N 种吸收反应类型(如裂变、俘获)的总吸收截面 $\Sigma_a(\boldsymbol{r},\ E)$ 为

$$\Sigma_a(\boldsymbol{r},\ E) = \sum_{j=1}^{N} \Sigma_j(\boldsymbol{r},\ E) \tag{8-4}$$

单位体积内,由吸收导致的总的中子损失率为

$$L_a(\boldsymbol{r}) = \int_0^{\infty} \Sigma_a(\boldsymbol{r},\ E)\Phi(\boldsymbol{r},\ E)\mathrm{d}E \tag{8-5}$$

式中,$\Phi(\boldsymbol{r},\ E)$ 为 $\boldsymbol{r}$ 处能量近似的通量,单位体积内总裂变中子产生率为

$$P_f(\boldsymbol{r}) = \int_0^{\infty}\int_0^{\infty} v(\boldsymbol{r},\ E)\chi(E')\Sigma_f(\boldsymbol{r},\ E)\Phi(\boldsymbol{r},\ E)\mathrm{d}E\mathrm{d}E' \tag{8-6}$$

式中,$\Sigma_f(\boldsymbol{r},\ E)$ 为 $\boldsymbol{r}$ 处与能量相关的宏观中子裂变截面;$v(\boldsymbol{r},\ E)$ 为能量 E 处的裂变中子数;$\chi(E')$为发射的能量为 E'的中子份额。其他中子产出过程[如$(n,\ 2n)$反应]由于只占了很少的部分,在此予以忽略。

2) 单能中子

假设中子在介质中的输运过程类似于分子从高浓度区域向低浓度区域扩散的过程,如此便可进行中子的泄漏率的近似预测。在均匀理想的介质中,扩散理论可以进行单能中子的输运计算。此处理想介质假设具有相对小的中子吸收截面,且散射碰撞假定没有能量损失[1]。对于距离边界几个中子平均自由程(中子与原子核连续两次相互作用之间穿行的平均距离称为中子平均自由程),存在强吸收介质,以及外加中子源的区域条件,扩散方程都可以合理精

确地描述其中子通量。

在均匀介质中,单位体积内的中子泄漏通过扩散理论表示为

$$L_{\mathrm{L}}(\boldsymbol{r}) = -D\,\nabla^2\phi(\boldsymbol{r}) \tag{8-7}$$

式中,∇^2 为拉普拉斯算子,D 为中子扩散系数,在直角坐标系中拉普拉斯算子表示为

$$\nabla^2\phi = \frac{\partial^2\phi}{\partial x^2} + \frac{\partial^2\phi}{\partial y^2} + \frac{\partial^2\phi}{\partial z^2} \tag{8-8}$$

扩散系数近似为

$$D = \frac{1}{3[\Sigma_{\mathrm{T}} - \Sigma_{\mathrm{s}}(2/3\,A_{\mathrm{r}})]} \tag{8-9}$$

式中,Σ_{T} 为总宏观截面(所有中子-原子核作用的截面);Σ_{s} 为中子宏观散射截面;A_{r} 为散射核的相对原子质量。对于 $\Sigma_{\mathrm{s}} \gg \Sigma_{\mathrm{a}}$,扩散系数近似为

$$D = \frac{1}{3\,\Sigma_{\mathrm{s}}[1-(2/3\,A_{\mathrm{r}})]} \tag{8-10}$$

3) 裸堆 $E-r$ 可分离近似

运行反应堆的中子能谱是已知的,并且中子在与核发生碰撞时失去的自身动能 E 非常可观。上述条件表明,之前给出单能中子的扩散假设不能直接应用于反应堆系统。但是,在很多反应堆的设计中,利用基本的扩散理论推导的几种方法已经可以很好地预测中子泄漏率。例如,扩散理论近似可以用于中子在能群中的泄漏计算,这种方法可以得到每个能群的中子耦合平衡方程。另一种方法叫作年龄扩散近似,用于热中子反应堆,它结合了扩散理论以及快中子的连续慢化模型。

此处,我们将扩散理论应用于均匀裸堆(无反射层),进而阐明中子的泄漏和其他参数间的关系。无论是能群方法还是年龄扩散近似,我们这个阶段的讨论都会涉及。这里,我们假设在整个能量范围内中子通量在空间和能量上是可分的,即

$$\Phi(\boldsymbol{r},\,E) = \varphi(E)\phi(\boldsymbol{r}) \tag{8-11}$$

尽管上述假设只适用于均匀裸堆,但是这种近似对于我们理解临界原理很有用。该方法同样假设特定的反应堆的能谱 $\varphi(E)$ 是已知的。注意符号 ϕ

用于表示中子通量，与能量无关，因而，ϕ 表示与位置相关的中子通量、堆芯平均通量。符号 ϕ 也用于表示单群和多群中子通量。

将式(8-11)代入拉普拉斯表达式并乘以扩散系数，便可得到能量 E 到 $E+\mathrm{d}E$ 范围内单位体积内的中子泄漏率：

$$D(E)\nabla^2\Phi(\boldsymbol{r},E)\mathrm{d}E=D(E)\varphi(E)\nabla^2\phi(\boldsymbol{r})\mathrm{d}E \tag{8-12}$$

由于已假设反应堆为均匀堆芯，因而其中扩散系数和截面中的空间变量 $\boldsymbol{r}$ 已经去掉。如果 $\varphi(E)$ 已经归一化，即所有能量上的 $\varphi(E)$ 积分为 1，那么考虑了能量平均的扩散系数 $\overline{D}$，对式(8-12)进行能量上的积分就得到单位体积内的中子泄漏率：

$$L_{\mathrm{L}}(\boldsymbol{r})=-\overline{D}\nabla^2\phi(\boldsymbol{r}) \tag{8-13}$$

同样可以得到能量平均的宏观截面 $\overline{\Sigma}_{\mathrm{a}}$ 和 $\overline{\nu\Sigma}_{\mathrm{f}}$，那么式(8-2)就可以表示为

$$\overline{\nu\Sigma}_{\mathrm{f}}\phi(\boldsymbol{r})=\overline{\Sigma}_{\mathrm{a}}\phi(\boldsymbol{r})-\overline{D}\nabla^2\phi(\boldsymbol{r}) \tag{8-14}$$

8.2.2　扩散方程求解

均匀裸堆的与空间相关的中子通量可以通过求解式(8-14)得到，方程表示为

$$\nabla^2\phi+B^2\phi=0 \tag{8-15}$$

结合式(8-14)及式(8-15)，我们得到

$$B^2\equiv\frac{\overline{\upsilon\Sigma}_{\mathrm{f}}-\overline{\Sigma}_{\mathrm{a}}}{\overline{D}} \tag{8-16}$$

式中，由式(8-16)定义的 B^2 称为材料曲率(cm^{-2})。

式(8-15)可求解几何形状的堆芯，对于半径为 r 的均匀球形裸堆，满足球心处通量有限的边界条件，其通解为

$$\phi(r)=C\frac{\sin(Br)}{r} \tag{8-17}$$

式中，C 为常量。为了求解 B^2，我们假设中子通量在大于裸堆半径 R_{bc} 的距离 R_{e} 处为 0。对于球形堆，满足 $r=R_{\mathrm{e}}$ 处零通量边界条件的 B^2 允许值为 $B^2=(m\pi/R_{\mathrm{e}})^2$，其中 m 为整数。可以看到只有 $m=1$ 的解才能给出稳定状态中子

通量的表达式[3]，因此

$$B^2=\left(\frac{\pi}{R_e}\right)^2 \tag{8-18}$$

式中，式(8-18)中的曲率为几何曲率。对于临界反应堆，几何曲率和材料曲率相同，将式(8-18)代入式(8-17)，即得球形裸堆空间相关的中子通量

$$\phi(r)=\phi_{max}R_e\frac{\sin(\pi r/R_e)}{\pi r} \tag{8-19}$$

式中，ϕ_{max} 为中子通量的最大值。

表 8-1 列出了球形、矩形以及圆柱形均匀裸堆的中子通量和曲率表达式。图 8-1 画出了球形、半无限大平板及半无限大圆柱形内的中子通量分布曲线，其中自变量为 x 或者 r。这里推导用到的外推半径比实际裸堆临界半径 R_{bc} 稍大，近似为

$$R_e=R_{bc}+2\overline{D} \tag{8-20}$$

式(8-20)是标准的公式，通过扩散理论得到的中子学预测和更加精确(但更困难)的输运方法得到的中子学预测近似一致。

式(8-16)也可以写为

$$B^2=\frac{\overline{\Sigma}_a}{\overline{D}}(k_\infty-1) \tag{8-21}$$

表 8-1　不同几何形状裸堆的曲率和中子分布表达式

几何形状	曲　率	中子分布
球形	$\left(\frac{\pi}{R_e}\right)^2$	$\frac{R_e}{\pi r}\sin\left(\frac{\pi r}{R_e}\right)$
矩形平板	$\left(\frac{\pi}{a_e}\right)^2+\left(\frac{\pi}{b_e}\right)^2+\left(\frac{\pi}{c_e}\right)^2$	$\cos\left(\frac{\pi x}{a_e}\right)\cos\left(\frac{\pi y}{b_e}\right)\cos\left(\frac{\pi z}{c_e}\right)$
有限圆柱体	$\left(\frac{2.405}{R_e}\right)^2+\left(\frac{\pi}{H_e}\right)^2$	$J_0\left[\frac{2.405(r)}{R_e}\right]\cos\left(\frac{\pi z}{H_e}\right)^2$

注：J_0是零阶第一类贝塞尔函数，R_e 为球形或圆柱形堆芯外推半径，a_e、b_e、c_e 为矩形临界平板堆芯的外推尺寸，H_e 为圆柱形临界堆芯的外推高度，变量 r 为球形或圆柱形系统的径向坐标，x、y 和 z 为矩形坐标系统的坐标。对于圆柱形，z 为平行于轴线方向的尺寸。

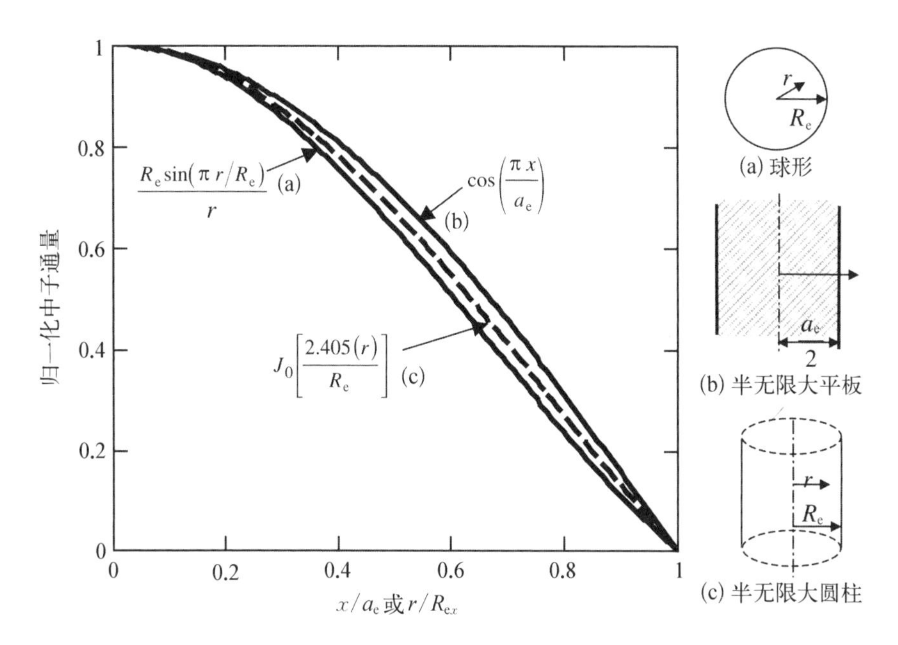

图 8-1　不同几何形状裸堆中子通量分布曲线

式中，

$$k_\infty = \frac{\overline{v\Sigma_f}}{\overline{\Sigma_a}} = \frac{P_f}{L_a} \tag{8-22}$$

k_∞ 为无限介质中子增殖因子。

结合式(8-18)、式(8-20)、式(8-21)，均匀球形裸堆的临界半径用能量平均的中子参数表示为

$$R_{bc} = \pi\sqrt{\frac{\overline{D}}{\overline{\Sigma_a}(k_\infty - 1)}} - 2\overline{D} \tag{8-23}$$

临界尺寸下包含的燃料质量称为临界质量 m_{cr}：

$$m_{cr} = \frac{4}{3}\pi R_{bc}^3 \zeta_F (VF_F) \tag{8-24}$$

式中，ζ_F 和 VF_F 分别为燃料密度(g/cm^3)和堆芯燃料体积份额。

8.2.3　临界质量最小化方法

在反应堆外围设置中子反射层可以减少中子泄漏，从而降低临界质量。临界尺寸的减小也称反射层节省(δ)，可以通过几种不同的公式估算。带反射

层的球形堆临界半径 R_c 和裸堆临界半径 R_{bc} 的关系如下：

$$R_c = R_{bc} - \delta$$

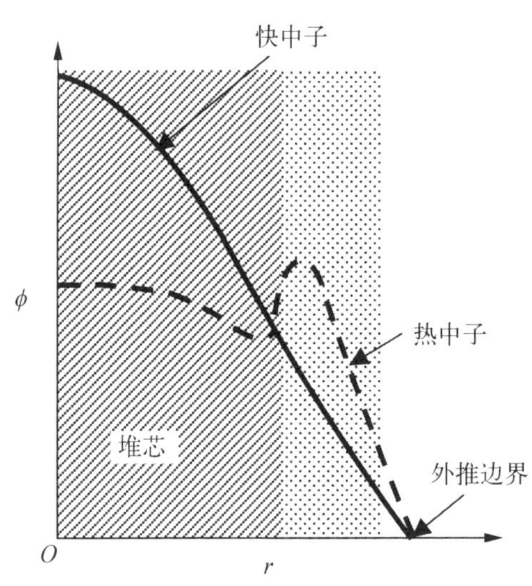

图 8-2　设置有反射层的反应堆中热中子和快中子通量分布曲线

中子在反射层附近会被再次慢化，导致中子通量曲线的变形，如图 8-2 所示。热中子通量的变形表明，当反射层存在时，空间与能量变量(整个能谱的单群近似)简单分离的假设不再适用。

空间反应堆的尺寸和质量受发射火箭的限制，所以需要采用特殊的方法减小空间堆的质量和大小。比如，空间堆燃料中 ^{235}U 的富集度通常都会高于 90%。而地面反应堆 ^{235}U 的富集度通常只有百分之几(^{235}U 的天然富集度约为 0.7%)。提高了燃料的富集度等于提高了堆芯的平均宏观裂变截面，同时也降低了 ^{238}U 的辐射俘获中子截面，进而增加了 k_∞。提高 ^{235}U 的富集度也就提高了与 $\overline{D}$ 相关的 $\overline{\Sigma}_a$，中子泄漏减少。式(8-23)表明提高 k_∞ 和 $\overline{\Sigma}_a/\overline{D}$ 的最终影响就是堆芯尺寸的减小。

中子的慢化可以有效减少堆芯临界质量要求。虽然中子慢化对 k_∞ 的影响相对较小，但 ^{235}U 的热中子微观吸收截面要比快中子大很多(见图 1-17)。大的微观截面意味着 $\overline{\Sigma}_a/\overline{D}$ 比值的增加，以及中子泄漏的减少。因此，热中子反应堆临界质量远小于快中子反应堆临界质量。然而对于某些特定的设计和应用，慢化剂所需的体积可能会很大，这样就导致系统尺寸和质量的净增加，而非减小。此外，一些慢化剂对温度的要求也会额外增加其使用范围的限制。考虑到上述情况，许多专为空间应用设计的反应堆都会选择快中子堆。尽管如此，对于一些系统选择及任务要求，慢化剂可以减小系统质量，且还具备其他的一些优势。

8.2.4　有效中子增殖因子

上一节我们对刚好达到临界的反应堆进行了分析。无限介质中子增殖因子定义为中子裂变产生率和由于吸收导致的中子损失率的比值，其中不包括中子泄漏。因此，k_{∞}可以表征无穷大反应堆中的中子状态。有效中子增殖因子 k_{eff} 定义为中子裂变产生率与泄漏和吸收导致的中子损失率的比值。

$$k_{\text{eff}} \equiv \frac{P_{\text{f}}}{L_{\text{a}} + L_{\text{L}}} \tag{8-26}$$

k_{eff} 的值反映了实际(有限大)反应堆内的中子状态。当 $k_{\text{eff}}=1.0$ 时，反应堆刚好达到临界；若 $k_{\text{eff}} < 1.0$，则反应堆达次临界；若 $k_{\text{eff}} > 1.0$，则反应堆达超临界。有效中子增殖因子在反应堆设计及分析中是一个很重要的参数。

如果一个反应堆偏离了临界状态，就要采用与时间相关的连续性方程。那么，式(8-26)就要重新调整为

$$P_{\text{f}} - k_{\text{eff}}(L_{\text{a}} + L_{\text{L}}) = 0 \tag{8-27}$$

式中，k_{eff} 可以被认为是为达到临界对损失率进行的调整，比如对控制鼓位置以及内部中子毒物的调整。尽管不是很直观，这里的调整也可以和裂变源项 $P_{\text{f}}/k_{\text{eff}}$ 联系起来，任何一种联系在数学上都是等价的。采用这种方法，可以通过一个与时间无关的方程得到 k_{eff} 的解，将这个表达式代入式(8-27)得到

$$\overline{v\Sigma}_{\text{f}}\phi(\boldsymbol{r}) = k_{\text{eff}}[\bar{\Sigma}_{\text{a}}\phi(\boldsymbol{r}) - \bar{D}\,\nabla^2\phi(\boldsymbol{r})] \tag{8-28}$$

式(8-28)可以写为

$$\bar{D}\,\nabla^2\phi(\boldsymbol{r}) + \left(\frac{\overline{v\Sigma}_{\text{f}}}{k_{\text{eff}}} - \bar{\Sigma}_{\text{a}}\right)\phi(\boldsymbol{r}) = 0 \tag{8-29}$$

现在曲率定义为

$$B^2 \equiv \frac{1}{\bar{D}}\left(\frac{\overline{v\Sigma}_{\text{f}}}{k_{\text{eff}}} - \bar{\Sigma}_{\text{a}}\right) \tag{8-30}$$

方程的最小特征解给出了一个准静态反应堆装置中自持中子通量的表达式。利用式(8-22)和式(8-30)，我们得到

$$k_{\text{eff}} = \frac{k_{\infty}}{1 + (\bar{D}/\bar{\Sigma}_{\text{a}})B^2} \tag{8-31}$$

式(8-31)也可以写为

$$k_{\text{eff}} = k_{\infty} P_{\text{NL}} \tag{8-32}$$

其中

$$P_{\text{NL}} = \frac{1}{1 + (\bar{D}/\bar{\Sigma}_{\text{a}})B^2} \tag{8-33}$$

参数 P_{NL} 定义为不泄漏概率，即中子在堆芯中被吸收的概率而非泄漏的概率。

8.2.5 中子慢化

中子慢化是热中子堆运行的基础，同时也是各种类型反应堆和核燃料的一个重要的临界安全考虑因素。目前已有慢化系统中子谱的计算方法，其推导过程超出了本节的范围。但是对中子慢化基本原理的总结以及中子慢化对能谱的影响在本节将会讲到。关于中子慢化详细的讨论可以查阅参考文献[1]或参考文献[2]。

1）对能谱的影响

裂变过程中释放的中子大部分是快中子，其能量远高于热中子能量范围。快中子在与堆芯材料原子核的弹性以及非弹性散射碰撞过程中会损失一部分动能。如第1章中讨论的结果，弹性散射碰撞中最大能量损失可以通过近似关系式 $\Delta E_{\max} \approx (1-\alpha_{\text{s}})E$ 得到，其中 $\alpha_{\text{s}} = (A-1)^2/(A+1)^2$，其中 A 为散射核的质量数。参数 α_{s} 随着质量数的增加而增加，如表8-2所示。对于铀，中子一次碰撞中最大的能量损失率只有1.7%。对于热中子堆，几乎所有的中子慢化都是由于中子与堆芯中低质量数的慢化剂的弹性散射碰撞引起的。

表8-2　不同核素的慢化性能

元素	原子核质量数	α_{s}	ξ	慢化到热中子的平均碰撞次数
氢	1	0	1.0	18
氘	2	0.111	0.725	25
氦	4	0.360	0.425	43
锂	7	0.563	0.268	67

（续表）

元素	原子核质量数	α_s	ξ	慢化到热中子的平均碰撞次数
铍	9	0.640	0.209	86
碳	12	0.716	0.158	114
氧	16	0.779	0.120	150
铀	238	0.983	0.008 38	2 172

裂变能量范围以下，慢化反应堆中快中子通量谱有如下的关系：

$$\varphi(E) \sim \frac{1}{E\xi\Sigma_s(E)} \tag{8-34}$$

参数 ξ 定义为一次碰撞中的平均对数能降：

$$\xi \equiv \overline{\ln E/E'} \tag{8-35}$$

式中，E 和 E' 分别为碰撞之前和碰撞之后的能量，平均对数能降有如下的关系：

$$\xi = 1 + \frac{\alpha_s}{1-\alpha_s}\ln \alpha_s \tag{8-36}$$

对于 $A > 10$，$\xi \approx 2/(A+2/3)$，表 8-2 列出了不同核的 ξ 值以及达到热中子能量所需的平均碰撞次数。

在低能范围内，中子通量偏离了 $1/E$ 近似，如式(8-34)所示，而呈现麦克斯韦-玻尔兹曼能谱分布，如第 1 章式(1-16)所示。

2) 价值因子

可以通过很多的价值因子来判断慢化剂的慢化能力，以提高反应堆 k_{eff}（或者减少临界质量要求）。参数 A、α_s 以及 ξ 都可以被视为慢化剂的价值因子，因为较小的 A、α_s 以及较大的 ξ 都会导致每次碰撞中较大的中子的能量损失。但是，这些价值因子没有考虑散射碰撞发生的概率，也没有考虑慢化剂的共振吸收。为了解释散射碰撞发生的概率以及每次碰撞的能量损失，慢化能力定义为 $\xi\Sigma_s$。慢化剂的中子俘获会减少中子的慢化效率。我们可以定义一个新的量 $\xi\Sigma_s/\Sigma_a$，叫作慢化比，其中 Σ_a 是慢化剂吸收截面，以上两个价值因子对于对比不同慢化剂的效率非常有用。几种慢化剂的慢化能力和慢化比列于表 8-3 中给出。

表 8-3 重要中子慢化剂材料的价值因子

慢化剂	对提高慢化效率贡献大的价值因子		对提高慢化效率贡献小的价值因子	
	$\xi\Sigma_s/cm^{-1}$	$\xi\Sigma_s/\Sigma_a$	τ/cm^2	L^2/cm^2
氢化锆	1.47	49	27	9
水	1.28	58	31	7.62
铍	0.16	130	85	441
氧化铍	0.12	163	100	900
石墨(反应堆级)	0.065	200	350	2 938

尽管年龄扩散理论在核反应堆的设计中已经不再应用,但对理解中子慢化以及不同慢化剂的慢化效率很有用。采用年龄扩散理论,热中子堆的有效中子增殖因子可以近似为[2]

$$k_{\mathrm{eff}} \approx \frac{k_{\infty} e^{-B^2\tau}}{1+L^2B^2} \tag{8-37}$$

式中,τ 为费米年龄(cm^2),费米年龄是中子从源点产生在介质中慢化到热中子能量范围所穿行直线距离均方值的六分之一;L^2 等于热中子(达到热中子能量范围)从产生地点到被吸收地点穿行直线距离均方值的六分之一;L 为热中子扩散长度(cm),等于$\sqrt{\overline{D}/\overline{\Sigma}_a}$ 在整个热中子能量区间的平均。年龄扩散理论通常由式(8-37)获得,对非常轻的元素如氢等不适用。

式(8-37)中的指数项可以进一步扩展,对于大型堆芯有效中子增殖因子近似为

$$k_{\mathrm{eff}} \approx \frac{k_{\infty}}{(1+\tau B^2)(1+L^2B^2)} \tag{8-38}$$

式中,$e^{-B^2\tau}$ 和$(1+\tau B^2)$代表快中子不泄漏概率,$(1+L^2 B^2)$为热中子不泄漏概率。τ 和 L^2 的值越小,相对应地,在快中子能量范围和热中子能量范围内的中子泄漏概率越低。因此对于慢化剂来说,费米年龄和扩散长度(见表 8-3)也可以作为慢化剂选择的价值因子。

3）慢化堆芯临界质量

通过式(8－37)以及式(8－18)和式(8－22)可以获得慢化剂、燃料分子密度比 N_M/N_F 和球形裸堆的临界半径之间的关系：

$$\frac{N_{\mathrm{M}}}{N_{\mathrm{F}}} \approx \frac{\left[\left(\frac{\nu\sigma_{\mathrm{fF}}}{\sigma_{\mathrm{aF}}}\right)P_{\mathrm{NL1}}-1\right]}{\left[1+L_{\mathrm{M}}^{2}\left(\frac{\pi}{R_{\mathrm{ab}}}\right)^{2}\right]}\left(\frac{\sigma_{\mathrm{aF}}}{\sigma_{\mathrm{aM}}}\right) \tag{8-39}$$

这里，P_{NL1} 是快中子不泄漏概率，下标 F 和 M 分别代表燃料和慢化剂。如前面所述，$P_{\mathrm{NL1}}=\mathrm{e}^{-B^2\tau}$ 对含氢的慢化剂不适用，对于含氢慢化剂，类似式(8－38)形式的方程[即式(8－45)]可以代替式(8－37)。含氢慢化剂的不泄漏概率可以用 $P_{\mathrm{NL1}}=(1+\tau' B^2)^{-1}$ 很好地近似，其中 τ' 为有效年龄(见 8.2.6 节的讨论)。球形裸堆的临界质量 m_{cr} 为

$$m_{\mathrm{cr}}=\left(\frac{N_{\mathrm{M}}}{N_{\mathrm{F}}}\right)^{-1}\frac{N_{\mathrm{M}}4\pi R_{\mathrm{bc}}^{3}}{3}\frac{M_{\mathrm{rF}}}{N_{\mathrm{A}}} \tag{8-40}$$

式中，M_{rF} 为燃料混合物的相对分子质量；N_A 为阿伏伽德罗常数。采用式(8－39)和式(8－40)，便可以估计不同类型的慢化剂的富集度、均匀裸堆的临界质量。临界质量计算值为慢化剂、燃料分子密度比的函数，如图 8－3 所示。

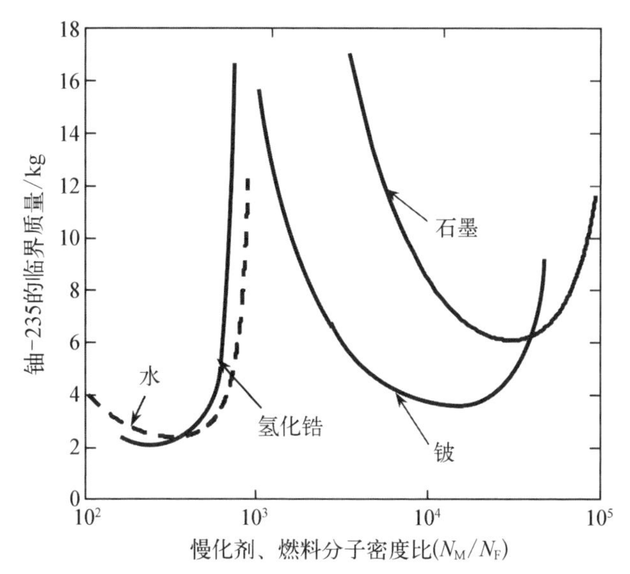

图 8－3　高富集度均匀球形裸堆临界质量和慢化剂燃料分子密度比的关系曲线

从图中可以看出含氢的慢化剂比不含氢的慢化剂更为有效。图 8-3 也表明，鉴于中子辐射俘获的影响，在某些位置增加了慢化剂、燃料分子密度比也增加了所需的临界质量。此外，如下面的例题所示，最小的临界质量并不意味着最小的临界半径以及最小的系统质量。

例 8.1

计算一个半径为 35 cm、由铍慢化的球形裸堆的慢化剂、燃料分子密度比，临界燃料质量，以及燃料和慢化剂的总质量。对一个临界半径为 55 cm 的堆芯重复以上计算。UO_2 燃料均匀散布在铍基质中，密度为 1.84 g/cm^3。假定平均截面的比例约等于 2 200 m/s 的截面比例。$\delta_{aF}=683$ b，$\delta_{aM}=0.01$ b。同样假定为高富集度燃料，$\nu\delta_{fF}/\delta_{aF}=2.06$。忽略 UO_2 中氧的中子效应的影响。简化起见，假定没有其他的堆芯材料以及内部冷却剂通道空间。该结果对空间堆中充分慢化堆芯的使用有什么借鉴?

解:

从表 8-3 得到，铍的 τ 和 L^2 相应分别为 85 cm^2 和 441 cm^2，利用式(8-39)我们得到

$$\frac{N_M}{N_F}=\frac{2.06[e^{-85(\pi/35)^2}]-1}{1+441(\pi/35)^2}\left(\frac{683}{0.01}\right)=5.8\times10^2$$

忽略 UO_2 燃料对堆芯体积的微小影响，铍在堆芯的平均原子密度是

$$N_{Be}=\frac{1.84(6.02\times10^{23})}{9}=1.231\times10^{23}(cm^{-3})$$

利用式(8-40)我们得到

$$m_{cr}=\frac{4\pi(35)^3(1.231\times10^{23})(267)}{3(5.8\times10^2)(6.02\times10^{23})}=17(kg)$$

注意这里计算的 UO_2 分子质量与表 8-3 中给出的铀金属的临界质量稍微有所不同。堆芯中铍的质量是

$$m_{Be}=\frac{4\pi(35)^3}{3}\times1.84=3.3\times10^5(g)=330(kg)$$

总质量为 $m_{tot}=17+330=347(kg)$

对于临界半径为 55 cm 的堆芯，可计算得到慢化比为 1.57×10^4，$m_{Cr}=$

2.4 kg，$m_{Be}=1\,282$ kg，因此，$m_{tot}=1\,284.4$ kg。

从表8-3可以看出，半径为55 cm的堆芯的慢化比对应最佳慢化堆芯(最小的铀-235临界质量)。相比于半径为35 cm的欠慢化堆，最佳慢化堆的临界质量要小得多。但是，最佳慢化堆需要非常大的慢化剂质量，同时燃料和慢化剂的总质量是欠慢化堆的近4倍。最佳慢化堆芯的总重量和堆芯尺寸表明，在空间堆的设计中采用最佳慢化来减小临界质量可能不是一个明智的选择。

8.2.6 双群方法

在之前的讨论中，能量相关的中子通量隐含的包括在整个能谱平均的反应堆参数的使用和定义中。尽管单群的方法在解释一些类型的函数相关性方面很有用，但是特定堆芯的中子能谱必须要知道，同时单群截面对反应堆的能谱非常敏感。每个反应堆的能谱类型在空间上依赖于堆芯的成分、反射层的成分及结构，以及运行温度。此外，成分和结构在运行过程中也会发生变化。因此，能谱和空间、温度、时间都有关系。

考虑到上述因素，对反应堆进行设计和分析时从未采用单群方法。单群方法的另一个缺点是我们几乎无法从中得到中子慢化的任何信息。年龄扩散理论在一定程度上克服了这个缺点，但是年龄扩散理论的应用有局限性，也不能解释在中子学设计和安全分析中广泛应用的多群方法。为了更好地理解中子慢化对反应堆临界的影响，本节将介绍双群方法。将通过两个不同的方法来推导双群方法，即采用有效中子增殖因子的定义和双群扩散方程。

1) 采用 k_{eff} 定义

双群近似方法将能谱分为高能群和低能群。低能群也称热群包括整个热中子能量范围，高能群也称快群包括所有高于热中子能量范围的中子能量。式(8-31)可以用隐含快群和慢群的堆参数表示，即

$$k_{eff}=\frac{k_{\infty}}{1+\dfrac{(D_1\phi_1+D_2\phi_2)}{(\Sigma_{a1}\phi_1+\Sigma_{a2}\phi_2)}B^2} \tag{8-41}$$

式中，D 和 Σ_a 的下标1和2分别为中子通量在快群和热群能量的加权平均；ϕ_1 和 ϕ_2 为能量相关的中子通量分别在快群和热群能量范围内的积分。在热中子堆中当 $\Sigma_{a2}\phi_2\gg\Sigma_{a1}\phi_1$ 时，式(8-41)简化为

$$k_{\mathrm{eff}} \approx \frac{k_{\infty}}{1+\dfrac{D_1\phi_1}{\Sigma_{\mathrm{a2}}\phi_2}B^2+\dfrac{D_2}{\Sigma_{\mathrm{a2}}}B^2} \tag{8-42}$$

大部分裂变产生的中子都是快中子，因此，热中子堆中的中子主要都是通过慢化产生的。热中子的中子平衡方程近似为

$$\Sigma_{\mathrm{q1}}\phi_1=\Sigma_{\mathrm{a2}}\phi_2+D_2B^2\phi_2 \tag{8-43}$$

式中，Σ_{q1} 为中子从快群慢化到热群的能量损失截面，从式(8－43)中可以得到快中子群通量和热中子群通量的比值

$$\frac{\phi_1}{\phi_2}=\frac{\Sigma_{\mathrm{a2}}+D_2B^2}{\Sigma_{\mathrm{q1}}} \tag{8-44}$$

将式(8－44)代入式(8－42)：

$$k_{\mathrm{eff}}=\frac{k_{\infty}}{\left(1+\dfrac{D_1}{\Sigma_{\mathrm{q1}}}B^2\right)\left(1+\dfrac{D_2}{\Sigma_{\mathrm{a2}}}B^2\right)} \tag{8-45}$$

L^2 定义为 D_2/Σ_{a2}，可以看出 D_1/Σ_{q1} 约等于费米年龄[4]（尽管与表 8－3 中的数值可能会有所不同），因此式(8－45)和式(8－38)是一致的。

2）采用双群扩散方程

式(8－45)来自式(8－43)及有效中子增殖因子的定义。式(8－45)也可以用热群和快群的双群扩散公式推导得到。近似假定所有裂变产生的中子基本都是快中子，由此得到快群的中子扩散方程

$$\frac{1}{k_{\mathrm{eff}}}(\nu_1\Sigma_{\mathrm{f1}}\phi_1+\nu_2\Sigma_{\mathrm{f2}}\phi_2)=(\Sigma_{\mathrm{a1}}+\Sigma_{\mathrm{q1}}+D_1B^2)\phi_1 \tag{8-46}$$

式(8－43)给出了热群中子的扩散方程，对式(8－44)重新整理。将式(8－44)代入式(8－46)得到

$$k_{\mathrm{eff}}=\left(\frac{\nu_2\Sigma_{\mathrm{f2}}\Sigma_{\mathrm{q1}}}{\Sigma_{\mathrm{a2}}+D_2B^2}+\nu_1\Sigma_{\mathrm{f1}}\right)\left(\frac{1}{\Sigma_{\mathrm{a1}}+\Sigma_{\mathrm{q1}}+D_1B^2}\right) \tag{8-47}$$

对于热中子反应堆，式(8－47)中 $\nu_1\Sigma_{\mathrm{f1}}$ 和 Σ_{a1} 远小于圆括号中的其他变量；因此，舍去 $\nu_1\Sigma_{\mathrm{f1}}$ 和 Σ_{a1}，便得到热中子反应堆有效中子增殖因子的近似表达式：

$$k_{\text{eff}}=\left(\frac{\nu_2\Sigma_{\text{f2}}}{\Sigma_{\text{a2}}+D_2B^2}\right)\left(\frac{\Sigma_{\text{q1}}}{\Sigma_{\text{q1}}+D_1B^2}\right) \tag{8-48}$$

将公式左边分子分母同时除以 Σ_{a2}，将公式右边同时除以 Σ_{q1}，记 $k_\infty \approx \nu_2\Sigma_{\text{f2}}/\Sigma_{\text{a2}}$，因此采用双群扩散公式、年龄扩散方法、有效中子增殖因子的定义，都可以得到相同的基本表达式。对于快堆，式(8-46)中 $\Sigma_{\text{q1}}\approx 0$ 且 $\phi_2\approx 0$，那么快堆的有效中子增殖因子为

$$k_{\text{eff}}=\frac{\nu_1\Sigma_{\text{f1}}/\Sigma_{\text{a1}}}{1+(D_1/\Sigma_{\text{a1}})B^2} \tag{8-49}$$

8.3　堆芯结构重构

正如 8.1 节所述，由于碰撞、爆炸或者火灾引起的堆芯结构重构有可能导致意外临界事故。此处所指的堆芯结构变形包括堆芯压缩、形变、再分布以及抛出。本章后续小节将分别描述堆芯慢化材料的净增加或减少以及中子反射层变化引起的效应。图 8-4 简要说明了不同类型的堆芯结构重构。

8.3.1　堆芯压缩

为了解释堆芯压缩的潜在影响，此处仅定义堆芯的压缩是一种均匀压缩，因此堆芯在压缩前后的形状和内容物都未发生变化。需要清楚的是，此种类型的压缩事件通常是不可能发生的。图 8-4(a)给出了由于压缩引起的堆芯结构重构。

堆芯压缩对中子增殖因子的影响可以采用式(8-31)进行估算，式(8-31)中的扩散系数可由输运截面 $\bar{\Sigma}_{\text{tr}}$ 表示，$\bar{\Sigma}_{\text{tr}}\equiv\frac{1}{3}\bar{D}$，我们可以将 $\bar{D}/\Sigma_{\text{a}}$ 表示为

$$\frac{\bar{D}}{\Sigma_{\text{a}}}=\frac{1}{3\bar{\Sigma}_{\text{tr}}\Sigma_{\text{a}}}=\left[3\sum_i N_i\sigma_{\text{tr}i}\sum_i N_i\delta_{\text{a}i}\right]^{-1}=C_DV_{\text{c}}^2 \tag{8-50}$$

式中，C_{D} 对任何特殊堆芯材料的选择都为常数，该结果来自原子密度表达式

$$N_i=\frac{m_iN_{\text{A}}}{V_{\text{c}}A_{\text{r}i}}=\left(\frac{1}{V_{\text{c}}}\right)\frac{m_iN_{\text{A}}}{A_{\text{r}i}} \tag{8-51}$$

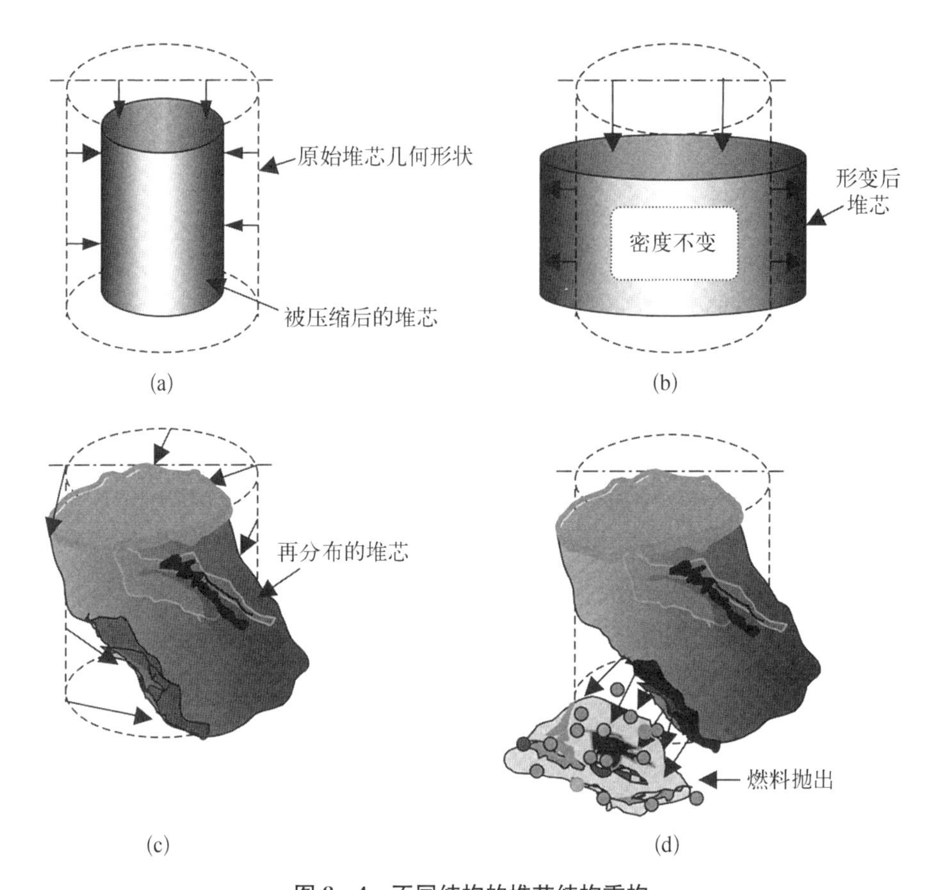

图 8-4 不同结构的堆芯结构重构

(a) 堆芯压缩；(b) 堆芯形变；(c) 堆芯再分布；(d) 燃料抛出

式中，V_c 为堆芯体积；N_A 为阿伏伽德罗常数；m_i 和 A_{ri} 分别为核素 i 的总质量及相对原子质量。注意到除去堆芯体积之外，其他变量在压缩过程中都没有变化。

在表 8-1 中，对于球形堆芯，曲率正比于 $1/R_e^2$。此外，圆柱形堆的曲率表示为

$$B^2=\left(\frac{2.405}{R_e}\right)^2+\left(\frac{\pi}{H_e}\right)^2=\left(\frac{1}{R_e^2}\right)\left[(2.405)^2+\left(\frac{\pi}{2a}\right)^2\right] \quad (8-52)$$

式中，a 为高宽比(H/D)。类似地，平行六面体的曲率表示为一个单独方向和两个方向比例常数的函数。对于均匀压缩，只有 R_e 发生了变化。采用相同的形式，堆芯体积可以表示为一个单独方向和高宽比的形式，对一个圆柱 $V_c=2\pi R_e^3 a$，因此，曲率可以表示为

$$B^2 = \frac{C_B}{V_c^{2/3}}$$

式中，C_B 对于任何特殊的几何形状均为常数，利用上式和式(8-50)及式(8-31)，有效中子增殖因子可以表示为

$$k_{eff} = \frac{k_\infty}{1 + C_D(V_c^2)(C_B/V_c^{2/3})} = \frac{k_\infty}{1 + C(V_c)^{4/3}} \tag{8-53}$$

式中，$C \equiv C_D C_B$，对于一个被压缩的反应堆，相对压缩率 F_c 定义为

$$F_c \equiv \frac{V_{cc}}{V_c} \tag{8-54}$$

式中，V_{cc} 为压缩后的体积，因此均匀压缩堆芯的中子增殖因子 $k_{c,\,eff}$ 可以表示为

$$k_{c,\,eff} = \frac{k_\infty}{1 + (\bar{D}/\bar{\Sigma}_a)B^2 F_c^{4/3}} \tag{8-55}$$

或者采用式(8-31)，压缩后堆芯的增殖因子 $k_{c,\,eff}$ 可以利用未压缩堆芯的中子增殖因子 k_{eff} 表示，

$$k_{c,\,eff} = k_{eff} \frac{1 + (\bar{D}/\bar{\Sigma}_a)B^2}{1 + (\bar{D}/\bar{\Sigma}_a)B^2 F_c^{4/3}} \tag{8-56}$$

令式(8-56)中 $k_{c,\,eff}$ 为1，解方程就可以得到临界最小压缩比

$$F_{cmin} = \left\{ \frac{k_{eff}\left[1 + \left(\frac{\bar{D}}{\bar{\Sigma}_a}\right)B^2\right] - 1}{\left(\frac{\bar{D}}{\bar{\Sigma}_a}\right)B^2} \right\}^{3/4} \tag{8-57}$$

下面的例题将解释反应堆压缩的敏感性。

例8.2

对于再入事故，估算压缩后的中子增殖因子。圆柱形堆芯的半径为16 cm，长35 cm，且包含不锈钢材料为包壳的高富集度UN燃料棒组件。燃料的密度为14 g/cm^3，占堆芯80%的体积。轴向无反射层，毒物控制元件位于堆芯径向外围，维持堆芯的次临界。在该装置中，假设碰撞之前或碰撞过程中无中子反射。如果碰撞之前的 k_{eff} 为0.92，画出中子增殖因子随相对压缩率变化的函数曲线，找出导致意外临界的最小压缩率。计算中忽略钢包壳对中子的影响，对于高富集度的铀，$\bar{\sigma}_a = 1.85$ b，$\bar{\sigma}_{tr} = 6.4$ b。

解:

从式(8-51)得到铀原子密度

$$N_{UN}=\frac{\zeta_{UN}N_A}{M_r}$$

$$N_{UN}=\frac{14\times 0.80\times 6.022\times 10^{23}}{(233+14)\times 10^{24}}=0.027[(b\cdot cm)^{-1}]$$

$$\Sigma_{tr}=0.027\times 6.4=0.173(cm^{-1})$$

$$\Sigma_a=0.027\times 1.85=0.05(cm^{-1})$$

$$\frac{\bar{D}}{\bar{\Sigma}_a}=\frac{1}{3\,\Sigma_{tr}\Sigma_a}=\frac{1}{3\times 0.173\times 0.05}=38.5(cm)^2$$

从表 8-1 中得

$$B^2=\left(\frac{2.405}{R_e}\right)^2+\left(\frac{\pi}{H}\right)^2=\left(\frac{2.405}{16}\right)^2+\left(\frac{\pi}{35}\right)^2=0.030\,7(cm^2)$$

$$\frac{\bar{D}}{\bar{\Sigma}_a}B^2=38.5\times 0.030\,7=1.18$$

利用以上参数,利用式(8-57)可得到

$$F_{cmin}=\left[\frac{0.92(1+1.18)-1}{1.18}\right]^{3/4}=0.886$$

因此,当压缩率为 11.4%或者更高时达到临界,从式(8-57)我们可以得到 $k_{c,\,eff}$ 和 F_c 的关系,在图 8-5 中给出。

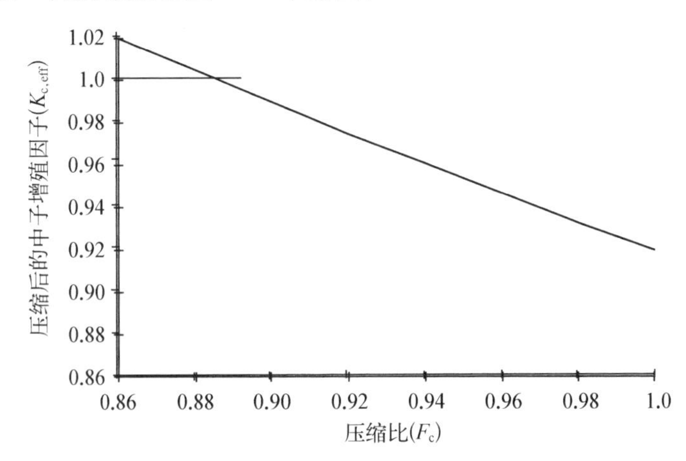

图 8-5 堆芯压缩对临界质量的影响

虽然在这个例子中，需要约11%的压缩比才能导致意外临界，但发生均匀压缩的可能性非常小。式(8－56)表明，只要使用这些限制性(不现实的)假设，无论堆芯类型如何，均匀压缩总会导致 k_{eff} 的增加，即基本的几何形状不变，堆芯材料的数量以及相对位置保持不变。

8.3.2　堆芯形变

对于堆芯压缩事故，在压缩过程中我们认为堆芯燃料密度会增加，但是堆芯基本的几何形状以及堆芯完整性保持不变。对于此处定义的堆芯形变，虽然堆芯偏离原来的几何形状，但是燃料的密度保持不变，如图8－4(b)所示。此处形变的定义也假定堆芯的非均匀性(如燃料和慢化剂的调整)不变。利用压缩和形变来简单地区分对堆芯中子状态的不同影响。出现无形变的压缩和无密度变化的压缩的可能性非常小。

利用堆芯变形的定义，变形堆芯的增殖因子 $k_{rs,\ eff}$ 表示为

$$k_{rs,\ eff}=k_{keff}\frac{1+(\bar{D}/\bar{\Sigma}_a)B^2}{1+(\bar{D}/\bar{\Sigma}_a)B_{rs}^2} \tag{8-58}$$

式中，B_{rs}^2 为变形堆芯的曲率。如果堆芯密度和堆芯容量不变，原堆芯的体积和变形堆芯的体积则相同。如果假设变形堆芯保持圆柱形，那么变形堆芯的半径 $R_{rs}=R_0(a_0/a_{rs})^{1/3}$，其中 R_{rs}、a_{rs}，R_0、a_0 分别是变形堆芯的半径、长径比，以及原堆芯的半径、长径比。利用式(8－52)，变形堆芯的曲率为

$$B_{rs}^2=\frac{1}{R_0^2}\left(\frac{a_{rs}}{a_0}\right)^{2/3}\left[(2.405)^2+\left(\frac{\pi}{2a_{rs}}\right)^2\right] \tag{8-59}$$

利用式(8－59)，圆柱形变形堆芯的曲率与原堆芯长径比的函数关系图，如图8－6所示。预期的最小曲率在接近 $a_{rs}=1.0$ 时达到($a_{rs}=0.924$)。下面的例子利用式(8－58)和式(8－59)来估算变形对热堆中子增殖因子的影响。

例8.3

在发射中止事故中，假定已装载的空间堆撞到混凝土表面，碰撞前的堆芯为圆柱形，半径为28 cm，长为112 cm。与例8.2一样，假定碰撞前或者

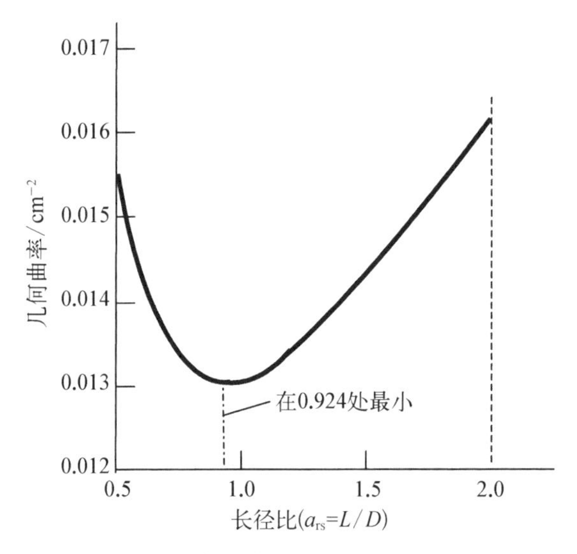

图 8-6　圆柱形变形堆芯的曲率与原堆芯长径比的函数关系图

碰撞中都没有中子反射，同时还假设端部碰撞减小了长径比，但同时维持了堆芯的基本形状以及堆芯材料的密度。堆芯设计为气冷式，紧密排列的棱柱形元件及配套的冷却剂通道占据了堆芯体积的 25%。高富集度的 UO_2 粉末分散在 BeO 的基质中组成每个燃料元件，其慢化剂、燃料分子密度比为 380。如果碰撞前的 k_{eff} 是 0.94，计算并画出中子增殖因子随变形堆芯的长径比变化的函数图像。利用表 8-4 中的平均微观截面，其中 BeO 的密度为 3.0 g/cm^3。

表 8-4　慢化剂、燃料分子密度比为 380 的反应堆单群 U-235 和 BeO 的微观截面

	U-235	BeO
$\bar{\sigma}_{tr}$	11.4	10.1
$\bar{\sigma}_a$	47.9	0.027
$V\bar{\sigma}_f$	87.6	0

解：

忽略 UO_2 对堆芯体积的贡献，冷却剂通道占堆芯体积的 25%。利用

式(8－51)，得到

$$N_{BeO}=\frac{3\times0.75\times6.022\times10^{23}}{25\times10^{24}}=0.054[(b\cdot cm)^{-1}]$$

$$N_u=\frac{0.054}{380}=1.42\times10^{-4}[(b\cdot cm)^{-1}]$$

因此

$$\Sigma_{tr}=0.054\times10.1+1.42\times10^{-4}\times11.4=0.547(cm^{-1})$$

$$\Sigma_a=0.054\times0.027+1.42\times10^{-4}\times47.9=8.25\times10^{-3}(cm^{-1})$$

$$\frac{\overline{D}}{\overline{\Sigma}_a}=\left(\frac{1}{3\times0.547}\right)\left(\frac{1}{8.25\times10^{-3}}\right)=73.87(cm^2)$$

$$B^2=(2.405/28)^2+(\pi/112)^2=8.16\times10^{-3}(cm^{-2})$$

则

$$\frac{\overline{D}}{\overline{\Sigma}_a}B^2=73.87\times8.16\times10^{-3}=0.603$$

可以利用式(8－58)和式(8－59)计算以长径比为自变量的变形堆芯中子增殖因子。对于一个长径比为 0.924 的堆芯，式(8－59)给出 $B_{rs}^2=\left(\frac{0.924}{28}\right)^2\left(\frac{1}{2}\right)^{\frac{2}{3}}\left[(2.405)^2+\left(\frac{\pi}{2}\times0.924\right)^2\right]=6.61\times10^{-3}$。将上面的参数及 B_{rs}^2 代入式(8－57)，我们就可以得到最大 $k_{rs,\ eff}$

$$k_{rs,\ eff}=\frac{(0.94)(1+0.603)}{[1+(73.87)(6.61\times10^{-3})]}=1.012$$

因此，对于该特殊算例，预测了堆芯形变会导致堆芯临界。对于长径比为 0.5 到 2.0 的堆芯，重复以上步骤，可以得到图 8－7 中画出的曲线。正如预测结果，k_{eff} 在长径比为 0.924 时达到最大，之后随着长径比低于 0.924，k_{eff} 降低。

之前的公式以及例 8.2 和例 8.3 表明，对于堆芯压缩和堆芯形变，中子增殖因子的总体变化与反应堆的类型无关。但如果由于碰撞导致堆芯组成(如慢化剂和燃料)的相对位置发生变化，上述结论可能无效。

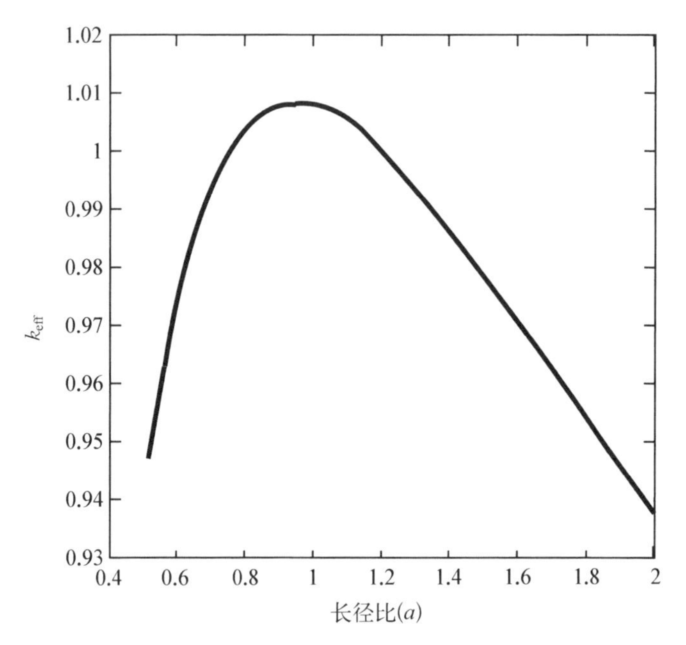

图 8-7　例 8.3 中变形堆芯中子增殖因子与长径比的关系曲线

8.3.3　堆芯再分布和燃料抛出

如前几节所述,我们人为地利用堆芯压缩和形变情景的区别来区分不同的影响。但实际上,最可能的情况是堆芯的非均匀形变和区域密度的变化,如图 8-4(c)所示。此外,燃料有可能会从堆芯中抛出,在堆芯外聚积为临界构型。燃料抛出在图 8-4(d)中给出。在本章最后讨论的蒙特卡罗计算分析一般用来精确预测复杂几何对中子的影响。

8.3.4　缓解技术

尽管对于某些反应堆设计以及事故工况下由于堆芯结构重构从而导致临界是可能发生的,但更加实际的分析一般会预测一个由非最佳几何的结构重构导致的 k_{eff} 的减小。如果实验和分析能有力地说明堆芯结构重构导致的意外临界在实际中不可能发生,那么缓解方法就没有必要。如果需要缓解方法,那么就可能要重新设计堆芯或采用辅助设施来减小假定事故下的堆芯结构变形。另一种方法是在堆芯或者外围插入一个可移动的中子毒物,中子毒物的价值应使其能够保证在所有可能的结构重构事故工况下堆芯均处于次临界状态。当反应堆在空间中安全部署后,移动中子毒物以允许反应堆启动。可移动中子毒物和控制棒的区别在于中子毒物被设计为在反应堆运行之前可移动，在反应堆运行期间位于堆外。可移动中子毒物不用于反应堆运行期间的堆芯控制或者其他用途。在发射前从堆芯中移出部分燃料被提议作为移动中子毒物的替代选项。在该情况下，当反应堆安全发射后燃料插入堆芯允许反应堆启动。这里每一种替代的方法都有潜在的优缺点，最好的方法将很大限度上取决于反应堆的类型和任务。

8.4　堆芯淹没

堆芯淹没场景通常假定一系列的事故条件，比如：发射取消、碰撞、堆芯压力容器破口、慢化液体的淹没、慢化剂通过压力容器破口淹没堆芯腔室、意外临界。8.2.5 节推导的公式可以用来估算堆芯淹没对临界的影响。尽管利用式(8－39)和式(8－4)估算临界质量的慢化剂、燃料分子密度比很有用，但是式(8－39)只适用于大慢化剂、燃料分子密度比的慢化堆芯。空间堆通常采用快堆，因此 8.2.6 节中推导的广义适用公式[式(8－47)]可以用来确定淹没对堆芯临界的影响。

8.4.1　近似分析方法

式(8－47)可以写为另一种形式，以更加清晰地解释淹没对堆芯中子状态的影响。首先我们将公式展开，结果第一项的分子分母同时除以 $\Sigma_{a2}\Sigma_{q1}$，第二项的分子分母同时除以 Σ_{a1}，得到

$$k_{eff}=\frac{\nu_2\Sigma_{f2}/\Sigma_{a2}}{[1+(D_2/\Sigma_{a2})B^2][\Sigma_{a1}/\Sigma_{q1}+1+(D_1/\Sigma_{q1})B^2]}+\frac{\nu_2\Sigma_{f1}/\Sigma_{a1}}{\Sigma_{q1}/\Sigma_{a1}+1+(D_1/\Sigma_{a1})B^2} \tag{8-60}$$

在堆芯没有被淹没时，Σ_{q1} 很小，在极限条件下可以认为 Σ_{q1} 为零，因此可忽略式中的第一项，第二项等于快堆的单群公式。对于重大的淹没事故来说，Σ_{q1} 会很大，那么公式的第二项相对第一项会很小。

定义以下量得到式(8－60)更直观紧凑的形式

$$\Pi\equiv\frac{\Sigma_{q1}}{\Sigma_{a1}},\ \tau'=\frac{D_1}{\Sigma_{q1}},\ L_1^2\equiv\frac{D_1}{\Sigma_{a1}} \tag{8-61}$$

用年龄符号(τ')定义的年龄可能在数值上和费米年龄有一些不同。这里,Π 表示快中子慢化到热中子能量的概率与其被吸收概率的比。参数 L_1^2 这里定义为快中子的扩散长度,用 L^2 代替 D_2/Σ_{a2},式(8-60)用以上变量可以表示为

$$k_{\text{eff}}=\frac{\nu_2\Sigma_{f2}/\Sigma_{a2}}{(1+L^2B^2)(1+1/\Pi+\tau'B^2)}+\frac{\nu_2\Sigma_{f1}/\Sigma_{a1}}{1+\Pi+L_1^2B^2} \tag{8-62}$$

利用下面的定义可以得到更加简化的形式

$$k_{\infty1}\equiv\frac{\nu\Sigma_{f1}}{\Sigma_{a1}}\equiv\text{仅考虑快中子的 }k_\infty,k_{\infty2}\equiv\frac{\nu\Sigma_{f2}}{\Sigma_{a2}}\equiv\text{仅考虑热中子的 }k_\infty,$$

$$P_1\equiv\frac{1}{1+\Pi+L_1^2B^2},\ P_2\equiv\frac{1}{1+L^2\ B^2},\ P_s\equiv\frac{1}{1+\left(\dfrac{1}{\Pi}\right)+\tau'B^2} \tag{8-63}$$

将这些参数代入式(8-62),我们得到

$$k_{\text{eff}}=k_{\infty1}P_1+k_{\infty1}P_2P_s \tag{8-64}$$

式中,参数 P_1 为快中子被吸收而不是由于泄漏损失或者慢化到热中子能量范围的概率;P_2 为热中子被吸收而不是泄漏损失的概率;参数 P_s 为快中子到达热群能区而没有在慢化过程中被吸收或者泄漏损失的概率。虽然上述定义以及公式与传统公式背离,然而这种方法可以让我们了解堆芯淹没对 k_{eff} 的影响,这一点传统的近似方法无法做到。

慢化对堆芯参数的影响由下式近似给出。我们先定义一个慢化淹没份额 F_M:

$$F_M=f_cf_{ff} \tag{8-65}$$

式中,f_c 为包含空腔的反应堆体积分数;f_{ff} 为假设填充慢化剂的空腔体积。与淹没相关的宏观截面为

$$\Sigma_q=\Sigma_{qc}+F_MF_{qM},\ \Sigma_a=\Sigma_{ac}+F_M\Sigma_{aM},\ D=1/3(\Sigma_{trc}+F_M\Sigma_{trM}) \tag{8-66}$$

对于每个能群,下标 c 和 M 分别表示未淹没堆芯以及充满慢化剂液体的堆芯。为简便起见,我们认为慢化剂液体均匀地分布在堆芯中。由于空间反

应堆的几何结构通常不均匀，存在明显的空白区或者冷却区域，因此上述简化并不总是有效的。由于慢化，热通量在通过较厚的燃料或者结构区域时会衰减。如果采用均匀堆芯模型，那么衰减会很大，考虑中子通量的空间自屏效应，堆芯材料的有效截面必须进行通量加权。

尽管在整个中子能谱上双群方法通常比单群方法更有效，但是一个单独的快群仍然对由于慢化剂液体的增加而导致快谱产生的变化非常敏感。这种敏感性在双群方程[式(8-64)]中可以通过计算通量加权的平均快群截面而缓解。为了获得快群通量近似能谱，首先给出三个快群和一个热群的中子扩散方程。

$$[D_{(1)}B^2+\Sigma_{q(1)}+\Sigma_{a(1)}]\phi_{(1)}=\chi_{(1)}(S_f) \tag{8-67}$$

$$[D_{(2)}B^2+\Sigma_{q(2)}+\Sigma_{a(2)}]\phi_{(2)}=\chi_{(2)}(S_f)+\Sigma_{q(1)}\phi_{(1)} \tag{8-68}$$

$$[D_{(3)}B^2+\Sigma_{q(3)}+\Sigma_{a(3)}]\phi_{(3)}=\Sigma_{q(2)}\phi_{(2)} \tag{8-69}$$

$$[D_{(4)}B^2+\Sigma_{a(4)}]\phi_{(4)}=\Sigma_{q(3)}\phi_{(3)} \tag{8-70}$$

式中，

$$S_f=\sum_{(g)=1}^{(4)}\nu\Sigma_{f(g)}\phi_{(g)} \tag{8-71}$$

这里，下标中圆括号内的数字表示四群值，g 为群数，$\chi_{(1)}$ 和 $\chi_{(2)}$ 是分别对应能群(1)和能群(2)的裂变中子产额，能群(3)和能群(4)对应的裂变产额认为可忽略。此外，上述四能群方程假定中子只慢化到下一个低能群(如果存在大量氢介质时该假设不成立)。联立求解式(8-67)～式(8-70)，单位中子源的四群通量(对于 $S_f=1$)为

$$\phi_{(1)}=\frac{\chi_{(1)}}{[D_{(1)}B^2+\Sigma_{q(1)}+\Sigma_{a(1)}]} \tag{8-72}$$

$$\phi_{(2)}=\frac{\chi_{(2)}+\Sigma_{q(1)}\phi_{(1)}}{[D_{(2)}B^2+\Sigma_{q(2)}+\Sigma_{a(2)}]} \tag{8-73}$$

$$\phi_{(3)}=\frac{\Sigma_{q(2)}\phi_{(2)}}{[D_{(3)}B^2+\Sigma_{q(3)}+\Sigma_{a(3)}]} \tag{8-74}$$

$$\phi_{(4)}=\frac{\Sigma_{q(3)}\phi_{(3)}}{[D_{(4)}B^2+\Sigma_{a(4)}]} \tag{8-75}$$

然后可以从下面的公式中得到通量加权的单群快截面

$$\nu\Sigma_{f}=\frac{\phi_{(1)}\nu\Sigma_{f(1)}+\phi_{(2)}\nu\Sigma_{f(2)}+\phi_{(3)}\nu\Sigma_{f(3)}}{\phi_{(1)}+\phi_{(2)}+\phi_{(3)}} \tag{8-76}$$

$$\Sigma_{a1}=\frac{\phi_{(1)}\Sigma_{a(1)}+\phi_{(2)}\Sigma_{a(2)}+\phi_{(3)}\Sigma_{a(3)}}{\phi_{(1)}+\phi_{(2)}+\phi_{(3)}} \tag{8-77}$$

$$D_{1}=\frac{\phi_{(1)}D_{(1)}+\phi_{(2)}D_{(2)}+\phi_{(3)}D_{(3)}}{\phi_{(1)}+\phi_{(2)}+\phi_{(3)}} \tag{8-78}$$

$$\Sigma_{q1}=\frac{\phi_{(3)}\Sigma_{q3}}{\phi_{(1)}+\phi_{(2)}+\phi_{(3)}} \tag{8-79}$$

通过式(8-72)至式(8-74)得到的粗略快谱不能解释在详细能谱中共振区域的变化。尽管我们可以用近似方法来解释共振效应以及堆芯的不均匀性[5]，但是其结论的复杂性只会让我们更加困惑，因而可以忽略这些潜在的影响。

8.4.2 淹没对有效中子增殖因子的影响

在之前几小节中推导的公式可以用于估计慢化剂液体淹没堆芯对热堆或者快堆的有效中子增殖因子的影响。假定的快中子空间堆淹没事故的影响用下面的例题来说明。

例 8.4

对例 8.2 中描述的堆芯，其空芯份额为 10%，计算被水全部淹没（$f_{ff}=1.0$）时的有效中子增殖因子，并与没有被淹没时对比(利用表 8-5 和表 8-6 中的四群微观截面)。

表 8-5　H_2O 微观截面　　(单位：b)

群	能量/eV	σ_a/b	σ_{tr}/b	σ_q/b
(1)	1.353×10^{6}	0	3.08	2.81
(2)	9.12×10^{3}	0	10.52	4.04
(3)	0.4	0.035	16.55	4.14
(4)	0.0	0.57	68.6	0.0

表 8-6　^{235}UN 微观截面

群	χ	$v\sigma_f$/b	σ_a/b	σ_{tr}/b	σ_q/b
(1)	0.575	3.45	1.4	4.7	1
(2)	0.425	3.57	1.7	7	0.5
(3)	0.0	57.5	41.0	51	0.5
(4)	0.0	1 230	587	597	0.0

解:

利用例 8.2 中的 UN 的原子密度以及四群截面数据,我们可以得到如表 8-7 所示的未淹没时的微观截面数据,从而获得(1)、(2)、(3)群归一化的中子通量。

表 8-7　习题 8.5 中^{235}UN 宏观截面

群	$v\Sigma_f$/cm^{-1}	Σ_a/cm^{-1}	Σ_{tr}/cm^{-1}	Σ_q/cm^{-1}	D/cm
(1)	0.093 4	0.038	0.127	0.040 6	2.62
(2)	0.096 7	0.046	0.190	0.013 5	1.76
(3)	1.558	1.111	1.381	0.013 5	0.241
(4)	33.32	15.9	16.17	0.0	0.021

$$\phi_{(1)}=\frac{\chi_{(1)}}{[D_{(1)}B^2+\Sigma_{q(1)}+\Sigma_{a(1)}]}=\frac{0.575}{2.62\times0.0307+0.0406+0.038}$$
$$=3.616[(\mathrm{cm}^2\cdot\mathrm{s})^{-1}]$$

$$\phi_{(2)}=\frac{\chi_{(2)}+\Sigma_{q(1)}\phi_{(1)}}{[D_{(2)}B^2+\Sigma_{q(2)}+\Sigma_{a(2)}]}=\frac{0.425+0.0406\times3.616}{1.76\times0.0307+0.0135+0.046}$$
$$=5.037[(\mathrm{cm}^2\cdot\mathrm{s})^{-1}]$$

$$\phi_{(3)}=\frac{\Sigma_{q(2)}\phi_{(2)}}{[D_{(3)}B^2+\Sigma_{q(3)}+\Sigma_{a(3)}]}=\frac{0.0135\times5.037}{0.241\times0.0307+0.0135+1.111}$$
$$=0.0601[(\mathrm{cm}^2\cdot\mathrm{s})^{-1}]$$

$$\phi_{(1)}+\phi_{(2)}+\phi_{(3)}=8.713[(\mathrm{cm}^2\cdot\mathrm{s})^{-1}]$$

用通量加权快中子截面，获得单群快中子截面

$$\upsilon\Sigma_{f1}=\frac{3.616\times0.0934+5.037\times0.0967+0.0601\times1.558}{8.713}$$

$$=0.1054(\mathrm{cm}^{-1})$$

$$\Sigma_{a1}=\frac{3.616\times0.038+5.037\times0.046+0.0601\times1.111}{8.713}=0.05(\mathrm{cm}^{-1})$$

$$D_1=\frac{3.616\times2.62+5.037\times1.76+0.0601\times0.241}{8.713}=2.106(\mathrm{cm}^{-1})$$

$$\Sigma_{q1}=\frac{0.0601\times0.0135}{8.713}=9.30\times10^{-5}(\mathrm{cm}^{-1})$$

由式(8-61)～式(8-63)得

$$k_{\infty1}=\frac{\upsilon\Sigma_{f1}}{\Sigma_{a1}}=\frac{0.1054}{0.05}=2.108,\ k_{\infty2}=\frac{\upsilon\Sigma_{f2}}{\Sigma_{a2}}=\frac{33.32}{15.9}=2.096$$

$$L_1^2=\frac{D_1}{\Sigma_{a1}}=\frac{2.106}{0.05}=42.12,\ L^2=\frac{D_2}{\Sigma_{a2}}=\frac{0.021}{15.9}=0.0013$$

$$\Pi=\frac{\Sigma_{q1}}{\Sigma_{a1}}=\frac{9.30\times10^{-5}}{0.05}=0.00186,\ \tau'=\frac{D_1}{\Sigma_{q1}}=\frac{2.106}{9.3\times10^{-5}}=2.265\times10^4$$

$$P_1=\frac{1}{1+\Pi+L_1^2B^2}=\frac{1}{1+0.00186+(42.12\times0.0307)}=0.436$$

$$P_2=\frac{1}{1+L^2B^2}=\frac{1}{1+(0.0013\times0.0307)}=1$$

$$P_s=\frac{1}{1+(1/\Pi)+\tau'B^2}=\frac{1}{1+(1/0.00186)+(2.265\times10^4\times0.0307)}$$

$$=8.10\times10^{-4}$$

利用以上计算的参数以及式(8-64)可以得到

$$\begin{aligned}k_{\mathrm{eff}}&=k_{\infty1}P_1+k_{\infty2}P_2P_s\\&=(2.108\times0.436)+(2.096\times1\times8.10\times10^{-4})\\&=0.9208\end{aligned}$$

无淹没时，相对于快群吸收，慢化到热群能量的概率 Π 非常小，且 τ' 很

大。因此，P_1 相当大，导致快中子对 k_{eff} 贡献很大。小的 Π 和大的 τ' 还导致 P_s 较小，并且热中子对 k_{eff} 的贡献很小。

利用式(8-51)，水的平均原子密度为

$$N_M = \frac{1 \times 6.022 \times 10^{23}}{18 \times 10^{24}} = 0.0033[(\mathrm{b} \cdot \mathrm{cm})^{-1}]$$

利用 N_M 和表 8-6 中的微观截面，对于淹没的堆芯，归一化后的(1)、(2)、(3)群中子通量表示如下，其中水的宏观截面已经计算，并基于表 8-7 的数据中，进而获得表 8-8 中淹没堆芯的截面数据。

表 8-8 习题 8.5 中淹没堆芯宏观截面

群	$\upsilon\Sigma_f/\mathrm{cm}^{-1}$	$\Sigma_a/\mathrm{cm}^{-1}$	$\Sigma_{tr}/\mathrm{cm}^{-1}$	$\Sigma_q/\mathrm{cm}^{-1}$	D/cm
(1)	0.093 4	0.038	0.137	0.050	2.43
(2)	0.096 7	0.046	0.225	0.027	1.48
(3)	1.558	1.111	1.436	0.027	0.232
(4)	33.32	15.9	16.40	0.0	0.021

$$\phi_{(1)} = \frac{0.575}{2.43 \times 0.0307 + 0.05 + 0.038} = 3.54[(\mathrm{cm}^2 \cdot \mathrm{s})^{-1}]$$

同理，$\phi_{(2)} = 5.08[(\mathrm{cm}^2 \cdot \mathrm{s})^{-1}]$，$\phi_{(3)} = 0.12[(\mathrm{cm}^2 \cdot \mathrm{s})^{-1}]$，则

$$\phi_{(1)} + \phi_{(2)} + \phi_{(3)} = 3.54 + 5.08 + 0.12 = 8.74[(\mathrm{cm}^2 \cdot \mathrm{s})^{-1}]$$

用通量加权快中子截面，我们获得单群快中子截面

$$\upsilon\Sigma_{f1} = 0.1155(\mathrm{cm}^{-1}), \quad \Sigma_{a1} = 0.0573(\mathrm{cm}^{-1})$$

$$D_1 = 1.85(\mathrm{cm}), \quad \Sigma_{q1} = 3.70 \times 10^{-4}(\mathrm{cm}^{-1})$$

然后可以获得如下参数：

$$k_{\infty 1} = \frac{\upsilon\Sigma_{f1}}{\Sigma_{a1}} = \frac{0.1155}{0.0573} = 2.015, \; k_{\infty 2} = \frac{\upsilon\Sigma_{f2}}{\Sigma_{a2}} = \frac{33.32}{15.9} = 2.096$$

$$L_1^2 = \frac{D_1}{\Sigma_{a1}} = \frac{1.85}{0.0573} = 32.2, \; L^2 = \frac{D_2}{\Sigma_{a2}} = \frac{0.021}{15.9} = 0.0013$$

$$\Pi=\frac{\Sigma_{q1}}{\Sigma_{a1}}=\frac{3.7\times10^{-4}}{0.0574}=0.0065,\ \tau'=\frac{D_1}{\Sigma_{q1}}=\frac{1.85}{3.7\times10^{-4}}=5\times10^{3}$$

$$P_1=\frac{1}{1+\Pi+L_1^2B^2}=\frac{1}{1+0.0065+(32.2\times0.0307)}=0.501$$

$$P_2=\frac{1}{1+L^2B^2}=\frac{1}{1+(0.00132\times0.0307)}=1$$

$$P_s=\frac{1}{1+(1/\Pi)+\tau'B^2}=\frac{1}{1+(1/0.0065)+(5.00\times10^3\times0.0307)}$$
$$=3.23\times10^{-3}$$

$$k_{eff}=(2.015\times0.501)+(2.096\times1\times3.23\times10^{-3})$$
$$=1.010+6.77\times10^{-3}=1.0163$$

因此，我们通过近似计算方法预测出堆芯全淹没时会发生临界。

注意，对于全淹没情况，快中子扩散长度会减小，导致 k_{eff} 中快中子成分显著增加。尽管 k_{eff} 中热中子成分在某种程度上也增加，但是热中子成分对 k_{eff} 的贡献不是很显著。该预测看起来会很意外，全淹没时慢化剂、燃料分子密度比只有(0.003 3)/(0.027)=0.12。对于如此低的比值，其年龄仍然很大。因此，通过热中子吸收产生的裂变仍然很小。

8.4.3 淹没对寄生共振俘获的影响

从例 8.5 的结果可以总结出快中子堆的淹没总是会引起堆芯增殖因子的增加。同时也可以猜想热堆的淹没也许不会有如此明显的效应。但是，对一个欠慢化的热中子堆，堆芯淹没也会引起增殖因子的明显增加。此外，很多快堆都会在超热区域采用具有很大中子共振吸收截面的包壳或者结构材料。由于堆芯淹没导致能谱向超热区域漂移，这将增加寄生中子俘获，并且可能会减缓堆芯淹没对 k_{eff} 的增加趋势。对于包含强共振吸收结构材料的快中子堆，堆芯淹没甚至可能会导致其中子增殖因子的降低。下面的例题将解释共振吸收的影响。

例 8.5

重复例 8.4 中的计算，对于稍微大点的堆芯，用钽(Ta)包壳替换不锈钢包壳。堆芯半径为 17 cm，长度为 35 cm，假定堆芯体积中 10% 为钽，其密度为 16.6 g/cm³。利用表 8 - 9 中钽的近似四群微观吸收截面数据，忽略钽对 Σ_{tr} 和 Σ_q 的影响。

表 8 - 9　钽微观吸收截面

群	(1)	(2)	(3)	(4)
σ_a/b	0.08	0.7	70	16

解：

从表 8 - 1 中得堆芯的曲率为

$$B^2=(2.405/17)^2+(\pi/35)^2=0.0281(\text{cm}^{-2})$$

钽的原子密度为

$$N_{Ta}=\frac{16.6\times 0.1\times 6.022\times 10^{23}}{181\times 10^{24}}=0.0055[(\text{b}\cdot\text{cm})^{-1}]$$

利用这些原子密度和表 8 - 9 中的截面数据就可以计算钽的宏观吸收截面。将钽的宏观吸收截面数据结合表 8 - 7 中的相应值，就可以得到表 8 - 10 中列出的堆芯宏观吸收截面数据。

表 8 - 10　含 10%钽堆芯宏观吸收截面

群	(1)	(2)	(3)	(4)
Σ_a/cm^{-1}	0.0384	0.0499	1.496	16.00

在未淹没事件中，利用式(8 - 72)、式(8 - 74)计算出三个快群通量，

$$\phi_{(1)}=\frac{0.575}{2.62\times 0.0281+0.0406+0.0384}=3.767[(\text{cm}^2\cdot\text{s})^{-1}]$$

同理，$\phi_{(2)}=5.121[(\text{cm}^2\cdot\text{s})^{-1}]$，$\phi_{(3)}=0.0456[(\text{cm}^2\cdot\text{s})^{-1}]$，则

$$\phi_{(1)}+\phi_{(2)}+\phi_{(3)}=3.767+5.121+0.0456=8.934[(\text{cm}^2\cdot\text{s})^{-1}]$$

用通量加权快中子截面，我们获得单群快中子截面

$$\nu\Sigma_{f1}=0.1028(\text{cm}^{-1}),\ \Sigma_{a1}=0.0525(\text{cm}^{-1})$$

$$D_1 = 2.115(\mathrm{cm}),\ \Sigma_{q1} = 6.9 \times 10^{-5}(\mathrm{cm}^{-1})$$

$$k_{\infty 1} = \frac{\nu\Sigma_{f1}}{\Sigma_{a1}} = \frac{0.1028}{0.0525} = 1.9578,\ k_{\infty 2} = \frac{\nu\Sigma_{f2}}{\Sigma_{a2}} = \frac{33.32}{16} = 2.0825$$

$$L_1^2 = \frac{D_1}{\Sigma_{a1}} = \frac{2.115}{0.0525} = 40.29,\ L^2 = \frac{D_2}{\Sigma_{a2}} = \frac{0.021}{16.00} = 0.0013$$

$$\Pi = \frac{\Sigma_{q1}}{\Sigma_{a1}} = \frac{6.9 \times 10^{-5}}{0.0525} = 0.0013,\ \tau' = \frac{D_1}{\Sigma_{q1}} = \frac{2.115}{6.9 \times 10^{-5}} = 3.07 \times 10^4$$

$$P_1 = 0.469,\ P_2 = 1,\ P_s = 6.2 \times 10^{-4}$$

$$k_{\mathrm{eff}} = 0.9177 + 0.0013 = 0.9190$$

对于淹没堆芯我们得到

$$\phi_{(1)} = 3.669[(\mathrm{cm}^2 \cdot \mathrm{s})^{-1}],\ \phi_{(2)} = 5.1372[(\mathrm{cm}^2 \cdot \mathrm{s})^{-1}],$$
$$\phi_{(3)} = 0.0907[(\mathrm{cm}^2 \cdot \mathrm{s})^{-1}]$$
$$\phi_{(1)} + \phi_{(2)} + \phi_{(3)} = 8.897[(\mathrm{cm}^2 \cdot \mathrm{s})^{-1}]$$

同理:

$$\nu\Sigma_{f1} = 0.1104(\mathrm{cm}^{-1}),\ \Sigma_{a1} = 0.0600(\mathrm{cm}^{-1})$$

$$D_1 = 1.859(\mathrm{cm}),\ \Sigma_{q1} = 2.75 \times 10^{-4}(\mathrm{cm}^{-1})$$

$$k_{\infty 1} = \frac{0.1104}{0.0600} = 1.8415,\ k_{\infty 2} = \frac{\nu\Sigma_{f2}}{\Sigma_{a2}} = \frac{33.32}{16} = 2.0825$$

$$L_1^2 = \frac{1.859}{0.0600} = 30.99,\ L^2 = \frac{D_2}{\Sigma_{a2}} = \frac{0.021}{16.00} = 0.0013$$

$$\Pi = \frac{2.75 \times 10^{-4}}{0.0600} = 0.0013,\ \tau' = \frac{1.859}{2.75 \times 10^{-4}} = 6.75 \times 10^3$$

$$P_1 = 0.5332,\ P_2 = 1,\ P_s = 2.45 \times 10^{-3}$$

$$k_{\mathrm{eff}} = 0.9819 + 5.10 \times 10^{-3} = 0.9870$$

在例 8.4 和例 8.5 中都可以观察到,由于堆芯淹没,快中子通量谱向超热区域漂移。然而对于例 8.5,采用钽包壳时通量谱的漂移会导致更多的寄生共振吸收。相比于钢包壳,增加的这部分吸收会导致 k_∞ 显著的降低。采用例8.4和例8.5中介绍的方法可以获得如图8-8中以f_f为自变量的k_{eff}的曲线。

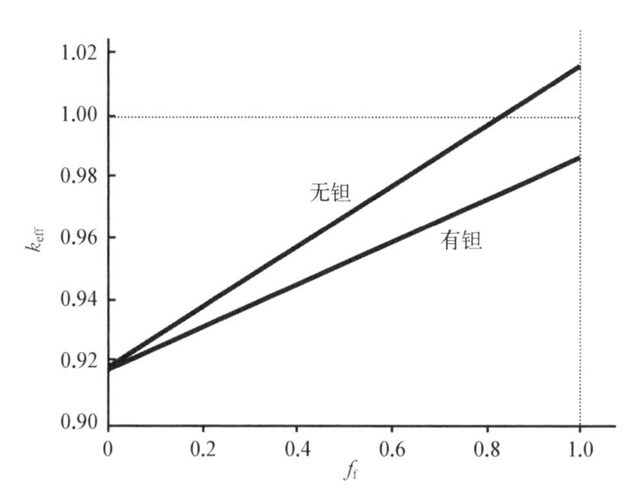

图8-8　由式(8-4)和式(8-5)得出临界质量与堆芯淹没份额关系曲线

8.4.4　缓解技术

在8.4.3节中提到在假定水淹没事故中可能不需要缓解技术来防止堆芯的意外临界。如果慢化剂液体淹没完全慢化的热中子堆，中子增殖因子将会降低。如果一个快中子堆包含在共振区有很大俘获截面的结构，那么淹没导致通量谱的漂移会增加共振区域的寄生俘获。寄生俘获的增加会防止淹没事故下堆芯的意外临界，且在一些情况下还有可能会降低中子增殖因子。如果理论分析或者实验可以证明堆芯淹没不会导致堆芯意外临界，那么缓解技术将不再需要。然而对于很多空间堆的设计，堆芯淹没都将导致堆芯意外临界，除非包含了特殊的缓解措施，比如，在前文的结构重构事故中提到的可移动中子毒物或者可移动的燃料元件都可以用来防止意外临界。对于快中子堆，为了在假定淹没事故中增加共振俘获吸收，可能会选择或者添加具有较大寄生俘获截面的材料作为结构材料。

8.5　反射事故

为了保障反应堆安全停堆或者进行反应堆控制，很多空间堆的设计都会在反应堆边界采用中子毒物或者可调节的反射层。在发射之前，采用中子毒物或者反射组件使中子反射达到最少。因此，之前假想事故中无反射层的假设是一个合理的近似。事故可以提前假定，但会导致中子反射条件的变化。比如，一个撞击事故可以假定为堆芯外围中子毒物组件移出或者弹出的情况。如果反应堆恰好全部或者部分没入水中或被掩埋，周围的介质会反射堆芯边缘的中子，进而可能导致意外临界事故。水、液体推进剂、沙子或者土壤通常被视为反射材料。尽管大气也会反射一些中子，但是大气的密度很低，不足以产生明显的反射效应。

处理该情况的方法是假定在堆芯半径加 $2\overline{D}$ 距离外中子通量变为零。同样假定通量可以分解为与能量和空间相关的变量，如式(8-11)所示。上述假设适用于均匀裸堆或者被高吸收截面的中子毒物包围的均匀堆芯。为理解堆芯压缩或者淹没对 k_{eff} 的影响，上述假设是合理的近似。但是，假想反射事故对 k_{eff} 的影响不能基于通量在 $R_{\text{bc}}+2\overline{D}$ 处为零这一假设。此外，如果反射材料同时也是好的慢化剂，快中子进入反射层区域将被慢化，进而导致热中子通量在堆芯反射层边界产生峰值，如图 8-2 所示。前面已经有一些方法可以解释堆芯以及反射层区域谱的差别[4]。但这些方法比较冗长乏味，此处不再给出。作为对中子反射效应的基本介绍，将采用适用于无氢反射层的单群近似模型。尽管该简单模型无法解释谱效应，但是假想反射事故的基本问题以及特点可以用单群方法解释。

如式(8-29)，可以得到堆芯区域的扩散方程

$$\overline{D}_{\text{c}}\nabla^2\phi_{\text{c}}(\boldsymbol{r})+\left[\left(\frac{\nu\overline{\Sigma}_{\text{f}}}{k_{\text{eff}}}\right)-\overline{\Sigma}_{\text{ac}}\right]\phi_{\text{c}}(\boldsymbol{r})=0 \tag{8-80}$$

式中，下标 c 为堆芯区域，式(8-80)也可以写为

$$\overline{D}_{\text{c}}\nabla^2\phi_{\text{c}}(\boldsymbol{r})+B^2\phi_{\text{c}}(\boldsymbol{r})=0 \tag{8-81}$$

式中，B^2 为堆芯曲率。对于反射层区域，单群扩散方程是

$$\overline{D}_{\text{R}}\nabla^2\phi_{\text{R}}(\boldsymbol{r})-\overline{\Sigma}_{\text{ar}}\phi_{\text{R}}(\boldsymbol{r})=0 \tag{8-82}$$

或者

$$\overline{D}_{\text{R}}\nabla^2\phi_{\text{R}}(\boldsymbol{r})-\frac{1}{L_{\text{R}}^2}\phi_{\text{R}}(\boldsymbol{r})=0 \tag{8-83}$$

式中,下标 R 表示反射层区域,L_R 为反射层的扩散长度。

对于球形堆,式(8-81)的解为

$$\phi_c(r)=A_c\frac{\sin Br}{r} \tag{8-84}$$

式中,A_c 为由边界条件决定的任意一个常数,式(8-83)的解也可以表示为[3]

$$\phi_R(r)=A_R\frac{\sinh[(1/L_R)(R_c+\delta t_R-r)]}{r/L_R} \tag{8-85}$$

式中,A_R 为一个任意的常数;R_c 为堆芯半径;δt_R 为反射层厚度。中子通量以及中子流在堆芯反射层边界处必须连续

$$\phi_c(R_c)=\phi_R(R_c) \tag{8-86}$$

以及

$$D_c\frac{d\phi_c}{dr}=D_R\frac{d\phi_R}{dr},\ r=R_c \tag{8-87}$$

因此

$$A_c\frac{\sin(BR_c)}{R_c}=A_R\frac{\sinh(\delta t_R/L_R)}{R_c/L_R} \tag{8-88}$$

且

$$D_cA_c\left[\frac{B\cos(BR_c)}{R_c}-\frac{\sin(BR_c)}{R_c^2}\right]=-D_RA_R\left[\frac{\cosh\left(\frac{\delta t_R}{L_R}\right)}{R_c}+\frac{\sinh\left(\frac{\delta t_R}{L_R}\right)}{\frac{R_c^2}{L_R}}\right] \tag{8-89}$$

用式(8-89)除以式(8-88)得

$$D_c\left[B\cot(BR_c)-\frac{1}{R_c}\right]=-D_R\left[\frac{1}{L_R}\coth\left(\frac{\delta t_R}{L_R}\right)+\frac{1}{R_c}\right] \tag{8-90}$$

对于大部分空间反应堆的安全研究,一个反射事故假设包围反射层的材料(如海水)是无限厚的。这个假设是很合理的,因为对于大多数反射材料,反

射层对 k_{eff} 的影响范围不足一米。有了无限厚反射层的假设，式(8-90)就变为超越方程。

$$\cot(BR_{\text{c}})=\frac{1}{B}\left[\frac{1}{R_{\text{c}}}\left(1-\frac{D_{\text{R}}}{D_{\text{c}}}\right)-\frac{D_{\text{R}}}{D_{\text{c}}L_{\text{R}}}\right] \tag{8-91}$$

如果 R_{c}、D_{c}、L_{R} 和 D_{R} 已知，式(8-91)就可以利用图形法求解以确定曲率。堆芯的中子增殖因子就可以利用下式计算得到

$$k_{\text{eff}}=\frac{\nu\Sigma_{\text{f}}/\Sigma_{\text{a}}}{1+(\bar{D}/\bar{\Sigma}_{\text{a}})B^{2}} \tag{8-92}$$

从式(8-91)和式(8-92)可以看出，反射对 k_{eff} 的影响取决于堆芯的大小以及堆芯和反射层的扩散参数。下面的例子将说明上述公式的应用。

例 8.6

一个圆柱形的 UO_2/BeO 空间热中子堆，采用径向中子毒物反射鼓进行控制，轴向未设置反射层。在空间部署之前，径向反射层内毒物部分的位置将用于防止中子反射。对于一个假想的发射中止事故情景，发射装置的液氧(LOX)箱破裂，液氧充满了碰撞造成的坑中。在碰撞过程中，反应堆失去了径向反射层，之后滚到液氧池中。假定没有发生堆芯淹没，但是淹没导致堆芯轴向和径向的边界处产生中子反射。堆芯的高度为 62 cm，半径为 31 cm，堆芯的成分与例 8.3 中给出的堆芯成分相同。利用本节推导的公式估计淹没反应堆堆芯的 k_{eff}，同样的，其中 $\nu\Sigma_{\text{f}}=0.01244$、$\Sigma_{\text{a}}=0.00825$、$D_{\text{c}}=0.6094$、$L_{\text{c}}=8.595$、$L_{\text{R}}=997.4$、$D_{\text{R}}=4.629$。

解：

由表 8-1 可得未反射堆芯(裸堆)的曲率：

$$B_{\text{bc}}^{2}=(2.405/31)^{2}+(\pi/62)^{2}=0.0086\ (\text{cm}^{-2})$$

利用式(8-92)可以得到未反射堆芯的增殖因子为

$$k_{\text{eff}}=\frac{\nu\Sigma_{\text{f}}/\Sigma_{\text{a}}}{1+L_{\text{c}}^{2}B_{\text{bc}}^{2}}=\frac{0.01244/0.00825}{1+(8.595)^{2}(0.0086)}=0.9221$$

相同泄漏量的一个等效球形反应堆半径 R_{es} 为

$$R_{\text{es}}=\frac{\pi}{(0.0086)^{1/2}}=33.9(\text{cm})$$

利用式(8-91),我们定义:

$$X(B) \equiv \cot(BR_c) = \cot(B \times 33.9)$$

$$Y(B) \equiv \frac{1}{B}\left[\frac{1}{R_c}\left(1-\frac{D_R}{D_c}\right)-\frac{D_R}{D_c L_R}\right]$$

$$=\frac{1}{B}\left[\frac{1}{33.9}\left(1-\frac{4.269}{0.6094}\right)-\frac{4.269}{(0.6094)(997.4)}\right]$$

求解 $X(B)$和$Y(B)$关于B的公式,画出曲线(见图 8-9),$X(B)$和$Y(B)$相交在$B=0.0805$点,因此

$$k_{\text{eff}}=\frac{\nu\Sigma_f/\Sigma_a}{1+L_c^2 B_{bc}^2}=\frac{0.01244/0.00825}{1+(8.595)^2(0.0805)^2}=1.0197$$

结果显示,假想的液氧反射事故不会产生临界。

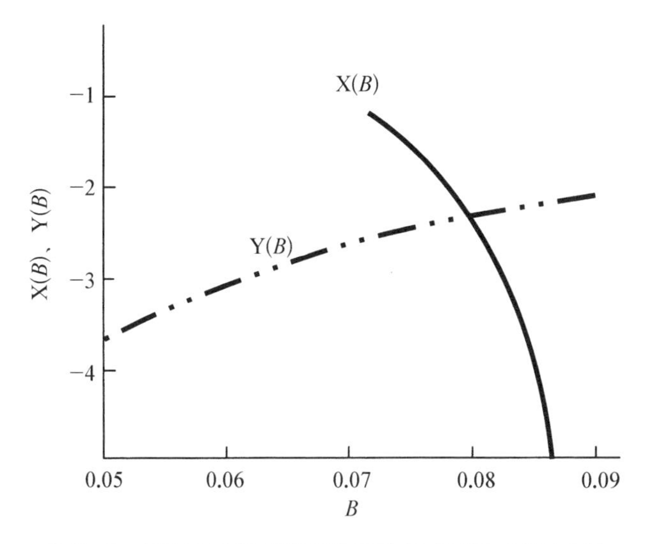

图 8-9　习题 8.6 反射堆芯曲率的 X (B)和 Y (B)曲线

之前几节中提到的缓解技术也可以用来防止假想反射事故造成的意外临界。

8.6　毒物移位事故

中子毒物如硼通常用来确保安全停堆以及控制反应堆运行。如第 2 章所述,对于空间反应堆,部分径向反射鼓中也包含中子毒物。在发射之前,部分

毒物控制鼓面向堆芯。发射事故可以假定一次碰撞导致控制鼓转向或者导致控制鼓从堆芯外围弹出。如果之后堆芯被反射介质包围，中子泄漏率将降低，那么就有可能发生意外临界事故。后一种情况在前面章节中已经讨论过。如果在假想事故中控制鼓发生转向，并且可以反射中子的部分面向堆芯，中子反射就会加强从而导致意外临界事故。此情况下发生意外临界事故的可能性取决于控制装置的设计特征、鼓偏转的角度、发生旋转的控制鼓的数量、其他停堆特性以及该类型事故发生的可能性的大小。

大的空间堆可能需要内部控制棒，此外，空间堆的设计可能需要其他的停堆装置，比如插在反应堆堆芯通道中的中子毒物棒。上述毒物组件也称安全棒，用于确保假想事故下反应堆安全停堆。当反应堆在空间中安全部署之后，上述安全棒就从堆芯中移出，允许反应堆启动。控制棒以及安全棒通常都是 B_4C 的圆柱棒外加金属涂层，当然也有可能是其他的中子毒物材料或者形状，也曾对可移动的导线型的中子毒物做过相应研究。为了确定潜在的中子效应，安全棒或者毒物插入对 k_{eff} 的影响也必须要进行计算。

毒物棒一般都是强吸收材料，通常只布置在堆芯的几个地方。这些条件将导致堆芯结构很不均匀，本章前面几小节研究的方法无法处理这种情况。经常用更加详细的蒙特卡罗输运理论计算毒物棒插入的影响。为了对毒物棒插入堆芯造成的 k_{eff} 的变化有一定的认识，采用 Glasstone 和 Edlund[3] 推导的近似公式

$$\Delta k_{eff} = \frac{7.5L^2}{R_c^2}\left(0.116 + \ln\frac{R_c}{2.4r_{eff}}\right)^{-1} \tag{8-93}$$

式(8-93)给出了在一个半径为 R_c 的圆柱形堆芯中，失去中间一根毒物棒导致的 k_{eff} 的变化。此处 r_{eff} 是毒物棒的有效半径。毒物棒的有效半径 $r_{eff} \equiv r_{pr} - d_{pr}$。其中 r_{pr} 是毒物棒的真实半径，d_{pr} 是毒物棒的线性外推距离(通过毒物棒外中子通量分布曲线可知，中子通量从毒物棒表面至棒内某一位置处线性变化为零，线性外推距离定义为线性外推中子通量为零的位置距离毒物棒表面的距离)。此处假设毒物棒对热中子是黑棒，即所有入射到棒上的热中子都会被吸收。对于一个小的圆柱形中子黑棒，$d_{pr} = 2D$，下面是一个简单的例子。

例 8.7

对于例 8.6 中的圆柱形反应堆，计算由于中央安全棒的弹出引起的 k_{eff} 的变化。安全棒由半径为 2 cm，含有 B_4C 的圆柱形钢管组成。B_4C 的扩散长度

为 0.608 3 cm。

解：

利用表 8-1，未反射（裸堆）堆芯的曲率为

$$B_{bc}^2=(2.405/31)^2+(\pi/62)^2=0.0086(cm^{-2})$$

利用式（8-93）可以得到未反射堆芯的增殖因子：

$$\Delta k_{eff}=\frac{7.5(8.62)^2}{(31)^2}\left\{0.116+\ln\left[\frac{31}{2.4(2-2\times 0.6083)}\right]\right\}^{-1}=0.199$$

经过严格设计和测试的闭锁机制可以防止毒物棒的弹出。在第 9 章中将讨论一个虚假信号导致毒物棒或者控制鼓弹出的概率。

8.7　综合效应

前面小节描述的很多假想的意外临界事故情景有可能会一起发生，或者顺序发生。而这些组合有序的事故情景有可能会增加或者降低中子增殖因子。通常，仅仅通过在 k_{eff} 中添加每种事故的变量是不能确定两种或者多种假定事故的组合影响。比如，由一个撞击事故引发的堆芯抛出将会降低中子增殖因子，然而堆芯抛出会增加堆芯裸露部分的体积。如果扩展的堆芯没有慢化或者是欠慢化，并且之后被淹没，那么由于慢化剂增加而引起的 k_{eff} 增加将远远大于其原尺寸堆芯淹没导致的 k_{eff} 增加。对于某些事故情景，堆芯淹没和反射事故在进行中子特性分析时是放在一起合理考虑的。某些事故情景对于特殊反应堆设计和任务是可能发生的，而对于不同的设计和运行条件是不可能发生的。安全分析的一个责任就是对于正在考虑中的特殊任务和反应堆设计，评估一整套可能发生的场景。

8.8　计算机方法

前几节中介绍的计算方法对于实际的临界安全评估过于近似。中子的安全分析一般都是采用蒙特卡罗方法或者输运理论计算方法。

8.8.1　蒙特卡罗方法

蒙特卡罗方法对于确定非对称堆芯结构的中子状态是极其重要的。堆芯

结构重构事故导致可能的堆芯几何结构经常是极其不对称的。对于这些潜在且不寻常的几何结构,典型的输运理论和扩散理论方法不能很好地预测中子增殖因子的变化。蒙特卡罗中子分析工具如 MCNP 程序[6],对于非对称的堆芯几何分析更加适用。蒙特卡罗方法通过追踪多个中子连续碰撞的记录来预测堆芯的中子通量和增殖因子。到目前为止,追踪很多中子的记录仍然需要大量的计算时间。因此,蒙特卡罗方法能计算的堆芯几何是非常有限的。随着计算机计算能力的快速增长,蒙特卡罗分析方法的计算时间将不再是一个主要的限制因素。

蒙特卡罗程序需要的输入包括堆芯几何结构的详细描述,堆芯每个区域材料的原子密度,与堆芯中每个核素能量或角度相关的微观中子截面。采用一个随机数发生器和假定的各向同性的裂变源,每个中子轨道的起始角度给定;然后使用一组随机数以及堆芯每个区域的宏观中子截面获得每个中子的第一次碰撞的位置及其结果。一个单独的中子可能被寄生俘获、散射、产生一次裂变或者从堆芯中逸出。如果中子发生了散射,可以通过随机数以及中子的数据来确定散射中子的能量以及角度。如果发生一次裂变,释放的裂变中子的轨迹就可以确定。所有散射中子以及裂变中子的大量碰撞记录就是通过该方法确定的。然后结合这些单个中子的记录来确定中子通量的空间及能量分布。中子产生率和中子吸收或泄漏导致的损失率之比就是堆芯的中子增殖因子。

8.8.2 输运理论方法

输运理论方法如 TWODANT[7],采用确定论的方法而非如蒙特卡罗方法所采用的概率论方法。输运方程是玻尔兹曼方程在裂变反应堆中基于中子输运理论的改编。在稳态条件下,没有外中子源,那么输运方程就可以表示为

$$\begin{aligned}&\boldsymbol{\Omega}\cdot\nabla\psi(\boldsymbol{r},E,\boldsymbol{\Omega})+\Sigma_{\mathrm{T}}(\boldsymbol{r},E)\psi(\boldsymbol{r},E,\boldsymbol{\Omega})\\&=\iint\Sigma_{\mathrm{s}}(\boldsymbol{r},E',\boldsymbol{\Omega}'\rightarrow E,\boldsymbol{\Omega})\psi(\boldsymbol{r},E,\boldsymbol{\Omega})\mathrm{d}E'\mathrm{d}\boldsymbol{\Omega}'+\\&\frac{\chi}{4\pi}\iint\upsilon\Sigma_{\mathrm{f}}(\boldsymbol{r},E)\psi(\boldsymbol{r},E,\boldsymbol{\Omega})\mathrm{d}E'\mathrm{d}\boldsymbol{\Omega}'\end{aligned}\tag{8-94}$$

式中,ψ 为角度相关的中子通量;$\boldsymbol{r}$ 为位置矢量;$\boldsymbol{\Omega}$ 为运动方向的单位矢量;Σ_{T} 为所有中子-核碰撞的总截面;$\Sigma_{\mathrm{s}}(\boldsymbol{r},E',\boldsymbol{\Omega}'\rightarrow E,\boldsymbol{\Omega})$ 是能量为 E'、立体角为 $\mathrm{d}\boldsymbol{\Omega}'$、方向为 $\boldsymbol{\Omega}'$ 的中子经过散射后,变为能量为 E、立体角为 $\mathrm{d}\boldsymbol{\Omega}$、方向为

$\boldsymbol{\Omega}$ 的宏观散射截面。式(8－94)左边的第一项和第二项分别表示中子在 $\mathrm{d}\boldsymbol{r}\mathrm{d}E\mathrm{d}\boldsymbol{\Omega}$ 中的泄漏和碰撞损失。式(8－94)右边的第一项和第二项是中子散射和核裂变的贡献。对于大部分的反应堆物理问题，式(8－94)是很难直接求解的。一个近似的解法是将角度相关项用球面调和函数多项式展开[8]。对于平面几何，角度相关的变量用一系列勒让德多项式 $P_n(\mu)$ 展开，其中 μ 为方向的余弦，n 为多项式中第 n 个项的指数。该方法经常被称为 P_n 近似。对于大多数问题，只需要得到前几项精确解。可以看到 P_1（如截取 $n=1$ 时的函数式）可近似简化为中子扩散方程[8]。

P_n 采用离散的能群来包含能量依赖关系，每个能群的截面是相应能量段的平均截面。通常使用单独的"谱"计算代码（比如文献[9]）获得反应堆每个不同区域平均截面的详细能谱。该计算方法利用很多的能群来获得详细的能谱。目前已将研究了很多的计算模型来正确地解释共振截面的精细构成。经常利用简单近似方法来解释中子泄漏对谱的影响。每个能群的能量平均截面采用已经计算的谱和能量加权得到，类似于前面小节扩散理论计算用到的方法。

必须确定堆芯的几个主要区域，并为每个区域分配合理的截面和原子密度。确定每个区域的边界条件，为每个区域定义一个几何的网格，就可以进行有限差分计算。利用有限差分迭代方法就可以得到空间相关的中子通量以及中子增殖因子。通常假定堆芯区域的结构是均匀的，在输运方程中没有明确给出，比如，这些区域的材料都是均匀的以方便简化计算。如果一个区域的通量受到该处组件的扰动，那么就需要对截面做位置通量的平均。比如，一个区域中包含了相同包壳的燃料棒，燃料棒被慢化剂和冷却剂通道所包围，那么这个区域慢化剂中将会有很大的热中子通量峰，而燃料中的通量却递减。一个计算通量加权因子的方法是对一个区域组件单元进行单独计算。通常，我们采用简单的一维计算来获得每个组件的平均通量以及能群。该方法假定堆芯的一个区域是一个由相同单元构成的阵列。比如每个单元是由一个燃料芯块、包壳和慢化剂与冷却剂环形区域构成。然后利用一维计算得到的通量就可以计算权重因子 ω_{cg}

$$\omega_{cg}=\frac{\overline{\phi}_{cg}}{\overline{\phi}_{Rg}} \tag{8-95}$$

式中，ϕ_{cg} 为组件 c 中第 g 群的平均通量；ϕ_{Rg} 为在 R 区域单元平均的第 g 群

的通量。因此，在输运计算中，在 R 区域使用的第 g 群均匀化宏观吸收截面为

$$\Sigma_{a,Rg}=\sum_{\text{all}i}N_{i,c}\omega_{c,g}\sigma_{a,i,g} \tag{8-96}$$

式中，$N_{i,c}$ 为在 R 区域均匀化的组件 c 中核素 i 的原子密度。

式(8－94)的另外一种解法称为离散坐标法。在离散坐标法中，通量被分成了不同的部分，代表中子通量离散的方向，而不是类似 P_n 分解中的角度通量。换句话说，通量被分成角方向为 μ_k 和 μ_{k+1} 之间的部分，其中 $k=1$，2，…，n。这种方法也称为 S_n 方法。TWODANT 计算公式是经常使用的二维离散坐标输运理论程序之一。

8.9　临界测试

通常临界安全分析需要的中子截面不是完全确定的，无法满足精确的临界安全预测。为了验证临界预测就可能需要进行临界安全测试。核临界测试通常涉及反应堆临界模型的建造，采用真实的核材料以及在建造空间堆时使用的最重要的结构材料。此外，模型堆的几何结构应与实际空间堆相同。临界模型仅仅在很低功率下进行测试（一般称为零功率测试），因此模型堆不需要实际反应堆设计中的很多详细部件（如冷却剂泵、压力边界等）。该简化的模型堆允许成本相对较低的截面和分析方法的早期验证。如果临界预测没有精确地预测模型的临界状况，那么就需要替代的截面库，或者使用预测偏差（Δk_{eff}）来修正空间堆的临界预测。

临界模型的使用同样允许材料以及组件的快速替换，因此可以研究很多的燃料及配置。库尔恰托夫（Kurchotov）研究院曾使用一个临界模型来开展俄罗斯“叶尼塞（Enisey）”空间堆的很多设计验证以及安全测试。除了正常配置和反应堆环境之外，还进行了模拟事故配置时的测试。图 8－10 展示了模拟“叶尼塞”反应堆的临界组件在假想事故中的状况，事故假定反应堆被水淹没同时受到水的反射。这个装置模拟假想碰撞事故导致反应堆容器出现破口、径向控制鼓丧失、装置全部浸入水中的状况。该装置随后经过修改被用于模拟反应堆被湿沙淹没时的临界测试。

除了模型临界测试之外，为了保证真实空间反应堆的临界安全裕度与预测一致，需要进行发射前的临界测试。实际空间反应堆的地面临界测试应在零功率状态下进行，以减少裂变和活化产物的积累。测试后的冷却可以减少

图 8-10　“叶尼塞”反应堆水淹没和水反射临界模型

空间堆的放射性。为了便于安全的运输以及与发射火箭安全结合，发射前测试的放射性必须降到最低，同时也要使发射事故中的潜在放射源最弱。

8.10　本章小结

对于一个临界反应堆，中子的裂变产生率与由于吸收或者泄漏导致的中子损失率相等，临界质量的定义为让反应堆达到临界的核燃料质量。本章中利用扩散理论近似得到中子泄漏率。该近似中，用中子通量的拉普拉斯计算结果和扩散系数的乘积表示中子泄漏率。中子扩散方程也可以写成能量平均后的截面和中子通量的参数形式[式(8-14)]。扩散方程的参数可以进行重新整理，定义材料曲率和几何曲率。对于一个刚好临界的反应堆，材料曲率和几何曲率是相等的。为了求解裸堆的扩散方程，我们假定堆芯尺寸外推到近似两个扩散长度的地方的中子通量为零。通过在堆芯外包围中子反射层材料可以减小反应堆的临界尺寸。

无限介质中子增殖因子定义为中子产生率与无限大质量堆芯材料吸收率的比值，有效中子增殖因子定义为中子的产生率与中子因吸收和泄漏而导致的损失率的比值。有效中子增殖因子在结果上是无限介质中子增殖因子和不泄漏概率的乘积。相对原子质量小的材料称为慢化剂，在反应堆中可以慢化裂变产生的中子。当中子慢化到热中子能量时，中子被燃料吸收的概率增加。因此，慢化通常提高了中子增殖因子。双群方法通常包含了能谱的影响。在双群方法中，能谱被分为几个不同的能群，每个能群采用单独的公式计算。

撞击事故情景可以假定为事故导致堆芯重构，堆芯重构包括堆芯的压缩和堆芯变形，两者导致中子泄漏减少，引发意外临界。堆芯燃料的抛出也可能会导致堆芯外产生一个临界装置。以下是一类事故情景：碰撞事故导致反应堆屏蔽层产生破口，然后堆芯被慢化剂液体淹没，如海水，慢化剂液体增强了堆芯的慢化和反射，导致一个意外临界事故的发生。总之，坚固耐用的设计和毒物安全棒的使用可以防止意外临界事故。

参考文献

1. Lamarsh, J. R., *Introduction to Nuclear Reactor Theory*. Addison-Wesley, Reading MA, 1965.
2. Weinberg, A. M. and E. P. Wigner, *The Physical Theory of Neutron Chain Reactors*. Univiversity of Chicago Press, Chicago, IL, 1978.
3. Glasstone, S. and M. C. Edlund, *Nuclear Reactor Theory*. Van Nostrand Reinhold Co., Princeton, NJ, 1952.
4. Glasstone, S. and A. Sesonske, *Nuclear Reactor Engineering*. Van Nostrand Reinhold Co., New York, 1967.
5. Argonne National Laboratory, *Reactor Physics Constants*. ANL-5800. USAEC, 1965.
6. Briesmeister, J. F. (Ed.), "MCNP-A General Monte Carlo Code for Neutron and Photon Transport, Version 3A." Los Alamos National Laboratory LA-7396-M Rev. 2, Los Alamos, NM, 1986.
7. Alcouffe, R. E., F. W. Brinkley, D. R. Marr, R. D. O' Dell, "User's Guide for TWODANT: A Code Package for Two-Dimensional, Diffusion Accelerated, Neutral-particle Transport." LA-10049-M Los Alamos National Laboratory Report Rev. 1, Los Alamos, NM, Feb. 1990.
8. Bell, G. I. and S. Glasstone, *Nuclear Reactor Theory*. Van Nostrand Reinhold Company, New York, 1970.
9. Greene, N. M., J. L. Lucius, L. M. Petrie, W. E. Ford, J. E. White, and R. Q. Wright, "AMPX: A Modular Code System for Generating Coupled Multigroup Neutron Gamma Libraries from ENDF/B." Oak Ridge National Laboratory ORNL TM-3706, Oak Ridge, TN, 1976.

符号及其含义

a	长径比	A_r	相对原子质量
A	质量数	b	靶

（续表）

B^2	曲率	φ	能量相关的中子通量
C，C_B，C_D	堆芯压缩常数	κ^D	能量相关/核衰变
d_{pr}	毒物棒外推距离	λ	衰减常数
D	中子扩散系数	Π	Σ_{q1}/Σ_{a1}
E	能量	σ	微观截面
F_C	相对压缩份额	M_r	相对分子质量
F_M	慢化剂淹没份额	N	原子密度
f_C	堆芯空心体积份额	N_A	阿伏伽德罗常数
f_{ff}	液体填充空穴的份额	n	中子密度
k_{eff}	有效中子增殖因子	P_1	$(1+\Pi+L_1^2B^2)^{-1}$
$k_{c,eff}$	压缩堆芯的中子增殖因子	P_2	$(1+L_1^2B^2)^{-1}$
k_∞	无限介质中子增殖因子	P_f	中子裂变产生率
L	热中子扩散长度	P_s	$(1+/\Pi+\tau'B^2)^{-1}$
L_1	快中子扩散长度	P_{NL}	不泄漏概率
L_a	单位体积的中子吸收损失率	P_{NL1}	快中子不泄漏概率
L_L	单位体积中子泄漏损失率	r	半径
m_{cr}	临界质量	$\boldsymbol{r}$	位置矢量
a_s	$(A-1)^2/(A+1)^2$	r_{eff}	毒物棒有效半径
χ	裂变中子产额	r_{pr}	毒物棒半径
δ	反射层节省	R_{bc}	裸堆半径
δ_{tR}	反射层厚度	R_e	外推堆芯半径
Φ	空间、能量相关的中子通量	R_{es}	等效球形堆半径
ϕ	空间相关的中子通量或群中子通量	t	时间

（续表）

V	体积	ξ	平均对数能降
VF	体积份额	$\xi\Sigma_s$	慢化能力
x, y, z	笛卡儿坐标	$\xi\Sigma_s/\Sigma_a$	慢化比
σ_γ	微观俘获截面	$\boldsymbol{\Omega}$	运动方向的单位矢量
Σ	宏观截面	ψ	角度相关的中子通量
τ	费米年龄	ζ	密度
ν	每次裂变放出的平均中子数		

特殊下标/上标及其含义

0	原点	M	慢化剂或被慢化
a	中子吸收	pr	毒物棒
bc	裸堆	q	慢化(截面)
c	堆芯	R	反射层
cc	压缩堆芯	rs	变形堆芯
f	核裂变	s	散射(截面)
F	燃料	tr	输运(截面)
i	放射性同位素标识符	1,2	两个能群标记
j	反应类型	(1)～(4)	四个能群标记

练习题

1. (1) 现有一种用于核热推进的球床空间堆设计。反应器由多孔圆柱体组成,其中含有轻涂覆的高富集度的 UC 燃料颗粒球床,UC 密度为 13.0 g/cm^3。

球床中铀的体积分数为55%。燃料球床、冷却剂通道和堆芯结构的堆芯体积分数分别为0.75、0.24和0.01。堆芯为直径和长度均为44 cm的圆柱体。不使用轴向反射层或慢化剂,毒物位于堆芯的径向外围。对于这种布置,假设没有中子反射。假定发生撞击事故使燃料元件破裂,燃料填满堆芯底部所有可用的冷却剂通道空间(假设圆柱体是直立的)。确定重新布置后堆芯内燃料的新高度,并计算撞击前和撞击后堆芯的曲率。

(2) 得出估算中子增殖因子变化所需的方程。

(3) 如果撞击前的k_{eff}为0.90,计算假定的堆芯重构事故后新的k_{eff}。忽略自屏效应和其他材料的影响,使用燃料截面$\bar{\sigma}_a=1.85$ b,$\bar{\sigma}_{tr}=6.4$ b。

2. 对于练习1中描述的空间堆,假设一次撞击将所有燃料颗粒喷射到一个深的圆柱形沟槽中。计算弹射燃料的中子增殖因子作为沟槽直径的函数。假设使用练习1中用的粒子填充份额,并假设槽内床层高度均匀。

3. 对于例8.2和例8.5中讨论的反应堆,假设撞击事故导致堆芯扩散(在径向)并使堆芯中的空隙率加倍。还假设反应堆淹没,堆芯全部淹水。忽略自屏效应,计算淹水后的中子增殖因子。将结果与例8.5中的中子增殖因子进行比较,并讨论结果。

4. 对于例8.2和例8.5中讨论的反应堆,假设撞击事故导致一半的燃料被粉碎成粉末,并喷射到一个深60 cm、直径60 cm的充满水的圆柱形孔中。假设燃料在充水孔内均匀悬浮,忽略反射效应。计算中子增殖因子,与练习3的结果进行比较,并分析结果。

5. 假设干砂浸没和反射,重复例8.6中的计算。假设砂为纯SiO_2,密度为1.6 g/cm^3,并使用以下热截面。

元　素	σ_a/b	σ_{tr}/b
Si	0.14	2.34
O	0.000 2	3.64

6. 使用式(8-93),在25～100 cm范围内绘制Δk_{eff}与堆芯半径的关系图。给出扩散长度为2 cm和25 cm,有效棒半径为1 cm和5 cm的反应堆系统的结果。

第 9 章

反应堆瞬态分析

阿尔伯特·C. 马歇尔，爱德华·T. 杜根

本章旨在确认与假想反应堆瞬态事故相关的安全问题，并介绍用于理解反应堆瞬态特征的简单分析方法。本章对瞬态分析的讨论重点关注可能的瞬态超功率事故和冷却失效事故。为有助于理解瞬态超功率分析模型的开发，本章介绍了反应堆动力学以作为必要的背景。

9.1 情景与问题

第 8 章探讨了反应堆意外临界和超临界的可能性。本章主要研究反应堆系统在超临界事故工况下的动态特性。除此之外，本章还将研究假想的冷却失效事故下反应堆系统的动态响应。针对发射前阶段，本章假想了一些与空间反应堆动力学相关的事故场景。其他的反应堆动力学事故可能由意外的再入过程造成。如果任务需要宇航员靠近运行中的空间反应堆，则还必须考虑瞬态事故可能对宇航员造成的安全风险。对于某些任务，运行阶段的空间反应堆瞬态事故可能会带来公共安全问题和环境问题。例如，运行瞬态事故可能导致反应堆毁坏。如果该系统在近地轨道运行，系统在严重毁坏的情况下可能不能助推至高轨道进行处理。结果，该系统可能在裂变产物活度衰变至安全水平之前重新回到地球生物圈。运行瞬态事故还有可能产生低弹道系数的碎片，低弹道系数可能导致放射性碎片提早再入。但运行阶段的空间反应堆事故未必一定会引起安全问题或环境问题。如果宇航员未在反应堆附近，而且反应堆在足够高的轨道或在其他星球表面，则反应堆事故可能不会给人类或地球生物圈带来安全问题。

9.1.1 瞬态超功率事故

第 8 章假想了一些可能导致意外临界事故的场景和问题。然而,通常假想的意外临界事故将导致超临界工况。因此,第 8 章提出的意外临界场景亦可应用于瞬态超功率事故。发射前的瞬态超功率事故包括可能的意外启动和超临界。此类发射前的事故的发生可能是由于传输至启动和控制系统的虚假信号,也可能是由于发射前的冲击、火灾或爆炸事故导致控制或停堆元件的移位。事故引起的主要问题包括地面人员可能暴露于超临界反应堆的放射性辐射中、反应堆可能毁坏、放射性物质的散布。反应堆毁坏可能由爆炸性解体造成。在没有足够的散热情况下持续高功率的运行也可能导致反应堆毁坏,因为这将导致燃料和包容结构(例如包壳和压力容器)的熔化。如果事故中出现了放射性物质释放和散布,则必须考虑公众受到辐照的情况。

再入事故也可能导致类似的场景,即再入过程的加热或冲击可能导致控制元件的移位,进而引起意外超临界。同样,再次强调,问题与导致人员直接暴露于正在运行的反应堆的可能性以及反应堆毁坏引起的放射性物质释放有关。然而,对于再入和发射失败事故,必须考虑发生淹没事故的可能性。正如第 8 章所讨论的,反应堆和堆芯被水或其他流体淹没可导致意外的临界或超临界事故。淹没引起的瞬发超临界爆炸性解体是空间反应堆安全分析的经典事故之一。然而,更有可能发生的事故是所谓的反复临界事故。在这种事故场景下,反应堆堆芯由于被水淹没达到超临界,并不断加热燃料和水,水由于沸腾被排出。水的排出导致堆芯次临界,引起反应堆停堆;随着堆芯的冷却,水再次淹没堆芯,使得反应堆重新超临界。上述过程不断重复,导致循环往复的超临界/次临界振荡。反复临界事故的主要问题是可能的反应堆放射性照射,不过,反复临界事故场景可能会导致裂变产物的释放。

一些假想空间反应堆超临界瞬态事故与地面反应堆类似。但是,空间反应堆可能遇到一些地面反应堆遇不到的意外超临界场景。例如,空间反应堆可能受到流星体或空间碎片的撞击,导致反射元件移位、堆芯几何扰动或控制系统和仪表损坏。空间反应堆的运行环境遥远、严酷且陌生,因此,定期维护几乎不可能也不现实。一些空间任务甚至需要长达数年的无人运行。核热推进反应堆需要快速启动,氢气推进剂的瞬间引入通常会导致堆芯中子增殖因子的增大。这些独特的设计、环境和运行工况都会给空间反应堆带来独特的意外超临界场景。

9.1.2　冷却失效事故

假想运行事故也包括由流动堵塞、失流和冷却剂丧失引起的冷却失效事故。流动堵塞可能由反应堆冷却剂携带的颗粒累积导致，也可能是由反应堆内材料在运行过程中的脱落导致。失流事故通常由冷却剂泵故障引起。腐蚀引起的泄漏、流星体或空间碎片对冷却剂系统的撞击都有可能造成冷却剂丧失事故。通常，冷却失效事故会触发反应堆保护系统，导致堆芯自动停堆。但是，如果冷却不足，裂变产物的衰变热也可能使反应堆燃料过热。

冷却失效事故的主要关注点在于反应堆部件过热和失效的可能性。燃料过热损毁可导致放射性裂变产物释放至一回路系统。此外，燃料损毁还可导致冷却剂通道堵塞，并可能进一步发展至堆芯熔化、压力容器失效以及裂变产物释放至地球或太空环境。冷却失效导致的堆芯材料移位还可能影响堆芯中子增殖因子，导致超临界事故的发生。

9.2　反应堆动力学基础

研究假想的超临界事故需要对反应堆动力学有一定理解。本节主要介绍基本的反应堆动力学概念和控制方程。为了对空间反应堆瞬态事故进行一阶分析开发了近似方法。

反应堆稳态分析中瞬发中子和缓发中子没有区别。瞬发中子和缓发中子合在一起，假定裂变源项为 $\nu\sum_f(\boldsymbol{r})\phi(\boldsymbol{r})$，其中 ν 为每次裂变释放的中子(瞬发和缓发)总数。尽管这一方法可应用于稳态分析，但对于瞬态分析来说，必须明确考虑瞬发中子和缓发中子释放的巨大时间差。虽然缓发中子占整个裂变中子的份额非常低(低于 1%)，但其相对较长的时间尺度对反应堆瞬态的时间行为有着主导性的影响。当反应堆仅轻微超临界或轻微次临界时，缓发中子对反应堆动力学的影响显得尤为重要。

9.2.1　点堆动力学方程

从第 8 章中可知，在没有外部中子源的情况下，反应堆系统的中子连续性方程为

$$\frac{\partial n(\boldsymbol{r},t)}{\partial t}=P_{\mathrm{f}}(\boldsymbol{r},t)-L_{\mathrm{a}}(\boldsymbol{r},t)-L_{\mathrm{L}}(\boldsymbol{r},t) \tag{9-1}$$

式中，P_f、L_a 和 L_L 分别为对所有中子能量范围积分后的单位体积内的裂变中子产生率、中子吸收率和中子泄漏率。如第 8 章所述，我们做了简化假设：反应堆是均匀的，且截面与位置无关。然而，对于瞬态超功率事故，我们不能消除式(9-1)中的时间导数项。为确切地表达瞬发中子和缓发中子时间尺度的差异，有必要就时间相关的中子通量密度和缓发中子先驱核浓度分别建立独立的微分方程。回想一下，缓发中子先驱核为衰变时释放中子的裂变产物。

如前所示，$L_a(\boldsymbol{r}, t)=\bar{\Sigma}_a\Phi(\boldsymbol{r}, t)$，对于扩散近似则有 $L_L(\boldsymbol{r}, t)=-\bar{D}\nabla^2\Phi(\boldsymbol{r}, t)$。正如第 1 章所指出的，裂变中子中有 β 份额的中子为缓发中子，因为该部分中子由裂变产物衰变释放，而不是由裂变释放。为准确地给出缓发中子与时间的关系，用若干缓发中子组表示缓发中子先驱核浓度 C_i。表 9-1 给出了典型的 6 组先驱核的缓发中子份额 β_i 和衰变常数 λ_i。瞬发中子产生率可记为 $k_\infty\bar{\Sigma}_a\Phi(\boldsymbol{r}, t)(1-\beta)$，缓发中子产生率为 $\sum_i\lambda_i C_i(\boldsymbol{r}, t)$。根据上述表达式以及式(9-1)中的 $\Phi(\boldsymbol{r}, t)=n(\boldsymbol{r}, t)\bar{v}$，其中 $\bar{v}$ 为平均中子速率(所有其他参数均在第 8 章进行了定义)，我们得到

$$\frac{1}{\bar{v}}\frac{\partial n(\boldsymbol{r}, t)}{\partial t}=\bar{D}\nabla^2\Phi(\boldsymbol{r}, t)-\bar{\Sigma}_a\Phi(\boldsymbol{r}, t)+(1-\beta)k_\infty\bar{\Sigma}_a\Phi(\boldsymbol{r}, t)+\sum_i\lambda_i C_i(\boldsymbol{r}, t) \tag{9-2}$$

表 9-1　铀-235 热裂变的 6 组缓发中子先驱核性质

组	份额 β_i	衰变常数 λ_i/s^{-1}
1	0.000 21	0.012 4
2	0.001 42	0.030 5
3	0.001 27	0.111
4	0.002 57	0.301
5	0.000 75	1.14
6	0.000 27	3.01
总　计	0.006 49	

如果 $C_i(\boldsymbol{r}, t)$ 表示 t 时刻 $\boldsymbol{r}$ 位置第 i 组缓发中子先驱核的密度，则缓发中子先驱核的消失速率为 $\lambda_i C_i(\boldsymbol{r}, t)$，缓发中子先驱核产生率为 $\beta_i \overline{\nu\Sigma}_f \Phi(\boldsymbol{r}, t)$。因此，描述第 i 组缓发中子先驱核密度行为的微分方程为

$$\frac{\partial C_i(\boldsymbol{r}, t)}{\partial t} = -\lambda_i C_i(\boldsymbol{r}, t) + \beta_i \overline{\nu\Sigma}_f \Phi(\boldsymbol{r}, t) \tag{9-3}$$

式(9-2)和式(9-3)为反应堆中子密度和缓发中子先驱核浓度的耦合动力学方程。注意，对于单群模型 $k_\infty = \overline{\nu\Sigma}_f / \overline{\Sigma}_a$，式(9-3)可写为

$$\frac{\partial C_i(\boldsymbol{r}, t)}{\partial t} = -\lambda_i C_i(\boldsymbol{r}, t) + \beta_i k_\infty \overline{\Sigma}_a \Phi(\boldsymbol{r}, t),\ i = 1, 2, \cdots, m \tag{9-4}$$

式中，缓发中子组数 m 通常取为 6。

接下来我们假设中子密度和先驱核浓度在空间和时间上是可分离的，即

$$\Phi(\boldsymbol{r}, t) = [\bar{v} n(t)] \phi(\boldsymbol{r}) \tag{9-5}$$

$$C_i(\boldsymbol{r}, t) = c_i(t) g_i(\boldsymbol{r}) \tag{9-6}$$

此处，$n(t)$ 和 $c_i(t)$ 为幅函数，$\phi(\boldsymbol{r})$ 和 $g_i(\boldsymbol{r})$ 为形状函数。如果我们假设 $\phi(\boldsymbol{r})$ 和 $g_i(\boldsymbol{r})$ 形状相同(通常是一个好假设)，方便起见，假设 $\left[\frac{\phi(\boldsymbol{r})}{g_i(\boldsymbol{r})}\right] = 1$，那么先驱核方程变为

$$\frac{\partial c_i(t)}{\partial t} = -\lambda_i C_i(t) + \beta_i k_\infty \bar{v} \overline{\Sigma}_a n(t) \quad i = 1, 2, \cdots, m \tag{9-7}$$

而中子通量密度方程变为

$$\frac{\mathrm{d}n(t)}{\mathrm{d}t} = \overline{D}\bar{v} \frac{\nabla^2 \phi(\boldsymbol{r})}{\phi(\boldsymbol{r})} n(t) - \bar{v}\overline{\Sigma}_a n(t) + (1-\beta) k_\infty \bar{v} \overline{\Sigma}_a n(t) + \sum_i \lambda_i c_i(t) \tag{9-8}$$

式(9-8)的空间依赖性可通过引入无反射层的、单群模型的反应堆方程消除，

$$\nabla^2 \phi(\boldsymbol{r}) + B^2 \phi(\boldsymbol{r}) = 0 \tag{9-9}$$

式中，B^2 为反应堆曲率。利用式(9-9)，中子密度方程可写为

$$\frac{\mathrm{d}n(t)}{\mathrm{d}t} = -\overline{D} B^2 \bar{v} n(t) - \bar{v}\overline{\Sigma}_a n(t) + (1-\beta) k_\infty \bar{v} \overline{\Sigma}_a n(t) + \sum_i \lambda_i c_i(t) \tag{9-10}$$

无限介质中子寿命 l_∞ 等于中子吸收平均自由程 $\overline{\Sigma}_a^{-1}$ 除以中子平均速度 $\overline{v}$,因此,$l_\infty = 1/(\overline{v}\overline{\Sigma}_a)$,利用 $L^2 = \overline{D}/\overline{\Sigma}_a$,可以得到

$$l = \frac{l_\infty}{1 + B^2L^2} \tag{9-11}$$

也可以利用

$$k_{\text{eff}} = \frac{k_\infty}{1 + B^2L^2} \tag{9-12}$$

参数 l 为有限反应堆的中子平均寿命。将上述等式代入,中子密度和先驱核的方程可写为

$$\frac{\mathrm{d}n(t)}{\mathrm{d}t} = \left[\frac{(1-\beta)k_{\text{eff}} - 1}{l}\right]n(t) + \sum_i \lambda_i c_i(t) \tag{9-13}$$

和

$$\frac{\partial c_i(t)}{\partial t} = \beta_i\left(\frac{k_{\text{eff}}}{l}\right)n(t) - \lambda_i c_i(t) \quad i = 1,\ 2,\ \cdots,\ m \tag{9-14}$$

相邻两次中子产生的时间间隔称为中子代时间 Λ,可用下式表示

$$\Lambda = \frac{l}{k_{\text{eff}}} \tag{9-15}$$

也可以定义反应性 ρ 为

$$\rho = \frac{(k_{\text{eff}} - 1)}{k_{\text{eff}}} \tag{9-16}$$

将式(9-15)和式(9-16)代入式(9-13)和式(9-14),可以得到点堆动力学(PRK)方程:

$$\frac{\mathrm{d}n(t)}{\mathrm{d}t} = \left[\frac{\rho(t) - \beta}{\Lambda}\right]n(t) + \sum_i \lambda_i c_i(t) \tag{9-17}$$

和

$$\frac{\mathrm{d}c_i(t)}{\mathrm{d}t} = \left(\frac{\beta_i}{\Lambda}\right)n(t) - \lambda_i c_i(t),\ i = 1,\ 2,\ \cdots,\ m \tag{9-18}$$

式(9－17)等号右边的第一项为由瞬发中子引起的中子密度变化率,第二项为由缓发中子引起的变化率。式(9－18)等号右边的第一项为裂变引起的第 i 种先驱核浓度增长率,第二项为衰变引起的第 i 种先驱核浓度下降率。如果扩散理论不适用于所分析的反应堆系统,那么也可以通过时间相关的玻尔兹曼输运方程推导得出相同的 PRK 方程。上述推导过程使用了分离变量和时间相关的扩散理论,方法更为简单,但限制条件更多。

PRK 方程是耦合一阶常微分方程组,描述了反应堆内中子密度(或中子通量密度)和缓发中子先驱核浓度的时间依赖性。反应堆功率可表示为

$$P(t)=[\kappa\overline{\Sigma}_{\mathrm{f}}n(t)\overline{v}]V_{\mathrm{c}} \tag{9-19}$$

式中,κ 为每次裂变释放的能量;V_{c} 为堆芯体积。因此,PRK 方程可用于描述反应堆功率的时间相关特性。

9.2.2　PRK 方程的解

本节讨论 PRK 方程的通解,介绍渐近周期的概念,并讨论反应性的常用单位。PRK 方程的通解可预测反应堆在各种可能的反应性引入情况下的动态响应。

1) 通解

参考文献[1]中 PRK 方程的解的形式为

$$n(t)=\sum_{j=0}^{m}N_j\mathrm{e}^{\omega_j t} \tag{9-20}$$

和

$$c_i(t)=\sum_{j=0}^{m}C_{ij}\mathrm{e}^{\omega_j t} \tag{9-21}$$

式中,ω_j 必须满足方程

$$\rho=\omega\Lambda+\sum_{i}\frac{\omega\beta_i}{\omega+\lambda_i} \tag{9-22}$$

常数 N_j 和 C_{ij} 由初始条件决定。由反应性 ρ 的定义可知,只有在 ±1 之间的实数值才具有物理意义。需要注意的是,在一些更老的课本中,更常见的是式(9－22)的另一种形式,这可以通过用 l/k_{eff} 替代 Λ 获得。通过这一替代,我们可以得到

$$\rho = \frac{\omega l}{1+\omega l} + \frac{\omega}{1+\omega l}\sum_i \frac{\beta_i}{\omega + \lambda_i} \tag{9-23}$$

式(9-22)和式(9-23)表明,特征根取决于参数 ρ、β 和 Λ(或 l)。先驱核衰变常数 λ_i 与反应堆燃料和反应堆其他特性无关。式(9-22)的解如图 9-1 所示[图(a)和图(b)分别对应窄和宽的 ω 范围],其中反应堆燃料为 ^{235}U,中

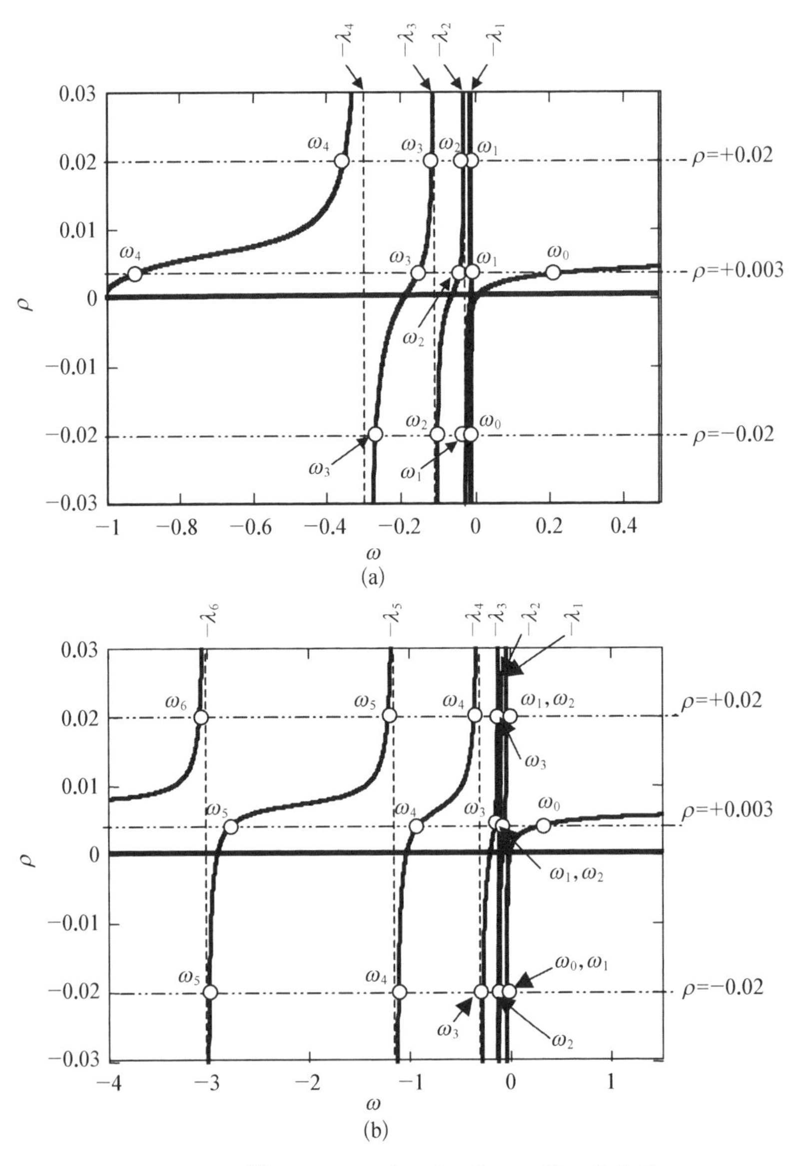

图 9-1 ^{235}U, $\Lambda = 10^{-6}$ s 时 ρ 关于 ω 的函数曲线

子代时间$\Lambda = 10^{-6}$ s。需要注意的是，图中的极点为负的先驱核衰变常数。图 9-1 给出了引入反应性为+0.02、+0.003 和-0.02 时的根 ω_j。受图中 ρ 和 ω 的范围限制，图 9-1 未给出所有的根。制作图 9-1 使用了表 9-1 中的 β_i 和 λ_i。

2）渐近周期

对于正的反应性，式(9-22)有 1 个正根和 6 个负根。6 个负根对前述方程的解仅有瞬态的影响。式(9-20)的系数 N_j 与对应的 ω_j 符号相同。反应性出现小的突变后，负根项快速降为 0(在百分之几秒内)。因此，式(9-20)的解很快变为

$$n(t) \sim e^{\omega_0 t} \sim e^{t/\mathcal{T}} \tag{9-24}$$

式中，$\mathcal{T} = 1/\omega_0$ 定义为渐近周期。

从图 9-1 可知，对于负反应性引入，所有的 ω 均为负值。而且，所有的系数 N_j 均为正值。较大的$|\omega_j|$的贡献迅速衰减，最小的 $|\omega_j| = |\omega_0|$ 衰减得最慢，起主导作用。在这种情况下，ω 和 $\mathcal{T}$ 均为负值。

3）单位

正如式(9-16)的定义，反应性是没有单位的。然而，出于方便，为 ρ 建立了很多单位。例如，通过将 ρ 乘以 100，使反应性变为百分数形式。反应性最常用的单位可能是＄和₵。用＄表示反应性要将式(9-16)中定义的 ρ 值除以β；因此，当 $\rho = \beta$ 时，反应性为 1.00＄。当 $\rho \geqslant 1.00$＄，则反应堆的动态特性不受缓发中子的影响，反应堆功率水平急剧上升，上升速率取决于瞬发中子寿命，$\rho \geqslant 1.00$＄ 的反应堆工况称为瞬发超临界。使用＄作为单位简化了许多含有 ρ/β 项的表达，而且降低了预测对 β 的差异和变化的敏感性。反应性中，1＄=100₵。美元和美分均为相对反应性单位。

9.2.3 近似方法

PRK 方程的通解是对中子通量密度的空间、能量和时间依赖性的简化处理。尽管如此，对于简单的练习来说，PRK 方程的通解仍显得过于复杂。因此，本节拓展了几种近似方法。

1）单组缓发中子：小的正反应性的引入

图 9-2 给出了若干不同的中子寿命情况下，正反应性关于渐近周期的函数曲线。从图 9-2 可以明显看出，对于小反应性的引入，渐近周期不受瞬发

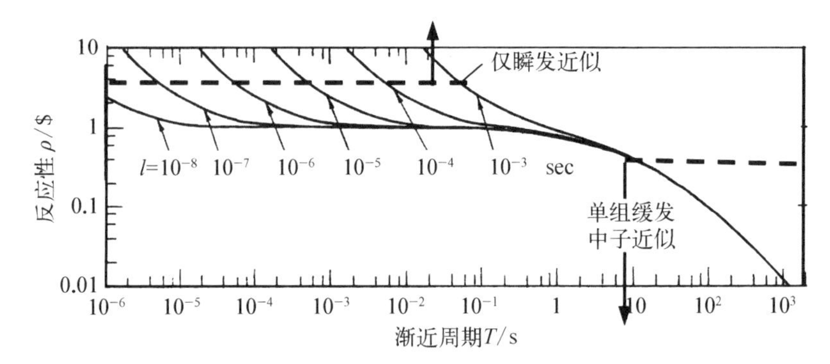

图 9-2 对于^{235}U 燃料,不同中子寿命 l 下正反应性和渐近周期的函数曲线[2]

(资料来源:阿贡国家实验室)

中子寿命影响,缓发中子对反应堆动态特性起主导作用。对于小反应性引入的情况,中子通量密度的变化很慢,可以将缓发中子的影响近似处理为单组缓发中子。对于单组缓发中子,总的缓发中子份额为

$$\beta=\sum_{i=1}^{6}\beta_i \tag{9-25}$$

单组缓发中子的衰变常数为

$$\bar{\lambda}=\left[\frac{1}{\beta}\sum_{i=1}^{6}\left(\frac{\beta_i}{\lambda_i}\right)\right]^{-1}\approx 0.08\ \mathrm{s}^{-1} \tag{9-26}$$

通过这一近似处理,可以将 PRK 方程简化为

$$\frac{\mathrm{d}n(t)}{\mathrm{d}t}=\left[\frac{\rho(t)-\beta}{\Lambda}\right]n(t)+\bar{\lambda}c(t) \tag{9-27}$$

和

$$\frac{\mathrm{d}c(t)}{\mathrm{d}t}=\left(\frac{\beta}{\Lambda}\right)n(t)-\bar{\lambda}c(t) \tag{9-28}$$

对于单组缓发中子,我们仅有 2 个耦合一阶常微分方程和 2 个特征根。单组缓发中子特征方程为

$$\rho=\omega\Lambda+\frac{\omega\beta}{\omega+\bar{\lambda}} \tag{9-29}$$

或

$$\rho=\frac{\omega l}{1+\omega l}+\left(\frac{\omega}{1+\omega l}\right)\frac{\beta}{\omega+\bar{\lambda}} \tag{9-30}$$

当引入反应性很小时($\rho<0.25\,\$$)，方程的两个根可近似由下式给出，即

$$\omega_0=\frac{\rho\bar{\lambda}}{\beta-\rho}\text{ 或 }\mathcal{T}=\frac{\beta-\rho}{\rho\bar{\lambda}} \tag{9-31}$$

和

$$\omega_1=-\frac{(\beta-\rho)}{\Lambda} \tag{9-32}$$

渐近周期表达式中出现的唯一时间参数为单组缓发中子衰变常数 $\bar{\lambda}$。换而言之，反应堆的渐近时间特性与中子代时间无关，完全受缓发中子的控制。

当引入阶跃反应性时(瞬时引入反应性为常值 ρ)，利用之前的表达式和初始条件可以得到

$$n(t)=n_0\left[\frac{\beta}{\beta-\rho}\exp\left(\frac{\bar{\lambda}\rho}{\beta-\rho}t\right)\right]-n_0\left[\frac{\rho}{\beta-\rho}\exp\left(-\frac{\beta-\rho}{\Lambda}t\right)\right] \tag{9-33}$$

式(9-33)等号右边第一项为渐近项，第二项为快速瞬变项，该项会迅速衰减。瞬变项衰减后，中子密度由下式给出

$$n(t)\approx n_0\frac{\beta}{\beta-\rho}\exp\left[\left(\frac{\bar{\lambda}\rho}{\beta-\rho}\right)t\right] \tag{9-34}$$

式(9-34)中的乘子 $\frac{\beta}{(\beta-\rho)}$ 称为瞬跳(若引入负反应性，则为瞬降)。图 9-3 给出了引入 0.001 0 的正的阶跃反应性后反应堆中子通量密度的瞬跳及其时间特性。瞬跳，仅由瞬发中子引起的初始中子密度上升，几乎是在瞬间发生的(注意图 9-3 中的小时间尺度)。由于缓发中子的“抑制”作用，随后中子密度(或通量密度、功率)以较慢的速度上升。

当引入的正反应性 $\rho_{in}<0.25\,\$$ 时，上述单组缓发中子模型与六组缓发中子模型具有良好的一致性。图 9-4 就分别引入阶跃反应性 0.10 \$ 和 0.25 \$ 的情况下中子通量密度 ($\phi=n\bar{v}$) 的时间响应进行了对比。

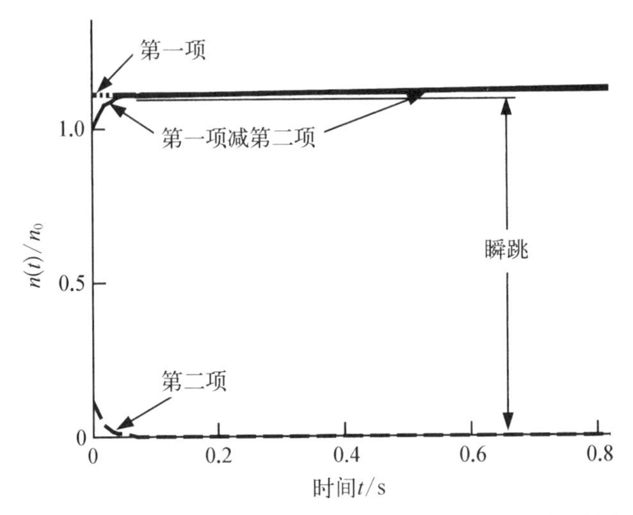

图 9-3　引入 0.001 0 正反应性时，相对中子密度随时间的变化（其中 $\Lambda = 10^{-4}$ s）

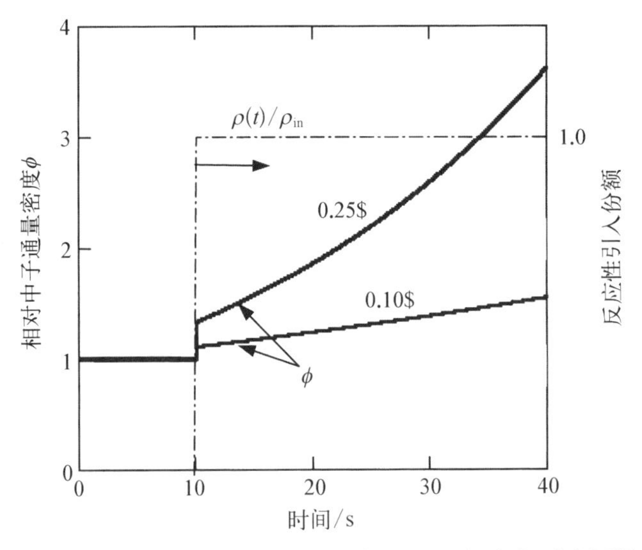

图 9-4　当引入阶跃反应性 0.10 $ 和 0.25 $ 时，相对中子通量密度和反应性随时间的变化

2）仅瞬发：大的正反应性的引入

当引入的反应性高达数 $ 时，周期主要由中子寿命 l 决定，而不是缓发中子。对于空间反应堆通常的短中子寿命，当引入的正反应性大于 1 $ 时，六组缓发中子特征方程的 ω 值均远大于 λ_i。因此，当 $\rho_{in} > 1\$$ 时，式(9-22)可写为

$$\rho=\omega\Lambda+\beta \tag{9-35}$$

因此，对于大的正反应性的引入，

$$\mathcal{T}=\frac{\Lambda}{\rho-\beta} \tag{9-36}$$

式(9－36)中的唯一时间参数为瞬发中子代时间 Λ。先驱核衰变常数并未出现，而且缓发中子不会主导时间特性。因此，对于式(9－17)，我们可以舍去第二项，得到

$$n=n_0\exp\left(\frac{\rho-\beta}{\Lambda}t\right) \tag{9-37}$$

反应堆功率和中子通量密度随着瞬发中子的产生而上升，即瞬跳持续发生，直到某些反馈机制降低了反应性引入。这种 $\rho>1\$$ 的工况即为瞬发超临界。当 $\rho>10\$$ 时，渐近周期的表达式可近似为 $\tau\approx\Lambda/\rho$。图9－5对比了不同正阶跃反应性引入情况下中子通量密度随时间的变化，反应性引入工况为：

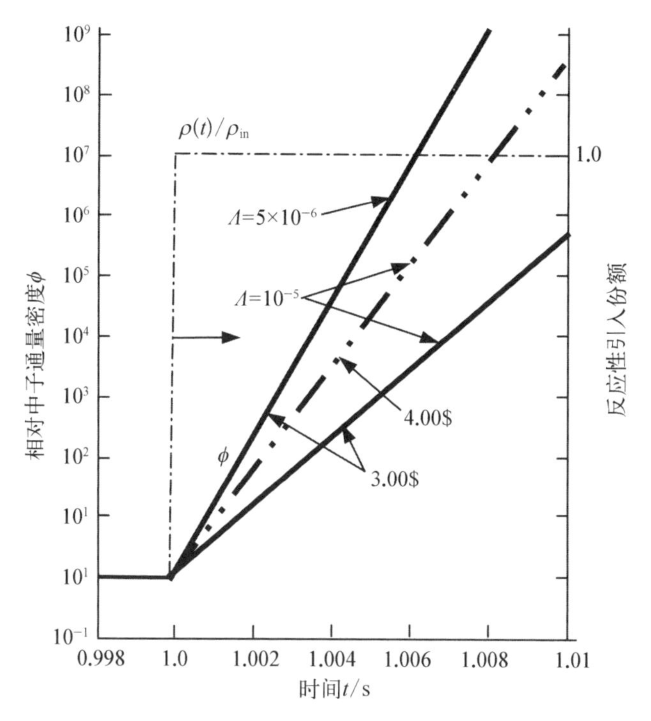

图9－5　不同反应性引入工况下相对中子通量密度和反应性随时间的变化

当 $\Lambda=10^{-5}$ s时引入 3.00 \$ 和 4.00 \$ 的正反应性以及当 $\Lambda=5\times10^{-6}$ s时引入 3.00 \$ 的正反应性。瞬发临界功率骤增情况下中子通量密度随时间的变化非常依赖于中子代时间。

如图 9-2 所示，当引入反应性 $\rho<0.25$ \$ 时，单组缓发中子方法可以提供良好的近似，而仅考虑瞬发中子的近似方法可用于引入的反应性大于等于数美元的情况。对于引入的反应性大于 0.5 美元小于几美元的情况，则必须考虑所有的六组缓发中子。

3）负反应性的引入

图 9-6 给出了所有中子寿命下^{235}U、^{233}U 和^{239}Pu 的渐近周期与负反应性的函数关系。对于所有的负反应性引入，渐近周期均独立于瞬发中子寿命。当引入较小的负反应性时（$|\rho|<0.10$ \$），对于燃料为^{235}U 的反应堆，可以使用单组缓发中子近似，其中有效平均衰变常数 $\bar{\lambda}=0.1\ \mathrm{s}^{-1}$。当引入较小的

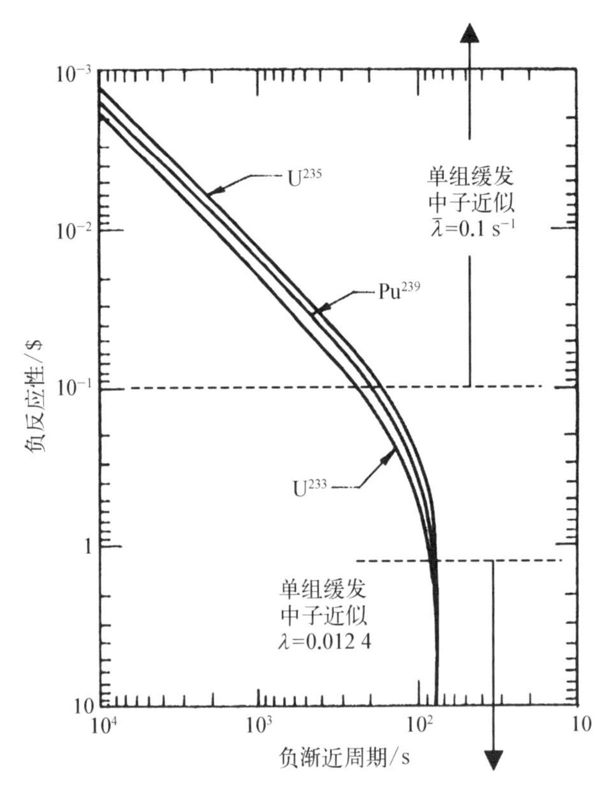

图 9-6　^{235}U、^{233}U、^{239}Pu 的渐近周期和负反应性的函数关系[2]

（资料来源：阿贡国家实验室）

正反应性时，相较于真实有效常数 $\overline{\lambda}=0.08\ \mathrm{s}^{-1}$，使用有效平均衰变常数与六组缓发中子法的一致性更好。

相比于正反应性引入，缓发中子在负反应性引入时的抑制作用更为显著。对于大的负反应性引入（$|\rho_{\mathrm{in}}|\geqslant 1\$$），在初始瞬降后，缓发中子发射体裂变产物的积累限制了反应堆功率下降速度。寿命最长的先驱核衰变常数 λ_1 在这个限制作用中起主导作用。因此，对于大的负反应性引入，单组缓发中子方程为

$$n(t)=n_0\left[\frac{\beta}{\beta-\rho}\exp\left(\frac{t}{\mathcal{T}}\right)\right] \tag{9-38}$$

式中，

$$\mathcal{T}\approx-\frac{1}{\lambda_1} \tag{9-39}$$

参数 λ_1 为寿命最长的缓发中子先驱核组的衰变常数。对于 ^{235}U 燃料的反应堆，当引入大的负反应性时，$\mathcal{T}\approx-80.65$ s。无论引入的负反应性值为 1 \$ 还是 20 \$，渐近周期均为约 −80 s。不过，更大的负反应性引入将导致初始更大的瞬降。图 9-7 给出了引入 −0.10 \$、−1.00 \$ 和 −2.00 \$ 的负反应性时的曲线。

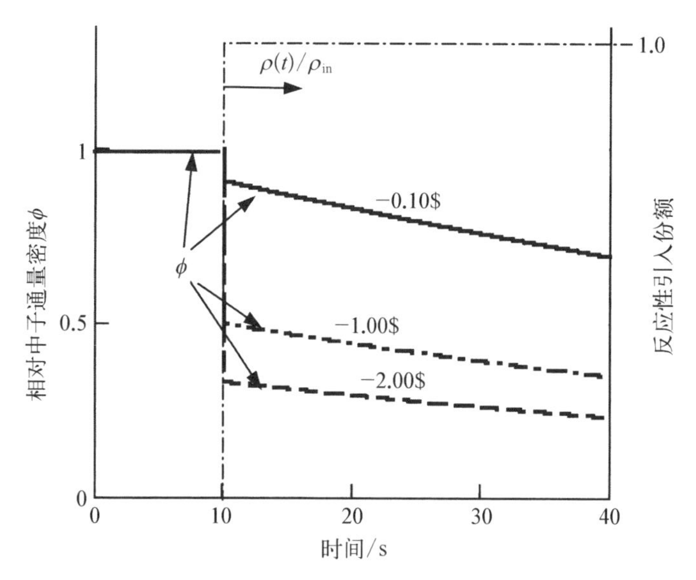

图 9-7　引入 −0.10 \$、−1.00 \$ 和 −2.00 \$ 阶跃反应性时相对中子通量密度随时间的变化

9.3 反应性反馈

反应堆功率水平的改变取决于控制构件或安全构件引入的反应性，如反射层或控制鼓的移动。然而，反应性也受反应堆功率水平和构件温度的影响。例如，引入正的反应性将使反应堆功率增加，从而导致燃料温度上升；而燃料温度的改变通常都会改变堆芯的反应性水平。如果燃料温度升高反馈的反应性为负值，则反应堆功率水平的上升速率将下降。如果反馈为正，则反应堆功率将更快上升。为防止反应性失控偏移事故，增强反应堆的稳定性，反应堆材料和设计通常会特别选择，确保反应性反馈为负。

堆芯构件温度的变化通常可引起反应性反馈。冷却剂压力、流量和其他运行参数的变化也可引起反馈。反馈通常用反应性系数表征

$$\alpha_x = \frac{\Delta\rho}{\Delta x} \tag{9-40}$$

式中，x 为影响反馈的参数(如燃料温度)。因此，如果燃料温度 T_F 发生变化，则反应性的变化为 $\Delta\rho_{T_F} = \alpha_{T_F}\Delta T_F$。通常，反馈效果可通过总功率系数表示，即反馈反应性可表示为 $\Delta\rho_P = \alpha_P\Delta P$。

9.3.1 温度反馈机制

堆芯构件温度变化引起的反应性反馈可能由几个机制引起。不同的构件引起的反馈效果可分为瞬发的和缓发的。

1) 瞬发反馈

由于燃料的反应性反馈效应通常是瞬发的，所以，当出现意外的反应性引入时，燃料的反馈可提供快速的固有机制，防止反应堆功率失控骤增。多普勒展宽和燃料膨胀通常是燃料温度反应性反馈最常见的机制。随着燃料温度升高，燃料原子核随机运动增强，导致出现多普勒展宽。随机运动的增强对堆芯中子和靶核间的相对速度产生影响。随机运动的增强相当于降低了截面共振峰的最大值，同时增加了共振峰的能量宽度(即截面和能量的函数曲线上的截面共振峰的宽度)。多普勒展宽的净效应为增加了共振截面能量范围内中子吸收的概率。对于低浓缩燃料反应堆，多普勒展宽的主要作用是增加了^{238}U在共振能量范围内对中子的寄生俘获。因此，采用低浓缩铀燃料的反应堆的

多普勒展宽通常具有负反应性反馈效应。空间反应堆几乎都使用高浓缩^{235}U;因此,相比于低浓缩铀反应堆,空间反应堆的多普勒展宽效应较小。而且,对于空间反应堆而言,多普勒展宽效应未必一定是负的。此外,燃料温度上升引起的燃料膨胀几乎都会导致瞬发的净负反馈系数。正如第 8 章所讨论的,堆芯区域表面积-体积比的增加(由于燃料膨胀引起的)增加了中子泄漏,降低了堆芯反应性。

2) 缓发反馈效应

由于燃料温度变化和随后的其他构件温度变化之间的时间延迟,其他构件温度变化引起的反应性反馈效应通常都是缓发的。反应堆冷却剂或慢化剂(如果有的话)的反馈通常是因为冷却剂或慢化剂的密度发生了改变。温度上升引起的冷却剂或慢化剂密度的降低可增加中子泄漏,改变中子能谱。虽然慢化材料的反馈效应通常都是缓发的,但 SNAP - 10A 空间堆中的氢化锆慢化剂与燃料是一体的,其反应性反馈效应是瞬发的。结构材料的热反馈机制通常为多普勒展宽。对于快中子反应堆,中子泄漏和能谱改变的净效应强烈取决于设计参数和材料选择。

3) 反应性温度系数

对于各种堆芯材料和堆芯区域,都可以确定反应性温度系数。温度系数通常写为瞬发系数和缓发系数,分别对应瞬发效应和缓发效应。通常用所谓的等温温度系数来给定反应堆总的温度系数,该系数假设反应堆堆芯所有区域温度相等,且温度变化一致。当提供的是总温度系数时,就包括瞬发效应和缓发效应,但堆芯各区域的温度为预测的运行温度,而不是假设的等温工况。表 9 - 2 给出了各种空间反应堆和地面反应堆的瞬发温度系数、等温温度系数和总温度系数。反应性温度系数通常依赖于温度。表 9 - 2 提供的温度系数适用于运行温度范围。

表 9 - 2　典型空间反应堆和地面反应堆的反应性温度系数

用途	反　应　堆	系数/K^{-1}	
空间	SNAP - 10A	瞬发温度系数	-2.0×10^{-5}
	Enisey	等温温度系数	$+1.5\times10^{-5}$
		瞬发温度系数	-1.0×10^{-6}

（续表）

用途	反　应　堆	系数/K^{-1}	
地面	Shippingport(PWR)	总温度系数	-5.5×10^{-4}
	EBR-1(快堆)	总温度系数	-3.5×10^{-5}
	HTGR	等温温度系数	-2.0×10^{-5}
		瞬发温度系数	-4.0×10^{-5}

9.3.2 带有反馈的超临界功率骤增

带有反馈的反应堆动力学特性通常比假设不考虑反馈的情况要复杂得多。不过，针对几个可能的反应性引入场景，已经有了一些有用的近似方法。本节介绍了一些瞬发超临界和缓发超临界功率骤增工况下用于解决阶跃反应性引入和线性反应性引入的近似方法。

1) 瞬发超临界功率骤增：阶跃反应性引入

如果引入的反应性 $\rho>\beta$，那么反应堆周期会非常短；反应堆功率水平上升速度过快，导致反应堆安全系统根本来不及终止这一瞬态。如果瞬发反应性温度系数为负且足够大的话，多普勒效应或燃料膨胀效应引起的固有反馈有可能使得反应堆停堆。在这里，我们考查反应堆启动期间的瞬发超临界功率骤增。当引入阶跃反应性 ρ_{in} 时，反应堆反应性随时间的变化可写为

$$\rho(t)=\rho_{in}-|\alpha_{T_F}|\,\overline{T}_F(t) \tag{9-41}$$

式中，α_{T_F} 为燃料反应性温度系数（该场景下为负值）；$\overline{T}_F(t)$ 为随时间变化的燃料平均温度。考虑到功率骤增期间堆芯迅速加热，因此堆芯可视为绝热的。因此，燃料温度可写为

$$\overline{T}_F(t)=\int_0^t \frac{P(t)}{m_F c_F}\mathrm{d}t+\overline{T}_F(0) \tag{9-42}$$

式中，m_F 为燃料质量；c_F 为燃料比热容。式(9-41)可写为

$$\rho(t)=\rho_{in}-|\alpha_E|\int_0^t P(t)\mathrm{d}t \tag{9-43}$$

式中，$\alpha_E\equiv\alpha_{T_F}/(m_F c_F)$，为反应性能量系数，单位为 J^{-1}。

对于瞬发临界功率骤增工况，可以忽略缓发中子；因此，舍去式(9－17)中的缓发中子项并乘以 $\kappa\bar{v}\bar{\Sigma}_f$，可以得到功率骤增期间反应堆功率的微分方程。然后用式(9－43)的表达式替换 $\rho(t)$，可以得到

$$\frac{\mathrm{d}P(t)}{\mathrm{d}T}=\left[\rho_{\mathrm{in}}-|\alpha_E|\int_0^t P(t)\mathrm{d}t-\beta\right]\frac{P(t)}{\Lambda} \tag{9-44}$$

Lewis[3] 给出了式(9－44)的解

$$P(t)=\frac{2\Lambda U^2}{|\alpha_E|}\frac{Y\exp(-Ut)}{[1+Y\exp(-Ut)]^2} \tag{9-45}$$

式中，

$$U=\sqrt{\frac{(\rho_{\mathrm{in}}-\beta)^2}{\Lambda^2}+\frac{2|\alpha_E|P(0)}{\Lambda}} \tag{9-46}$$

$$Y=\frac{\Lambda U+\rho_{\mathrm{in}}-\beta}{\Lambda U-\rho_{\mathrm{in}}+\beta} \tag{9-47}$$

该近似被称为富克斯-诺德海姆模型。功率骤增期间反应堆最大功率和释放的总能量的计算式分别为

$$P_{\max}=\frac{\Lambda U^2}{2|\alpha_E|} \tag{9-48}$$

$$E=\frac{\Lambda}{|\alpha_E|}\left(U+\frac{\rho_{\mathrm{in}}-\beta}{\Lambda}\right) \tag{9-49}$$

当初始功率较低时，$U\approx(\rho_{\mathrm{in}}-\beta)/\Lambda$。基于这一假设，对于低初始功率工况，利用之前的表达式可得到以下近似：

$$P_{\max}\approx\frac{(\rho_{\mathrm{in}}-\beta)^2}{2|\alpha_E|\Lambda} \tag{9-50}$$

$$P(t)\approx P_{\max}\operatorname{sech}^2\left(\frac{\omega\hat{t}}{2}\right) \tag{9-51}$$

$$E=2\frac{(\rho_{\mathrm{in}}-\beta)}{|\alpha_E|} \tag{9-52}$$

$$\Gamma=\frac{3.52\Lambda}{(\rho_{\mathrm{in}}-\beta)} \tag{9-53}$$

$$T_{\max} \approx 2\frac{(\rho_{\text{in}}-\beta)}{|\alpha_E|} \tag{9-54}$$

$$T_{P_{\max}} \approx \frac{T_{\max}}{2} \tag{9-55}$$

此处，$\hat{t}=0$ 是 $P_{\max}$ 对应的时刻，Γ 为骤增峰值一半处的全宽度，$T_{P_{\max}}$ 为 $\hat{t}=0$ 时刻的燃料温度。注意，释放的总能量不取决于 $P(0)$ 或 Λ。

式(9-50)给出的对称功率形状不包括脉冲期间产生的缓发中子效应。Hetrick 指出[1]，功率骤增后缓发中子产生的功率可近似为

$$P_{\text{dn}} \approx \frac{2}{|\alpha_E|}\sum_i \beta_i\lambda_i \approx \frac{2\lambda'\beta}{|\alpha_E|} \tag{9-56}$$

其中，对 ^{235}U 来说，$\lambda' \equiv (\beta^{-1})\sum_i \beta_i\lambda_i \approx 0.4\ \text{s}^{-1}$。

结合式(9-51)和式(9-56)，可以得到引入阶跃反应性 2.00 \$ 情况下反应堆功率和时间的函数关系，其中假设 $|\alpha_E| = 2\times10^{-5}\ \text{J}^{-1}$ 和 $\Lambda = 10^{-8}$ s。图 9-8 给出了该工况下考虑或不考虑缓发中子的功率曲线。图中还包括能量和时间的

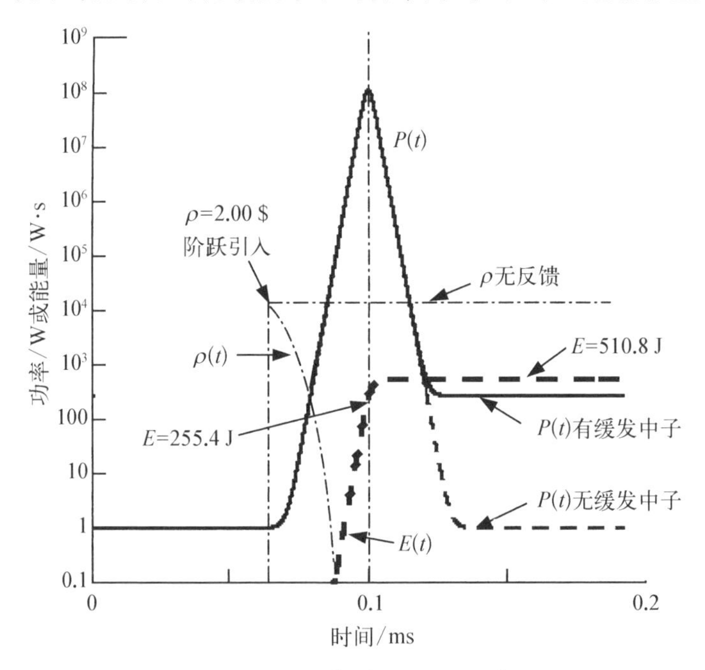

图 9-8　假设 $|\alpha_E| = 2\times10^{-5}\ \text{J}^{-1}$ 和 $\Lambda = 10^{-8}$ s，当引入阶跃反应性 2.00 \$ 时，预测的功率和能量随时间的变化(考虑或不考虑缓发中子)

函数关系以及堆芯反应性的示意图。注意，脉冲结束释放的总能量为脉冲峰值附近释放能量的两倍（对数坐标中难以看清能量的增长）。尽管此类事故下最高功率水平非常高，但脉冲宽度非常窄。因此，积累的能量未必足以使燃料损伤。为应对此类事故场景，反应堆系统的设计必须确保可能引入的最大反应性释放的能量不足以使燃料损伤。

2）瞬发次临界功率骤增：阶跃反应性的引入

当引入的阶跃反应性 $\rho_{in}=\beta$ 时，受反应性反馈的影响，反应堆可达到的最高功率可对一系列工况进行估计。这些工况一方面要求 ρ_{in} 足够小，确保瞬跳近似适用；另一方面又要求 ρ_{in} 足够大，以便采用绝热近似。对于瞬跳近似，假设 Λ 趋近于 0。对于这些工况，Hetrick[1] 指出最大功率可表示为

$$P_{max}=\frac{\bar{\lambda}\beta}{|\alpha_E|}\left[1-\frac{\bar{\lambda}}{\omega+\bar{\lambda}}\sqrt{1+\frac{2\omega}{\bar{\lambda}}}\right] \tag{9-57}$$

图 9-9 给出了分别使用瞬跳模型和富克斯-诺德海姆模型的反应堆最大功率 P_{max} 和 ω 的函数曲线。其中，反应性系数 $\alpha_E=2\times10^{-3}\ \mathrm{J}^{-1}$。Hetrick 指出，$\omega$ 较小时使用 $\bar{\lambda}=0.08$ 和 ω 较大时使用 $\lambda'=0.40$ 与精细（六组缓发中子）模型的预测一致性最好。注意，瞬跳模型和富克斯-诺德海姆模型的分离点取决于中子代时间。当 ω 较小时（周期大），绝热近似不适用。

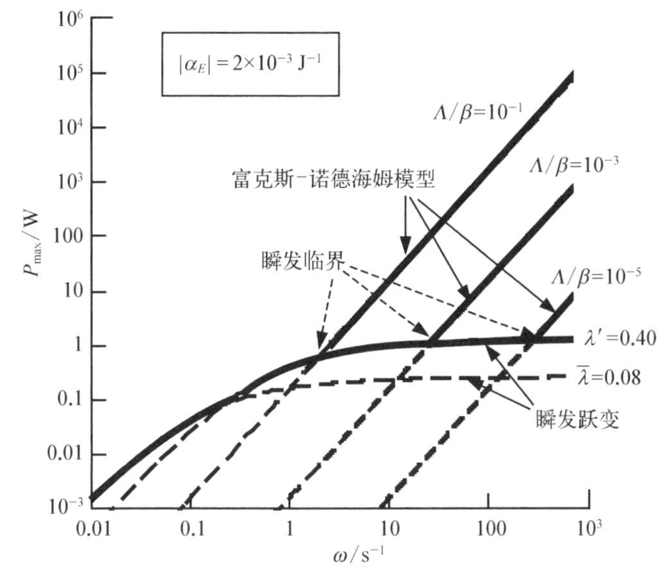

图 9-9　瞬跳模型和富克斯-诺德海姆模型下，当引入阶跃反应性并考虑反馈时，P_{max} 和 ω 的函数曲线

3）瞬发超临界功率骤增：线性反应性的引入

当引入线性反应性（以恒定速率引入反应性）并考虑反馈时，反应堆的动力学特性与引入阶跃反应性时不同。反应堆刚达到瞬发超临界时功率迅速上升，达到一个最大功率，随后，由于负温度系数作用，堆芯回到瞬发次临界，反应堆功率迅速下降。不过，随着引入的反应性的增加，反应堆再次达到瞬发超临界，导致反应堆功率再次上升。温度反馈将再次使堆芯回到瞬发次临界。这一过程不断反复，最终缓发中子效应将使得反应堆功率稳定在某一最大值。根据参考文献[3]，稳定的反应堆功率水平 P_{∞} 可以写为

$$P_{\infty}=\frac{\dot{\rho}}{|\alpha_E|} \tag{9-58}$$

式中，$\dot{\rho}$ 为反应性引入速率。通常，第一次功率骤增是最具有毁灭性的。Lewis 指出[3]，最大功率可采用下式估算

$$P_{\max}=\frac{\dot{\rho}}{|\alpha_E|}\left[\ln\left(\frac{P_{\max}}{P(0)}\right)\right] \tag{9-59}$$

式（9－59）必须采用迭代法或图解法求解。假设功率随时间变化的曲线关于最大功率出现的时刻近似轴对称，Lewis 用下式估算首次功率骤增期间释放的能量：

$$E=\frac{2}{|\alpha_E|}\sqrt{2\dot{\rho}\Lambda\left[\ln\left(\frac{\dot{\rho}}{|\alpha_E|}\right)-1\right]} \tag{9-60}$$

例 9.1

当运行的空间反应堆意外引入反应性 30 $/s 时，计算反应堆的稳定功率水平、最大功率水平以及第一次功率骤增期间产生的能量。假设初始功率为 0.01 W，$|\alpha_E|=3\times10^{-6}\ \text{J}^{-1}$，$\beta=0.0073$ 和 $\Lambda=10^{-7}$ s。

解：

稳定功率水平为 $P_{\infty}=\dfrac{30\times0.0073}{3\times10^{-6}}=7.3\times10^{4}$ W

根据式（9－59），定义

$$u=\frac{\dot{\rho}}{|\alpha_E|}\left[\ln\left(\frac{P_{\text{trial}}}{P(0)}\right)\right]-P_{\text{trial}}$$

式中，P_{trial} 为 $P_{\max}$ 的试验值，当 $P_{\text{trial}}=P_{\max}$ 时 $u=0$。根据图 9－10 可知 $P_{\max}=1.37\times10^{6}$ W。

第一次功率骤增期间产生的能量为

$$E=\frac{2}{3\times10^{-6}}\sqrt{2(30\times0.0073)(10^{-7})\left[\ln\left(\frac{30\times0.0073}{3\times10^{-6}}\right)-1\right]}=446(\mathrm{J})$$

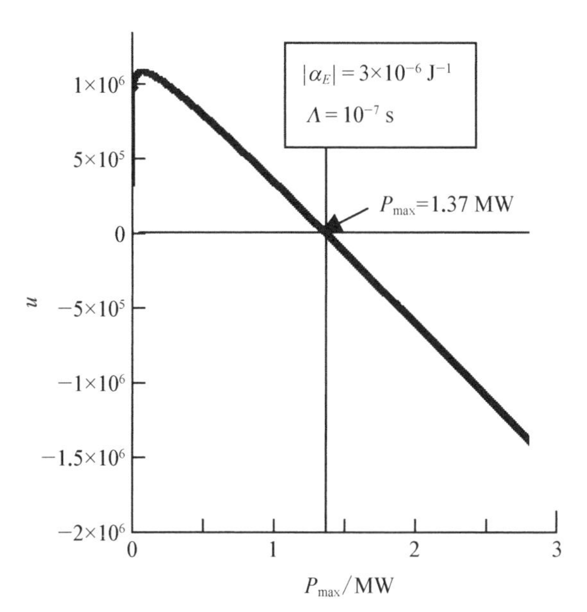

图 9-10　当引入线性反应性并考虑反馈时残差 u 与 P_{max} 的函数曲线(用于求例 9.1 中的 P_{max})

9.3.3　反应堆稳定性

出于对反应堆运行稳定性和动态特性的考虑，通常要求反应堆具有负的总缓发反馈效应。反馈系数及其相关的时间常数值的大小都很重要。缓发反馈太小、太大、太慢或太快都会导致不良的动态特性。如果可以将 PRK 方程线性化，利用拉普拉斯变换这一方程也就迎刃而解，而著名的稳定性分析和控制的经典方法就可以用于分析反应堆系统的动态特性了。运行稳定性的讨论超出了本书的范围。读者有兴趣可以查阅 Hetrick 著的《核反应堆动力学》(*Dynamics of Nuclear Reactors*)做作深入了解。

9.4　反应堆对反应性骤增的热响应

反应性意外骤增工况下可能出现的安全事故之一是工作人员直接暴露于

高通量中子和高通量伽马射线中。然而，更为常见的安全考虑通常集中于由反应堆构件过热引起的反应堆安全屏障损坏和裂变产物释放。因此，我们需要考查反应堆构件对反应性意外骤增的热响应。对于瞬发次临界实验，首要关注的问题是反应堆燃料的过热和熔化以及随后可能的压力容器或其他包容结构的熔穿。全面分析反应堆对反应性骤增的热响应要求使用耦合了动力学和热学的计算机分析模型。然而，就我们的目的而言，我们可以通过准静态解法考查非常缓慢的瞬态工况，对于更快的瞬态，可以使用简单的集总参数模型。

9.4.1 慢速超功率瞬态

对于超功率瞬态，如果不考虑显著的反馈或补偿，则反应堆功率和时间的函数关系可通过式(9-19)和式(9-34)估算给出

$$P(t)=P(0)\frac{\beta}{\beta-\rho}\exp\left[\left(\frac{\bar{\lambda}\rho}{\beta-\rho}\right)t\right] \tag{9-61}$$

最热燃料棒轴向位置 z 处的线热流密度 $q'(z,t)$（单位为 W/cm）为

$$q'(z,t)=\frac{P(t)f(z)F_{\mathrm{r}}}{n_{\mathrm{e}}} \tag{9-62}$$

式中，F_{r} 为堆芯径向峰值因子；n_{e} 为燃料元件数量。$f(z)$ 为轴向功率形状（cm^{-1}），其经过归一化，以使沿燃料元件长度的积分值为 1。功率峰值因子为最热燃料元件功率与平均燃料元件功率的比值。热通道内冷却剂温度通过下式得到

$$T_{\mathrm{co}}(z,t)=T_{\mathrm{coi}}+\frac{1}{\left(\dfrac{\dot{m}}{n_{\mathrm{e}}}\right)c_{\mathrm{co}}}\int_{\frac{-H}{2}}^{z}q'(z',t)\mathrm{d}z' \tag{9-63}$$

式中，$\dot{m}$ 为冷却剂质量流量(g/s)；T_{coi} 为冷却剂入口温度(K)；c_{co} 为冷却剂比热容；H 为燃料棒活性区的高度(cm)；$z=0$ 位于活性区轴向高度的中点。

对于慢速超功率瞬态，随着燃料元件温度逐渐上升，我们可以将各个功率水平下沿燃料元件、包壳和冷却剂的温度变化近似成稳态进行处理。基于这一假设，z 位置 t 时刻的燃料元件中心温度 T_{Fc} 可通过式(9-63)确定，并可计算燃料元件中心和冷却剂之间的温差，即 $\Delta T(z,t)=R_{\mathrm{T}}q'(z,t)$。此处 R_{T}

为燃料元件至主冷却剂的总热阻(单位 cm·K/W)。传热计算中的总热阻与电路中的净电阻使用方法类似。对于典型的燃料元件几何结构,总热阻等于燃料元件构件和冷却剂热阻之和。对于如图 9-11 所示的反应堆设计,堆芯由覆有包壳的燃料棒组成,燃料棒间有空隙供冷却剂流动。

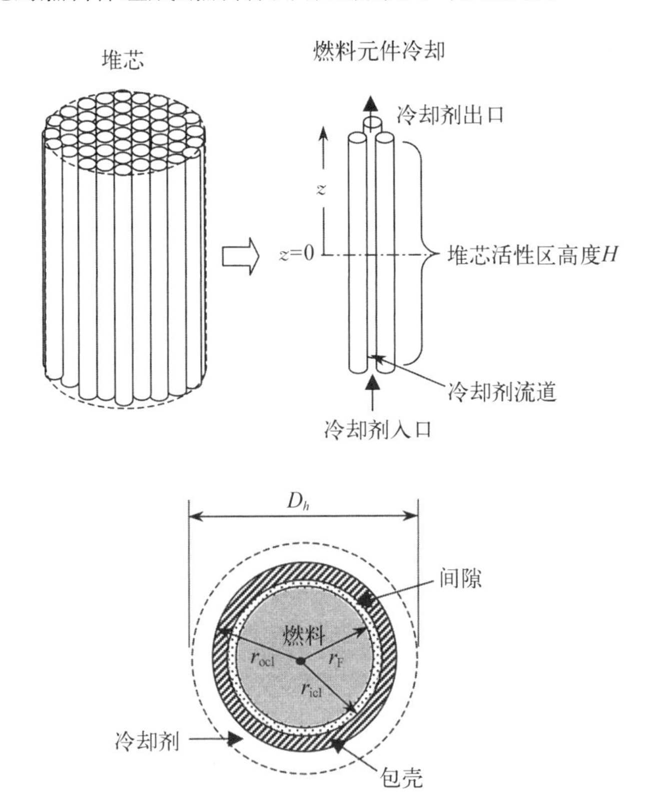

图 9-11　燃料元件几何结构及其命名

各组件的热阻很容易给出:

$$R_F = \frac{1}{4\pi k_F} \tag{9-64}$$

$$R_g = \frac{1}{2\pi r_{icl} h_g} \tag{9-65}$$

$$R_{cl} = \frac{\ln\left(\frac{r_{ocl}}{r_{icl}}\right)}{2\pi k_{cl}} \tag{9-66}$$

和

$$R_{co}=\frac{1}{2\pi r_{ocl}h_{co}} \tag{9-67}$$

式中，R_F、R_g、R_{cl} 和 R_{co} 分别为燃料、燃料和包壳的间隙、包壳、冷却剂的热阻；参数 k_F 和 k_{cl} 为热导率[W/(cm·K)]；h_g 和 h_{co} 分别为间隙和冷却剂的传热系数[W/(cm^2·K)]；燃料棒的半径以及包壳的内半径和外半径(cm)分别用 r_F、r_{icl} 和 r_{ocl} 表示。

如果间隙的传热主要依靠间隙气体的热传导，则间隙传热系数可近似为

$$h_g=\frac{k_g}{r_{icl}\ln\left(\frac{r_{icl}}{r_F}\right)} \tag{9-68}$$

式中，k_g 为间隙气体热导率。冷却剂对流传热系数可通过下式得到

$$h_{co}=\frac{k_{co}}{D_h}(0.002\,3\,Re^{0.8}Pr^{0.4}) \tag{9-69}$$

式中，D_h 为冷却剂流道的水力直径；Re 和 Pr 分别为冷却剂的雷诺数和普朗特数。水力直径为有效直径，定义为下式：

$$D_h=4\frac{A}{C_p} \tag{9-70}$$

式中，A 为流通面积；C_p 为湿周。雷诺数和普朗特数为无量纲参数，用于传热分析，有

$$Re=\frac{D_h\bar{v}_{co}\zeta_{co}}{\mu_{co}} \tag{9-71}$$

$$Pr=\frac{c_{co}\mu_{co}}{k_{co}} \tag{9-72}$$

式中，$\bar{v}_{co}$、c_{co}、μ_{co} 和 ζ_{co} 分别为冷却剂平均流速(cm/s)、比热容[(W·s)/(g·K)]、黏度[g/(cm·s)]和密度(g/cm^3)。利用上述公式可分别计算得到单个热阻。由此，总热阻为

$$R_T=R_F+R_g+R_{cl}+R_{co} \tag{9-73}$$

燃料中心温度可通过下式得到：

$$T_{Fc}(z,t)=T_{co}(z,t)+R_T q'(z,t) \tag{9-74}$$

并且，燃料包壳温度可通过下式计算：

$$T_{cl}(z,t)=T_{Fc}(z,t)-R_{Fc} q'(z,t) \tag{9-75}$$

式中，$R_{Fc}=R_F+R_g+R_{cl}$。

9.4.2　快速超功率瞬态

对于更为迅速的瞬发次临界超功率瞬态，准稳态法不再适用。对于这一工况，进行热分析可用如下的方程近似处理：

$$\frac{m_{FE}c_{FE}}{n_e H}\frac{\mathrm{d}\overline{T}_{FE}(z,t)}{\mathrm{d}t}=q'(z,t)-\frac{1}{\overline{R}_{FE}}\left[\overline{T}_{FE}(z,t)-\overline{T}_{co}(z,t)\right] \tag{9-76}$$

式中，$\overline{T}_{FE}$ 和 c_{FE} 分别为燃料元件平均温度和比热容。参数 m_{FE} 为堆芯内燃料元件的总质量(燃料+包壳)。参数 $\overline{R}_{FE}$ 为燃料元件平均温度下燃料元件的热阻[3]，可由下式给出

$$\overline{R}_{FE}=\frac{m_F c_F \overline{R}_T+m_{cl}c_{cl}\overline{R}_C}{m_{FE}c_{FE}} \tag{9-77}$$

其中

$$\overline{R}_T=\frac{R_F}{2}+R_g+R_{cl}+R_{co} \tag{9-78}$$

$$\overline{R}_C=\frac{1}{4\pi k_{cl}}-\left(\frac{r_{icl}^2}{r_{ocl}^2-r_{icl}^2}\right)R_{cl}+R_{co} \tag{9-79}$$

$$c_{FE}=\frac{m_F c_F+m_{cl}c_{cl}}{m_F+m_{cl}} \tag{9-80}$$

此处，m_{cl} 和 c_{cl} 分别为燃料包壳的质量和比热容。

变换式(9-76)可得到

$$\frac{\mathrm{d}\overline{T}_{FE}(z,t)}{\mathrm{d}t}=\frac{q'(z,t)}{\left(\dfrac{m_{FE}}{Hn_e}\right)c_{FE}}-\frac{1}{\tau}\left[\overline{T}_{FE}(z,t)-\overline{T}_{co}(z,t)\right] \tag{9-81}$$

式中，τ 为时间常数，定义为

$$\tau \equiv \frac{m_{FE} c_{FE} \bar{R}_{FE}}{n_e H} \tag{9-82}$$

对于中等的反应性引入(<25¢)，式(9-62)可写为以下形式：

$$q'(z, t) = P(0) \frac{\beta}{\beta - \rho} \exp\left[\left(\frac{\bar{\lambda}\rho}{\beta - \rho}\right) t\right] \frac{f(z) F_r}{n_e} \tag{9-83}$$

如果我们假设主冷却剂温度维持基本不变 $[\bar{T}_{co}(z, t) = T_{co}]$，并结合变换 $\Theta(z, t) = \bar{T}_{FE}(z, t) + T_{co}$，式(9-81)变为

$$\frac{d\Theta(z, t)}{dt} = A_{FE}(z) \exp\left(\frac{t}{\mathcal{T}}\right) - \frac{\Theta(z, t)}{\tau} \tag{9-84}$$

其中

$$A_{FE}(z) = \frac{P(0)\beta f(z) F_r H}{(\beta - \rho) m_{FE} c_{FE}}$$

公式两边同时乘以积分因子 $\exp(t/\tau)$，求解并将 Θ 表达式代入公式，可得到

$$\bar{T}_{FE}(z, t) = T_{co} + \frac{A(z)}{\left(\frac{1}{\mathcal{T}} + \frac{1}{\tau}\right)} \left[\exp\left(\frac{t}{\mathcal{T}}\right) - \exp\left(\frac{-t}{\tau}\right)\right] + [\bar{T}_{FE}(z, 0) - T_{co}] \exp\left(\frac{-t}{\tau}\right) \tag{9-85}$$

当 $t \gg \tau$ 时，$\exp\left(\frac{-t}{\mathcal{T}}\right) \gg \exp\left(\frac{-t}{\tau}\right)$，且式(9-85)中的最后一项远小于 T_{co}，式(9-85)可简化为

$$\bar{T}_{FE}(z, t) = T_{co} + \frac{P(0) f(z) F_r H}{m_{FE} c_{FE} (\mathcal{T}^{-1} + \tau^{-1})} \frac{\beta}{(\beta - \rho)} \exp\left(\frac{t}{\mathcal{T}}\right) \tag{9-86}$$

注意，式(9-86)给出的是最热燃料元件的平均温度，而不是最热燃料元件的中心温度。如果我们用轴向功率峰值因子 F_z 除以 H 替代式(9-86)中的 $f(z)$，可以得到最热燃料元件轴向功率最大处的径向平均温度 $\hat{T}_{FE}$。因此

$$\hat{T}_{FE}(t) = T_{co} + \frac{\hat{P}_0}{m_{FE} c_{FE} (\mathcal{T}^{-1} + \tau^{-1})} \frac{\beta}{(\beta - \rho)} \exp\left(\frac{t}{\mathcal{T}}\right) \tag{9-87}$$

式中，$\hat{P}_0 = P(0)F_r F_z$。

例 9.2

一空间反应堆以 2 MW 的功率运行了 2 年，由于发生故障导致引入了 0.2 $ 的正反应性。假设反应性的变化是瞬时的，求堆芯中心处最热燃料元件的平均温度与时间的函数关系。反应堆参数值如下：$m_F = 183$ kg，$m_{cl} = 70$ kg，$r_F = 0.325$ cm，$r_{icl} = 0.338$ cm，$r_{ocl} = 0.387$ cm，$k_F = 0.26$ W/(cm·K)，$k_{cl} = 0.52$ W/(cm·K)，$k_{gap} = 0.0046$ W/(cm·K)，$h_{co} = 4$ W/(cm^2·K)，$c_F = 0.26$ J/(g·K)，$c_{cl} = 0.50$ J/(g·K)，$n_e = 1\,000$ pins、$F_r = 1.25$、$T_{co} = 800$ K、$H = 40$ cm，轴向功率峰值因子 $F_z = 1.15$。当燃料局部平均温度达到 1 800 K 时认为燃料元件失效。假设不考虑反应性反馈，那么燃料元件多久后会失效？

解：

热力参数为

$$R_F = \frac{1}{4\pi(0.26)} = 0.306(\text{cm} \cdot \text{K/W})$$

$$R_g = \frac{\ln\left(\frac{0.338}{0.325}\right)}{2\pi(0.0046)} = 1.36(\text{cm} \cdot \text{K/W})$$

$$R_{cl} = \frac{1}{2\pi(0.52)} \ln\left(\frac{0.387}{0.338}\right) = 0.041(\text{cm} \cdot \text{K/W})$$

$$R_{co} = \frac{1}{2\pi(0.387)(4)} = 0.103(\text{cm} \cdot \text{K/W})$$

$$c_{FE} = \frac{183(0.26) + 70(0.50)}{253} = 0.326\ [\text{W} \cdot \text{s/(g} \cdot \text{K)}]$$

$$\bar{R}_T = \frac{0.306}{2} + 1.36 + 0.041 + 0.103 = 1.65(\text{cm} \cdot \text{K/W})$$

$$\bar{R}_C = \frac{1}{4\pi(0.52)} - \left[\frac{(0.338)^2}{(0.387)^2 - (0.338)^2}(0.041)\right] + 0.103 = 0.124(\text{cm} \cdot \text{K/W})$$

$$\bar{R}_{FE} = \frac{183(0.26)(1.65) + 70(0.50)(0.124)}{253(0.326)} = 1.00(\text{cm} \cdot \text{K/W})$$

$$\tau = \frac{253 \times 10^3}{40 \times 1\ 000} \times 0.326 \times 1.00 = 2.07(\mathrm{s})$$

将 $\overline{\lambda} = 0.08\ \mathrm{s}^{-1}$ 代入式(9－31)，则渐近周期为

$\mathcal{T} = \dfrac{1-(0.20)}{0.08 \times 0.20} = 50\ \mathrm{s}$，并利用式(9－87)，燃料元件热点温度为

$$\hat{T}_{\mathrm{FE}} = 800 + \frac{2 \times 10^6 \times 1.25 \times 1.15}{253 \times 1\ 000 \times 0.326} \times \frac{1}{1-0.20} \times \frac{\exp(t/50)}{\left[\left(\frac{1}{2.07}\right)+\left(\frac{1}{50}\right)\right]}$$

或

$$\hat{T}_{\mathrm{FE}} = 800 + 86.61\exp(t/50)(\mathrm{K})$$

图 9－12 给出了燃料元件温度上升的曲线，根据曲线，到达 1 800 K 所需的时间为

$$t = (50)\left[\frac{1\ 800 - 800}{86.61}\right] = 122.3(\mathrm{s})$$

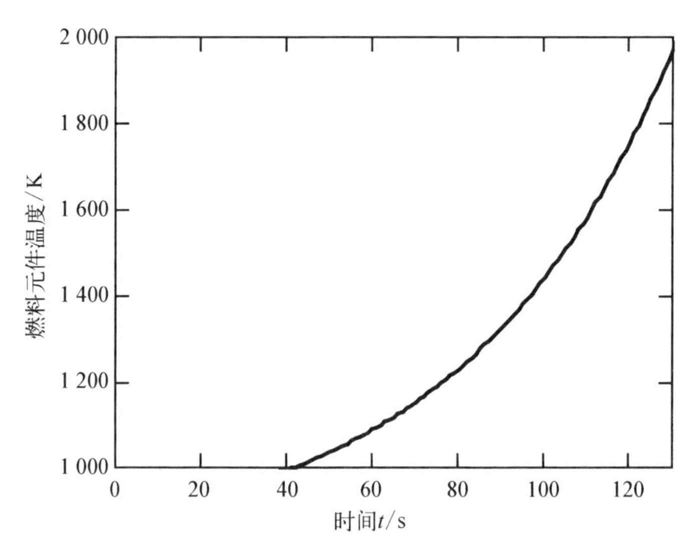

图 9－12　不考虑反馈，引入反应性为 $\rho_{\mathrm{in}} = 0.20\ \$$ 时燃料元件温度随时间的变化(例 9.2 图)

注意到，这一分析中 $t \gg \tau$。因此，该工况适用于推导式(9－86)的近似方法。此例中的温度上升速度较快，然而，这是不真实的，因为真实的空间反应

堆中有反馈作用，且瞬发反应性系数一定会设计为负值。

9.5　反应性骤增反应堆解体事故

假定反应堆出现反应性迅速增加的事故，该事故足够严重，引起燃料蒸发，导致反应堆毁灭性解体。对于地面反应堆，快中子反应堆需要考虑反应性引入导致的解体事故，而热中子反应堆则不需要。只有快中子反应堆需要考虑该事故是因为地面快中子反应堆和热中子反应堆的一些关键特性不同。一个主要的考虑是一些快中子反应堆的事故场景中可能出现大的瞬间反应性引入，尽管概率很低。燃料元件突然移动或慢化液体意外注入堆芯都可能导致这些反应性引入事故。对于大多数地面热中子反应堆，慢化剂的存在使得大的瞬间反应性引入事故极不可能发生。此外，如表 9-3 所示，地面快中子反应堆的瞬发中子寿命远小于热中子反应堆。最后，热中子反应堆的铀富集度比快中子反应堆低，其负的多普勒系数通常远大于快中子反应堆。

表 9-3　典型空间反应堆和地面反应堆瞬发中子寿命

中子寿命/s	空间反应堆	地面反应堆	中子能谱
10^{-3}			
		重水堆	热中子
10^{-4}	Enisey	石墨慢化轻水堆	
10^{-5}			超热中子
	SNAP-10A		
10^{-6}			
10^{-7}	液态金属冷却堆和气冷堆	液态金属冷却堆和气冷堆	快中子
10^{-8}			
			纯铀-235
10^{-9}			

在空间反应堆安全分析初期，由于空间反应堆独特的设计特性以及可能的事故场景，相较于地面快中子反应堆和热中子反应堆，反应性引起的空间反应堆解体事故发生的概率有所增加。有些场景（例如，再入冲击反射事故）可能导致大的反应性瞬间引入。而且，如表 9-3 所示，即使是热中子空间反应

堆,其瞬发中子代时间也相对较短。与商用水冷反应堆不同,空间快中子反应堆和热中子反应堆的燃料富集度都很高,其多普勒反馈系数可能不大。一些研究者认为,这些可能导致空间反应堆毁灭的事故场景有一个潜在的优势。此类事故通常认为在反应堆运行前发生;因此,在临界事故中,低当量爆炸解体导致的堆芯损毁为反应堆永久停堆提供了一种固有的机制。SNAP-10A的设计不要求堆芯反射事故期间保持次临界。反应性引起的解体被认为是该场景下反应堆停堆的主要机制。

出于这些考虑,大量的精力被用于研究空间反应堆反应性骤增毁灭性解体事故。针对 SNAP-10A 和 NERVA 开展了全尺寸的毁灭性解体试验。然而,对于 SNAP-10A 反射事故,反应性引起的爆炸停堆是空间反应堆堆芯设计特有的结果。铀氢锆燃料在温度稍微上升后会迅速释放氢气,SNAP-10A 堆芯淹没后反射层的弹出导致极高的反应性引入速率。其他空间反应堆设计很少有必须承受此类爆炸性解体事故的特性。虽然空间反应堆开发者至少必须考查反应性骤增引起爆炸性分解的可能性,过去也曾重点关注此类事故,但是就当前的空间反应堆设计和安全方法而言,这是毫无根据的。

9.5.1 简单的堆芯解体分析方法

反应性骤增引起的堆芯解体事故的全面分析是极为复杂的,并且需要详细的计算机模型。为此,Behte 和 Tait[1,3]开发了一个相对简单的方法,用于给出地面快中子反应堆发生反应性骤增堆芯解体事故时反应堆爆炸释放的压力上限。Behte-Tait 方法可用于空间反应堆,但必须明白,该方法对结果的预估可能过高。该方法将假想事故分为预解体阶段和解体阶段。在预解体期间,假设反应堆以 $\dot{\rho}$ 的反应性线性上升速率到达瞬发临界,且反应堆功率水平过低,不考虑任何反应性反馈。当产生了足够的能量密度,燃料将蒸发,导致堆内物质受压力驱动而移动。解体阶段的堆芯损毁提供了固有停堆机制。

1) 预解体阶段

舍去式(9-17)的缓发项(第二项),并用 $P(t)$ 替代 $n(t)$,预解体阶段的反应堆功率动力学特性可近似为

$$\frac{\mathrm{d}P(t)}{\mathrm{d}t}=\frac{[\rho(t)-\beta]}{\Lambda}P(t) \tag{9-88}$$

当反应性引入速率极快时，我们可以忽略瞬发超临界前的轻微效应，反应性随时间的变化可近似为

$$\rho(t)=\beta+\dot{\rho}t \tag{9-89}$$

$t=0$ 时反应堆首次达到瞬发超临界；因此，我们可以将 $\rho(t)=\beta+\dot{\rho}t$ 代入式(9-88)，得到

$$\frac{\mathrm{d}P(t)}{\mathrm{d}t}=\frac{\dot{\rho}t}{\Lambda}P(t) \tag{9-90}$$

对式(9-90)积分可得

$$P(t)=P(0)\exp\left(\frac{\dot{\rho}}{2\Lambda}t^2\right) \tag{9-91}$$

如果定义 $\bar{E}_{th}$ 为压力发展的特定能量阈值，那么 $E_{th}=\bar{E}_{th}m_c$ 为增压起始阶段堆芯产生的能量，m_c 为堆芯质量。能量阈值可用下列积分表达：

$$E_{th}=\int_0^{t_{th}}P(t)\mathrm{d}t \tag{9-92}$$

式中，t_{th} 为解体阶段的起始时间。如果 $\dfrac{\dot{\rho}t^2}{(2\Lambda)}\gg 1$，式(9-92)的解可近似为

$$E_{th}\approx\frac{\Lambda P(0)}{\dot{\rho}t_{th}}\left[\exp\left(\frac{\dot{\rho}\cdot t_{th}^2}{2\Lambda}\right)\right] \tag{9-93}$$

式(9-93)可写为

$$\frac{\dot{\rho}\cdot t_{th}^2}{\Lambda}-\ln\left(\frac{\dot{\rho}\cdot t_{th}^2}{\Lambda}\right)=\ln\left\{\frac{\dot{\rho}}{\Lambda}\left[\frac{E_{th}}{P(0)}\right]^2\right\} \tag{9-94}$$

式(9-94)左边第二项远小于第一项，可忽略不计。因此，增压起始时间可近似为

$$t_{th}\approx\sqrt{\frac{\Lambda}{\dot{\rho}}\ln\left[\frac{\dot{\rho}}{\Lambda}\left(\frac{E_{th}}{P(0)}\right)^2\right]} \tag{9-95}$$

预解体阶段末期引入的反应性为 $\Delta\rho_{th}=\dot{\rho}t_{th}$；因此，由式(9-95)可以得到

$$\Delta\rho_{th}\approx\sqrt{\dot{\rho}\Lambda\ln\left[\frac{\dot{\rho}}{\Lambda}\left(\frac{E_{th}}{P(0)}\right)^2\right]} \tag{9-96}$$

2）反应性反馈

由于解体阶段反应性反馈方程的推导在其他文章中有所涉及并讨论(如参考文献[1]和参考文献[3])。因此，本书仅对 Lewis[3] 推导方法的基本步骤进行回顾。Lewis 导出了用 ζ_c、$\boldsymbol{u}$、$\phi(\boldsymbol{r})$ 和其他参数等表达的($d\rho_d/dt$)方程。参数 ρ_d 为解体反馈反应性，$\boldsymbol{u}$ 为堆芯体积元 dV 受燃料蒸汽压力驱动的速度，ζ_c 为堆芯密度，$\phi(\boldsymbol{r})$ 为中子通量密度的空间分布。然后速度 $\boldsymbol{u}$ 可与运动方程的局部压力 $p(\boldsymbol{r}, t)$ 联系起来。下一步，当 $E > E_{th}$ 时，压力可表达为 $p(\boldsymbol{r}, t) \sim (\gamma - 1)[E(\boldsymbol{r}, t) - E_{th}]$[当 $E < E_{th}$ 时，$p(\boldsymbol{r}, t) = 0$]。此处，γ 为燃料质量定压热容和质量定容热容的比值。假设 $E(\boldsymbol{r}, t)$ 可变量分离且解体时 $E \gg E_{th}$，Lewis 使用这些关系得到以下形式的表达式：

$$\frac{\partial^2 \rho_d}{\partial t^2} = -\frac{1}{Cm_c r_c^4} E(t) \tag{9-97}$$

式中，C 为与特定堆芯成分有关的常数。

3）能量释放

对于解体阶段，可作近似处理，认为引入的反应性和功率增长速率维持为预解体阶段末期的值不变，直到反应堆由于解体变为瞬发次临界。由于解体持续的时间跨度极小，可以认为这些近似是合理的。因此，解体阶段反应堆功率随时间增长的函数可写为

$$P(t) = P(t_{th}) \exp\left[\frac{\Delta\rho_{th}}{\Lambda}(t - t_{th})\right] \tag{9-98}$$

对式(9-98)在区间 t_{th} 至 t 进行积分，可得

$$E(t) = E_{th} \exp\left[\frac{\Delta\rho_{th}}{\Lambda}(t - t_{th})\right] \tag{9-99}$$

将式(9-99)代入式(9-97)，并积分两次，近似解为

$$\rho_d(t) = -\frac{1}{Cm_c r_c^4}\left(\frac{\Lambda}{\Delta\rho_{th}}\right)^2 E(t) \tag{9-100}$$

当 $\rho_d = -\Delta\rho_{th}$ 时，反应堆再次到达瞬发次临界；所以，由式(9-100)可知，释放的总能量可近似为

$$E \approx Cm_c r_c^4 \frac{(\Delta\rho_{th})^3}{\Lambda^2} \tag{9-101}$$

将式(9－96)中的 $\Delta\rho_{th}$ 代入式(9－101),则解体事故释放的能量为

$$E \approx C m_c r_c^4 \frac{\dot{\rho}^{\frac{3}{2}}}{\Lambda^{\frac{1}{2}}} \left\{ \ln\left[\frac{\dot{\rho}}{\Lambda} \left(\frac{E_{th}}{P(0)} \right)^2 \right] \right\}^{\frac{3}{2}} \quad (9-102)$$

式(9－102)表明,释放的能量是反应堆尺寸、反应性引入速率和瞬发中子代时间的强函数。Hetrick 用一个略微有所不同的方法推导得出以下形式的方程:

$$E \approx C_{pd} \frac{\dot{\rho}^{\frac{3}{2}}}{\Lambda^{\frac{1}{2}}} \left\{ \ln\left[\frac{\dot{\rho}}{\Lambda} \left(\frac{E_{th}}{P(0)} \right)^2 \right] \right\}^{\frac{3}{2}} \quad (9-103)$$

式(9－102)和式(9－103)是相同的,只是后者未明确表达释放能量与反应堆质量和尺寸的相关性。需要注意的是,式(9－102)得到的是解体事故期间裂变释放的总能量,而不是爆炸释放的能量。爆炸释放的能量通常只是裂变能的一小部分。Stratton 等使用 PAD 程序[4]计算了带有反射层的 611 kg UO_2 燃料球形反应堆释放的裂变能和爆炸能,还开展了针对不带有反射层的 960 kg UO_2 燃料球形反应堆的计算。根据他们的数据,可以得到假想解体事故期间释放的爆炸能和裂变能的比值,图 9－13 给出了该比值与反应性引入速率间的函数关系曲线。

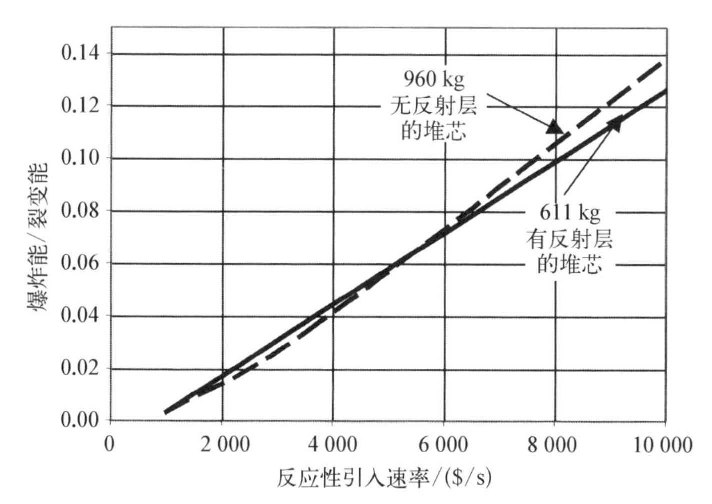

图 9－13　对于 UO_2 燃料球形反应堆,计算得到的解体事故期间爆炸能和裂变能比值与反应性引入速率间的函数关系曲线

9.5.2 反应堆解体实验

针对 NERVA 和 SNAP - 10A 空间反应堆设计，已开展了反应性骤增反应堆解体实验。针对 NERVA 反应堆的早期设计 Kiwi 开展了单项试验 Kiwi - TNT。反应堆燃料为石墨基体的高富集铀。为确保爆炸性解体，反应堆伺服控制系统升级至可提供极为迅速的反应性引入。在刻意快速地引入反应性后，反应堆周期达到 6×10^{-4} s；在几毫秒后，燃料基体的高能沉积导致大量的石墨蒸发，石墨蒸汽形成的压力使得反应堆损毁。释放的爆炸能约为 345 MJ。

针对 SNAP - 10A 项目开展了三个系列试验（Snaptran - 1、- 2 和 - 3）。这些试验的反应堆燃料由标准 SNAP - 10A 铀燃料组成，燃料基体为 ZrH_2。Snaptran - 1 开展了一系列的反应性骤增试验，反应堆周期不足以引起爆炸性解体（>0.001 s）。Snaptran - 2 在空气中开展试验，没有 NaK 冷却剂，为引入反应性，试验中以极快的速度旋转控制鼓，导致反应堆周期约为 2×10^{-4} s，释放的能量预估为 0.76 MJ，相当于 0.17 kg TNT 释放的能量。Snaptran - 3 试验在水下开展，试验中 NaK 冷却剂维持在堆芯。为在水下试验中快速引入反应性，SNAP 反应堆堆芯周围的反射层用碳化硼铝（碳化硼和铝）圆柱体代替。试验中通过快速移出碳化硼铝圆柱体以实现极快速的反应性引入，反应堆周期约为 6×10^{-4} s；释放的爆炸能约为 1.8 MJ，然而，爆炸能中很重要的一部分来自 NaK 与水的化学反应。

Stratton 指出，“要在小型反应堆制造核爆炸比常规认为的要更难[6]”。Stratton 的观察传递出的信息是，在开展既花钱又可能不必要的解体事故实验之前，有必要对空间反应堆设计和事故场景进行仔细检查，确认爆炸性解体事故是否可信。大多数空间反应堆的概念和任务可能不太需要这些试验，开展这一试验就其本身而言是出于安全考虑。传递出的其他信息是，意图依靠爆炸性解体作为反应堆在事故场景下的停堆手段可能是不太明智的。对大多数设计来说，要达到瞬发解体所需的条件是很困难的，而且反应堆可能的种类以及环境条件本质上是不受限的。对于被水淹没导致反应堆临界来说，更可能发生的是反复临界，这将在下一节进行讨论。正如第 8 章所讨论的，对于临界安全问题来说，预防意外临界是一种更为有效的方法。

9.6 反复临界

尽管早期的空间反应堆研究将大量的精力放在了反应堆被水淹没后的瞬

发解体事故，但通常来说，更可能出现的场景是反复临界。正如第8章所描述的，针对这个场景，假设发生冲击事故，导致反应堆边界破损。水将淹没堆芯中开放的空间，增强的中子慢化和反射作用导致反应堆到达超临界。堆芯功率水平增加，加热充满堆芯的水，加热的水要么沸腾要么迅速蒸发，向堆芯引入负反应性，导致反应堆达到次临界；随后堆芯再次充满水，然后重复上述过程。下面将探索可引起沸腾反复临界的水淹场景下反应堆的近似特性。

9.6.1 初始骤增

针对这一场景的简单分析，我们可以从9.4.1节中描述的方法入手，分析反应堆在被水淹没后初始功率的上升。我们假设堆芯迅速被水填充，但直到堆芯几乎被充满反应堆才达到临界。对于被水淹没引起的阶跃反应性小于0.25 $ 的场景，我们可以使用式(9-87)。定义 t_b 为沸腾起始时间，假设 $\hat{T}_{FE}(t_b)=400$ K 时沸腾发生，重新整理式(9-87)可以得到

$$t_b=\mathcal{T}\ln\left[(400-T_{co})\left(\frac{\beta-\rho}{\beta}\right)\frac{m_{FE}c_{FE}(\mathcal{T}^{-1}+\tau^{-1})}{\hat{P}_0}\right] \tag{9-104}$$

根据式(9-104)，假设经过时间间隔 Δt_b 后空泡效应使水体积缩小至反应堆重返次临界，功率增长在时间 $t_1=t_b+\Delta t_b$ 时刻停止。在这一时刻反应堆功率水平为

$$\hat{P}_1=\hat{P}_0\frac{\beta}{\beta-\rho}\exp\left(\frac{t_1}{\mathcal{T}}\right) \tag{9-105}$$

$$\hat{T}_{FE1}=T_{co}+\frac{\hat{P}_0}{m_{FE}c_{FE}(T^{-1}+\tau^{-1})}\frac{\beta}{\beta-\rho}\exp\left(\frac{t_1}{\mathcal{T}}\right) \tag{9-106}$$

9.6.2 沸腾停堆

沸腾通常会导致快速而显著的负反应性引入。对于大的负反应性引入，功率迅速下降期间加热作用通常不明显。而且，因为沸腾振荡期间燃料元件表面温度变化较小，式(9-81)中的温差 $\hat{T}_{FE}(t)-T_{co}$ 变化非常小。因此，舍去式(9-81)右边的第一项并将燃料和水之间的温差近似为 $\hat{T}_{FE1}-T_{co}$，求解方程可以得到

$$\hat{T}_{FE}(t)=\hat{T}_{FE1}-\frac{(\hat{T}_{Fe1}-T_{c})}{\tau_{co}}t \tag{9-107}$$

此处，τ_{co} 为沸腾传热相关的时间常数。需要注意的是，式(9-107)中的时间 t 在负反应性引入开始时刻对应 0。根据式(9-107)，冷却剂冷却至饱和温度(假设为 400 K)以下需要的时间 t_{co} 为

$$t_{co}=\tau_{co}\frac{(\hat{T}_{Fe1}-400)}{(\hat{T}_{Fe1}-T_{co})} \tag{9-108}$$

假设冷却剂主流温度维持为水源温度(如 300 K)。在随后的时刻 $t_2=t_{co}+\Delta t_{co}$，留在主流内的气泡崩溃。对于沸腾期间假定引入的负反应性 ρ_{co}，周期 $\mathcal{T}_{co}=-\lambda_1^{-1}$。因此，根据式(9-38)，$t_2$ 时刻的反应堆功率为

$$\hat{P}_2=\hat{P}_1\left[\frac{\beta}{\beta-\rho_{co}}\exp\left(\frac{t_2}{\mathcal{T}_{co}}\right)\right] \tag{9-109}$$

而且，根据式(9-107)，我们可以得到 $\hat{T}_{FE2}=\hat{T}_{FE}(t_2)$。

9.6.3 第二次骤增

假设在 t_2 时刻净反应性重新达到原先的引入值，对式(9-81)进行变换可以得到燃料元件温度随时间的变化。通过式(9-83)、燃料和包壳间温差近似恒定假设以及式(9-81)的一些其他置换，我们可以得到

$$\hat{T}_{FE}(t)=T_{FE2}+\frac{\hat{P}_2}{m_{FE}c_{FE}}\frac{\beta\mathcal{T}}{\beta-\rho}[\exp(t/\mathcal{T})-1]-\frac{(T_{FE2}-T_{co})}{\tau}t \tag{9-110}$$

在反应性引入的时候时间再次置为 0。式(9-110)可进行泰勒级数展开，当 $t\ll\mathcal{T}$ 时，可近似为展开的前两项 $1+t/\mathcal{T}$。因此，重新整理式(9-110)并结合截断展开，时间 $t_3=t_b+\Delta t_b$ 为

$$t_3=\Delta t_b+\frac{(400-T_{FE2})}{\left[\frac{\hat{P}_2}{m_{FE}c_{FE}}\frac{\beta}{(\beta-\rho)}-\frac{(T_{FE2}-T_{co})}{\tau}\right]} \tag{9-111}$$

这一过程不断重复，可预测反应堆功率在准平衡值附近上下振荡。

上述方法用于给出反应堆在假想水淹事故下的功率变化，如图 9-14 所示。在这个例子中，假设水淹没堆芯的速率为 0.5 cm/s，阶跃反应性引入为

0.25 \$，空泡效应引入的反应性为 -1.05 \$，还假设 $\Delta t_b = 1.0$ s 和 $\Delta t_{co} = 0.01$ s。考虑到绘制图 9-14 的这些近似和假设，图 9-14 预测的功率变化应认为是定性的估计。

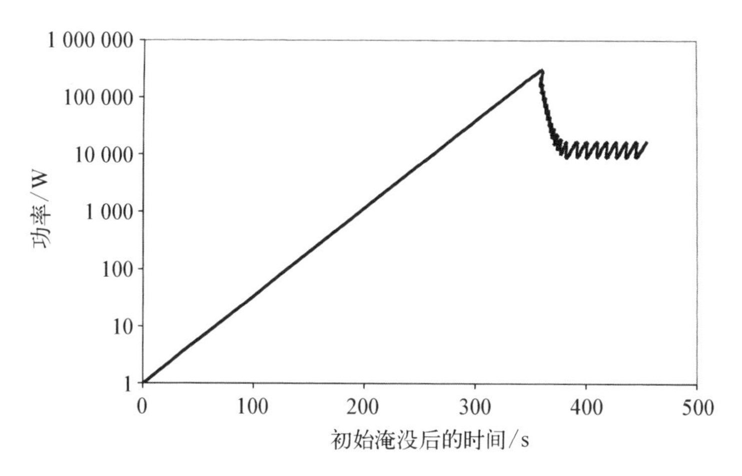

图 9-14　假想反复临界事故中功率随时间的变化

9.7　冷却失效事故

地面反应堆事故分析通常重点考虑冷却失效事故。对于运行在高轨道、其他星球或月球表面的反应堆来说，冷却失效事故可能没有重要的安全影响。尽管如此，正如假设的其他空间反应堆运行事故，冷却失效事故可能会对某些等级的任务产生安全影响。本节将考查一些更为常见的假想冷却失效事故，包括流动堵塞、失流事故（LOF）和冷却剂丧失事故（LOCA）。

9.7.1　流动堵塞

空间反应堆通过冷却剂将反应堆热量传递至能量转换系统，因此在设计中考虑足够的冷却剂流量，确保反应堆燃料元件不会超过安全温度限值。然而，如果某个硬件脱离了反应堆系统并被流动的冷却剂冲至堆芯区域，那么就有可能导致流动通道堵塞。燃料肿胀、弯曲或冷却剂夹带的颗粒积累也可能导致堵塞。堵塞可能阻止有效的冷却，导致燃料元件温度过高，并可能导致燃料和包壳边界熔化。燃料熔化和包壳失效将导致裂变产物释放至冷却剂。燃料熔化及其迁移过程可能导致大规模的流动堵塞，进而导致更多的燃料元件失效,可能进一步演变成压力容器失效,导致放射性物质向环境释放。

对于正常流道,沿堆芯的压降可通过下式确定

$$\Delta p = \frac{\mathcal{K}_0}{2\zeta_{co}}\left(\frac{\dot{m}_{ch}}{A_{ch}}\right)^2 \tag{9-112}$$

式中,$\mathcal{K}_0$ 为无量纲水力阻力;ζ_{co} 为冷却剂密度;$\dot{m}_{ch}$ 为通道质量流量;A_{ch} 为通道流通面积。无障碍通道的水力阻力 $\mathcal{K}_0$ 为

$$\mathcal{K}_0 = f_r \frac{H}{D_h} \tag{9-113}$$

式中,f_r 为摩擦因子;H 为流道长度;D_h 为水力直径。如果假设通过锐孔板的形式节流,那么节流作用的水力阻力 $\mathcal{K}_R$ 可近似为

$$\mathcal{K}_R = 2.7\chi^2 \frac{(2-\chi)}{(1-\chi)^2} \tag{9-114}$$

式中,$\chi \equiv \dfrac{A_R}{n_{ch}A_{ch}}$;$A_R$ 为受限的流通面积;n_{ch} 为连通的冷却剂通道数量[3,7]。

非常局部的流动堵塞对沿堆芯的压降没有显著影响,堵塞引起的流动阻力代表流道内的一系列阻力。因此,使节流前后的压降相同,可以得到

$$\mathcal{K}_0\dot{m}_{ch}^2 = (\mathcal{K}_0 + \mathcal{K}_R)\dot{m}_R^2 \tag{9-115}$$

式中,$\dot{m}_R$ 为受限通道内的质量流量,联立之前的公式可以得到

$$\frac{\dot{m}_R}{\dot{m}_{ch}} = (1-\chi)\left[(1-\chi)^2 + \frac{2.7}{\mathcal{K}_0}\chi^2(2-\chi)\right]^{-\frac{1}{2}} \tag{9-116}$$

根据式(9-116),图9-15给出了不同流通面积限制比下受限通道内流量降低份额和连接通道数量的函数曲线,其中假设 $\mathcal{K}_0=2$。如果流动限制完全堵塞一个通道 $\left(\dfrac{A_R}{A_{ch}}=1\right)$,那么为维持最初的流量就必须要10个冷却剂通道相连通。如果所有的冷却通道是隔离的(例如,NERVA设计),图9-15表明,受限通道内50%堵塞将导致冷却剂质量流量降低40%。

从这个例子可知,大量冷却通道相连可以显著降低流动堵塞的后果。好的设计和细致的质量保证也可防止或降低流动堵塞的后果。通常会在堆芯的上游布置保护性的栅格板,防止碎片被冷却剂带入堆芯,在流道形成堵塞。

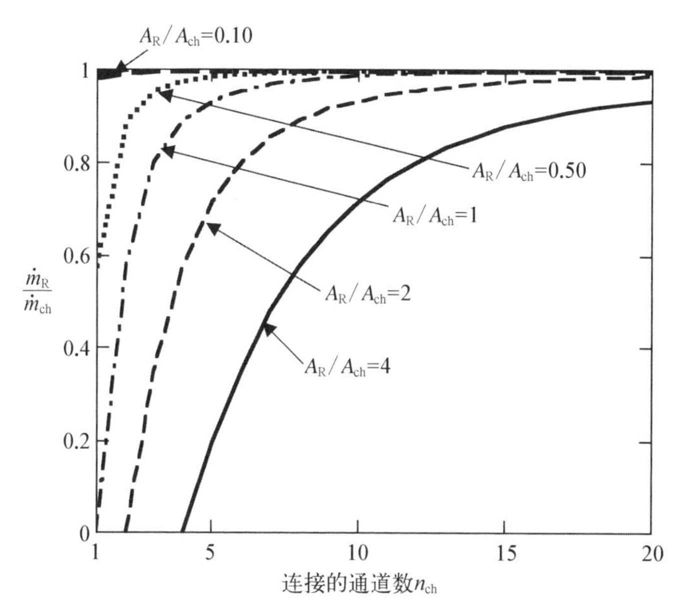

图9-15　不同流通面积限制比下受限通道流量降低份额和连通通道数量的函数曲线(假设 $\mathcal{K}_0=2$)

9.7.2　失流事故

如果冷却剂泵或压缩机出现故障,不充足的冷却可能导致燃料失效和堆芯损伤。对于使用电磁(EM)泵的液态金属冷却空间反应堆系统,由于泵没有惯性作用,对事故的分析可能略微简单些。本节考虑两种液态金属冷却空间反应堆的失流事故场景:在轨运行反应堆;和行星表面的反应堆。

1)在轨运行反应堆

对于使用电磁泵的在轨运行液态金属冷却反应堆,不需要考虑泵的惯性和流体静压。对于单相冷却剂的流动瞬态而言,泵压 Δp_p 等于流体惯性和黏性压降之和,即

$$\Delta p_p = \left(\frac{L}{A}\right)_T \frac{d\dot{m}}{dt} + \frac{\mathcal{K}_T}{A_T 2\ \zeta_c}\dot{m}^2 \tag{9-117}$$

式中,$\left(\frac{L}{A}\right)_T$ 和 $\mathcal{K}_T$ 分别为回路长度与流通面积总(有效)比值和水力阻力。Lewis[3]指出:

$$\left(\frac{L}{A}\right)_T = \left(\frac{L}{A}\right)_c + \frac{1}{N_L}\left(\frac{L}{A}\right)_L \tag{9-118}$$

$$\frac{\mathcal{K}_{\mathrm{T}}}{A_{\mathrm{T}}^{2}}=\frac{\mathcal{K}_{\mathrm{c}}}{A_{\mathrm{c}}^{2}}+\frac{1}{N_{\mathrm{L}}^{2}}\frac{\mathcal{K}_{\mathrm{L}}}{A_{\mathrm{L}}^{2}} \tag{9-119}$$

式中，下标 c 和 L 分别为堆芯和(堆芯)外部回路参数；N_{L} 为相同外部回路的数量。对于空间反应堆，外部回路可能指热交换器的冷却剂通道。

电磁泵失效后，式(9－117)中的 Δp_{p} 迅速降为 0，导致冷却剂流量迅速下降。令 $\Delta p_{\mathrm{p}}=0$，求解式(9－117)可以得到

$$\dot{m}(t)=\frac{\dot{m}(0)}{1+\dfrac{t}{\tau_{\mathrm{T}}}} \tag{9-120}$$

式中，τ_{T} 为总回路时间常数。对于单个冷却剂回路，总回路时间常数为

$$\tau_{\mathrm{T}}=\frac{2\zeta_{\mathrm{c}}}{\dot{m}(0)\left(\dfrac{\mathcal{K}_{\mathrm{T}}}{A_{\mathrm{T}}^{2}}\right)\left(\dfrac{A}{L}\right)_{\mathrm{T}}} \tag{9-121}$$

对于泵失效后的这些简单工况，无论是恒定功率，还是迅速降至 0 功率(无衰变热)，可使用 Lewis[3]提出的方法对冷却剂温度增量 ΔT_{co} 进行近似估计，即

$$\Delta T_{\mathrm{co}}(t)=\Delta T_{\mathrm{co}}(0)\frac{\dot{m}(0)}{\dot{m}(t)}f_{\tau}(t) \tag{9-122}$$

式中，

$$f_{\tau}(t)=1 \quad \text{功率恒定}$$

$$f_{\tau}(t)=\exp\left(-\frac{t}{\tau}\right) \quad \text{功率降为 0} \tag{9-123}$$

τ 由式(9－82)定义。将式(9－120)中的 $\dot{m}(t)$ 代入式(9－122)可得

$$\Delta T_{\mathrm{co}}(t)=\Delta T_{\mathrm{co}}(0)\left(1+\frac{t}{\tau_{\mathrm{T}}}\right)f_{\tau}(t) \tag{9-124}$$

例 9.3

在轨运行液态金属冷却空间反应堆刚运行至热功率 1 $\mathrm{MW_{th}}$，此时所有电磁泵失去供电。假设反应堆立即停堆，请估计穿过堆芯的冷却剂温升随时间变化的特性，反应堆数据为：$\Delta T_{\mathrm{co}}(0)=150$ K、$\dot{m}(0)=4$ kg/s、$\tau=5$ s、$\zeta_{\mathrm{co}}=$

0.74 g/cm^3、$H=60$ cm、$A_c=50$ cm^2、$\mathcal{K}_c=1.1$。假设外部回路可忽略，且不考虑裂变产物的衰变热效果。

解：

总回路时间常数为

$$\tau_T=\frac{2\times 0.74}{4\times 10^3\times\left(\frac{1.1}{50^2}\right)\times\frac{50}{60}}=1.01(\mathrm{s})$$

因此，穿过堆芯的冷却剂温升随时间变化的函数为

$$\Delta T_{co}(t)=150\times\left(1+\frac{t}{1.01}\right)\exp(-t/5)$$

根据这一函数关系，图 9-16 给出了泵失效后穿过堆芯的冷却剂温升随时间变化的函数曲线。

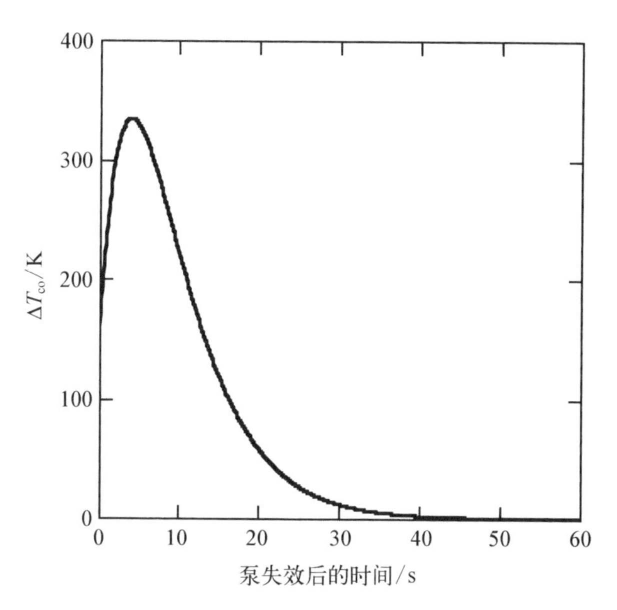

图 9-16　例 9.3 中泵失效后穿过堆芯的冷却剂温升和时间的函数曲线

2）带有衰变热的星表反应堆

对于运行在行星或月球表面的反应堆，重力作用使得反应堆在泵失效后仍有自然循环。在这里，我们假设反应堆立即停堆，但反应堆功率水平不会立

即降至0。如果反应堆已经以高功率水平运行了一段时间，裂变产物的衰变作用将继续以一个较低的功率水平加热堆芯。对于轻水堆(LWR)，衰变热作用引起的反应堆功率水平与时间的关系通常可近似为

$$P_d(t)=0.0061\,P(0)[(t-t_0)^{-0.2}-t^{-0.2}] \tag{9-125}$$

式中，t_0 为停堆前反应堆满功率[$P(0)$]运行的时间(天)。总时间 t 为满功率运行时间和停堆后时间之和[8](天)。虽然式(9-125)是为轻水堆开发的，但该公式也可为其他类型反应堆的衰变功率水平提供良好的预测，包括空间反应堆。

堆芯冷却剂温度的增加可通过调整地面反应堆自然循环冷却的公式[3]进行估计，即

$$\Delta T_{co}(t)=\left(\frac{P_d(t)}{\hat{\zeta}_{co}c_p}\right)^{\frac{2}{3}}\left[\frac{\left(\dfrac{\mathcal{K}_T}{A_T^{\frac{2}{3}}}\right)}{2g_p\vartheta_V(z_{hx}-z_{mc})}\right]^{\frac{1}{3}} \tag{9-126}$$

式中，$\hat{\zeta}_{co}$ 为冷却剂平均密度；g_p 为行星或月球的重力加速度；z_{hx} 为热交换器顶部高度；z_{mc} 为堆芯中平面高度；ϑ_V 为体积热膨胀系数。

3) 失流事故缓解措施

电磁泵不含可能失效的运动部件，或可能泄漏的密封。电磁泵的首要问题是可能失去供电。一种为失流事故提供连续泵送的方法是使用热电电磁泵(TEM)。热电电磁泵使用热管段的热量和热电装置(在第2章中讨论)，确保不间断供电。对于气冷堆，可通过冗余的循环器缓解失流事故。如果地表反应堆出现泵或循环器失效，可通过自然循环设计防止堆芯过热。

9.7.3 冷却剂流失事故

应用于空间的主动冷却反应堆系统通常需要液态金属或气体作为冷却剂。固有缺陷、与流星体或空间碎片的撞击都可能导致冷却剂系统泄漏。当出现冷却剂丧失事故(LOCA)时，反应堆通常设计为自动停堆。尽管如此，反应堆停堆后，裂变产物的衰变热将持续加热燃料。由于空间反应堆系统的冷却剂装量通常较小，所以管线的破口或明显的泄漏将导致快速的降压和冷却剂迅速流失。如果冷却剂流失非常迅速，为获得燃料温度特性的上限值，可以假设燃料元件为绝热加热。如果堆芯冷却剂流失基本上是瞬时完成的，那么

燃料温度主要由堆芯的热容决定。因此,燃料温度可近似为

$$T_{FE}(t)=\frac{1}{m_{FE}c_{FE}}\int_0^t P_d(t')dt'+T_{FE}(0) \tag{9-127}$$

为与式(9-125)中以天为时间的单位一致,式(9-127)中的比热容 c_{FE} 的单位必须是 W·d/(g·K),而不是 W·s/(g·K)。

在真空环境下,如果冷却剂回路出现断裂或明显的破口,液态金属冷却剂将迅速蒸发。在这种事件下,与压水堆类似,空间反应堆将出现冷却剂迅速排空。地面上一些大型液态金属冷却反应堆设计中反应性空泡系数为正,可以想象,在 LOCA 期间反应堆功率水平将迅速上升。如果这一情况出现在空间反应堆,那么式(9-127)中的衰变功率就需要用功率骤增表达式替代。但是,空间反应堆通常规模都较小,冷却剂流失通常会导致中子泄漏增加得足够大,所以反应性空泡系数为负。

考虑冷却剂流失的时间、辐射传热以及热传导的作用,可使预测的燃料温度降低。通过重新整理式(9-112),冷却剂通过面积为 A_h 的孔向外泄漏的速率可确定为质量流量,即

$$\dot{m}(t)=A_h\sqrt{\frac{2p(t)\zeta_{co}}{\mathcal{K}}} \tag{9-128}$$

式中,系统压力 p 随时间变化。

全面分析微重力环境下液态金属冷却反应堆的 LOCA 通常需要使用详细的计算机模型。通用电气公司于 1987 年[9]对在轨运行的 SP-100 反应堆开展了 LOCA 分析,重点关注由裂缝和流星体或空间碎片撞击引起的冷却剂系统泄漏带来的影响。图 9-17 给出了通用电气公司分析预测的最高温度和排空时间。

对于地面气冷反应堆,在 LOCA 期间反应堆冷却剂全部流失不可能发生,因为反应堆在地球大气内,在大气压力作用下部分冷却剂气体滞留在反应堆内。但是,对于运行在空间真空环境下的反应堆,LOCA 可导致气体冷却剂完全流失。Lewis 指出[3],对于气冷反应堆,当压力系统被刺穿后,由 LOCA 引起的冷却剂压降随时间的函数关系可近似为

$$p(t)=p(0)\exp\left(-\frac{t}{\tau^*}\right) \tag{9-129}$$

式中，

$$\tau^{*}=\frac{V}{A_{\mathrm{h}}}\left[RT_{\mathrm{co}}\gamma\left(\frac{2}{\gamma+1}\right)^{\frac{(\gamma+1)}{(\gamma-1)}}\right]^{-\frac{1}{2}} \tag{9-130}$$

式中，R 为通用气体常数；γ 为比热容比。对于氦气，$\tau^{*}=(0.302)\left(\frac{V}{A_{\mathrm{h}}}\right)T_{\mathrm{co}}^{\frac{1}{2}}$。

通过使用时间相关的压降以及反应堆其他参数，可以计算堆芯对 LOCA 的热响应。至于液态金属冷却反应堆，全面分析 LOCA 通常需要使用详细的计算机模型。

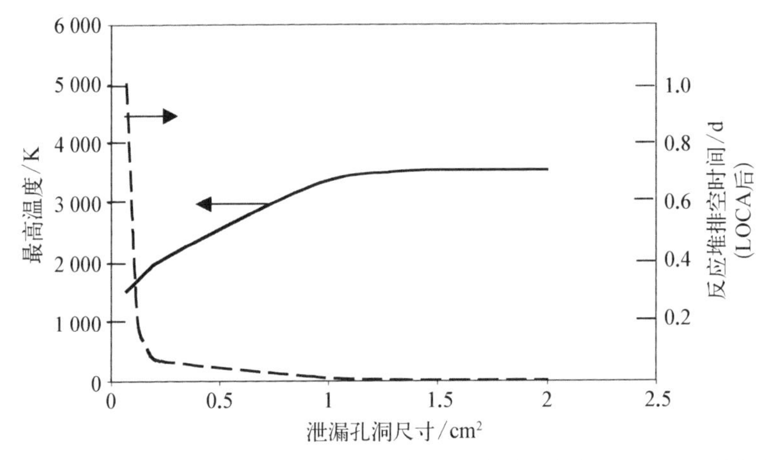

图 9-17　对于在轨运行的 SP-100 反应堆系统，发生假想的 LOCA 后预测的堆芯温度以及反应堆排空时间关于泄漏尺寸的函数曲线

正如地面反应堆，空间反应堆 LOCA 的预防可通过良好的设计、合适的选材以及质量保证，降低由裂缝和运行期间的腐蚀引起的泄漏风险。此外，回路和散热器管道通常可通过安装防护防止被流星体和空间碎片刺穿（见第 7 章）。如果确信 LOCA 会带来安全损伤（如一些低轨任务），那么就可能需要冗余的冷却剂回路。

9.8　计算机程序

对于反应堆功率骤增，已经开发了许多计算机程序，用于预测中子动力学特性。这些程序覆盖简单的点堆动力学、多组先驱核程序以及多组先驱核程序与三维空间计算的耦合。大且非常不均匀的反应性引入通常要求全时空模型。对于小型空间反应堆，当空间效应比较重要时，通常要求时间相关的 Sn 输运理论程序。可使用一些近似处理，比 PRK 方程近似更为准确，但又比全时空处理更为简单。对于一些缓慢的瞬态，可以忽略时间导数项。在这种情况下，可统一考虑缓发中子源和瞬发中子源，便于计算空间依赖通量密度特征值。这一方法被称为绝热近似。

对于 $\dfrac{\partial \phi(\boldsymbol{r})}{\partial t}$ 可以忽略但必须考虑 $\dfrac{\mathrm{d}n(t)}{\mathrm{d}t}$ 的工况，可以使用另一近似方法，即准静态近似。缓发中子和瞬发中子不能统一考虑，$\phi(\boldsymbol{r})$ 不能通过特征值计算得到。形状因子 $\phi(\boldsymbol{r})$ 的计算要求对瞬发中子和缓发中子统一考虑，其解取决于 t 时刻的条件。将 $\dfrac{\partial \phi(\boldsymbol{r})}{\partial t}$ 置为 0，则时间依赖解显含缓发效应。$\dfrac{\mathrm{d}n(t)}{\mathrm{d}t}$ 的值可通过对瞬发中子方程的最后几个时间步长进行求解得到。该方法的优势在于计算过程中很少计算形状因子，因此计算时间较短。

除了反应堆动力学计算程序外，还开发了动力学-热工水力耦合程序。例如，设计了 SAS4A 程序[10]，用于分析地面液态金属冷却反应堆的严重事故。反应堆功率水平通过点堆动力学计算，燃料棒的传热通过二维热传导方程模拟。模型还包括事故期间的尺寸变化和包壳失效、裂变产物产生和释放、燃料和包壳熔化和迁移、反应性反馈以及其他效应。SAS4A 程序当前的版本可能不太适用于分析空间反应堆动态事故；不过，对于某些任务，此类详细的分析可能是不必要的。

9.9　本章小结

针对发射前阶段假设了一些与空间反应堆动力学相关的事故场景。而且，意外再入也可能导致反应堆发生动态事故。对于宇航员在运行空间反应堆附近的任务，必须考虑假想瞬态事故可能对宇航员造成的安全风险。对于某些任务，空间反应堆运行期间的瞬态事故还可能带来公共安全问题和环境问题。例如，运行瞬态事故可能导致反应堆解体。如果反应堆系统运行在近地轨道，严重损坏的系统可能不能够发射至高轨道作废弃处理。结果，该系统很可能在裂变产物活度衰变至安全水平前回到地球生物圈。空间反应堆运行期间的事故也未必一定会带来安全问题或环境问题。如果宇航员不在反应堆附近，而且反应堆处于足够高的轨道或在其他星球、月球表面，反应堆事故可能不会给人类或地球生物圈带来任何安全后果。

反应堆动力学分析方法明确地模拟了瞬发中子和缓发中子特性。通过耦合反应堆中子密度方程和缓发中子先驱核浓度方程模拟缓发中子效应。缓发中子通常模拟为六组缓发中子先驱核。反应堆动力学特性通常用反应性(和临界的偏差)和瞬发中子代时间表示。对于大部分假想的空间反应堆反应性骤增事故,瞬态期间的空间依赖性可以忽略。对于这类事故,使用点堆动力学方程可以获得反应堆特性的合理预测。PKR 方程的通解为 j 项 $\omega_j t$ 指数项之和。在反应性发生微小的瞬时正变化后,所有的 ω_j 负根迅速降至 0,中子密度随时间的变化为 $\sim\exp(\omega_0 t)=\exp(t/\mathcal{T})$,其中 $\mathcal{T}$ 定义为反应堆渐近周期。对于负反应性引入,中子时间特性快速逼近 $\exp(t/\mathcal{T})$,其中 $\mathcal{T}$ 为负值。

对于小的正反应性引入以及一定范围的负反应性引入,可用简单的单组缓发中子先驱核模型近似获得反应堆动力学特性。对于大的瞬时反应性引入,缓发效应不重要,中子密度 $n=n_0\exp(t/\mathcal{T})$,其中渐近周期 $\mathcal{T}=\dfrac{\Lambda}{(\rho-\beta)}$。反应性骤增期间燃料温度以及其他参数的变化会引入反应性反馈。这些反馈效应可以减慢、加速或终止反应性瞬态,在反应堆安全中起着重要作用。良好的安全实践通常考虑负的瞬发反应性反馈设计。简单的集总参数热模型可用于确定反应堆瞬态期间燃料温度的变化。

经典的空间反应堆假想事故之一是水淹事故后反应性骤增引起的反应堆爆炸性解体。对于这一事故场景,假设反应堆被水淹没后,由于慢化作用导致引入极为迅速的大的反应性。对于水淹事故,通常假想由于燃料快速蒸发导致反应堆爆炸性解体以及反应堆停堆,但更可能出现的结果是反复临界。在反复临界期间,堆芯淹没的慢化作用向反应堆引入反应性,导致反应堆到达超临界。堆芯功率上升,导致进入堆芯的水沸腾。由于反复的沸腾和气泡崩溃,中子慢化作用反复变化,导致反应堆功率振荡。

可能出现的冷却失效事故有多种类型,例如流动堵塞、失流事故以及冷却剂流失事故。尽管通常假设事故下反应堆迅速停堆,但裂变产物的衰变热还是有可能导致燃料温度过高,以及接下来的堆芯损伤。为冷却剂管线安装防护装置可降低由流星体和空间碎片撞击引起的失冷事故风险。正如某些空间任务的其他类型运行事故一样,冷却失效事故可能不会带来明显的安全问题。

参考文献

1. Hetrick, D. L., *Dynamics of Nuclear Reactors*. Chicago: University of Chicago Press, 1971.
2. Argonne National Laboratory, *Reactor Physics Constants*. ANL-5800, USAEC, 1965.
3. Lewis, E. E., *Nuclear Power Reactor Safety*. New York: John Wiley & Sons, 1977.
4. Stratton, W. R., L. B. Engle, D. M. Peterson, "Energy Release from Meltdown Accidents." Proceedings of the 1973 Winter Meeting of the American Nuclear Society, San Francisco, CA, 1973.
5. Stratton, W. R., L. B. Engle, D. M. Peterson, "Reactor Power Excursion Studies." Proceedings of the International Conference on Engineering of Fast Reactors for Safe and Reliable Operation, San Francisco, CA, 1973. Karlsruhe, Germany, Oct. 9 - 12, 1972.
6. Stratton, W. R., "Severe Accident Analysis, Philosophical Approach, Assumptions and Analytical Technologies." Los Alamos National Laboratory, unpublished memo to A. Walter, Mar. 28, 1990.
7. Kramers, H., *Physische Transportverschijnselen*. Hogeschool, Delft, Holland, 1958.
8. Glasstone, S. and A. Sesonske, *Nuclear Reactor Engineering*. New York: Van Nostrand Reinhold Co., 1967.
9. Magee, P. M., J. M. Berkow, D. R. Damon, B. Deb, U. N. Sinha, D. C. Wadekamper, R. Yahalom, *Assessment of Loss of Primary Coolant in Orbit*. General Electric Report, Mar. 1987.
10. Calalan, J. E. and T. Wei, "Modeling Development for the SAS4A and SASSYS Computer Codes." Proceedings of the International Fast Reactor Safety Meeting, American Nuclear Society, Snowbird, UT, Aug. 1990.

符号及其含义

符号	含义	符号	含义
$\left(\frac{A}{L}\right)$	面积/长度	c_x	材料 x 的比热
		C	式(9-102)中的常数
A_{FE}	式(9-84)中的函数	C_{pd}	式(9-103)中的常数
A	流通面积	C_i	随 $\boldsymbol{r}$、t 变化的第 i 组先驱核浓度
B^2	曲率	C_{p}	湿周
c_{i}	随 t 变化的第 i 组先驱核浓度	D	中子扩散系数

（续表）

D_{h}	水力直径
E	能量
$\overline{E}_{\mathrm{th}}$	特定能量阈值
f_{r}	摩擦因子
$f_{\tau}(t)$	由式(9－123)定义
$f(z)$	轴向形状因子
F_{r}	径向功率峰值因子
F_{z}	轴向功率峰值因子
g_i	第 i 组先驱核的空间形状因子
g_{p}	行星重力加速度
H	堆芯高度
h_{∞}	冷却剂传热系数
h_{g}	间隙传热系数
k	导热系数
k_{eff}	有效中子增殖因子
k_{∞}	无限介质中子增殖因子
$\mathcal{K}$	水力阻力
l	瞬发中子寿命
L	中子扩散长度
α	反应性反馈系数
β_i	第 i 组缓发中子份额
Δp	压降
Φ	随空间/能量变化的中子通量密度
ϕ	空间依赖的中子通量密度
γ	比热容比
Γ	骤增功率 $P(t)$ 的全宽度/半峰值宽度
κ	每次裂变释放的能量
$\overline{\lambda}$	单组先驱核衰变常数
λ_i	第 i 组先驱核衰变常数
Λ	瞬发中子代时间
μ	黏度
ϑ_V	体积热膨胀系数
ρ	反应性
L_{a}	单位体积中子吸收率
L_{L}	单位体积中子泄漏率
m	质量
$\dot{m}$	冷却剂质量流量
N_L	回路数量
n	中子密度
n_{e}	燃料元件数量
n_{ch}	冷却剂通道数量
P	反应堆功率水平
p	压力
Pr	普朗特数
P_{f}	单位体积裂变中子产生率
q'	线热流密度

（续表）

R	热阻	z	轴向位置
$\overline{R}$	燃料元件平均热阻	ρ_{in}	引入反应性
R	通用气体常数	$\dot{\rho}$	反应性引入速率
Re	雷诺数	Σ	宏观截面
r	半径	τ	堆芯时间常数
$\boldsymbol{r}$	位置矢量	τ_{co}	沸腾时间常数
t	时间	τ_{T}	总回路时间常数
T	温度	τ^{*}	气体泄漏时间常数
$\mathcal{T}$	渐近周期	ν	裂变中子数
u	由例 9.1 定义	ω	PRK 方程的根
U	由式(9－46)定义	χ	$\frac{A_{R}}{A_{ch}}$
$\overline{v}$	平均中子速度	ζ	质量密度
$\overline{v}_{c}$	平均冷却剂速度	$	反应性单位，$\$ = \frac{\rho}{\beta}$
V	体积		
Y	由式(9－47)定义	¢	反应性单位，1 $ ＝100 ¢

特殊下标/上标及其含义

0	初始值	ch	冷却剂通道
1，2，3…	反复临界振荡数编号	cl	包壳
a	中子吸收	co	冷却剂或冷却
C	包壳＋冷却剂	d	衰变热
c	堆芯	e	电力

（续表）

E	能量	L	冷却剂回路
F	燃料	max	最大
FE	燃料元件	mc	堆芯中平面
Fc	燃料中心线	P	周长
h	孔洞	p	泵
hx	热交换器	R	限制流动
i	先驱核组号	T	总
icl	包壳内表面	th	阈值
ocl	包壳外表面	∞	稳定工况
j	PRK 方程根编号	$\hat{}$	峰值

练习题

1. 在发射前测试期间，空间反应堆维持在 10 W 的热功率水平。(1) 使用单组缓发中子 PRK 近似，不考虑反馈效应，计算并画出在引入 0.24 \$ 阶跃反应性后反应堆功率水平和时间的函数关系。其中反应堆瞬发中子代时间为 10^{-3} s，$\beta=0.0067$。分别绘制时间长度 1 s 和 60 s 的函数曲线。(2) 重复练习(1)，假设瞬发中子代时间为 10^{-7} s。(3) 对比函数曲线，评价瞬发中子以及式第一、二项的作用。

2. 接到运载火箭上的空间反应堆系统发生了掉落事故。与平板的撞击使得安全棒弹出，导致 3.00 \$ 的正阶跃反应性引入。(1) 使用 $\Lambda=10^{-7}$ s、$\beta=0.0065$、$m_F c_F=2.8\times10^4$ J/K 和 $\alpha_{T_F}=3\times10^{-5}$ K^{-1}，计算反应性骤增期间反应堆最大功率水平、脉冲产生的净能量、燃料温度升高的最大值以及到达最高功率水平时刻的燃料温度。(2) 重复练习(1)，假设引入反应性为 4.0 \$，瞬发中子代时间为 10^{-5} s。(3) 绘制练习(2)中反应堆功率(单位 MW)水平随时间的变化，假设由于中子源的存在，反应堆初始功率水平为 10 W。

3. 一棒栅型液态金属冷却空间反应堆以 2.5 MW 的功率在月球运行，以

0.03 \$/s 的速率向反应堆引入反应性。假设冷却剂入口温度为 500 K,不考虑反应性反馈。轴向功率形状为余弦函数,假设燃料元件顶部和底部功率为0。同样,使用下列反应堆参数,计算冷却剂、燃料中心和包壳的初始温度以及2 min后的温度。绘制所有温度和轴向位置的函数曲线。

$F_r = 1.3$, $k_F = 0.20$ W/(cm·K), $k_{cl} = 0.45$ W/cm·K、$k_g = 0.0045$ W/(cm·K), $k_{co} = 0.3$ W/(cm·K), $c_{co} = 0.27$ W·s/(g·K), $c_F = 0.26$ W·s/(g·K), $c_{cl} = 0.5$ W·s/(g·K), $\mu_{co} = 4 \times 10^{-3}$ g/(cm·s), $n_e = 1\,000$, $H = 40$ cm, $r_F = 0.325$ cm, $r_{icl} = 0.338$ cm, $r_{ocl} = 0.387$ cm, $A_{co} = 0.093$ cm^2, $Pr = 0.004$, $\zeta_{co} = 0.9$ g/cm^3, $\dot{m} = 20$ kg/s, $m_F = 220$ kg 以及 $m_{cl} = 83$ kg。

4. 在一次发射失败期间,飞船上的空间反应堆再入并以极高的速度撞击海岸线上的岩石,导致压力容器破裂,冷却剂流失。随后反应堆掉落至海洋,反应堆内迅速充满了水。使用 $C = 2 \times 10^{-11}$ cm^{-2} 作为瞬发解体裂变能释放公式(9-102)中常数的保守估计,并使用以下参数:$\bar{E}_{th} = 1.8 \times 10^3$ W·s/g、$\Lambda = 3 \times 10^{-8}$ s、$\beta = 0.0070$、$P(0) = 1$ W、$m_c = 82$ kg、$\zeta_c = 5$ g/cm^3。(1) 假设水淹有可能以 1 000 \$/s 至 4 000 \$/s 的速率(该值仅为引发爆炸性解体,真实情况下不可能出现)向反应堆引入反应性,计算并绘制假设的反应性引入速率范围内裂变能释放与反应性引入速率的函数关系。使用图 9-3 估计释放的爆炸能,并在图中标注出来。(2) 当反应性引入速率为 2 000 \$/s 时,计算以下三种工况下释放的裂变能,并在图中标出数据点(除非另有说明,三个工况下所有其他参数都与原参数相同)。

(a) $\Lambda = 3 \times 10^{-9}$ s。

(b) 初始功率为 0.001 W。

(c) 堆芯质量为 150 kg (必须重新计算堆芯半径)。

5. 对于与练习 4 相同的场景,假设水淹引起的反应性引入速率为 0.25 \$/s,沸腾导致反应堆反复临界。根据 $P_0 = 1$ W, $T_{co} = 300$ K (水温), $F_z = 1.2$, $h_{co} = 1.1 \times 10^{-3}$ W/(cm^2·K), $\Delta t_b = 1.3$ s 和 $\Delta t_{co} = 0.2$ s,假设水温为 300 K,沸腾传热系数为 1 W/(cm^2·K),沸腾引入的净反应性为 −0.90 \$。反应堆其他参数与练习 3 相同。请估计初始反应堆功率增量以及在前两个功率振荡期间功率水平随时间的变化。

6. 一火星上的反应堆冷却剂仪表探头尖端被严重腐蚀并脱落。断落的尖端被冷却剂带至反应堆堆芯区域,并堵在某一冷却剂通道入口处。反应堆由有 400 个圆柱形孔洞的固体慢化剂组成，每个圆柱形孔洞包含圆柱形燃料棒和环形冷却剂通道。冷却剂通道不互相连接。假设该探头堵塞了某一冷却剂通道的 30%，(1) 利用 $\mathcal{K}_0 = 1.7$，估算在堵塞通道内冷却剂质量流量的损失。(2) 反应堆热功率水平为 2.05 MW，计算正常通道内冷却剂和燃料的平衡温度。画出所有温度与轴向位置的函数关系。总热阻为 $R_T = R_F + R_{co}$，其中 $R_F = 2.6\ \text{cm} \cdot \text{K/W}$，$R_{co} = 0.63\ \text{cm} \cdot \text{K/W}$，$H = 55\ \text{cm}$，$T_{ci} = 550\ \text{K}$，$\dot{m} = 25\ \text{kg/s}$ 以及 $c_{co} = 0.27\ \text{W} \cdot \text{s/(g} \cdot \text{K)}$。假设轴向功率形状为余弦曲线，堆芯活性区顶部和底部功率均为 0。(3) 计算被堵塞通道内的温度，并将温度与轴向位置的函数关系绘制于(2)中获得的图上，堵塞通道的径向峰值因子 $F_r = 1.22$。

7. 某一以 1 MW 功率运行 1.5 年的轨道运行空间反应堆被空间碎片击中。冷却剂系统出现大的破口，导致冷却剂迅速丧失。反应堆被击中时刻燃料元件的温度为 1 400 K。假设冷却剂丧失是瞬发的，且冷却剂丧失后没有热量损失。燃料元件总质量为 90 kg 和 $c_F = 0.2\ \text{W} \cdot \text{s/(g} \cdot \text{K)}$。计算并画出 10 分钟内堆芯功率水平和燃料元件温度与时间的函数关系。假设发生冷却剂丧失的时候反应堆已经停堆。

第 10 章
风险分析

F. 埃里克·哈斯金

空间核动力源对公众产生的风险相比于其他社会风险以及该项应用的获利毫无疑问要小得多。本章向读者介绍风险及其相关的概念，与核动力源相关的风险评估的一般过程，同时给出地面和空间核风险评估的结果，并就自然变异和知识状态的不确定性进行讨论。

10.1　风险及其相关概念

直观地讲，风险与威胁、危险、冒险或其他可能会引起一些不良后果如死亡、伤害或经济损失的词汇具有相似的意思。在文献中可以找到多种不同的关于风险的定义。这里采用通俗的定义：风险是还未发生的潜在危害。举例说明，考虑以下几种情况：

(1) 被一颗流星撞击基本不可能；

(2) 在一次车祸中死亡是比较有可能的；

(3) 死于癌症的可能性是中等的；

(4) 这是一个高风险投资。

以上每一种情况都包含了一定的危害及潜在的可能性。这两种元素是风险的基本要素。在“这是高风险”的情况下，其危害是未知的。在“午夜发生了死亡”的情况下，危害是已知的，因此这里已经不存在潜在危害了。当危害已经发生了，风险将不再存在，它已经是真实存在的死亡、伤害、损失或其他的不利结果了。

10.1.1　风险评估

风险评估是对潜在危害的评估。在最简单的情况下，要得到一个单一的负面结果，其概率是从现有数据中估计而来。举例说明，在印第安纳波利斯500英里大奖赛上因开车而死亡的风险大概为百分之一。在考虑疾病、自然环境、人类活动或人造设施及装置时，则需要更复杂的评估，各种各样的可能性和对健康、经济产生的不良后果都需要在确定的方案下进行特征化。在这样更宽泛的背景下，风险评估涉及以下三个基本问题：

(1) 什么会发生?

(2) 发生的可能性有多大?

(3) 发生造成的危害有多大?

具体地讲，在评估人造设施及装置安全性的过程中，风险评估用于系统地解释这些问题，主要通过以下方法：

(1) 识别会威胁到公众健康及安全的潜在事故；

(2) 评估这些事故发生的可能性；

(3) 描述这些事故可能带来的对健康及经济的影响。

其可能性和结果的特征可分类描述(如高、中、低)或量化描述。风险评估过程通常是从分类描述到量化描述的。更为完整的方法也可以解决前述问题，本章不予详细介绍。本章的重点是事件树和故障树，它们广泛用于核动力航天应用及商业应用的风险及系统可靠性分析。关于这些应用的其他信息由引用的文献提供。参考文献[1]解释、说明并且比较了大量的方法，包括：初步危害分析，假设分析，假设/检查表分析，故障模式和影响分析，故障树分析，事件树分析，因果分析和人因可靠性分析。

10.1.2 事件树分析

图10-1是热推进反应堆地面试验的简单事件树，左边开始是初始事件。试验总的概率设为1。相关的试验结果取决于三个安全功能的成败。树中的下一级事件是功率/流量控制功能的成功或失败。习惯上将成功的结果写在上面的支路，失败的结果写在下面的支路。如果功率/流量成功控制，可以使放射性核素释放最小，并且与其他安全功能的成败结果无关。如果功率/流量控制失败，裂变产物将从反应堆燃料中释放出来，并且和热推进气体一起通过试验组件的喷嘴泻出，进入到周围密闭的建筑环境中。喷水系统用于从废气中移除热量和释放放射性核素。密闭的建筑的设计能够承受随着废气积累而增加的压力。通过测试，在喷水系统作用下，该建筑处于最大压力下的泄漏概率不超过0.1%。

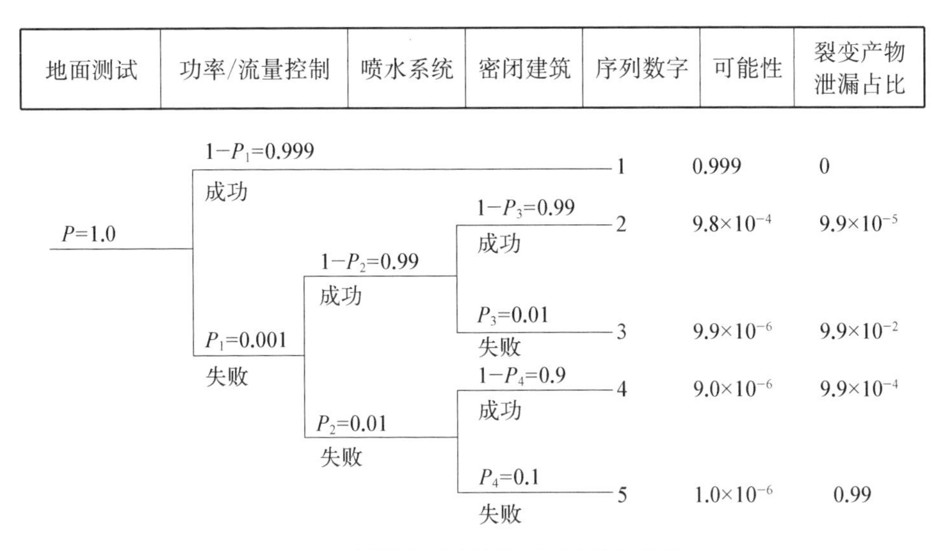

图 10 - 1　热推进反应堆地面试验简化事件树

核反应堆密封系统和移除裂变产物和热量的功能的成功或失败的支路出现在图 10 - 1 功率/流量控制失败的支路上。为了回答"什么会发生"的问题，事件树描述了五种事件的序列。序列 1，在功率/流量控制成功的情况下，泄漏放射性核素到空气中的可能性可被忽略。序列 2、序列 3、序列 4、序列 5 则具有不同程度的泄漏可能性，下面将就该种情况进行简单的讨论。

另一个形式的事件树常被用来表示采用核动力源的空间任务事故序列。图 10 - 2 展示了所谓的故障停堆程序和序列树的起始部分。左边的事件表示任务阶段的起点。每一阶段的成功使流程转向事件树上的下一个阶段。失败表示在这一阶段中发生了事故，可能因此导致触发别的事件并伴随与其相关的事件树。在这个形式下，任何期望的细节层次可被用来表示伴随着某个特殊起始事件的事件序列。每一个分支末端都伴有一个终端事件，并表明所有放射性物质的释放特性。

在图 10 - 1 和图 10 - 2 中，树上标出了事件的概率。例如，图 10 - 1 中，$P_1=0.001$，是功率/流量控制失败的概率。这个简单例子的基本前提是每个功能要么成功，要么失败。每个功能成功的概率是用 1 减去它失败的概率。例如，功率/流量控制成功的概率是 $1-P_1=0.999$。 图 10 - 1 中的数值仅供说明用途，它们代表在实际风险评估中的数值，但是与具体的实验设备或者实验装置无关。对复杂系统安全功能的失效概率建模方法将在 10.2 节讨论。此处要注意的是，某一特定支路上的事件发生的概率可能依赖于该分支上过

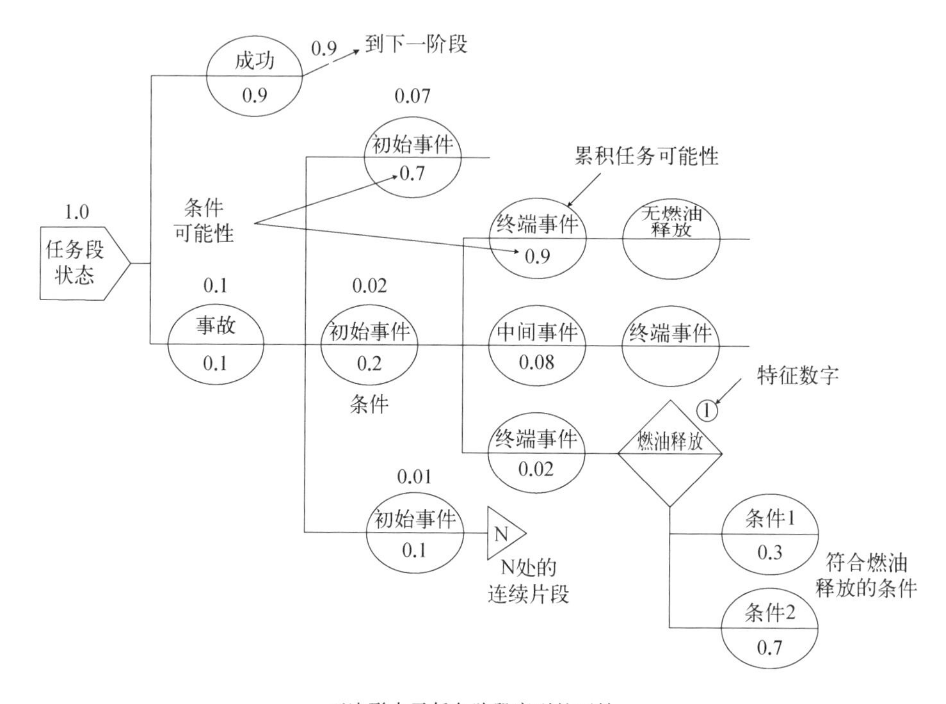

五边形表示任务阶段序列的开始;
椭圆表示初始、中间和终端事件;
三角形指示序列分支在何处继续;
菱形表示燃料释放时的终端事件。

图 10-2　美国能源部空间核任务失败终止序列树

去发生的事件。例如,在图 10-1 中,密闭建筑密闭失败的概率在喷水系统成功时 ($P_1=0.01$) 比喷水系统失败时 $P_4=0.1$ 小了一个数量级。这反映了喷剂从废气中移除热量的能力,因而可以遏制密闭建筑中累积的压力。事件序列的概率是连续的事件概率的乘积。例如,在图 10-1 中,涉及了功率/流量控制失败、喷水系统成功和建筑密闭失败的序列 3 的概率为

$$P_{\text{test}} \times P_1(1-P_2) \times P_3 = 1 \times 0.001 \times 0.99 \times 0.01 = 9.9 \times 10^{-6}$$

使用这种方法计算 5 个分支的发生概率,并且标注在图 10-1 中各支路数字后面。值得注意的是,5 个概率之和等于初始事件的概率(在这里 $P_{\text{test}}=1.0$)。

目前,图 10-1 的例子已经足以表明事件树是如何回答“什么会发生?”和“发生的可能性多大?”的问题了,还剩下的问题是“发生造成的危害有多大?”通过对每个事故序列后果的定量估计,图 10-1 可解释全部三个问题,并且说明风险为何可以被看作是这三个问题的组合:事故序列、它们的可能性还有

它们的后果。各种后果,包括对公众、公众健康和经济成本的影响,可能适合给定的风险评估。为了保证图 10-1 的简洁,把挥发性的核裂变产物(铯和碘)释放到空气中的比例作为后果度量,而后果计算则是基于以下的简单模型:如果功率/流量控制功能生效,裂变产物从燃料中的泄漏可忽略。如果功率/流量控制功能失败,则有 99%的挥发性裂变产物会从燃料中泄漏。如果喷水功能成功生效,则泄漏的裂变产物中,到达密闭建筑的部分占 10%,但是如果喷水功能失败,则泄漏的裂变产物将 100%到达密闭建筑。如果密闭建筑功能失效,则 100%的未被移除的挥发性裂变产物进入大气。如果密闭建筑功能生效,仅有 0.1%的残余易扩散裂变产物进入大气。对每个事故序列所造成的后果估计在图 10-1 的右侧给出。在最坏的情况下,当三个安全功能都失效时,99%的挥发性裂变产物会进入大气,如果仅功率/流量控制功能失效,只有 0.01%的挥发性裂变产物进入大气。

10.1.3 风险曲线

表达图 10-1 中的信息的另一种方法是构造互补累积分布(ccdf)或者风险曲线。风险曲线将超过 c 量级后果的概率 $P(C \geqslant c)$ 绘制为 C 的函数。表 10-1 给出了本例的风险曲线值。为了达到这个目的,我们将 4 个事件序列按照升序进行排列。图 10-3 所示是其相应的风险曲线,注意,风险曲线在竖轴上的截距是挥发性裂变产物被释放到空气中的概率,在水平轴上的截距是最大的释放概率。

表 10-1　图 10-1 对应的风险曲线坐标

释放序列	c 结果水平[①]	概　率	$Pr(C > c)$ 以 c 水平释放的概率
	0		1.0×10^{-3}
2	9.9×10^{-5}	9.8×10^{-4}	1.0×10^{-5}
3	9.9×10^{-2}	9.0×10^{-6}	1.0×10^{-5}
4	9.9×10^{-4}	9.9×10^{-6}	1.0×10^{-6}
5	9.9×10^{-1}	1.0×10^{-6}	0
合　计		1.0×10^{-3}	

注:① 挥发性核裂变产物泄漏到空气中的占比。

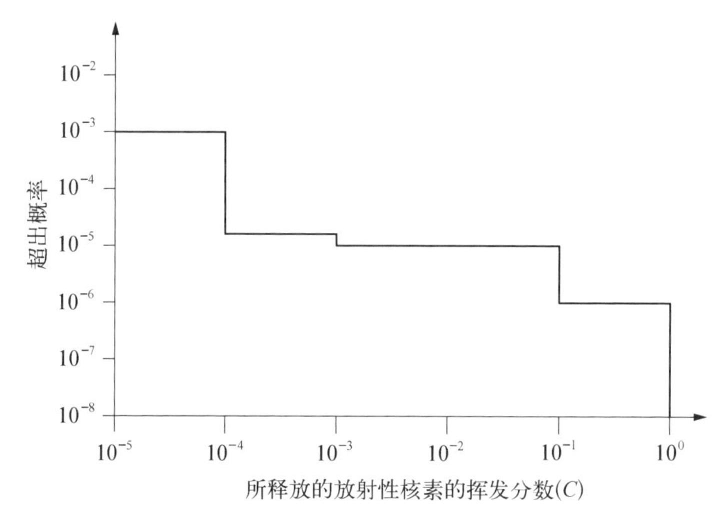

图 10－3　图 10－1 相应的风险曲线

人工设备与装置的实际风险评估通常涉及大量的事故情况,其对应的风险曲线与图 10－3 相比通常更平滑和连续。例如,图 10－4 和图 10－5 是 1975 年出版的先进反应堆安全性研究[2]中的典型风险曲线。对于任何一条曲线上的点,纵坐标表示超过相应的横坐标值的后果出现的概率。例如,在图 10－4 中,在任何给定的一年,发生超过 1 000 次核电站事故的概率约为 10^{-6}。

这项研究是首次尝试针对商业核电厂事故对公共健康与安全的潜在影响进行现实估计。对沸水反应堆 Peach Bottom 和压水反应堆 Surry 都进行了详细分析。图 10－4 中假设有 100 个反应堆,并且每个堆与 Surry 或 Peach Bottom 都具有相同的风险。没有证据来支持这一假设,然而,其他 98 个反应堆的情况必须比 Surry 和 Peach Bottom 要严重好几个数量级,才能使总体结论无效。见 10.7 节的结果,空间核动力源的风险往往比图 10－4 和图 10－5 中所示商业动力反应堆要小。造成这种差异的主要原因是空间核动力设备所产生的放射性核素的量更有限,以及它在公众附近停留的时间有限。

10.1.4　后果加权风险

采用精确的后果加权风险分析是一种将风险与高、中、低后果事故相结合成一个整体风险的测量方法。与事故相结合的后果加权风险是事故发生概率及其后果的乘积。总后果加权风险 R 是单个事故后果加权风险的总和。在数

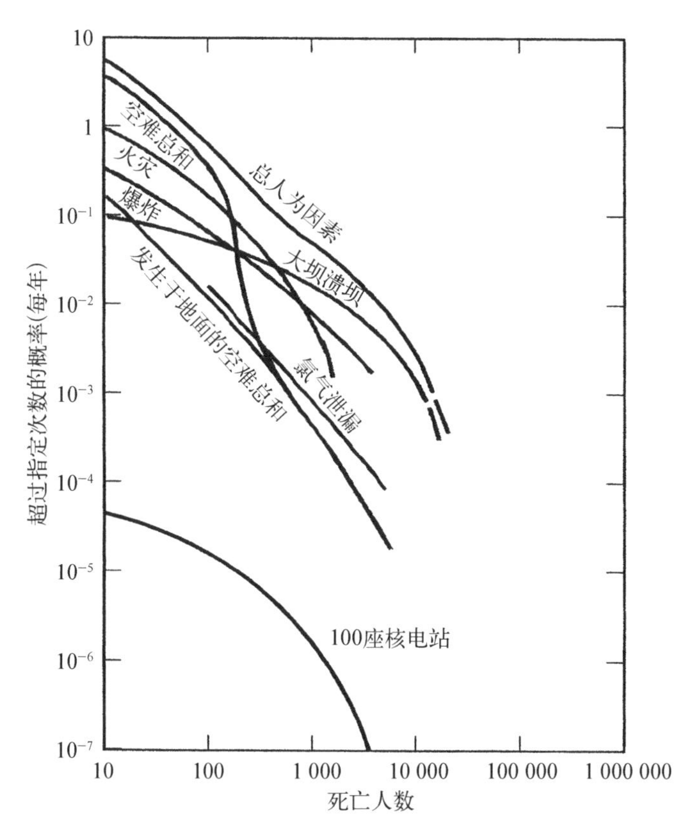

图 10－4　由人为引起的事故概率

（资料来源：美国核管理委员会）

学上有

$$R=\sum_i P_i C_i \tag{10-1}$$

这里 P_i 表示概率，C_i 表示第 i 次事故序列的后果，其总和包括了所有序列。在特定时间间隔下的初始事件或事故序列的概率（例如，商业反应堆风险评估中的反应堆关键年）通常称为频率，用 F_i 表示而不用 P_i。后果加权风险 R 具有单位后果（或单位时间的后果）；然而，由于序列概率 P_i（或频率 F_i）通常非常小，R 的数值往往显著小于任何一个 C_i。后果加权风险广泛用于地面核电站厂的风险评估中，以至于往往忽略了对修正后果加权（或精算）的使用，将总后果加权风险简称为电站风险。如 10.4.4 中所述，后果加权风险也可被解释为后果概率分布的平均值。

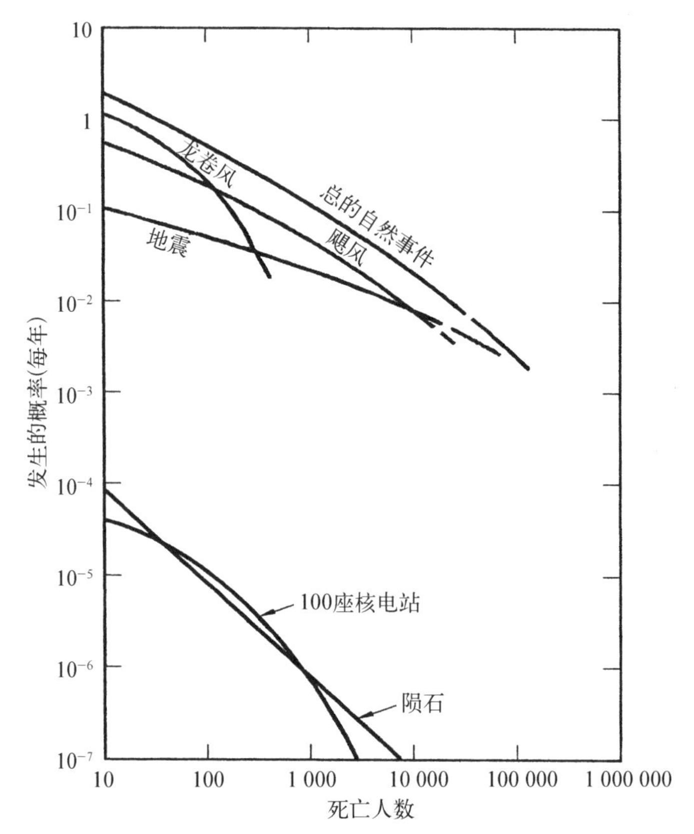

图 10-5　100 座核电站发生导致特定人数死亡的预定事故和同等程度其他自然事件的可能性的比较

（资料来源：美国核管理委员会）

例 10.1

计算图 10-1 中所描述的事件序列的后果加权风险。

解：

通过添加事件序列概率后果乘积的后果加权风险计算：

事件序列 i	估计概率 P_i	估计结果 C_i	后果加权风险 $R_i = P_iC_i$	后果加权风险百分比 R_i/R
1	1.0	0	0	0%
2	9.8×10^{-4}	0.000 1	9.8×10^{-8}	4.7%
3	9.9×10^{-6}	0.1	9.9×10^{-7}	47.1%

（续表）

事件序列 i	估计概率 P_i	估计结果 C_i	后果加权风险 $R_i = P_iC_i$	后果加权风险百分比 R_i/R
4	9.0×10^{-6}	0.001	9.0×10^{-9}	0.4%
5	1.0×10^{-6}	0.99	9.9×10^{-7}	47.1%
	1.0×10^{-3}		$R=2.1\times10^{-6}$	100%①

注：① 表示释放到大气中的挥发性核裂变产物的占比。

在这个例子中，总的后果加权风险 R 为 2.1×10^{-6} 的挥发性裂变产物。

后果加权风险有时被用来比较事故序列。例如，观察图 10-1 中的序列 3 和序列 5。在序列 3 中，功率/流量控制失效，喷水成功同时密闭失效。在序列 5 中，这三个安全功能均失效。序列 3 出现的概率比序列 5 几乎高一个数量级，但序列 3 的后果比序列 5 低一个数量级。所以，序列 3 和序列 5 具有相近的后果加权风险。

估计事故情况概率所需要的数据往往是非常稀缺的，因此估计结果并不准确。类似地，估计事故情况的后果也往往是不确定的。这种不确定性跨越 1～3 个数量级的情况并不少见。图 10-6 描述了美国 5 个核电站的综合研究结果[3]。5 个条形图表明由电气和机械系统引起的堆芯损坏事故导致个体早期和潜在癌症死亡的后果加权风险存在不确定性。分析人员认为，在指定范围内找到核电站的风险价值的概率为 0.9。这种类型的不确定性范围和概率被称为主观的、知识层面的和认知的。

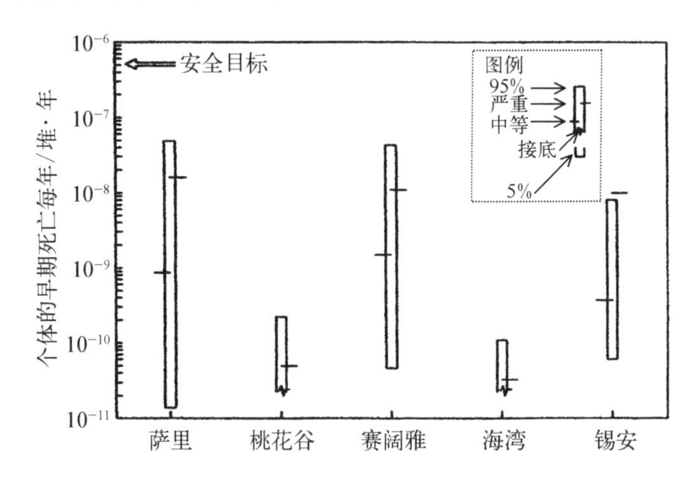

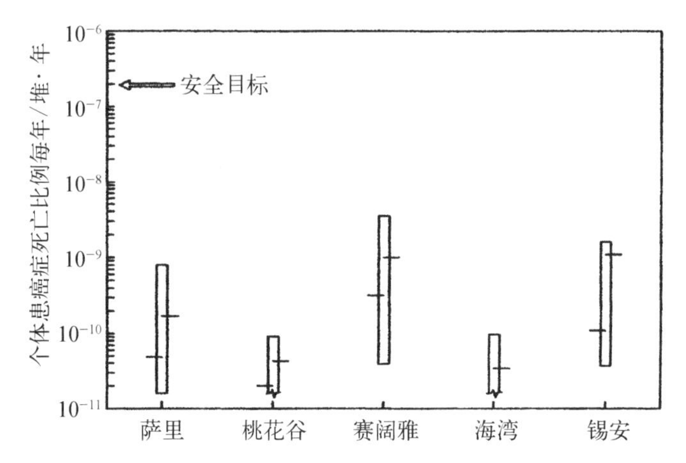

图 10-6　早期事故的后果加权频率(第 5 至第 95 的百分位数)

(资料来源：美国核管理委员会)

10.5 节、10.6 节将介绍如何对不常见的或者未知的事件,通过已有的不完善认知所构建的预测模型的定量表达。尽管存在认知状态的不确定性和与完整性有关的问题以及其他限制,风险评估提供的信息通常对理解和提高人造设施和设备的安全性仍是非常有益的。这在本章 10.7 节提出的风险评估结果中会给出说明。

10.1.5　公众对风险的认知

在风险评估中所采用的方法,我们希望系统地、客观地估计和比较潜在事故的风险。然而,大多数人都不熟悉这种方法并且更依赖于自身主观的对风险的看法。公众实际上是从新闻媒体中获得所有风险相关的信息。新闻的本质强调的是不寻常的事情。例如,每年在美国的交通事故中,大约有 40 000 人死亡,而每次事故只有少数人死亡。这样的事故并没有新闻价值,因此大多数人往往在很大程度上低估了死于汽车事故的风险。

一些延迟发生的危险也会导致个人低估实际的风险。例如,据估计,吸烟每年造成约 150 000 美国人死亡,但吸烟导致的死亡通常会推迟几十年之久。因此,吸烟者往往低估了吸烟导致死亡的风险。如果一个事件的发生很容易想象或被记住,人们往往会认为它是很可能发生的或频繁发生的。人们总是高估戏剧性和骇人听闻的事件带来的风险,而低估不引人注目的事件所存在的风险。公众往往觉得事故造成的死亡人数和因疾病死亡的人数一样多,但由疾病造成的死亡人数大约是事故死亡的 15 倍。罕见的死亡原因经常被高估，而寻常原因则被低估。个人能够容忍的风险大小受到风险源的影响。比起为实现社会效益（如电力）而强加的风险，个人更能接受出于自愿（如登山）带来的风险（高 1 000 倍）。降低风险的极端是消除风险，一些人主张取缔一项技术，以消除其使用时可能会导致的死亡、受伤或环境破坏的所有可能性。这种方法的困难是，可替代的技术可能不存在，也许会导致更多的死亡、伤害和环境破坏。

不现实的风险认知也可以影响那些熟悉技术的人的思维。在"挑战者号"事故发生前就出现过了过度自信的情况。截至 1986 年 1 月下旬，美国航空航天局报告了一个非常小的（1/10 000 至 1/10 000 000）在航天飞机发射过程中发生爆炸的概率。这个评估忽略了一个早期的、更现实的、基于数据估计的 1/100 的故障概率。显然，乐观的估计只是简单的判断，他们没有根据实际的故障数据进行任何客观的分析。同样，对核电安全的过度自信也是一种预先存在的心态，它造成了三哩岛（TMI－2）和切尔诺贝利事故。在风险被低估的情况下，专家和公众对于核电装置存在的客观问题所估计得出的风险的意见由于被低估导致该问题被推迟处理。三哩岛事故没有造成人员伤亡，并且在事故发生后，美国核电站显然在训练、程序、硬件、法规和态度实施方面更加注重安全。然而，三哩岛事故对于公众核技术安全认知方面造成了巨大的负面影响，这仍需通过时间逐渐克服。

不现实的风险认知会造成公众对技术的反对态度，可能会严重影响在社会环境保护方面所做的努力。一旦形成了不正确的风险认知，人们很难因现实的信息而改变态度。不论目的是使核能技术更安全还是改变公众对其安全性的认知，从长远来看，总统委员会对三哩岛事故的态度显得至关重要：

"核电的潜在危险是由它的性质决定的，并且……，人们必须不断检验其是否具有足以防止重大事故发生的保障措施。"[5]

如果遵循这一准则，公开、诚实地与公众沟通，也许在长远的未来会纠正不正确的风险认知。

10.2　概率及其相关概念

在 10.1 节，假定功能失效概率是已知的。在实际的实践中，这种概率必须估计为组件和人为故障概率的函数，而组件和人为故障概率估计又必须根据可用的数据进行。为了达到这个目的，理解概率模型和概率的基本解释与规则是必不可少的。概率论的全面论述超出了本节的范围，参考文献[6]为概率论提供了一种基本的数学处理方法。

10.2.1 概率解释

假设事件 E 可能是一个可重复实验的结果。用 n 表示观察的次数，即进行实验的次数。用 n_E 表示事件 E 被观测到的次数。在频率论者（或米塞斯）的概率解释中，当观察次数非常多时，事件 E 的概率 $P(E)$ 是事件 E 发生的频率：

$$P(E)=\lim_{n\to\infty}\frac{n_E}{n} \tag{10-2}$$

这里的 lim 在数学上不是一般的逐点极限的含义。例如，如果扔 100 次大头钉，事件 E（尖头向上）在这 100 次中发生了 25 次，则可估计 $P(E)$ 为 25/100；然而如果在下一次扔大头钉出现尖头向上，这不能保证 26/101 比 25/100 更加接近式(10-2)所定义的极限或真值。例如，在 $n=10\,000$ 次的投掷的结果中可能存在 $n_E/n=0.235\,6$，这比 26/101 更接近 25/100。设计一个可以无限重复而不改变可能结果的相对可能性的物理实验也许会比较困难。尽管如此，人们可以假定存在一个潜在的真实频率，并基于现有数据去试图描述它。

置信区间（参见 10.5.1 节）或贝叶斯概率区间（参见 10.5.2 节）可以用来表征给定有限数据事件的真实频率的不确定性，比如有限次数的投掷大头钉。贝叶斯理论被广泛用于风险评估，因为它们可以用于回答如下面的这些问题：经过 $n=100$ 次投掷后，给定 $n_E=25$，事件 E“尖头向上”的真实频率小于或等于 0.25 的可能性有多大？真实频率在 0.2 到 0.3 区间内的可能性有多大？虽然贝叶斯分析可能被实际数据的分析结果主导，但其出发点是故意忽略数据的纯粹主观估计，这需要引入概率的另一种解释。

主观概率是指一个人对事件 E 是否会发生或某些断言是真是假的相信程度。主观概率往往与数据较少、不存在的情况或数据不能直接适用当前情况有关，主观概率可以说明一个可重复的实验与真实频率是否相关。如果有人说在木星的某一卫星上存在生命的概率是 1/1 000，这显然是一个主观概率。因为在这个卫星上，可能有生命也可能没生命。体育赛事的赔率可以视为不可重复的实验结果的主观概率，并且不同的人会给出不同的赔率。一些分析者保留了主观概率的术语“概率”，并使用术语“频率”来描述基于频率定义的数量。然而，更多的时候，“频率”被用来描述在单位时间间隔内观察到事件的概率。

无论是否应用概率的频率论或主观论的解释，都必须遵守与概率相关的数学规则。事实上，数学家们不需要关心频率论和主观论，因为概率的规则可以用概率的公理化定义推导出来。在一个实验中，存在三个公理要求：① 可以作为实验结果的所有事件的概率总和为 1；② 任何单个事件的概率必须大于或等于零；③ 如果其中一个发生时另一个不可能发生，则称两个事件是互斥的。

10.2.2　概率规则

图 10 - 7 总结了事件的补集、交集、并集和互斥事件的并集的概率规则。维恩图、集合论、布尔代数和故障树都是用来描述这些事件之间的关系。基于公理化定义，很容易证明不可能事件的概率(空集 Φ)一定为零，即 ($P(\Phi)=0$。进而事件的补集 E' 的概率 $P(E')=1-P(E)$。如图 10 - 7 所示，两个事件的交集(和)的概率和并集(或)的概率为

$$P(A \cap B)=P(A)P(B \mid A)=P(B)P(A \mid B) \tag{10-3}$$

$$P(A \cup B)=P(A)+P(B)-P(A \cap B) \tag{10-4}$$

维恩图	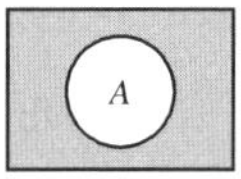 A	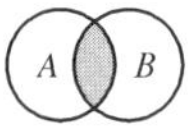 A　B	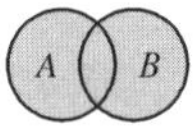 A　B	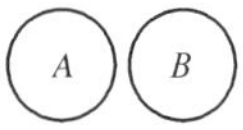 A　B
集合论	补集 A'或$\bar{A}$	交集 $A \cap B$	并集 $A \cup B$	互斥 $A \cap B=\Phi$
布尔代数 故障树	非 $\mid A$ 或 $\bar{A}$	与 $A \times B$ 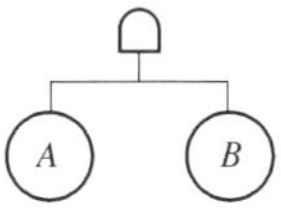 A　B 只有当输入事件全发生才发生输出事件	或 $A+B$ A　B 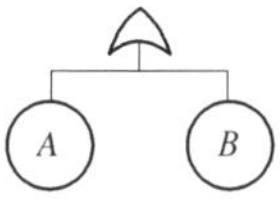 只要有一个输入事件发生即有输出事件发生	
概率规则	$P(A')=1-P(A)$	$P(A \cap B)=P(A)P(B \mid A)$； $P(A \cap B)=P(A)P(B)$，若 A 与 B 是互相独立的	$P(A \cup B)=P(A)+P(B)-P(A \cap B)$	$P(A \cup B)=P(A)+P(B)$； $P(A \cap B)=0$

图 10 - 7　相关事件的关系和概率规则

在式(10-3)中,$P(B|A)$被定义为给定事件 A 的事件 B 的条件概率,即事件 B 以事件 A 发生为条件的概率。如果一个事件的发生与否对另一事件发生与否的概率无影响则称这两个事件是相互独立的。即假设 $P(A \mid B)=P(A)$,则式(10-3)的右边可简化为 $P(A)P(B)$。n 个独立事件 I_1, I_2, …, I_n 的交集和并集的概率分别为

$$P(I_1 \cap I_2 \cap \cdots \cap I_n)=\prod_{i=1}^{n} P(I_i) \tag{10-5}$$

$$P(I_1 \cup I_2 \cup \cdots \cup I_n)=1-\prod_{i=1}^{n}[1-P(I_i)] \tag{10-6}$$

事件树中划定的事件序列的概率是初始事件概率和序列中其他事件条件概率的乘积。10.3 节将讨论使用故障树分析法来表达由组件故障和人为故障引起的系统故障的概率,上述的概率规则足以满足这个需求。适用范围更广的概率分布和其相关应用将在 10.4 和 10.5 节进行讨论。

例 10.2

事件 A 的概率为 0.1,事件 B 的概率为 0.2,事件 C 的概率为 0.3,事件 D 的概率为 0.4。首先,假设它们是互斥事件,(a) A * B * C * D 的概率是多少? (b) A+B+C+D 的概率是多少? 其次,假设事件是相互独立的,则(c) A * B * C * D 的概率是多少? (d) A+B+C+D 的概率是多少?

解:

(a) 互斥事件的交集是空集,即概率为零。

(b) 由图 10-7 可得互斥事件并集的概率是事件概率之和,有 $P(A+B+C+D)=0.1+0.2+0.3+0.4=1.0$。

(c) 由式(10-5)可得,$P(A * B * C * D)=0.1\times0.2\times0.3\times0.4=0.0024$。

(d) 由式(10-6)可得,$P(A+B+C+D)=1-0.9\times0.8\times0.7\times0.6=0.6976$。

10.3 故障树分析

当系统被设计用于执行应对事故始发事件的安全功能时,通常使用熟悉的组件来安装。对某些组件如泵、阀、开关、继电器等,可以从测试和运行经验中获得大量的故障数据。系统的失效概率(或相对的系统的可靠性)可通过多

种方法由组件故障率获得。用于风险评估的主要方法是故障树分析法[7]。

10.3.1　故障树建立

为了建立一个故障树,分析者从一些不被期望的事件进行演绎,确定其可能的原因。故障树的逻辑和事件树的逻辑几乎是相反的。故障树由一个不希望发生的事件开始(通常是执行预定功能的系统的失败事件),并且试图找到其原因;而事件树由不希望发生的事件开始,并尝试描述它可能引起的事件序列。构建故障树时,要研究的故障事件被称为顶事件,因其被放置在故障树的顶部。

顶事件的下面是从属事件,可能会引发顶事件的从属事件可通过简单的逻辑关系(或、与等)和顶事件联系起来。接下来对从属事件进行分解,树的构造以这种方式继续进行,直到到达不可以或不需要被进一步分解的事件,例如组件故障或人为错误的事件。不能进一步细分的事件被称为基本事件,不需要进一步细分的事件被称为未展开事件。故障树的基本事件和未展开事件有时被统称为基本事件,因为它们存在于树的底部。

故障树使分析者能够用检查其功能性的方式使得系统可视化。要求高可靠性的关键组件,有时可能仅仅通过绘制故障树就能分析出来。图 10－8 是一个假定的单泵故障树的例子。在故障树中使用的符号源于逻辑运算“或”(布尔＋)和“与”(布尔 *)。例如,启动备用系统失败“或”泵的流量不足可能导致系统流量不足;驱动信号故障“与”手动启动操作均故障时会导致驱动失败。任何在相应“或”门下的故障事件都会导致泵的流量不足。而在这些事件中值得注意的是,泵的电源故障是基于电力系统的另一个故障树。

10.3.2　最小割集

图 10－8 可以用来说明故障树分析寻求的下一个产物,即最小割集。割集是导致顶事件发生的任意基本事件的组合。最小割集是不能在数量上减少的割集。割集中的事件足以引发顶事件,而最小割集中的事件是引发顶事件的必要条件。寻找最小割集是因为它们只包含对于实现顶事件的必要事件。如图 10－8 所示,任何“或”门下的故障事件都将导致泵流量不足的事故,从而导致系统故障。由驱动失败导致的系统故障需要左边“与”门下的两个事件。因此,在布尔符号(与|＊,或|＋)中,系统故障(ISF)通过六个割集之和给出:

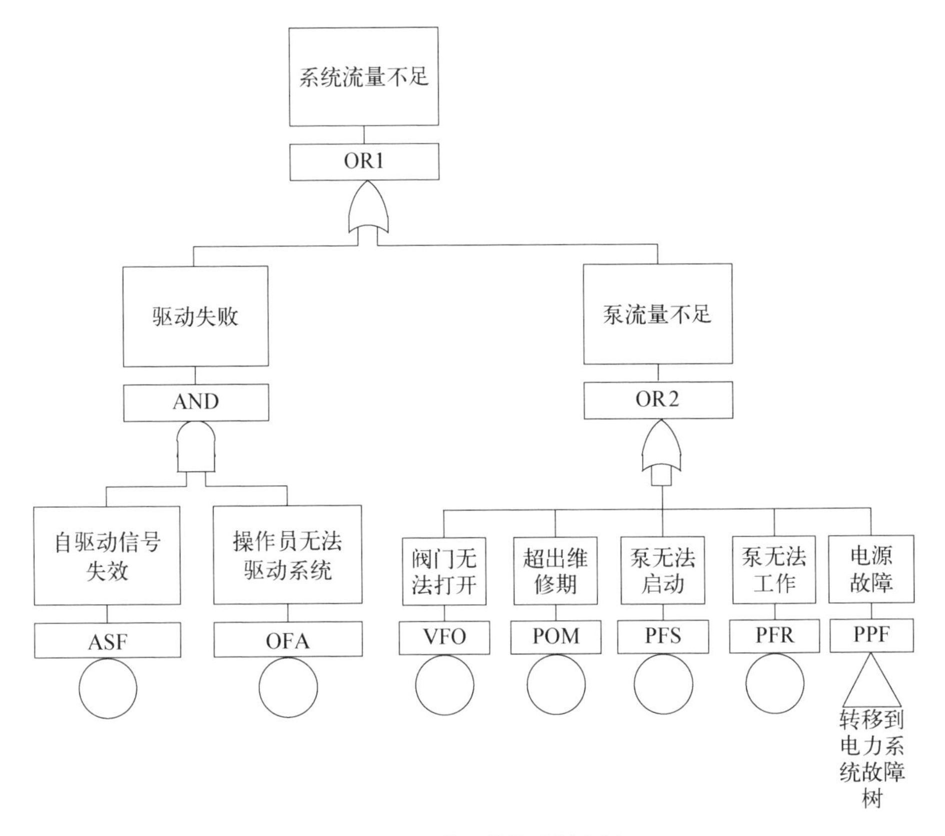

图 10-8　单泵的故障树实例

（资料来源：美国核管理委员会提供）

$$ISF = ASF * OFA + VFO + POM + PFS + PFR + PPF$$

右侧前四个是最小割集。最后面的 PPF（泵的电源故障）不是基本事件，必须用电源系统的最小割集来表示。此外，ASF 事件（自驱动系统故障）是未展开事件，可以进行更详细的建模。

10.3.3　布尔代数

图 10-8 是故障树的一个非常简单的例子。实际的运载火箭和航天器系统的故障树可能涉及几百上千个逻辑门和基本事件。这种复杂故障树的最小割集通常是用布尔代数确定的。布尔代数应用于逻辑变量方程中。逻辑变量只有两个值：0（错）和 1（对）。应用布尔代数求解故障树最小割集时，每个事件被相应的布尔变量所取代，而每个逻辑运算符则被布尔符号所取代。每个

“或”门被“与”门输入事件有关的变量的布尔之和所替换。每个“与”门被与门输入事件有关的变量的布尔之积所替换。

布尔代数与普通代数相似，遵循相关定律，满足交换律和乘法分配律：

交换律：$A * B = B * A$ 和 $A + B = B + A$

置换律：给定 $C = A * B$，若 $A = G + H$ 且有 $B = I * J$，则 $C = (G + H) * (I * J)$

分配律：$(A + B) * (C + D) = A * C + A * D + B * C + B * D$

然而，在布尔代数中，两个重要的恒等式可以用来简化表达式。这两个布尔恒等式为

$$A * A = A \tag{10-7}$$

$$A + A * B = A \tag{10-8}$$

这些恒等式的有效性可以通过构造一个布尔值的表格来验证。在表 10－2 中，布尔变量 A 和 B 的值的所有可能组合在前两列中列出。$A * A$ 的值在第三列计算，$A * A$ 显然等于 A。$A * B$ 的值在第四列计算，$A + A * B$ 在最后一列计算，$A + A * B$ 显然等于 A。

表 10－2　布尔变量真值表

A	B	$A * A$	$A * B$	$A + A * B$
0	0	0	0	0
0	1	0	0	0
1	0	1	0	1
1	1	1	1	1

10.3.4　布尔代数确定最小割集

考虑图 10－9 中的例子。顶事件是电流经过电阻时出现故障。只有当电池 1 中的电流和电池 2 中的电流都未能通过电阻时，顶事件才能发生。电流通过该电阻意味着电流能够通过电池 1、开关 3 和电阻的环路，电池 1、开关 4、开关 5 和电阻的环路，电池 2、开关 5 和电阻的环路，或电池 2、开关 4、开关 3 和电阻的环路。令 $G1$ 门表示电池 1 中电流没有通过电阻，$G2$ 门表示电池 2

中电流没有通过电阻。令 $B1$ 表示电池 1 失效，$B2$ 表示电池 2 失效，$S3$ 表示开关 3 断开，$S4$ 表示开关 4 断开，$S5$ 表示开关 5 断开。

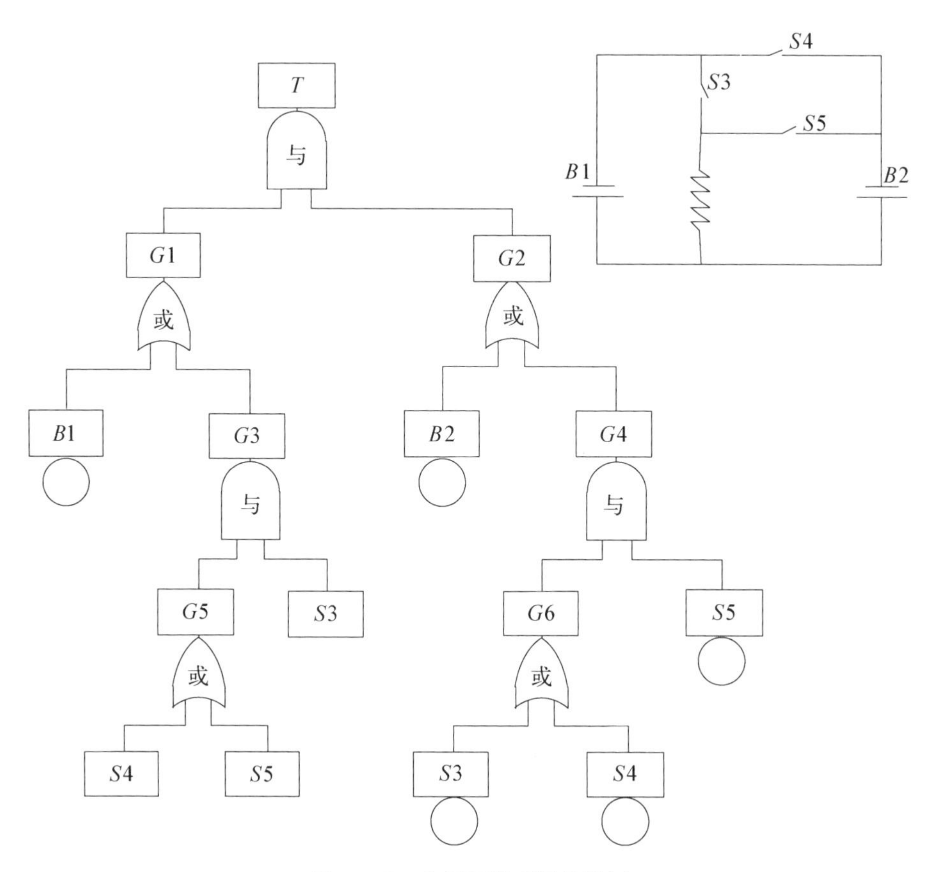

图 10-9　电子开关系统故障树

找到最小割集的第 1 步是生成故障树的中间事件方程。要做到这一点，只需简单地把每个中间门事件作为输入事件的函数：

$$T=G1*G2$$

$$G1=B1+G3$$

$$G2=B2+G4$$

$$G3=S3*G5$$

$$G4=G6*S5$$

$$G5=S4+S5$$

$$G6=S3+S4$$

第 2 步是生成一个顶部事件顶事件 T 的方程，该方程仅是基本事件的函数。要做到这一点，需依次消除重复替代 T 的方程右侧的每个中间事件，即替换第 1 步中的方程右侧的每个中间事件，直到顶事件完全由基本事件表示为止：

$$T = G1 * G2,$$
$$T = (B1 + G3) * (B2 + G4),$$
$$T = (B1 + S3 * G5) * (B2 + G6 * S5),$$
$$T = [B1 + S3 * (S4 + S5)] * [B2 + (S3 + S4) * S5]$$

第 3 步是从第 2 步中扩展并运用布尔代数的结果，$P * P = P$ 且 $P + P * Q = P$，进而

$$T = (B1 + S3 * S4 + S3 * S5) * (B2 + S3 * S5 + S4 * S5)\text{，或者}$$
$$\begin{aligned} T = & B1 * B2 + B1 * S3 * S5 + B1 * S4 * S5 + B2 * S3 * S4 + \\ & S3 * S4 * S3 * S5 + S3 * S4 * S4 * S5 + B2 * S3 * S5 + \\ & S3 * S5 * S3 * S5 + S3 * S5 * S4 * S5 \end{aligned}$$

利用等式 $P * P = P$ 除去电池故障，减去最后一项：$S3 * S4 * S5 + S3 * S4 * S5 + S3 * S5 + S3 * S4 * S5$。 等式 $P + P * Q = P$（代入 $P = S3 * S5$）减去所有这些项和项 $B1 * S3 * S4$ 以及 $B2 * S3 * S5$ to $S3 * S5$。结果是

$$T = B1 * B2 + B1 * S4 * S5 + B2 * S3 * S4 + S3 * S5 \tag{10-9}$$

等式右侧的最小割集对应电源故障、电源 1 的开关 4 和开关 5 断开故障、电源 2 的开关 3 和开关 4 断开故障或开关 3 和开关 5 故障。

10.3.5　确定事故序列的最小割集

当安全功能的相关故障逻辑比较复杂时，分析者会对这些造成故障的事故建立单独的故障树并使用事件树来定义可能导致感兴趣的后果的事故序列。事件树中的事故序列可用故障树确定最小割集的方法加以分析。每个事故序列代表初始事件和后续功能故障事件的“与”逻辑运算。即当顶事件成为输入端是初始和所有包括序列的安全功能故障事件的“与”门时，把每个事故序列当作一个单独的含有事故序列描述的故障树。通过这种方式来解决事件树的问题时，布尔逻辑可以用来解释显式的依赖关系。

10.3.6 顶事件概率量化

最小割集的概率是它包含的基本事件的概率的乘积,前提是其基本事件是独立的,否则必须使用条件概率。在大多数应用中,割集概率是相当小的,并且可通过最小割集概率的总和来评估顶事件的概率,这被称为罕见事件近似。如果最小割集是互斥事件,则不涉及近似,但这不适用于任意一个基本事件出现在一个以上的最小割集的情况。当最小割集的概率较大时,罕见事件求和近似就失效了。可以预测其概率总和超过 1。要说明的是,假设图 10-9 中的每个基本事件对的概率为 0.6。使用罕见事件近似式,式(10-9)中的每个事件都被其概率替换掉。这就给出了顶事件的概率:

$$
\begin{aligned}
P_T &= P_{B1}P_{B2} + P_{B1}P_{S4}P_{S5} + P_{B2}P_{S3} + P_{S3}P_{S5} \\
&= 0.6 \times 0.6 + 0.6 \times 0.6 \times 0.6 + 0.6 \times 0.6 + 0.6 \times 0.6 \\
&= 1.296
\end{aligned}
$$

另一个量化的近似是最小割集上界近似,它运用式(10-6)去合计最小割集的总概率避免概率超过 1。针对当前例子给出近似:

$$
\begin{aligned}
P_T &= 1-(1-0.36)\times(1-0.216)\times(1-0.36)\times(1-0.36) \\
&= 1-0.64\times0.784\times0.64\times0.64 = 0.794
\end{aligned}
$$

在这个例子中,准确的顶事件概率是 $P_T = 0.794$。在参考文献[8]中,已经开发了精确计算顶事件概率的方法,但通常这种方法并不必要,因为基本事件的概率足够小,足以确保罕见事件近似或最小割集上限近似的准确性。

10.3.7 量化注意事项

为确保故障树分析的故障概率不被低估,我们必须十分谨慎。此处可以找出几个引起低估的潜在原因。首先,采用实验室数据而非实际运行条件中的组件故障率,可能会导致顶事件的故障率的量级偏低。其次,在设备的操作以及测试和维护中,必须适当地考虑人为错误概率,通常在 0.1～0.01 范围内。最后,在应用故障树时必须非常小心,以确保能够考虑到故障率之间的依赖关系。如果假设故障事件是相互独立的,而实际上它们只要稍微相关,都可能会忽略了它们导致的共模故障,这些共模故障可能会主导整个系统故障率。

为说明这一点，假定一个系统有并联的四个组件，四个中的任何一个都可以执行所需的功能。系统故障树包括一个与门，四个组件的故障事件作为输入，如果一个组件的失效概率为 0.1，则四个组件并联故障的概率是 10^{-4}。但是这是在假设组件故障事件是相互独立的情况下得出的数值。在现实中，可能是一个故障发生会同时影响所有四个组件。例如，这些故障可能是由相同的不利环境、制造问题或所有四个组件的不正确维护引起的。虽然，这样的常见故障可能对单个组件的故障率影响不大，但它们可以主导一个高度冗余系统的故障率。在四个组件并联的情况下，10^{-3} 的共模式失效概率对单个组件的故障率影响不大，但会主导系统的故障率。在故障树分析中，常见共模故障的处理方法在相关文献中进行了讨论[9]。

10.4　概率分布

概率分布是用来描述、分析或模拟随机过程的。随机过程与确定性过程不同，确定性过程的每次输出结果是相同的，其过程是重复的，随机过程的输出则是变化的。“随机”也适用于定量地描述这种结果的变量。概率分布表征随机变量值的分布范围和相对出现频率。本节遵循常见表示方法，使用大写字母（例如 X）表示一个随机变量，并使用相应的小写字母（例如 x）表示随机变量的值。

10.4.1　分布特性

具有一组离散值（互斥）$(x_1, x_2, \cdots, x_n)$ 的随机变量 X 受离散概率分布的支配。数字 n 可以是有限的或无穷的。离散概率分布分配一个概率 $P(x_i) > 0$ 到每个 n 的值，使得所有值的总概率是 1，即

$$P(x_i) > 0,\ i = 1,\ 2,\ \cdots,\ n \quad 且 \quad \sum_{i=1}^{n} P(x_i) = 1 \tag{10-10}$$

离散概率分布 $P(x_i)$ 的其他名字有概率函数、概率质量函数和离散概率密度函数。将数值按升序排列，如 $x_1 < x_2 < \cdots < x_n$。离散随机变量的累积分布函数（cdf）$F(x_j)$ 是观测值小于或等于选定值 x_j 的概率，

$$P(X \leqslant x_j) = F(x_j) = \sum_{i=1}^{j} P(x_i) \tag{10-11}$$

离散随机变量的互补累积分布函数(ccdf)是观察值大于选定值 x_j 的概率，

$$P(X > x_j) = 1 - P(X \leqslant x_j) = 1 - F(x_j) = \sum_{i=j+1}^{n} P(x_i) \quad (10-12)$$

连续概率分布应用于随机变量是连续值的情况。连续随机变量的概率分布可用概率密度函数 $f(x)$表示，它具有如下特征：

$$f(x) \geqslant 0, \ -\infty < x < \infty \ \text{和} \int_{-\infty}^{\infty} f(\xi) \mathrm{d}\xi = 1 \quad (10-13)$$

随机变量 X 发生在 $\mathrm{d}x$ 时间间隔内的概率是关于 x 的函数，即 $f(x)\mathrm{d}x$，即 $f(x)$是实轴上的某些输出值的单位概率。在说明概率密度函数的形式时，普遍可以接受只考虑 $f(x)$为正的 x 值。$f(x)$的其他名称包括密度函数、连续密度函数、频率函数、集成密度函数和概率分布。连续随机变量的累积分布函数是指观测值小于或等于选定值 x 的概率：

$$P(X \leqslant x) = F(x) = \int_{-\infty}^{x} f(\xi) \mathrm{d}\xi \quad (10-14)$$

互补累积分布函数是观察值大于选定值 x 的概率：

$$P(X > x) = 1 - P(X \leqslant x) = 1 - F(x) = \int_{x}^{\infty} f(\xi) \mathrm{d}\xi \quad (10-15)$$

随机变量 X 的函数期望值 y 的定义为

$$E[y(X)] = \sum_{i=1}^{n} y(x_i) P(x_i) \quad \text{或} \quad (10-16-\mathrm{a})$$

$$E[y(X)] = \int_{-\infty}^{\infty} y(\xi) f(\xi) \mathrm{d}\xi \quad (10-16-\mathrm{b})$$

式(10-16-a)适用于离散随机变量，式(10-16-b)适用于连续随机变量。如果适用公式右边的总和或积分不收敛，则期望值不存在。有了上述定义，就能够定义随机变量的均值、方差、中位数和众数。随机变量的均值 μ 就是它的期望值，在数学上，

$$\mu = E[X] = \sum_{i=1}^{n} x_i P(x_i) \quad \text{或} \quad (10-17-\mathrm{a})$$

$$\mu = E[X] = \int_{-\infty}^{\infty} x f(x) \mathrm{d}x \qquad (10-17-b)$$

方差是随机变量均值的离散度的度量。方差的定义为 $E\left[(X-\mu)^2\right]$，

$$\mathrm{Var}[X] = \sum_{i=1}^{n} (x_{\mathrm{i}} - u)^2 P(x_i) \qquad (10-18-a)$$

$$\mathrm{Var}[X] = \int_{-\infty}^{\infty} (x_i - \mu)^2 f(x) \mathrm{d}x \qquad (10-18-b)$$

标准偏差是方差的平方根，即

$$\sigma = \sqrt{\mathrm{Var}[X]} = \sqrt{E[(X-\mu)^2]} \qquad (10-19)$$

连续随机变量的中值或第 50 个百分位的值满足

$$P(X \leqslant x_{50}) = F(x_{50}) = 0.5 \qquad (10-20)$$

离散随机变量的众数是具有最大概率的 x_j 的值。连续随机变量的众数是概率密度函数 $f(x)$的最大值。

10.4.2　离散概率分布

二项分布适用于当给定过程的单一试验只能产生两个互斥结果之一的情况。所希望的结果的发生概率为 p，未发生的概率为 $1-p$。这样的试验被称为伯努利试验。例如，在一个资格测试中，一个组件可以成功或失败地执行在规定的测试条件下的预定功能。如果进行一组 n 次试验，观察到的故障数的范围从 0 到 n 变化。假设每次试验失败的概率固定为 p，则观察到恰好为 x 次失败的概率满足二项分布，

$$P(x) = \frac{n!}{x!\ (n-x)!} p^x (1-p)^{n-x} \qquad (10-21)$$

二项分布的均值是 $\mu = np$，方差是 $\sigma^2 = np(1-p)$。二项分布的累积分布函数为

$$P(X \leqslant x) = F(x) = \sum_{i=1}^{x} \frac{n!}{i!\ (n-i)} p^i (1-p)^{n-i} \qquad (10-22)$$

图 10-10(a)表示二项分布的离散概率密度函数和累积分布函数，其中 $p = 0.04$，$n = 50$。

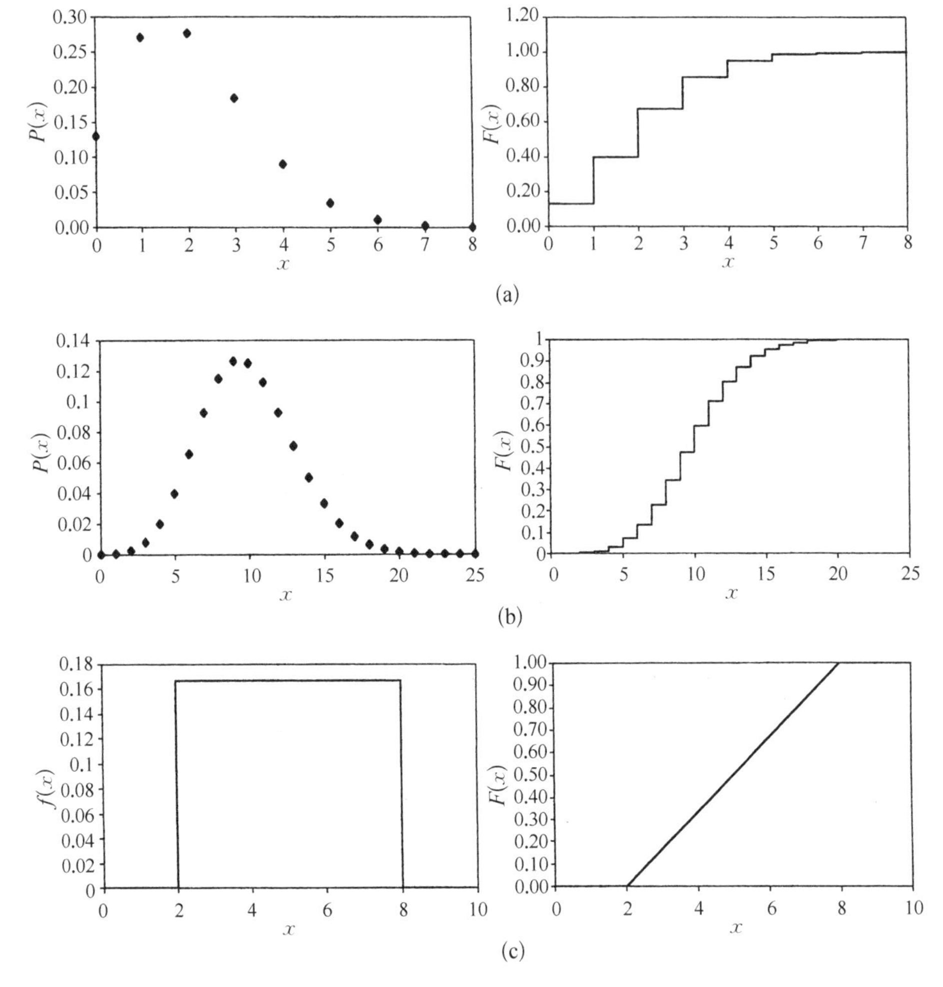

图 10-10　二项分布、泊松分布、均匀分布

(a) 二项分布;(b) 泊松分布;(c) 均匀分布

例 10.3

运载火箭发射了 50 次,其中失败了 2 次。(1) 如果每次发射真正失败的概率为 0.02,则发生这种情况的概率是多少?(2) 观测到的结果距离平均值有多少个标准差?

解:

(1) 运用二项式概率密度函数,由 $p=0.02$, $x=2$, $n=50$,得

$$P(2)=\frac{50!}{2!\ (50-2)!}(0.02)^2(1-0.02)^{48}=1\,225\times(0.02)^2(0.98)^{48}=0.185\,8。$$

(2) 均值 $\mu=np=50\times0.02=1.0$。方差 $\sigma^2=np(1-p)=1.0\times0.98=0.98$。

标准差是方差的平方根。即 $\sigma=0.989\,95$。因此，50 次观察中有 2 次失败的结果比平均值大 $(2-1)/0.989\,95=1.01$ 个标准差。

泊松分布(如在 10.4.3 节中所述的高斯分布)与大量的试验下的二项分布相近似。这种近似是很有用的，因为计算二项式概率的阶乘容易超过计算机能处理的最大整数。泊松随机变量的概率函数为

$$P(x)=\frac{\mu^x e^{-u}}{x!},\ x=0,\ 1,\ 2,\ \cdots;\ \mu>0$$

否则
$$P(x)=0 \tag{10-23}$$

发生在时间间隔为$(0,\ t)$内的事件数(放射性核素衰变、组件故障、电话接收等)通常可被近似为泊松分布的随机变量。泊松分布的均值和方差都等于 μ。一组泊松随机变量的和也是一个泊松随机变量。即如果 $\mu_1,\ \mu_2,\ \cdots,\ \mu_n$ 是 n 个泊松随机变量的均值，则 $\mu=\mu_1+\mu_2+\cdots+\mu_n$ 是其总和的均值，并且也是泊松随机变量。图 10-10(b)展示的是 $\mu=9.9$ 的泊松分布的离散概率密度函数和累积分布函数。在例 10.4 会出现这个分布。

例 10.4

一个活度为 10 Bq 的钚-238 源(1 Bq=s^{-1})被放置在一个效率为 99%的计数器中，记录 1 s 时间间隔内的计数次数。(1) 平均计数率是多少？(2) 计数率的标准差是多少？(3) 任意 1 s 间隔内观察到的计数恰好为 10 的概率为多少？(4) 任意 4 s 间隔内观察到计数恰好为 40 的概率为多少？

解：

(1) 钚-238 的半衰期是 87.75 年，所以在计数过程中，活度的变化可以忽略不计。由于计数器的效率为 99%，所以 1 秒间隔内计数的平均值是活度的 0.99 倍，即 9.9 次计数。

(2) 此处的方差等于平均值，标准差是方差的平方根，因此，标准差为 $(9.9)^{1/2}=3.146$ 次。

(3) 任意 1 s 间隔内观察到的计数恰好为 10 的概率为 $(9.9)^{10}\exp(-9.9)/10!\ =0.125\,0$。

(4) 在 4 s 内观察到的计数符合泊松分布，其均值为 $4\times9.9=39.6$ 次。任意 4 s 间隔内观察到计数恰好为 40 的概率为 $(39.6)^{40}\exp(-39.6)/40!\ =$

0.062 82。

10.4.3 连续概率分布

均匀分布是用来描述在区间$[x_{\min}, x_{\max}]$上的连续随机变量 X 的。均匀分布的概率密度函数是

$$f(x)=\frac{1}{x_{\max}-x_{\min}} \quad (x_{\min} \leqslant x \leqslant x_{\max}) \tag{10-24}$$

否则

$$f(x)=0$$

均匀分布的累积分布函数为

$$P(X \leqslant x)=F(x)=\int_{x_{\min}}^{x} f(\xi)\mathrm{d}\xi=\frac{x-x_{\min}}{x_{\max}-x_{\min}} \tag{10-25}$$

图 10-10(c)中描述了均匀分布的概率密度函数和累积分布函数。由于 $f(x)$为常值,X 在任何给定宽度的子区间中都可能发生。设计的伪随机数生成器使得计算机可以模拟在区间[0, 1]上均匀分布的随机变量的值。如 10.5.3 节中所讨论的,这种模拟被运用在蒙特卡罗分析中。

指数分布是一种简单的单参数分布。指数分布随机变量 X 的概率分布是

$$f(x)=\lambda \mathrm{e}^{-\lambda x} \quad (x \geqslant 0, \lambda > 0) \tag{10-26}$$

如上述,λ 必须是一个正实数。指数分布的累积分布函数是

$$P(X \leqslant x)=F(x)=\int_{0}^{x} \lambda \mathrm{e}^{-\lambda \xi}=1-\mathrm{e}^{-\lambda x} \tag{10-27}$$

指数分布的平均值和标准差都等于 $1/\lambda$。通过设置 $F(x_{50})=0.5$,可得到中位数 $x_{50}=\ln(2)/\lambda$。指数分布适用于放射性核素衰变的所需时间,在这种情况下,λ 是衰变常数,$1/\lambda$ 是衰变平均时间,$\ln(2)/\lambda$ 是半衰期。图 10-11(a)给出了 $\lambda=1$ 情况下的指数分布的概率密度函数和累积分布函数。

高斯或正态分布的概率密度函数是我们熟知的关于均值 μ 对称的钟形曲线:

$$f(x)=\frac{1}{\sqrt{2\pi}\sigma}\exp\left(\frac{(x-\mu)^2}{2\sigma^2}\right) \tag{10-28}$$

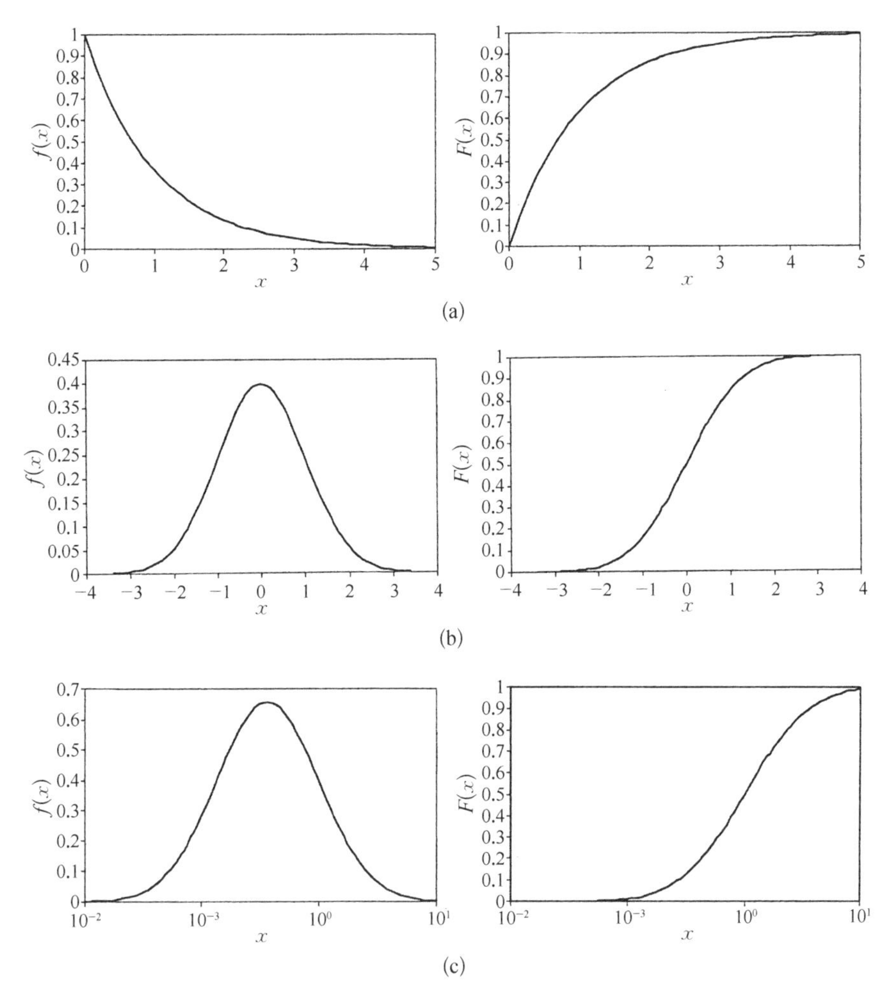

图 10-11　指数分布、标准正态分布、对数分布

(a) $\lambda=1$ 的情况下的指数分布；(b) 标准($\mu=1$、$\sigma=1$)正态(高斯)分布；(c) 中位数为 1、误差因子为 5.181 的对数分布

正态分布的累积分布函数是

$$F(x)=\frac{1}{2}+\frac{1}{2}\mathrm{erf}\left[\frac{(x-\mu)}{\sigma}\Big/\sqrt{2}\right] \tag{10-29}$$

其中，误差函数 erf(x)为

$$\mathrm{erf}(x)=\frac{2}{\sqrt{\pi}}\int_0^a \exp(-\xi^2)\mathrm{d}\xi \tag{10-30}$$

表 10-3 中列出了在 $z=(x-\mu)/\sigma$ 选定值时的 $F(x)$ 累积分布函数值。

在相应数量的平均值标准偏差内的正态分布随机变量的观测概率也被表示出来。图 10-11(b)给出了 $\mu=1$、$\sigma=1$ 的正态分布的概率密度函数和累积分布函数的形状。利用 $z=(x-\mu)/\sigma$ 转化，任何正态分布都有着相同的形状，这是因为 $f_z(z)\mathrm{d}z=f_x(x)\mathrm{d}x$，从而有 $f_z=\exp(-z^2/2)/\sqrt{2}$。

表 10-3 正态分布的累积分布及相关积分

$x=\mu+z\sigma$ z	cdf(x) = $P(X\leqslant\mu+z\sigma)$	ccdf(x) = $P(X\geqslant\mu+z\sigma)$	cdf(x) − ccdf(x) = $P(\mu-z\sigma X\leqslant\mu+z\sigma)$
0	0.5	0.5	0
0.5	0.691 5	0.308 5	0.383 0
1.0	0.841 3	0.158 7	0.682 6
1.5	0.933 2	0.066 8	0.866 4
1.645	0.095 0	0.050 0	0.900 0
2.0	0.977 2	0.022 8	0.954 4
2.5	0.993 8	0.006 2	0.987 6
3.0	0.998 7	0.001 3	0.997 4

一组正态分布随机变量的线性组合也是正态分布。此外，如果随机变量 X 的值的样本足够大，不论 X 如何分布，样本平均值都是正态分布的。

在对数正态分布中，正随机变量 Y 的对数 $X=\ln(Y)$ 是正态分布的，Y 则是对数正态分布的。令 $X=\ln(Y)$ 的均值和方差分别为 $\mu_x=E[X]$ 和 $\sigma_x^2=\mathrm{Var}[X]$。令 $f_y(y)\mathrm{d}y=f_x(x)\mathrm{d}x$，对于随机变量 Y，遵循对数概率密度函数

$$f(y)=\frac{1}{\sqrt{2\pi}}\exp\left\{\frac{[\ln(y)-u_x]^2}{2\sigma_x^2}\right\}\quad y>0 \tag{10-31}$$

与正态分布相同，对数分布可以用两个独立的参数表示。$X=\ln(Y)$ 的均值 μ_x 和标准偏差 σ_x 可以被选为独立参数。然而，更通常来说会选定对数分布变量的均值 μ_y 和误差因子 EF_y。误差因子 EF_y 等于中间数除以第 95 个百分位数，即 $EF_y=y_{95}/y_{50}$，如式(10-32)所示。

$$\sigma_x = \frac{\ln(EF_y)}{1.645},\quad \mu_x = \ln(\mu_y) - \frac{\sigma_x^2}{2} \tag{10-32}$$

对数分布随机变量的众数 y_m，中位数 y_{50} 和方差 σ_y^2 都能被表示为

$$y_m = e^{(\mu_x - \sigma_x^2)},\ y_{50} = e^{(\mu_x)},\ \sigma_y^2 = \mu_y^2[e^{(\sigma_x^2)} - 1] \tag{10-33}$$

第 5 个和第 95 个百分位数和中位数的关系为 $y_{05} = y_{50}/EF_y$，$y_{95} = y_{50}EF_y$。

当绘制对数分布的概率密度函数和累积分布函数时，如果 y 轴上使用的是对数刻度，则会得到一个常见的形状。但这个分布实际上是相当偏斜的，这是因为较大值具有更大的权重。图 10－11(c)绘出了图 10－11(b)中描述的正态分布对应的对数正态分布图。即在图 10－11 (b)中，ln(y)的均值为 $\mu_x = 0$，标准方差为 $\sigma_x = 1$。y 的对数分布结果为 $y_m = 1/e = 0.36788$，$y_{50} = \exp(0) = 1$，$\mu_y = e^{0.5} = 1.6487$。对于这样的对数分布，观测值小于或等于众数的概率为 $F(y_m) = 0.1587$，观测值小于或等于均值的概率是 $F(\mu_y) = 0.6915$。N 个对数正态分布随机变量的 Y 等于 Y_1，Y_2，…，Y_N 的乘积，其本身也呈对数正态分布。并且，对数正态分布随机变量的任何幂次运算也都呈对数分布。

10.4.4　风险曲线修正

在 10.1.3 节中提到了关于风险曲线的例子。风险曲线只是对于某些事故后果测量的互补累积分布函数，即风险曲线是后果测量的概率分布的表现。在图 10－1 所示的简单事件树中，其结果表示通过测量得到的由于泄漏释放的挥发性裂变产物的百分数。为简化讨论，给每个划定的事故情况分配一个单一的后果评估。由此，图 10－1 中的事件树表示了对于选定测量结果的离散概率分布。

在实际中，与真实事故相关的后果取决于很多本质上是随机的因素。例如，上升阶段发生爆炸时所经历的飞行时间，发射时的温度分布和风向、发射场和个人的相对位置，人对辐射剂量的生理反应都会表现出一定的差异。由此，大多数结果测量可近似为连续随机变量，不同于图 10－3，其产生的风险曲线是平滑的。

例 10.5

对于图 10－1 中所描述的事件树，假设最后一列中非零结果的值是正态

分布随机变量的均值，分别为 C_2、C_3、C_4 和 C_5。令其相应的标准偏差分别为 $\sigma_2=2\times10^{-5}$，$\sigma_3=0.02$，$\sigma_4=2\times10^{-4}$，$\sigma_5=0.002$。对地面测试结果 C 构造概率密度函数和互补累积分布函数

解：

图 10 - 1 中五个事件树结果的概率是不变的。$P_1=0.999$，$P_2=9.8\times10^{-4}$，$P_3=9.9\times10^{-6}$，$P_4=9.0\times10^{-6}$，$P_5=1.0\times10^{-6}$。令事故序列的概率密度函数为 C，给定 i^{th} 事故结果为 $f_i(c)$。参数 $f_1(c)$ 是一个 $c=0$ 的 δ 函数，$f_2(c)$ 的均值为 0.000 1，标准差为 0.000 02；参数 $f_3(c)$ 的均值为 0.1，标准差为 0.02；$f_4(c)$ 的均值为 0.001，标准差为 0.000 2；$f_5(c)$ 的均值为 0.99，标准差为 0.002。C 的概率密度函数由五个事件树结果的概率密度函数的线性组合所组成，每个结果都与其概率加权：

$$f(c)=P_1\delta(c-0)+P_2f_2(c)+P_3f_3(c)+P_4f_4(c)+P_5f_5(c) \tag{10-34}$$

互补累积分布函数为

$$F(c)=\int_0^c f(\xi)\mathrm{d}\xi=P_1+P_2F_2(c)+P_3F_3(c)+P_4F_4(c)+P_5F_5(c) \tag{10-35}$$

式中，左边的 P_1 反映了 δ 函数在 $c=0$ 时的单位积分。互补累积分布函数或风险曲线为

$$1-F(c)=(1-P_1)-P_2F_2(c)-P_3F_3(c)-P_4F_4(c)-P_5F_5(c)$$

使用上面所列出的值，其风险曲线如图 10 - 12 所示。这与图 10 - 3 中所示的风险曲线非常相似。

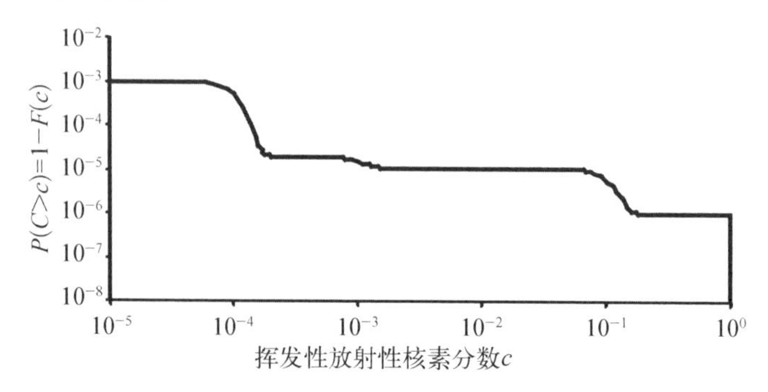

图 10 - 12　例 10.5 中结果分布的风险曲线

将式(10－1)中定义的后果加权风险 R 处理为随机变量也是可行的。对概率密度函数 $f(r)$做如下解释：$f(r)\mathrm{d}r$ 给出在 r 附近 $\mathrm{d}r$ 区间内概率后果产物内的事故概率。假设第 i 个序列的后果 C_i 是独立概率 P_i，则平均后果加权风险是

$$E[R]=\sum_{i=1}^{n}E[P_i]E[C_i] \tag{10-36}$$

例如在 10.5 中，将事故序列的概率 P_i 作为常数，则 R 的方差为

$$\mathrm{Var}[R]=\sum_{i=1}^{n}P_i^2\mathrm{Var}[C_i]$$

例 10.5 的假设中，R 是正态随机变量的线性组合，所以 R 的概率分布是正态的。平均后果加权风险 $E[R]$是 2.1×10^{-6}，方差 $\mathrm{Var}[R]$是 $(9.8\times10^{-4})^2(0.000\,02)^2+(9.9\times10^{-7})^2(0.02)^2+(9.0\times10^{-9})^2(0.000\,2)^2+(9.9\times10^{-7})^2(0.002)^2=2.2\times10^{-11}$，标准偏差 $\sigma=\mathrm{Var}[R]^{1/2}$ 是 4.6×10^{-6}。以这种方式定义随机变量 R，虽然在数学上是可能的，但事故后果的概率分布的信息不会在所得到的概率分布中表达。

10.5　不确定性分析

关于实验误差分析的基本概念在 Taylor 的 *An Introduction to Error Analysis, The Study of Uncertainties in Physical Measurements* 著作中有着很好的介绍[10]。在实验环境中，测量对象或过程中一些属性的测量值会产生实验误差。如果是系统性的误差，那么测量结果将不准确，因为它们不会收敛到真值。如果系统性的误差可以被消除，那么测量结果则会收敛到真值。收敛越严格，则测量值越精确。在 Taylor 的方法下，误差分析和不确定性分析将在下面的讨论中交替使用。

从定量的角度来看，我们希望从不确定性分析中寻求的是真值的合理范围。我们所讨论的真值往往是一个概率分布的参数。在实验环境中，参数可能是对象或属性测量值的平均值。然而，在概率风险评估中，假想事故的概率无法测量，这是因为事故的概率通常非常低。因此无法通过实验直接确定事故后果的分布。事实上，安全工程师的目标是防止事故发生并减少相关的健康和经济损失。最后，即使确实发生了事故，其后果可能也不明显。例如，由

辐射引起的癌症有显著的潜伏期，且即使是由重大事故引起的癌症数量与所有自然原因引发的癌症数量相比还是较小的。因此，概率风险评估中的不确定性是与模型预测相关联的。实验误差分析的概念可以扩展到建模过程。模型输入值的不确定性会导致相应的模型输出值的不确定性。同样，正如系统误差会使实验结果产生偏差一样，系统的建模误差也会使模型预测产生偏差。

在概率风险评估中建立不确定性分析可以在例子中得到最好的说明。在10.5.1和10.5.2节中，说明了基于可用数据的故障概率不确定性描述的两种统计方法。10.5.1节中讨论了经典的置信区间，10.5.2节中讨论了贝叶斯概率区间。10.5.3节扩展了使用蒙特卡罗法预测模型中不确定性的贝叶斯方法。10.5.4节提供了在概率风险评估中不确定性类型的分类，其中一些是不适合对卡西尼号任务进行定量分析的。

10.5.1 伯努利概率的置信区间

置信区间是一个参数的统计参数。它提供了一个包含参数真值的区间。置信度的水平与区间相联系。为说明这些概念，考虑在 n 次伯努利试验下建立一个参数为 p（一个特定组件的故障概率）的双侧置信区间。观察到的故障 x 的数量将服从伯努利分布（只有两个值的随机变量服从伯努利分布）。这里的目标是找到数据的两个函数，置信下限 $p_L(x, n, y)$ 和置信上限 $p_U(x, n, y)$，这样，置信区间包含真值 p 的概率大于或等于置信水平 $(1-\gamma)$。

$$P[p_L(x, n, \gamma) \leqslant p \leqslant p_U(x, n, \gamma)] \geqslant 1-\gamma \qquad (10-37)$$

区间 (p_L, p_U) 是一种水平为 $(1-y)$ 或 $100(1-y)\%$ 的双侧置信区间。二项分布的置信上下限可通过累积分布 $F(x \mid n, p)$ 算出，它是给定失败概率 p 下的 n 次试验中观测失败次数小于等于 x 的概率 $P(X \leqslant x \mid n, p)$。具体地说，利用式(10-22)，$p_L(x, n, y)$ 和 $p_U(x, n, y)$ 是 p_L 和 p_U 满足如下公式时的值。

$$\begin{aligned} P(X \geqslant x \mid n, p_L) &= 1 - F(x-1 \mid n, p_L) \\ &= 1 - \sum_{i=0}^{x-1} \frac{n!}{i!(n-i)!}(1-p_L)^{n-i} = \frac{\gamma}{2} \qquad (10-38) \end{aligned}$$

$$\begin{aligned} P(X \leqslant x \mid n, p_U) &= F(x-1 \mid n, p_U) \\ &= \sum_{i=0}^{x} \frac{n!}{i!(n-i)!}(p_U)^i(1-p_U)^{n-i} = \frac{\gamma}{2} \qquad (10-39) \end{aligned}$$

例如，一个双侧 90%的置信区间，$\gamma = 0.1$，且在 $n = 50$ 次试验中观测到 $x = 0$ 次失败的置信上限是 $F(0 \mid 50,\ p_U) = (1 - p_U)^{50} = 0.05$ 的解，即 $p_U = 1 - 0.05^{1/50} = 0.058\,155$。在大多数其他情况下，必须通过迭代得到数值解。表 10-4 列出了 50 次试验中的 0 到 10 次失败的置信下限和置信上限。

表 10-4　关于 50 次故障中的 x 的双侧 90%的置信区间 $(p_L,\ p_U)$ 和贝叶斯概率区间 $(p_1,\ p_2)$

x	p_L	p_1	$x/50$	p_2	p_U
0	0	0.001 005 25	0	0.057 048 0	0.058 155 1
1	0.001 025 34	0.007 012 55	0.02	0.089 671 5	0.091 398 2
2	0.007 153 72	0.016 223 4	0.04	0.118 349	0.120 614
3	0.016 551 9	0.027 233 7	0.06	0.145 075	0.147 837
4	0.027 787 7	0.039 430 9	0.08	0.170 559	0.173 791
5	0.040 236 6	0.052 494 5	0.10	0.195 151	0.198 833
6	0.053 571 4	0.066 233 0	0.12	0.219 054	0.223 170
7	0.067 596 7	0.080 520 8	0.14	0.242 399	0.246 936
8	0.082 185 0	0.095 271 9	0.16	0.265 275	0.270 220
9	0.085 761 9	0.110 423	0.18	0.287 748	0.293 091
10	0.100 302	0.125 928	0.20	0.309 864	0.315 596

例 10.6

一次运载火箭在 50 次发射中失败 2 次。求失效概率的双侧 90%置信区间。

解：

令 $n = 50$，$x = 2$，置信下限由式(10-38)确定：

$$1 - \frac{50!}{0!50!} p_L^0 (1 - p_L)^{50} - \frac{50!}{1!49!} p_L^1 (1 - p_L)^{49} = 0.05$$

$$(1-p_{\mathrm{L}})^{49}(1+49\,p_{\mathrm{L}})=0.95$$

$$p_{\mathrm{L}}=0.007\,153\,72$$

而置信上限由式(10-39)确定：

$$\frac{50!}{0!50!}p_{\mathrm{U}}^{0}(1-p_{\mathrm{U}})^{50}+\frac{50!}{1!49!}p_{\mathrm{U}}^{1}(1-p_{\mathrm{U}})^{49}+\frac{50!}{2!48!}p_{\mathrm{U}}^{2}(1-p_{\mathrm{U}})^{48}=0.05$$

$$(1-p_{\mathrm{U}})^{48}[(1-p_{\mathrm{U}})^{2}+50(p_{\mathrm{U}})(1-p_{\mathrm{U}})+1\,225(p_{\mathrm{U}}^{2})]=0.95$$

$$p_{\mathrm{U}}=0.120\,614$$

一旦观测到 x，所产生的置信区间要么包含 p 的真值，要么不包含 p 的真值。例如，如果真值为 $p=0.1$，50 次试验中观测到 1 次失败，90%的置信区间[0.001 025 34, 0.091 398 2]将不包含 p；然而，如果观测到了 2 次失败，90%的置信区间[0.007 153 72, 0.120 614]将包含 p。即一旦在 n 次试验中观察到 x 次失败，置信区间正确的概率只能是 0 或 1。这就是为什么使用置信水平而非概率的原因。

获得包含 p 的真值的置信区间的概率称为覆盖率。覆盖率是观测到 x 的概率乘以描述 p 是否包含在第 x 个区间上的 δ 函数 $\delta_{\mathrm{p}}(x)$的所有可能值的总和。

$$\begin{aligned}\text{Coverage}&=P[\text{CorrectInterval}]\\&=\sum_{x=0}^{n}\frac{n!}{x!(n-x)!}p^{x}(1-p)^{n-x}\delta_{\mathrm{p}}(x)\geqslant 1-\gamma\qquad(10-40)\end{aligned}$$

$n=50$ 次的试验覆盖率在图 10-13 中被绘制为钉形函数。覆盖率随 p 的变化而变化，但不小于置信水平 $(1-\gamma)=0.9$。

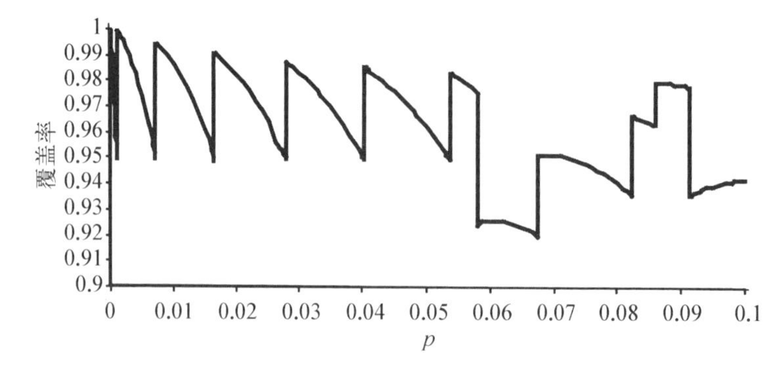

图 10-13　覆盖率为 90%的二项置信区间(50 次试验)

使用系统组件的故障数据对系统故障概率的置信区间进行估计要比前面的例子难得多。这个问题可以在非常简单的系统中得到解决，如系统故障率是两个组件故障概率乘积的并联系统[11]。但对于需要建立的故障树，通过基本事件的概率函数确定故障概率的复杂系统，置信区间通常只能使用近似方法估计。下面小节中所描述的贝叶斯方法的应用更为广泛。向贝叶斯方法的过渡需要对概率分布参数的解释进行一个重要的转变。相比于在二项分布中将如 p 的参数作为未知常数的方法，贝叶斯方法将其视为随机变量，其值可以通过知识状态概率分布表征。

10.5.2　伯努利概率的贝叶斯分析

贝叶斯定理[12]是由式(10 - 3)中介绍的条件概率的概念自然引申出的。重排式(10 - 3)来求解给定事件 B 产生的事件 A 的条件概率

$$P(A \mid B)=\frac{P(B \mid A)P(A)}{P(B)} \tag{10-41}$$

更一般地说，贝叶斯定理提到：如果 A_1，A_2，…，A_n 是互斥事件，若 B 是任意其他事件(A_i 集合中的子集)，有 $P(B)>0$，则

$$P(A_i \mid B)=\frac{P(B \mid A_i)P(A_i)}{P(B)} \tag{10-42}$$

其中

$$P(B)=\sum_{j=1}^{n}P(B \mid A_j)P(A_j) \tag{10-43}$$

例 10.7

计算机芯片由 3 个制造商制作，分别是 M_1、M_2 和 M_3。M_1 生产芯片的 20%，M_2 生产芯片的 30%，M_3 生产芯片的 50%。M_1、M_2 和 M_3 的缺陷率分别为 0.01、0.02 和 0.04。如果一个随机选择的芯片是有缺陷的，则它由 M_1 生产的概率是多少?

解：

由题意得如下概率：$P(M_1)=0.2$，$P(M_2)=0.3$，$P(M_3)=0.5$，$P(D \mid M_1)=0.01$，$P(D \mid M_2)=0.02$，$P(D \mid M_{23})=0.04$。首先，我们得到

$$P(D)=P(D \mid M_1)P(M_1)+P(D \mid M_2)P(M_2)+P(D \mid M_3)P(M_3)$$
$$=0.01\times 0.2+0.02\times 0.3+0.04\times 0.5=0.028$$

即 2.8%的电脑芯片是有缺陷的。接着，由贝叶斯定理得

$$P(M_i \mid D)=P(D \mid M_i)\frac{P(M_i)}{P(D)},\ i=1,\ 2,\ 3$$

所以

$$P(M_1 \mid D)=0.01\times 0.2/0.028=0.071$$
$$P(M_2 \mid D)=0.02\times 0.3/0.028=0.214$$
$$P(M_3 \mid D)=0.04\times 0.5/0.028=0.714$$

随机选择的缺陷芯片是由 M_1 提供的概率为 0.071。

在贝叶斯统计中，$P(A_i)$称为事件 A_i 的先验概率，$P(A_i|B)$称为 A_i 的后验概率。在前面的例子中，$P(M_1)$、$P(M_2)$和 $P(M_3)$是从由制造商 M_1、M_2 和 M_3 分别生产的计算机芯片中随机选择一个的先验概率。$P(M_1 \mid D)$、$P(M_2 \mid D)$和 $P(M_3 \mid D)$是一个随机选择的由制造商 M_1、M_2 和 M_3 分别生产的缺陷计算机芯片的后验概率。例如，制造商 M_3 生产所有计算机芯片的 50%，但也生产所有缺陷计算机芯片的 71.4%。

贝叶斯定理的前提是互斥的离散事件，因此它也可以表示为概率密度函数。如果 X 是一个概率密度函数取决于变量 θ 的连续随机变量，则 X 的条件概率密度函数是 $f(x|\theta)$。如果 θ 的先验概率密度函数是 $g(\theta)$，则对于每个 x 存在 $f(x)>0$。对于给定的 $X=x$，θ 的后验概率密度函数是

$$g(\theta \mid x)=\frac{f(x \mid \theta)g(\theta)}{f(x)} \tag{10-44}$$

其中

$$f(x)=\int_{-\infty}^{\infty} f(x \mid \theta)g(\theta)\mathrm{d}\theta \tag{10-45}$$

$f(x)$是 X 的边缘概率密度函数。在贝叶斯定理的连续形式中，$g(\theta)$和 $g(\theta|x)$分别表示在观测到另一个随机变量 X 之前和之后的概率密度函数。

贝叶斯定理的连续形式可以应用于建立伯努利分布中参数为 p 的概率密度函数，这在 10.5.1 节中已被考虑到。把组件故障概率视作随机变量 P，先验概率密度函数在区间[0, 1]上的均匀分布。在贝叶斯定理连续形式的命名中，先验分布是

$$g(p)=1,\quad 0\leqslant p\leqslant 1$$
$$g(p)=0,\quad \text{其他}$$

二项分布的基本概率模型是

$$f(x\mid p)=\frac{n!}{x!(n-x)!}p^{x}(1-p)^{n-x}$$

X 的边缘概率密度函数是

$$\begin{aligned}f(x)&=\int_{0}^{1}f(x\mid P)g(P)\mathrm{d}p\\&=\int_{0}^{1}\frac{n!}{x!(n-x)!}p^{x}(1-p)^{n-x}(1)\mathrm{d}p\\&=\frac{1}{n+1}\end{aligned}$$

P 的后验概率密度函数为

$$g(p\mid x)=\frac{f(x\mid p)g(p)}{f(x)}=\frac{(n+1)!}{x!(n-x)!}p^{x}(1-p)^{n-x}\qquad(10-46)$$

与 10.5.1 节中讨论的经典置信区间不同，贝叶斯分析将二项分布的参数 p 作为随机变量 P。该变量有两个值 p_1 和 p_2，满足

$$P(p_1\leqslant P\leqslant p_2)=\int_{p_1}^{p_2}g(p\mid x)\mathrm{d}p=1-\gamma\qquad(10-47)$$

定义一个$(1-\gamma)$或$[100(1-\gamma)]\%$水平的双边贝叶斯概率区间。通常情况下，p_1 和 p_2 作为累积分布分别等于 $\gamma/2$ 和$(1-\gamma)/2$ 的选定值。表 10－4 列出了 50 次试验中，失败次数 x 从 0 到 10 变化的 p_1和 p_2 的值。

例 10.8

在 50 次试验中，确定 0 次失败的伯努利分布参数 p 的后验分布的第 5 和第 95 个百分位值。假设先验是平均的。在 50 个试验中重复 2 次失败。

解：

在 $n=50$ 次试验中 0 次失败的情况下，使用式(10－46)，得到后验分布为

$$g(P\mid 0,\ 50)=\frac{51!}{0!(50-0)!}p^{0}(1-p)^{(50-0)}=51(1-p)^{50}$$

后验累积分布函数是

$$F(p \mid 0,\ 50)=\int_0^p 51(1-\xi)^{50}\mathrm{d}\xi=1-(1-p)^{51}$$

当 $p=0.001\ 005$ 时，有 $F(p \mid 0,\ 50)=0.05$。当 $p=0.057\ 05$ 时，有 $F(p \mid 0,\ 50)=0.95$。

因此，[0.001 05, 0.057 05]是一个 90%的双边贝叶斯概率区间。假设 50 次试验失败 0 次，则 P 落在这个区间的概率为 0.9。

对于在 50 次试验有 2 次失败的情况，式(10－46)中的后验概率密度函数是

$$g(p \mid 2,\ 50)=\frac{51!}{2!(50-2)!}p^2(1-p)^{(50-2)}=62\ 475\ p^2(1-p)^{48}$$

后验累积分布函数是前面密度函数从 0 到 p 的积分。分析的结果相当混乱，但可以通过数值计算得出 90%贝叶斯概率区间的范围[13]。从表 10－4 中可知，所得到的区间是(0.016 223 4, 0.118 349)。

在例 10.3、例 10.6 和例 10.8 中，某些类型的运载火箭在 50 次发射中失败 2 次的情况下，故障概率的名义估计显然是 2/50 或 0.04。很显然，失败的概率是不确定的。随着增加 1 次或更多次的发射，名义估计可能会达到 3/51 或 2/51，这取决于是否发生另一次故障。图 10－14 显示了后验概率密度函数和累积分布函数，用以表示在 50 个事件中 2 次失败的故障概率的不确定性。在这种不确定性表示中，0.04 是最有可能的故障概率值，但有 5%的可能性真值小于 0.016 223 4，还有 5%的可能性真值大于 0.118 349，而有 90%的可能性真值在 0.016 223 4 和 0.118 349 之间。在后面 10.6.5 节的讨论中，在对卡西尼号风险评估的不确定性分析中，所指的水平和区间是指置信水平和置信区间。置信在这个意义上是简化的知识状态的概率。“置信”这个词的使用避免了概率论者不方便对故障概率的概率分布知识状态进行讨论。值得强调的是，“置信”在这个环境下，取决于反映模型参数中知识状态的不确定性所分配的分布，并没有如 10.5.1 节中所述的从实验数据的经典统计分析中被量化。

10.5.3 采用蒙特卡罗法进行参数不确定性分析

蒙特卡罗是一个很有效的方法，它可以应用于许多原本很棘手的问题。蒙特卡罗法通过设计一个机会游戏，在大量的游戏结果中寻求答案。伪随机数发生器允许在计算机上进行这样的机会游戏。一个机会游戏可以直接模拟

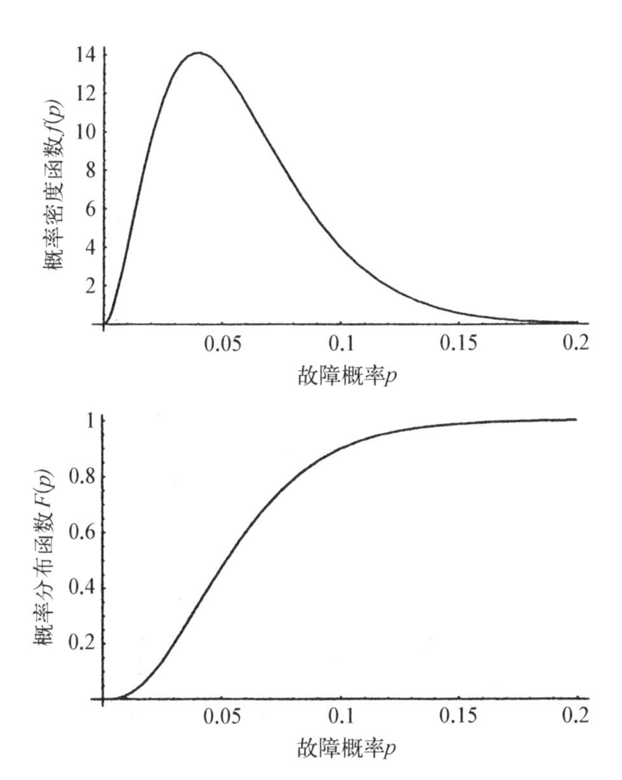

图 10－14　50 个事件中失败 2 次的情况下，故障概率 p 的后验概率密度和累积分布函数

正在研究的或相对人工的过程。在某些情况下，可以设计不同的游戏来解决同一个问题。蒙特卡罗的精髓在于如何设计一个合适并有效的游戏。

虽然蒙特卡罗法很强大，但人们通常更喜欢一个解析解或确定的数值解。困难在于蒙特卡罗模拟的是随机过程，其答案总是含有一个统计误差。然而，蒙特卡罗法通常是得到真实估计的唯一实用方法，这种情况往往涉及复杂几何或超过 6 至 8 个独立变量的问题。

第 8 章中提到了对于中子学计算的蒙特卡罗法的简短讨论。完整的蒙特卡罗法的内容远远超出了本书范围。

这一节解释了蒙特卡罗法的一些基本原理，它的方法是通过一个简单的系统故障概率模型来传播参数的不确定性。

蒙特卡罗方法的核心是随机变量的值从其已知的概率分布中抽样。图 10－15 中展示了一个简单的抽样过程，它将随机变量 X 的累积分布函数 $F(x)$作为观测值 x 的函数。为了对 x 的值进行抽样，首先使用的是伪随机数发生器。伪随机数发生器模拟的是在区间[0，1]上均匀分布的随机变量 R 的值 r_i 的随机抽样过程。值 r_i 用作累积分布函数的值 $F(x_i)$。累积分布函数的逆为随机变量 X 的抽样值 x_i。重复这个过程，$i=1, 2, 3, \cdots, n$，直到得到所需样本大小 n。

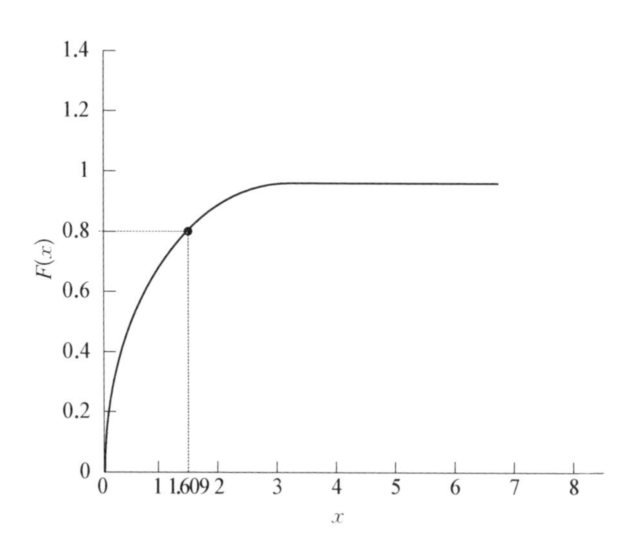

图 10-15　指数累积分布函数在蒙特卡罗分析中的逆向选择过程

例 10.9

对给定的 50 次试验 0 次失败(见例 10.8)的概率 p 的后验分布抽样,从伪随机数发生器中给出连续值 $u_1=0.356$，$u_2=0.768$，$u_3=0.595$。

解:

从习题 10.8 中可知累积分布函数 $F(p)=1-(1-p)^{51}$。逆函数 $p_i=F^{-1}(u_i)=1-(1-u)^{1/51}$，则

$$p_1=1-(1-0.356)^{\frac{1}{51}}=0.00859$$

$$p_2=1-(1-0.768)^{\frac{1}{51}}=0.02824$$

$$p_3=1-(1-0.595)^{\frac{1}{51}}=0.01756$$

用 Y 表示在蒙特卡罗模拟中产生的一个随机变量。随机变量 Y 一般是抽样随机变量的向量 $\boldsymbol{X}_i$ 的函数 $y(\boldsymbol{X}_i)$。用 N 表示样本的大小。根据蒙特卡罗的基本定理,样本均值

$$\bar{Y}_N = \frac{1}{N}\sum_i y(x_i) \tag{10-48}$$

是真实均值(期望值 $E[Y]$)的一个估计，即当 N 很大时，样本均值近似于真实均值

$$\lim_{N\to\infty}\bar{Y}_N = E[Y] \tag{10-49}$$

样本量越大，近似程度越好。特别地，可以证明样本均值的标准差 $\sigma_{\bar{Y}_N}$ 等于基本随机变量 Y 的标准差除以样本大小的平方根

$$\mathrm{Var}(\bar{Y}_N) = \frac{\mathrm{Var}(Y_N)}{N} \text{ 或 } \sigma_{\bar{Y}_N} = \frac{\sigma_y}{\sqrt{N}} \tag{10-50}$$

最后，中心极限定理表明，当 N 足够大时，同样大小样本的重复均值服从高斯分布。高斯分布的属性可以应用其中。特别地，在 68.27%的时间内，样本均值的期望会在 $E[Y]$的 1 个标准差范围内；在 95.45%的时间内，样本均值的期望会在 $E[Y]$的 2 个标准差范围内；在 99.73%的时间内，样本均值的期望会在 $E[Y]$的 3 个标准差范围内。

例 10.10

采用蒙特卡罗法产生 $Y=U_1+U_2$ 的 10 个值，其中 U_1 和 U_2 是在区间[0，1]上均匀分布的相互独立的随机变量。

解：

从一个随机数表中选择 20 个连续值。在表 10－5 中，前 10 个值在标签为 $(u_1)_i$ 的列中列出，后 10 个值在标签为 $(u_2)_i$ 的列中列出。$Y=U_1+U_2$ 对应的 10 个值列在表 10－5 的最后一列。将样本均值与表 10－5 最后两行中的相应期望值进行比较。因为样本量只有 10 个，所以样本均值不是特别地接近期望值。更大的样本量产生的样本均值将更接近期望值。

图 10－16 显示了 $n=10$ 时，200 个随机样本的模拟结果。模拟结果产生了最小值 $\bar{Y}=0.636$ 和最大值 $\bar{Y}=1.298$。正如中心极限定理所预测的，图 10－16 所示的 Y 的分布近似于一个正态分布。样本量为 10 时，200 个随机样本的总均值为 1.003 4，方差为 0.017 48，而均值和方差的真值分别为 1 和 0.016 67。

为了大大提高蒙特卡罗法的效率(减少方差)，人们设计了各种方法。有一种常用的不确定性分析方法是拉丁超立方采样法(Latin hypercube sampling)，它是由 Iman 和 Shortencarier 提出的[14]。

表 10-5 简单线性模型的蒙特卡罗采样

$Y=U_1+U_2$，样本大小 $n=10$，例 10.10

i	$(U_1)_i$	$(U_2)_i$	$y_i=(U_1)_i+(U_2)_i$
1	0.104 80	0.150 11	0.254 91
2	0.223 68	0.465 73	0.689 41
3	0.241 30	0.483 60	0.724 90
4	0.421 67	0.930 93	1.352 60
5	0.375 70	0.399 75	0.775 45
6	0.779 21	0.069 07	0.848 28
7	0.995 62	0.729 05	1.724 67
8	0.963 01	0.919 77	1.882 78
9	0.895 79	0.143 42	1.039 21
10	0.854 75	0.368 75	1.223 22
样本均值	0.585 55	0.466 00	1.051 55
期望值	0.5	0.5	1.0

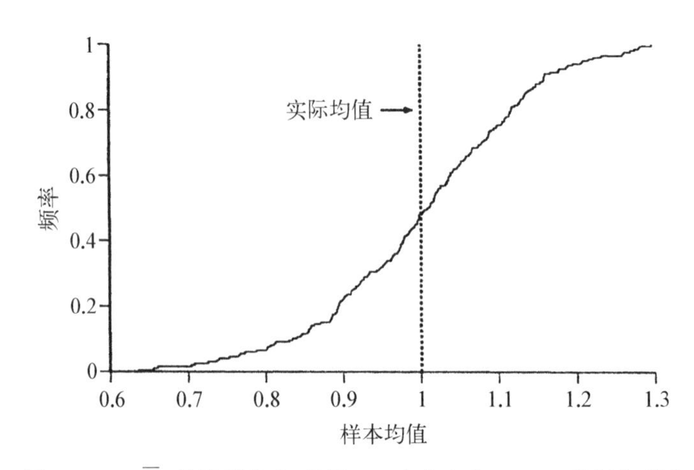

图 10-16 $\overline{Y}_1$ 的抽样分布，基于 200 个大小为 $n=10$ 的随机样本

10.5.4　不确定性的类型

偶然不确定性是指建模的事件或现象以“任意”或“随机”的方式发生，并采用概率模型来描述它们的出现。由于其中存在大量的偶然不确定性，该模型被称作概率风险评估。认知或知识状态的不确定性与分析师对 PRA 模型预测的把握有关。它反映了分析师对 PRA 模型是否能很好地代表实际系统模型的评估。因此，它通常因分析师而异。从 PRA 模型获得的结果的不确定性是认知性的。在前面部分中讨论的置信区间和贝叶斯概率区间是认知不确定性的定量估计。

认知(知识状态)不确定性通常分为三类：参数不确定性、模型不确定性和完整性不确定性。参数不确定性是与 PRA 模型的参数值相关的不确定性。它们的典型特征在于建立关于参数值的概率分布。这些分布表现了分析者基于当前的知识状态，对这些参数可能取值的相信程度。通过基本事件概率中的不确定性的分布获得事故序列的概率分布通常是简单的。对放射性核素释放给健康及经济带来的后果的不确定性进行定量分析通常很困难，但可以按照 10.6 节对卡西尼号任务的说明进行。

模型不确定性是关于如何规范在 PRA 中使用的模型的不完全知识。这种不确定性出现在对常见原因如人为错误以及结构、系统和部件的机械故障进行建模时。从事故概率估计到健康和经济后果评估，模型的不确定性在数量和程度上都会增加。在一些情况下，如果存在良好的可选替代模型，PRA 通过在替代可选模型上使用离散分布来解决模型的不确定性，其中与特定模型相关联的概率(或权重)代表分析者认为该模型是最合适的程度。解决模型不确定性的另一种方法是通过使用调整因子来调整单个模型的结果。使用这种方法，模型不确定性可以像参数不确定性一样通过分析传播。更典型的是，模型的不确定性没有被量化，我们做出假设并采用了具体模型。因为 PRA 以离散的方式收敛可能的连续系统状态，还出现了未量化的模型不确定性。这种近似可能将在结果中引入偏差。

在解释 PRA 的结果时，重要的是理解特定假设或模型选择对 PRA 预测的影响。当模型不确定性被视作概率时也适用，因为给予不同模型的概率或权重是主观的。使用替代假设或模型的影响可以通过执行适当的敏感性研究来解决，亦可以基于对结果的影响因素的理解以及它们如何被假设或模型的变化影响而使用定性论证来解决。我们也可以以类似的方式探索特定建模近似的影响。

完整性不确定性是指未在 PRA 中建模的事物。这包括可以建模但通常被排除的风险因素，例如，在运输到发射场过程中可能面临的风险。它还包括分析方法没有考虑的那些因素，例如蓄意破坏、英雄事迹和有组织的行为的影响。最后，完整性不确定性包括始作俑者和未被设想的事故情景（尽管一些分析者妄想着无所不知。）PRA 中的不完整性可以针对原则上可用的那些范围项目来解决，因此存在对风险的贡献的一些理解。这可以通过扩大范围的补充调查，更加严格的接受标准和提供范围外非重要评论者对于所关注的应用给出的论点来进行补充和完成。我们可以用保守性的附加设计来补偿完整性不确定性。

10.6 卡西尼号任务风险评估

为了说明风险评估过程在空间核动力方面的应用，本节讨论了卡西尼号任务对公众构成的放射性风险评估所得出的结果。公众对发射 RTG 电源的安全性的争议在“挑战者号”事故发生后愈演愈烈。这导致需要重要的安全测试来支持尤利西斯号和卡西尼号任务，这些任务的风险分析是相当全面的。一般来说，风险评估的范围和级别应该是支持正确决策所需的。在其他情况下可能不需要像卡西尼号那样进行全面风险评估。例如，10.7 节中描述的其他空间反应堆的风险洞察是基于远不够全面的风险评估的。然而，卡西尼号的结果为前面小节中介绍的风险评估概念提供了一个实际的说明。

10.6.1 卡西尼号任务

卡西尼-惠更斯号探测器是美国航空航天局、欧洲航天局（ESA）和意大利航天局耗资 34 亿美元联合开发的任务。卡西尼号（Cassini）于 1997 年 10 月 15 日凌晨 4:43 搭载泰坦四号（Titan Ⅳ）运载火箭成功从卡纳维拉尔角空军基地发射升空。图 10－17 描绘了运载火箭的主要构造，包括第一级和第二级液体火箭发动机，固体火箭助推器（SRMU），半人马座上面级和有效载荷整流罩。这座两层楼高的卡西尼号飞船已于 2004 年抵达土星，其间为实现引力助推，飞掠金星两次，然后飞掠地球，最后飞掠木星。卡西尼计划花 4 年时间在土星轨道上收集关于土星大气、土星环和磁场的数据。2006 年 1 月 14 日，惠更斯探测器连同另外六种仪器与卡西尼号分离，降落到土星的卫星——泰坦星浓厚的大气中。该探测器穿过以甲烷气体为主的大气层,在降落期间测量了化学成分、温度、压力和密度。由于泰坦星是除了地球之外唯一拥有丰富氮气的天体。科学家希望通过对泰坦星的化学成分进行采样和拍摄泰坦星的表面来了解地球的起源。

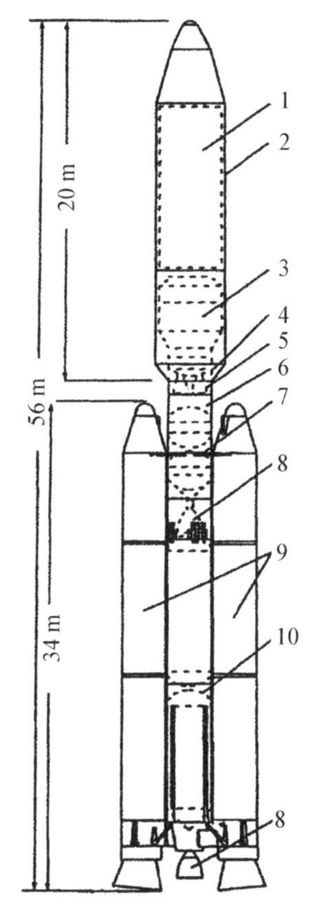

图例

- 泰坦四号飞行器
  1—卫星/航天器
- 泰坦四号运载火箭(LV)
  2—有效载荷整流罩(PLF)
  3—半人马座上面级
- 泰坦四号的核心级
  4—半人马座适配器扩展
  5—前裙罩扩展
  6—二级火箭前氧化剂裙罩
  7—二级火箭
  8—液态火箭发动机
  9—固体火箭助推器(SRMU)
  10—一级火箭

图 10 - 17　卡西尼号的泰坦四号运载火箭特性

(资料来源:美国能源部)

卡西尼号航天器的电力由三个通用热源(GPHS)和放射性同位素温差发电机(RTG)提供(见第 2 章图 2 - 14 和图 2 - 15)。如第 2 章所述,这些 RTG 将二氧化钚燃料放射性衰变释放的热量转化为电能。三个 RTG 中所储存的二氧化钚的总质量为 32.7 kg。钚- 238 还用作卡西尼号轨道器上 82 个小型放射性同位素加热器单元(RHU)的热源。另外 35 个 RHU 在惠更斯探测器上(轨道器和探测器上的 RHU 总计约 0.3 kg 钚- 238)。每个 RHU 每秒产生约 1 J 的热量，以保持附近的电子设备在正常的温度下工作。

RTG 和 RHU 在 NASA 行星探测计划中具有长期安全的使用历史和高可靠性。NASA 三十多年来一直致力于 RTG 的工程化、安全分析和测试。RTG 在设计过程中添加了安全特性，广泛的测试表明，它们可以承受比大多数事故所预期的更恶劣的物理条件。RTG 所采用的燃料是耐热的陶瓷二氧化钚，这减少了放射性物质在火灾或再入大气层时汽化的机会。这种陶瓷燃料也是高度不溶的，且具有较低的化学反应性，并且在受到冲击后会破裂成块从而防止颗粒被吸入。这些特性有助于减少涉及燃料释放的事故对健康的潜在影响。

多层保护材料主要由铱胶囊和高强度石墨块组成，用于保护燃料和防止其意外释放。因为不是所有的舱室都会受到同等的冲击损坏（见第 7 章），模块化设计减少了事故中大量燃料释放的可能性。每个 PuO_2 颗粒被密封在铱包壳中，然后将其锁在同一材料构筑的隔离壳内的碳复合材料罐中（参见第 2 章中的图 2-14）。铱金属的熔点为 2 727 K，远远高于从大气层折返时的温度。铱金属是强耐腐蚀的，并且与二氧化钚化学相容。这些特性使铱可用于保护和容纳每个燃料芯块。之所以使用石墨，因为它是轻质且高度耐热的。RTG 位于火箭的顶部，远离推进剂。

卡西尼号任务的争议性在于其电源和热源中使用的钚-238 的数量。一些人担心，一旦发生事故，放射性钚会扩散到地球大气层中。特别是，人们担心卡西尼号在飞掠地球时出现错误，以高速重返地球大气层，在重返过程中燃烧，可能使钚扩散进入大气造成污染。自动行星航天器以非常精确的方式进行了许多类似的引力助推机动，NASA 通过设计特殊的航天器飞行轨迹，以确保碰撞地球的概率降至最低。直到飞掠地球 7 天之前，航天器轨迹没有任何改变，距地球数千千米。这种轨迹严格限制了随机外部事件（例如微流星体击穿航天器推进剂罐）导致其撞击地球的可能性。最初，NASA 计划卡西尼号的轨迹在距地球 500 km 的高度，计算的折返概率在一百万分之一。NASA 后来调整了轨道，使卡西尼号经过地球时距地 850 km，将折返的概率降低到一百二十五万分之一。卡西尼号系统的冗余设计和导航能力允许其在 800 km 或更高的情况下，在 3～5 km 的精度范围内飞掠地球。

在寻求批准时，NASA 进行了全面的风险评估，以识别可能的事故情况并估计其发生的可能性和潜在后果。美国科学技术政策办公室（OSTP）主任约翰·吉本斯说：“NASA 及其跨部门合作伙伴在评估和记录卡西尼号任务的安全方面做了非常彻底的工作，我仔细审查了这些评估，得出的结论是，这一科学任务的重要益处远超可能存在的风险[15]。”

10.6.2　卡西尼号事故场景

表 10-6 显示了卡西尼号任务的时间表。风险分析考虑了从发射前 2 天 RTG 安装到航天器上，直到在飞掠地球后建立最终的星际轨道之间可能发生的事故。并将事故情境按时间线分为四个主要类别：

(1) 发射台(发射前)事故；

(2) 发射早期阶段(任务阶段 1 和 2)事故；

(3) 发射后期阶段(任务阶段 3 至 8)事故；

(4) 在地球引力助推期间的再入事故。

表 10-6　卡西尼号任务时间表

任务	事件描述		已用时间/s	
阶段	开　始	完　成	开　始	完　成
0	完成 RTG 安装	SRMU 点火	−48 h	0
1	SRMU 点火	SRMU 分离	0	143
2	SRMU 分离	PLF 分离	143	208
3	PLF 分离	一级火箭分离	208	320
4	一级火箭分离	二级火箭分离	320	554
5	二级火箭分离	火箭主发动机关闭 1	554	707
6	火箭主发动机关闭 1	火箭主发动机启动 2	707	1 889
7	火箭主发动机启动 2	地球逃逸	1 889	2 277
8	地球逃逸	火箭主发动机关闭 2	2 277	2 349

资料来源：美国能源部。

发射前事故涉及由于半人马座上面级或核心级中的推进剂意外混合引起的发射台爆炸，一些发射前事故情景还涉及 SRMU 推进剂着火。发射早期阶段事故是在 16.5 km 高度处有效载荷整流罩(PLF)分离之前发生的事故。在这种事故中,RTG 或其部件可能由于爆炸、爆炸中产生的碎片和/或撞击地面而损坏。在 PLF 分离之后,环境空气压力很低,使得 RTG 不会被假定的空中爆炸环境损坏。发射后期阶段事故是在 PLF 分离后发生的。这些事故使 RTG 承受高空气动力学负荷以及与再入相关的热应力。在到达停泊轨道之前发生亚轨道再入事故,并导致 RTG 组件沿大西洋—非洲南部—马达加斯加的飞行轨迹产生潜在地面撞击,如图 10-18 所示。在 PLF 分离后和第一次半人马座上面级点火之前发生的事故,将导致 RTG 在大西洋坠毁,但这不会导致燃料从 RTG 或其组件中释放出来。在到达停泊轨道后发生的后期发射阶段事故可导致轨道衰减再入。受轨道衰减再入的 RTG 组件可能影响地球上任何由停泊轨道倾角确定的纬度界限的地方。对于最可能的轨道衰减再入的场景,影响纬度边界为 38°N 和 38°S。总的来说,亚轨道再入和轨道衰减折返事故情景被称为“轨道外”再入。

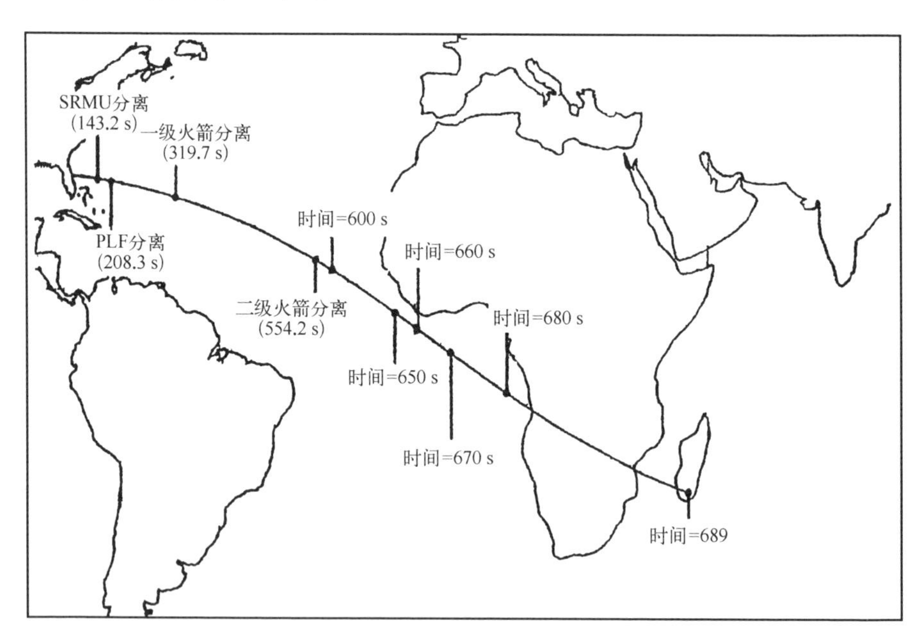

图 10-18　卡西尼号即时撞击点(所示时间为推力丧失时间,这将导致在飞行路径上指示的点发生撞击,未考虑大气阻力),图片由 NASA 提供

基线轨迹包括金星-金星-地球-木星引力助推(VVEJGA)轨迹。在地球引力助推飞掠期间,故障可能导致航天器重新进入地球大气,进而导致施加的空气动力学负载和热应力太大以至于 RTG 不能承受。在地球转弯期间发生的再入被认为是短期地球撞击。在星际巡航期间,失去对航天器的控制可能造成航天器将围绕太阳轨道运行长达数千年，成为太空垃圾，从而对地球产生长期影响。

分析确定四个主要时间表类别中每一个潜在重大事故情况。表 10－7 列出了根据 Cassini Titan IV/Centaur RTG 安全数据库和 Cassini Earth Swingby 计划[16,17]中记录的现有故障数据库确定的情况。表 10－7 所列情况的发生概率不能被确定地估计。分布用于表征每种情况的发生概率的不确定性。在表 10－7 中为每种情况提供的平均发生概率是用作“最佳”或“名义”估计的分布参数，因为它既不乐观，也不悲观。卡西尼号的不确定性分析将在 10.6.5 节中讨论。

表 10－7　卡西尼号事故案例描述

任务阶段	情况编号	案例描述	概率平均值
发射前	0.1	发射台爆炸	1.4×10^{-4}
	0.2	带有 SRMU 在发射台爆炸的后段影响	4.3×10^{-6}
发射早期	1.1	火箭自毁(TBVD)	4.2×10^{-3}
	1.2	指令关闭和毁坏	6.6×10^{-4}
	1.3	SRMU 和 TBVD 同时发生的后段影响	8.0×10^{-4}
	1.4	SRMU 爆炸	1.2×10^{-4}
	1.5	航天器爆炸	7.6×10^{-4}
	1.6	无有效载荷整流罩的 TBVD	9.0×10^{-6}
	1.7	无有效载荷整流罩的 CSDS(指令关闭和自毁系统)	9.0×10^{-6}
	1.8	无有效载荷整流罩的航天器爆炸	1.4×10^{-6}
	1.9	半人马座上面级爆炸	1.4×10^{-4}
	1.10	航天器/RTG 撞击	2.4×10^{-4}
	1.11	有效载荷/RTG 撞击	1.9×10^{-6}
	1.12	有效载荷/RTG 撞击，RTG 自由下落	1.9×10^{-6}

（续表）

任务阶段	情况编号	案 例 描 述	概率平均值
发射后期	3.1	亚轨道再入	1.4×10^{-3}
	5.1	CSDS 亚轨道再入	1.2×10^{-2}
	5.2	轨道再入，标称	7.1×10^{-3}
	5.3	轨道再入，非标称椭圆衰减	8.9×10^{-3}
引力助推飞掠		地球引力助推飞掠期间再入	8.0×10^{-7}

资料来源：美国能源部。

10.6.3 卡西尼号源项分析

Cassini Titan IV/Centaur RTG 安全数据手册提供了关于 RTG 在发射前和发射早期事故中暴露的环境影响的严重性信息[16]。任何此类事故都将涉及可能直接或间接损坏 RTG 的爆炸。基于物理原理，GPHS－RTG 组件的已知机械性能，以及对 GPHS－RTG 组件的测试结果建立的数学模型可用于确定 GPHS－RTG 的响应和可能的 PuO_2 释放的特征。这些模型被集成到计算机代码中，以预测爆炸、碎片撞击和地面撞击对 GPHS－RTG 及其组件产生的影响。

爆炸的时间和强度的可变性以及 GPHS－RTG 对爆炸的响应的可变性需要响应建模的概率方法。每当需要具有概率分布的值时，就生成该数据并使用根据该概率分布得到的随机数。对于每个事故情况，模拟都会重复上千次。所有重复（试验）的结果集提供了每个事故情况的可能结果的概率分布。该仿真过程体现在名为“启动事故安全评估程序－Titan IV（LASEP－T）”的计算机代码中。该代码计算各种破坏性环境（例如爆炸、碎片碰撞和地面碰撞）对燃料包壳的影响。每个燃料包层和每个释放舱的位置被单独跟踪。

NASA 的喷气推进实验室（JPL）所做的分析表明，该航天器在再入时会解体。GPHS 舱从裂解的空间飞行器中释放，然后落到地球。GPHS 舱的设计是为了在脱离轨道再入时能够幸存。在再入过程中，舱的复合碳壳发生烧蚀，带走与大气摩擦产生的热量。对卡西尼号任务进行的计算表明，71%的舱外壳将由于严重的轨道再入而被烧蚀。该烧蚀程度不会导致舱在其下降期间的结构故障。因此，地面撞击才是导致钚在轨道再入时释放的唯一可能原因。

从轨道再入撞击地球的 GPHS 舱将以终点速度（大约 49 m/s）撞击地面。其中 GPHS 舱以终端速度撞击各种目标的测试表明，只有当 GPHS 舱撞击硬质材料（例如钢、岩石或混凝土）时，PuO_2 才会从燃料包层中被释放。即使在这些情况下，也只有一部分燃料包层被破坏，并且只有少量的 PuO_2 被释放。使用全球范围的表面类型数据库来计算舱撞击岩石的概率（见第 7 章），可用基于 GPHS 部件测试数据建立的模型计算 PuO_2 释放的量和粒度分布。与发射事故的情况一样，使用概率抽样方法对可能由于轨道再入导致的燃料释放进行建模。

在地球引力助推飞掠期间飞行器将以大约 19.4 km/s 的速度进入大气层，这远大于轨道外再入的最大速度。计算表明，在这种情况下可能存在多种失效模式：GPHS 舱和/或石墨冲击外壳（GIS）的空中故障，包含熔化的燃料包层的舱或 GIS 的撞击故障，以及包含完好包层的舱或 GIS 的撞击故障。事件发生的实际顺序和铱包层的状况将取决于下降过程中舱的再入角度和动态条件，包括舱的方向。单个舱或包层的空中故障将导致舱或包层在高处（23～32 km）完全释放燃料。如果受到硬表面（岩石）撞击，包含熔化包层的舱或 GIS 的破损将导致完全燃料释放，同样如果撞击的是土壤，也可能导致燃料完全释放。包含完好包层的舱或 GIS 与岩石的碰撞可导致小部分的燃料释放。用事件树对可能的事件序列建模。从 EGA 再入事件中预测的源项释放是根据舱失效类型的分布确定的，部分基于全球表面数据库。EGA 再入事件预计产生的平均燃料释放量为 2 600 g。

图 10-19 提供了组合的 0/1 阶段发射事故案例、组合的轨道外事故案例和 EGA 短期再入的源项互补累积分布函数（ccdf）。这些 ccdf 给出了源项超过任何给定量级的概率。例如，0/1 阶段发射事故将导致 PuO_2 释放超过 1 g 的概率约为 10^{-5}（1/100 000）。EGA 源项超过 10 000 g 的概率约为 10^{-7}。表 10-8 总结了概率大于 10^{-6} 和对风险的预期影响大于 1%的个别发射事故情况的源项结果。表 10-8 中的第一列数据给出了每种事故情况的平均故障概率（POF）。这些平均 POF 值用于计算标称结果。表 10-8 中的剩余列提供了关于每种事故情况释放的平均质量的第 5、第 50、第 95 和第 99 百分位数的信息。

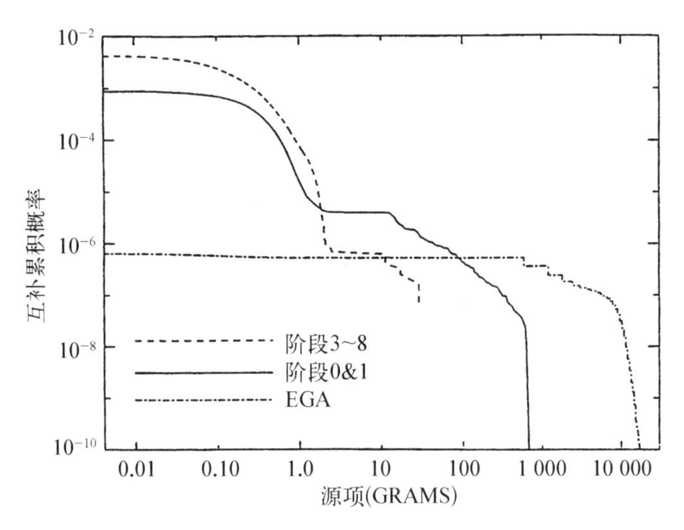

图 10－19　任务段源术语

（资料来源：美国能源部）

表 10－8　卡西尼号源术语

任务阶段	情况	描　述	POF平均值	释放概率	PuO_2 释放均值/g 和百分位数（GRAMS）				
					平均值	第 5	第 50	第 95	第 99
发射前	0.1	发射台爆炸	1.4×10^{-4}	1.4×10^{-4}	0.299	0.075	0.255	0.524	0.694
	0.2	发射台爆炸伴随 SRMU 后段撞击							
发射早期	1.1	火箭推进器自毁	4.2×10^{-3}	5.3×10^{-4}	0.567	0.025	0.219	0.790	1.305
	1.2	指令关闭和自毁	6.6×10^{-4}	1.4×10^{-5}	0.811	0.022	0.174	0.934	17.79
	1.3	火箭推进器自毁伴随 SRMU 后段撞击	8.0×10^{-4}	1.4×10^{-4}	0.532	0.045	0.335	0.848	1.192
	1.4	SRMU 爆炸	1.2×10^{-4}	1.9×10^{-5}	0.843	0.046	0.337	0.829	1.097

（续表）

任务阶段	情况	描　述	POF 平均值	释放概率	PuO_2 释放均值/g 和百分位数 (GRAMS)				
					平均值	第 5	第 50	第 95	第 99
	1.6	火箭推进器自毁（无载荷整流罩）	9.0×10^{-6}	1.0×10^{-6}	0.445	0.027	0.218	0.827	1.447
	1.9	半人马座上面级爆炸	1.4×10^{-4}	2.4×10^{-5}	0.654	0.040	0.316	0.858	1.512
发射后期	3.1	亚轨道再入	1.4×10^{-3}	6.0×10^{-5}	0.097	0.014	0.063	0.212	0.298
	5.1	CSDS 亚轨道再入	1.2×10^{-2}	3.6×10^{-5}					
	5.2	轨道再入（标称）	7.1×10^{-3}	1.8×10^{-3}	0.218	0.019	0.132	0.696	1.299 9
	5.3	轨道再入（非标称椭圆）	8.9×10^{-3}	2.3×10^{-3}					

资料来源：美国能源部。
注：本表数据用于导致燃料释放的事故。

10.6.4　卡西尼号后果和风险分析

基于源项概率分布计算各种后果度量的概率分布。对于卡西尼号，开发了以下后果度量的分布：① 暴露于释放的 PuO_2 辐射下引起的潜在癌症死亡（健康效应）；② 对地球人口造成的总体辐射剂量；③ 在每次事故中单个个体受到的最大剂量；④ 最大潜在剂量，与预测释放的 PuO_2 对个体或人口中心的距离无关；⑤ 污染高于 0.2 $\mu Ci/m^2$ 的土地面积（高于该阈值时 EPA 建议采取清除措施）。

在有和没有极小值的情况下计算总体剂量和健康影响。使用极小值预测的后果假定，每年暴露于低于 1 毫雷姆的辐射剂量水平对个体的健康没有可辨别的影响。相反，若没有极小值预测的后果假定，任何辐射剂量，无论多么小，都会逐渐增加潜在患癌概率。在卡西尼号风险评估中使用的比例常数为假定每 5 000 人中有 1 个因此导致患癌。在图 10－20 和图 10－21 中分别给出按任务阶段划分的 50 年健康影响的 ccdf，包括没有和有极小值的健康影响。曲线显示健康效应超过给定值的总体概率。这些概率包括发生事故的概率和发生事故时 PuO_2 释放的概率。显然，低后果风险主要由第一阶段发射事故风险造成，而高后果风险由 EGA 再入风险造成。从所有任务阶段的综合结果来看，具有多于一种健康效应的概率是 1/100 000。

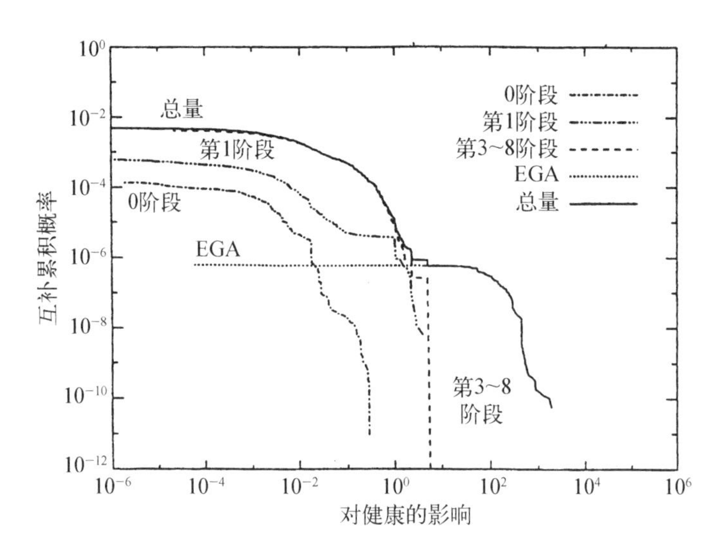

图 10-20　无极小值的 50 年健康影响(分任务段)

(资料来源：美国能源部)

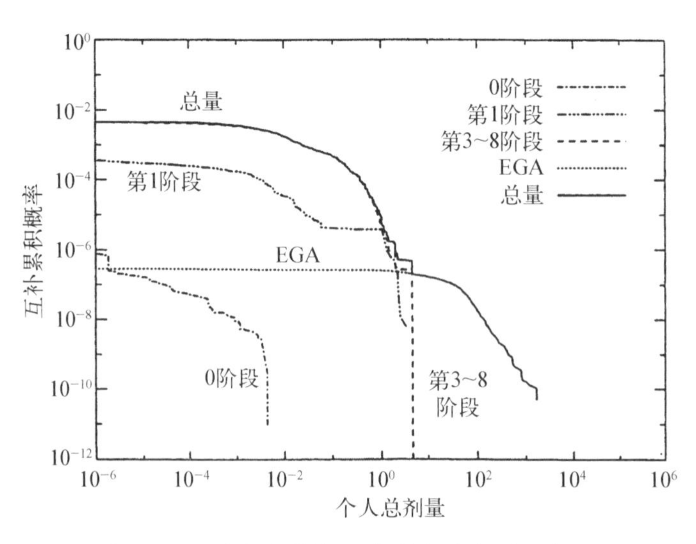

图 10-21　有极小值的 50 年健康影响(分任务段)

(资料来源：美国能源部)

表10-9给出了按任务阶段划分的平均释放概率，健康影响的平均数，以及有和没有极小值的平均精算风险。表中列的风险是平均释放概率和潜在癌症平均数的乘积。如表10-9所示，所有涉及释放 PuO_2 的事故的潜在致癌死亡的平均增量为0.055个。如果假设最小剂量水平为每年1 mg，则潜在的致癌死亡增量减少至0.037个。在任何任务阶段，发射场附近发生的事故产生的预期健康后果最低。在发射后期（第3～8阶段）发生的事故将导致轨道再入，与这些事故相关的名义释放概率为 4.1×10^{-3}，远大于所有其他阶段假定的事故释放概率。与发射晚期事故相关的癌症死亡增量的均值为0.045个。最坏的预期后果是在地球飞掠期间的意外再入阶段且在没有极小值的情况下预测的，癌症死亡数增加130个，有极小值的情况下增加15个。在这些情景中极小值反映了预期的高纬度释放的低辐照剂量的影响。

表10-9　卡西尼号任务各阶段50年健康影响均值

任务阶段	概率均值	潜在癌症数均值/个		潜在癌症精算风险	
		无极小值	含极小值	无极小值	含极小值
发射前	1.4×10^{-4}	1.8×10^{-3}	2.8×10^{-7}	2.5×10^{-7}	3.9×10^{-11}
发射早期	6.9×10^{-4}	0.011	8.4×10^{-3}	7.3×10^{-6}	5.8×10^{-6}
发射后期	4.1×10^{-3}	0.045	0.040	1.9×10^{-4}	1.7×10^{-4}
EGA再入	6.3×10^{-7}	130	15	8.0×10^{-5}	9.8×10^{-6}
总　计	5.0×10^{-3}	0.055	0.037	2.7×10^{-4}	1.8×10^{-4}

资料来源：美国能源部。

在没有极小值的情况下，任务的精确风险是 2.7×10^{-4} 个潜在癌症增量。由于后果主要是以发射后期和地球飞掠再入场景为主，因此这种风险适用于全球人口。对于发射场附近的事故（0段和1段），具有多于一种健康影响的概率约为1/300 000，而在无极小值的情况下对任务精算（后果加权）风险的贡献只有 7.3×10^{-6} 个潜在癌症。无极小值情况下对任务精确风险贡献最大的是发射后期的 1.9×10^{-4} 个潜伏性癌症。发射后期事故具有与发射早期阶段发射台事故相同的健康影响范围，但发生的可能性更大，因此对总任务风险贡献更大。贡献第二大的是在无极小值情况下任务精算风险是 8.0×10^{-4} 个潜伏癌症，发生在地球引力助推(EGA)再入段。

与其他辐射源造成的风险相比，卡西尼号任务对个人造成的风险很低。对个体的典型本底辐射剂量为0.003 Sv/年。假设每个人均雷姆增加0.000 5例癌症死亡，个体在暴露于本底辐射下50年发展成致命癌症的风险是7.5×10^{-3}或1/133。这种来自本底辐射的寿命风险比卡西尼号任务阶段的最高风险(发射早期)3.2×10^{-12}高出8个数量级。

10.6.5 卡西尼号不确定性分析

前面几节中提出的分析结果是基于预测与广泛潜在事故相关的源项和后果的数学模型得出的。这些模型基于实验、观察和已知的物理原理。模型输入包括与时间、方向、天气和其他随机过程相关的变量。模型输出为概率分布和相关的期望值以及源项特征和后果估计的百分位数。

由于可用数据量和对发生过程的理解水平的限制，模型并不完美。输出的概率分布与前述部分章节中的分析呈现显著不同是可能的。因此，进行不确定性分析以尽可能地确定实际分布的范围。不确定性分析还可找到对预测结果具有最强影响的那些模型参数，这允许以合理的方式考虑潜在的模型改进。

对卡西尼号风险评估中使用的数学模型进行了分析，以便区分认知不确定性(参数)来源的复现或随机变异性(变量)。概率分布被开发出来用以描述参数中的知识状态不确定性。参数保持在它们的最佳估计值以获得前面部分中讨论的结果。以这种方式获得的结果也称为“最佳估计”，这意味着它们既不乐观，也不保守。对于不确定性分析，通过从其概率分布中抽样来选择模型参数以及输入变量，将变异性加不确定性结果与仅变异性结果进行比较，得出模型输出的不确定性乘数(最佳估计值除以样本估计值)分布。

对两种后果进行不确定性分析：50年的健康影响(无最小值)和50年的总体剂量(无最小值)。由分析结果得出：① 这两个后果测量在不同置信水平下的概率分布。② 不同置信水平下后果的期望值(平均变异性)。图10-22和图10-23分别显示了潜在癌症和总体剂量在5%、50%和95%置信水平下的总任务互补累积分布函数(ccdf)。仅变异性的ccdf和50%置信水平的ccdf近似重合，表明只有变异性的结果确实是无偏的。5%至95%间隔的宽度取决于感兴趣的结果水平。例如，对于一个潜在癌症，超出置信区间从大约10^{-7}(5%置信水平)达到接近3×10^{-3}(95%置信水平)。潜在癌症的最大数量的不确定性从接近 100(5%置信水平)到接近 100 000(95%置信水平)。

图 10－22 显示了与潜在癌症风险(无极小值)相关的不确定性。列出最佳估计(仅变异性)和 5%、50%和 95%的置信水平预期值。图 10－23 给出了 50 年总剂量(没有最小值)的类似结果。仅变异性分析的总任务潜在癌症风险

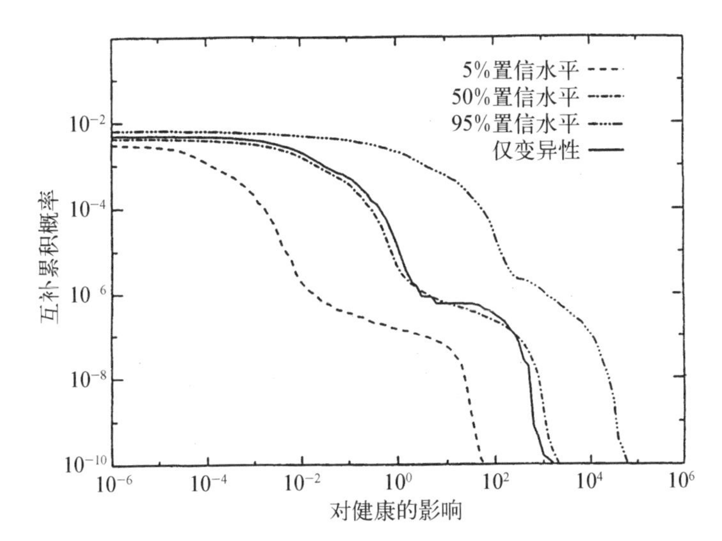

图 10－22　针对任何 50 年内对健康总影响的不确定分析

(资料来源：美国能源部)

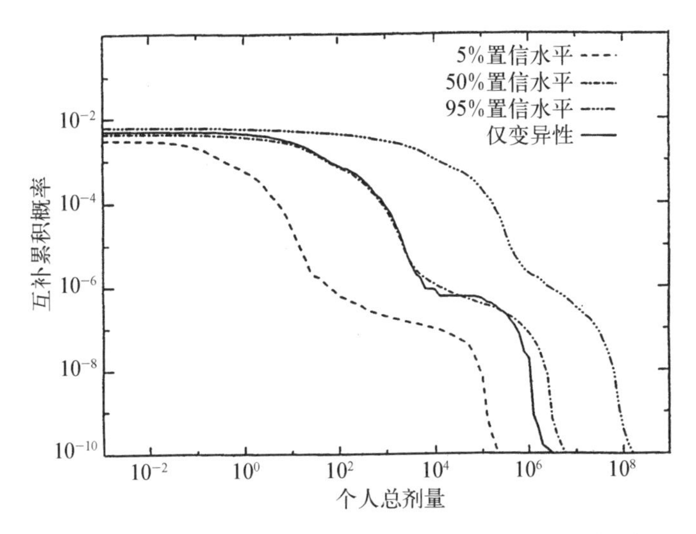

图 10－23　任务后 50 年内所导致的总剂量的不确定性分析

(资料来源：美国能源部)

概率为 2.7×10^{-4}，在 50%置信水平下为 2.1×10^{-4}。95%置信水平比最佳估计高约 2 个数量级，5%置信水平比最佳估计小约 2 个数量级。对于在 50%的置信水平和 95%的置信水平所作出的风险分析中，最容易导致风险的是在所估计的最佳发射时间之后才发射的。在 5%置信水平下，EGA 飞掠期间的短期再入是风险的最大贡献者。

我们通过变异性加不确定性结果进行回归分析，以确定不确定性的主要来源。大多不确定性源于后果模型，其更多地基于观测数据而不是实验数据。造成不确定性的主要参数与健康影响（剂量转换因子和健康影响估计量）和燃料输送相关（颗粒沉积速度和颗粒再悬浮因子）。

10.7 额外空间核风险观点

为了提供额外的观点，将卡西尼号风险评估的结果与表 10-10 中其他风险评估的结果进行比较。显示了伽利略号、尤利西斯号和卡西尼号等四个拟议的 SP-100 反应堆任务和一个拟议的 Topaz Ⅱ(Enisey)反应堆任务的评议（平均或点估计）结果。此外我们还讨论了五个商业反应堆风险评估的结果。

表 10-10　空间反应堆与商业反应堆后果加权风险

任务或设备	平均每个事故导致的减员	备　注	参　考
		RTG 供电的太空任务	
伽利略	0.13	航天飞机发射到低地球轨道，随后利用化学推动和 VEEGA 最终进入木星轨道，在第 30 s 后固体火箭助推器推力可能发生损失，然后火箭燃烧产生的火球与地面撞击	GE/NUS
尤利西斯	3.1×10^{-4}	航天飞机发射到低地球轨道，然后利用化学推进飞越木星和太阳极地轨道，固体火箭助推器壳体在点燃之后 105～120 s 后破裂，其中大碎片撞击 RTG	NUS
尤利西斯	0.062		INSRP
卡西尼	0.57	泰坦四号发射到停泊轨道，利用火箭助推和 VVEJGA 进入土星轨道，可能发生后期发射再入或地球引力助推再入	LMMS

（续表）

任务或设备	平均每个事故导致的减员	备　　注	参　考
		反应堆供电的太空任务	
SP-100 (HOM)①	3.0	泰坦发射到大于 300 年的轨道，轨道衰减和地面撞击后可能的反应性漂移	NUS
SP-100 (NEP)②	0.51	航天飞机发射到低(300 km)轨道，核电推进到海王星，可能的电推进失败和 2 400 kW 的反应堆运行 2 天后出现 80 天轨道衰变	NUS
SP-100 (LOM)③	0.59	航天飞机发射到 700 km 高的轨道，轨道衰减和地面撞击后可能的反应性漂移	NUS
SP-100 (GE)	18	航天飞机发射到掉落时间大于 300 年轨道，由于助推到高轨时的失误导致可能发生 100 天的轨道衰减	
Topaz Ⅱ NEPSTP④	4.4×10^{-3}	发射到高轨道进行核电推进测试，失败可能由于非关键性设备启动中止和地面影响	SNL
		商业核电厂(40 年 80 公里内平均每个事故导致的减员)	
海湾	21	满功率，系统内部启动器	NUREG-1150
桃花谷	2.1×10^{4}	满功率，系统内部启动器，地震和火灾	
赛阔雅	4.8×10^{2}	满功率，系统内部启动器	
萨里	2.0×10^{3}	满功率，系统内部启动器，地震和火灾	
锡安	2.2×10^{3}	满功率，系统内部启动器	

注：① 高轨道任务。
② 核电推进。
③ 低轨道任务。
④ 核电推进空间测试计划。

任务的性质往往决定了主导风险的特定事故场景。特别是，在发射期间散出放射性物质的事故以及来自低轨道的早期再入事故往往是主要的风险来源。对于轨道高度足够高的轨道任务，轨道衰减所需的时间排除了再入事故的任何重大风险可能。考虑伽利略号和尤利西斯号 RTG 任务。伽利略号 RTG 任务包括通过航天飞机进入近地轨道，随后通过化学推进到金星-地球-地球引力辅助（VEEGA）轨道，最终进入木星周围的轨道[18]。主要事故场景（名义风险 98%）包括发射后 30 s 内固体火箭助推器推力减少，以及火箭和地面接触。尤利西斯号 RTG 任务涉及通过航天飞机发射进入一个低地球轨道，随后通过化学推进飞越木星和太阳极地轨道。主要事故场景（名义风险 64%）涉及固体火箭助推器壳体在点燃之后 105～120 s 后破裂，其中部分大碎片撞击 RTG，导致在高空释放二氧化钚燃料。对尤利西斯号任务的风险做出了两种不同的估计，一种是由国家核管理公司给出的，另一种是国家核安全审查小组[19,20]给出的。这两种风险评估的结果列在表 10 - 10 中。

国家核管理公司对四个拟议的 SP - 100 反应堆任务进行了风险评估并分析了前三次任务的风险[21]。第一，对于发射到掉落时间超过 300 年轨道的 Titan，主要事故场景（名义风险 80%）涉及在 2 400 kW 的反应堆运行 7.3 年后的 292.7 年轨道衰减，其中地面撞击具有反应性释放。第二，将航天飞机发射到低（300 km）轨道中，为了前往海王星的核电推进（NEP）任务做准备，主要事故场景（名义风险 91%）包括电推进故障和 2 400 kW 的反应堆运行 2 天后出现 80 天轨道衰变。第三，将航天飞机发射到 700 km 高的轨道，主要事故场景是在 2 400 kW 的反应堆运行 7.3 年后的 42.7 年轨道衰减。通用电气公司为第四次 SP - 100 飞行任务进行了风险分析，其中包括将航天飞机发射到掉落时间大于 300 年的轨道。对于这个任务，主要事故情景（名义风险 100%）涉及在 2 400 kW 的反应堆运行 7 年后，由于助推到高轨时的失误导致的 100 天轨道衰减[22]。

对核电推进空间试验计划（NEPSTP）进行了初步风险评估，建议使用俄罗斯 TopazⅡ核反应堆作为动力源，评估用于轨道转移应用的核电推进[23]。TopazⅡ/NEPSTP 航天器将由中型运载火箭发射到高（大于 5 200 km）轨道，随后 2 年利用核电推进到 50 000 km 处置轨道。非常高的初始轨道有效地排除了反应堆启动后的任何早期再入事故（最低轨道的轨道衰减时间为数百万年）。主要事故情况（名义风险 100%）涉及轨道撞击和避免临界设备的故障，以防止撞击时发生临界。

作为比较，五个商业核电厂（海湾、桃花谷、赛阔雅、萨里、锡安）的五个

NUREG－1150 风险评估的后果加权风险(总剂量)也包括在表 10－10 中。所有五个风险评估均考虑了在全功率运行期间系统组件故障引发的事故。仅有桃花谷和萨里考虑了与地震和火灾相关的风险。由于空间核电风险是针对一个完整的任务进行计算的,每个关键年度所述的商业反应堆风险结果乘以核电厂名义上 40 年的寿命。五个风险评估都没有考虑启动、关闭或退役的风险。即使有指出的范围限制,表 10－10 中提供的结果也清楚地表明,与空间核动力任务相关的风险显著低于商业核电风险(如图 10－5 显示,与其他人类引起的风险相比,商业核电厂的风险是较小的)。表 10－10 中为商业核电厂列出的人员所受放射性数值[①]以及图 10－5 所示的结果与核管理委员会的安全目标是一致的,这些安全目标认为核电厂运行不应显著增加个人或社会的风险。例如,对于商业核电厂 10 英里(1 英里＝1.609 344 千米)内的人口,可能由核电厂运行引起的癌症死亡的风险应小于由所有其他来源导致的癌症致死风险的千分之一。

10.8　本章小结

空间核任务的概率风险评估可以识别出可能危及公共卫生和安全的事故,评估其概率并量化其对公共安全造成的影响。PRA 的主要输出是风险曲线,其包括对健康和经济后果措施的补充累积分布函数。事件树用于描述可导致事故的功能故障事件的集合。故障树和布尔逻辑用于描述可能导致功能故障的组件故障和其他基本事件的集合。概率规则用于从最小割集概率预测功能故障概率。概率分布通常用于说明 PRA 模型输入中的不确定性。贝叶斯分布反映了关于各种模型输入的知识状态。蒙特卡罗方法可用于评估 PRA 中的不确定性。模型和完整性不确定性的处理往往更具有确定性。一些空间核动力任务的风险评估结果表明,空间核风险受到放射性核素清单、发射、轨道和空间轨迹、安全特征以及公众成员可能暴露的短暂时间间隔的限制。与空间核动力任务相关的风险显著小于商业核电风险和其他人为因素带来的风险。

参考文献

1. Center for Chemical Process Safety, *Hazard Evaluation Procedures: Second Edition*

① 人员雷姆,衡量辐射剂量的参数。

With Worked Examples. American Institute of Chemical Engineers, New York, ISBN 0-8169-0491-X, 1992.

2. U. S. Nuclear Regulatory Commission, *Reactor Safety Study: An Assessment of Accident Risks in U. S. Commercial Nuclear Power Plants*. WASH-1400, Oct. 1975.
3. U. S. Nuclear Regulatory Commission, *Severe Accident Risks: An Assessment for Five U. S. Nuclear Power Plants*. NUREG-1150, Washington DC, 1990.
4. Carlson, D. C., S. W. Hatch, R. L. Iman, and S. C. Hora, *Review and Evaluation of Wiggins' and SERA's Space Sbuttle Range Safety Hazards Reports for the Air Force Weapons Laboratory*. SAND84-1579, Sandia National Laboratories, 1984.
5. Rogovin, M. and G. T. Frampton, Jr., Nuclear Regulatory Commission Special Inquiry Group, *Three Mile Island, A Report to the Commissioners and to the Public*. Rogovin, Stern & Huge law firm report (January 1980); summarized in *Nucl. Safety* 21, 389, 1980.
6. Scheaffer, R. L., *Introduction to Probability and Its Applications*. The Duxbury Advanced Series in Statistics and Decision Science, ISBN 0 - 534 - 91970 - 7, PWSKENT Publishing Company, 1990.
7. McCormick, N. J., *Reliability and Risk Analysis: Methods and Nuclear Power Applications*. Boston: Academic Press, ISBN 0 - 12 - 482360 - 2, 1981.
8. Corymen, G. C., *Evaluating the Response of Complex Systems to Environmental Threats: The* $\sum\Pi$ *Method*. UCRL-53399, Lawrence Livermore National Laboratory, University of California, Livermore, CA, May 1983.
9. *Procedure for Testing Common Cause Failures in Safety and Reliability Studies*. U. S. Nuclear Regulatory Commission, NUREG/CR-4780, Jan. 1988.
10. Taylor, J. R., *An Introduction to Error Analysis, The Study of Uncertainties in Physical Measurements*. University Science Books, ISBN 0 - 935702 - 07 - 5, 1982.
11. Mann, N. R., R. E. Schafer, and N. D. Singpurwalla, *Methods for Statistical Analysis of Reliability and Life Data*. New York: John Wiley & Sons, 1974.
12. Bayes, T. "Essay Towards Solving a Problem in the Doctrine of Chances." *Philosophical Transactions*, Essay LII, p. 370 - 418, 1763.
13. Press, W. H., S. A. Teukolsky, W. T. Vetterling, and B. P. Flannery, *Numerical Recipes in FORTRAN, The Art of Scientific Computing*. 2nd ed., Cambridge University Press, ISBN 0 521 43064, 1992.
14. Iman, R. L. and M. J. Shortencarier, "A FORTRAN 77 Program and User's Guide for the Generation of Latin Hypercube and Random Samples for Use with Computer Models." NUREG/CR-3624, SAND83-2365, Sandia National Laboratories, Albuquerque, NM.
15. *Nuclear News*, Nov. 1997, p. 18.
16. Martin Marietta Technologies, Inc., a Lockheed Martin Company, *Cassini Titan IV/Centaur RTG Safety Databook*. Revision A, Report NAS3-00031, June 1996.
17. Jet Propulsion Laboratory (JPL), *Cassini Program Environmental Impact Statement*

Supporting Study, Volume 3: Cassini Earth Swingby Plan. JPL Publication Number D-10178-3, Pasadena, CA, Nov. 18, 1993, with addendum dated Aug. 24, 1994.

18. General Electric Astro-Space Division Spacecraft Operations and NUS Corporation, *Final Safety Analysis Report for the Galileo Mission*. DOE/ET/32043-T26, Department of Energy, Washington, DC, 1988.
19. NUS Corporation, *Final Safety Analysis Report for the Ulysses Mission*. ULS-FSAR-006, Gaithersburg, MD, 1990.
20. Interagency Nuclear Safety Review Panel (INSRP), *Safety Evaluation Report for Ulysses*. INSRP 99-01, Washington, DC, 1990.
21. Bartram, B. W. and A. Weitzberg, *Radiological Risk Analysis of Potential SP-100 Space Mission Scenarios*. NUS-5125, NUS Corporation, Gaithersburg, MD, 1988.
22. General Electric, *SP-100 Mission Risk Analysis*. GESR-00849, GE Aerospace, San Jose, CA, 1989.
23. Payne, A. C. and F. E. Haskin, "Risk Perspectives for Potential Topaz II Space Applications." International Nuclear Safety Conference, CONF-940101, *American Institute of Physics*, 1994.

符号及其含义

符号	含义	符号	含义
c, C	事件后果测量	n_E	事件 E 发生的次数
erf(x)	错误函数	P	概率
E	事件 E	p	真实故障概率
E'	事件 E 的补	p_L	置信下限
$E[X]$	随机变量 X 的期望值	p_U	置信上限
EF	误差因子	p_1	贝叶斯概率下限
$f(x)$	概率密度函数	p_2	贝叶斯概率上限
$F(x)$	累积分布函数，$P(X \neq x)$	$P(E)$	事件 E 的概率
$F(i)$	频率	P_i	第 i 个事件或事件序列的概率
$g(\theta, x)$	给定参数 θ 观察 x 的后验概率密度	R	后果加权风险
n, N	观察数、试验次数或样本大小	T	顶事件

（续表）

Var[X]	随机变量 X 的方差	γ	1—置信水平
x，θ，u	连续随机变量 X 的值	δ	Delta 函数
x_i	离散随机变量 X 的第 i 个值	λ	指数分布参数
X_{50}	随机变量 X 的中值	μ	随机变量的平均值
X，Θ，U	随机变量	σ	贝叶斯概率下限
$Y(X)$	随机变量 X 的函数	ξ	虚变量

练习题

1. 图 10 - 1 所示的事故序列的财务成本如下所示。

财务成本		
	概　率	（$）
2	9.8×10^{-4}	1×10^{6}
3	9.9×10^{-6}	3×10^{7}
4	9×10^{-6}	5×10^{6}
5	1×10^{-6}	1×10^{9}

（1）构建风险曲线。（2）计算后果加权风险。

2. 在图 10 - 1 所示的示例中，假设惰性气体裂变产物不受裂变产物去除系统的影响。构建从安全壳释放的惰性气体裂变产物比例的风险曲线。计算相应的后果加权风险。

3. 事件 $A1$ 和 $A2$ 是互斥的。事件 $A1$ 的概率为 0.1。事件 $A2$ 的概率为 0.9。给定事件 $A1$ 下事件 B 的条件概率为 0.2。事件 $A2$ 和 B 是相互独立的。计算：

（1）$P(A_1\times A_2)$；（2）$P(A_1+A_2)$；（3）$P(A_1\times B)$；（4）$P(A_1+B)$；（5）$P(A2\times B)$；（6）$P(A2+B)$；（7）$P(A_1\mid B)$；（8）$P(A_2\mid B)$。

4. 某个组件由两个制造商提供，制造商 A 提供 30% 的组件。制造商 A 提供的组件的故障率为 1/100。制造商 B 提供 70% 的组件，制造商 B 提供的组件的故障率为 1/50。从仓库随机选择的一个组件出现故障，组件是由制造商 B 提供的概率是多少？

5. 假设图 10－9 中描述的示例中的五个事件是独立的。(1) 描述成功和失败事件的 $2^5=32$ 个互斥组合。(2) 计算每个组合的概率。(3) 指出哪些组合导致顶事件。(4) 假设每个基本事件的概率为 0.6，计算精确的顶事件概率。

6. 构造一个故障树，其中顶事件是图 10－9 中所示电流成功通过电阻。使用布尔代数求解最小割集。

7. 在特定轨道中，由于辐射损伤导致的存储位的故障率可以通过平均每天有 1.5 次故障的泊松分布来近似。(1) 2 次任务的预期失效数是多少？(2) 恰好观察到 512 个故障的概率是多少？(3) 小于 $2^8=512$ 个故障的概率是多少？

8. 某一运载火箭的阶段 1 的失效时间可以被视为遵循参数 $\lambda=0.002\ \mathrm{s}^{-1}$ 的指数分布的随机变量。阶段 1 被设计燃烧 300 s。(1) 估计在阶段 1 期间运载火箭故障的概率。(2) 估计在 100 s 内点火失败的概率。

9. 1 月期间的最小发射场温度可近似为平均值 6℃、标准偏差为 3℃的正态分布。(1) 第 95 百分位数的温度是多少？(2) 结冰的概率是多少？

10. 某种类型的阀的故障概率可以近似为对数正态分布，平均值为 0.01，误差因子为 3。液压系统包含两个阀。评估两个阀失效的概率分布的平均值和误差因子。

11. 在某个电池上的测试数据表明 70 次测试中有 1 次故障。(1) 找出故障概率的 90% 置信区间。(2) 找出故障概率的 90% 贝叶斯概率区间。

12. 假设泵的故障时间(T)服从参数为 λ 的指数分布。进一步假设 Λ 是具有先验概率密度函数的随机变量

$$g(\lambda)=2\mathrm{e}^{-2\lambda}$$

找到后验概率密度函数 $g(\lambda \mid t)$。

13. 图 10－15 中绘制的累积分布函数为 $F(x)=1-\mathrm{e}^{-x}$。给定以下伪随机数可得到 x 的什么值：给定值分别为 0.104 5、0.756 3 和 0.965 2。

14. 事件 A 的故障概率的累积分布函数为 $F(p_A)=5(1-p_A)^4$。事件 B 的故障概率的累积分布函数为 $F(p_B)=4(1-p_B)^3$。假设这两个事件是独立的。(1) 事件 $C=A+B$ 的期望值是多少?(2) 使用样本量为 10 的蒙特卡罗分析来计算。

第 11 章

事故后果模拟

F. 埃里克·哈斯金,阿尔伯特·C. 马歇尔

本章通过介绍简单的事故后果模型,以及使用计算机进行后果分析的模型,旨在使读者了解假想空间核电源泄漏放射性核素事故造成的影响。

11.1 影响事故后果的因素

在空间反应堆事故的场景下,放射性后果的量化分析通常包括潜在的癌症、居民剂量、所受辐射量超过标准的人数、污染超过标准的土地面积(例如,钚-238 的含量限值为 0.2 Ci/m^2)等方面。尽管某些假定的空间反应堆事故可能造成急性死亡,但是在该事故情形下,放射性同位素热电发动机功率源的辐射量通常不足以导致最终的急性死亡。

放射性后果分析包含可能影响放射性核素释放的潜在事故场景和物理过程建模,以及估计放射性核素释放在评估环境中的沉积和输运机制。最终,后果分析能够预测由此产生的放射性核素污染水平、相关辐射剂量和对健康的影响等结果。然而,由于随机的可变性和参数及建模的不确定性,事故后果的评估可能会受到影响。

个人实际接受放射性物质释放事故的影响取决于以下几个因素:

(1) 源项:关键在于特定放射性核素的释放量,还有它们的物理和化学形态。

(2) 物理和化学环境。

(3) 释放的位置,特别是释放高度。

(4) 初始释放后发生的化学和物理转化。

(5) 释放期间和释放后的气候:决定了机载放射性核素的浓度和地面污

染程度。

(6) 保护性措施：疏散、隐蔽和净化等。

三个基本高度对后果分析是非常重要的，分别是对流层、平流层和中间层。对流层被定义为从地球表面到其正上方 10 km 左右的区域，其特点是随着高度增加气温成比例下降。平流层是从 10 km 的高度延伸到了 45 km，在这一区域，温度会随着高度的增加而增加。中间层位于 45 km 到大约 80 km 的区域内，具有随着高度增加气温成比例下降的性质[1]。

受当地气候(温度、风场、大气稳定性和降雨模式)、地形和地表覆盖影响对流层中气体和粒子的释放，进而影响气体和粒子的运输和分散。在地面沉积完成之前，释放在平流层的放射性云(或放射性云通过动量或浮力上升到这个高度)可以传播上千公里。如果在中间层内很高的高度释放，小的燃料粒子就会遍布全球，并且需要花费数年的时间才能完全沉淀至地球表面，而大的粒子则会以相对较短的时间落在地球表面。全球气候和地表性质与释放高度紧密相关，共同影响沉积模式。

本章的第 2 节简述了暴露途径模型、剂量模型和健康效应模型。这些模型适用于所有的辐照场景。第 3 到第 5 节介绍了放射性释放和扩散模型。第 3 节论述的模型适用于放射性核素的释放和运输发生在小于 10 km 的高空(对流层)的事故场景。第 4、5 节论述的模型分别适用于放射性核素的扩散和输运发生在中等高度(平流层)和在一个非常高的高度上(中间层)的事故场景。本章所介绍的后果模型比较简单。然而，它对阐明后果分析的核心概念是至关重要的。第 6 节简要介绍了一些计算机代码，这些代码通常被用于在安全分析报告中以执行更复杂的结果计算。

11.2 途径、剂量和健康效应模型

本节论述了云层照射、皮肤污染、地面照射、吸入和摄入这几方面的辐照途径和简单模型。

11.2.1 辐照途径

如图 11-1 所示，个人可从放射性云或烟等多种途径受到辐射。辐射也能够通过由外部漂浮的云和地表污染等发出从而被接受。这样的剂量分别被称作云层照射和地表照射。皮肤剂量是由一些直接沉淀在个人皮肤或者衣服

上的放射性粒子造成。吸入烟羽中的放射性物质也会受到辐射剂量，这被称为吸入剂量。一些吸入的放射性物质可能会集中在特定的器官，如肺和甲状腺，并且对于这些器官而言是一种特殊的威胁。云层照射、地表照射和吸入被统称为烟羽辐照途径。通过烟羽辐照途径从一种特定的放射性核素接受的剂量通常是成比例的或者是与空气中的浓度相关的。相应地，在一个固定点或者任何地方的空气中放射性粒子浓度是与该事故中放射性核素的释放量成正比的。

图 11－1　辐射剂量途径[2]

（资料来源：美国核管理委员会）

长期的途径包括再悬浮放射性核素的吸入、吸收途径和地面照射，这包含了放射性云经过后的过程。再悬浮是沉积在地表上的放射性粒子由于地表风和人类、动物的活动而在空气中传播的过程。经摄入途径接受到的放射性剂量通常是由于吃了被污染的食物或者喝了被污染的水。在特殊情况下，肢体接触被污染的土壤可能也会受到放射性剂量。在吸入放射性物质的情况下，该物质的吸收可能聚集在不同的器官中。牛奶的摄入尤其重要，因为烟云中的放射性碘可能污染了奶牛所吃的草料并且大量聚集在了牛奶中，喝过被污染的牛奶后，放射性碘会聚集在该个体的甲状腺中。为了建立摄入途径模型，沉积在作物上、被动物摄入、传输到水中等这些摄入途径都要被检测。这样的模型在本书中没有进行详细论述。然而，在引用的参考文献中对这些过程都有详细描述。

物质的组成（气体或颗粒）决定了剂量和与放射性物质吸入有关的健康效

应。对于颗粒而言,颗粒的尺寸是一个非常重要的考虑因素,并且放射性物质的化学组成对气体和颗粒一样重要。除此之外,辐照途径也很重要。例如,二氧化钚的吸收途径要比吸入途径对健康的影响小得多,这是因为大多数吸收的二氧化钚会很快地流动到整个身体并且很快地被排泄掉。而吸入的二氧化钚可能会被血液吸收或者在被其他器官除去前在肺部待很长的时间。对于吸收途径,仅仅只有一小部分二氧化钚被血液吸收,并且只有一小部分放射性物质被血液循环携带而最终沉积在身体的某些器官中。另一个实例是从核反应堆事故中接受释放的放射性核素的剂量。这些剂量通常是由放射性核素的吸入造成的,而且这些核素非常容易被送往它倾向于停留的甲状腺。像疏散、隐蔽和净化等保护性措施会影响这些被人接受且与健康效应息息相关的剂量。为了便于论述,这样的保护措施在本书所介绍的模型中都被忽略了。

11.2.2 云层照射

考虑到个体所接受的剂量是由空中放射性核素辐照造成的,因而剂量率是与环境空气中的放射性核素浓度 $\chi(\mathrm{Bq/m^3})$ 成比例的,相应地,是与随时间积分的剂量和随时间积分的空气浓度 $\chi_t(\mathrm{Bq/m^3})$ 成比例的。认为所有云层对一种特定的放射性核素的包含浓度是一致的。令 f_j 表示第 j 次辐射发出的放射性核素的衰变份额,它发射的平均动能为 $\overline{E}_j$。因为就面积而言,云层是无限大的,每次发出的辐射都会被充分地吸收。第 j 次辐射的剂量率就等于每单位体积的能量释放率 $\chi\overline{E}_j f_j$ 除以云层的密度 ζ_{air}。

$$\dot{D}_{\infty,j}=\frac{\chi\overline{E}_j f_j}{\zeta_{\mathrm{air}}} \tag{11-1}$$

如果一个人处在云层中,小体积组织的剂量当量率是空气中的辐射剂量作用的结果,在空气和组织中每单位质量的能量吸收比 k,辐射权重因子 W_{R} 和几何衰减因子 g_{a} 取决于发出辐射的能量和不同器官。

$$\dot{H}_j=\frac{\chi\overline{E}_j W_{\mathrm{R}} k f_j}{\zeta_{\mathrm{air}}} g_{\mathrm{a}}(\overline{E}_j,\ d) \tag{11-2}$$

衰减因子 g 可以表示为关于发射能量 $\overline{E}_j$ 和到达组织的距离 d 的函数。对于 α 粒子和低能量的 β 粒子,$g_{\mathrm{a}}=0$,这是因为这些粒子不能够穿透表皮基底层,也不能穿透眼睛中的晶状体。对于更高能量的 β 粒子和一些低能量的 γ

射线，靠近身体表层时 g_a 大约等于 0.5 并且会随着深度的增加大致以指数的形式减少。为保守起见，空中放射性核素中发出的 β 粒子和低能量 γ 射线的 g_a 值通常按 0.5 来计算。对于更高能量的 γ 射线，其非常有穿透性，g_a 的值大约相当于能够穿过整个身体。

如果云层中包含一种每当 $f_j=1$ 只产生一个 β 或 γ 粒子的放射性核素，对于这种情况，辐射因子 W_R 和在空气和组织中的能量吸收也近似统一。认为空气密度为 1.29×10^{-3} g/cm^3，剂量当量率大约为

$$\dot{H}=\chi\bar{E}\times1.603\times10^{-10}\times0.5\times\frac{1}{1.293\times10^{-3}}\times10^{-6}$$

或者

$$\dot{H}\approx6.20\times10^{-14}\chi\bar{E} \tag{11-3}$$

第一个公式中的系数 0.5 反映了对于 β 和低能 γ 射线其 $g_a=0.5$，并且解释了对于高能 γ 射线，人在地平线上只能观测到半无限面积的云层。

第一个公式只适用于外部辐射的剂量当量率的计算。此外，高能 γ 射线对于考虑地平线上有限面积的云层是非常重要的，人会接受的剂量受任何云层内放射性核素浓度的空间变化和零散的辐射的影响。穿透性放射物的衰减通常取决于特定的器官，不同器官相对于地表的高度也需要被考虑进去。然而，通常情况下云层照射的剂量率与两方面因素有关：第一，空气中放射性核素与放射性核素的代表性浓度成比例；第二，总接受剂量与时间积分的空气浓度成比例。由美国核管制委员会拟定的云层照射剂量转换因子列在表 11－1 中。

表 11－1　代表性云层照射剂量率转换因子[3]

单位：(Sv/s)/(Bq/m^3)

	氪-88	锶-90	碘-131	氙-133	铯-137	钚-238
肺	1.14×10^{-13}	0	1.41×10^{-14}	1.11×10^{-15}	2.17×10^{-14}	1.01×10^{-18}
红骨髓	1.16×10^{-13}	0	1.45×10^{-14}	7.27×10^{-16}	2.22×10^{-17}	4.55×10^{-19}
甲状腺	1.37×10^{-13}	0	1.77×10^{-14}	1.72×10^{-15}	2.73×10^{-14}	1.47×10^{-18}
ICRP-60 有效剂量当量	1.16×10^{-13}	9.51×10^{-17}	1.16×10^{-14}	1.19×10^{-15}	2.10×10^{-14}	2.01×10^{-18}

11.2.3 皮肤污染

前面所述云层照射模型用于计算从空气中的稀有气体如氙气中得到的皮肤辐照剂量,但它忽略了放射性核素在皮肤上的沉积。沉积在暴露皮肤上的放射性核素的表面浓度 S_{skin}(Bq/cm^2)通常近似为与皮肤暴露的时间积分空气浓度成比例。这个比例系数通常被称作沉积速度 v_d,因为其单位 m/s 是由(Bq/cm^2)除以[(Bq/cm^3)·s]得到的。典型的沉积速度大约为 0.01 m/s。表面沉积使得 β 粒子发出的射线靠近皮肤,从而导致比计算值更高的皮肤剂量。

在实践中,每一种放射性核素沉积在皮肤上的剂量转换因子都会被计算。剂量当量率的结果是与表面污染等级成比例的。从被放射性核素污染的皮肤中获得的剂量通常归因于 β 辐射体,α 粒子不能穿透皮肤表层,并且 γ 射线由于穿透能力太强而不会在皮肤表面沉积太多的能量。如果皮肤被带有 β 辐射体的放射性核素所污染,那对于污染皮肤的剂量当量率就可以用假定一半 β 粒子朝着远离皮肤的方向发出,而另一半朝着被皮肤拦截的方向发出的模型来进行评估。也就是,在皮肤表面 β 粒子的通量 ϕ_β[$(cm^2 \cdot s)^{-1}$]等于被污染皮肤的表面浓度 $S_{skin}f_\beta$ 的一半。皮肤剂量的计算也可以使用 4.1.4 节中计算 γ 射线辐照量的基本方法。数学表达为

$$\begin{aligned}\dot{H}_j &= \phi_\beta \bar{E}_j \tilde{\mu}_{\beta,j}(1.603\times10^{-10})\exp(-\mu_{\beta,j}d)\\ &=0.801\times10^{-10}S_{skin}\bar{E}_j f_\beta \tilde{\mu}_{\beta,j}\exp(-\mu_{\beta,j}d)\end{aligned} \tag{11-4}$$

这里,$\mu_{\beta,j}$ 和 $\tilde{\mu}_{\beta,j}=\mu_{\beta,j}/\zeta_T$ 指的是 β 粒子的质量衰减系数且都是线性的,而 ζ_T 指的是覆盖组织的密度。质量衰减系数可近似为

$$\tilde{\mu}_{\beta,j}=18.6(E_{\beta max}-0.036)^{-1.37} \tag{11-5}$$

上述方程的近似解在不断更新。在人类皮肤的临界深度处,沉积在皮肤上的放射性物质所发出的能量范围从 0.2 MeV 到 2 MeV 的 β 粒子的剂量率没有显著变化。对于在这个能量范围内发射的 β 粒子,其在人类皮肤临界深度的剂量率大约是 5.4×10^{-14} Sv/m^2。对于特殊的同位素 i,令 $f_{\beta,i}$ 表示发射一个 β 粒子造成的衰变份额。故皮肤剂量转换因子就为(5.4×10^{-14})f_β。如果沉积发生到结束的时间短于放射性核素的半衰期,皮肤剂量当量可以被表示为

$$H_i = \chi_{t,i} v_d (5.4 \times 10^{-14}) f_{\beta,i} [1 - \exp(-\lambda_i t_r)] \quad (11-6)$$

式中，$\chi_{t,i}$ 为同位素随时间积分的空气浓度(Bq・s)；v_d 为沉积速度(m/s)；λ_i 为同位素的衰变常数(s^{-1})；t_r 为皮肤上放射性物质的停留时间。

11.2.4　地面照射

通常来说，在估计从地面沉积的放射性核素中接收到的剂量时，仅考虑 γ 剂量是满足需求的。β 粒子的辐射剂量是被忽略的，这是因为 β 粒子通常仅对皮肤剂量有贡献，并且由于在空气和衣服中会发生 β 衰减，从 β 射线发出的对皮肤剂量有贡献的 β 粒子到水平面时通常很少。

考虑包含一种特殊放射性核素，其表层浓度为 S 的无限平面表面。令 f_j 表示由于第 j 种 γ 射线发射 E_j 能量的衰变率。如图 11-2 所示，平面表面的环孔半径为 x，在点 P 处 γ 射线的通量为

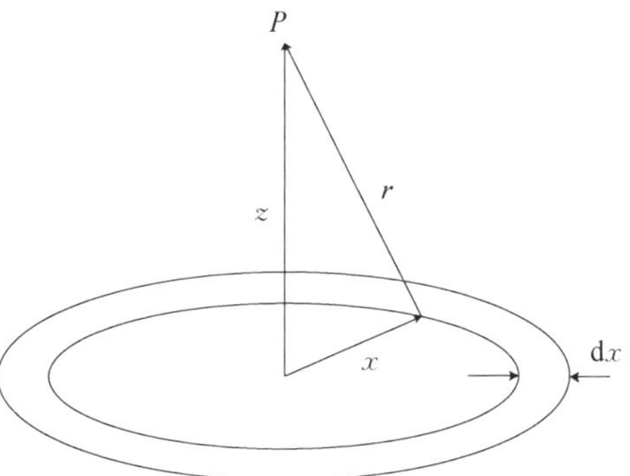

图 11-2　地面照射模型变量

$$d\phi_{\gamma,j} = \frac{Sf_j 2\pi x}{4\pi r^2} dx B(\mu_j r) \exp(-\mu_j r) \quad (11-6)$$

这里，对应经验因子 $B(\mu;r)$ 是一个引起分散的 γ 射线对 P 点通量有贡献的经验因子，是第 j 种 γ 射线的线性衰减系数。因为 $r^2 = x^2 + z^2$，这里 z 代表点 P 到地面的高度，$x\mathrm{d}x = r\mathrm{d}r$，因此上述等式变为

$$d\phi_{\gamma,j} = \frac{Sf_j}{2r} drB(\mu_j r) \exp(-\mu_j r) \quad (11-7)$$

第 j 种类型的 γ 辐射对 P 点总的 γ 射线通量所做的贡献为

$$\phi_{\gamma,j} = \frac{Sf_j}{2} \int_x^{\infty} \frac{B(\mu_j r)}{r} \exp(-\mu_j r) dr \quad (11-8)$$

第 j 种 γ 射线对 P 点剂量率所做的贡献正比于上述派生的射线通量，并且 P 点总的 γ 射线剂量率是通过对地面放射性核素发出的所有 γ 射线求和而得。表 11-2 提供了个体站在地面上，以上述方式所导出的不同的放射性核

素和器官的剂量转换因子。

表 11-2 代表性地面照射剂量转换因子[3]

	氪-88	锶-90	碘-131	氙-133	铯-137	钚-238
肺	—	0	2.97×10^{-16}	—	4.34×10^{-16}	1.05×10^{-19}
红骨髓	—	0	3.06×10^{-16}	—	4.42×10^{-16}	3.87×10^{-20}
甲状腺	—	0	3.75×10^{-16}	—	5.44×10^{-16}	1.29×10^{-19}
ICRP-60 有效剂量当量	—	1.48×10^{-18}	3.08×10^{-16}	—	4.29×10^{-16}	3.46×10^{-19}

11.2.5 吸入

不同于云层照射剂量，吸入剂量是由放射性核素在体内器官中的衰变造成的。计算放射性物质的吸入剂量由两个步骤组成。第一步是计算放射性核素的吸入量，并且随后按生物动力学模型分布到身体的不同器官；第二步是使用不同器官中的放射性同位素的时变数量计算不同器官中的剂量。

1）生物动力学模型

放射性核素的吸入量（以质量或活度为单位）取决于空气中的浓度 χ 和呼吸频率 R_b。国际辐射防护委员会定义，在 8 小时工作日内人的平均呼吸频率为 $3.47\times10^{-4}\ \mathrm{m^3/s}$，而在 24 小时的全工作日内平均为 $2.32\times10^{-4}\ \mathrm{m^3/s}$。在短时间内，人可以较快地呼吸，并且有时在事故结果计算中使用的呼吸频率高达 $5\times10^{-4}\ \mathrm{m^3/s}$。

人身体器官中吸入的放射性物质的持续时间取决于放射性同位素的物理和化学形式。尽管吸入的放射性气体随后会呼出，但有相当比例的化学反应气体会被身体所吸收。吸入的放射性颗粒可能会沉积在呼吸系统中，并且随后通过纤毛作用运输或者被血液吸收并被运往整个身体。纤毛作用是通过气管内壁上毛状细胞的运动来清除颗粒。被血液吸收的放射性物质能够沉积在身体的器官中。国际辐射防护委员会已经建立了很多粒子沉积、运输、血液吸收及排泄放射性物质的模型。我们将用一个更简单的模型来预测器官中的辐射剂量。

我们定义一个器官特有的器官滞留因子为 $R_T(t-\tau)$，这里的 t 代表结束时间，τ 代表吸入时间。滞留方程可以表示为

$$R_T(t-\tau)=f_T\exp[-\lambda_T(t-\tau)] \tag{11-9}$$

式中，f_T 为放射性核素去往特定器官 T 的份额；λ_T 为指由该器官生物清除作用产生的放射性衰变常数。器官 T 中吸入的放射性核素在时间间隔 d_τ 内的活度增量 dA_T 为呼吸频率 $R_b(\tau)$ 乘以空气中的浓度 $\chi(\tau)$，再乘以时间间隔 $d\tau$，即

$$dA_T(t,\tau)=R_b(\tau)\chi(\tau)R_T(t-\tau)\exp[-\lambda(t-\tau)]d\tau \tag{11-10}$$

式中，λ 是放射性衰变常数。对于暴露于放射性云层的情况，其吸入时间长于半衰期或者在身体内的持续时间，在时间间隔 $(0,t)$ 内 t 时刻的由吸入途径引入器官的放射性活度为

$$A_T(t)=\int_0^t R_b(\tau)\chi(\tau)\exp[-\lambda(t-\tau)]f_T\exp[-\lambda_T(t-\tau)]d\tau \tag{11-11}$$

如果呼吸频率和空气中的浓度均为常数，上述积分等式变为

$$A_T(t)=\frac{R_b f_T\chi}{\lambda_{ef}}[1-\exp(-\lambda_{ef}t)] \tag{11-12}$$

式中，λ_{ef} 为器官中放射性核素的有效衰减常数，$\lambda_{ef}=\lambda+\lambda_T$。

对于大多数场景，放射性气溶胶或气体通常以烟的形式释放，并通过风从释放点运输。如果放射性物质的半衰期或在身体内的停留时间比在特定点 P 释放的烟的持续时间长，那么在器官 T 中的初始活度为

$$A_{T0}=\int_0^{\tau_{max}} R_b(\tau)\chi(\tau)f_T d\tau \tag{11-13}$$

式中，τ_{max} 为烟云经过暴露个体的位置 P 所需的时间。P 点浓度 $\chi(\tau)$ 从零增加到最大值，然后在 τ_{max} 时刻有效地减少到零。故烟羽吸入途径下随时间变化的器官 T 中的活度为

$$A_T(t)=A_{T0}\exp(-\lambda_{ef}t) \tag{11-14}$$

在此场景下，t 为吸入放射性核素的时间。式(11-14)可以很好地近似求解出沉积在肺部中的二氧化钚颗粒的活度。需要注意的是，式(11-9)到

式(11－14)是假定吸入的放射性同位素立即沉积在器官 T 中。这通常是对于肺部或者放射性物质很快地被血液吸收并沉积在器官中的一个很好的假设。然而,在一般情况下,精确的预测需要包括放射性同位素从每个肺室到器官 T 的运输时间。该方法虽然直接但比较烦琐,并且通常使用已建立的计算机代码进行分析。

2) 器官剂量

大多数放射性核素通过发射多个 α 或 β 粒子衰变,每个粒子可伴随一个或多个射线以及内部转换电子或者俄歇电子。用于计算放射性材料的辐射剂量方法取决于粒子类型。因为 α 和 β 是带电粒子,所以它们能穿透的距离非常浅,并且基本上所有的能量都被含放射性材料的器官所吸收。然而,γ 射线在组织中不具有有限的范围,并且它们的大部分能量都沉积在器官外部的区域中。已经计算了保留在不同器官中的 γ 射线的能量份额。这些计算量在接下来的方法中会被使用。令 $F_{j,TT'}$ 表示从器官 T 沉积到器官 T' 的能量 E_j 的份额。因为剂量是指每克吸收的能量,由器官内放射性核素造成的剂量率是放射性核素的活度乘以每次衰变时器官所吸收的能量再除以器官的质量 $m_{T'}$,

$$\dot{D}_{T'}(t)=A_T(t)\sum_j \frac{f_j F_{j,TT'} E_j}{m_{T'}} \tag{11-15}$$

然而,剂量当量率必须考虑每次辐射发射的辐射权重因子 W_R。与器官 T 中放射性核素活度相关的器官 T' 的剂量当量率为

$$\dot{H}_{TT'}(t)=A_T(t)\sum_j \frac{f_j F_{j,TT'} E_j W_R}{m_{T'}}=A_T(t)\frac{E_{TT'}}{m_{T'}}=A_T(t)\widetilde{E}_{TT'} \tag{11-16}$$

$E_{TT'}$ 称为有效能量当量,$\widetilde{E}_{TT'}$ 称为比能有效能量。表 11－3 给出了一些重要核素的 $\widetilde{E}_{TT'}$ 的值。对于儿童而言,在剂量预测中应该考虑 $F_{j,TT'}$ 和 m_T 对时间的依赖性。对于连续的羽流,如果呼吸频率和空气浓度恒定,那么可将式(11－12)代入式(11－16),得

$$\dot{H}_{TT'}(t)=\frac{\widetilde{E}_{TT'} R_b f_T \chi}{\lambda_{\mathrm{ef}}}[1-\exp(-\lambda_{\mathrm{ef}} t)] \tag{11-17}$$

当吸入的持续时间远远大于半衰期[$\ln(2)/\lambda_{\mathrm{ef}}$]时,式(11－17)中的指数

项就会变得非常小。因此，持续吸入放射性核素的人的稳态平衡剂量为

$$\dot{H}_{TT'}(t)=\frac{\widetilde{E}_{TT'}R_{\mathrm{b}}f_{T}\chi}{\lambda_{\mathrm{ef}}} \tag{11-18}$$

式(11-18)也可以表示为

$$\dot{H}_{TT'}(t)=(\mathrm{DFI})R_{\mathrm{b}}\chi \tag{11-19}$$

这里，$(\mathrm{DFI})\equiv(\widetilde{E}_{TT'}f_{T})/\lambda_{\mathrm{ef}}$，被称为剂量吸入因子。

表 11-3　所选放射性核素的物理和生物数据[3]

i 核素	半衰期/天		器　官	$E_{TT'}$/MeV	W_T 吸入
	放射性	生物性			
锶-90	1.1×10^4	1.3×10^4	全身	1.1	0.4
		1.8×10^4	骨骼	5.5	0.12
碘-131	8.04	138	全身	0.44	0.75
			甲状腺	0.23	0.23
铯-137	1.1×10^4	70	全身	0.59	0.75
		140	骨骼	1.4	0.03
钚-238	3.2×10^4	7.3×10^4	骨骼	270	0.2
钚-239	8.9×10^6	7.3×10^4	骨骼	270	0.2

剂量当量可以通过对式(11-6)中的剂量率积分求得，即

$$H_{TT'}(t)=\int_0^t A_T(t)\widetilde{E}_{TT'}\,\mathrm{d}t \tag{11-20}$$

对于烟羽而言

$$H_{TT'}(t)=A_{T0}(\mathrm{DFI})[1-\exp(-\lambda_{\mathrm{ef}}t)] \tag{11-21}$$

并且在 $t=\infty$ 时，$H_{TT'}(t)=A_{T0}(\mathrm{DFA})$。美国核管理委员会计算出了 50 年期限内的剂量负担，而不是无限时间。因此，美国核管理委员会给出的吸入剂量因子明显小于上述公式所计算出的具有长放射性和生物学半衰期核素的

剂量因子。对于长时间吸入和有效半衰期较短的情况，有

$$H_{TT'}(t)=[(\mathrm{DFI})R_b\chi]t \tag{11-22}$$

从器官 T 到其他所有器官的总的剂量率为

$$\dot{H}_{T'}(t)=\sum_{T}\dot{H}_{TT'}(t) \tag{11-23}$$

第 4 章描述了有效剂量率，解释了器官剂量和所有器官的敏感性。因此，有效剂量率由下式给出：

$$\dot{H}_{E}(t)=\sum_{T'}\dot{H}_{T'}(t)W_{T'} \tag{11-24}$$

式中，$W_{T'}$ 为器官权重因子。表 11－3 中也给出了受影响器官的适当权重因子。

对于持续吸入，表 11－4 给出了从吸入活度向不同器官的有效剂量当量和剂量当量转换的转换因子。从这些转换因子中获得的剂量适用于估测慢性健康效应，例如潜在性癌症。

表 11－4　持续辐照的代表性吸入剂量转换因子[3]

	氪-88	锶-90	碘-131	氙-133	铯-137	钚-238
肺	4.22×10^{-12}	3.42×10^{-9}	6.56×10^{-10}	3.72×10^{-13}	8.80×10^{-9}	3.19×10^{-4}
红骨髓	3.67×10^{-13}	3.05×10^{-8}	6.26×10^{-11}	1.69×10^{-13}	8.30×10^{-9}	5.78×10^{-5}
甲状腺	3.54×10^{-13}	2.33×10^{-9}	2.91×10^{-7}	1.38×10^{-13}	7.92×10^{-9}	3.85×10^{-10}
ICRP－60有效剂量当量	8.34×10^{-13}	4.57×10^{-8}	1.47×10^{-8}	1.75×10^{-13}	8.49×10^{-9}	6.13×10^{-5}

11.2.6　摄入

放射性物质可以通过食用受污染的食物、饮用受污染的水或从受污染的手到口的转移而摄入。此外，吸入的放射性颗粒可能通过纤毛运动从肺部运输到喉咙。标准的 ICRP 模型给出了摄入的放射性物质从肠胃通过的速率常数，并且是从小肠、上部大肠到下部大肠的顺序。在小肠中，放射性物质的一

部分 f_1 被血液吸收：

$$f_1=\frac{\lambda_B}{\lambda_B+\lambda_{SI}} \tag{11-25}$$

式中，λ_B 为血液吸收的比例常数；λ_{SI} 为从小肠运输到上部大肠的速率常数。表 11－5 给出了肠胃系统的运输速率常数。

表 11－5　肠胃系统运输速率常数

器　官	符　号	到	$\lambda_t(d^{-1})$
胃	ST	小肠	24
小肠	SI	血液(B)	0.088
		上大肠	6
上大肠	ULI	下大肠	1.8
下大肠	LLI	粪便排泄	1

对于以恒定速率 R_i(单位为 g/s)的长期摄入，胃肠器官中随时间变化的质量将很快到达平衡浓度。所有胃肠器官中放射性物质的时变质量 $m_g(t)$ 可以通过方程的形式预测

$$m_g(t)=\frac{R_i}{\lambda_g}[1-\exp(-\lambda_g t)] \tag{11-26}$$

式中，下标 g 为肠胃道中一个特定的器官。对于急性摄入，胃中随时间变化的质量为

$$m_{ST}(t)=m_0 e^{-\lambda_{ST}t} \tag{11-27}$$

式中，m_0 为放射性物质的摄入量。可写出小肠中质量变化率的微分方程，并求解出小肠中随时间变化的质量方程，

$$m_{SI}(t)=\frac{\lambda_{ST}}{\lambda_{SI}+\lambda_B-\lambda_{ST}}[e^{-\lambda_{ST}t}-e^{-(\lambda_{SI}+\lambda_B)t}] \tag{11-28}$$

可以用相同方式获得上部和下部大肠中放射性同位素随时间变化的质量。在表 11－6 中给出了代表性摄入剂量转换因子。

表 11-6　代表性摄入剂量转换因子

	氪-88	锶-90	碘-131	氙-133	铯-137	钚-238
肺	0	1.33×10^{-9}	1.02×10^{-10}	0	1.27×10^{-8}	8.64×10^{-14}
红骨髓	0	1.75×10^{-7}	9.44×10^{-11}	0	1.32×10^{-8}	1.27×10^{-8}
甲状腺	0	1.33×10^{-9}	4.75×10^{-7}	0	1.26×10^{-8}	7.99×10^{-14}
ICRP-60有效剂量当量	0	2.73×10^{-8}	2.39×10^{-8}	0	1.33×10^{-8}	9.45×10^{-9}

11.2.7　健康效应

在考虑从反应堆事故中释放放射性物质时，骨髓和甲状腺中沉积的辐射剂量都是重要的。骨髓中(主要来自云层照射和地面照射)的剂量是早期潜在健康效应的主导因素，而该剂量是由在高功率水平下工作的反应堆事故造成的。然而，这种情况对于大多数涉及空间核反应堆的任务是不可能的。甲状腺中的剂量也是非常重要的，因为吸入或摄入少量的放射性碘就可能导致甲状腺的损坏。不同于骨髓，在大多数情况下，甲状腺暴露在短期的辐照下是不会致命的。不过，甲状腺暴露在辐照下会使由于甲状腺癌而导致死亡的风险增加。在考虑放射性同位素热电发动机事故时，早期健康效应的潜在性是不能够忽略的，并且吸入二氧化钚所产生的剂量往往主导了健康效应的潜在性。第 4 章给出了由辐射所诱发癌症和生理缺陷可能性的论述。

11.3　低空释放和转换过程

放射性同位素电源经过设计和测试，保证在意外再入过程中屏障设备的完整性。放射性同位素热电发动机的设计也给出了在多种假设发射台爆炸和火灾事故中对放射性燃料释放的限制。然而，对于一些假定的火灾和爆炸事故，放射性物质的释放是可能存在的，并且必须要分析其潜在后果。

空间反应堆中使用的未辐照铀燃料的比活度要比典型放射性同位素热电发动机中的小得多。不过，需要对未辐照燃料意外低空释放所造成的影响进行分析。太空任务通常直到到达一个安全、稳定的轨道后才考虑核反应堆的运行。因此，由反应堆运行所造成的火灾、爆炸和撞击事故通常是不会发生的。然而，可以假定一些可能导致裂变产物气体和放射性颗粒（在反应堆运行期间产生）释放的事故场景。通常需要进行分析来确定这些假定的在空间反应堆事故中意外裂变产物释放所造成的放射性后果。

放射性物质的释放特性取决于空间核系统（放射性同位素热电发动机或反应堆）的类型和假定事故的类型。空间反应堆裂变产物的扩散和低空释放与假定的地面反应堆事故裂变产物的扩散和释放类似。地面反应堆事故分析方法已经在很多研究和报告中得到很好的确立和论述。因此，本章涉及的低空释放的重点将放在放射性同位素热电发动机燃料颗粒的释放和扩散上。

11.3.1　火灾注意事项

在本节中，主要论述一些与放射性同位素热电发动机燃料释放特性相关的主要注意事项。下面的论述旨在提供一些关于事故环境复杂性和所需分析类型的一些想法。我们假设这里的放射性同位素燃料是美国典型的放射性同位素发电机的燃料——二氧化钚。本次论述涉及气溶胶和粒子物理学，二氧化钚的汽化、凝结和热力学，二氧化钚的汽化动力学，铝结构响应，烟尘生成和污垢夹带量。

1）气溶胶和粒子物理学

为了更好地开展本次论述，把云层和火球中的颗粒根据其尺寸分为两种类型，气溶胶和“岩石”。气溶胶是悬浮在气体中的细小液体或固体颗粒。雾、烟和霾都是气溶胶气体的实例。气溶胶具有小于 0.01 cm 的体积当量球体的直径，大致为人体头发的直径。气溶胶可以凝聚，并且它的沉降受气流的影响。直径小于 1 μm 的气溶胶也受限于布朗运动。“岩石”是指在周围气体中根据它们的末速度沉降的大颗粒，且它们通常不会凝聚。

气溶胶物理学主要研究气溶胶粒子的凝聚。两种或多种气溶胶的凝聚将产生更大的气溶胶，其沉降将更加迅速。凝聚（如汽化和凝结）改变了含放射性核素的气溶胶颗粒的尺寸分布，如果吸入将对健康造成潜在影响。灰尘、烟灰和氧化铝颗粒可能会存在并且可以作为放射性蒸气的凝结位点或放射性气溶胶的凝聚位点；“岩石”颗粒仅由二氧化钚组成并且被认为是不会凝聚的。不同尺寸级别颗粒的热传递必须建立模型，以便计算放射性物质的汽化和凝结过程。

气溶胶和“岩石”颗粒的热传递可以通过使用集总电容法来进行建模，其中颗粒间的空间温度梯度忽略不计。这种方法是合理可行的，因为颗粒表面处的热传递阻力远远大于内部阻力。因为气溶胶具有大约 10 ms 或更小的有效热时间常数，所以可使用准静态方法来模拟气溶胶的温度，即假定气溶胶颗粒瞬间达到周围气体温度。这种近似不需要追踪颗粒及其组分随时间的变化，因为颗粒的尺寸会因汽化、凝结和凝聚而改变，这样的问题几乎难以解决。对于“岩石”颗粒，由于它们比气溶胶具有更大的尺寸(并因此具有更大的热容量)，准静态的解是不合适的，应求出全瞬态控制下的传热方程。

2) 二氧化钚汽化、凝结和热力学

假定的发射事故中，核燃料分裂成颗粒(包括气溶胶)并且这些颗粒散布到火球中，那么核燃料颗粒将会突然暴露在一个温度非常高的化学反应环境中。在这种环境下，核燃料可能会汽化，随后蒸气可能以核状形成非常细小的气溶胶或凝结并污染火球中的其他颗粒。在分析假定的发射事故后果时，必须考虑由蒸气形成的核状的细小核燃料颗粒和由于凝结而被核污染的较粗颗粒。

当颗粒温度高到足以产生大量汽化所需的热力学驱动力时，会出现一个二氧化钚汽化的短暂时机。分析二氧化钚汽化的第一步就是估算热力学驱动力。热力学驱动力是关于火球气体温度和化学成分的函数，分析的第二步需要对热力学驱动力响应的汽化动力学进行评估。二氧化钚的汽化速率取决于二氧化钚碎片的尺寸、碎片间的热传递和离开碎片的质量输送。

二氧化钚不是化学计量的化合物。其最准确的描述为 $PuO_{2-x'}$，其中下标 x' 约为 0.35，是一个与温度相关的值。在美国放射性同位素热电发动机中，调节二氧化钚的化学计量以使得在正常温度下工作的氧损失达到最少。在事故期间分散到火球中的二氧化钚碎片的初始组成可能从 $PuO_{1.96}$ 变为 $PuO_{1.98}$。在火球中，二氧化钚所在环境要比通用热源的正常操作环境热得多。火球中的气体具有化学反应性，二氧化钚会在火球气层中损失氧气，从而减少了二氧化钚颗粒中氧的化学势。二氧化钚化学计量的变化可能会影响蒸汽压，而蒸汽压是汽化过程中的热力学驱动力。火球气层中氧的化学势由燃烧过程的细节和随火球上升而夹带空气的程度所决定。

由于存在多种含钚物质，二氧化钚的汽化是复杂的。被广泛认可的有气态 PuO_2、PuO 和 Pu。实际蒸汽压的估计，用于汽化过程的热力学驱动力，必须结合温度和氧的环境化学势两个方面的影响来考虑。即

$$PuO_{2-x}(\text{solid}) + \frac{x}{2}O_2 \Leftrightarrow PuO_2(\text{gas}) \tag{11-29}$$

$$PuO_{2-x}(\text{solid}) \Leftrightarrow PuO(\text{gas}) + \frac{1-x}{2}O_2 \tag{11-30}$$

$$PuO_{2-x}(\text{solid}) \Leftrightarrow Pu(\text{gas}) + \frac{2-x}{2}O_2 \tag{11-31}$$

$$2PuO_{2-x}(\text{solid}) \Leftrightarrow Pu_2(\text{gas}) + (2-x)O_2 \tag{11-32}$$

3）二氧化钚的汽化动力学

分散在火球中的二氧化钚碎片的汽化需要碎片表面蒸气的质量传输。这种质量传输是由于碎片和火球气体的相对运动增强了蒸气扩散造成的。在假定事故中由通用热源影响产生的碎片尺寸可能在一个非常宽的范围内变化[4]。之后可以通过落入火球中非常大碎片的弹道运动或者悬浮在火球气体中小碎片周围气体的自然对流运动来实现扩散的增强。

汽化是吸热过程。例如，二氧化钚的汽化在 2 000 K 的温度下需要 2 234 J/g 的热量。因此，持续汽化需要将热量传递到碎片并且由于汽化导致的热损失造成了碎片和周围气体之间的持续温差。该温差可以影响从碎片表面扩散的质量传输。蒸气的质量传输或碎片的热传递均可以限制分散在火球中的二氧化钚碎片的汽化程度。为了估算汽化速率，将碎片近似为球体并假定从碎片分散在火球中的瞬时开始汽化速度是稳定的。

碎片表面蒸气的形成被认为是受赫兹-克努尔森汽化（在真空中的汽化）控制而成了与碎片几何表面相距微小距离的界面边界。蒸气从该界面穿过边界层（厚度为 δ）并进入火球气层。根据准静态假设，由于赫兹-克努尔森汽化来自表面的蒸气通量等同于增强扩散后离开碎片的蒸气通量。假定对汽化一系列的限制存在。赫兹-克努尔森限制确保在火球中温度非常高的情况下，不会计算物理上不切实际的汽化速率。

4）铝结构响应

运载火箭主要由铝合金结构组成，这存在被火球气化的可能性。随后，汽化的铝经过燃烧将导致氧化铝（Al_2O_3）颗粒的形成。这些颗粒将在火球中提供额外的凝聚点和凝结点。因此，期望建立一个结合铝的热传递、汽化和燃烧的模型。

与粒子热传递模型一样，集总电容模型足以估计铝合金结构的瞬态温度响应。如果铝合金结构的温度足够高（大于约 1 300 K），那么从表面到火球中的铝蒸气将完全燃烧形成氧化铝颗粒。

5）烟尘产生和灰尘夹带量

火球中烟尘的存在为凝结和凝聚提供了额外的位点，因此可以改变最终的二氧化钚尺寸分布。大规模燃烧产生的烟尘的实际值几乎总是超过理论值的。在热力学中，烟尘只在碳-氧(C/O)比大于1时形成。实验上，烟尘的形成极限等同于光度的形成，并且这通常发生在碳-氧(C/O)比约为0.5的情况下[5]。这个限制称为临界碳-氧(C/O)比。多种因素影响着烟尘的生成，例如由流体动力效应造成的非化学计量区域，局部压力和温度区域，稀释剂的存在，含氮物质的存在和金属的存在等。影响烟尘生成的因素在参考文献[6]和[7]中均有论述。

火球中尘粒和沙粒的夹带量直接影响火球辐射系数、颗粒凝聚、颗粒热传递和二氧化钚凝结过程。因此，灰尘夹带量可以明显改变含钚粒子的尺寸分布。许多重要的文献都涉及灰尘夹带模型。这类模型考虑了颗粒和地面之间的黏合力和内聚力。这些力是许多变量的函数，例如湿度、日照、颗粒尺寸和粗糙度、化学成分、表面张力、分子间静电吸引力以及局部流速矢量。实验数据显示，对于各种表面条件、材料和湿度水平，直径尺寸在10～100 μm范围内的颗粒的黏合力在8个数量级之间变化[6]。一般来说，模型有很多可调参数并且没有可靠的预测能力。因此污垢夹带问题通常是参数化建模的。

11.3.2 气象

在与地面或者相邻空气层间没有显著热传递的情况下，充分混合的大气温度随着高度的升高以1 K/(100 m)的速率线性降低，这被称为绝热直减率(或绝热温度分布)，是由地面空气绝热上升，周围气压降低而体积膨胀造成的[8]。如图11-3所示，在特定的高度范围内可能存在其他的温度分布情况如等温、超绝热和逆温等。在任何时间下温度分布的实际情况由多种因素决定，包括地表的换热，空气的流动，云层的存在和地形障碍物的存在。例如，在有微风的晴天，由于地表与空气间的热传递，在大气的最初几百米内可能会存在超绝热出现的条件。相反，在无云的夜晚，地球辐射能量最强的时候，地球表面可能比上方空气更快冷却，从而导致逆温。

污染物在大气中的分散情况在很大程度上取决于大气温度分布。考虑在超绝热情况下污染物的分散情况。如果在一定高度和与大气相同温度的条件下释放一小团被污染的空气，如图11-4(a)所示，在不加扰动的情况下，该团空气将在该点保持平衡。然而，假设大气中的波动使空气团向上移动。该空气团在其上升过程中绝热冷却，也就是说，空气团的温度将遵循绝热曲线，即

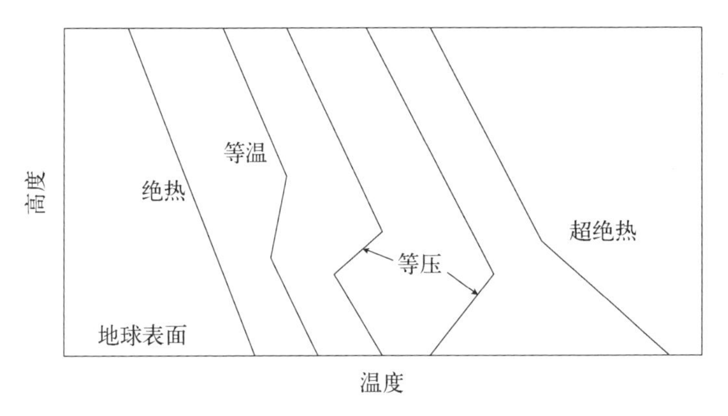

图 11－3　大气层中低空温度分布示例[2]

（资料来源：美国核管理委员会）

图 11－4(a)中所示的虚线。因为周围的超绝热大气温度更低，所以空气团的密度比周围空气密度要小。这意味着空气团变得越来越轻，使其更快地向上移动。此外，如果向下压空气团，其温度将比周围大气下降得更快并且它的密度将比周围超绝热空气变得更大。因此，空气团将向下加速。显然，超绝热大气本质上是不稳定的，并且有利于污染物的分散。相反，如果空气团处于等温或逆温的情况下，如图 11－4(b)所示，向上波动将使其温度降低，因此比周围大气密度更大，趋向于将空气团推回到初始位置。类似地，向下的波动将使空气团比周围空气温度更高，密度更小。这些条件也导致空气团回到其初始位置。因此，认为等温或逆温情况下大气的性质是稳定的，不利于污染物的扩散。

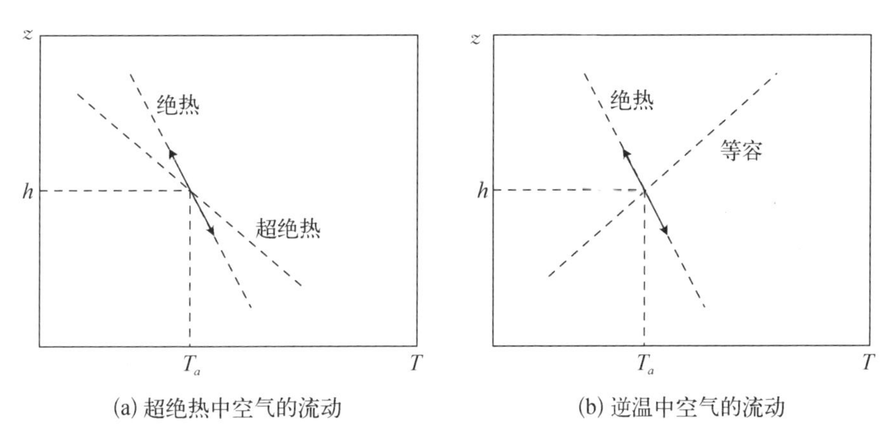

图 11－4　超绝热中空气的流动和逆温中空气的流动

（资料来源：美国核管理委员会）

通常,受污染的空气团在释放时温度比周围环境温度更高,并且由于它有更大的浮力,初始时空气团将上升。如图 11－5 所示,根据周围大气中的条件可以看到不同温度分布情况下的空气团扩散图。逆温层(气体性质稳定)中羽流水平扩散速度比垂直扩散速度更快。因此,羽流将会水平扩散而不是垂直扩散,并且当从下方观察时会呈扇形(展开)。如果热羽流在逆温层覆盖的不稳定大气中释放,那么羽流将上升到逆温层,然后迅速向下扩散(烟熏)。释放到未封闭的不稳定大气中的羽流倾向于破裂,因为羽流的垂直位移会被增强(成环)。释放到中性大气中的羽流(直减率等于绝热直减率)会在垂直方向和水平方向平滑地扩散,因此在横向风作用下形成圆锥形轮廓(成锥)。释放在覆盖逆温层上的中性层中的羽流会向上扩散而不向下扩散(放样)。

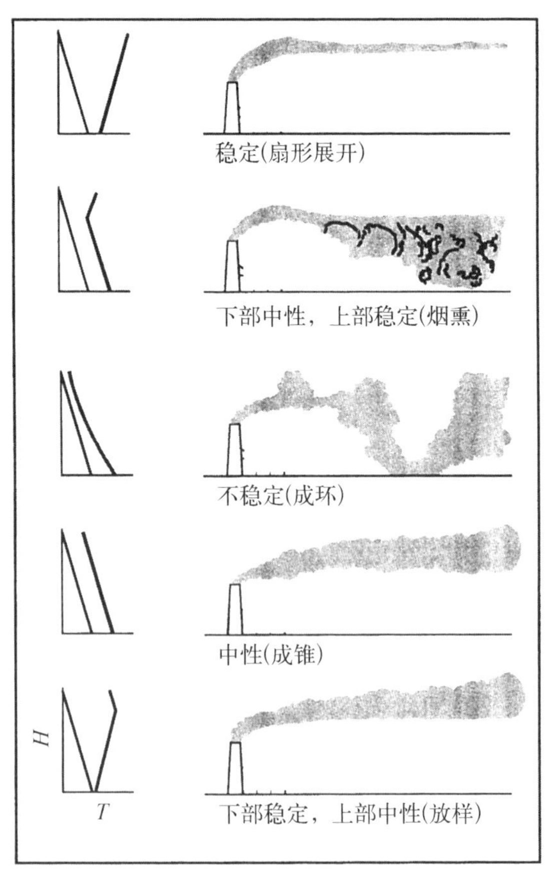

图 11－5　不同类型的烟羽模式[2]

(资料来源：美国核管理委员会)

通过在气象塔上简单地测量两个或多个高度的温度就可以估测较低大气层中稳定性的条件。之后可以通过用温差 ΔT 除以测量的高度差 ΔZ 来比较温度分布斜率。基于大气扩散的实验数据，稳定性区域通常按 $\Delta T/\Delta Z$ 所示的范围被分为表 11－7 中的 7 个稳定性级别。包括风速、降水和湿度在内的其他气象条件对大气扩散和地面污染具有很大的影响。这些影响因素的数据也都在气象塔上测量，这些因素的意义将在下面的小节中论述。

表 11－7　Pasquill 稳定性等级和 $\Delta T/\Delta z$ 间的关系

Pasquill 稳定性等级	$\Delta T/\Delta z$/K/(100 m)
A—极不稳定	$\Delta T/\Delta z \leqslant -1.9$
B—中度不稳定	$-1.9 < \Delta T/\Delta z \leqslant -1.7$
C—轻度不稳定	$-1.7 < \Delta T/\Delta z \leqslant -1.5$
D—中性	$-1.5 < \Delta T/\Delta z \leqslant -0.5$
E—轻度稳定	$-0.5 < \Delta T/\Delta z \leqslant 1.5$
F—中度稳定	$1.5 < \Delta T/\Delta z \leqslant 4.0$
G—极稳定	$4.0 < \Delta T/\Delta z$

11.3.3　低空扩散和沉积

释放到大气中的物质在顺风运输情况下扩散。扩散导致所释放的物质(液滴、轻粒子、气溶胶和气体分子)以随机步长远离云层中心线。因此，物质浓度倾向于在垂直和水平方向上呈现钟形正态(或高斯)分布，这些分布的特征宽度是标准差，也称扩散系数。扩散速率取决于风速和大气稳定性，对于更大风速和不稳定的气象条件，扩散速率更快。在垂直方向和水平方向上的扩散速率通常是不同的。

大气扩散模型复杂性变化一般是从简单到复杂的过程。最简单的模型是直线高斯羽流模型。该模型假定物质以恒定速率连续释放并且在固定水平面上通过空气的流动以恒定的速度从释放点向外输送。该模型还假定地形是平坦的，并且由于湍流扩散引起羽流为高斯型扩散。这种扩散的特征在于使用以经验为主的垂直风向和横向风向的扩散系数。直线高斯羽流模型是由在固定的风速和流向下释放的一系列连续的烟云叠加形成的。

对于假定的空间核电站事故，放射性物质大多数是间断性释放而不是连续释放。直线高斯羽流模型可以将这种间断释放表示为有限长度的羽流。然而，为了更好地表示高斯烟团轨迹，模型通常把其假设为周期性改变方向的风所形成椭圆云的运动。当烟团与周围大气达到热平衡时，扩散和沉积开始计算。此时，除了雨水冲刷外，通常忽略烟团中放射性物质的物理和化学形式的转换。在烟团轨迹模型中，记录风场中烟团的连续位移和水平方向上的累积行进距离。风场基于气象数据建模。

假定烟团中放射性物质的浓度在水平方向和垂直方向上呈高斯分布。烟团释放的放射性核素的活度为 Q。令 x_c、y_c 和 z_c 表示 t 时刻烟团中心在笛卡儿坐标系下的坐标，其中 z_c 表示当前高度。在 $(x,\ y,\ z)$ 坐标处烟团释放的放射性核素浓度可以表示为

$$\chi(x,\ y,\ z)=Q[G_x(x-x_c)G_y(y-y_c)G_z(z-z_c)] \tag{11-33}$$

这里，高斯型函数的表达式为

$$G_x(x-x_c)=\frac{1}{(2\pi)^{1/2}\sigma_x}\exp\left[\frac{-(x-x_c)^2}{2\sigma_x^2}\right] \tag{11-34}$$

$$G_y(y-y_c)=\frac{1}{(2\pi)^{1/2}\sigma_y}\exp\left[\frac{-(y-y_c)^2}{2\sigma_y^2}\right] \tag{11-35}$$

$$G_z(z)=\frac{1}{(2\pi)^{1/2}\sigma_z}\left\{\exp\left[\frac{-(z-z_c)^2}{2\sigma_z^2}\right]+f\exp\left[\frac{-(z+z_c)^2}{2\sigma_z^2}\right]+R\right\} \tag{11-36}$$

式中，R 为混合项；f 为地面发射参数。

为了简化等式，通常将 x 轴定为烟团轨迹的水平方向，进而可以将 y_c 设置为 0。参数 σ_x、σ_y 和 σ_z 分别为沿风、侧风和垂直扩散系数。这些扩散系数是经验确定的各个高斯型函数的标准差。这些值总是随着烟团运动的水平距离 x 的增加而单调递增，大气的稳定性越强，扩散系数越小。并且这些值取决于所释放的类型（连续羽流还是瞬时烟团）、稳定性等级以及覆盖地面面积。由 Briggs 提出的对于连续、开放性羽流基于不同稳定性等级（从 A 到 F）的扩散系数计算公式总结在表 11－8 中。第 7 种稳定性（等级 G）极其稳定，可近似地按表 11－8 中所示公式计算。在应用高斯烟团模型时，通常假定 x 方向上

的扩散系数与 y 方向上的扩散系数相同，即 $\sigma_x=\sigma_y$。

表 11-8　对于连续释放，开放条件下的 Briggs 公式

Pasquill 稳定性等级	σ_y/m	σ_z/m
A—极不稳定	$0.22x/(1+0.0001x)^{1/2}$	$0.20x$
B—中度不稳定	$0.16x/(1+0.0001x)^{1/2}$	$0.12x$
C—轻度不稳定	$0.11x/(1+0.0001x)^{1/2}$	$0.08x/(1+0.0002x)^{1/2}$
D—中性	$0.08x/(1+0.0001x)^{1/2}$	$0.06x/(1+0.0015x)^{1/2}$
E—轻度稳定	$0.06x/(1+0.0001x)^{1/2}$	$0.03x/(1+0.0003x)^{1/2}$
F—中度稳定	$0.04x/(1+0.0001x)^{1/2}$	$0.016x/(1+0.0003x)^{1/2}$
G—极稳定	$(2/3)\sigma_y(F)$	$(3/5)\sigma_y(F)$

低空释放的污染物容易受到限制并在地面和高度为 H 的混合层之间垂直混合。在白天，混合层高度大致对应于行星边界层的反演高度。在夜间，混合层高度比白天值小约五分之一。这种差异的部分原因在于在混合层上方存在稳定的温度梯度。烟团浓度方程中的 f 项和 R 项代表了地面和混合层顶部的反射。当扩散开始时的烟团平衡高度高于混合层高度时，将高斯分布轴向扩散因子 f 为 0，否则为 1。当 f 为 1 时，地面和高度为 H 的混合层之间的混合由高斯轴向形变为均匀轴向形。混合项 R 可近似为

$$R=f\sum_{k=1}^{4}\exp\left[\frac{-Z_k^2}{2\,\sigma_z^2}\right] \tag{11-37}$$

式中，

$$\begin{aligned}Z_1&=(2H-z_c-z)\\Z_2&=(2H-z_c+z)\\Z_3&=(2H+z_c-z)\\Z_4&=(2H+z_c+z)\end{aligned} \tag{11-38}$$

例 11.1

在 $t=0$ 时刻，释放的烟团在高度 $z_c=100$ m 处与周围大气相平衡。在较

稳定的气象条件下(Pasquill 稳定性等级为 E)下,风以 $u=2$ m/s 的速度沿 x 轴方向流动,并且混合层高度 H 为 1 000 m。画出沿风向距离 $x=4\,000$ m 处地面浓度 χ/Q 随时间的变化曲线。

解:

对于所给条件,可知烟团中心的坐标是时间的函数,为 $x_c=ut=2t$, $y_c=0$, 以及 $z_c=100$ m。所求点位的坐标为 $x=4\,000$ m, $y=0$, $z=0$。假定 $\sigma_x=\sigma_y$。假定烟团直径忽略不计,由表 11-8 知,E 等级下,$\sigma_y=0.06x_c/(1+0.000\,1x_c)^{1/2}$, $\sigma_z=0.03\,x_c/(1+0.000\,3x_c)^{1/2}$。

考虑到反射把因子 f 置为 1,并且用于确定反射系数的距离 $Z_1Z_2=1\,900$ m 且 $Z_3Z_4=2\,100$ m。求解所求位置的烟团浓度随时间变化的函数且得到的值如图 11-6 所示。最大浓度发生在最接近的时候,即

$$t=x/u=\frac{4\,000}{2}=2\,000(\text{s})$$

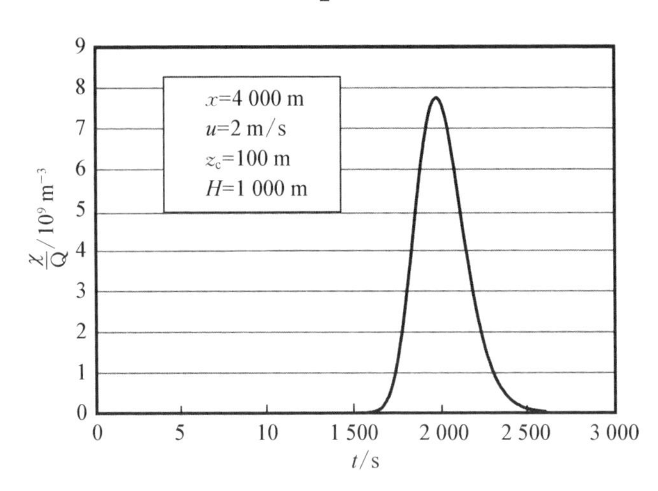

图 11-6 标准化地面水平浓度随时间变化的函数(基于例 11.1)

在烟团路径上的(x, y, z)坐标处的个体吸入量以及在该位置处皮肤和地面放射性物质的沉积量与随时间积分的空气浓度χ_t(单位为 Ci/m^3)成比例。每个所求点的时变空气浓度总是可以通过数值积分求解的。然而,如果烟团没有静止并且在恒定的高度移动,那么通过积分可以近似求解。当烟团相对于问题中所求位置以直线和恒定速度 u 移动时(如例 11.1),近似是最准确的。当保持 σ_x、σ_y 和 σ_z 的值为接近点处的值时,近似解可以通过设置 $x_c=ut$ 并对 $\chi(x, y, z)$从 $t=0$ 到无穷的积分获得。也就是说,这里的 x_c 等于下风向坐

标 x，发生时刻为 $t = x/u$。下面给出了相对浓度 χ_t/Q 的公式，其单位为 s/m^3。

$$\frac{\chi_t(x,\ y,\ z)}{Q} = \frac{G_y(y)G_z(z - z_c)}{2u}\left[1 + \mathrm{erf}\left(\frac{x}{\sqrt{2}\sigma_x}\right)\right] \tag{11-39}$$

这里的误差函数定义为

$$\mathrm{erf}(\xi) \equiv \frac{2}{\sqrt{\pi}}\int_0^{\xi}\exp(-\tau^2)\mathrm{d}\tau$$

式中，$\mathrm{erf}(0)=0$，$\mathrm{erf}(\infty)=1$。在前面的近似中，积分空气浓度 $\chi_t(x,\ y,\ z)$ 与释放量 Q 和最接近点处的瞬时空气浓度 $\chi_t(0,\ y,\ z - z_c)$ 成比例，且与风速 u 成反比。

在上述等式中将沿风扩散系数 σ_x 设为 0 就得到了直线高斯羽流模型，即

$$\frac{\chi_T(x,\ y,\ z)}{Q} = \frac{\chi(x,\ y,\ z)\Delta t}{\dot{Q}\Delta t} = \frac{G_y(y)G_z(z - z_c)}{u} \tag{11-40}$$

式中，$\dot{Q}$ 为羽流固定连续的释放速率，Δt 表示释放的持续时间。因为不考虑沿风扩散，Δt 也是每个下风点羽流的持续时间。在羽流经过 $(x,\ y,\ z)$ 处的时间间隔内，浓度 $\chi(x,\ y,\ z)$ 是恒定的。在羽流经过前后，$\chi(x,\ y,\ z)$ 为 0。

图 11－7 给出了烟团高度为 30 m，混合层高度为 100 m 时地面处 x_t/Q 随距离的变化曲线。图 11－7 显示了在风速为 3 m/s，Pasquill 稳定性等级为 B、C、D 情况下的结果。所有的稳定性等级，随距离的增大 χ_t/Q 迅速减少。地面浓度的初始值是比较低的，因为物质向下扩散需要时间。之后地面浓度达到最大值，然后随着距离的增大开始迅速下降。不稳定的条件下（稳定性等级为 B），χ_t/Q 的最大值出现在更接近释放点的位置（在几百米之内），然后迅速下降到非常低的值。在中性条件下（稳定性等级为 D），其 χ_t/Q 的最大值位于离释放点更远的位置。由于在上升期间爆炸，因此在中性或稳定条件下比在不稳定条件下地面浓度可能更大。中性稳定性条件的结果解释了风速的影响。在所有下风向处，1 m/s 的风速对应的相对浓度是 3 m/s 风速对应的相对浓度的 3 倍。

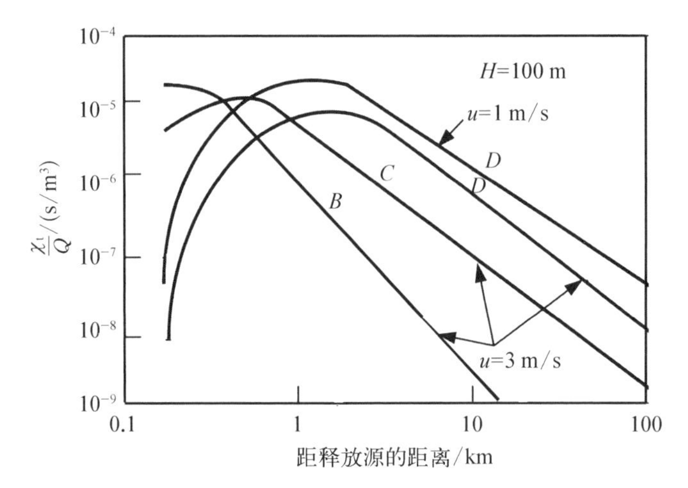

图 11-7　高度为 30 m 时地面处 χ_t/Q 随距释放源距离变化的函数[2]

（资料来源：美国核管理委员会）

上述论述忽略了一些影响。风速和大气稳定性的变化会使羽流浓度随着距离的增大而减小，但这不会与前面的概述有严重的冲突。然而，风的停滞会导致局部空气和地面浓度的升高。风的停滞会造成在固定烟团附近位置的云层照射量、吸入量以及停滞距离处的皮肤吸收剂量增加。此外，长时间的停滞可能在地面上产生热点，因为在停滞点附近放射性核素沉积到地面的时间周期会大幅增加。放射性核素的衰变和沉积，无论环境是潮湿还是干燥，都是一级动力学过程，即它们的速率与局部浓度成正比。例如沉积到地面的物质的沉积速率 $R_d(x, y)$ 在没有雨的情况下，模型被建立为

$$R_d(x, y)=v_d\chi(x, y, 0) \tag{11-41}$$

沉积速率的单位有 $g/(cm^2\cdot s)$ 和 $Bq/(cm^2\cdot s)$ 两种，这取决于 χ 如何定义。这里，v_d 称为干沉积速率(m/s)，其模拟了重力沉降、冲击以及扩散的组合效应。放射性衰变和干沉积导致大气浓度随距离的增大更快地降低。实际上，在放射性衰变和干沉积空气浓度的公式中引入了附加指数衰减项。雨(湿沉积)会减少羽流浓度和相关的云层照射量、吸入量和皮肤吸收剂量，但是雨可以造成放射性物质从烟团或羽流以及分布在复杂模式中较高的局部地面浓度(热点)中快速地移除。

在 1981 年爱达荷国家工程实验室进行的一项研究中发布了一种非放射性示踪剂(SF_6)，并将其所得到的空气浓度与各种模型所进行的预测进行比较，以评估其应对紧急情况下的潜在应用性。图 11-8 比较了不同情况下预

测的表面沉积量。高斯烟羽轨迹模型考虑了风向改变的影响。美国能源部的大气排放预警能力(ARAC)系统中使用了风场和地形模型。但即使是 ARAC 模型也不能重现实际发生情况。放射性物质释放到大气中后,其最初的运输可能由当地的地理及气象条件(如丘陵、山谷、湖泊,降水)所主导。单个天气信息源(如单个气象塔)无法给出释放源处具体大气运动规律。发射场通常位于非常复杂的区域(如海岸等),这里的风向流量会在短距离内发生显著变化。比如,一些海岸地区的海风影响可能造成 180°的风向差异。考虑到这些因素,在靠近潜在的和实际的事故现场的所有方向上采取保护性措施。

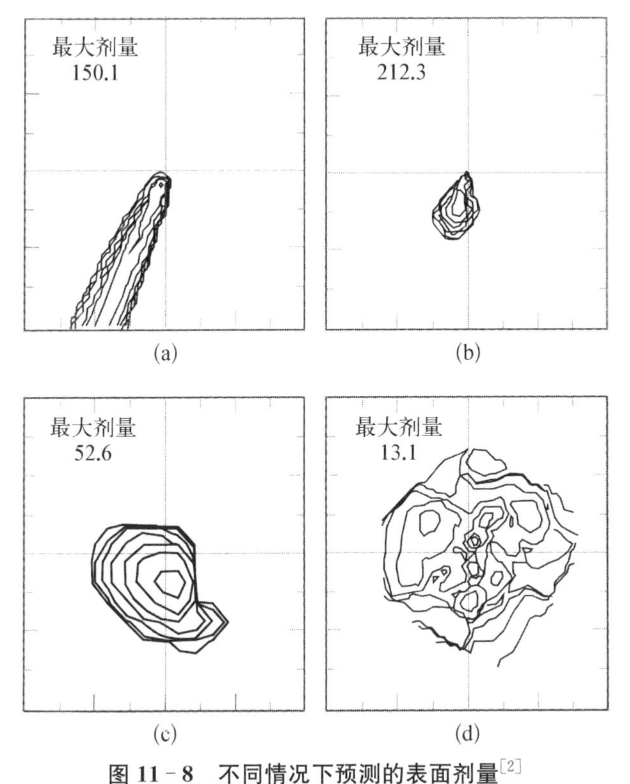

图 11－8　不同情况下预测的表面剂量[2]

(a) 简单直线高斯羽流模型;(b) 高斯烟团轨迹模型;(c) 复杂的数值模型;(d) 试验观测的实际剂量
(资料来源:美国核管理委员会)

显然,人们不希望剂量预测和早期现场监测的数据太过一致。剂量预测应仅被认为是粗略的估计,并且对当地气象条件和趋势变化(比如,每天早上 9 点风向改变)的了解可能要比复杂的建模更加重要。分析师需要了解问题、模型和结果。如果不接触对当地条件的不可预测性有所了解的人而不加分辨地使用剂量预测模型，就可能会对保护性措施的实施提供误导性的意见。

沉积的放射性颗粒可以通过风或人和动物的活动来再次悬浮。附近的动物和居民可能在放射性云过去很长时间后吸入再悬浮颗粒。再悬浮颗粒物也可能会沉积在人或动物食用的植物上。再悬浮将在11.5.3节中进行论述。

11.4 中高空释放

一些事故场景可能造成放射性核素在10～45 km间(平流层)的中等高度层扩散。例如航天器在上升过程中的爆炸，在发射台处发生的具有到达对流层中高度的羽流事故，以及上层大气中再入阶段航天器的分解等。当在中等高度释放时，直径为10～1 000 μm的气溶胶颗粒到达地面的时间由几天变为几分钟。对于这种颗粒，发生沉积的表面区域的位置、尺寸和形状主要由重力所决定。本章主要依据GEOTRAP计算机代码来论述和预测这种沉降和相关的地面浓度模型[12]。一旦计算出地面浓度和时变空气浓度，根据全球人口统计数据可以估计放射性后果。短期辐照主要考虑云层照射、地面照射和吸入这三种途径。长期辐照包括吸入再悬浮物质，由地面沉积造成的地面照射，以及摄入受污染的食品。对于直径小于10 μm的气溶胶，重力沉降时间相对较慢，并且在低海拔处的雨水和云层可能是烟团颗粒在地面处的浓度和损耗的主导因素。对于这样的小颗粒，11.5节中描述的扩散模型更适合。在中间高度层释放或扩散的放射性气体(不是颗粒)产生的地面浓度通常不够显著，这是因为气体仅通过扩散传输，也就是说，它们具有无限的沉降时间。

11.4.1 终端速度

当颗粒落入黏性流体中时，重力作用在向下的方向上。围绕颗粒的流体运动而产生的浮力和阻力作用在向上的方向上。当向上的力等于向下的力时，达到恒定的终端速度。气溶胶颗粒相对于周围大气的速度可以通过末端速度很好地近似，因为气溶胶的惯性弛豫速率很小。标准条件下空气中直径为100 μm的颗粒达到其终端速度的时间小于0.1 s，而直径为10 μm的颗粒只需要小于1 ms。

如果颗粒以相对于周围流体的终端速度下降，则颗粒上的力平衡满足

$$\text{重力}=\text{浮力}+\text{阻力}$$

令 V_p 为所论述颗粒的体积；ζ_p 为其密度；v_t 为其终端速度。颗粒所受的重力简化为 $V_p\zeta_p g$，这是由粒子质量 $V_p\zeta_p$ 乘以重力加速度 g 得到的。浮力为 $V_p\zeta_f g$，其中 ζ_f 为流体的密度。阻力可以表示为截取面积 A_p、每单位体积的特征动能（$\zeta_f v_t^2/2$）和无量纲阻力系数 C_D 的乘积。所以力平衡表达式为

$$V_p\zeta_p g = V_p\zeta_f g + C_D A_p \zeta_f \frac{v_t^2}{2} \tag{11-42}$$

令 d_p 为体积当量球体的直径，故体积为 $V_p = \pi d^3{}_p/6$。而截取面积是球体中面的横截面积 $\pi d_p^2/4$ 和动态形状因子 ξ_p 的乘积。如果粒子是球形的，$\xi_p = 1$；否则 $\xi_p > 1$。力平衡变为

$$\frac{\pi d_p^3}{6}\zeta_p g = \frac{\pi d_p^3}{6}\zeta_f g + C_D \xi_p \frac{\pi d_p^2}{4}\zeta_f \frac{v_t^2}{2} \tag{11-43}$$

求解终端速度得

$$v_t = S\left[\frac{4(\zeta_p - \zeta_f)d_p g}{3\,C_D\zeta_f\xi_p}\right]^{1/2} \tag{11-44}$$

式中，滑动校正因子 S 用来说明非常小的颗粒或在空气密度不大的高海拔处，其气体分子的平均自由程不可忽略。滑动校正因子可估计为

$$S = \frac{\lambda_f}{d_p}\left[1.764 + 0.562\exp\left(\frac{-0.785 d_p}{\lambda_f}\right)\right] \tag{11-45}$$

式中，λ_f 为流体中分子的平均自由程；比值 λ_f/d_p 为克努森数。

为了用上述方程求解终端速度，必须确定气体的材料性质以及阻力系数 C_D。在第 5 章表 5-9 中，不同高度处空气的密度、温度和压力都已给出。在表 11-9 中，空气黏度公式、声速以及空气中的平均自由程都作为高度的函数给出。阻力系数取决于雷诺数所描述的流型

$$Re = \frac{d_p v_t \zeta_f}{\mu_f} \tag{11-46}$$

式中，μ_f 为流体黏度，其可以用泊描述。(1 泊=1 克/米·秒)在斯托克斯流型中($Re \leqslant 1$)，阻力系数可以设置为 $24/Re$，这是围绕固体球体的不可压缩流缓慢流动所导出的结果。当令 $C_D = 24/Re$ 和 $S=1$ 时，在斯托克斯流型中的终端速度表达式减小到

$$v_{t}=\frac{(\zeta_{p}-\zeta_{f})d_{p}^{2}g}{18\mu_{f}\chi_{p}} \tag{11-47}$$

表 11-9 空气性质随高度变化的函数

密度 $\zeta_f/(g/cm^3)$：	高度/km
$(0.001)10^{x}$	所有高度
式中，$x=[0.087-0.035\,836z-0.001\,572\,4z^{2}+(3.010\,3\times10^{-5})z^{3}-(1.78\times10^{-7})z^{4}]$	
黏度 $\mu_f/(g\cdot cm^{-1}\cdot s^{-1})$：	高度/km
$1.793\,1\times10^{-4}-3.336\,8\times10^{-6}z$	$z\leqslant10.016\,3$
$1.595\,9\times10^{-4}-2.240\,2\times10^{-6}z+8.104\,4\times10^{-8}z^{2}+6.024\times10^{-10}z^{3}$	$10.016\,3<z\leqslant32.726\,9$
$2.375\times10^{-4}-1.323\,3\times10^{-6}z$	$z>32.726\,9$
声速 $c_s/(cm/s)$：	高度/km
$34\,077-409.87z$	$z\leqslant11.359\,5$
$27\,068+451.87z-30.097z^{2}+0.836\,4z^{3}-0.007\,342\,3z^{4}$	$11.359\,5<z\leqslant50.143$
$41\,286-163.54z$	$z>50.143$
平均自由程方程 $\lambda_f(\mu m)$：	高度/km
$30\,000\mu_f/(1.348\,67\zeta_f c_s)$	所有高度

在足够高的雷诺数下，阻力系数可以由常数值近似，通常为 $C_D=0.44$。高雷诺数下的流态称为牛顿阻力流型。斯托克斯流型和牛顿阻力流型中多以阻力系数 C_D 表示雷诺数的经验函数被给出。然而，由于雷诺数取决于终端速度，而终端速度又取决于阻力系数，因此迭代算法必须符合上述关系。由于乘积 $C_D Re^2$ 独立于粒子的速度，可用一种替代的非迭代法，即

$$C_{D}Re^{2}=\frac{4d_{p}^{3}\zeta_{p}\zeta_{f}gS^{2}}{3\mu_{f}^{2}} \tag{11-48}$$

在斯托克斯流型中，$S=1$，故可简化为 $Re=C_D Re^2/24$。此外，可以用下

面经验函数来确定雷诺数

$C_DRe^2 < 138$ 时，

$$Re = \frac{C_DRe^2}{24} - (2.34 \times 10^{-4})(C_DRe^2)^2 + (2.015 \times 10^{-6})(C_DRe^2)^3 + (6.91 \times 10^{-9})(C_DRe^2)^4 \tag{11-49-a}$$

$C_DRe^2 > 138$ 时，

$$\lg Re = -1.29536 + 0.986\lg(C_DRe^2) - 0.046677[\lg(C_DRe^2)]^2 + 0.0011235[\lg(C_DRe^2)]^3 \tag{11-49-b}$$

雷诺数由式(11-49)确定并且终端速度 v_t 可以根据式(11-46)解出。

例 11.2

计算密度为 10 g/cm^3，在 30 km 高度处释放的 10 μm 的球形颗粒的终端速度。

解:

将 $z = 30$ km 代入表 11-9 所示的空气性质方程中得

$$\zeta_f = 1.842 \times 10^{-5}\ \text{g/cm}^3$$

$$\mu_f = 1.816 \times 10^{-4}\ \text{g/(cm·s)}$$

$$c_s = 3.017 \times 10^4\ (\text{cm/s})$$

$$\lambda_f = 7.267\ (\mu\text{m})$$

将 $d_p = 0.001$ cm，$\zeta_p = 10$ g/cm^3，$g = 980.665$ cm^2/s 以及上步所求的数值代入式(11-48)中得

$$C_DRe^2 = 7.305 \times 10^{-3}$$

由于 C_DRe^2 小于 138，雷诺数可以由式(11-79-a)得

$$Re = 3.044 \times 10^{-4}$$

由式(11-45)得滑动校正因子 $S = 2.421$。

求解式(11-46)并考虑滑动校正因子得

$$v_t = 7.262\ \text{cm/s}$$

随着高度的升高，空气变得不那么致密，并且连续流动状态逐渐变为自

由分子流动状态。高度超过 50 km 时，声速就会小于 310 m/s，并且较大的粒子会进入超声速范围。然而，就扩散而言，所研究的颗粒对空气湍流的响应较差并且倾向于在小的沉积区域聚集。因此，这种颗粒相关的放射性后果较小颗粒相关的放射性后果而言，不是特别重要。正如 Hage 所言，为了结果的完整性，可以用 Opik 方程对下落速度进行线性插值，对于超声速范围

$$v_t = \sqrt{[2d_p\zeta_p g/(3\zeta_a)] - 1.07c_s^2} \tag{11-50}$$

式中，c_s 为所论述高度处的声速。

上述的终端下降速度公式中忽略了通过不同大气层时湍流的影响。因为施加的阻力是颗粒相对于周围空气的相对速度函数，故当从一个湍流涡流结构穿到另一个湍流涡流结构时，颗粒下降速度会有延迟效应。然而，在适用于气溶胶沉降的参数方面，湍流的延迟效应仅在某些条件下是显著的。当考虑气溶胶在大气中的沉降时，这种条件仅适用于地球表面附近的浅湍流层，这里的强湍流涡流与强风有关。在模型的适用范围内，气溶胶下降通过表面层的时间相对较短，故湍流对下降速度的延迟效应被忽略。

图 11-9 给出了在 80 km 高空处，颗粒密度为 10 g/cm^3 时，直径分别为 1 μm、10 μm、100 μm、1 000 μm 的球形气溶胶所估计的终端速度。选择的密度在 PuO_2(9.6 g/cm^3)和 UO_2(10.2 g/cm^3)的名义密度之间。终端速度会随着高度降低而迅速减少，尤其是 1 μm 和 10 μm 颗粒。即使对于直径为 100 μm 和 1 000 μm 的颗粒，终端速度在 50 km 和 5 km 之间也减少了大约 10 倍。沉降速度对颗粒的尺寸的依赖性是显而易见的。直径为 1 000 μm 的颗粒的沉降速度通常是直径为 1 μm 的颗粒的 1 000 倍或更多。图 11-9 也提供了在特定的克努森数(Kn)、雷诺数(Re)和马赫数(Ma)下，不同高度对颗粒终端速度的影响曲线图。从克努森数曲线图可看出，滑流($Kn>0.01$)会随着高度的增加而快速增加。当 $Re<1$ 且 $Kn<0.01$ 时斯托克斯流型被限制在颗粒直径为 10 μm 到 50 μm、高度低于 20 km 的狭窄区域。受大气性质变化和流态间内值的综合影响，直径为 1 000 μm 的颗粒在 60 km 以上的高空会达到超声速流动状态，并且相关的终端速度曲线的斜率会发生突变。这种模型对于大颗粒、高海拔情况下不是特别准确。然而，从扩散分析的角度来看，这是足够的，因为大颗粒迅速下降到非常低的高度，并且一旦在 50 km 以下其下降状态将会被非常好地描述出来。

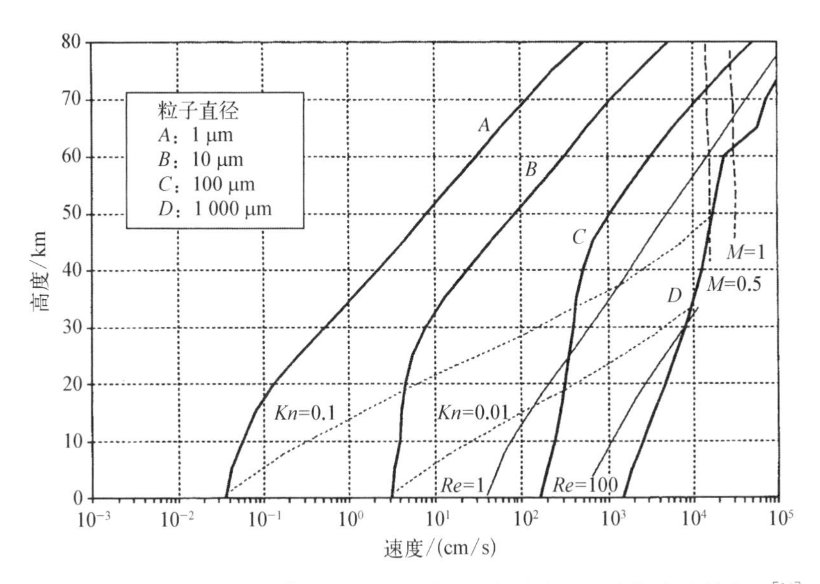

图 11-9　密度为 10 g/cm³ 不同直径的球形颗粒的终端速度与高度的关系[14]

（资料来源：美国能源部）

图 11-10 给出了在 60 km 处释放四种不同直径的球形颗粒(1 μm、10 μm、100 μm、1 000 μm)的累积扩散时间。实线和虚线分别对应 10 g/cm³

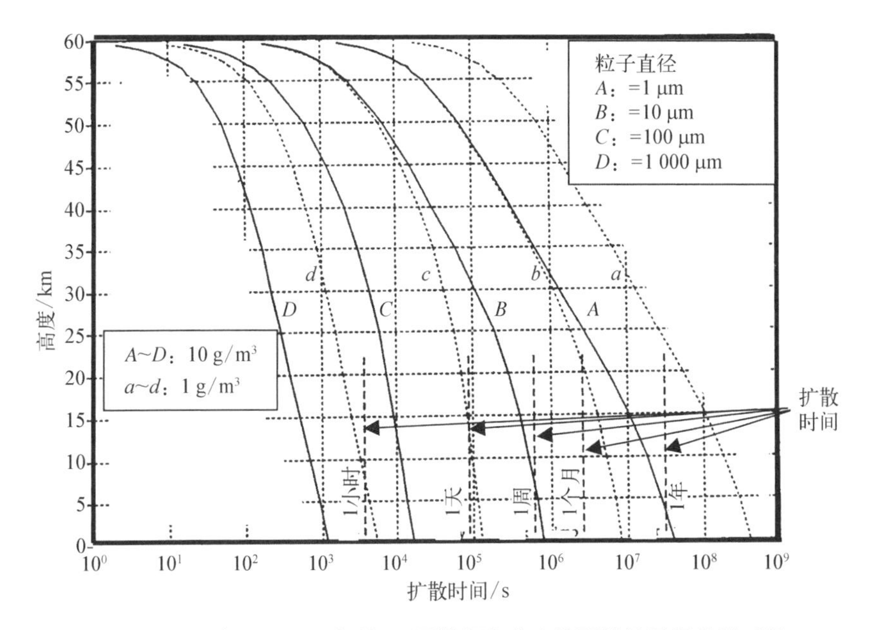

图 11-10　在 60 km 处释放，不同粒径和密度的颗粒的累积扩散时间

（资料来源：美国能源部）

和 1 g/cm^3 的颗粒密度。虽然直径为 1 000 μm 的颗粒到达水平地面的时间不超过 2 小时，但直径为 1 μm 的颗粒则需要 1 年以上的时间才能沉降。对于后者，预计扩散将覆盖整个地球，在 11.5 节论述的高空释放模型将更适合它。具有中等尺寸的颗粒需要大概 0.5 天到 2 周的扩散时间。对于密度为 10 g/cm^3，直径为 10 μm 的颗粒，需要花费 5 天时间（总共扩散时间为 9 天）到 10 km 高度下。对于这种情况，湿沉积（雨水和云）将比重力更有效，并且高空释放模型将再次适用。

11.4.2 传输和扩散

具有特定尺寸的气溶胶云层的中心水平速度总是被取为当地水平风速。风场可以通过取适当的全球风场模型的结果来插值近似。插值数据通常为月平均值。全球风场模型超过了本章的讨论范围。然而，图 11－11 给出了在 5 km 高度上以纬度为 10°、经度为 10°的经纬网格的平均风场数据的性质。

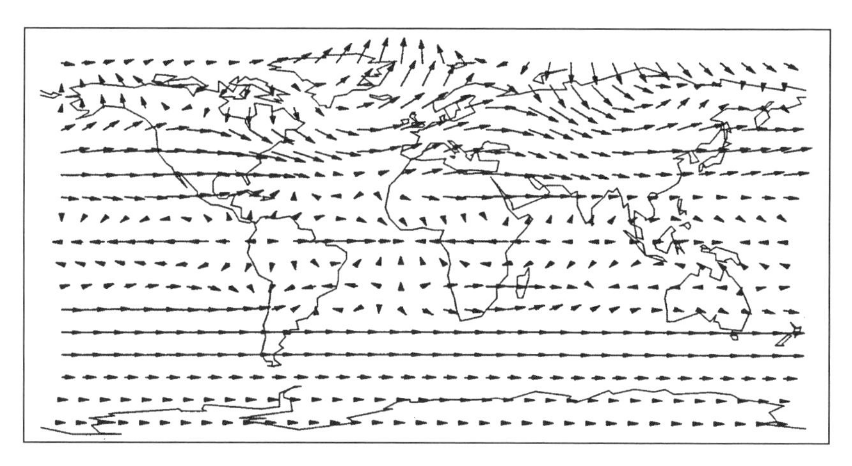

图 11－11　5 km 高度处全球风场示意图[14]

（资料来源：美国能源部）

图 11－12 给出了在北纬 40°、东经 45°、高度为 10 km 处对流层释放的轨迹结果。其中包含了密度为 10 g/cm^3，直径为 6 μm、8 μm、10 μm、13 μm、20 μm 的球形颗粒轨迹。每种尺寸颗粒的轨迹都作为经度和纬度的函数在自上而下的视图中呈现，以显示出经向风和纵向风的影响。颗粒的最终位置表明沉积不仅可能发生在距离释放源数千千米处，而且还可能到达比释放纬度更南或更北的区域。对于多扩散源，图 11－12 说明了为什么要追踪一些所选

尺寸颗粒的轨迹以获得在水平地面上最终的合理轨迹。即使对于小的颗粒尺寸增量,颗粒沉积位置的分离也是非常大的。对于高空释放,显然需要三维风场来预测其最终的沉积位置,而不能假定为均匀的单向风场。

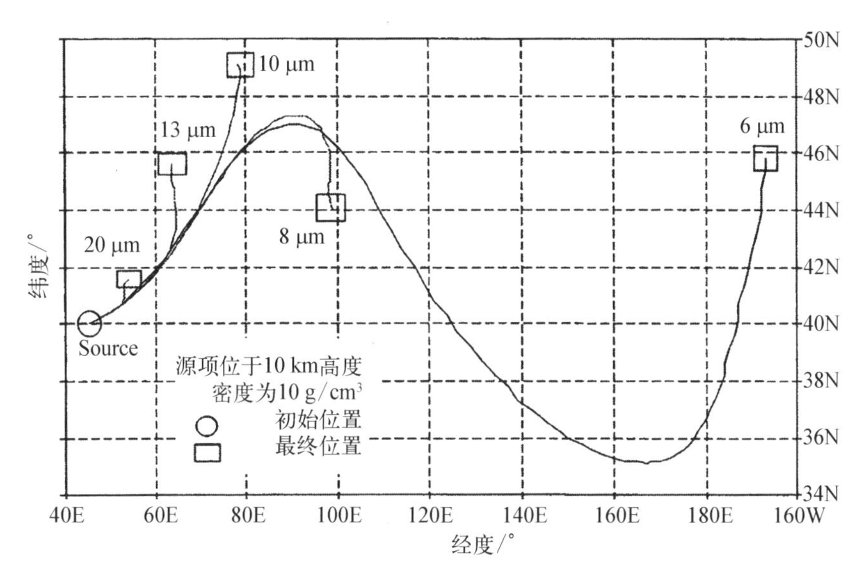

图 11－12　在北纬 40°、东经 45°、10 km 高度处所释放的气溶胶的扩散轨迹[14]

(资料来源：美国能源部)

通常建议在使用小颗粒全球扩散轨迹模型之前估计其扩散时间。尽管 10 μm、13 μm 和 20 μm 的颗粒会在 3 天内沉积到地面上,但 6 μm 的颗粒需要大约 9 天的时间。对于这么长的时间,考虑到湿沉积在低海拔区域的重要性,6 μm 的颗粒可能无法到达所预测的最终目的地。对于这样的颗粒,该问题需要应用 11.5 节中描述的高空扩散模型来处理。

扩散系数

与运输过程同时发生,大气湍流涡流引起扩散并且使初始云层的尺寸变大。尺寸小于开源云的涡流主要负责扩展速率,而尺寸大于开源云的涡流将移动云层穿过整个大气并且那些尺寸相当的涡流将会有效地扭曲开源云的形状。令 D_e 和 D_c 分别表示涡流和云的直径。随着云层尺寸的增加,来自运输流的涡流将进入变形范围(D_e 近似等于 D_c)和扩散范围($D_e \ll D_c$)。后来,当垂直运动被抑制在大气层的高度时,扩散过程在水平方向上会比在垂直方向上更迅速地进行。

GEOTRAP 计算机代码在其以上述方式传输时建立云层生长模型。假定云层运动方向的标准差等于横向运动时的标准差，那么高斯型轮廓与烟团中心的质量浓度分布相同。用下面的近似经验公式来表示水平或横向的扩散系数：

$$\lg(\sigma_y) = -2.82 + 0.12(\lg t) + 0.27(\lg t)^2 - 0.024(\lg t)^3 \tag{11-51}$$

式中，t 为以秒为单位的扩散时间。尽管垂直风会发生改变，但垂直扩散基于 Fickian 模型而建模。即，假定物质通量与垂直方向浓度梯度成比例，有

$$\sigma_z = \min[(2K_z t)^{1/2},\ 30] \tag{11-52}$$

规定 σ_z 的最大值为 30 km 是为了避免不切实际的向上扩散。不同的 K_z 值用于不同的高度范围。因此，在应用上述等式时，t 所表示的是当前时刻减去烟团中心进入所论述的层的时刻。正如表 11-10 所示，中间层垂直方向扩散系数的不确定性很高。中间层是距地球表面 45～100 km 的区域。它是一种高度各向异性的涡流混合层且具有季节性改变的特性，并且在该层的扩散数据非常稀疏。

例 11.3

对于在 60 km 处释放的密度为 10 g/cm^3，直径为 100 μm 的球形气溶胶烟团，估测其在 15 km 处的水平和垂直扩散系数。公式的 GEOTRAP 值由表 11-10 给出。

表 11-10　垂直菲克扩散系数 K_z 的 GEOTRAP 值和引用范围[14]

高度范围/km	K_z 引用的最小值/(m^2/s)	K_z 的 GEOTRAP 值/(m^2/s)	K_z 引用的最大值/(m^2/s)
中间层：45～80	1	80	1 000
平流层：10～45	0.1	0.1	1
对流层：0～10	5	5	10

解：

从图 11-1 可知，在中间层中所花费的时间为 1 000 s 并且到达 15 km 处的总时间为 10 000 s。故在对流层（10～45 km）中花费的时间为 10 000 − 1 000 = 9 000(s)。

忽略烟团的初始尺寸，并令 $\lg t=\lg 10^4=4$，然后

$$\lg\sigma_y=-2.82+0.12\times 4+0.27\times 4^2-0.024\times 4^3=0.444$$

因此，$\sigma_y=2.78\ \mathrm{km}$

同理，

$$\sigma_z^2=\min[2(80\times 10^{-6})1\,000+2(0.1\times 10^{-6})(9\,000),\ 900]=0.16(\mathrm{km}^2)$$

即 $\sigma_z=0.40\ \mathrm{km}$。

11.4.3　地面浓度

当云在中间高度释放并下降到较低高度时，越来越多的质量从上层传递到混合层中，然后沿着平流路径沉积到地面。图 11－13 说明了这种渐进的质量交换。云横截面定义为与假定扩散在所有横向方向上均等发生所一致的圆形。为了简化计算，由于湍流水平面较高且大多数云具有较长的扩散时间，因此通常假定完全垂直混合发生在混合层内。混合层内可用于沉积的质量为

对于 $z_c>H$

$$Q_{\mathrm{mis}}=\frac{Q}{2}\left[1-\mathrm{erf}\left(\frac{H-z_c}{\sqrt{2}\sigma_z}\right)\right]-m_{\mathrm{D}}\tag{11-53}$$

对于 $z_c<H$

$$Q_{\mathrm{mis}}=\frac{Q}{2}\left[1+\mathrm{erf}\left(\frac{H-z_c}{\sqrt{2}\sigma_z}\right)\right]-m_{\mathrm{D}}\tag{11-54}$$

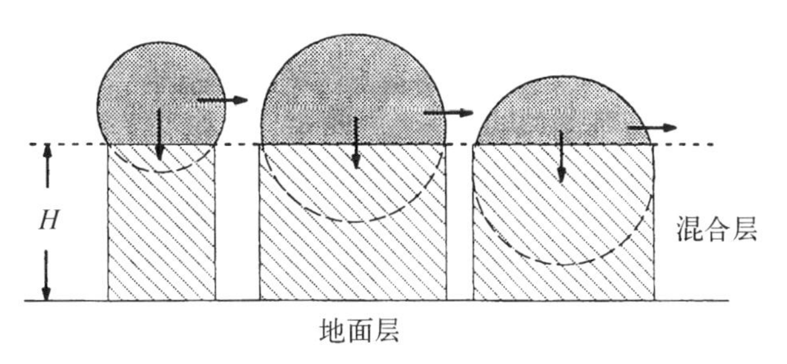

图 11－13　下降云到混合层的质量传递[14]

（资料来源：美国能源部）

式中，Q_{mis} 为云在混合层内的颗粒质量；Q 为云中颗粒的初始质量，z_c 是云层

中心的瞬时高度；σ_z 为云中颗粒的垂直标准差；m_D 为直到时间 t 时沉积颗粒的总质量。混合层的高度 H 通常近似为 1 km。

为了建立地面空气浓度和地面沉积浓度模型，对于每一个到达混合层的云，其所在的经度、纬度、水平扩散系数以及可用于沉积的质量都需要被追踪。由于涉及不同颗粒尺寸的云，因此云的覆盖区可能会重叠。重叠的覆盖区如图 11－14 所示。在该图中，沉积区域由五个重叠的云覆盖区限定，每个覆盖区由半径为 $3\sigma_y$ 的圆表示。这种布局是由释放含不同颗粒尺寸的五个紧密重叠的云造成的。两个覆盖区重叠的标准可表示为

$$d_{mn} < 3(\sigma_{ym} + \sigma_{yn}) \tag{11-55}$$

式中，σ_{ym} 和 σ_{yn} 为云 m 和 n 的横向扩散系数；d_{mn} 为云中心间的水平距离。

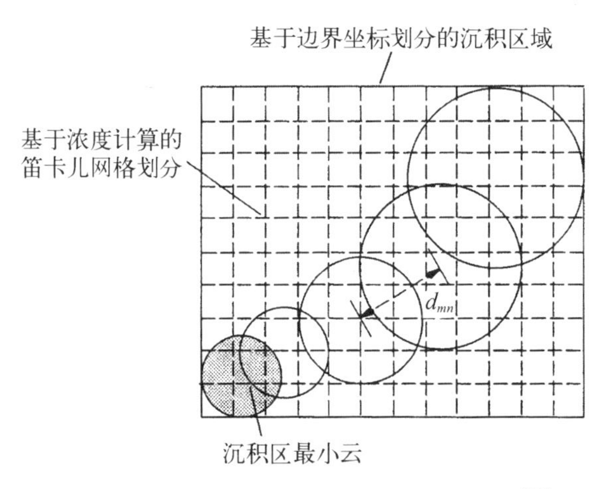

图 11－14　重叠的云覆盖区造成的沉积面积[14]

（资料来源：美国能源部）

为了估计与中高水平释放相关的后果，受云沉积影响的地球区域必须确定。不同于短程扩散中沉积区域的先验问题，在中高空多尺寸粒子的扩散可以产生各种复杂的沉积模型，以至于使预先确定的受体网格被排除。给出具有重叠覆盖区的云列表，可以通过边界坐标来定义沉积区域的边界，并可以基于最小标准差 σ_{min} 的尺度来选取笛卡儿参考网格。该方法可以预测由重叠覆盖区所引起的浓度分布。

一旦建立每个沉积区域的参考网格，那么笛卡儿坐标为$(x,\ y)$点处颗粒的时变地面浓度(g/km^3)为

$$\chi(x, y)=\frac{Q_{\text{mix}}}{2\pi\sigma_y^2 H}\exp\left(\frac{(x-x_c)^2+(y-y_c)^2}{2\sigma_y^2}\right) \quad (11-56)$$

在(x, y)处的地面沉积率$(g\cdot km^{-2}\cdot s^{-1})$为

$$R_d(x, y)=\chi(x, y)V_D \quad (11-57)$$

式中,V_D为沉积速率。每个网格点的总地面空气浓度和总沉积率是该点周围$3\sigma_y$内所有云的总和。沉积速度可通过地面海拔处的终端速度或者通过混合层和地面特征间的经验关系来进行模拟。如果不同尺寸的颗粒影响同一个位置,那么所计算的浓度分开记录,因为吸入剂量取决于颗粒的尺寸。为了充分估计地面空气浓度和地面污染水平,选取合适的时间步长使得平流距离始终保持小于预设值,该值通常为一个单位的水平标准差σ_y。给定适当的随时间积分的地面浓度,可以估测出通过云层照射、吸入、地面照射以及食物链途径的放射剂量。

下面通过GEOTRAP代码分析的一个简单案例说明高空释放预测结果的本质。在该例中,开源云在北纬15°、西经60°、45 km的高空释放。10种不同的云,对应10种不同尺寸的颗粒(10、12、13、14、15、20、30、50、100、150,单位为μm),进行追踪观测。每个云初始包含100 g的钚-238。在图11-15中,接近地平面1 km子层中各个云中心的位置都用黑点标注。交叉线表示释放的初始坐标。如图11-15所示,重力是相当重要的,并且沉积区之间的分离可能非常大。受纬向风东移的影响,两个尺寸最小的颗粒(10 μm和

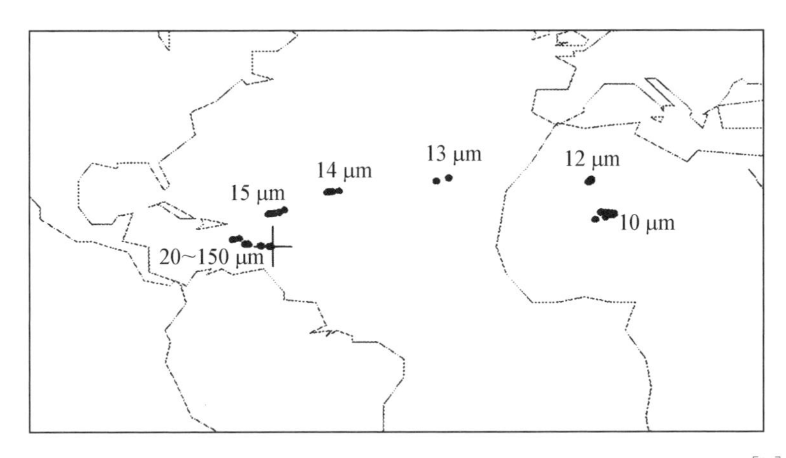

图11-15　利用GEOTRAP代码分析的10种不同粒径的颗粒的沉积位置[14]

(资料来源:美国能源部)

12 μm)，具有最长的轨迹。对于 150 μm 的颗粒，扩散时间为 2.6 个小时，而对于 10 μm 的颗粒，扩散时间为 9.3 天。

考虑到不同沉积区间较大的分离，对地面浓度的估测需要用到动网格，并且通过 GEOTRAP 建立 7 个沉积区。在图 11-16 中，针对 4 种不同粒径的颗粒生成的表面浓度及相应的等高线。在图 11-16 中，(a)(c)和(b)(d)的网格距离分别为 36 km 和 152 km。对于(a)(c)，其有两个不同的覆盖区，且峰值浓度比具有 4 倍的差异。相比之下，(b)(d)产生的覆盖区具有较大的沉积面积并且其峰值浓度比约 1.7。对于大于 50 μm 的大颗粒，由于水平运输距离非常短，覆盖区几乎是圆形的，并且所有的覆盖区都是分离的。

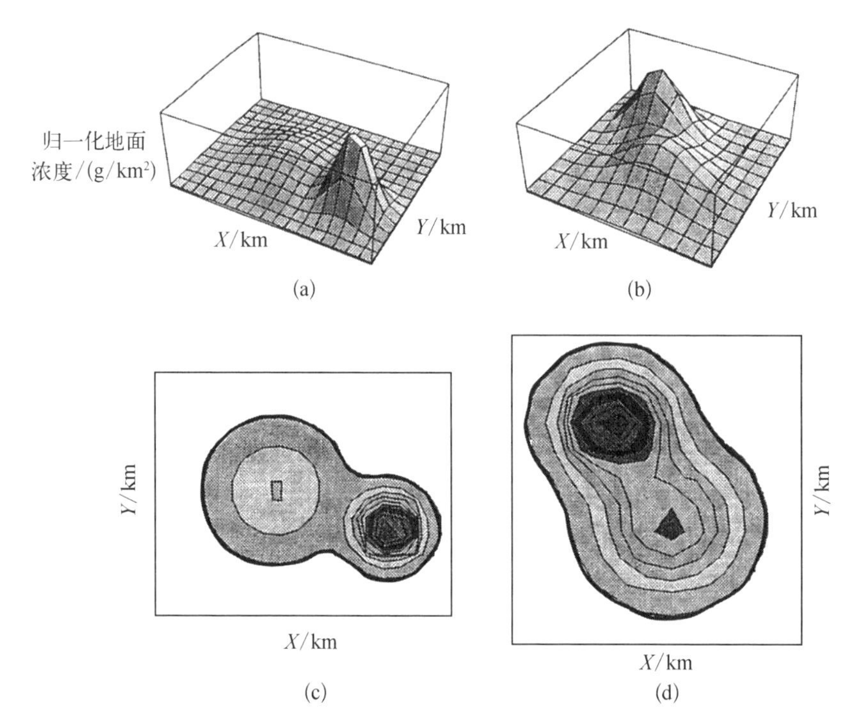

图 11-16　4 种不同粒径的颗粒的地面浓度分布[14]

(a) 20 μm；(b) 10 μm；(c) 30 μm；(d) 12 μm
（资料来源：美国能源部）

11.5　高空释放

涉及高空释放小气溶胶颗粒的事故情形包括：① 碎片注入由动量和浮力

效应所放出的羽流中；② 在上升期由事故导致的热源容器的破裂；③ 再入段燃烧。小气溶胶颗粒（例如，直径小于 10 μm 的 PuO_2 气溶胶）其沉降速度可忽略。如果在极高的高度释放，这样的颗粒将散布在地球上并且需要数年的时间才能完全沉积在地面或水体上。

高空释放的小颗粒的运输涉及两个过程：① 纬向扩散；② 向下运输到低海拔。纬向扩散由全球大气环流模式所决定，并且导致最终的纬向分布，其非常依赖于释放所发生的纬度。除了从极高的高度释放到中间层和释放到赤道附近的平流层（10～45 km）之外，小颗粒倾向于最终沉积在它们所释放的半球内（北部或南部）。在每个半球内，纬度分布向中纬度偏斜。小颗粒向下运输受到中间层、平流层和对流层中的环流模式所影响。不同的停留时间可以表征穿过这个连续层的向下传输速率[15-17]。

11.5.1　纬向扩散

地上核武器试验中对碎片的研究对于了解颗粒在上层大气中的运输过程做出了重大贡献。地上核武器试验产生的放射性粒子云遍布各个高度，这些颗粒扩散到全球范围内的大气之中。释放到 45～80 km 的中间层内的小颗粒和气体通过大规模的环流或涡流扩散快速重新分布，中间层在几个月之内完全混合。然而，在该层中释放的颗粒的平均停留时间为 4～20 年，具体取决于高度。在平流层的较低高度，对大气加热会产生大规模涡流和表现出高纬度、季节性以及甚至每年都会变化的混合模式。这些复杂的环流模式对小颗粒的影响取决于几个竞争因素，包括重力沉降、大气平均运动，湍流涡流混合以及分子扩散。平流层往往会使小颗粒向极向移动，抑制北半球和南半球之间的混合，除非颗粒从充分混合的中间层进入平流层或者进入赤道附近的平流层中，它们会预先限制在其所释放的半球内（北半球或南半球）。

高空释放的小颗粒的最终纵向（东西）分布被认为是均匀的。相比而言，最终纬向（南北）分布倾向于高斯形状，且在中纬度有峰值。表 11-11 给出了在连续 100°的纬度范围内释放到平流层中，20 个等面积的纬度带内小颗粒的沉积份额。表中所给出的数据被绘制在图 11-17 中，该图选取了赤道附近（曲线 10）和 6 个不同的北半球纬度范围（曲线 3、5、6、7、8、9）内的小颗粒沉积的纬向分布。图 11-17 所示的分布用于地面沉积，它不应该与扩散期颗粒的大气分布相混淆。水平轴是纬度带的中心，并且每个绘制的矩形表示最终沉积在每个纬度带的平均份额。

表 11-11　在连续释放纬度下，平流层释放后在等面积纬度带中的沉积份额

列序号	行序号	释放纬度范围									
		1	2	3	4	5	6	7	8	9	10
	等面积纬度带	85°N～90°N	75°N～85°N	65°N～75°N	55°N～65°N	45°N～55°N	35°N～45°N	25°N～35°N	15°N～25°N	5°N～15°N	5°S～5°N
1	64°9′30″N～90°0′0″N	0.072 7	0.072 7	0.072 5	0.071 8	0.070 0	0.067 2	0.063 6	0.058 8	0.052 4	0.043 7
2	53°7′30′N～64°9′30″N	0.147 7	0.147 7	0.147 3	0.145 0	0.139 8	0.131 6	0.120 8	0.106 4	0.087 6	0.062 2
3	44°26′30′N～53°7′30″N	0.178 7	0.178 7	0.178 3	0.175 2	0.168 6	0.158 2	0.144 4	0.126 2	0.102 3	0.070 2
4	36°52′30′N～44°26′30″N	0.174 5	0.174 5	0.174 1	0.171 2	0.164 7	0.154 7	0.141 2	0.123 6	0.100 3	0.069 1
5	30°30′0″N～36°52′30″N	0.160 6	0.160 6	0.160 2	0.157 6	0.151 8	0.142 7	0.130 4	0.114 5	0.093 5	0.065 2
6	23°35′30″N～30°30′0′N	0.110 9	0.110 9	0.110 7	0.109 1	0.105 5	0.100 0	0.092 7	0.083 0	0.070 3	0.053 2
7	17°27′30″N～23°35′30″N	0.082 3	0.082 3	0.082 2	0.081 2	0.078 9	0.075 3	0.070 7	0.064 4	0.056 3	0.045 3
8	11°32′30″N～17°27′30″N	0.047 4	0.047 4	0.047 4	0.047 1	0.046 4	0.045 4	0.043 9	0.042 1	0.039 7	0.036 3
9	5°44′30″N～11°32′30″N	0.017 8	0.017 8	0.017 9	0.018 2	0.018 8	0.019 9	0.021 3	0.023 1	0.025 5	0.028 8
10	赤道～5°44′30″N	0.007 4	0.007 4	0.007 5	0.008 0	0.009 1	0.010 8	0.013 3	0.016 4	0.020 5	0.026 0

（续表）

列序号	行序号	释放纬度范围									
		1	2	3	4	5	6	7	8	9	10
	等面积纬度带	85°N～90°N	75°N～85°N	65°N～75°N	55°N～65°N	45°N～55°N	35°N～45°N	25°N～35°N	15°N～25°N	5°N～15°N	5°S～5°N
11	赤道～5°44′30″S	0	0	0.000 1	0.000 8	0.002 4	0.004 9	0.008 2	0.012 6	0.018 3	0.026 0
12	5°44′30′S～11°32′30″S	0	0	0	0.009	0.002 7	0.006 0	0.009 1	0.013 9	0.020 2	0.028 8
13	11°32′30″S～17°27′30″S	0	0	0.000 2	0.001 1	0.003 4	0.006 8	0.011 5	0.017 6	0.025 6	0.036 3
14	17°27′30″S～23°35′30″S	0	0	0.000 2	0.001 4	0.004 3	0.008 5	0.014 3	0.021 9	0.031 9	0.045 3
15	23°35′30″S～30°30′0″S	0	0	0.000 2	0.001 7	0.004 9	0.010 0	0.016 8	0.025 7	0.037 4	0.053 2
16	30°30′0″S～36°52′30″S	0	0	0.000 3	0.002 1	0.006 0	0.012 2	0.020 5	0.031 5	0.045 8	0.065 2
17	36°52′30″S～44°26′30″S	0	0	0.000 3	0.002 2	0.006 4	0.012 9	0.021 8	0.033 3	0.048 6	0.069 1
18	44°26′30″S～53°7′30″S	0	0	0.000 3	0.002 2	0.006 5	0.013 1	0.022 1	0.033 9	0.049 4	0.070 2
19	53°7′30″S～64°9′30″S	0	0	0.000 3	0.001 9	0.005 8	0.011 6	0.019 6	0.030 0	0.043 7	0.062 2
20	64°9′30″S～90°0′0″S	0	0	0	0.001 3	0.004 1	0.008 2	0.013 8	0.021 1	0.030 7	0.043 7

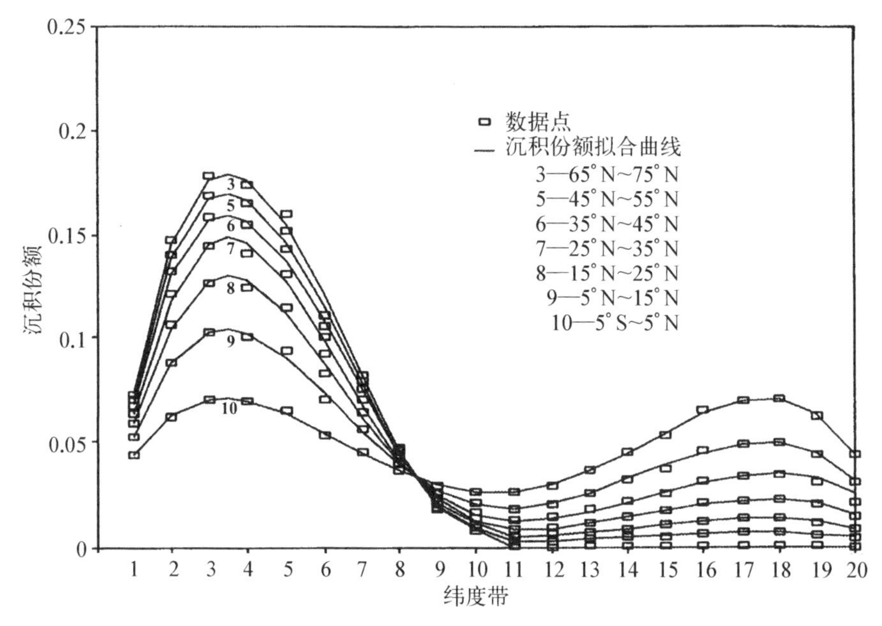

图 11－17　随等面积纬度带变化的沉积份额函数[14]

(资料来源：美国能源部)

假定发生在南纬范围内释放到平流层内的分布与对应北纬范围内释放到平流层内的分布是对称的(大多数放射性沉降的数据来自北半球的释放)。这些分布受两种情况限制。当释放位于北纬 65°到 75°之间时，出现具有最大峰值的分布。在这种情况下，小颗粒几乎全部沉积在北半球的地面上。随着释放纬度向赤道移动，两个半球之间的相对沉积倾向于平衡。峰值点出现在赤道附近(北纬 5°到南纬 5°之间)。在这种情况下，沉积到南北半球地面的沉积分布是对称的。如前所述，释放到中间层(>45 km)的小颗粒在该层中充分混合。由于半球内的混合和中间层内长时间的滞留，做出以下假设：释放到中间层小颗粒的沉积分布等同于释放到赤道附近平流层内小颗粒的沉积分布。

例 11.4

在下列情况下，小颗粒沉积在第 3 个等面积纬度带(44°26′30″N～53°7′30″N)中的份额是多少？(1) 对平流层的释放且释放纬度在北纬 25°到 35°之间；(2) 对平流层的释放且释放纬度在南纬 25°到 35°之间；(3) 释放到中间层。

解：

(1) 从表 11－11 中可看出，对平流层的释放且释放纬度在北纬 25°到 35°

之间时,沉积在第 3 个等面积纬度带中的份额为 0.144 4。

(2) 由之前所述,对平流层的释放且释放纬度在南纬 25°到 35°之间的沉积分布与对平流层的释放且释放纬度在北纬 25°到 35°之间的沉积分布对称。故对应于表 11-11 中第 7 列的第 18 个等面积纬度带(对称于第 3 纬度带)中的沉积份额,即 0.022 1。

(3) 释放到中间层的纬向沉积分布等同于在赤道附近平流层释放的纬向沉积分布。对于这种分布,表 11-11 中最后一列的第 3 个等面积纬度带给出了沉积份额,0.070 2。

11.5.2　向下运输

如图 11-18 所示,可以用四个区室来模拟小颗粒的向下运输。按照从高到低的顺序,这四个区室分别为中间层(大于 45 km)、平流层(10～45 km)、对流层(0～10 km)和地表。每个区室的向下运输速率与该区室的积存成比例。比例常数称为区室传递常数。它们的表示和定义如下:

λ_3:中间层传递常数,每单位时间内中间层积存到平流层的损失率;

λ_2:平流层传递常数,每单位时间内平流层积存到对流层的损失率;

λ_1:对流层传递常数,每单位时间内对流层积存到地表的损失率;

λ_0:风化常数,每单位时间内由于风化所引起的地表积存的损失率。

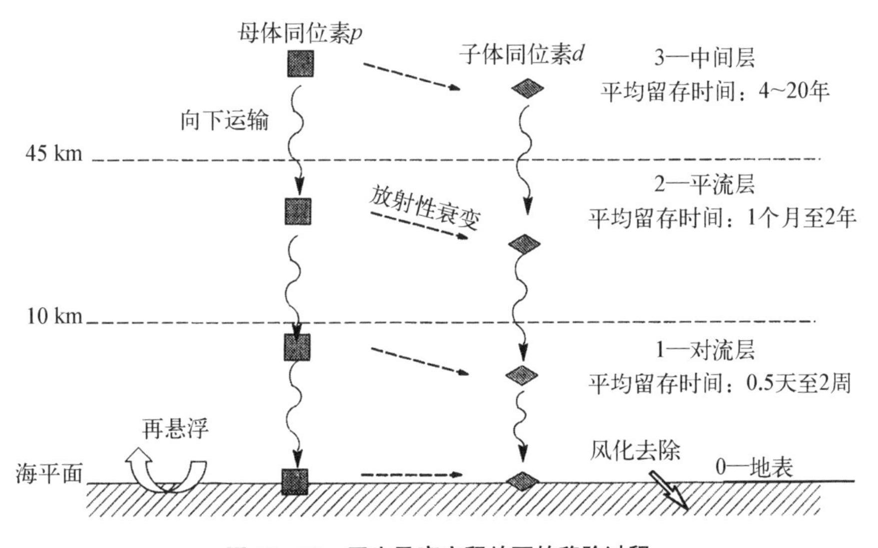

图 11-18　区室及高空释放下的移除过程

区室指数随高度的增加而增加。正如放射性核素的衰减常数是其平均寿命的倒数一样，区室的传递常数是稳定物质在区室中的平均停留时间的倒数。也就是说，稳定物质在中间层中的平均停留时间为 $\tau_3=1/\lambda_3$，在平流层中的平均停留时间为 $\tau_2=1/\lambda_2$，在对流层中的平均停留时间为 $\tau_1=1/\lambda_1$。风化速率常数 λ_0 可结合例 11.3 给出。

基于放射性沉降的数据选择合适的停留时间数值。这些数据可用于全部悬浮颗粒，而不是用于特定的颗粒尺寸或特定的释放高度。在运输过程中，单个颗粒可能由于附着于较大颗粒而丧失其特性。表 11 - 12 给出了不同高度大气层中气溶胶的平均停留时间范围。时间范围最宽的是中间层，因为对于这个层，数据是稀疏的且扩散过程了解不充分。将三区室模型和地面累积沉降数据相比较得出的结论是，对于高度在 100 km 以上的气溶胶的释放应使用 14 年的平均停留时间，而对于较低中间层高度的释放采用 4 年的平均停留时间较合适[16]。对流层的平均停留时间主要受湿沉积的限制。如果云低于 5 km，由于凝结或冲刷效应，颗粒会在几天内沉积。停留时间的显著变化与季节、气候和经度等有关，然而，若考虑这些因素需要一个非常复杂的模型。在 HIAD 计算机代码中使用的默认平均停留时间总结在表 11 - 12 中。

表 11 - 12　大气层中气溶胶的平均停留时间[19]

大气层		平均停留时间 τ	
		范　围	HIAD 默认值
对流层	低于 1.5 km	0.5～2 天	1 周
	低空	2 天～1 周	
	中高空	1 周～2 周	
	对流层顶	3 周～1 个月	
平流层	低空	1～2 个月	14 月
	高空	1～2 年	
中间层	低空	4～14 年	4 年
	高空	14～20 年	

存在于每个区室中的放射性核素的量的变化率可以用常微分方程表示。为了说明，考虑单个母体核素和单个子体核素的变化率。令 Q_{pc} 和 Q_{dc} 表示任意时刻在第 c 个区室中母体和子体的量。然后通过传递常数、衰减常数和源项给出母体和子体的微分方程

$$
\begin{aligned}
dQ_{p3}/dt &= -\lambda_3 Q_{p3} - \lambda_p Q_{p3} + S_{p3}(t) \\
dQ_{d3}/dt &= -\lambda_3 Q_{d3} + \lambda_p Q_{p3} - \lambda_d Q_{d3} + S_{d3}(t) \\
dQ_{p2}/dt &= \lambda_3 Q_{p3} - \lambda_2 Q_{p2} - \lambda_p Q_{p2} + S_{p2}(t) \\
dQ_{d2}/dt &= \lambda_3 Q_{d3} - \lambda_2 Q_{d2} + \lambda_p Q_{p2} - \lambda_d Q_{d2} + S_{d2}(t) \\
dQ_{p1}/dt &= \lambda_2 Q_{p2} - \lambda_1 Q_{p1} - \lambda_p Q_{p1} + S_{p1}(t) \\
dQ_{d1}/dt &= \lambda_2 Q_{d2} - \lambda_1 Q_{d1} + \lambda_p Q_{p1} - \lambda_d Q_{d1} + S_{d1}(t) \\
dQ_{p0}/dt &= \lambda_1 Q_{p1} - \lambda_0 Q_{p0} - \lambda_p Q_{p0} \\
dQ_{d0}/dt &= \lambda_1 Q_{d1} - \lambda_0 Q_d + \lambda_p Q_{p0} - \lambda_d Q_{d0}(t)
\end{aligned}
\tag{11-58}
$$

式中，λ_p 和 λ_d 分别为母体和子体核素的放射性衰变常数。s_{pc} 和 s_{dc} 表示区室 c 中母体和子体核素的事故相关来源。这些微分公式的解取决于源项的本质。对于向中间层的瞬时释放，源项是在 $t=0$ 时刻的脉冲函数，$S_{p3}(t)=Q_{p3}(0)\delta(t-0)$ 并且母体同位素的解为

$$
\begin{aligned}
&Q_{p0}(t) \\
&= \lambda_1\lambda_2\lambda_3 Q_{p3}(0)\left\{\begin{aligned}&\frac{\exp[-(\lambda_p+\lambda_3)t]}{(\lambda_2-\lambda_3)(\lambda_1-\lambda_3)(\lambda_0-\lambda_3)}+\frac{\exp[-(\lambda_p+\lambda_2)t]}{(\lambda_3-\lambda_2)(\lambda_1-\lambda_2)(\lambda_0-\lambda_2)}\\ &+\frac{\exp[-(\lambda_p+\lambda_1)t]}{(\lambda_3-\lambda_1)(\lambda_2-\lambda_1)(\lambda_0-\lambda_1)}+\frac{\exp[-(\lambda_p+\lambda_0)t]}{(\lambda_3-\lambda_0)(\lambda_2-\lambda_0)(\lambda_1-\lambda_0)}\end{aligned}\right\} \\
&Q_{p1}(t) \\
&= \lambda_2\lambda_3 Q_{p3}(0)\left\{\frac{\exp[-(\lambda_p+\lambda_3)t]}{(\lambda_2-\lambda_3)(-\lambda_1-\lambda_3)}+\frac{\exp[-(\lambda_p+\lambda_2)t]}{(\lambda_3-\lambda_2)(\lambda_1-\lambda_2)}+\frac{\exp[-(\lambda_p+\lambda_1)t]}{(\lambda_3-\lambda_1)(\lambda_2-\lambda_1)}\right\} \\
&Q_{p2}(t) = \lambda_3 Q_{p3}(0)\left\{\frac{\exp[-(\lambda_p+\lambda_3)t]}{(\lambda_2-\lambda_3)}+\frac{\exp[-(\lambda_p+\lambda_2)t]}{(\lambda_3-\lambda_2)}\right\} \\
&Q_{p3}(t) = Q_{p3}(0)\exp[-(\lambda_p+\lambda_3)t]
\end{aligned}
\tag{11-59}
$$

例 11.5

求在 $t=0$ 时刻，对平流层的瞬时释放量为 $Q_{p2}(0)$的常微分方程 $Q_{pc}(t)$的解。

解：

对于释放到平流层的情况，中间层的量始终保持为零，因为向上的运输被

忽略。略去涉及中间层的项，平流层、对流层和地表 3 个剩余的常微分方程在形式上分别与中间层、平流层和对流层的原始方程相同。类似地，瞬时释放到平流层时的常微分方程求解为

$$Q_{p1}(t)=\lambda_2 Q_{p2}(0)\left[\frac{\exp[-(\lambda_p+\lambda_2)t]}{\lambda_1-\lambda_2}+\frac{\exp[-(\lambda_p+\lambda_1)t]}{\lambda_2-\lambda_1}\right]$$

$$Q_{p2}(t)=Q_{p2}(0)\exp[-(\lambda_p+\lambda_2)t]$$

例 11.6

1 Ci 的钚-238 被释放到中间层。使用表 11-12 给出的默认停留时间且风化常数为 $\lambda_0=1.132\ \mathrm{a}^{-1}$，绘制钚-238 释放后停留在中间层、平流层、对流层以及沉积在地表的份额随时间变化函数。

解:

从表 11-12 中可知，中间层、平流层和对流层的平均停留时间分别为 4 年、14 个月和 1 周。钚-238 的半衰期为 87.7 年。因此，各种速率常数为

$$\lambda_p=\ln(2)/87.7=7.9036\times10^{-3}(\mathrm{a}^{-1})$$

$$\lambda_3=1/4=0.25(\mathrm{a}^{-1})$$

$$\lambda_2=1/(14/12)=0.857(\mathrm{a}^{-1})$$

$$\lambda_1=1/(1/52.14)=52.14(\mathrm{a}^{-1})$$

将这些值代入瞬时释放到中间层的区室积存解中，得到结果如图 11-19 所示。

经验数据表明，对沉积到地面的物质的风化移除效应可以被模拟为指数衰减项和。例如，反应堆安全研究中给出了沉积在地面 t 年后沉积物的份额为[20]

$$f_w(t)=0.63\exp(-0.693\,t/0.612)+0.37\exp(-0.693\,t/92.6) \tag{11-60}$$

两个指数项分别反映了两种不同的移除模式，其参与份额分别为 0.63 和 0.37，风化半衰期为 0.612 年和 92.6 年，且风化速率常数为 $\ln(2)/0.612=1.1326(\mathrm{a}^{-1})$ 和 $\ln(2)/92.6=7.4854\times10^{-3}(\mathrm{a}^{-1})$。这种双模式移除效应可以通过沉积积存 $Q_{p0}(t)$ 的两个解的线性组合来模拟。即为 0.63 与 $\lambda_0=1.1326(\mathrm{a}^{-1})$ 的乘积加上 0.37 与 $\lambda_0=7.4854\times10^{-3}(\mathrm{a}^{-1})$ 的乘积。

例 11.7

对例 11.6 中提出的问题，应用反应堆安全研究中所给出的双模式风化模型，并计算和绘制地面上钚-238 的份额随时间变化的函数曲线。

解：

图 11-19 给出了对于 $\lambda_0=1.1326\ a^{-1}$，$\lambda_0=7.4854\times10^{-3}\ a^{-1}$ 以及这两个解分别乘以 0.63 和 0.37 的线性组合模式的地面沉积的份额曲线。风化模式的选择不会影响空中积存量的求解。

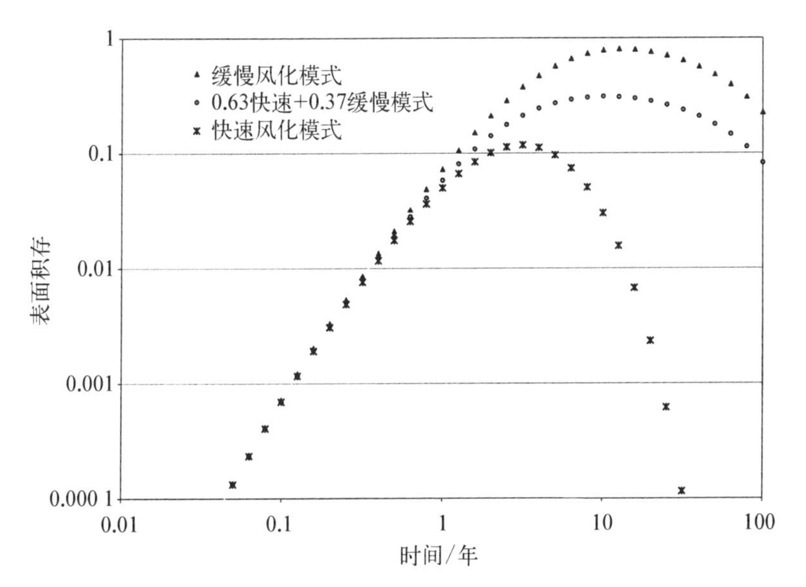

图 11-19　对于钚-238 释放到中间层经缓慢、平均和快速风化后的表面积存(例 11.7)

11.5.3　地面浓度

对剂量和潜在健康效应影响的估计需要在地面处地面和空气浓度的时间积分。估算这些浓度的方法如下。

1) 地面空气浓度

计算云层照射剂量和吸入剂量时需要用到地面附近的对流层中的放射性物质的浓度，关于核沉降浓度分布随对流层内高度变化的函数的信息很少。然而，如前所述，随着云到达 5 km 以下，浓度将由于湿沉积过程的影响而迅速减少。因此，为了估计地面浓度，通常保守估计浓度分布不随对流层内高度的变化而变化。给定纬度带内的平均空气浓度等于对流层积存量 $Q_{p1}(t)$ 乘以最

终沉积份额 d_b 再除以带内对流层的体积 V_{1b}。对于等面积纬度带 b 中同位素 p 的浓度为

$$\chi_p(t)=\frac{Q_{p1}(t)d_b}{V_{1b}} \tag{11-61}$$

取对流层厚度 h_1 为 10 km,则对流层体积为

$$V_1=\frac{4\pi}{3}[(R_E+h_1)^3-R_E^3]=5.109\times10^{18}(\mathrm{m}^3) \tag{11-62}$$

式中,R_E 为地球半径。在 20 个等面积纬度带中的每一个上方对流层体积为 $V_{1b}=V_1/20=2.5545\times10^{17}\ \mathrm{m}^3$。$t_1$ 到 t_2 时间内的空气浓度χ_{tp}(Bq·s/m³)为

$$\chi_{tp}=\int_{t_1}^{t_2}\left[\frac{Q_{p1}(t)d_b}{V_{1b}}\right]\mathrm{d}t \tag{11-63}$$

对于中间层的瞬时释放,则给出

$$\chi_{tp}=\frac{\lambda_2\lambda_3Q_p(0)d_b}{V_{1b}}$$
$$=\left[\frac{\mathrm{e}^{-\lambda_{p3}t_1}-\mathrm{e}^{-\lambda_{p3}t_2}}{(\lambda_2-\lambda_3)(\lambda_1-\lambda_3)\lambda_{p3}}+\frac{\mathrm{e}^{-\lambda_{p2}t_1}-\mathrm{e}^{-\lambda_{p2}t_2}}{(\lambda_3-\lambda_2)(\lambda_1-\lambda_2)\lambda_{p2}}+\frac{\mathrm{e}^{-\lambda_{p1}t_1}-\mathrm{e}^{-\lambda_{p1}t_2}}{(\lambda_3-\lambda_1)(\lambda_2-\lambda_1)\lambda_{p1}}\right] \tag{11-64}$$

式中,$\lambda_{p3}=\lambda_3+\lambda_p$;$\lambda_{p2}=\lambda_2+\lambda_p$;$\lambda_{p1}=\lambda_1+\lambda_p$。

例 11.8

对于例 11.4 中所描述的将 1 Ci 的钚-238 瞬时释放到中间层,绘制释放后等面积纬度带 3 中的地面空气浓度随时间的变化曲线。

解:

使用例 11.4 中的地面沉积份额,可知 $d_3=0.0702$。如之前所述 $V_{1b}=2.5505\times10^{17}\ \mathrm{m}^3$,并设 $t_1=0$,地面空气浓度随时间变化的曲线如图 11-20 所示。

2) 地面浓度

同位素的地面浓度被认为是总沉积量乘以所论述面积的沉积份额再除以面积。对于核素 p,在 t 时刻、在等面积纬度带 b 中的地面浓度 $S_{Gp}(t)$ 为

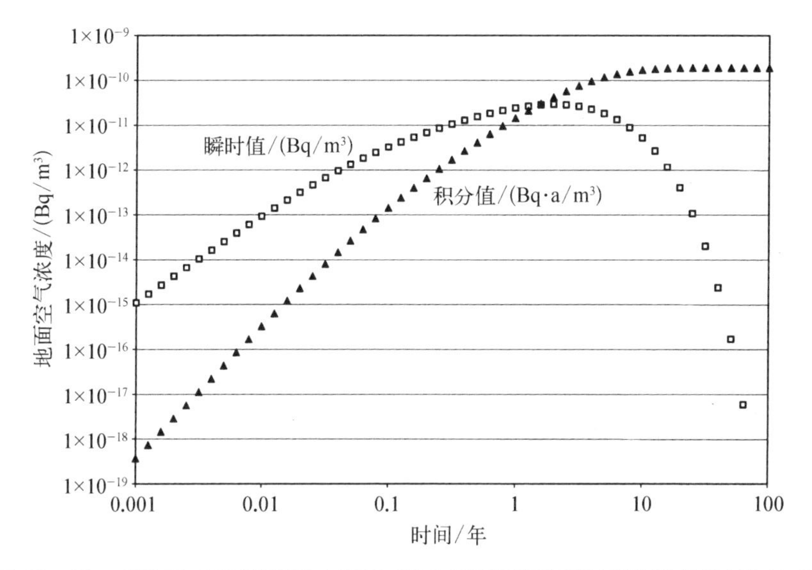

图 11-20　对于钚-238 释放到中间层，地面空气浓度的瞬时值和积分值(例 11.8)

$$S_{\mathrm{Gp}}(t)=\frac{Q_{\mathrm{p0}}(t)d_{\mathrm{b}}}{A_{\mathrm{b}}} \tag{11-65}$$

式中，A_{b} 为 20 个等面积纬度带中任意一个的面积。地球半径取 6 731.229 km，则地球表面积为

$$A_{\mathrm{E}}=4\pi 6\,371.229^2=5.101\times 10^8(\mathrm{km}^2)$$

$$A_{\mathrm{b}}=(1/20)A_{\mathrm{E}}=2.550\,5\times 10^7(\mathrm{m}^2) \tag{11-66}$$

t_1 到 t_2 的时间间隔内沉积的地面浓度 $S_{\mathrm{tGp}}(\mathrm{Bq\cdot s/m^2})$ 为

$$S_{\mathrm{tGp}}=\int_{t_1}^{t_2}\frac{Q_{\mathrm{p0}}(t)d_{\mathrm{b}}}{A_{\mathrm{b}}}\mathrm{d}t \tag{11-67}$$

对于中间层的释放，则给出

$$S_{\mathrm{tGp}}=\frac{\lambda_2\lambda_3 Q_{\mathrm{p3}}(0)d_{\mathrm{b}}}{S_{\mathrm{1b}}}$$

$$=\left[\frac{\mathrm{e}^{-\lambda_{\mathrm{p3}}t_1}-\mathrm{e}^{-\lambda_{\mathrm{p3}}t_2}}{(\lambda_2-\lambda_3)(\lambda_1-\lambda_3)(\lambda_0-\lambda_3)\lambda_{\mathrm{p3}}}+\frac{\mathrm{e}^{-\lambda_{\mathrm{p2}}t_1}-\mathrm{e}^{-\lambda_{\mathrm{p2}}t_2}}{(\lambda_3-\lambda_2)(\lambda_1-\lambda_2)(\lambda_0-\lambda_2)\lambda_{\mathrm{p2}}}+\frac{\mathrm{e}^{-\lambda_{\mathrm{p1}}t_1}-\mathrm{e}^{-\lambda_{\mathrm{p1}}t_2}}{(\lambda_3-\lambda_1)(\lambda_2-\lambda_1)(\lambda_0-\lambda_1)\lambda_{\mathrm{p1}}}+\frac{\mathrm{e}^{-\lambda_{\mathrm{p0}}t_1}-\mathrm{e}^{-\lambda_{\mathrm{p0}}t_2}}{(\lambda_3-\lambda_0)(\lambda_2-\lambda_0)(\lambda_1-\lambda_0)\lambda_{\mathrm{p_0}}}\right] \tag{11-68}$$

例 11.9

对于例 11.8 中所述的瞬时中间层释放，绘制释放后等面积纬度带 3 中的地面浓度随时间变化的曲线。

解：

利用例 11.6 中的地面沉积份额，可将瞬时地面浓度和随时间积分的地面浓度曲线绘制在图 11－21 中。

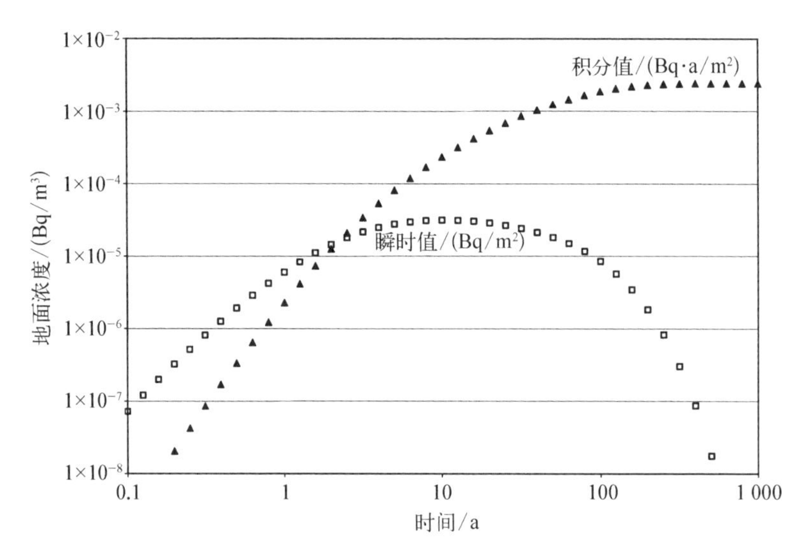

图 11－21　对于钚-238 释放到中间层，且假定在平均风化条件下，地面浓度的瞬时值和积分值(例 11.9)

3) 地表再悬浮

地表再悬浮可以通过考虑与地面相邻的子层来估测。通常假定再悬浮物质被限制在这个子层中并对对流层中的浓度没有影响。上面的公式描述了连续沉积过程，其发生在数年中，而不是针对地空释放的短扩散-沉积过程。对流层内的沉积受雨水冲刷主导。因此，通常再悬浮物质会同时出现在多个区域内的再悬浮过程计算中。

地表再悬浮是一个复杂的过程。然而，在 t_0 时刻沉积后，同位素 p 在时间 t 时的再悬浮浓度可近似为

$$\chi_{rp}(t)=\Delta S_{Gp}(t_0)\kappa(t-t_0)\exp(-\lambda_p t) \tag{11-69}$$

式中，$\kappa(t-t_0)$为由经验确定的再悬浮因子(m^{-1})。在 INSRP 模型中，

$$\kappa(t-t_0)=k_r/(t-t_0) \tag{11-70}$$

这里 $k_r = 10^{-6}$ d/m。再悬浮的显著差异将发生在不同的沉积区内。然而,这些考虑已经超出了本章讨论的范围。在 t_0 时刻开始 Δt 时间间隔内由于沉积引起的地面浓度为

$$\Delta S_{\mathrm{Gp}} = \frac{\lambda_1 Q_{\mathrm{p0}}(t_0) d_{\mathrm{b}} \Delta t}{A_{\mathrm{b}}} \tag{11-71}$$

使用再悬浮因子的 INSRP 形式,因此在时间 t 内总的再悬浮浓度为

$$\chi_{\mathrm{rp}}(t) = \int_0^1 \left\{ \frac{\lambda_1 Q_{\mathrm{p0}}(t_0) d_{\mathrm{b}} \Delta t k_{\mathrm{r}}}{A_{\mathrm{b}}(t - t_0)} \exp[-\lambda_{\mathrm{p}}(t - t_0)] \right\} \mathrm{d}t_0 \tag{11-72}$$

通常情况下,式(11－72)中的积分需要进行数值计算。

例 11.10

对于例 11.6 中所描述的将 1 Ci 的钚－238 瞬时释放到中间层,绘制释放后的再悬浮浓度和对流层空气浓度随时间变化的曲线。

解:

使用例 11.6 解中指定的速率常数和再悬浮模型,再悬浮浓度随时间变化绘制在图 11－22 中。注意,再悬浮浓度仅在对流层空气浓度达到峰值之后才开始占据主导地位。

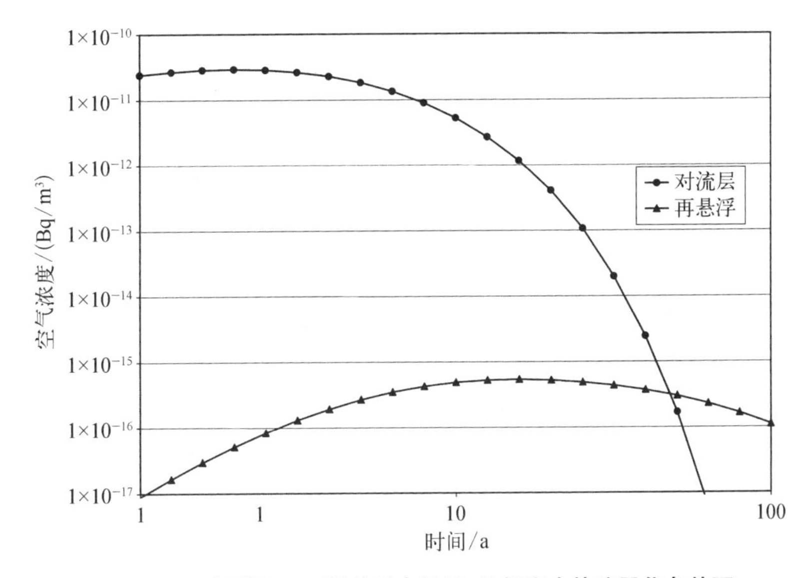

图 11－22　对于钚－238 释放到中间层,且假定在快速风化条件下,对流层的空气浓度和再悬浮浓度(例 11.10)

11.6 计算机方法

表 11-13 总结了已经发展并用于为美国空间核设备预测事故后果的计算机代码。如表 11-13 所示，不同的代码用于不同类型的事故。事故性排放的本质和高度决定了哪种计算机模型是最合适的。

表 11-13 用于结果分析的计算机代码

释放海拔	物理形式的转换	热云上升	扩散和沉积	剂量和健康效应
高空(>50 km)	—	—	HIAD	PARDOS
中空(5～50 km)	—	—	GEO TRAP	PARDOS
			or HIAD	
低空(<5 km)			GEOTRAP	
推进剂爆炸	SFM	SFM，PUEF	or SATRAP	PARDOS
地面火灾	PEVACI	SFM，PUEF	SATRAP	PARDOS
再入段地面冲击	SFM	SFM	SATRAP	PARDOS

对于低空(<5 km)释放，释放的放射性核素的物理形式的转变和含放射性核素的热云的上升必须如 11.3.1 节所论述的模型。对于由低空爆炸和再入段的地面冲击引起的释放，SFM 模型和 PUFF 模型可分别应用于物理形式的转换和热云的上升[22-23]。对于涉及由固体火箭推进剂引起的地面火灾，固体火箭推进剂和燃料装置的碰撞事故，PEVACI 已经实现了物理转变过程的初步模拟[14]，并且 PUFF 已经被用于模拟由地面火灾引起的燃烧产物云的上升。

能够对在空间核事故中释放的放射性物质的扩散和沉积进行建模的美国计算机代码包括 SATRAP、GEOTRAP 和 HIAD。当含所释放的放射性核素的云被限制在低海拔(<5 km)时，利用 SATRAP(放射性粒子的运输和分散位点的特异性分析)模拟其扩散和沉积[25]。11.3.3 节和 11.3.4 节所论述的经验烟团轨迹和再悬浮模型均在 SATRAP 中实施。对于发射台附近发生的

事故，SATRAP 中有一个包含具体发射位置和周围地区的人口分布、地表特征、天气模式等信息的数据库。可使用另一版本的 SATRAP 来模拟与再入事故相关的地表冲击所造成的放射性核素的扩散和沉积。这样的冲击可能发生在地球表面部分位置带上，此版本的 SATRAP 数据库包含全球的天气、人口密度和地表类型信息。

当含放射性核素的云释放到或上升到中高空时（5～50 km），利用 GEOTRAP（放射性粒子的全球运输和扩散）模拟其扩散和沉积[12]。GEOTRAP 可实现 11.4 节中所论述的模型类型，即高斯烟团的拉格朗日轨迹模型，以预测直径为数微米及以上的颗粒的最终位置和沉积模式。对于在中高空释放的较小的颗粒，扩散时间可能多数个数量级，故 HIAD（高海拔气溶胶的扩散）模型将更加合适。HIAD 模拟与高空释放（>50 km）和中高空小颗粒释放相关的扩散和沉积[26]。HIAD 可实现 11.5 节中所论述的模型类型，即 HIAD 使用三个传递区室：45 km 以上的中间层，10～45 km 的平流层，以及较低海拔的对流层。GEOTRAP 和 HIAD 也都使用关于天气、人口密度和地表类型的全球信息数据库。

PARDOS（颗粒剂量）代码可模拟放射性核素到达人体的途径以及相关剂量和健康效应[27]。对于释放到空中的二氧化钚燃料，从空气中吸入是影响健康的主要因素。长期途径包括由再悬浮造成的吸入、地面照射以及摄入受污染的水和食物。由 PARDOS 计算的结果包含以下几个方面：① 集体辐射剂量；② 潜在的癌症死亡；③ 受辐射的剂量超过规定水平的人数；④ 污染超过规定水平的土地面积。

11.7　本章小结

涉及空间核能源公共事故的后果取决于所释放各种放射性核素的量、释放气体和气溶胶的化学及物理特性、释放原因（爆炸、地面火灾、撞击）、释放坐标（经纬度，特别是高度）、影响扩散的天气条件、地表类型、人口分布以及采取的保护措施（疏散、隐蔽等）。

人们从放射性核素意外释放事故中接收到放射性剂量的途径有云层照射、皮肤污染、地面照射、吸入和摄入。对于每一种途径，接受的剂量与所求位置放射性核素空气浓度的时间积分有关。11.2 节给出了一些由空气浓度到接受剂量的转换因子表达式。

事故中释放的放射性核素的扩散随着高度以及气溶胶的组成和尺寸分布而剧烈变化。对于低空释放,浮力和动量所驱动的气溶胶云的上升以及在上升过程中物理和化学过程的影响必须考虑。在云层上升到平衡高度后,其扩散受到当地天气条件的强烈影响。低空扩散可以由相对简单的烟团轨迹模型表示,模型中含放射性颗粒的云会跟随当地风的轨迹并随距离的增加而增长。云内的浓度分布被假定为高斯分布,高斯型轮廓的经验宽度随横贯距离的增长而增加。因此,地面水平浓度随距离的增加而迅速减少。烟团的增长速率受气象条件的强烈影响,气象条件越不稳定,云的增长速率和放射性核素的相关扩散越快。

在中高空(5～45 km),直径为 10～1 000 μm 的气溶胶需要几分钟到几天的时间到达地面,并且沉积区域的位置、尺寸和形状主要由重力主导。11.4 节论述了预测这种气溶胶沉积模式的模型。如 11.5 节所述,在中高空释放的非常小的气溶胶具有可忽略的沉降速度,并且需要几年时间才能完全沉积到地面或水体上。小颗粒的向下运输受到中间层、平流层和对流层中循环模式的影响。这些颗粒倾向于沉积在它们所释放的半球中。扩散模式取决于纬度,而不是经度,纬度分布向中纬度偏斜。

如 11.6 节所述,为了执行美国空间核动力源发射所需的安全分析,人们已经开发了计算机代码来模拟所释放物质的化学和物理变化,包含云层的上升,在中间层、平流层和对流层中气溶胶的扩散,地面的最终沉积以及与各种剂量途径相关的健康效应。为了涵盖假定事故的范围,这些代码需要发射场附近及全球人口分布信息和土地类型信息。通过代码计算的结果包含集体辐射剂量、潜在的癌症死亡、受辐射的剂量超过规定水平的人数、污染超过规定水平的土地面积等。如 11.1 节所述,涉及空间核动力源的事故的公共预期后果远远小于陆地核电站严重事故的预期后果。这是因为与空间核动力有关的放射性核素积存更加有限,并且涉及空间核动力事故有关的爆炸、冲击和高度具有弥散性。

参考文献

1. Tascione, T. F., *Introduction to the Space Environment*. Orbit Book Co., Malabar, FL, 1988.
2. Haskin, F. E. and A. L. Camp, *Perspectives on Reactor Safety*. NUREG/CR-6042, SAND93-0971, prepared for the U. S. Nuclear Regulatory Commission by Sandia National Laboratories, Albuquerque, NM, Mar. 1994.

3. Young, M. L. and D. Chanin, *DOSFAC2 User's Guide*. NUREG/CR-6547, SAND97-2776, Sandia National Laboratories, Appendix A - Sample Output Files Distributed with DOSFAC, Dec. 1997.
4. Pavone, D. , *GPHS Safety Tests Particle Size Data Package*. LACP-86-62, Los Alamos National Laboratory, Los Alamos, NM, May 1986.
5. Haynes, B. S. and H. G. Wagner, *Soot Formation. Prog. Energy Combust. Sci.*, Vol. 7. p. 229 - 273, Pergamon Press, 1981.
6. Powers, D. A. , K. K. Murata, D. C. Williams, J. B. Rivard, C. D. Leigh, D. R. Bradley, R. J. Lipinski, J. M. Griesmeyer, and J. E. Brockmann, "Uncertainty in Radionuclide Release Under Specific LWR Accident Conditions." Volume II, *TMLB' Analyses*, Sandia National Laboratories, SAND84-0410/2, Feb. 1985.
7. Davies, C. N. , "Definitive Equations for the Fluid Resistance of Spheres." *Proc. Phys. Soc.*, 57, p. 259 - 270, 1945.
8. Hage, K. D. , G. Arnason, N. E. Browne, P. S. Brown, H. D. Entrekin, M. Levitz, and J. A. Serkorski, Particle Fallout and Dispersion in the Atmosphere Final Report. Sandia Corporation, SC-CR-66-2301, 1966.
9. Regulatory Guide 1. 23. U. S. Nuclear Regulatory Commission, 1980.
10. Briggs, G. A. , "Diffusion Estimation for Small Emissions." ATDL Contribution File No. 79, Atmospheric Turbulence and Diffusion Laboratory, 1973.
11. Hanna, S. R. , G. A. Briggs, and R. P. Hosker, Jr. , *Handbook of Atmospheric Dispersion*. DOE/TIC-11223, Department of Energy, Washington, DC, 1982.
12. Lockheed Martin, GEOTRAP Model Description. Appendix G to Volume 3 of Cassini GPHS-RTG Final Safety Analysis Report, June 1997.
13. NASA, U. S. Standard Atmosphere 1976. NASA-TM-X-74336, 1976.
14. Haskin, F. E. , *Plutonium Entrainment and Vaporization After Coincident Impact* (PEVACI) Version 1. 0. Letter Report ERIC-0004 to V. J. Dandini, Sandia National Laboratories, Oct. 10, 2001.
15. Volchock, H. L. , "The Anticipated Distribution of Cd-109 and Pu-238 (from SNAP-9A) Based upon the Rh-102 Tracer Experiment." HASL-165, p. 312 - 331, U. S. Atomic Energy Commission, 1966.
16. Leipunskii, O. I. , J. E. Konstantinov, G. A. Fedorov, and O. G. Scotnikova, "Mean Residence Time of Radioactive Aerosols in the Upper Layers of the Atmosphere Based on Fallout of High-Altitude Tracers." *J. of Geophysical Research*, 75, p. 3569 - 3574, 1970.
17. Bartram, B. W. and D. K. Dougherty, "A Long Term Radiological Risk Model for Plutonium-fueled and Fission Reactor Space Nuclear Systems." NUS Corporation, NUS-3845, 1981.
18. Pruppacher, H. R. and J. D. Klett, Microphysics of Clouds and Precipitation. Reidel, Dortrecht, 1978.
19. Lockheed Martin Missiles & Space, Cassini GPHS-RTG Final Safety Analysis Report

(FSAR). Appendix H, HIAD Model Description, June 1997.

20. U. S. Nuclear Regulatory Commission, Reactor Safety Study. Appendix VI, WASH-1400, 1975.
21. Interagency Nuclear Safety Review Panel, "The Role of Resuspension of Radioactive Particles in Nuclear Assessments." Proceedings of Technical Interchange Meeting, Cocoa Beach, FL, 1993.
22. Dobranich, D., D. A. Powers, and F. T. Harper, "The Fireball Integrated Code Package." SAND97-1585, Sandia National Laboratories, Albuquerque NM, July 1997.
23. Boughton, B. A. and J. M. DeLaurentis, "An Integral Model for Plume Rise from High Explosive Detonations." ASME/AIChE National Heat Transfer Conference, Pittsburgh, PA, 1987.
24. Haskin, F. E., Plutonium Entrainment and Vaporization after Coincident Impact. Letter Report to Vincent J. Dandini, Sandia National Laboratories, Oct. 2001.
25. Lockheed Martin, SATRAP Model Description. Appendix F to Volume 3 of Cassini GPHS-RTG Final Safety Analysis Report, June 1997.
26. Lockheed Martin, HIAD Model Description. Appendix H to Volume 3 of Cassini GPHS-RTG Final Safety Analysis Report, June 1997.
27. Lockheed Martin, PARDOS Model Description. Appendix I to Volume 3 of Cassini GPHS-RTG Final Safety Analysis Report, June 1997.

符号及其含义

符号	含义	符号	含义
A	表面面积	$\overline{E}$	平均辐射能量
A_T	器官 T 中的活度	$\widetilde{E_j}$	第 j 次辐射比能
B	γ射线累积因子	H	剂量当量
c_s	声速	$\dot{H}_{TT'}$	器官 T 到 T' 的剂量当量率
C_D	阻力系数	H	混合高度
$\dot{D}_\infty$	无限云的剂量率	K	菲克扩散
d	距组织距离	K	再悬浮因子
d_b	b 纬度带沉积份额	k	吸收辐射能量比(组织/空气)
d_p	颗粒直径	k_r	再悬浮参数
DFI	剂量吸入因子	Kn	克努森数

（续表）

m_D	沉积质量	f	地面反射参数
$m_{T'}$	器官 T'的质量	f_1	血液中的物质份额
Q	放射性物质数量	f_j	第 j 次辐射衰变份额
$\dot{Q}$	物质释放率	$f_w(t)$	风化因子
Q_{mix}	混合层颗粒质量	$F_{j,TT'}$	器官 T 到 T'的辐射能量份额
t	时间	G	高斯型函数
u	风速	G_i	由式(11-34)～式(11-36)定义
V_p	颗粒体积	g	重力加速度
v	速度	g_a	几何衰减因子
v_d	沉积速度	h	大气层的厚度
v_t	终端速度	R	混合项
W_R	R 辐射类型权重因子	Re	雷诺数
$W_{T'}$	器官 T'辐射权重因子	R_E	地球半径
x	水平面沿风坐标	R_b	呼吸频率
y	水平面横向坐标	R_d	沉积率
z	垂直坐标	R_i	慢性摄入率
χ	空中放射性浓度	r	距释放源距离
μ_j	线性衰减系数	S	释放源浓度
$\tilde{\mu}_j$	质量衰减系数	S	滑移系数
σ_x	沿风扩散系数	S_{skin}	皮肤表面浓度
σ_y	横向扩散系数	S_{tGp}	随时间积分的地面浓度
$E_{TT'}$	有效能量当量	χ_{rp}	再悬浮浓度
$\tilde{E}_{TT'}$	有效比能		

（续表）

χ_t	随时间积分的空气浓度	λ_T	生物速率常数
Δt	时间增量	λ_f	流体中的平均自由程
ΔT	温度增量	μ_f	流体黏度
Δz	高度增量	σ_z	垂直扩散系数
ϕ	颗粒通量	τ	吸入时间
λ	衰减速率常数	ξ	动态形状系数
λ_{ef}	$\lambda+\lambda_T$	ζ	质量密度

特殊上标/下标及其含义

B	血液	LLI	下大肠
b	纬度带	m	云索引号
c	烟团中心	n	云索引号
d	子体核素	o	初始值
E	地球	p	母体核素
ef	有效性	SI	小肠
f	流体	ST	胃
G	地面	T	组织或器官类型索引号
g	肠胃道	ULI	上大肠
I	随时间积分	TT'	从 T 到 T'
i	核素索引号	β	β颗粒
j	辐射类型索引号	γ	γ射线
k	混合项		

练习题

1. 利用式(11－3)，估算氪－88、铯－137、碘－131 的云层照射剂量转换因子，并与表 11－1 中的值进行比较。

2. 对于暴露在含锶－90 且浓度为 1 Bq/m^3 的烟云个体。

(1) 假定沉积速度为 0.01 m/s，计算 4 小时之后，皮肤污染的表层浓度 (Bq/m^2)；

(2) 计算 4 小时时对皮肤的 β 剂量率；

(3) 计算 4 小时后个体受到的皮肤剂量。

3. 依据练习 2，且假定是碘－131 而不是锶－90。若沉积在 4 小时后停止，但个体未净化，计算额外的皮肤剂量。

4. 铯－137 地面照射的皮肤剂量转换因子为 2.75×10^{-16} (Sv/s)/(Bq/m^2)。假定个体是含铯－137 的污染云，皮肤和地面的沉积速度相同。计算由于地面照射而引起的皮肤剂量率与皮肤污染的皮肤剂量率的比值。

5. 对于下列情况，计算沉积在等面积纬度带 5 中的小颗粒份额。

(1) 对平流层的释放且释放纬度在北纬 35°到 45°之间；

(2) 对平流层的释放且释放纬度在南纬 35°到 45°之间；

(3) 释放到中间层。

6. 对于母体核素瞬时释放到中间层，求解中间层中子体核素活度的常微分公式。

7. 1 Ci 的钚－238 瞬时释放到 40°纬度的平流层中。使用表 11－12 中的 HIAD 默认停留时间，风化常数 $\lambda_0=7.4854\times10^{-3}\ a^{-1}$，绘制释放后停留在中间层、平流层、对流层以及沉积在地表的初始活度份额随时间变化的函数曲线。

8. 对于母体核素瞬时释放到同温层，求解下列公式。

(1) 随时间变化的地面空气浓度积分函数；

(2) 随时间变化的地表污染浓度积分函数。

9. 如练习 7 中所述，绘制释放后等面积纬度带 5 中的随时间积分的地面空气浓度变化曲线。

10. 如练习 7 中所述，绘制释放后等面积纬度带 5 中的随时间积分的地面浓度变化曲线。

11. 当积分限为从零到无穷时，建立随时间积分的地面浓度表达式。找出与用反应堆安全研究的双模式风化模型积分求解钚-238 释放到中间层的情况相同的风化速率常数 λ_0 以及 λ_1、λ_2、λ_3 的 HIAD 默认值。

12. 如练习 7 中所述，绘制释放后再悬浮空气浓度变化曲线。

第 12 章
安全实施

约瑟夫 A. 肖尔蒂斯，等

本章旨在让读者了解空间核安全实施过程，将介绍如何在空间核安全程序中解决前几章讨论的安全问题，讨论安全程序的结构和方法以及美国和俄罗斯的安全和环境审查程序，同时介绍国际空间核安全指南、经验教训、未来方向和结论性意见。

12.1 审查程序概述

地面核系统的安全方法一般不适用于发射到空间的核系统，美国和俄罗斯均已建立空间涉核任务的安全审查和批准程序。如第 3 章所述，美国跨部门核安全审查委员会（INSRP）成立于 20 世纪 60 年代。该专家组由来自能源部、美国国防部（DOD）、美国航空航天局（NASA）、环境保护局（EPA）和美国核管理委员会（NRC）的代表组成，其主要职责是审查美国空间核任务安全的标准程序。INSRP 的成立得到了在运载火箭设计和运行、再入响应、核系统设计和运行、核系统事故响应、气象学、放射学和环境影响、概率风险评估和不确定性分析方面具有广泛背景和经验的专家的支持。空间核任务主办机构或组织负责准备初步安全分析报告、最终安全分析报告草案和最终安全分析报告（分别简称为 PSAR、FSAR 草案和 FSAR）以供 INSRP 审查，INSRP 使用 SAR 和其他信息（例如，运载火箭可靠性数据和核安全测试数据），为总统行政办公室制定安全评估报告（SER），任何核系统或含有大量核材料的发射活动需经总统行政办公室批准。

本节的重点是介绍 INSRP 审查程序，但也包括其他审查过程中涉及的放射性问题。1971 年，美国公法 91－190（被称为国家环境政策法案或 NEPA）

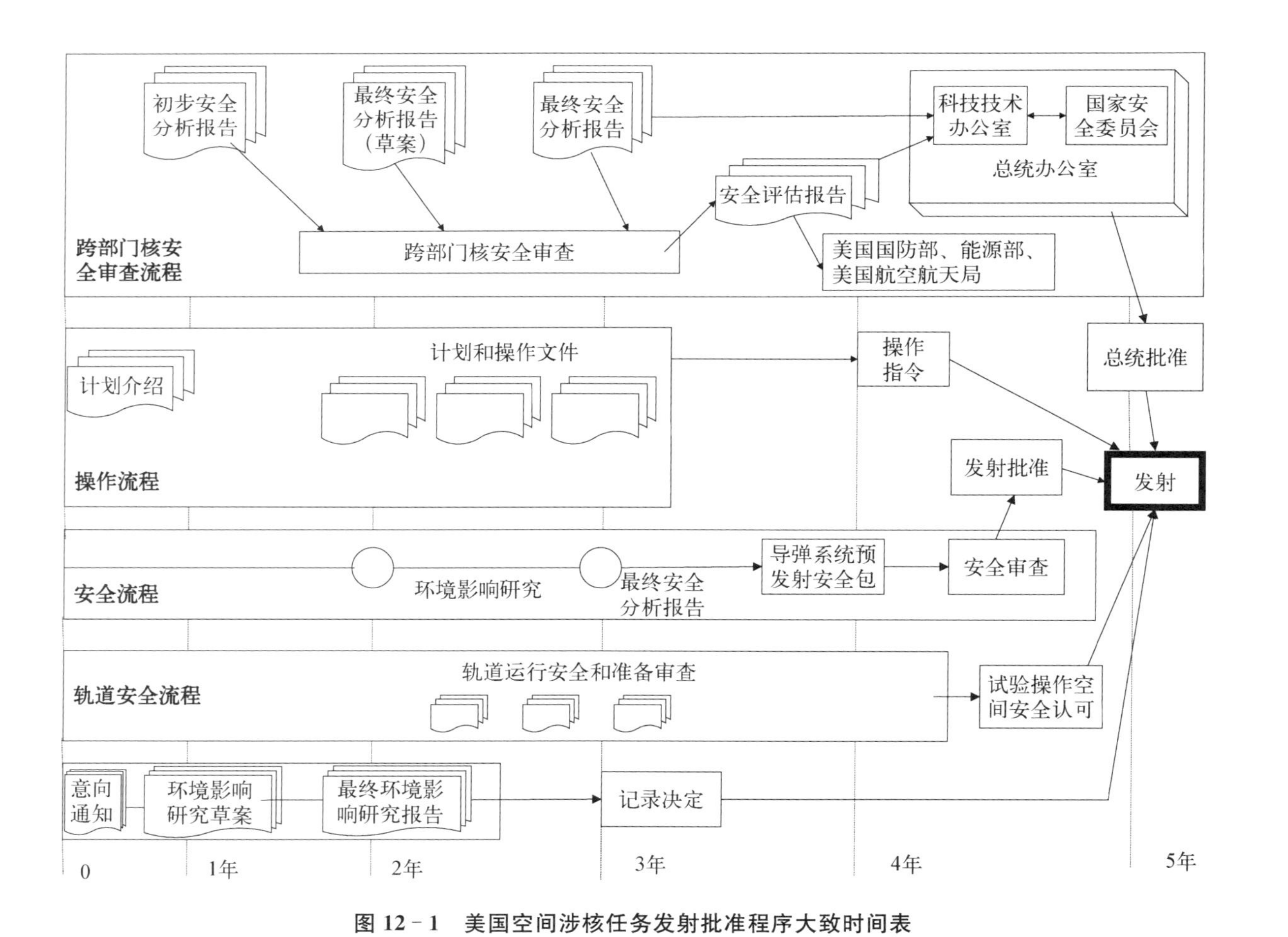

图 12－1　美国空间涉核任务发射批准程序大致时间表

要求建立环境评估报告(EA)或环境影响报告书(EIS),可能对环境产生重大不利影响的活动需要进行 EIS 分析。对于空间核任务,EIS 必须提出潜在的放射性和非放射性环境影响,其他安全审查和批准程序包括核材料运输到发射场的批准和发射场安全批准。INSRP 审查和批准流程时间表如图 12-1 所示,该图还提供了 NEPA 过程、靶场安全、靶场操作、轨道安全等审查和批准过程的大致时间表[1],图 12-1 并没有包括所有文件和批准要求。

目前俄罗斯空间核安全审查和批准程序与美国的程序非常相似。具体来说,俄罗斯审查程序要求制定初步、中期和最终安全分析报告,审查由跨部门安全审查委员会执行。负责核和辐射安全监督的政府机构主持空间核安全任务的跨部门安全委员会。安全问题由卫生部下属的各个机构负责,包括负责核安全和辐射安全监督的机构、负责环境保护的政府机构和其他组织,这些组织负责监督空间核系统的设计和建造。俄罗斯的基本审查和批准程序如图 12-2 所示。

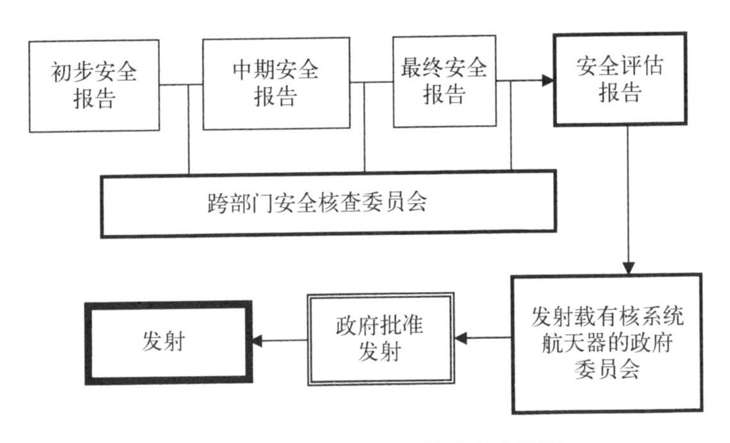

图 12-2　俄罗斯审查和批准程序摘要

12.2　安全计划

安全计划的制订,是为了确保空间核任务的安全实施和获得发射批准。空间核安全计划必须在概念设计阶段启动,并贯彻系统研发、系统部署和运行始终。在系统研发期间解决安全问题,允许将安全功能融入系统设计中,而不是在系统设计和开发完成之后添加安全特征。相比后期开展安全设计的方式,设计期间考虑安全的方式通常能够提供更全面的安全功能,同时降低成本。

精心规划的安全计划应该在所有计划参与者中培养安全文化，该理念鼓励所有计划参与者在开展工作时将安全视为一个常规事项，而不是认为所有安全问题只是安全团队应关注的问题。将安全作为计划不可或缺的部分也促进了安全沟通和团队合作。安全计划活动必须考虑与设计、质量保证和其任务活动相联系，内部安全审查和调查也是安全计划的一个基本特点。

空间涉核项目的组织结构可以采取若干可能的形式，美国 SP－100 空间反应堆项目采用的组织结构就是其中一种可能的形式，如图 12－3 中的实线和方框所示。空间核系统计划主管负责全面指导空间核系统的发展。在美国，能源部负责空间核系统的研发。对于 SP－100，研发计划的详细方向和实施由喷气推进实验室项目办公室执行，洛斯阿拉莫斯国家实验室提供反应堆子系统的设计及技术支持。其他组织可能担任项目办公室的角色，如美国航空航天局总部或综合承研单位。私营承研单位一般进行系统开发和制造，但项目办公室和其他国家实验室通常在系统和系统组件的分析和测试中发挥积极作用。对于空间核任务，系统设计单位的设计安全小组履行主要的安全职责。空间核安全职责包括：

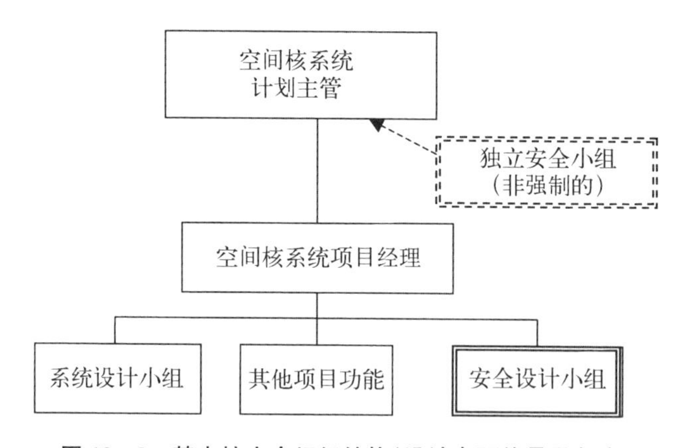

图 12－3　基本核安全组织结构(设计者可能是承包商)

(1) 在安全事项上联系计划与项目办公室；

(2) 制订安全计划方案；

(3) 确定适用的安全指南和要求；

(4) 确定安全文件和批准要求；

(5) 解释安全指南；

(6) 制定详细的安全规范；
(7) 促进安全部件设计；
(8) 开展深入的安全分析；
(9) 安全性能测试；
(10) 制定安全程序；
(11) 为项目办公室准备安全分析报告；
(12) 向 INSRP 提交安全审查结果并进行答辩；
(13) 就安全问题与设计团队和质量保证小组进行沟通；
(14) 进行内部安全审计和审查；
(15) 充分准备 EIS；
(16) 编写其他安全文件(例如，靶场安全)；
(17) 作为安全事项的公共接口。

此外，设计安全团队制定安全程序并执行地面核安全的安全分析。

虽然承研单位的设计安全团队通常会进行很翔实的安全工作，但美国国家实验室通常在安全计划、安全分析和安全测试方面发挥主要作用。针对某个特定任务的安全计划，其组织结构将取决于许多因素，例如跨部门的协议、合同安排和先例。

对于空间核任务，INSRP 需要开展独立安全审查，为了提供额外的独立性判断，设计安全团队与设计团队由不同的行业组织提供资金并向其报告。虽然并不是必需的，但项目办公室也可选择建立自己的独立安全小组，以提供顶层安全指南，监测和评估安全活动，进行独立分析，并提出与安全有关的修改建议。独立安全小组还可以作为安全事项的公共接口。系统开发承研单位还可以选择建立自己的独立安全小组，SP－100 项目的系统承研单位通用电气公司就采用了这种方式。

与美国一样，俄罗斯的空间核计划制订了强调安全文化的安全计划，并遵循类似的安全审查和批准方法。俄罗斯的空间核系统需要经过严格的安全验证程序，目的是最大限度地减少对公众和环境可能造成的危险。

12.3　安全文件

安全文件是安全程序的一个基本要素，安全文件既包括政府提供的指导文件，也包括在特定任务的安全过程中制定的文件。

12.3.1 安全指导文件

一些政府颁发的文件与空间核安全计划有关，与美国核任务潜在相关的部分文件清单包括：

(1) U.S. Department of Energy. *DOE Order 5481. B: Safety Analysis and Review System*, September 23, 1986, Revised May 19, 1997.

美国能源部. 能源部第5481号命令. B: 安全分析和审查系统，1986年9月23日，1997年5月19日修订.

(2) U.S. Department of Energy. *DOE Order 5480. 6: Safety of Department of Energy-Owned Reactors*. September 23, 1986.

美国能源部. 能源部第5480.6号命令：能源部管辖反应堆的安全. 1986年9月23日.

(3) HNUS Corporation. *Overall Safety Manual*, Prepared by the U.S. Department of Energy (Updated 1982).

HNUS公司. 总体安全手册，美国能源部编制(1982年更新).

(4) NASA Std 3000. *Man-Systems Integration Standards, Rev. B Vol. I*, July 1, 1995.

美国航空航天局3000号标准. 人机系统集成标准，B版，第一卷，1995年7月1日.

(5) ESMC 127, Eastern Space and Missile Center. *Range Safety*, July 30, 1984.

ESMC 127，东部空间和导弹中心. 靶场安全，1984年7月30日.

(6) ESMC S-Plan 28-74, Eastern Space and Missile Center. *Major Radiological Support (HOT SHOT) Revision # l*, August 7, 1990.

ESMC S-Plan 28-74，东部空间与导弹中心. 主要放射性支持(紧急情况)修订号1，1990年8月7日.

(7) ESMC 160-1, Eastern Space and Missile Center. *Radiation Protection Program, change* 1, October 22, 1985.

ESMC 160-1. 东部空间与导弹中心. 辐射防护计划，变更1，1985年10月22日.

(8) Air Force Regulation 122-16, *Nuclear Safety Review and Launch Approval for Space or Missile Use of Radioactive Material and Nuclear*

Systems, August 21, 1992.

空军条例 122－16,核安全审查与发射批准：关于空间或导弹使用放射性材料及核系统,1992 年 8 月 21 日.

(9) United Nations. *Principles Relevant to the Use of Nuclear Power Sources in Outer Space*, Report of the Legal Subcommittee on the Work of its Thirty-First Session. Chairman's Text, U. N. Document NAC. 105/L, 198. June 23, 1992.

联合国. 关于在外层空间使用核动力源的原则. 法律小组委员会第三十一届会议工作报告,主席报告. 联合国文件 NAC. 105/L. 198. 1992 年 6 月 23 日.

俄罗斯空间核安全的主要指导包括国家辐射安全标准和基本医疗/临床规章,以及在设计和制造空间核系统期间针对特定任务制定的安全要求。后来,俄罗斯根据联合国和平利用外层空间委员会的建议对安全标准进行了合并,在俄罗斯国家文件中明确的安全要求包括：

(1) 辐射安全标准;

(2) 保证辐射安全的基本卫生规则;

(3) 保证空间核(反应堆和放射性同位素)电源辐射安全卫生规则。

12.3.2　计划制定的安全文件

在发射空间核系统之前还需要许多其他文件,对安全文件的大量详细讨论见参考文献[1]。对于美国,一些重要的安全文件包括如下几种。

(1) 运载火箭数据手册。

(2) 空间核任务安全文件。具体如下：安全计划、飞行安全要求文件、安全分析报告(PSAR、FSAR 草案和 FSAR)、安全评估报告、辐射防护方案、应急准备和响应计划、包装安全分析报告(SARP)、地面安全分析报告(GSAR)。

(3) 靶场安全文档。具体如下：项目介绍方案(PI)、性能清单文件(SOC)、项目需求文档(PRD)、运行需求(OR)、运行指令(OD)、导弹系统预发射安全程序包(MSPSP)。

(4) 在轨安全文件。具体如下：运行风险测试评估报告(TORA)、初步危害清单(PHL)、测试运行空间安全许可(TOSSA)、在轨准备空间安全审查(ORSSR)。

(5) 环境保护文件。具体包括：意向通知、环境影响报告书(草稿及最终稿)、有效性通知、决策记录。

俄罗斯方案开发的安全文件的一部分包括如下 5 种。

(1) 初步、中级和最终安全报告。

(2) 安全评价报告。

(3) 保护空间核动力源辐射安全卫生规则(卫生部颁布)。

(4) 空间核动力源核安全规则(核能科学与技术委员会根据专家审查的情况及结果,和国家核辐射安全监督委员会达成一致)。

(5) 发射载有核动力源的航天器通知行政当局、地方当局和航天器意外再入时向群众提供必要帮助的规则(经政府法令批准)。

12.3.3 安全分析报告

本书讨论的安全分析考虑与安全分析报告的制定紧密相关,下面将简要讨论 SAR。

PSAR 是提交给 INSRP 的第一份正式安全分析文件。PSAR 应在任务的设计方案确定后发布,FSAR 草案在设计固化后发布(在 2002 年之前,FSAR 草案被称为最新安全分析报告),FSAR 应在预计发射时间前两年发布。安全分析报告分为三卷。以下是 SAR 内容的摘要(根据参考文献[2]改编):

卷 1　参考设计文件:

任务/飞行系统摘要、核电源描述、地面支持设备、任务简介、运载火箭(包括飞行安全和跟踪计划)、发射和轨迹特性、发射厂址(包括人口统计、地形和气象特征)、范围和放射安全操作、安全相关系统和组件。

卷 2　事故模型文件:

事故和放射模型及数据(包括支持分析的测试数据和有效的计算机代码)、火箭和核系统故障模式分析(从启动到最终处置,介绍潜在的事故环境和飞行应急选项)、核系统对事故环境的影响、任务失败评估(包括事故概率、可能释放放射性物质的量和风险简介)。

卷 3　核规则分析文件:

任务放射性风险介绍。

12.4 安全审查和发射批准

发射批准所需的安全审查是空间核安全活动的重点,美国和俄罗斯的安全审查程序非常相似。

12.4.1　美国的安全审查和发射批准

在美国，任何涉及使用具有大量放射性或裂变材料的核能系统的空间飞行任务，必须通过总统行政办公室获得发射批准。发射决策制定基于对项目收益和风险的考虑，还基于已建立并经过深入验证的技术性核安全分析和风险评估，包括方案的分析和 INSRP 对任务放射性风险的独立评估。

美国当前使用的安全审查和发射批准程序是源于 NASA、DOD 和原子能委员会(AEC)安全审查的产物。由于法律要求，美国能源部负责核系统的设计和生产安全，美国国防部对其主要发射机构(空军)具有靶场安全责任。美国国防部和美国航空航天局均负责各自任务的总体安全。因此，美国国防部、美国航空航天局和美国原子能委员会各自对 1965 年的核动力航天任务进行了独立的安全审查。

为了避免重复工作，在 19 世纪 60 年代中期，NASA/DOD/AEC 联合安全审查程序取代了三个单独的审查。该程序确保所有参与者的独立性和客观性，要求所涉及的每一个人不具有与任务或核系统相关的责任或利益。总体而言，目前的程序涉及三项基本活动：① 由任务承研单位和参与承研单位编写越来越详细的安全分析报告；② 由 INSRP(专门为此目的而成立)审查和评价 SAR；③ INSRP 在决策者(总统执行办公室)安全评价报告中描述任务放射性风险的特性。该过程允许合理地决定是否继续执行任务，该决定由美国政府最高层考虑风险、收益和不确定性后做出，得到了最权威的信息和仔细审查及测试结果的支持。

在 20 世纪 60 年代末至 90 年代初期，美国航空航天局局长、美国国防部副部长助理和能源部部长在其各自机构的检查长或安全办公室的安排下任命了三名 INSRP 协调员(先前 AEC 执行的功能在能源部和核管理委员会之间分配时，来自 AEC 的 INSRP 协调员被 DOE 的代表取代)。总统指令/国家安全委员会备忘录 # 25(PD/NSC - 25)，确立了这一过程，并为 INSRP 授权。1995 年，增加了来自环境保护局(EPA)的协调员和来自核管理委员会(NRC)的技术顾问。因此，目前的协调员包括来自 NASA、DOD、DOE 和 EPA 的代表，NRC 的代表担任技术顾问。总体而言，INSRP 协调员和技术顾问负责对每个使用核动力系统或大量放射性材料的空间任务进行全面、独立的核安全评价。INSRP 在安全评价报告中记录了评估结果，并将 SER 提供给任务主管机构，作为向总统行政办公室正式申请发射批准的输入。更重要的是，SER 将提交至总统行政办公室科学和技术政策办公室(OSTP),确保任务放射性风险独立表征,以便决策者根据风险及收益作出合理的决定。

政府、国家实验室、私营企业和学术界的技术专家根据需要需协助INSRP协调员和技术顾问。这些技术专家与所使用的计划、任务或核系统没有直接关系或任何利益冲突。直到1997年,技术专家被分为五个INSRP工作组。五个工作组分别是发射中止工作组(LASP)、再入工作组(RESP)、电源系统工作组(PSSP)、气象工作组(MET)和生物医学与环境影响工作组(BEES)。组成工作组的专家现在被称为顾问,但专家顾问的基本职能和工作领域保持不变。各工作领域的专家的职责如下所述。

(1) 发射中止:该领域的专家进行审查和评估,确保一个完整的发射前、发射和上升阶段可信事故矩阵已被识别和表征。可能对核系统构成威胁的假定事故矩阵包括事故类型、概率和环境。此外,这些专家确保所有假定的事故都得到正确的表征,所有相关信息都传达给支持INSRP审查的其他专家。

(2) 再入:该领域的专家审查和评估所有可能导致核系统再入地球大气层的事故。他们的评估确保核系统再入大气事故的可能性、环境条件和响应均得到正确的表征。如果预测到假定再入大气事故会导致放射性物质释放,则应确保释放概率和释放描述被正确的表征并传递给气象和生物医学专家用于进一步评估。如果核系统在再入大气并撞击地球表面后至少有一部分留存下来,则应确保撞击的条件被正确的表征并传达给电源系统专家。

(3) 电源系统:该领域的专家确保核系统对所有假定的发射前事故、发射事故、上升事故和再入地球后撞击事故以及事故后对环境的影响进行了正确的表征。这包括对任何假定的核燃料释放、与其相关事件的条件概率和任何由于释放后环境因素对初始燃料释放的改变进行了正确的表征。

(4) 气象学:该领域的专家确保对生物圈内任何假定核燃料释放后的散布和输运进行了正确处理。此外,他们确保已经正确分析了来自假定释放事故导致的燃料材料的地表沉积(以便预测土地污染),并且评估地面污染区域的再悬浮情况。该评估的结果传递给负责评价生物医学和环境影响的专家。

(5) 生物医学和环境影响:该领域的专家确保分析了所有显著剂量途径,正确估计了个体和集体剂量。他们还确保正确的表征可能涉及的清理任务的放射性风险和地面污染。

上述专家审查和评价分三个主要阶段进行,即PSAR阶段、FSAR草案阶段和FSAR阶段。技术专家、INSRP协调员、技术顾问之间共享信息。此外,专家通常在向 INSRP 协调员和技术顾问提交的报告中记录其审查和评价的结果。

INSRP 协调员和技术顾问有时会在概率风险评估和不确定性专家的帮助下，使用专家的研究成果开展 SER。SER 表征了 INSRP 对任务放射性风险的独立评估，即 INSRP 对关于任务的放射性风险（包括不确定性）知识状态的独立评估。结果通常以互补累积分布函数（ccdf）的形式呈现在 SER 中，说明各种置信水平（例如，第 5、第 50、平均值和第 95 百分位数）超过规定限值的概率。这些结果与表示集中程度和峰值的几种描述一起呈现，还包括与其他类型活动相关的风险，以便为决策者提供相对于其他类型任务的放射性风险的视角。

SER 完成后将被提交给总统行政办公室内的 OSTP，还提交给 INSRP 的主要机构进行审查。任务主办机构利用 SER 决定是否正式向总统行政办公室发起启动批准；或者主办机构可以选择修改程序、任务或系统以进一步降低风险。OSTP 使用 SER 来表征和权衡任务风险与任务收益在达成发射决策前决定。因此，SER 是对任务放射性风险的独立评估，并作为美国政府最高层从风险及利益角度考虑并做出是否正式发射的决定的基础。

目前（2003 年），INSRP 适用于含有超过 20 Ci 的放射性物质的系统。一些反应堆设计的燃料活性低于该限度，然而，不论其核燃料的活性如何，应该假定所有美国空间反应堆任务都经过 INSRP 审查。

12.4.2 俄罗斯的安全监督、审查和发射批准

有多个组织机构在空间核系统的设计和建造期间提供监督和管理职能，并解决安全问题。这些机构包括卫生部以及负责核与辐射安全的政府监督机构和环境保护机构等。各部委、机构、公司和研究所的科学技术委员会，以及参与组织的总设计师委员会也在设计和建造期间提供控制和监督职能。跨部门安全委员会根据用户的要求创建，由政府核与辐射安全监督机构的代表主持，负责对核系统制定的安全文件进行独立审查。在空间核系统的设计和安全评价中使用的安全标准基于国家标准和规则，以及国际原子能机构（IAEA）和联合国的指导文件。

跨部门安全委员会的审查工作从发布初步安全报告开始。初步安全报告是根据安全系统的分析和设计特征制定的。初步设计之后，选择安全系统和设计特征作为安全测试的基础。在这个阶段，中期安全报告被提交给跨部门

安全委员会审查和评价。完成最终设计和制定技术支持文档后提交最终安全报告。安全系统和系统部件的有效性和可靠性的验证也在这一阶段完成。跨部门安全委员会在对最终安全报告进行审查后，将为联合国和国际航空运输协会制定一份安全评估报告。

俄罗斯政府的一项特殊法令规定了由政府委员会来作出最后决定（经政府批准），即允许发射载有核系统的航天器。委员会的成员包括客户、部委、企业和开发系统的组织代表。然而，这一决策程序的结构可以被修改，以应对适用法规的未来发展，包括适当的联合国委员会的指导。

12.5 美国环境评估规则

国家环境政策法（NEPA）是一项要求所有联邦机构考虑并记录任何机构行动和活动可能对人类环境质量产生重大影响的法律。发射和操作航天器需要满足这项法律。

NEPA 实施条例要求具有潜在重大影响的项目完成环境分析，即制定环境评估（EA）或环境影响报告（EIS）。EA 是一个简明的公开文档，提供足够的信息和分析，以确定是否需要准备 EIS。如果确定没有显著的环境影响，则在联邦公报中公布没有重大影响的发现（FONSI），该项目的 NEPA 合规性已完成。如果确定存在潜在的重大影响，则准备 EIS。

EIS 是一份详细和要求严格的文件，根据当时最有效的可用信息，提供对重大环境影响的充分和客观的论述。它论述了拟议行动的目的，并详细说明了行动的必要性。EIS 提供了对如何实施该行动的大致理解，以及可能产生的正面和负面的环境影响，旨在为决策者和公众提供合理范围的替代方案以及满足目的和行动的需要。这些替代方案必须与所提议的行动在其潜在的环境影响方面进行比较。除了替代方案之外，EIS 还必须考虑不采取任何行动的方案。EIS 的制定经历两个意见征询期。在意向通知（NOI）准备 EIS 之后，第一个意见征询期在联邦公报上公布，并要求对项目前景提出意见。NOI 还会被发送给对项目感兴趣的任何个人或组织。

第二次意见征询是对 EIS 草案（DEIS）的审查。DEIS 的副本被发送给任何对 NOI 有反馈的人员和任何对该项目表示感兴趣的人员。可用性通知（NOA）在联邦公报中公布。此外，EIS 草案还被提供给任何感兴趣或涉及的联邦机构或州政府审查。任何人都可以对此草案提出意见。收到的意见由赞助机构审议，适当的机构响应在最终的 EIS 中公布。在 EIS 制定过程结束时，将提交一份决策记录(ROD)，记录该机构是否决定采取行动。

空间核任务的 EIS 必须详细分析正常发射对发射区的空气、水、植物等的影响，它还必须讨论合理范围的假定事故及其潜在的影响。考虑的替代方案包括替代运载火箭、替代动力源和替代飞行轨迹。

对于发射场、低射程内和地球轨道再入的发射事故的放射性影响分析是基于可获取到的相关运载火箭事故概率。将运载火箭事故作为潜在的事故场景，分析核系统对这些环境的响应，以及对潜在健康影响的评估。该分析是运载火箭所有者、发射单位(NASA 或 DOD)、能源部、其他相关政府机构和承研单位共同努力的结果。虽然 EIS 中开展的分析与 TNSRP 类似，但 NEPA 不要求开展最坏情况分析。

对于未使用 RTG 的任务，决定 EA 或 EIS 哪一个最能满足 NEPA 合规性要求是基于很多因素的，最重要的是该过程是否可能以 FONSI 结束。如果完成了 EA，并确定有潜在的重大环境影响，将准备 DEIS。

NEPA 程序在几个方面与 INSRP 审查程度有显著差异，其完全独立于 INSRP 审查和总统发射批准程序。由于 NEPA 过程在程序的早期完成，机构可能必须使用初步数据和分析，而不是使用 INSRP 审查过程中的后期更全面或更精确的分析。此外，NEPA 程序的不同之处在于它涉及公众和许多州政府和地方机构。

12.6　其他安全责任

除了本章前面各节讨论的职责外，空间核任务安全计划还有其他几项重要的安全责任，本节总结了美国程序中的这些其他职责。

12.6.1　地面操作

虽然本书的重点是飞行安全，但重要的是要认识到安全计划也必须解决与地面活动有关的核安全问题。例如，承研单位或用户单位必须对核燃料系统或放射性材料所在的每个设施的计划作业进行安全评估。评估结果记录在地面安全分析报告(GSAR)中。在使用核系统或放射性物质进行地面操作之前需要获得 DOE 批准。GSAR[2] 的内容至少应包括设施组织、设施和设备、假想的放射性物质或核系统事故、假想事故的后果、减轻假定事故措施、人员操作剂量分析、采取措施确保 ALARA 辐射剂量符合 DOE 5480.1B。

除了 GSAR 外，还必须建立一个全面的、持续的运行安全计划，确保空间核系统的安全运行，以保护工人、公众和环境。运行安全计划是根据辐射安全、职业安全和环境保护有关的 DOE 命令制订的。运行安全计划涉及运行安全分析、质量保证计划、辐射防护计划、运行审查和调查、承包商自我评估计划、DOE 审查调查和批准规定、每个特定的准备审查设施。

如果已经制订了全面的地面反应堆试验计划，可以建立单独的安全计划遵守 DOE 适当的指示。广泛地面核试验的安全计划要求超出了本书的讨论范围。

12.6.2 运输安全

基于 10CFR 71[3]、DOE 的决议和 DOT 的规章确立了特殊核材料和核系统的包装和运输要求。运输大量的放射性同位素燃料或高度浓缩的新铀燃料，需要一个经认证的运输容器，该容器必须通过一系列极其苛刻的测试。运输容器的研发和认证可能是一个缓慢且非常昂贵的过程。将系统运输至发射场必须考虑到现有认证的运输容器可能无法容纳装载有核燃料的大型空间核动力系统这一事实。

12.6.3 应急准备

用户单位和承研单位必须在其安全计划中纳入应急计划、准备和响应。需要制订一个应急响应计划，必须提供人员培训和准备必要的资源，以确保在紧急情况下的有效反应。DOE 命令 5500.2、500.3、500.4 和最低放射健康和危害安全标准(AL)中规定了具体要求。对于涉及特殊核材料的使用、处理、运输或储存的所有场所和情况，都应制订应急准备计划。

此外，还需要应急计划和应急响应资源，以应对可能的发射中断和其他假定的可能导致系统再入情景。发射中止和再入的应急响应的特点在于包括核源或核系统恢复计划以及应急后的长期评估和恢复计划。

12.7 国际考虑

就其本质而言，空间核安全是一个国际性考虑。国际社会正通过联合国和其他国际组织，在建立与空间活动和核电相关的安全及环境相关协议方面，发挥着越来越积极的作用。在 20 世纪 60 年代至 80 年代初期，为解决空间安全和环境问题建立了如下五项国际条约：

(1)《关于各国探索和利用包括月球和其他天体的外层空间活动所应遵守原则的条约》(简称为《外层空间条约》)，1967 年 10 月 10 日生效；

(2)《关于关于援救航天员、送回航天员及送回射入外空之物之协定》，1968 年 12 月 3 日生效；

(3)《空间物体造成损害的国际责任公约》(简称为《责任公约》)，1972 年 9 月 1 日生效；

(4)《关于登记射入外层空间物体的公约》(简称为《登记公约》)，1976 年 9 月 15 日生效；

(5)《关于各国在月球和其他天体上活动的协定》(简称为《月球协定》，美国未签署)，1984 年 7 月 11 日生效。

前四个条约管辖空间活动，无论是核活动还是非核活动，而月球公约明确提及将放射性物质置于月球上。

在 20 世纪 80 年代后期，在切尔诺贝利核电站事故之后，联合国通过了两项有关核电的公约：

(1)《及早通报核事故公约》，1987 年 10 月 27 日生效；

(2)《核事故或辐射紧急情况援助公约》，1986 年 10 月 27 日生效。

联合国关于空间核电的原则的发展始于 20 世纪 80 年代初。然而，直到 1992 年，联合国和平利用外层空间委员会科技小组委员会(STSC)才通过了直接处理空间核动力的序言和 11 条原则[4]。序言和原则的简要说明如下：

序言：确认对于一些任务，核电系统是必不可少的，并申明这些原则只适用于"……为非推进目的而在空间物体上产生电力的核电系统，其特点为在通过原则时所使用的系统和执行的任务具有普遍可比性"，换句话说，这些原则不适用于核推进系统或新型核电系统。序言还承认，"……鉴于新出现的核电应用和不断发展的关于放射防护的国际建议，这套原则将需要进一步修订。"

原则 1：国际法的适用性，基本上规定使用核电系统将根据国际法进行。

原则 2：术语的使用，定义许多术语，特别是"……术语'可预见的'和'所有可能的'描述了一类事件或情况，从安全分析角度出发，其总发生概率被认为只包括可信的可能性。"此外，术语"纵深防御的一般概念"的定义可通过灵活的方法实现，可以考虑"在主动系统之外使用设计特征和任务操作，或者用设计特征和任务操作来代替主动系统，以防止或减轻系统故障的后果。”每个单独的部件不一定需要冗余安全系统。鉴于空间使用和各种任务的特殊要求，不指定一套特定的系统或特征来实现这一目标是有必要的。

原则 3：安全使用的准则和标准，规定辐射防护和核安全的总目标，随后是核反应堆和产出放射性同位素的装置的具体安全标准。

原则 4：安全评估，在每次发射前进行“深入和全面”的安全评估并公开。

原则 5：再入通知，要求及时通知放射性物质重新进入地球的情况，并提供这种通知的格式。

原则 6：协商，要求根据原则 5 提供信息的国家及时响应其他国家得到进一步信息或进行磋商的请求。

原则 7：协助各国，要求具有跟踪能力的国家向联合国秘书长和有关国家提供信息，并要求发射国及时提供援助。再入后，具有相关技术能力的其他国家和国际组织也应在受灾国要求时尽可能提供援助。

原则 8：责任，国家应对其使用空间核电系统承担国际责任。

原则 9：责任和补偿，发射国对任何损害负有国际责任，包括恢复“……如果没有发生损害就会存在的条件”，补偿包括“……偿还搜索、回收和清理操作的正式的费用，包括从第三方收到的援助费用。”

原则 10：解决争端，“……应根据《联合国宪章》通过谈判或其他既定程序和平解决争端。”

原则 11：审查和修订，要求“这些原则应在和平利用外层空间委员会通过后的两年内重新开放修订。”

原则 3 可能是最重要和最具争议的原则。在通过这些原则的期间，美国代表团对联合国的技术有效性持保留意见。例如，在原则 3 的 1.3 节中，为事故确定了剂量限值。虽然剂量限值不适用于“具有潜在严重后果的低概率事故”，但美国代表团指出，原则 3 应针对风险（曝光时间产生后果的概率）而不是剂量限值[5]。美国代表团特别指出，“……这一修改，通过考虑风险的概率概念这一安全评估的核心特征，将建议与经过充分证明的（空间核能系统）实践直接联系起来”[6]。“1990 年 11 月，国际放射防护委员会以 ICRP－60 的形式发布了新的建议，该建议取代了原则 3 早些时候制定的方法”[7]。IAEA 独立地支持美国的立场，并声明“在 IAEA 看来，仅使用个体相关剂量限值而不是完整的 ICRP 系统辐射防护（包括与源相关的限制）是不合适的，并且不符合 ICRP 建议的目标；其次，由于国际放射防护委员会最近发布了关于剂量限值的新建议，因此，发布在太空安全使用核动力系统的准则和标准可能有问题，因为它们从一开始就过时了”[8]。

1991 年，美国还发布出了一项澄清声明，声明中说：“我们认为，这一澄清消除了使用术语‘纵深防御’一词时有关该术语含义的任何疑问。正如法律小组委员会就此原则达成协商一致意见一样，小组委员会并不打算对空间系统应用地面标准。”1991 年，美国代表团提议修改 3.2 节的措辞(关于再入的放射性同位素源)“考虑到以下事实：从双曲线或高椭圆轨道意外再入的概率可以通过任务设计和操作降低到非常低的值”并且认识到“……RTG 遏制系统的实际设计目标，是在所有情况下可以定位而不是放射性零释放，并且从成本与风险角度看，通过回收操作‘完全’清除放射性是不切实际的”[6]。

在 1992 年 10 月 28 日的一次特别政治委员会的会议上，美国代表说：“美国没有阻止委员会将这些原则提交大会的协商一致建议，美国也不反对在这里通过这些原则。然而，在某些方面，我们仍然认为，在外太空安全使用核动力源有关的原则还缺乏明确性、适用性和技术有效性。美国对这些问题提出了一种方法，并认为该方法在技术上更加清楚有效，且具有被证明过安全和成功地应用在核电源上的历史，我们将继续采用这种方法”[9]。

虽然联合国的原则本身并不具有强制约束力，但美国和其他国家正在共同努力，制定与空间核动力有关的普遍可接受的国际安全和环境指导。在 21 世纪，航天企业的国际合作有望增加，国际社会的声音也将不断增加。

12.8　安全程序回顾

确保安全和环境保护的程序在空间核任务执行期间运行得非常成功。美国和俄罗斯在 40 年的时间里发射了近 60 个重要的核系统，在此过程中，空间核任务并没有造成一起伤害事件。当然，这并不意味着系统是完美的。虽然航天器的核系统曾发生过一些发射或再入事故，除一起事故外，所有事故的安全系统按计划执行，没有造成环境破坏。在 Cosmos 954 再入的情况下，反应堆系统在再入事故期间没有按设计完全分散，导致加拿大荒野的一个重要区域被放射性碎片污染。虽然没有人受伤，并且环境得到令人满意的恢复，但是在人口稠密地区发生再入事故时，人身安全将面临危险。为了减小类似事件的风险吸取经验教训，对系统的设计和操作实践进行了修改。这种学习过程是空间核安全项目的一个基本要素。

12.8.1 经验教训

从安全计划和安全程序中，我们总结出了以下建议。

1）规划

（1）有效的安全计划需要严谨的规划。规划应包括制定安全目标、就安全评审需要提供的信息种类达成协议以及界定参与者角色的章程。

（2）计划必须确定执行有效安全计划所需的资金，需要顶级管理层承诺，以确保提供充足的资金、资源和支持。

2）设计

（1）安全考虑必须包括在设计过程中，而不是试图进行后期设计修订以满足安全要求。

（2）必须制定一套系统设计规范，每个规范都应有安全要求。这些要求必须用于支持安全评估，以及可能导致开发和飞行系统验收部件及系统的测试。

（3）初步安全指导应为非预防性。应在设计开发期间和选择基本安全方法后制定规定性安全要求。

3）分析和测试

（1）必须注意选择合适的分析工具。这些工具需经认证，操作环境以及假想事故环境都需要进行验证，需要测试来支持设计决策和安全批准。

（2）安全审查人员经常使用包络测试和分析来探讨核系统对假定事故的响应，但这些测试和分析不能代表最可能的环境影响和响应。分析和测试应集中于那些对整体安全分析最有用的情况，剩下处于上限值的情况仅在必要时才进行敏感度分析和测试。

4）结论介绍

（1）安全报告非常重要。历史上，当 SAR 和 SER 没有被广泛使用时（它们有时包含分类信息），结果可以通过适合该计划或按照 INSRP 和决策者要求的形式呈现。从伽利略号和尤利西斯号开始，大部分的过程变得公开。因此，以一般公众可理解并对安全专家有用的形式呈现信息尤为重要。必须注意确保使用适当的限定语言，为讨论安全评价提供适当的背景。

（2）应采用公开并有回应的一般政策向公众传达安全研究结果。机构要求必须及早解决，以避免延误安全研究结果的发布。当然，政策必须保证不能透露保密信息，并且必须在信息发布前验证初步结果。尽管一些当事方可能会选择滥用已公布的信息作为防止程序执行的方法，但这种可能性也是必要性公开必须被接受的不幸结果之一。

12.8.2　未来方向

如果按目前的趋势发展下去，可以预见在空间核安全事项中将会有更多的公众参与国际讨论和国际性协定。这种更具包容性的环境是一个积极的结果，但安全团体仍然有责任提供合理和适当的安全指导，而不是简单地回应公众的看法，至少承担空间核任务的国家应在制定国际安全指导方面发挥更积极的作用。

此外，还需要注意建立适当的报告安全信息的方法。在与公众讨论安全研究结果时发现，报告过于保守，评估最坏情况的常见做法是不恰当的，并且具有高度误导性。特别是，我们需要重新评估用线性剂量反应假定来估计大量人员接受非常小的辐射剂量的健康影响是否恰当。已经建议使用低剂量截止值的最小化方法作为从极低辐射暴露中估计群体剂量的方法。应仔细探讨该最小化方法，以确定该方法是否适合用于预测空间核任务的潜在后果。

12.9　本章小结

随着 21 世纪的到来和科学技术的快速发展，我们可以想象一个曾经在科幻小说中呈现的充满了空间任务的未来。卫星将精确定位船舶和飞机，在几秒钟内处理和传输数十亿位信息，并以令人惊讶的细节监控地球的环境变化。空间运输将变得普遍、可靠、经济，我们很快就会踏上火星。技术进步无疑将催生尚未设想的空间任务。虽然许多空间项目将受益于技术进步进而减少电力需求，但人类雄心勃勃的任务将需要更多的电力和能量来完成，这实际上是传统太阳能和化学电源无法满足的。这些要求表明，核能的高功率对我们未来走向太空至关重要。空间核动力在过去几十年里取得的出色成就使人类走上了实现这一愿景的道路。

尽管如此，为推进空间核能领域的发展还必须解决两个主要问题。第一个问题如引言中所述，自三哩岛和切尔诺贝利事故以来，对核安全的广泛关注日益加剧。第二个问题与空间核企业的活动水平较低有关，在缺乏有力的空间核计划的情况下，未来空间核任务所需的专业知识可能会失传。因此，编写了这本关于空间核安全的教科书，以加强对现有空间核计划安全问题和方法的介绍，并传播有关未来空间核计划的重要知识。如果没有坚定的信念认为空间核任务可以安全地进行，这本书就无法完成。笔者坚定地认为，同过去一样，空间核计划和任务将继续下去，并将使我们能够安全地大步迈入太空。

参考文献

1. Mehlman, W. F., *Nuclear Space Power Safety and Facility Guidelines Study*. Prepared for the Department of Energy, 1995.
2. U. S. Department of Energy, *Nuclear Safety Criteria and Specifications for Space Nuclear Reactors*. OSNP-1, Rev. 0, Aug. 1982.
3. Title 10 CFR Part 71, *Packaging and Transportation of Radioactive Materials*. Jan. 1, 1992.
4. United Nations, *Report of the Legal Subcommittee on the Work of Its Thirty-First Session, Chairman's Text, Principles Relevant to the Use of Nuclear Power Sources in Outer Space*. U. N. Document A/AC. 105/L, 198. June 23, 1992.
5. Lange, R., *Statement by Robert Lange, U. S. Adviser at the Twenty-Eighth Session of the Scientific and Technical Subcommittee of the United Nations Committee on the Peaceful Uses of Outer Space, on Agenda Item 7, Nuclear Power Sources in Outer Space*. USUN Press Release 08 -(90), U. S. Mission to the United Nations, New York, Feb. 26, 1991.
6. Lange, R., *Statement by Robert Lange, U. S. Adviser at the Thirtieth Session of the Legal Subcommittee of the United Nations Committee on the Peaceful Uses of Outer Space, to the Working Group on Nuclear Power Sources in Outer Space*. USUN Press Release 18 (91), U. S. Mission to the United Nations, New York, Apr. 10, 1991.
7. Smith, P. G., *Statement by Peter G. Smith, U. S. Representative to the Twenty-Ninth Session of the Scientific and Technical Sub-Committee of the United Nations Committee on the Peaceful Uses of Outer Space*. February 25, 1992.
8. IAEA, *IAEA Statement to the Scientific and Technical Sub-Committee of the Committee on the Peaceful Uses of Outer Space*. United Nations, New York, Feb.-Mar. 1991.
9. Hodgkins, K., *Statement by Kenneth Hodgkins, U. S. Adviser to the 47th Session of the United Nations General Assembly, in the Special Political Committee, on Item #72, International Cooperation in the Peaceful Uses of Outer Space*. USUN Press Release #116-(92), U. S. Mission to the United Nations, New York, Oct. 28, 1992.
10. Rossi, H. H., "The Threshold Question and the Search for Answers." *Radiat. Res.*, **119**, 1989.

附录 A 在本书中使用的首字母缩略词

AEC	(美国)原子能委员会
ALARA	合理可行尽量低(原则)
AMTEC	碱金属热电转换器
ARAC	大气排放预警能力(系统)
ASTHMA	轴对称瞬态热传导及材料烧蚀(代码)
BCI	裸露舱段冲击试验
BEES	生物医学和环境影响工作组
BLEVE	沸腾液体膨胀蒸汽爆炸
CBGS	受地表限制
CBM	受运载火箭限制
CCB	公共核心助推器
ccdf	互补累积分布函数
CFR	美国联邦法规
C - J	Chapman - Jouguet
CMA	炭化烧蚀材料
CPV	冷过程验证试验
CSDS	指令关闭和自毁系统
CST	变频器段测试
DDT	爆燃到爆炸转变
DEIS	环境影响研究草案
DFI	剂量吸入因子
DIT	迭代设计测试
DOD	(美国)国防部

DOE	(美国)能源部
EA	环境评估
EGA	地球引力辅助
EIS	环境影响报告
EM	电磁
EPA	(美国)环境保护部
ESA	欧洲航天局
ESMC	东方航天和导弹中心
FICP	火球集成代码包
FONSI	决定无重大影响(原则)
FSAR	最终安全分析报告
GEM	石墨环氧树脂发动机
GEOTRAP	放射性粒子的全球运输和扩散
GIS	石墨冲击外壳
GPHS	通用热源
GSAR	地面安全分析报告
HANDI	交互式热分析
HIAD	高海拔气溶胶扩散
HTPB	端烃基聚丁二烯
HVI	高速冲击
HYTEC	氢-热电转换器
IAEA	国际原子能机构
ICRP	国际放射防护委员会
INSRP	跨部门核安全审核委员会
LAS	发射中止子工作组
LASEP - T	发射事故场景评估程序
LEO	近地轨道
LET	传能线密度
LFT	大碎片测试
LHZ	液氢
LOCA	冷却剂丧失事故
LOM	低轨道任务

LOX	液氧
LWRHU	轻型放射性同位素热源
Met	气象工作组
MET	指令运行时间
MMH	甲基肼
MPRE	中等功率试验型
MSPSP	导弹系统发射前安全程序包
NACA	(美国)国家航空咨询委员会
NASA	(美国)国家航空航天局
NASC	(美国)国家航空航天委员会
NCRP	(美国)国家辐射防护与测量委员会
NEP	核电推进
NEPA	国家环境政策法
NERVA	核动力引擎火箭
NEPSTP	核电推进空间试验计划
NOA	可用性通知
NOI	意向通知
NRC	(美国)核管理委员会
NSPWG	跨部门核安全策略工作组
OD	运行指令
OR	运行需求
OSHA	(美国)职业安全与健康管理局
OSTP	(美国)科学技术政策办公室
PHL	初步危害清单
PI	项目介绍方案
PLF	有效载荷整流罩
PRA	概率风险评估
PRD	项目需求文档
PSAR	初步安全分析报告
PSSP	电力系统工作组
RBE	相对生物学效应
ROD	决策记录

RTG	放射性同位素温差发电器
RTS	随机翻滚和旋转
SARP	包装安全分析报告
SATRAP	放射性粒子运输和扩散的特定场分析
SER	安全评估报告
SHO	高轨运行核系统
SNAP	核动力辅助电源系统
SOC	性能清单文件
SRB	固体火箭助推器
SRMU	升级固体火箭发动机
STSC	科技小组委员会
SVT	安全验证测试
TBVD	火箭总推进器损坏
TFE	热离子燃料元件
TMI	三哩岛
TORA	运行风险测试评估报告
TOSSA	测试运行空间安全许可
TSAP	弹道模拟与分析程序
UDMH	偏二甲肼
UN	联合国
USAR	最新安全分析报告
VCE	蒸气云爆炸
VEEGA	金星-地球-地球引力辅助
VVEJGA	金星-金星-地球-木星引力辅助

附录 B

单位转换

长度:	微米(μm)	$1\ \mu m=10^{-6}\ m$
	毫米(mm)	$1\ mm=10^{-3}\ m$
	厘米(cm)	$1\ cm=10^{-1}\ m$
	米(m)	—
	千米(km)	$1\ km=10^{3}\ m$
	英寸(in)	1 in=2.540 cm
面积:	靶恩(b)	$1\ b=10^{-24}\ cm^2$
质量:	原子质量单位(u)	$1\ u=1.660\ 566\times10^{-24}\ g$,相当于 931.494 MeV
	克(g)	$1\ g=10^{-3}\ kg$
	千克(kg)	—
能量:	电子伏(eV)	$1\ eV=1.603\times10^{-19}\ J$
	兆电子伏(MeV)	$1\ MeV=10^{6}\ eV$
	焦耳(J)	$1\ J=W\cdot S=10^{7}\ ergs$
	卡路里(cal)	1 cal=4.186 J
功率:	瓦特(W)	$1\ W=1\ N\cdot m/s$
	千瓦(kW)	$1\ kW=10^{3}\ W$
力:	达因(dyn)	$1\ dyn=1\ g\cdot cm/s^2$
	牛顿(N)	$1\ N=1\ kg\cdot m/s^2=10^{5}\ dyn$
压力:	帕斯卡(Pa)	$1\ Pa=10^{-5}\ bar$
	兆帕(MPa)	$1\ MPa=10^{6}\ Pa$
	标准大气压(atm)	$1\ atm=1.013\times10^{5}\ Pa$

	磅力/(英寸)^2	1 psi=6.895×10^3 Pa
	托(torr)	1 torr=133.3 Pa
放射性：	居里(Ci)	1 Ci=3.7×10^{10} Bq
	贝可(Bq)	—
	戈瑞(Gy)	1 Gy=1 J/kg
	希沃特(Sv)	—

附录 C

基本常数

阿伏伽德罗常数	N_A	$6.022\times10^{23}\ \text{mol}^{-1}$
波尔兹曼常数	k	$8.62\times10^{-5}\ \text{eV/K}$
普朗克常数	h	$6.626\times10^{-34}\ \text{J}\cdot\text{s}$
光速	c_0	$2.99792458\times10^{10}\ \text{cm/s}$
斯忒藩-波尔兹曼常数	σ	$5.669\times10^{-8}\ \text{W/(m}^2\cdot\text{K}^4)$
气体常数	R	$8.315\ \text{J/(K}\cdot\text{mol)}$
万有引力常数	G	$6.67\times10^{-11}\ \text{m}^3/(\text{kg}\cdot\text{s}^2)$
重力加速度	g	$9.8\ \text{m/s}^2$

附录 D

所选同位素的核性质

原子序数	元素	同位素符号	半衰期	原子质量/u	天然丰度/%	吸收截面/b（对应于速度为 2 000 m/s 的中子）
1	氢	^{1}H $^{2}H(D)$ $^{3}H(T)$	— — 12.6 a	1.007 825 2.014 10 3.016 05	99.985 0.015 —	0.332 0.000 50 $<6.7\times10^{-6}$
2	氦	^{3}He ^{4}He	— —	3.016 03 4.002 60	0.000 13 99.999 87	5.327×10^{3} 0
3	锂	^{6}Li ^{7}Li	— —	6.015 12 7.016 01	7.42 92.58	945(α) 0.037
4	铍	^{9}Be	—	9.012 18	100	0.000 9
5	硼	^{10}B ^{11}B ^{12}B	— — 0.02 s	10.012 9 11.009 3 12.014 3	19.78 80.22 —	3.837×10^{3} 5×10^{-3} —
6	碳	^{12}C ^{13}C ^{14}C	— — 5 730 a	12.000 0 13.003 35 14.003 23	98.89 1.11 —	0.003 4 9×10^{-4} —
7	氮	^{14}N ^{15}N ^{16}N	— — 7.2 s	14.003 07 15.000 11 16.006 56	99.64 0.36 —	1.82 4×10^{-5} —
8	氧	^{16}O ^{17}O ^{18}O ^{19}O	— — — 29 s	15.994 91 16.999 14 17.999 15 19.003 44	99.759 0.037 0.204 —	0.000 178 0.04 1.6×10^{-4} —

（续表）

原子序数	元素	同位素符号	半衰期	原子质量/u	天然丰度/%	吸收截面/b（对应于速度为2 000 m/s的中子）
11	钠	^{23}Na ^{24}Na	— 15 h	22.989 77 23.991 02	100 —	0.534 —
13	铝	^{27}Al	—	26.981 53	100	0.231
14	硅	^{28}Si ^{29}Si ^{30}Si	— — —	27.976 93 28.976 49 29.973 76	92.21 4.70 3.09	0.17 0.30 0.11
17	氯	^{35}Cl ^{37}Cl	— —	34.968 85 36.965 90	75.53 24.47	44 0.43
18	氩	^{40}Ar	—	39.962 38	99.60	0.61(α)
19	钾	^{39}K ^{40}K ^{41}K	— 1.28×10^{9} a —	38.963 71 39.974 0 40.961 84	93.10 0.011 8 6.88	2.1 70.3 1.46
20	钙	^{40}Ca	—	39.962 59	96.97	0.22
25	锰	^{55}Mn	—	54.938 1	100	13.3
26	铁	^{54}Fe ^{55}Fe ^{56}Fe ^{57}Fe	— 2.6 a — —	53.939 6 54.938 6 55.934 9 56.935 4	5.82 — 91.66 2.19	2.3 — 2.7 2.5
27	钴	^{59}Co ^{60}Co	— 5.27 a	58.933 2 59.933 4	100 —	37.2 —
29	铜	^{63}Cu ^{64}Cu ^{65}Cu	— 12.9 h —	62.929 6 — 64.927 8	69.17 — 30.83	4.5 — 2.2
36	氪	^{85}Kr	10.76 a	84.912 6	—	—
38	锶	^{89}Sr ^{90}Sr	51 d 29 a	88.905 7 89.907 2	— —	— —

（续表）

原子序数	元素	同位素符号	半衰期	原子质量/u	天然丰度/%	吸收截面/b（对应于速度为2 000 m/s的中子）
40	锆	Zr	—	91.22	—	0.18
42	钼	^{98}Mo ^{99}Mo	— 66.7 h	97.905 5 98.906 9	24.4 —	0.15 —
48	镉	^{113}Cd ^{114}Cd ^{115}Cd	9×10^{15} a — 53.5 h	112.904 6 113.903 6 114.907 6	12.26 28.86 —	20×10^{3} 0.3 —
49	铟	^{116}In	6×10^{14} a	114.904 1	95.72	—
53	碘	^{131}I ^{135}I	8.07 d 6.585 h	130.906 0 —	— —	24.5
54	氙	^{134}Xe ^{135}Xe	— 9.2 h	133.905 4 —	10.44 —	0.228 2.6×10^{6}
55	铯	^{137}Cs	30 a	136.907 3	—	0.11
56	钡	^{137}Ba ^{138}Ba ^{139}Ba	— — 82.9 min	136.906 1 137.905 0 138.907 9	11.32 71.66 —	5.1 0.35 —
62	钐	^{149}Sm	—	148.916 9	13.83	41×10^{3}
73	钽	^{181}Ta ^{182}Ta	— 115 d	180.984 0 181.94	99.988 —	21 8.2×10^{3}
80	汞	^{199}Hg	—	198.968 3	16.84	2.5×10^{3}
82	铅	Pb	—	207.18	—	0.17
84	钋	^{210}Po	138.4 d	209.982 9	—	—
86	氡	^{222}Rn	3.823 d	222.017 5	—	0.73
88	镭	^{226}Ra	1.6×10^{3} a	226.024 5	—	$<0.000 1$
90	钍	^{232}Th	1.41×10^{10} a	232.038 2	100	7.56

（续表）

原子序数	元素	同位素符号	半衰期	原子质量/u	天然丰度/%	吸收截面/b（对应于速度为2 000 m/s的中子）
92	铀	^{233}U	1.65×10^5 a	233.039 6	—	576(σ_f=530)
		^{234}U	2.47×10^5 a	234.040 9	0.005	95
		^{235}U	7.1×10^8 a	235.043 9	0.720	678(σ_f=580)
		^{236}U	2.39×10^7 a	236.045 7	—	5.1
		^{238}U	4.51×10^9 a	238.050 8	99.275	2.73
94	钚	^{238}Pu	87.8 a	238.049 6	—	500(σ_f=16.6)
		^{239}Pu	2.44×10^4 a	239.052 2	—	1.014×10^3(σ_f=742)
		^{240}Pu	6.54×10^3 a	240.054 0	—	295(σ_f=0.08)
		^{241}Pu	15 a	241.131 54	—	1.38×10^3(σ_f=1 010)
		^{242}Pu	3.87×10^5 a	242.058 7	—	19
		^{243}Pu	4.96 h	243.060 1	—	300
		^{244}Pu	8.3×10^7 a	244.063 0	—	1.7

数据来源：EI-Wakil，M. M.，Nuclear Power Engineering，Van Nostrand Reinhold Co.，New York，1967，General Electric Co.，Chart of the Nuclides (11th Edition)，San Jose，Ca，1972，and other sources。

附录 E
所选材料的性质

在 1 个标准大气压下的近似值

材 料	M_r/u	ζ/(g/cm^3)	c_p/[J/(g·K)]	k/[W/(cm·K)]	T_{melt}/K
U(金属)	238.07	18.9	0.18	0.35	1 405
UO_2	270.03	10.0	0.34	0.035	3 150
UN	252.03	13.5	0.23	0.23	2 900
Zr	91.22	6.51	0.38	0.23	2 100
ZrH_x	93.24	5.6	0.42	0.18	①
Be	9.01	1.85	1.8	2.0	1 550
BeO	25.01	3.0	1.0	2.1	2 800
石墨	12.01	1.7	1.60	0.35	3 866
LiH	7.95	0.77	4.3	0.10	960
不锈钢	—	7.86	0.60	0.25	1 700
W	183.84	19.3	0.13	1.21	3 680
B_4C	55.26	2.52	0.50	0.02	2 620
Air	—	0.001 2	1.0	0.000 26	—
H_2O	18.02	1.0	4.16	0.006 9	273

注：1. 一些性质非常依赖于温度。空气和水的相关性质是在环境温度下测得的。其他材料性质在非常高的温度下测得(通常约 1 000 K)。表中大多数密度是典型值而不是理论值。石墨的导热率取决于石墨的类型。

2. M_r—相对分子质量；ζ—质量密度；c_p—定压比热容；k—导热系数；T_{melt}—熔化温度。

① 在高温下分解。

附录 F

冷却剂性质

（在～800 K、1 标准大气压下）

冷　却　剂	Li	Na	NaK（含 22%Na）	H_2	He
原子或分子质量/u	6.94	22.997	—	2.016	4.0
密度/(g/cm^3)	0.479	0.823	0.742	3.0×10^{-5}	6.1×10^{-5}
黏度$\times10^3$/[g/(cm·s)]	3.4	2.1	1.5	0.17	0.37
普朗特数	0.020	0.004	0.005	0.71	0.74
熔点/K	454	371.2	262	13.81	0.95
沸点/K	604	1 154	1 057	20.28	4.26
定压比热容 c_p/[J/(g·K)]	1.286	0.389	0.270	14.6	5.19
导热系数/[W/(cm·K)]	0.30	0.65	0.27	0.003 6	0.002 4
溶解热/(J/g)	88.96	23.31	—	—	—
蒸发热/(J/g)	3 995	822.2	—	—	—
火灾/爆炸危险	高	高	高	高	无

索　　引

G

M

N

P

Q

R